市政工程工程量清单
分部分项计价与预算定额计价对照
实例详解

（第三版）

（依据GB 50857—2013）

隧道工程·市政管网工程

工程造价员网　张国栋　主编

中国建筑工业出版社

图书在版编目（CIP）数据

市政工程工程量清单分部分项计价与预算定额计价对照实例详解 2（依据 GB 50857—2013）隧道工程·市政管网工程/张国栋主编. —3 版. —北京：中国建筑工业出版社，2015.5

ISBN 978-7-112-18031-8

Ⅰ.①市… Ⅱ.①张… Ⅲ.①市政工程-工程造价②市政工程-建筑预算定额③隧道工程-工程造价④隧道工程-建筑预算定额⑤管网-市政工程-工程造价⑥管网-市政工程-建筑预算定额 Ⅳ.①TU723.3

中国版本图书馆 CIP 数据核字（2015）第 076678 号

本书按照《全国统一市政工程预算定额》的章节，结合《市政工程工程量计算规范》GB 50857—2013 中工程量清单项目及计算规则，以一例一图一解的方式，对市政工程各分项的工程量计算方法作了较详细的解释说明。本书最大的特点是实际操作性强，便于读者解决实际工作中经常遇到的问题。

* * *

责任编辑：刘 江 周世明
责任设计：李志立
责任校对：李欣慰 刘 钰

市政工程工程量清单
分部分项计价与预算定额计价对照实例详解
❷
（第三版）
（依据 GB 50857—2013）
隧道工程·市政管网工程
工程造价员网 张国栋 主编

*

中国建筑工业出版社出版、发行（北京西郊百万庄）
各地新华书店、建筑书店经销
北京红光制版公司制版
北京君升印刷有限公司印刷

*

开本：787×1092 毫米 1/16 印张：31½ 字数：780 千字
2015 年 7 月第三版 2015 年 7 月第四次印刷
定价：**68.00** 元
ISBN 978-7-112-18031-8
（27275）

版权所有 翻印必究
如有印装质量问题，可寄本社退换
（邮政编码 100037）

编 委 会

主　编：工程造价员网　张国栋

参　编：赵小云　郭芳芳　马　波　洪　岩　李　锦

荆玲敏　郭小段　王文芳　冯　倩　段伟韶

杨进军　黄　江　冯雪光　王春花　李　雪

董明明　李　存　安新杰　周　凡　杨宇曦

彭亚锋　梁　宁　李振阳　何婷婷　苏　莉

第三版前言

根据《全国统一建筑工程基础定额》、《建设工程工程量清单计价规范》(GB 50500—2013)、《市政工程工程量计算规范》(GB 50857—2013) 编写的《市政工程工程量清单分部分项计价与预算定额计价对照实例详解》一书，被众多从事工程造价人员选作为学习和工作的参考用书。在第二版销售的过程中，有不少热心的读者来信或电话向作者提供了很多宝贵的意见和看法，在此向广大读者表示衷心的感谢。

为了进一步迎合广大读者的需求，同时也为了进一步推广和完善工程量清单计价模式，推动《建设工程工程量清单计价规范》(GB 50500—2013)、《市政工程工程量计算规范》(GB 50857—2013) 实施，帮助造价工作者提高实际操作水平，让更多的学习者获得受益，我们特对《市政工程工程量清单分部分项计价与预算定额计价对照实例详解》一书进行了修订。

该书第三版是在第二版的基础上进行了修行，第三版保留了第一、二版的优点，并对书中有缺陷的地方进行了补充，最重要的是第三版书中计算实例均采用最新的 2013 版清单计价规范进行讲解，并将读者提供的关于书中的问题进行了集中的解决和处理，个别题目给予了说明，为广大读者提供便利。

本书与同类书相比，其显著特点是：

(1) 采用 2013 最新规范，结合时宜，便于学习。

(2) 内容全面，针对性强，且项目划分明细，以便读者有目标性的学习。

(3) 实际操作性强，书中主要以实例说明实际操作中的有关问题及解决方法，便于提高读者的实际操作水平。

(4) 每题进行工程量计算之后均有注释解释计算数据的来源及依据，让读者学习起来快捷、方便。

(5) 结构层次清晰，一目了然。

本书在编写过程中得到了许多同行的支持与帮助，借此表示感谢。由于编者水平有限和时间的限制，书中难免有错误和不妥之处，望广大读者批评指正。如有疑问，请登录 www. gczjy. com（工程造价员网）或 www. ysypx. com（预算员网）或 www. debzw. com（定额编制网）或 www. gclqd. com（工程量清单计价网），或发邮件至 zz6219@163. com 或 dlwhgs@tom. com 与编者联系。

目　录

第一章 隧道工程

第一节 分部分项实例

项目编码：040401001　项目名称：平洞开挖

【例 1】 ××市××道路隧道长 100m，洞口桩长为 K1＋200 到 K1＋300，其中 K1＋240～K1＋280 段岩石为普坚石，此断面设计图如图 1-1 所示，设计开挖断面积 $88.87m^2$，拱部衬砌断面积为 $20.27m^2$，边墙断面积为 $4.85m^2$，试编制隧道 K1＋240～K1＋280 段的隧道开挖和衬砌工程量。

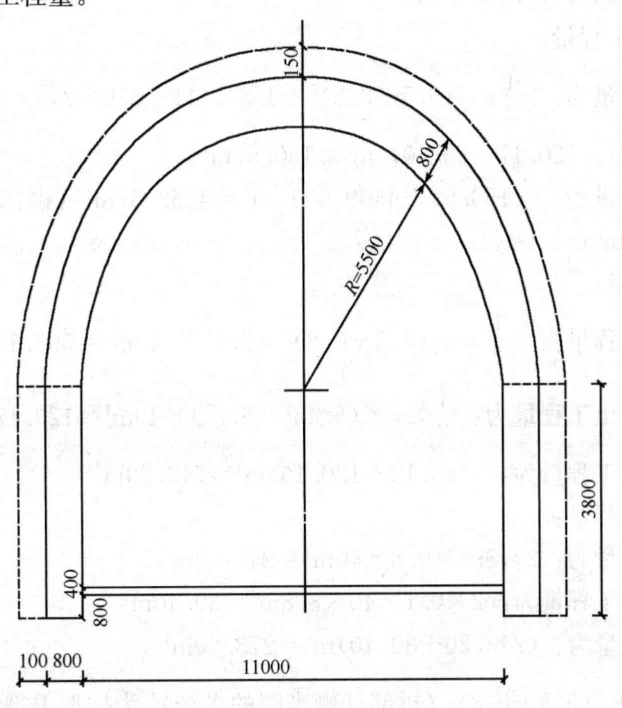

图 1-1　隧道设计断面图

【解】　(1) 清单工程量

1) 平洞开挖工程量：

$88.87\times40m^3=3554.80m^3$

2) 衬砌工程量：

①拱部工程量：

20.27×40（K1＋240～K1＋280 段岩石的平洞的长度）$m^3=810.80m^3$

②边墙工程量：

$4.85\times40m^3=194m^3$

【注释】 清单工程量按设计图示结构断面尺寸乘以长度以体积计算；88.87 为平洞的断面面积，乘以 40（长度）。

清单工程量计算见表 1-1。

清单工程量计算表 **表 1-1**

序号	项目编码	项目名称	项目特征描述	计量单位	工程量
1	040401001001	平洞开挖	普坚石	m^3	3554.80
2	040402002001	混凝土顶拱衬砌	衬砌后半径 6.3m，衬砌厚 0.8m	m^3	810.80
3	040402003001	混凝土边墙衬砌	墙高 3.8m，衬砌厚 0.8m	m^3	194

(2) 定额工程量

本段隧道岩石较好，拟用光面爆破，全断面开挖。

由全国统一市政工程预算定额中的隧道工程工程量计算规则可知：采用光面爆破允许超挖量：拱部为 15cm，边墙为 10cm。

1) 主洞开挖工程量：

开挖断面工程量为：$[\frac{1}{2}\pi\times(5.5+0.8)^2+3.8\times(11+0.8\times2)]\times40m^3=4409.00m^3$

超挖工程量为：$(120.17+30.40)\ m^3=150.57m^3$

施工开挖工程量为：$(150.57+4409.00)\ m^3=4559.57m^3$（拱部超挖为 $120.17m^3$，边墙超挖为 $30.40m^3$）

2) 拱部工程量：

拱部混凝土工程量为：$\frac{1}{2}\times\pi[(5.5+0.8)^2-5.5^2]\times40m^3=593.13m^3$

超挖充填混凝土工程量为：$\frac{1}{2}\times\pi\times(6.45^2-6.3^2)\times40m^3=120.17m^3$

拱部施工衬砌工程量为：$(593.13+120.16)m^3=713.29m^3$

3)边墙衬砌工程量：

边墙断面工程量为：$2\times3.8\times0.8\times40m^3=243.20m^3$

超挖充填断面工程量为：$2\times0.1\times40\times3.8m^3=30.40m^3$

施工衬砌工程量为：$(243.20+30.40)m^3=273.60m^3$

【注释】 $\frac{1}{2}\pi\times$（5.5+0.8）（拱部外侧半圆的半径）^{2} 为拱形上部外侧半圆的断面面积；3.8（边墙的高度）×（11+0.8×2）（边墙外侧间平洞的宽度）为拱形下部方形的断面面积；（120.166+30.40）为超出拱形部分的工程量；$\frac{1}{2}\times\pi$［(5.5+0.8)^2−5.5（拱部内侧面的半径）^{2}］×40（该段平洞的长度）为拱形的外环断面面积减去内环断面面积；$\frac{1}{2}\times\pi\times$（6.45（拱部超挖部分的外侧半径）^{2}−6.3（拱部超挖部分的内侧半径）^{2}）为超挖部分的拱形的外环断面面积减去内环断面面积；2×3.8×0.8（边墙的厚度）为边墙两边的断面面积；2（两侧边墙）×0.1（允许边墙超挖的厚度）×40×3.8 为超挖的工程量，其中 3.8 为超挖的高度；工程量按设计图示结构断面尺寸乘以长度以体积计算。

项目编码：040401001　项目名称：平洞开挖

【例 2】 ××市××隧道工程，其断面图如图 1-2 所示，本隧道为平洞开挖，光面爆破，长 300m，施工段无地下水，岩石类别为特坚石，线路纵坡为2.0%，设计开挖断面积为 65.84m^2。要求挖出的石渣运至洞口外 1200m 处。计算工程量。

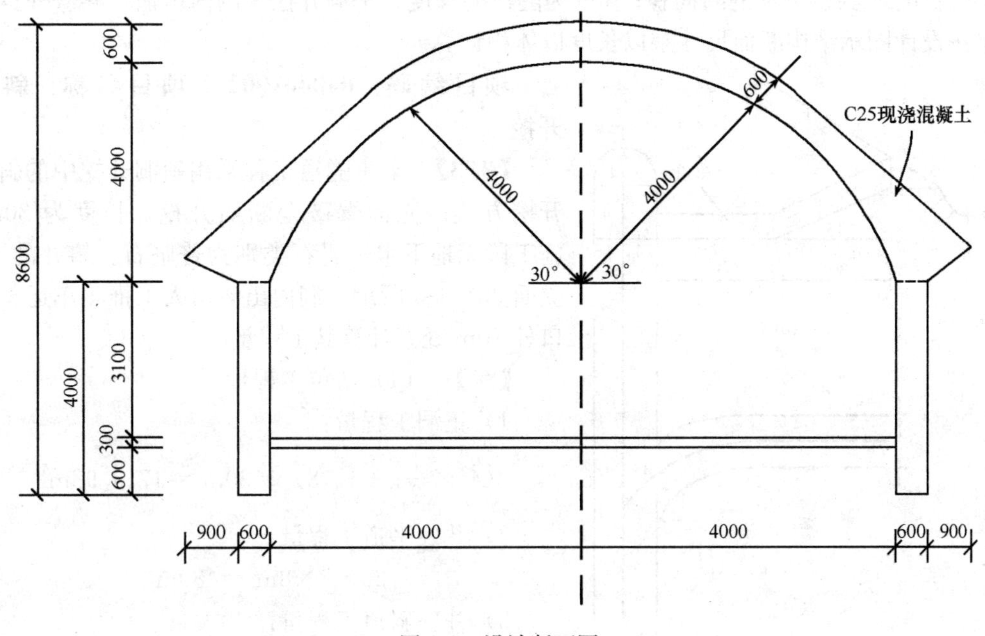

图 1-2　设计断面图

【解】　(1) 清单工程量

平洞开挖工程量：65.84×300m^3＝19752m^3

【注释】　65.84×300 为平洞开挖的工程量，其中 65.84 为断面积，300 为隧道的长度；工程量按设计图示结构断面尺寸乘以长度以体积计算。

清单工程量计算见表 1-2。

清单工程量计算表　　**表 1-2**

项目编码	项目名称	项目特征描述	计量单位	工程量
040401001001	平洞开挖	特坚石，光面爆破	m^3	19752

(2) 定额工程量

由定额工程量计算规则可知：采用光面爆破允许超挖量：拱部：150mm，边墙 100mm。

拱部开挖半径：(4＋0.6＋0.15) m＝4.75m

1) 平洞开挖工程量：

$$V=[(4+0.6+0.1)\times2\times4+\frac{1}{2}\cdot\pi\cdot4.75^2]\times300\text{m}^3=21912.33\text{m}^3$$

2) 洞内运输工程量：

$$V=21912.33\text{m}^3$$

3) 弃渣外运工程量：

装载机装车、自卸汽车运输 21912.33m³

【注释】 （4＋0.6＋0.1（边墙允许超挖的厚度））×2×4 为隧道两侧之间的断面积，其中（4＋0.6＋0.1）×2 为两侧边墙外测之间的长度，4 为高度；$\frac{1}{2}\cdot\pi\cdot4.75$（拱部的半径的长度）^{2} 为拱上部的断面积；300 为隧道的长度；平洞开挖、洞内运输、弃渣外运工程量按设计图示结构断面尺寸乘以长度以体积计算。

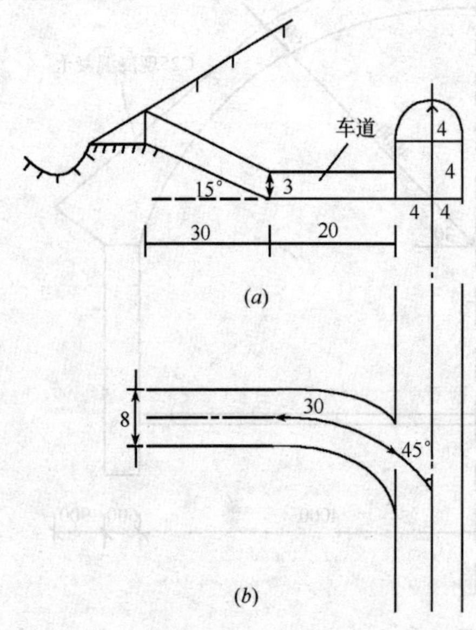

图 1-3 斜井示意图 （单位：m）
（a）立面图；（b）平面图

项目编码：040401002 项目名称：斜井开挖

【例 3】 某市隧道工程采用斜洞开挖中的斜井开挖方式。光面爆破全断面开挖，长度为 30m，施工段无地下水，岩石类别为普坚石。斜井的平、立面如图 1-3 所示。洞内出渣由人工推斗车运至洞口外 20m 处。计算其工程量。

【解】 （1）清单工程量

1）正洞工程量：

$$(4^2\times\frac{1}{2}\pi+4\times8)\times30\text{m}^3=1713.98\text{m}^3$$

2）井底平道工程量：

$$20\times3\times8\text{m}^3=480\text{m}^3$$

3）井底斜道工程量：

$$30/\cos15°\times3\times8\text{m}^3=745.40\text{m}^3$$

【注释】 （5（拱部 的半径）$^2\times\frac{1}{2}\pi$＋4（两侧边墙的高度）×8（两侧边墙间的宽度））为洞的断面积，其中 30 为隧道的长度；20×3（井底平道的高度）×8（井底的宽度）为井底的长度乘以高度乘以隧道宽度；30/cos15°×3（井底斜道的高度）×8（井底的宽度）为井底的长度乘以高度乘以隧道宽度；工程量按设计图示结构断面尺寸乘以长度以体积计算。

清单工程量计算见表 1-3。

清单工程量计算表 **表 1-3**

序号	项目编码	项目名称	项目特征描述	计量单位	工程量
1	040401001001	平洞开挖	普坚石，光面爆破全断面开挖	m³	1713.98
2	040401002001	斜井开挖	普坚石，光面爆破	m³	480
3	040401002002	斜井开挖	普坚石，光面爆破	m³	745.40

（2）定额工程量

由隧道工程量计算规则可知光面爆破允许超挖量：拱部为 15cm，边墙为 10cm。

1）正洞工程量：

$$[(4+0.15)^2\times\frac{1}{2}\pi+8.2\times4]\times30\text{m}^3=1795.59\text{m}^3$$

2）井底平道工程量：

$$20\times3\times8\text{m}^3=480\text{m}^3$$

3）井底斜道工程量：

$$30/\cos15°\times3\times8\text{m}^3=745.40\text{m}^3$$

4）出渣运量工程量：

$$(1795.59+480+745.40)\text{m}^3=3020.99\text{m}^3$$

【注释】 （4＋0.15）（超挖时的外侧半径）$^2\times\frac{1}{2}\pi$＋8.2（两侧边墙超挖时之间的宽度）×4（边墙的高度）洞的工程量加上超挖部分的工程量之和；井底平道，井底斜道、出渣运量工程量均按设计图示结构断面尺寸乘以长度以体积计算。

项目编码：040401004　项目名称：地沟开挖

【例 4】 ××地区某隧道地沟，长为 500m，其断面尺寸如图 1-4 所示，土质为四类土，底宽 1.8m，挖深 2.0m，采用光面爆破，求其工程量。

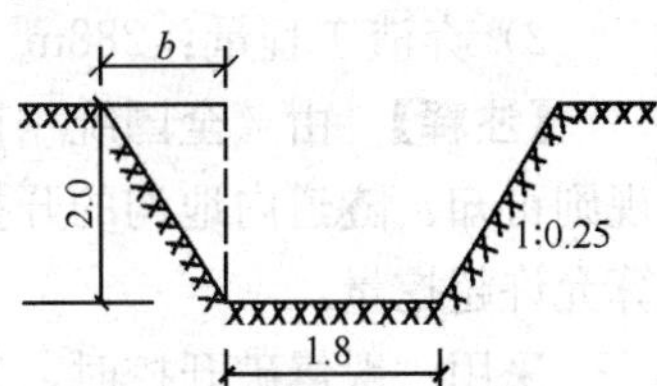

图 1-4　地沟断面图　（单位：m）

【解】 （1）清单工程量

$$K=0.25\quad b=0.5\text{m}$$

$$S=(1.8+1.8+0.5+0.5)\times\frac{1}{2}\times2\text{m}^2=4.6\text{m}^2$$

$$V=4.6\times500\text{m}^3=2300\text{m}^3$$

【注释】 （1.8＋1.8＋0.5＋0.5）（地沟的上底加下底的长度）$\times\frac{1}{2}\times2$（地沟开挖的深度）为地沟的断面积，其中 1.8 为地沟底长，0.5 为斜跨度，即 2×0.25；500 为深度长度；工程量按设计图示结构断面尺寸乘以长度以体积计算。

清单工程量计算见表 1-4。

清单工程量计算表　　**表 1-4**

项目编码	项目名称	项目特征描述	计量单位	工程量
040401004001	地沟开挖	土质为四类土，底宽 1.8m，挖深 2.0m	m^3	2300

（2）定额工程量

1）开挖工程量：

$$(1.8\times2+0.5\times2)\times\frac{1}{2}\times2\times500\text{m}^3=2300\text{m}^3$$

2）出渣工程量：2300m^3

【注释】 本例中定额工程量计算规则同清单工程量计算规则。

【例 5】 某隧道工程地沟为普通岩石，长 100m，宽1.6m，挖深 1.8m，采用一般爆破，施工段无地下水，弃渣由人工推车运输至 30m 的废弃场，计算其工程量。

【解】 （1）清单工程量

$$V=1.6\times1.8\times100\text{m}^3=288\text{m}^3$$

【注释】 1.6（地沟的宽度）×1.8（地沟的开挖深度）为地沟的断面积，100 为深度的长度；工程量按设计图示结构断面尺寸乘以长度以体积计算。

清单工程量计算见表 1-5。

清单工程量计算表 表 1-5

项目编码	项目名称	项目特征描述	计量单位	工程量
040401004001	地沟开挖	普通岩石，宽 1.6m，挖深 1.8m，采用一般爆破	m^3	288

（2）定额工程量

由《全国统一市政工程预算定额》中的隧道工程隧道开挖与出渣说明可知：如采用一般爆破开挖时，其开挖定额应乘以系数 0.935。

1）开挖工程量：$1.8\times1.6\times100m^3=288m^3$

2）弃渣工程量：$288m^3$

【注释】 由《全国统一市政工程预算定额》中的隧道工程隧道开挖与出渣工程量计算规则可知：隧道内地沟的开挖和出渣工程量，按设计断面尺寸，以 m^3 计算，不得另行计算允许超挖量。

采用一般爆破开挖时，其开挖定额应乘以系数 0.935。

项目编码：040401003 项目名称：竖井开挖

【例 6】 ××市××隧道工程在 K2＋150～K2＋200 段设有竖井开挖，该段无地下水，采用一般爆破开挖，岩石类别为普坚石，出渣运输用挖掘机装渣，自卸汽车运输，将废渣运至距洞口 30m 处的废弃场。竖井布置图如图 1-5 所示，计算其工程量。

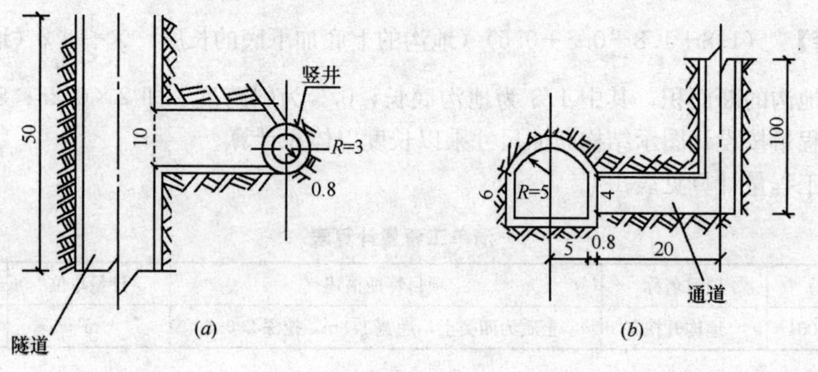

图 1-5 竖井平面及立面图（单位：m）

（a）平面图；（b）立面图

【解】 （1）清单工程量

1）隧道工程量：

$$[(5+0.8)\times6\times2+(5+0.8)^2\times\pi\times\frac{1}{2}]\times50m^3=6122.08m^3$$

2）通道工程量：

$$10\times4\times(20-3.8)m^3=648m^3$$

3）竖井工程量：

$$\pi\times(3+0.8)^2\times100m^3=4536.46m^3$$

【注释】 $(5+0.8)$ ×6（边墙的高度）×2＋ $(5+0.8)$（拱部的半径）$^2\times\pi\times\frac{1}{2}$ 为隧

道平洞的断面面积，其中（5＋0.8）×2 为两边墙外侧之间的宽度；50 为隧道的长度；10×4×（20－3.8）（隧道的长度，其中 3.8 为竖井外侧半径）为隧道通道的断面积乘以隧道通道的宽度，其中 10 为隧道通道宽度，4 为高度；π×（3＋0.8）（竖井的半径）^{2} 为竖井的断面积，100 为竖井的高度；工程量按设计图示结构断面尺寸乘以长度以体积计算。

清单工程量计算见表 1-6。

清单工程量计算表　　**表 1-6**

序号	项目编码	项目名称	项目特征描述	计量单位	工程量
1	040401001001	平洞开挖	普坚石，一般爆破	m^3	6122.08
2	040401001002	平洞开挖	普坚石，一般爆破	m^3	648
3	040401003001	竖井开挖	普坚石，一般爆破	m^3	4536.46

（2）定额工程量

1）隧道工程量：

由隧道工程量计算规则可知：竖井开挖与出渣工程量，按设计图开挖断面尺寸，另加允许超挖量以 m^3 计算，本工程一般爆破，其允许超挖量：拱部为 20cm，边墙为 15cm。且采用一般爆破开挖时，其开挖定额应乘以系数 0.935。

$$[(5+0.8+0.15)\times2\times6+(5+0.8+0.2)^2\pi\times\frac{1}{2}]\times50m^3=6397.43m^3$$

2）通道工程量：

$$10\times4\times(20-3.8)m^3=648m^3$$

3）竖井工程量：

$$\pi(3+0.8)^2\times100m^3=4536.46m^3$$

4）出渣工程量：

$$(6397.43+648+4536.46)m^3=11581.89m^3$$

【注释】　（5＋0.8＋0.15）×2（超挖时边墙之间的开挖宽度）×6（边墙开挖的高度）＋(5＋0.8＋0.2)（超挖时拱部的外侧半径）$^2\pi\times\frac{1}{2}$为隧道的断面积加上超挖的断面积；工程量按设计图示结构断面尺寸乘以长度以体积计算；由上可知采用一般爆破开挖时，其开挖定额应乘以系数 0.935。

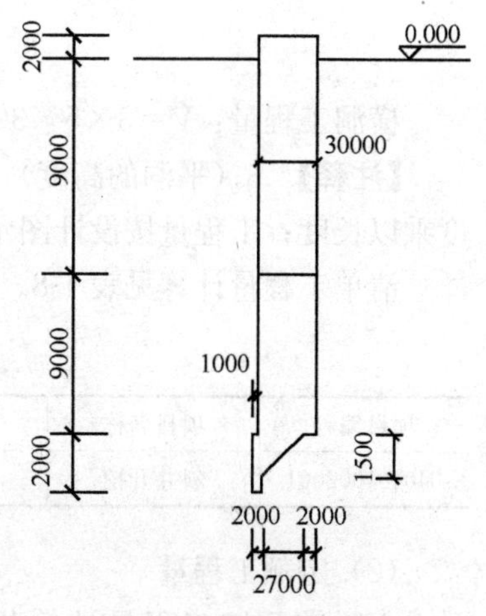

图 1-6　沉井尺寸图

项目编码：040405002　项目名称：沉井下沉

【例 7】　某隧道工程沉井尺寸如图 1-6 所示，下沉深度为 20m，半径为 15m，分两节制作，高度均为 9m，刃脚尺寸如下所示，试计算其工程量。

【解】（1）清单工程量

沉井下沉的工程量：22×2×（15＋0.5）π×20m^3

$=42829.60m^3$

【注释】 18（沉井的长度）×2×15π（井口的周长）×20（下沉的深度）为井口的截面积乘以制作高度；［15.5×1.5π+31（示意图中刃脚的上部的宽度）×0.5π］为刃脚的断面积；工程量按设计图示结构断面尺寸乘以长度以体积计算。

清单工程量计算见表 1-7。

清单工程量计算表　　表 1-7

项目编码	项目名称	项目特征描述	计量单位	工程量
040405002001	沉井下沉	半径为 15m，两节制作	m^3	42829.60

（2）定额工程量

由隧道沉井工程量计算规则可知：沉井下沉的土方工程量，按沉井外壁所围的面积乘以下沉深度，并分别乘以土方回淤系数计算。回淤系数：不排水深度>15m 为 1.02。

沉井下沉工程量：$22\times2\times(15+0.5)\pi\times20\times1.02m^3=43686.19m^3$

项目编码：040401002　项目名称：斜井开挖

【例 8】 某隧道工程为普坚石，横洞尺寸如图 1-7 所示，采用一般爆破，此隧道为 K0+500～K1+000 段，试求横洞工程量。

【解】 （1）清单工程量

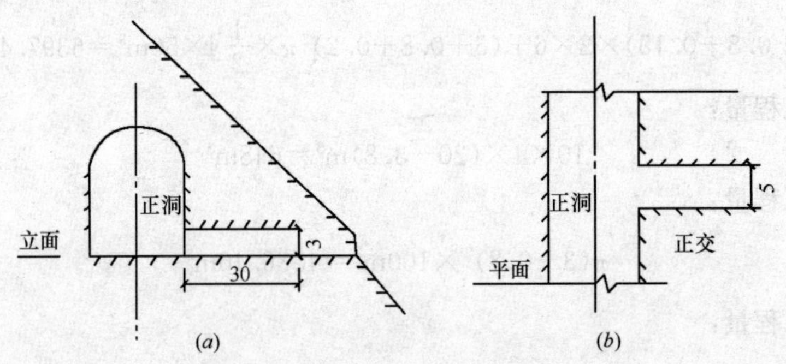

图 1-7 横洞布置图（单位：m）
（a）立面图；（b）平面图

横洞工程量：$V=3\times5\times30m^3=450m^3$

【注释】 3（平洞的高度）×5（平洞的宽度）×30（平洞的长度）为横洞的高度以宽度乘以长度；工程量按设计图示结构断面尺寸乘以长度以体积计算。

清单工程量计算见表 1-8。

清单工程量计算表　　表 1-8

项目编码	项目名称	项目特征描述	计量单位	工程量
040401002001	斜井开挖	普坚石，采用一般爆破	m^3	450

（2）定额工程量

由隧道开挖工程量计算规则可知：采用一般爆破开挖时，其开挖定额应乘以系数 0.935。

$$3\times5\times30m^3=450m^3$$

项目编码：040302003　项目名称：地下连续墙

【例 9】 某隧道段导墙工程，须挖沟槽，其土质为四类土，采用挖掘机挖土，沟槽断面尺寸如图 1-8 所示，求沟槽工程量。

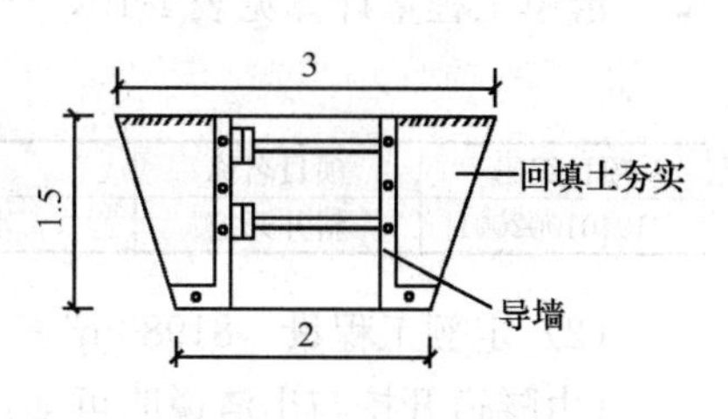

图 1-8　沟槽断面示意图

【解】　(1) 清单工程量

根据 2013 版《市政工程工程量计算规范》，挖沟槽、基坑、一般石方因工作面和放坡增加的工程量，如并入各土方工程量中，编制工程量清单时，可按工作面和放坡表格计算。

$$S=(2+3)\times1.5/2\times l\text{m}^3=3.75l\text{m}^3$$

清单工程量计算见表 1-9。

清单工程量计算表　　表 1-9

项目编码	项目名称	项目特征描述	计量单位	工程量
040101002001	挖沟槽土方	四类土，挖掘机挖土	m^3	3.75l

(2) 定额工程量

$$(3+2)\times1.5/2\times l\text{m}^3=3.75l\text{m}^3$$

【注释】　(2+3)（梯形沟槽的上底加下底的长度）×1.5/2l 为沟槽的工程量，其中 2 为沟槽底长，3 为沟槽顶部长度，1.5 为沟槽高度，l 为沟槽长度。工程量按设计图示尺寸以体积计算。

项目编码：040401002　项目名称：斜井开挖

【例 10】 某隧道因施工需要设有平行导坑，其高度为 10m，如图 1-9 所示，施工段为普坚石，一般爆破，全断面开挖，求其工程量。

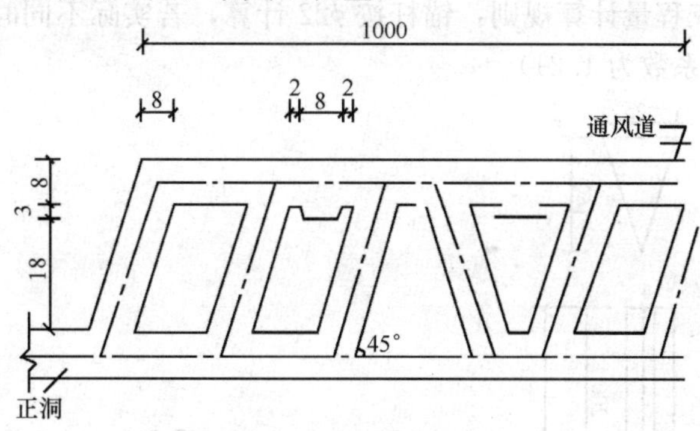

图 1-9　平行导坑示意图（单位：m）

【解】　(1) 清单工程量

$$V=10\times\left[29\times8+8\times992+\frac{(8+12)\times3}{2}\right]\text{m}^3=81980\text{m}^3$$

【注释】　29（开挖的长度）×8（导坑的宽度）+8×992（开挖的长度）+ $\frac{(8+12)（示意图中上部小梯形的上底加下底）\times3（小梯形的高度）}{2}$ 为平行导坑的面积，10 为平行导坑的高度；工程量按设计图示结构断面尺寸乘以长度以体积计算。

清单工程量计算见表 1-10。

清单工程量计算表 **表 1-10**

项目编码	项目名称	项目特征描述	计量单位	工程量
040401002001	斜井开挖	普坚石，一般爆破，全断面开挖	m^3	81980

（2）定额工程量　81980m^3

（由隧道开挖与出渣说明可知：开挖定额均按光面爆破制定，如采用一般爆破开挖时，其开挖定额应乘以系数 0.935）。

项目编码：040402012　项目名称：锚杆

【例 11】 ××市隧道工程施工需要锚杆支护，采用楔缝式锚杆，局部支护，钢筋直径为 20mm，锚杆的具体尺寸如图 1-10 所示，求钢筋用量（采用 A_3 钢筋）。

【解】　（1）清单工程量：

$$m=2.47\times1.5\text{kg}=3.705\text{kg}=0.003705\text{t}$$

一根锚杆的工程量为 0.003705t

【注释】 工程量计算规则按设计图示尺寸以质量计算；2.47（每米的钢筋的理论质量）×1.5 为锚杆的高度乘以每米锚杆的总量，其中 1.5 为锚杆高度。

清单工程量计算见表 1-11。

清单工程量计算表 **表 1-11**

项目编码	项目名称	项目特征描述	计量单位	工程量
040402012001	锚杆	直径为 20mm，长 1.5m	t	0.004

（2）定额工程量

$$m=2.47\times1.5\times1.21\text{kg}=4.48\text{kg}=0.00448\text{t}$$

（根据隧道内衬工程量计算规则：锚杆按 $\phi22$ 计算，若实际不同时，做系数调整，对于 $\phi20$ 的锚杆，调整系数为 1.21）

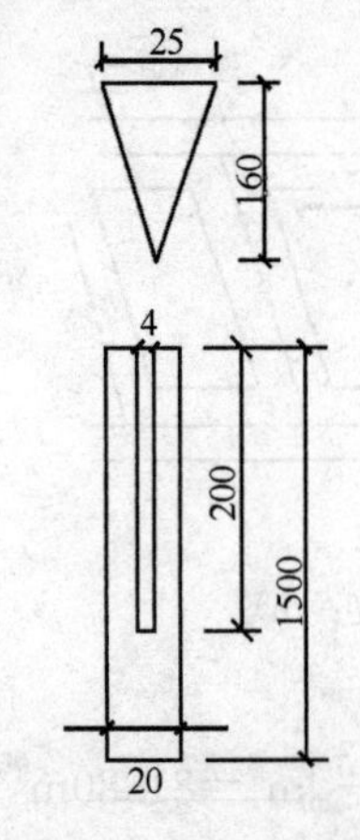

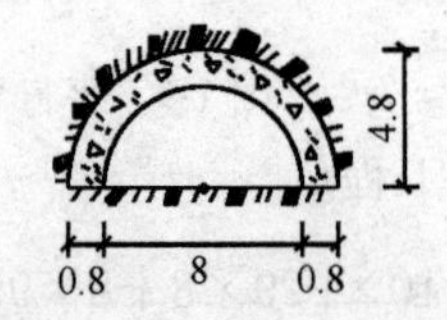

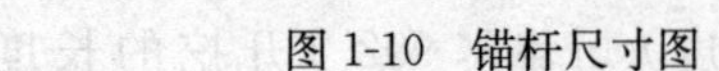

图 1-10　锚杆尺寸图　　图1-11　拱圈混凝土　（单位：m）

项目编码：040402008　项目名称：拱圈砌筑

【例 12】 ××隧道工程灌筑拱圈混凝土，如图 1-11 所示，采用先拱后墙法施工，隧道长为 200m，混凝土强度为 5MPa，碎石最大粒径 15mm，养护时间 7～14 天，计算其工程量。

【解】（1）清单工程量

$$\frac{1}{2}\pi(4.8^2-4^2)\times200\text{m}^3=2211.68\text{m}^3$$

【注释】 $\frac{1}{2}\pi$（4.8（拱圈外侧的半径）^{2}－4（拱圈内侧的半径）^{2}）为拱圈的截面面积，200 为隧道的长度；工程量按设计图示断面尺寸乘以长度以体积计算。

清单工程量计算见表 1-12。

清单工程量计算表　　表 1-12

项目编码	项目名称	项目特征描述	计量单位	工程量
040402008001	拱圈砌筑	混凝土强度为 5MPa	m^3	2211.68

（2）定额工程量

$$\frac{1}{2}\pi\times(4.8^2-4^2)\times200\text{m}^3=2211.68\text{m}^3$$

【注释】 本例中定额工程量计算规则同清单计算规则。

项目编码：040101002　项目名称：挖沟槽土方

【例 13】 ××隧道工程地下连续墙成槽，所需基坑挖土尺寸如图 1-12 所示，土质为三类土，施工段无地下水。试计算其工程量。

【解】（1）清单工程量

$$V=1.5\times1\times200\text{m}^3=300\text{m}^3$$

【注释】 1.5（基坑的宽度）×1（基坑的高度）×200（隧道的长度）为基坑的宽度乘以高度乘以隧道长度；工程量按设计图示断面尺寸乘以长度以体积计算。

清单工程量计算见表 1-13。

清单工程量计算表　　表 1-13

项目编码	项目名称	项目特征描述	计量单位	工程量
040101002001	挖沟槽土方	三类土，深度 1m，宽 1.5m	m^3	300

（2）定额工程量

由地下连续墙工程量计算规则可知：地下连续墙成槽土方量按连续墙设计长度、宽度和槽深（超加深 0.5m）计算。

$$1.5\times200\times(1+0.5)\text{m}^3=450\text{m}^3$$

【注释】 由于深度超加深了 0.5，所以基坑深度为（1＋0.5），1.5（基坑的宽度）×200×（1＋0.5）为基坑断面积乘以隧道长度是其工程量。

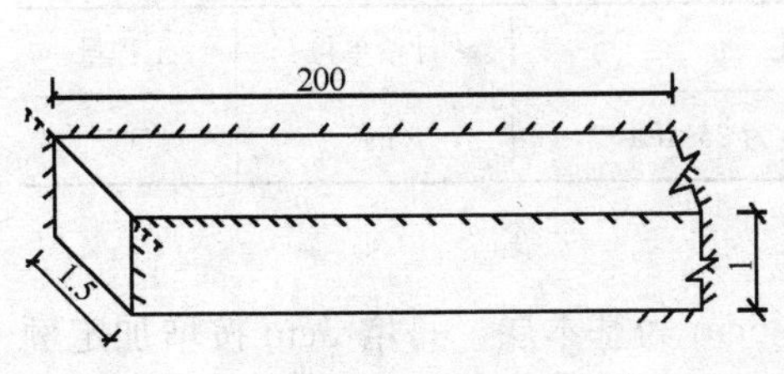

图 1-12　基坑挖土尺寸图　（单位：m）

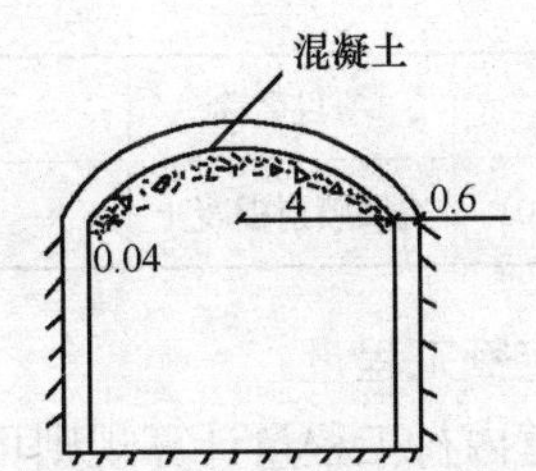

图 1-13　拱部喷射混凝土图　（单位：m）

项目编码：040402006　项目名称：拱部喷射混凝土

【例 14】 某隧道工程拱部喷射混凝土隧道长 50m，如图 1-13 所示，拱部半径为 4m，厚 0.6m，初喷 5cm，混凝土强度为 25MPa，石料最大粒径 15mm，计算拱部喷射混凝土的工程量。

【解】（1）清单工程量

$$S=\frac{1}{2}\times2\times\pi\times4\times50\text{m}^2=628.30\text{m}^2$$

【注释】 $\frac{1}{2}\times2\times\pi\times4$（拱部内侧的半径）为拱部喷射的长度，50 为隧道长度；两者相乘为拱部喷射的截面面积。工程量按设计图示尺寸以面积计算。

清单工程量计算见表 1-14。

清单工程量计算表　　**表 1-14**

项目编码	项目名称	项目特征描述	计量单位	工程量
040402006001	拱部喷射混凝土	初喷 4cm，混凝土强度为 25MPa	m^2	628.30

（2）定额工程量

由隧道内衬工程量计算规则可知：混凝土初喷 5cm 为基本层，每增 5cm 按增加定额计算，不足 5cm 按 5cm 计算。本工程混凝土厚度按 5cm 计算。

$$\frac{1}{2}\times2\times\pi\times4\times50\text{m}^2=628.30\text{m}^2$$

项目编码：040402007　项目名称：边墙喷射混凝土

【例 15】 ××市隧道 K0＋050～K0＋100 段，边墙喷射混凝土，混凝土隧道长 50m，如图 1-14 所示，边墙厚度为 0.6m，高 5m，初喷 6cm，混凝土强度为 25MPa，石料最大粒径 15mm，计算边墙喷射混凝土的工程量。

【解】（1）清单工程量

$$S=2\times5\times50\text{m}^2=500\text{m}^2$$

【注释】 2×5（两边边墙的高度）×50（隧道的长度）为两侧边墙喷射的截面面积；工程量按设计图示尺寸以面积计算。

清单工程量计算见表 1-15。

清单工程量计算表　　**表 1-15**

项目编码	项目名称	项目特征描述	计量单位	工程量
040402007001	边墙喷射混凝土	初喷 6cm，混凝土强度为 25MPa	m^2	500

（2）定额工程量

由隧道内衬工程量计算规则可知：混凝土初喷 5cm 为基本层，每增 5cm 按增加定额计算。

$$2 \times 5 \times 50\text{m}^2 = 500\text{m}^2$$

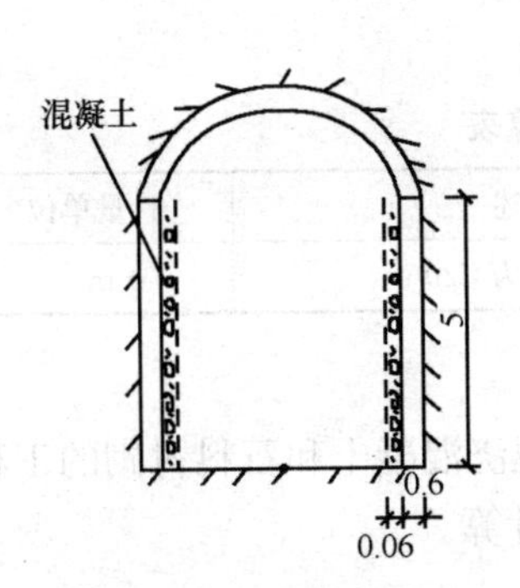

图 1-14　边墙喷射混凝土图
（单位：m）

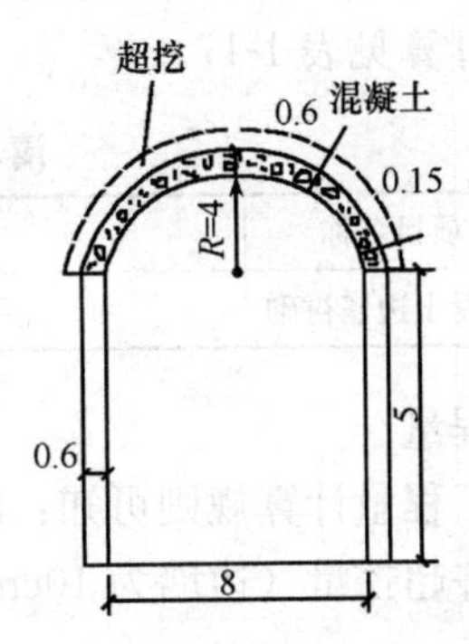

图 1-15　拱部衬砌混凝土示意图
（单位：m）

项目编码：040402002　项目名称：混凝土顶拱衬砌

【例 16】 某隧道工程施工段 K3＋050～K3＋100 段，混凝土隧道长 50m，断面尺寸如图 1-15 所示，石料最大粒径 20mm，混凝土强度等级 C20，试求拱部衬砌工程量。

【解】 （1）清单工程量：

$V = 50 \cdot \pi (4.6^2 - 4^2)/2\text{m}^3 = 405.27\text{m}^3$

【注释】 π（4.6（拱部混凝土外侧的半径）^{2}－4（拱部内侧的半径）^{2}）/2 为拱部的混凝土截面积；50 为隧道的长度；工程量按设计图示尺寸以体积计算。

清单工程量计算见表 1-16。

清单工程量计算表　　表 1-16

项目编码	项目名称	项目特征描述	计量单位	工程量
040402002001	混凝土顶拱衬砌	混凝土强度等级 C20	m^3	405.27

（2）定额工程量

由隧道内衬工程量计算规则可知：隧道内衬现浇混凝土和石料衬砌的工程量，按施工图所示尺寸加允许超挖量（拱部为 15cm）以 m^3 计算。

拱部工程量：$50 \times \pi (4.75^2 - 4^2) \times \frac{1}{2}\text{m}^3 = 515.42\text{m}^3$

【注释】 $50 \times \pi (4.75^2 - 4^2) \times \frac{1}{2}$ 为超挖量时的工程量，4.75 为超挖时的外侧拱部的半径长。

项目编码：040402003　项目名称：混凝土边墙衬砌

【例 17】 ××市隧道工程施工段 K4＋020～K4＋070 需边墙衬砌，混凝土隧道长 50m，断面尺寸如图 1-16 所示，混凝土强度等级为 C20，石料最大粒径 15mm，计算其工程量。

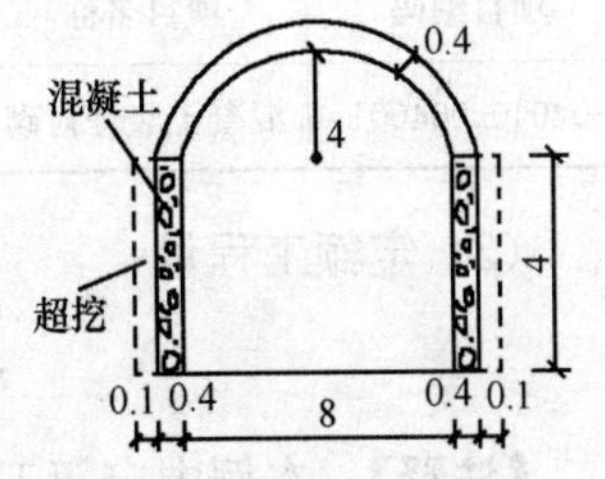

图 1-16　边墙衬砌示意图
（单位：m）

【解】 （1）清单工程量

$$V = 50 \times 2 \times 4 \times 0.4\text{m}^3 = 160\text{m}^3$$

【注释】 2（两侧边墙）×4（边墙的高度）×0.4（边墙的厚度）为边墙的截面积，50 为隧道中需边墙衬砌的长度；

工程量按设计图示尺寸以体积计算。

清单工程量计算见表 1-17。

清单工程量计算表　　表 1-17

项目编码	项目名称	项目特征描述	计量单位	工程量
040402003001	混凝土边墙衬砌	混凝土强度等级为 C20	m^3	160

（2）定额工程量

由隧道内衬工程量计算规则可知：隧道内衬现浇混凝土和石料衬砌的工程量，按施工图所示尺寸加允许超挖量（边墙为 10cm）以 m^3 计算。

$$50\times2\times[4\times(0.4+0.1)]m^3=100\times2m^3=200m^3$$

【注释】　(0.4＋0.1) 为超挖时的边墙厚度。

项目编码：040402004　项目名称：混凝土竖井衬砌

【例 18】　××地区一隧道施工 K2＋080～K2＋130 施工段，需竖井衬砌，断面尺寸如图 1-17 所示，混凝土强度等级 C20，石料最大粒径 25mm，计算其工程量。

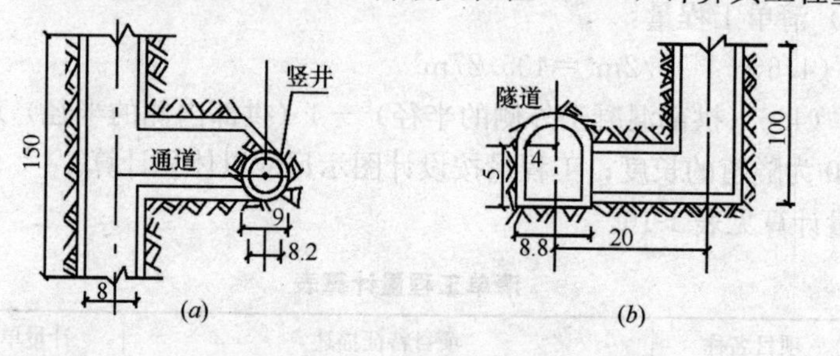

图 1-17　竖井衬砌示意图（单位：m）
(a) 平面图；(b) 立面图

【解】　（1）清单工程量

$$\pi(4.5^2-4.1^2)\times100m^3=1080.71m^3$$

【注释】　π (4.5（井壁外侧的半径)^2 − 4.1（井壁内侧的半径)^2）为竖立井壁的断面面积，100 为竖立井的高度；工程量按设计图示尺寸以体积计算。

清单工程量计算见表 1-18。

清单工程量计算表　　表 1-18

项目编码	项目名称	项目特征描述	计量单位	工程量
040402004001	混凝土竖井衬砌	混凝土强度等级 C20	m^3	1080.71

（2）定额工程量

$$\pi(4.5^2-4.1^2)\times100m^3=1080.71m^3$$

【注释】　本例中定额工程量计算规则同清单计算规则一样。

项目编码：040402005　项目名称：混凝土沟道

【例 19】　××隧道工程：施工段 K0＋050～K0＋090 段需进行沟道衬砌，沟道长度

40m，断面尺寸如图 1-18 所示，混凝土强度等级 C25，石料最大粒径 20mm，求其工程量。

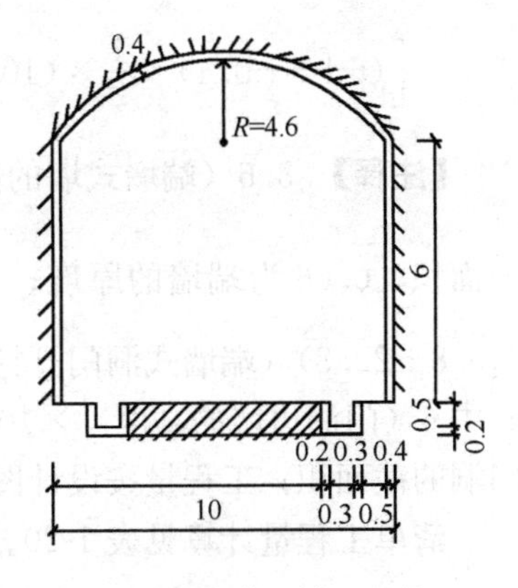

图 1-18　沟道砌筑工程量（单位：m）

【解】（1）清单工程量

$V=40\times2\times[(0.3+0.3+0.2)\times(0.2+0.5)-0.3\times0.5]\ m^3$

$=32.80m^3$

【注释】（0.3＋0.3＋0.2）（沟道外侧的截面宽度）×（0.2＋0.5）（沟道外侧的截面高度）－0.3（沟道内侧的截面宽度）×0.5（沟道内侧的截面高度）为沟道的断面面积，2 为两个沟道，40 为沟道的长度；工程量按设计图示尺寸以体积计算。

清单工程量计算见表 1-19。

清单工程量计算表　　**表 1-19**

项目编码	项目名称	项目特征描述	计量单位	工程量
040402005001	混凝土沟道	混凝土强度等级 C25	m^3	32.80

（2）定额工程量

$$V=40\times2\times[(0.3+0.3+0.2)\times(0.2+0.5)-0.3\times0.5]=32.80m^3$$

【注释】 工程量按设计图示尺寸以体积计算。

项目编码：040402011　项目名称：洞门砌筑

【例 20】 ××隧道工程长为 500m，洞门形状如图 1-19 所示，端墙采用 M10 号水泥砂浆砌片石，翼墙采用 M7.5 号水泥砂浆砌片石，外露面用片石镶面并勾平缝，衬砌水泥砂浆砌片石厚 6cm，求洞门砌筑工程量。

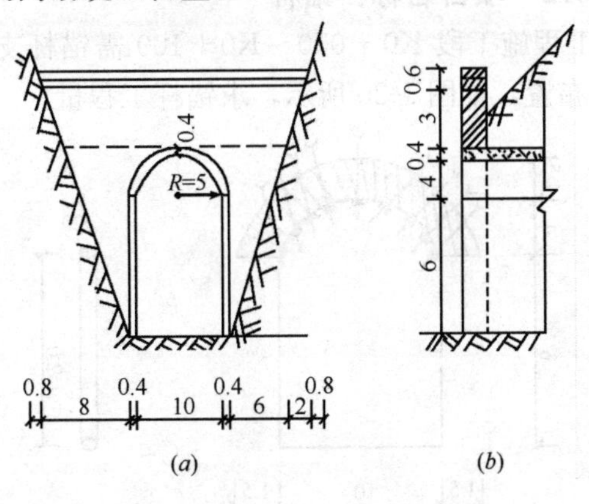

图 1-19　端墙式洞门示意图（单位：m）
(a) 立面图；(b) 局部剖面图

【解】（1）清单工程量

1）端墙工程量：$3.6\times(28.4+22.8)\times\frac{1}{2}\times0.06m^3=5.53m^3$

2）翼墙工程量：

$\left[(6+5+0.4)\times\frac{1}{2}\times(10.8+22.8)-6\times10.8-5.4^2\pi/2\right]\times0.06m^3=4.85m^3$

【注释】 3.6（端墙式墙的高度）×（28.4＋22.8）（端墙式墙的长度）$\times\frac{1}{2}$为端墙的截面积，0.06 为端墙的厚度；（6＋5＋0.4）（端墙式洞门开挖梯形槽的深度）$\times\frac{1}{2}\times$（10.8＋22.8）（端墙式洞门开挖梯形槽的上底加下底的长度之和）为下部梯形的断面积，其中 6（门洞边墙的高度）×10.8（门洞边墙间的宽度）＋5.4（门洞拱部的半径）$^2\pi/2$ 为门洞的截面积；工程量按设计图示尺寸以体积计算。

清单工程量计算见表 1-20。

清单工程量计算表 **表 1-20**

项目编码	项目名称	项目特征描述	计量单位	工程量
040402011001	洞门砌筑	端墙采用 M10 号水泥砂浆砌片石，翼墙采用 M7.5 号水泥砂浆砌片石，外露面用片石镶面并勾平缝	m^3	10.38

（2）定额工程量

1）端墙工程量：$3.6\times(28.4+22.8)\times\frac{1}{2}\times0.06m^3=5.53m^3$

2）翼墙工程量：$\left[(6+5+0.4)\times\frac{1}{2}\times(10.8+22.8)-6\times10.8-5.4^2\pi/2\right]\times0.06m^3=4.85m^3$

洞门砌筑工程量：$(5.53+4.85)m^3=10.38m^3$

【注释】 工程量按设计图示尺寸以体积计算。

项目编码：040402012 项目名称：锚杆

【例 21】 ××隧道工程施工段 K0＋050～K0＋100 需锚杆支护，采用 $\phi20$ 钢筋，长度为 2.0m，采用梅花形布置，如图 1-20 所示，求锚杆工程量。

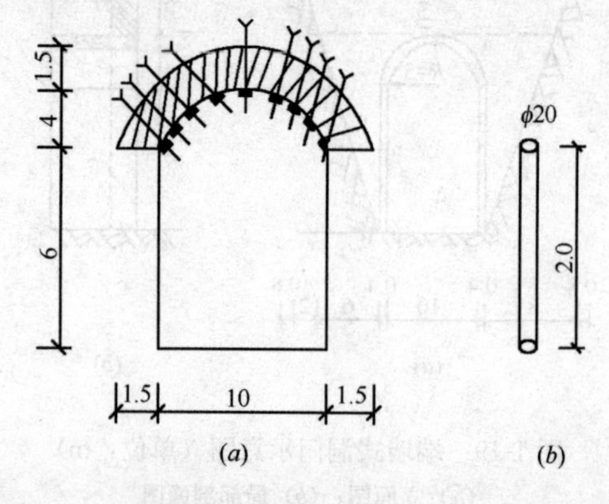

图 1-20 锚杆梅花形布置图及尺寸图 （单位：m）

（a）锚杆布置图；（b）锚杆尺寸图

【解】 （1）清单工程量

查表知，$\phi20$ 的单根钢筋理论重量为：2.47kg/m。

由图 1-20 可知共 9 根锚杆：9×2.0×2.47kg＝44.46kg＝0.044t

【注释】 9（锚杆的根数）×2.0（锚杆的长度）×2.47（钢筋的理论质量）为九根钢筋的总长度乘以每米钢筋的重量，工程量按设计图示尺寸以质量计算。

清单工程量计算见表 1-21。

清单工程量计算表　　表 1-21

项目编码	项目名称	项目特征描述	计量单位	工程量
040402012001	锚杆	ϕ20 钢筋，长度为 2.0m，采用梅花形布置	t	0.044

（2）定额工程量

由隧道内衬工程量计算规则可知：锚杆按 ϕ22 计算，若实际不同时，按系数调整，对于 ϕ20，调整系数为 1.21。

$$9\times2.0\times2.47\times1.21\text{kg}=53.80\text{kg}=0.054\text{t}$$

项目编码：040402013　项目名称：充填压浆

【例 22】 某隧道工程因工程施工在离隧道中线 8m 处进行洞内工作面钻孔预压浆，把水泥浆液用压浆机具由钻孔压入围岩孔洞。孔洞尺寸如图 1-21 所示，求其工作量。

【解】 （1）清单工程量

$$V=40\times1^2\times\pi\text{m}^3=125.66\text{m}^3$$

【注释】 40（隧道的长度）×1（孔洞的半径）^{2}×π 为洞的断面积乘以空洞的高度；工程量按设计图示尺寸以体积计算。

清单工程量计算见表 1-22。

清单工程量计算表　　表 1-22

项目编码	项目名称	项目特征描述	计量单位	工程量
040402013001	充填压浆	把水泥浆液用压浆机具由钻孔压入围岩孔洞	m^3	125.66

（2）定额工程量

$$40\times1^2\times\pi\text{m}^3=125.66\text{m}^3$$

【注释】 本例中定额工程量计算规则同清单计算规则。

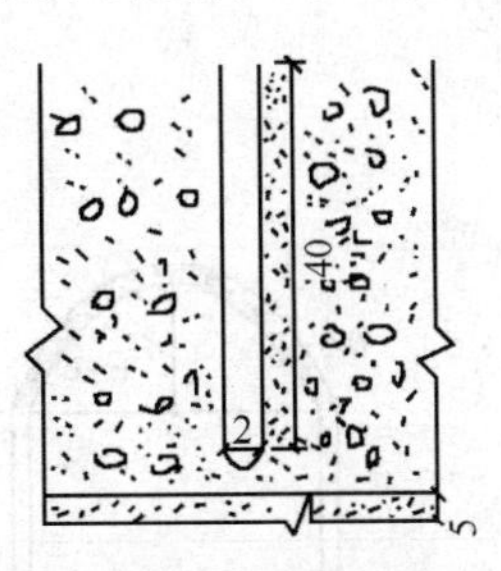

图 1-21　钻孔预压浆图
（单位：m）

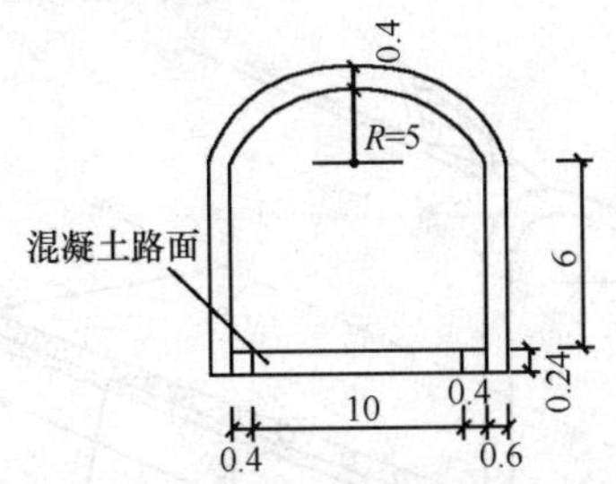

图 1-22　隧道内混凝土路面示意图
（单位：m）

项目编码：040406008　项目名称：隧道内其他结构混凝土

【例 23】 ××地区隧道工程在 K0＋080～K0＋180 段施工混凝土路面，如图 1-22 所示，路面厚度为240mm，混凝土强度等级为C35，路面宽度为10m，石料最大粒径为20mm，求其工程量。

【解】 （1）清单工程量

$$S=10\times100\times0.24\text{m}^3=240\text{m}^3$$

【注释】 10（路面的宽度）×100（隧道的长度）为路面的宽度乘以长度，0.24为路面厚度工程量；计算规则按设计图示尺寸以体积计算。

清单工程量计算见表1-23。

清单工程量计算表 **表1-23**

项目编码	项目名称	项目特征描述	计量单位	工程量
040406008001	隧道内其他结构混凝土	混凝土路面，混凝土强度等级为C35	m^3	240

（2）定额工程量

$$10\times100\times0.24\text{m}^3=240\text{m}^3$$

项目编码：040402019 项目名称：柔性防水层

【例24】 ××地区隧道工程，由于地质要求，要在路的垫层设置柔性防水层，采用环氧树脂，防水层长度为200m，宽为11.2m，如图1-23所示，求其工程量。

【解】 （1）清单工程量

$$S=11.2\times200\text{m}^2=2240\text{m}^2$$

【注释】 **11.2×200为防水层的宽度乘以长度；工程量按设计图示尺寸以面积计算。**

清单工程量计算见表1-24。

清单工程量计算表 **表1-24**

项目编码	项目名称	项目特征描述	计量单位	工程量
040402019001	柔性防水层	采用环氧树脂，防水层长度为200m，宽为11.2m	m^2	2240

（2）定额工程量

$$11.2\times200\text{m}^2=2240\text{m}^2$$

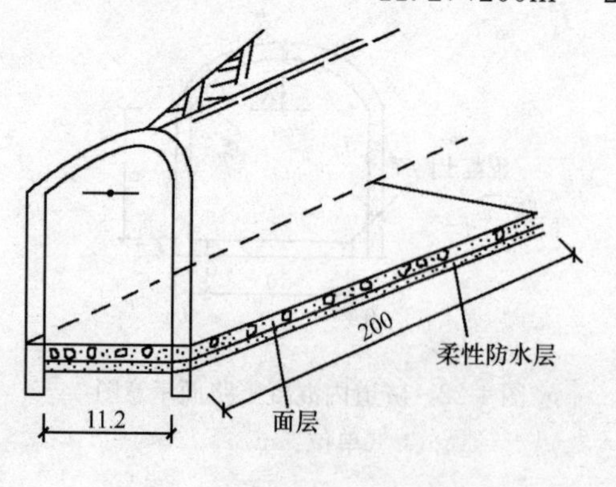

图1-23 隧道柔性防水层示意图（单位：m）

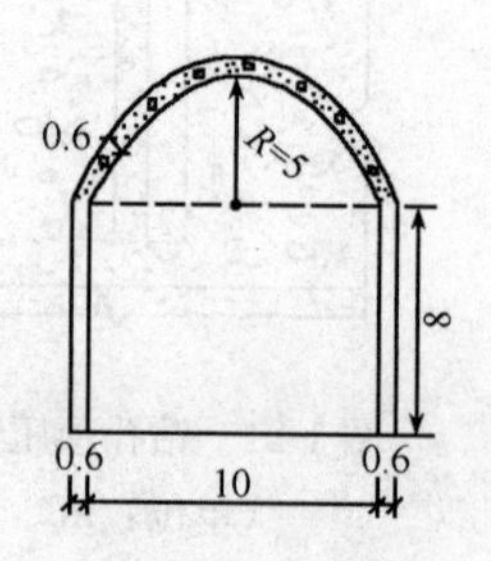

图1-24 拱部浆砌图（单位：m）

项目编码：040305003　项目名称：浆砌块料

【例 25】　××地区有一隧道工程在 K0＋100～K0＋150 段需浆砌块石，在拱背和墙背采用 M7.5 的砂浆砌筑，施工图如图 1-24 所示，求浆砌块石工程量。

【解】　(1) 清单工程量

拱背工程量：$V=50\times(\pi\times5.6^2-\pi\times5^2)/2\text{m}^3=499.51\text{m}^3$

墙背工程量：$V=0.6\times2\times8\times50\text{m}^3=480\text{m}^3$

【注释】　(π×5.6（拱部外侧的半径）^{2}－π×5（拱部内侧的半径）^{2}）/2 为拱背的断面积，50 为隧道的长度；0.6（边墙的厚度）×2×8（边墙的高度）×50 为拱背的断面积乘以隧道长度；工程量按设计图示尺寸以体积计算。

清单工程量计算见表 1-25。

清单工程量计算表　　表 1-25

项目编码	项目名称	项目特征描述	计量单位	工程量
040305003001	浆砌块料	在拱背和墙背采用 M7.5 的砂浆砌筑	m^3	979.51

(2) 定额工程量

$$50\times[\pi(5.6^2-5^2)/2+2\times8\times0.6]\text{m}^3=979.51\text{m}^3$$

项目编码：040406005　项目名称：混凝土梁

【例 26】　××隧道工程在 K0＋050～K0＋100 施工段在桩顶需灌筑混凝土圈梁，如图1-25所示，混凝土强度等级 C25，石料最大粒径为 15mm，求其工程量。

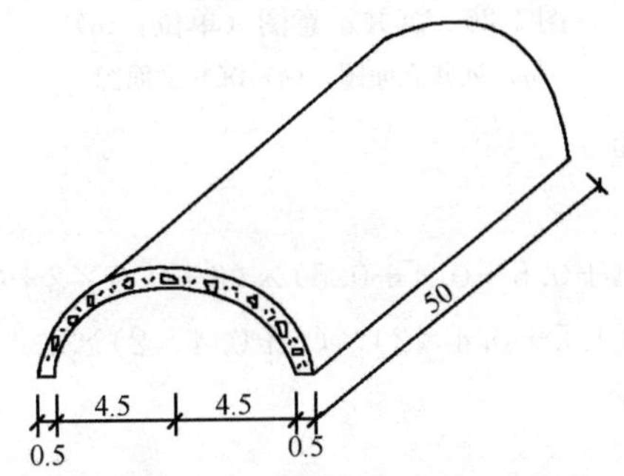

图 1-25　桩顶混凝土圈梁示意图（单位：m）

【解】　(1) 清单工程量

$$V=50\times\pi\times\frac{1}{2}\times(5^2-4.5^2)\text{m}^3=373.06\text{m}^3$$

【注释】　$\pi\times\frac{1}{2}\times$（5（拱部外侧的半径）^{2}－4.5（拱部内侧的半径）^{2}）为拱背的断面积，50 为隧道的长度；工程量按设计图示尺寸以体积计算。

清单工程量计算见表 1-26。

清单工程量计算表　　表 1-26

项目编码	项目名称	项目特征描述	计量单位	工程量
040406005001	混凝土梁	混凝土强度等级 C25	m^3	373.06

（2）定额工程量

$$50\times\pi\times\frac{1}{2}\times(5^2-4.5^2)\mathrm{m}^3=373.06\mathrm{m}^3$$

项目编码：040405001～040405007　项目名称：隧道沉井

【例 27】 ××市隧道工程，由混凝土 C25，石粒最大粒径 15mm，沉井立面图及平面图见图 1-26 所示，沉井下沉深度为 12m，沉井封底及底板混凝土强度为 C20，石料最大粒径为 10mm，沉井填心采用碎石（20mm）及块石（200mm）。不排水下沉，求其工程量。

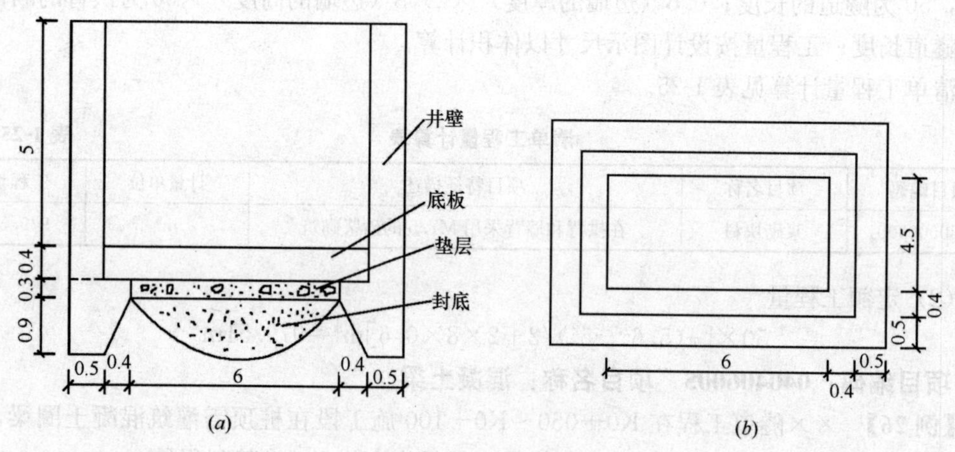

图 1-26　沉井示意图（单位：m）

（a）沉井立面图；（b）沉井平面图

【解】　（1）清单工程量

1）混凝土井壁工程量：

$$V_1=\{5.4\times[(4.5+0.4+0.5+0.4+0.5)\times(6+0.5\times2+0.4\times2)]+0.3\times0.9\times2\times(0.8+6+4.5)-(4.5+0.4\times2)\times(6+0.4\times2)\times5.4\}\mathrm{m}^3$$
$$=(70.74+6.102)\mathrm{m}^3$$
$$=76.84\mathrm{m}^3$$

2）混凝土刃脚工程量：

$$(粗估)V_2=[0.9\times(0.5+0.9)/2\times2\times6.8+0.9\times(0.5+0.9)/2\times2\times4.5]\mathrm{m}^3$$
$$=(8.57+5.67)\mathrm{m}^3$$
$$=14.24\mathrm{m}^3$$

$$(精确)V_2=\{0.9\times7.8\times6.3-0.9/6\times[6.8\times5.3+6\times4.5+(6.8+6)\times(5.3\times4.5)]\}\mathrm{m}^3$$
$$=(44.23-28.27)\mathrm{m}^3$$
$$=15.96\mathrm{m}^3$$

3）沉井下沉工程量：

$$V_3=(6.3+7.8)\times2\times(5+0.4+0.3+0.9)\times12\mathrm{m}^3=2233.44\mathrm{m}^3$$

注：沉井下沉工程量按外围面积×下沉深度计。

4）封底混凝土工程量：

(实际施工底部形状为锅底状，近似以0.9m深的立方体计算。)

$$V_4=0.9\times6\times4.5m^3=24.30m^3$$

5）底板混凝土工程量：

$$V_5=0.4\times6.8\times(4.5+0.4\times2)m^3=14.42m^3$$

6）沉井填心工程量：

$$V_6=5\times(6+0.4\times2)\times(4.5+0.4\times2)m^3=180.20m^3$$

【注释】 5.4(沉井的高度)×[(4.5+0.4+0.5+0.4+0.5)(沉井的水平宽度)×(6+0.5×2+0.4×2)(沉井的水平长度)]为井的最上部的实体工程量，其中5.4为高度；0.3(垫层的厚度)×0.9(垫层部分井壁的宽度，即0.5+0.4)×2×(0.8+6+4.5)(垫层的总长度)为垫层部分的工程量；(4.5+0.4×2)(井内侧的宽度)×(6+0.4×2)(井内侧的长度)×5.4为井内侧的实体工程量；0.9(刃脚的高度)×(0.5+0.9)(刃脚的梯形式上底加加下底之和)/2×2为两个刃脚的断面积，6.8和4.5为其刃脚长度；(6.3+7.8)×2为外围的周长，(6.3+7.8)×2(外围的周长)×(5+0.4+0.3+0.9)(沉井开挖的深度)为外围的表面积，12为下沉深度。0.4(底板的厚度)×6.8(底板的宽度)×(4.5+0.4×2)(沉井的水平板的长度)为底板的厚度乘以截面面积；工程量按设计图示尺寸以体积计算。

清单工程量计算见表1-27。

清单工程量计算表 **表1-27**

序号	项目编码	项目名称	项目特征描述	计量单位	工程量
1	040405001001	沉井井壁混凝土	混凝土C25	m^3	(粗估) 91.08 (精确) 92.8
2	040405002001	沉井下沉	下沉深度12m	m^3	2233.44
3	040405003001	沉井混凝土封底	封底混凝土强度为C20	m^3	24.30
4	040405004001	沉井混凝土底板	封底混凝土强度为C20	m^3	14.42
5	040405005001	沉井填心	沉井填心采用碎石 (20mm) 及块石 (200mm)	m^3	180.20

(2) 定额工程量

1）井壁混凝土工程量：

$\{5.4\times[(4.5+0.4\times2+0.5\times2)\times(6+0.5\times2+0.4\times2)]+0.3\times0.9\times2\times(0.8+6+4.5)-(4.5+0.4\times2)\times(6+0.4\times2)\times5.4\}m^3=76.84m^3$

2）混凝土刃脚工程量：

(粗估) $0.9\times\frac{1}{2}\times2\times(0.5+0.9)\times(4.5+6.8)m^3=14.24m^3$

(精确) $V_2=\{0.9\times7.8\times6.3-0.9/6\times[6.8\times5.3+6\times4.5+(6.8+6)\times(5.3\times4.5)]\}m^3$

$=(44.23-28.27)m^3$

$=15.96m^3$

3）沉井下沉工程量：

$[(4.5+0.4\times2+0.5\times2)+(6+0.4\times2+0.5\times2)]\times2\times(5+0.4+0.3+0.9)\times12m^3$

$=2233.44m^3$

4）封底混凝土工程量：

$$0.9\times6\times4.5\text{m}^3=24.30\text{m}^3$$

5）底板混凝土工程量：

$$6.8\times0.4\times(4.5+0.4\times2)\text{m}^3=14.42\text{m}^3$$

6）沉井填心工程量：

$$5\times(6+0.4\times2)\times(4.5+0.4\times2)\text{m}^3=180.20\text{m}^3$$

【注释】 本例中定额工程量计算规则同清单计算规则一样。

项目编码：040403003 项目名称：衬砌壁后压浆

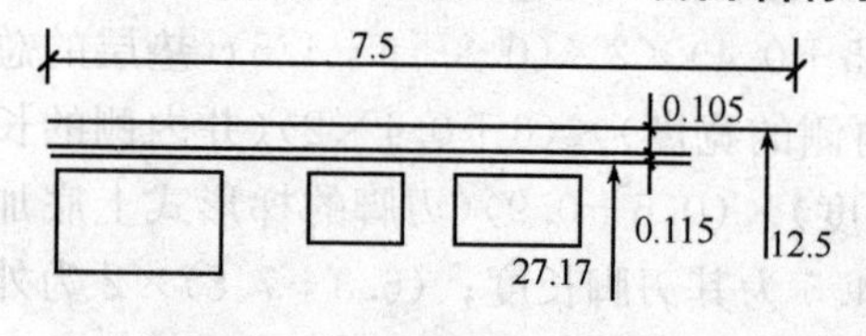

图 1-27 盾构尺寸图（单位：m）

【例 28】 ××隧道工程在盾构推进中由盾尾的同号压浆泵进行压浆，盾构尺寸如图 1-27 所示，浆液为水泥砂浆，砂浆强度为 M7.5，石料最大粒径为 10mm，配合比为水泥：黄砂＝1：3，水灰比为 0.5，求衬砌压浆的工程量。

【解】 (1) 清单工程量

$$V=\pi(0.105+0.115)^2\times7.5\text{m}^3=1.14\text{m}^3$$

【注释】 π（0.105＋0.115）^{2}（衬砌压浆的半径）为衬砌压浆的断面面积，7.5 为盾构的长度；工程量按设计图示尺寸以体积计算。

清单工程量计算见表 1-28。

清单工程量计算表　　　　表 1-28

项目编码	项目名称	项目特征描述	计量单位	工程量
040403003001	衬砌壁后压浆	砂浆强度为 M7.5，配合比为水泥：黄砂＝1：3，水灰比为 0.5	m^3	1.14

(2) 定额工程量

$$\pi(0.105+0.115)^2\times7.5\text{m}^3=1.14\text{m}^3$$

项目编码：040403004 项目名称：预制钢筋混凝土管片

【例 29】 ××市隧道工程钢筋混凝土复合管片，管片尺寸如图 1-28 所示，混凝土强度为 C40，石料最大粒径为 25mm，求其工程量。

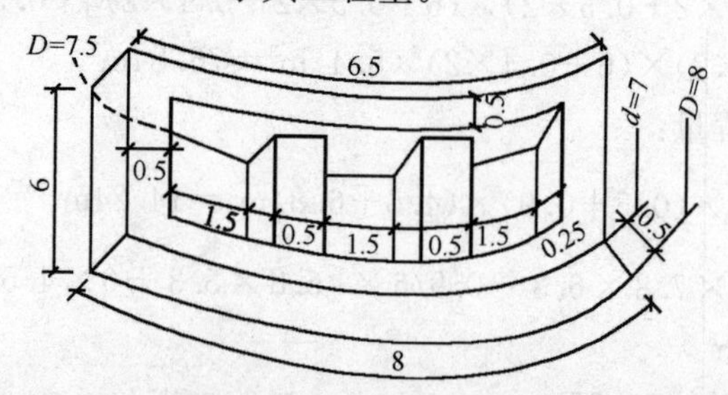

图 1-28 钢筋混凝土复合管片示意图（单位：m）

【解】 (1) 清单工程量

$$\left[\frac{(8\times8-6.5\times7)}{2}\times6-3\times(\frac{1.5\times7.5}{2}\times5-\frac{7\times1.5}{2}\times5)\right]\text{m}^3$$

$=3\times(18.5-1.875)\mathrm{m}^3$

$=49.88\mathrm{m}^3$

【注释】 $\frac{(8(\text{底部复合管片的长度})\times8(\text{下部管片的直径})-6.5(\text{复合管片上部的长度})\times7(\text{上部管片的直径}))}{2}$ ×6(混凝土复合管片的宽度)，钢筋混凝土复合片的工程量为底面的断面积乘以宽度；工程量按设计图示尺寸以体积计算。

清单工程量计算见表 1-29。

清单工程量计算表　　　　表 1-29

项目编码	项目名称	项目特征描述	计量单位	工程量
040403004001	预制钢筋混凝土管片	混凝土强度为 C40	m^3	49.88

(2) 定额工程量

由盾构法掘进工程量计算规则可知：预制混凝土管片工程量按实体积加 1%损耗计算：

$[(8\times8-6.5\times7)\times6/2-3\times(1.5\times7.5\times5-7\times1.5\times5)/2]\times(1+1\%)\mathrm{m}^3=50.37\mathrm{m}^3$

项目编码：040403006　项目名称：隧道洞口柔性接缝环

【例 30】 ××地区需在隧道洞口设置柔性接缝环，采用钢筋混凝土制作，具体尺寸如图 1-29 所示，求其工程量。

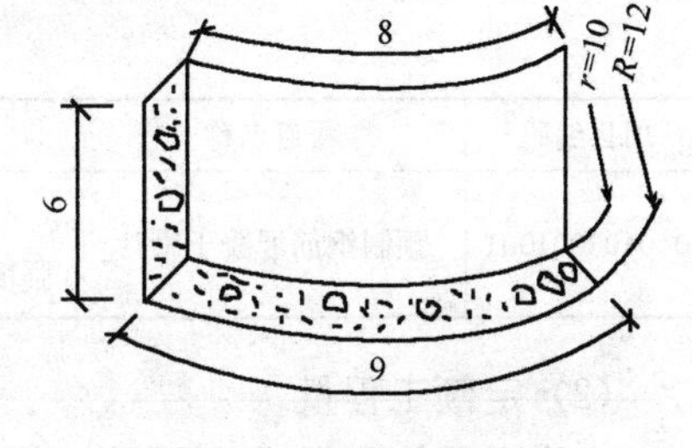

图 1-29　柔性接缝环图
(单位：m)

【解】 (1) 清单工程量

$C=(2\times6+2\times9)\mathrm{m}=30\mathrm{m}$

【注释】 (2×6 (接缝的宽度) +2×9 (接缝的长度)) 为外侧的周长；工程量按设计图示以隧道管片外径周长计算。

清单工程量计算见表 1-30。

清单工程量计算表　　　　表 1-30

项目编码	项目名称	项目特征描述	计量单位	工程量
040403006001	隧道洞口柔性接缝环	钢筋混凝土制作	m	30

(2) 定额工程量：

$$\left[2\times6+\frac{1}{2}\times(8+9)\times2\right]\mathrm{m}=29\mathrm{m}$$

项目编码：040403004　项目名称：预制钢筋混凝土管片

【例 31】 ××隧道在 K0+020～K0+120 段采用盾构施工，设置预制钢筋混凝土管片，如图 1-30 所示，外直径为 16m，内直径为 13m，外弧长为 12m，内弧长为 10m，宽度为 6m，混凝土强度为 C40，石料最大粒径为 15mm，求预制钢筋混凝土管片工程量。

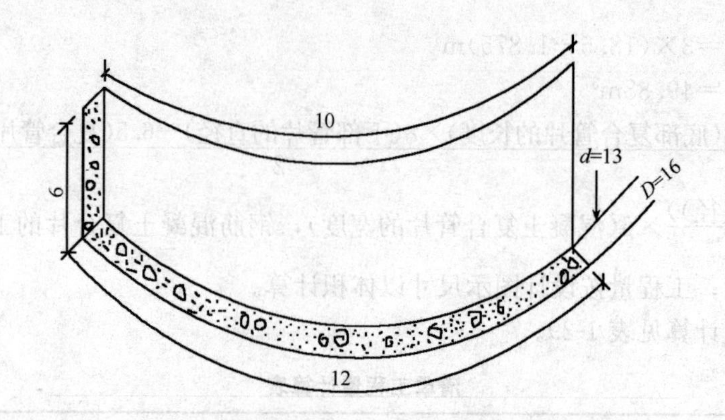

图 1-30 预制钢筋混凝土管片示意图（单位：m）

【解】 (1) 清单工程量

$$V=\frac{1}{2}\times(12\times16-10\times13)\times6\text{m}^3=186\text{m}^3$$

【注释】 $\frac{1}{2}\times$（12（示意图中管片下部的弧长）×16（管片下部直径）－10（示意图中管片的上部弧长）×13（管片上部的直径））×6（钢管的宽度）为钢管片壁的断面积乘以宽度；工程量按设计图示尺寸以体积计算。

清单工程量计算见表 1-31。

清单工程量计算表 表 1-31

项目编码	项目名称	项目特征描述	计量单位	工程量
040403004001	预制钢筋混凝土管片	外直径为 16m，内直径为 13m，混凝土强度为 C40	m^3	186

(2) 定额工程量

由隧道盾构法掘进工程量计算规则可知：预制混凝土管片工程量按实体积加 1%损耗计算。

$$\frac{1}{2}\times(12\times16-10\times13)\times6\times(1+1\%)\text{m}^3=187.86\text{m}^3$$

项目编码：040404007 项目名称：隧道内旁通道开挖

【例 32】 ××市隧道工程需开挖旁通道，如图 1-31 所示，施工段 K0＋050～K0＋120 段为三类土，求其工程量。

【解】 (1) 清单工程量

$V=5\times6\times(30+50)\text{m}^3=2400\text{m}^3$

【注释】 5（通道的高度）×6（通道的宽度）为旁通道的截面面积，(30＋50) 为隧道的长度；工程量按设计图示尺寸以体积计算。

清单工程量计算见表 1-32。

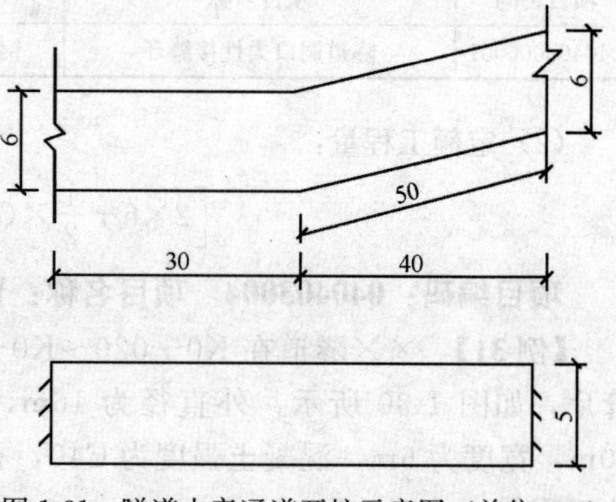

图 1-31 隧道内旁通道开挖示意图（单位：m）

清单工程量计算表 表 1-32

项目编码	项目名称	项目特征描述	计量单位	工程量
040404007001	隧道内旁通道开挖	三类土	m^3	2400

（2）定额工程量

$$5\times6\times(30+50)m^3=2400m^3$$

【注释】 本例中定额工程量计算规则同清单计算规则一样。

【例 33】 某隧道工程旁通道混凝土结构如下，断面尺寸见图 1-32 所示，混凝土强度为 C25，石料最大粒径为 10mm，求其工程量。

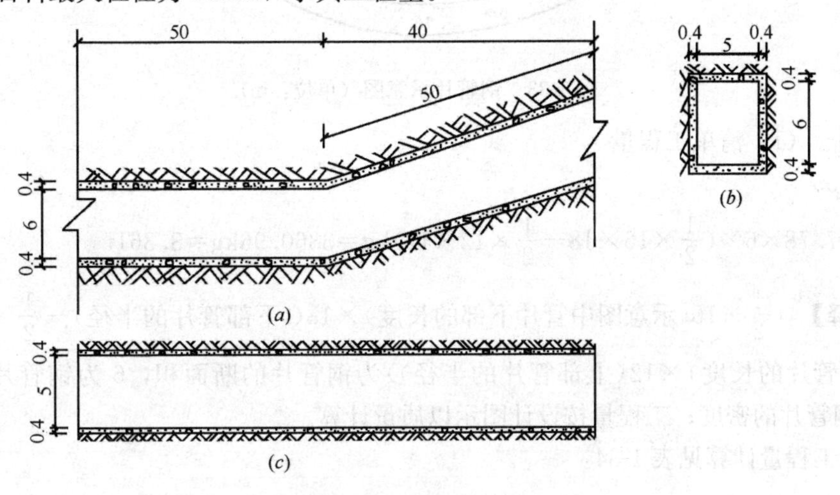

图 1-32 隧道旁通道混凝土示意图 （单位：m）

（a）剖面图；（b）断面图；（c）平面图

【解】 （1）清单工程量

$$V=[(5+0.4\times2)\times(6+0.4\times2)-5\times6]\times(50+50)m^3$$
$$=944m^3$$

【注释】 （5+0.4×2）（旁道外侧的宽度）×（6+0.4×2）（旁道的截面高度）为旁道上混凝土的断面面积；5（旁道内侧的宽度）×6（旁道内侧的高度）为旁道内侧的面积；50+50 为旁道的长度；工程量按设计图示尺寸以体积计算。

清单工程量计算见表 1-33。

清单工程量计算表 表 1-33

项目编码	项目名称	项目特征描述	计量单位	工程量
040404008001	旁通道结构混凝土	混凝土强度为 C25	m^3	944

（2）定额工程量

$$V=[5+0.4\times2)\times(6+0.4\times2)-5\times6]\times(50+50)m^3=944m^3$$

【注释】 本例中定额工程量计算规则同清单计算规则一样。

项目编码：040404012 项目名称：钢管片

【例 34】 某隧道工程采用盾构掘进，需要制作钢管片，具体尺寸如图 1-33 所示，采用高精度钢制作，求其工程量。

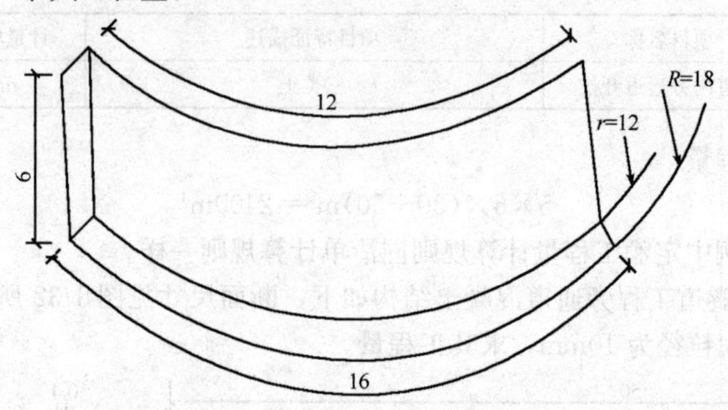

图 1-33 钢管片示意图（单位：m）

【解】 (1) 清单工程量

$m=\rho v$

$$=7.78\times6\times(\frac{1}{2}\times16\times18-\frac{1}{2}\times12\times12)\text{kg}=3360.96\text{kg}=3.361\text{t}$$

【注释】 ($\frac{1}{2}$×16(示意图中管片下部的长度)×18(下部管片的半径)$-\frac{1}{2}$×12(示意图中上部管片的长度)×12(上部管片的半径))为钢管片的断面积，6 为钢管片的宽度，7.78 为钢管片的密度；工程量按设计图示以质量计算。

清单工程量计算见表 1-34。

清单工程量计算表 **表 1-34**

项目编码	项目名称	项目特征描述	计量单位	工程量
040404012001	钢管片	高精度钢制作	t	3.361

(2) 定额工程量

$$7.78\times6\times\frac{1}{2}\times(16\times18-12\times12)\text{kg}=3360.96\text{kg}=3.361\text{t}$$

【注释】 本例中定额工程量计算规则同清单计算规则一样。

项目编码：040407008 项目名称：隧道内其他结构混凝土

【例 35】 某地区隧道工程附属混凝土结构、楼梯、电缆沟及车道侧石等，如图 1-34 所示混凝土强度为 C30，石料最大粒径为 15mm，求其工程量。(隧道长 100m)

【解】 (1) 清单工程量

1) 楼梯工程量：

$$V_1=13\times0.35\times(0.2+0.3)/2\times1\text{m}^3=1.14\text{m}^3$$

2) 平台工程量：

$$V_2=2\times2\times0.3\text{m}^3=1.20\text{m}^3$$

3) 电缆沟工程量：

$$V_3=100\times0.5\times0.6\times2\text{m}^3=30\times2\text{m}^3=60\text{m}^3$$

4) 侧石工程量：

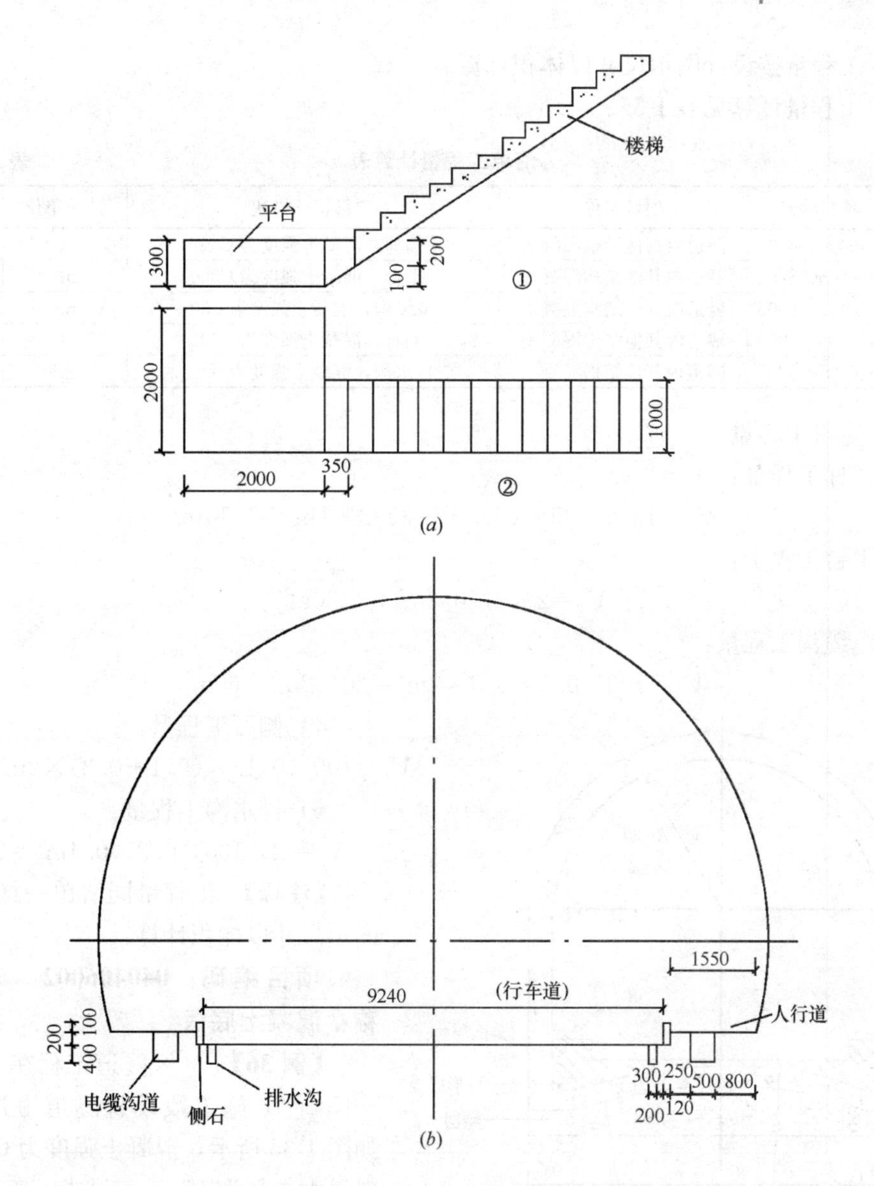

图 1-34
(a) 楼梯示意图；(b) 隧道断面示意图
①立面图　②平面图

$$V_4 = 100 \times 0.12 \times (0.1 + 0.2) \times 2\text{m}^3 = 7.20\text{m}^3$$

5) 排水沟工程量：

$$V_5 = 2 \times 100 \times 0.3 \times 0.4\text{m}^3 = 24\text{m}^3$$

【注释】 0.35(一节梯的踏面的宽度)×(0.2+0.3)(楼梯截面的上底加下底)/2 为一阶楼梯的断面积，1 为楼梯宽，13 为楼梯的梯数；2(休息平台的长度)×2(休息平台的宽度)×0.3(休息平台的厚度)为平台的面积乘以平台厚度；100×0.5(电缆沟的截面宽度)×0.6(电缆沟的截面长度)×2 为两个电缆沟的断面积乘以隧道长度(100)；0.12(侧石的截面宽度)×(0.1+0.2)(侧石的截面长度)为侧石的断面积，2 为两侧都有，100 为侧石长度；2×100×0.3(排水沟的截面宽度)×0.4(排水沟的截面长度)为两个排水沟的长度乘以断面积；工程量按设计图示尺寸以体积计算。

清单工程量计算见表 1-35。

清单工程量计算表　　表 1-35

序号	项目编码	项目名称	项目特征描述	计量单位	工程量
1	040406008001	隧道内其他结构混凝土	楼梯，混凝土强度为 C30	m^3	1.14
2	040406008002	隧道内其他结构混凝土	平台，混凝土强度为 C30	m^3	1.20
3	040406008003	隧道内其他结构混凝土	电缆沟，混凝土强度为 C30	m^3	60
4	040406008004	隧道内其他结构混凝土	侧石，混凝土强度为 C30	m^3	7.20
5	040406008005	隧道内其他结构混凝土	排水沟，混凝土强度为 C30	m^3	24

（2）定额工程量

1）楼梯工程量：

$$V_1=13\times0.35\times(0.2+0.3)/2\times1\text{m}^3=1.14\text{m}^3$$

2）平台工程量：

$$V_2=2\times2\times0.3\text{m}^3=1.20\text{m}^3$$

3）电缆沟工程量：

$$V_3=100\times0.5\times0.6\times2\text{m}^3=30\times2\text{m}^3=60\text{m}^3$$

4）侧石工程量：

$$V_4=100\times0.12\times(0.1+0.2)\times2\text{m}^3=7.20\text{m}^3$$

5）排水沟工程量：

$$V_5=2\times100\times0.3\times0.4\text{m}^3=24\text{m}^3$$

【注释】 工程量同清单一样按设计图示尺寸以体积计算。

项目编码：040406002　项目名称：混凝土底板

【例 36】 ××隧道工程在 K0＋20～K0＋70 施工段设置隧道弓形底板，如图 1-35 所示，混凝土强度为 C30，石料最大粒径为 15mm，试求其工程量。

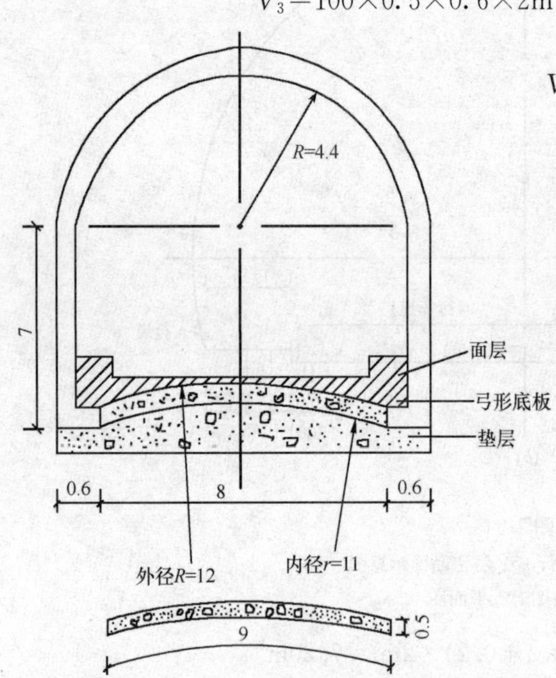

图 1-35　隧道线弓形底板示意图（单位：m）

【解】 （1）清单工程量

$$V=50\times0.5\times9\text{m}^3=225\text{m}^3$$

【注释】 0.5（底板的厚度）×9（底板的长度）为拱形底板的断面积，50 为弓形底板的长度；工程量按设计图示尺寸以体积计算。

清单工程量计算见表 1-36。

清单工程量计算表　　表 1-36

项目编码	项目名称	项目特征描述	计量单位	工程量
040406002001	混凝土底板	混凝土强度为 C30	m^3	225

（2）定额工程量

$$50 \times 0.5 \times 9\text{m}^3 = 225\text{m}^3$$

项目编码：040406007　项目名称：圆隧道内架空路面

【例 37】　××地区某一隧道工程施工段 K0＋50～K0＋150 施工段由于地质条件限制需设置架空路面，路面厚度为0.06m，采用 C45 的沥青混凝土，石料最大粒径为 15mm，具体尺寸如图 1-36 所示，试求其工程量。

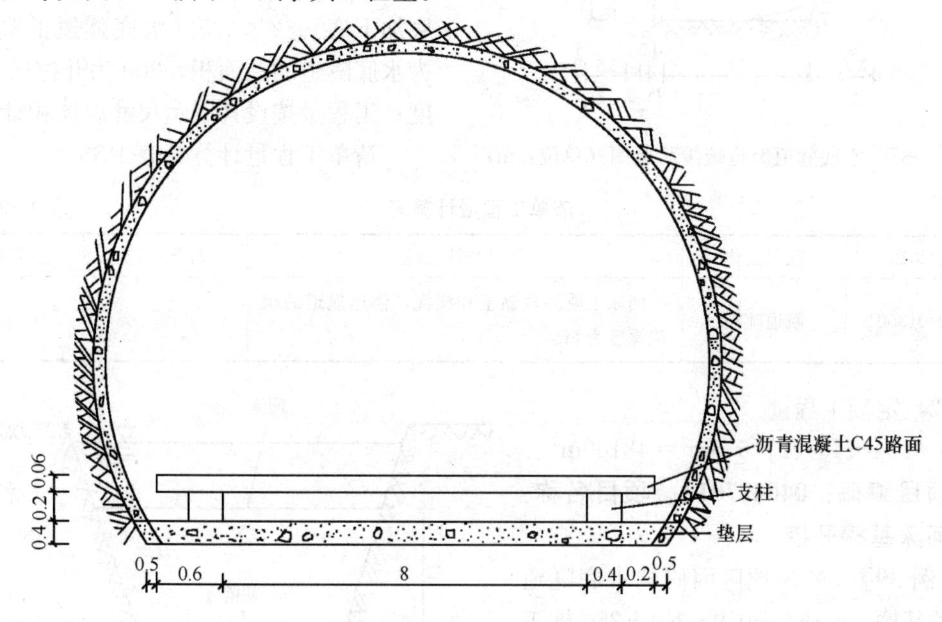

图 1-36　圆隧道内架空路面示意图（单位：m）

【解】　（1）清单工程量

$$S = 100 \times 9.2 \times 0.6\text{m}^3 = 552\text{m}^3$$

【注释】　9.2 为架空面的宽度，100 为架空路面的长度，0.6m 为架空路面厚度；工程量按设计图示尺寸以体积计算。

清单工程量计算见表 1-37。

清单工程量计算表　　　　**表 1-37**

项目编码	项目名称	项目特征描述	计量单位	工程量
040406007001	圆隧道内架空路面	路面厚度为 0.06m，采用 C45 的沥青混凝土	m^2	552

（2）定额工程量

$$100 \times 9.2 \times 0.6\text{m}^3 = 552\text{m}^3$$

【注释】　定额计算规则同清单计算规则一样。

项目编码：040407013　项目名称：航道疏浚

【例 38】　××地区用沉管法修筑水底隧道，河床土质为软黏土和淤泥，浮运航道的疏浚深度为 6m，开挖航道长度为 200m，采用挖泥船挖泥，水底隧道航道疏浚示意图如图

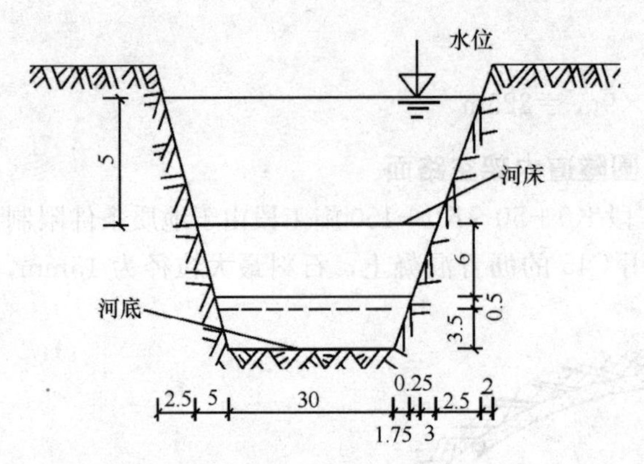

图 1-37　水底隧道航道疏浚示意图（单位：m）

1-37 所示，求其工程量。

【解】　(1) 清单工程量

由于河床地质情况增加了 0.5m 的富余水深。

$V=200\times(34+40)/2\times6.5\text{m}^3=48100\text{m}^3$

【注释】　(34＋40)（水底隧道的上底加下底）/2×6.5（水底隧道的高度）为水底隧道的断面积，200 为开挖航道长度；工程量按设计图示尺寸以体积计算。

清单工程量计算见表 1-38。

清单工程量计算表　　表 1-38

项目编码	项目名称	项目特征描述	计量单位	工程量
040407013001	航道疏浚	河床土质为软黏土和淤泥，浮运航道的疏浚深度为 6m	m^3	48100

(2) 定额工程量

$200\times(34+40)/2\times6.5\text{m}^3=48100\text{m}^3$

项目编码：040407014　项目名称：沉管河床基槽开挖

【例 39】　××地区因修建水底隧道而开挖基槽，在 K0＋050～K0＋250 施工段的河床土质为砂，砂夹黏土，较硬黏土，人工挖土深度为 11m，具体尺寸如图 1-38 所示，求其工程量。

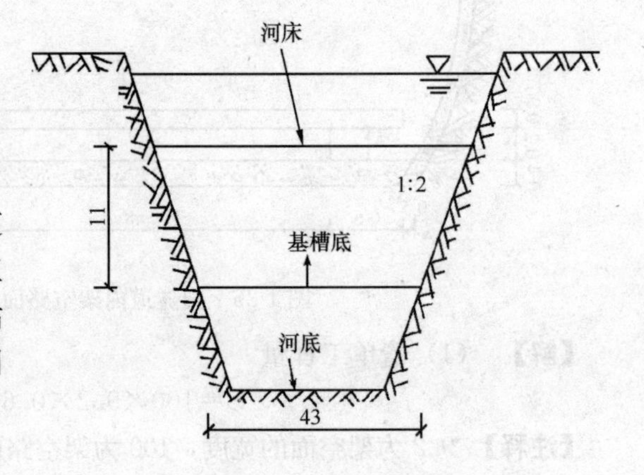

图 1-38　基槽开挖断面图（单位：m）

【解】　(1) 清单工程量

由基槽开挖放坡系数表表可知：土层种类为砂、砂夹黏土、较硬黏土所对应的人工挖土放坡系数为 1∶2。

$$V=200\times(43+43+2\times11\times2)/2\times11\text{m}^3=143000\text{m}^3$$

【注释】　(43＋43＋2×11×2)(基槽的上底加下底之和)/2×11(基槽的深度)为人工开挖的断面积，200 为隧道的长度；工程量按设计图示尺寸以体积计算。

清单工程量计算见表 1-39。

清单工程量计算表　　表 1-39

项目编码	项目名称	项目特征描述	计量单位	工程量
040407014001	沉管河床基槽开挖	河床土质为砂，砂夹黏土，较硬黏土，人工挖土深度为 11m	m^3	143000

（2）定额工程量

$$200\times[43+43+2\times11\times2]\times11/2\text{m}^3=143000\text{m}^3$$

【注释】 定额工程量计算规则同清单计算规则一样。

项目编码：040407016　项目名称：基槽抛铺碎石

【例 40】 某地隧道工程在 K0＋050～K0＋150 施工段向基槽抛铺碎石，工况等级：碎石平均粒径为 5mm 左右，石粒厚度为 1m，含砂量为 11%，砂垫层尺寸如图 1-39 所示，求其工程量。

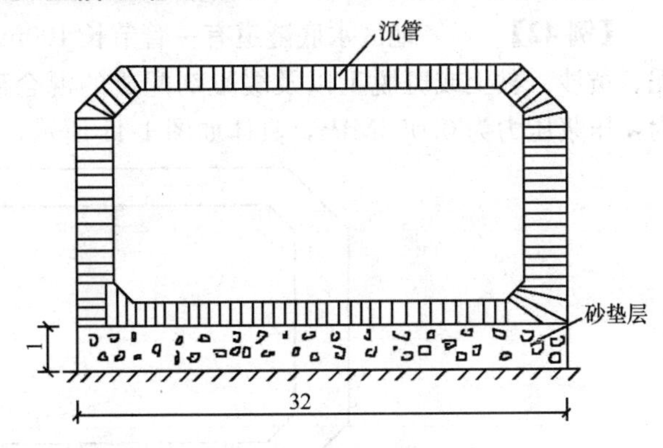

图 1-39　基槽抛铺碎石示意图（单位：m）

【解】（1）清单工程量

$V=100\times1\times32\text{m}^3=3200\text{m}^3$

【注释】 100（隧道的长度）×1（石粒的厚度）×32（垫层的宽度）为隧道的长度乘以石粒的厚度乘以宽度；工程量按设计图示尺寸以体积计算；

清单工程量计算见表 1-40。

清单工程量计算表　　**表 1-40**

项目编码	项目名称	项目特征描述	计量单位	工程量
040407016001	基槽抛铺碎石	碎石平均粒径为 5mm 左右，石粒厚度为 1m	m³	3200

（2）定额工程量：

$$100\times1\times32\text{m}^3=3200\text{m}^3$$

【注释】 定额工程量计算规则同清单计算规则一样。

项目编码：040407015　项目名称：钢筋混凝土块沉石

【例 41】 某水底隧道工程 K2＋050～K2＋500 段需下沉钢筋混凝土块石，如图 1-40 所示，工况等级：块石的粒径为 20mm，沉石深度为 1m，求其工程量。

【解】（1）清单工程量

$V=450\times(24+24+2\times2)\times1/2\text{m}^3$

$=11700\text{m}^3$

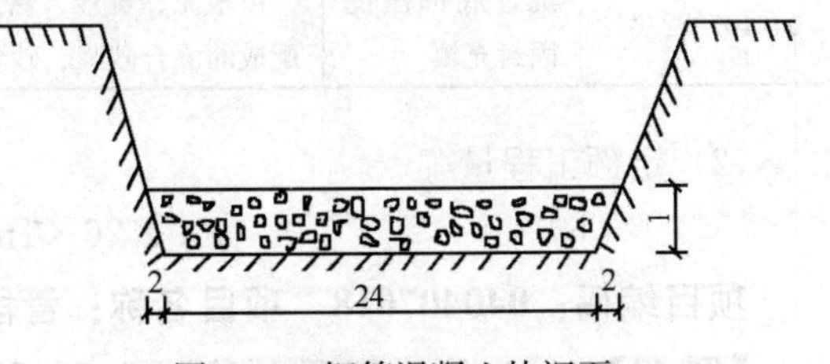

图 1-40　钢筋混凝土块沉石断面图（单位：m）

【注释】（24＋24＋2×2）（混凝土石块的下沉的梯形面的上底加下底之和）×1/2 为需下沉钢筋混凝土块石的断面积；450 为隧道需下沉混凝土石块的长度；工程量按设计图示尺寸以体积计算。

清单工程量计算见表 1-41。

清单工程量计算表　　**表 1-41**

项目编码	项目名称	项目特征描述	计量单位	工程量
040407015001	钢筋混凝土块沉石	块石的粒径为 20mm，沉石深度为 1m	m³	11700

（2）定额工程量

$$450\times(24\times2+2\times2)\times1/2\text{m}^3=11700\text{m}^3$$

【注释】 定额工程量计算规则同清单计算规则一样。

项目编码：040407022　项目名称：沉管底部压浆固封充填

【例 42】 ××地区水底隧道有一管节长100m，在沉管底部压浆。压浆材料为：由水泥、黄沙、黏土或斑脱土以及缓凝剂配成的混合砂浆、砂浆强度为0.5MPa，压浆要求为：压浆压力为0.053MPa，具体如图1-41所示，求其工程量。

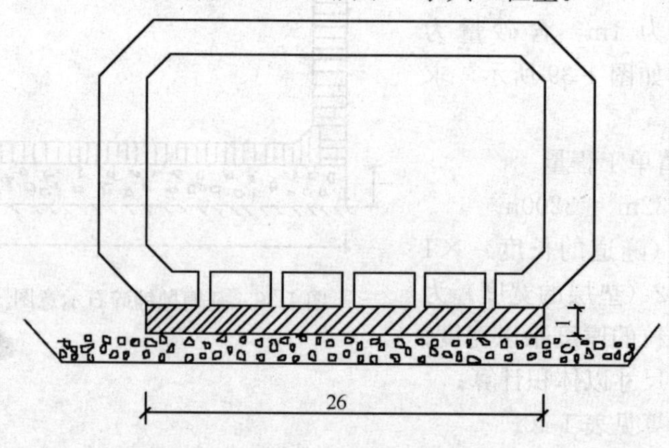

图1-41 沉管底部压浆断面图（单位：m）

【解】 （1）清单工程量

$$V=26\times1\times100\text{m}^3=2600\text{m}^3$$

【注释】 26（沉管底部压浆宽度）×1（沉管底部压浆的厚度）×100（沉管长）为底部压浆的宽度乘以厚度乘以管节长，工程量按设计图示尺寸以体积计算。

清单工程量计算见表1-42。

清单工程量计算表　表1-42

项目编码	项目名称	项目特征描述	计量单位	工程量
040407022001	沉管底部压挠固封充填	由水泥、黄沙、黏土或斑脱土以及缓凝剂配成的混合砂浆、砂浆强度为0.5MPa	m^3	2600

（2）定额工程量

$$100\times26\times1\text{m}^3=2600\text{m}^3$$

项目编码：040407018　项目名称：管段沉放连接

【例 43】 ××隧道工程在K0＋100～K0＋600施工段需修水底隧道，每节沉管长100m，内半径5米，管厚0.3m，每节管段重7.23kt，下沉深度为20m，如图1-42所示，求管段沉放连接的工程量。

【解】 （1）清单工程量

由上图可知：水力压接法共3节沉管。

【注释】 工程量计算规则按设计图示管段数量计算。

清单工程量计算见表1-43。

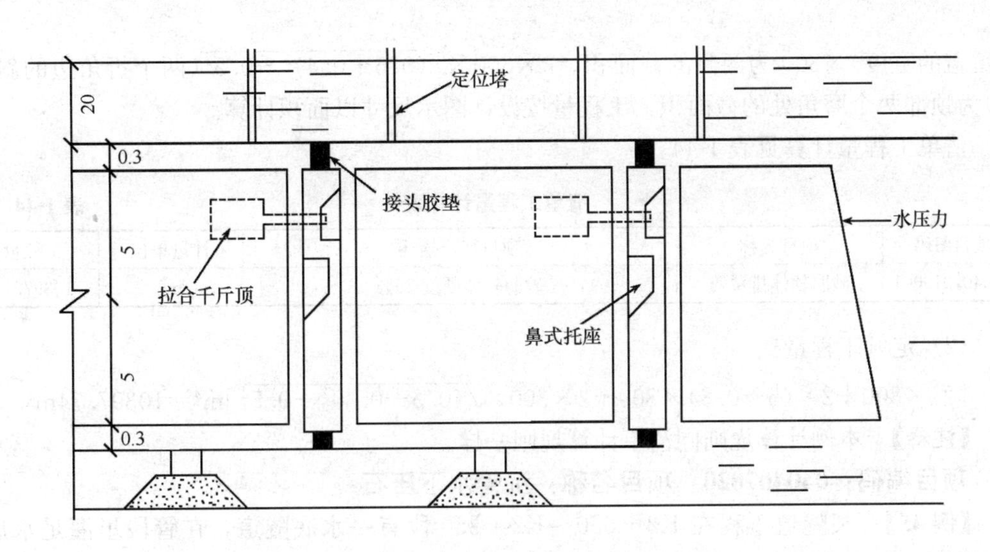

图 1-42　管段沉放连接之水力压接法简图（单位：m）

清单工程量计算表　　**表 1-43**

项目编码	项目名称	项目特征描述	计量单位	工程量
040407018001	管段沉放连接	每节管段重 7.23kt，下沉深度为 20m	节	3

（2）定额工程量

按照水力压接法共 3 节沉管

项目编码：040407019　项目名称：砂肋软体排覆盖

【例 44】　××水底隧道工程长为 300m，采用砂肋软体排覆盖，如图 1-43 所示，砂肋软体硬度 35%，求其工程量。

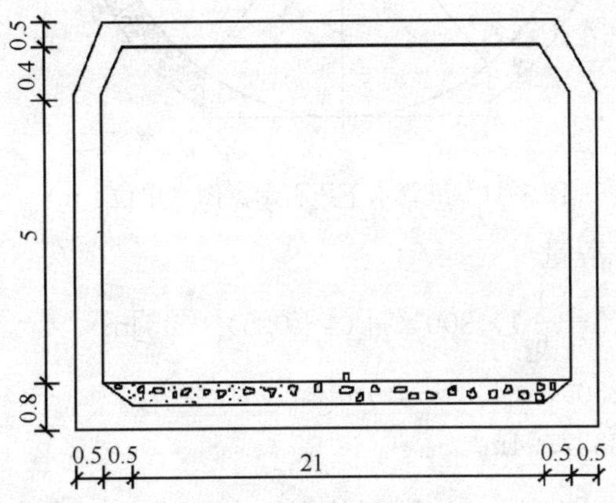

图 1-43　砂肋软体排覆盖示意图（单位：m）

【解】　（1）清单工程量

$$S = [21\times300+2\times(5+0.8)\times300+2\times300\times\sqrt{(0.5+0.4)^2+0.5^2}]\text{m}^2$$
$$=(617.74+6300+3480)\text{m}^2$$
$$=10397.74\text{m}^2$$

【注释】　21(顶部的宽度)×300(隧道的长度)为顶部的面积，2×(5+0.8)(砂肋软体排覆盖的宽度）×300 为两侧的截面积，$2\times300\times\sqrt{(0.5+0.4)^2+0.5^2}$（两个折角边的斜长度）为顶部两个磨角处的截面积，工程量按设计图示尺寸以面积计算。

清单工程量计算见表 1-44。

清单工程量计算表　　表 1-44

项目编码	项目名称	项目特征描述	计量单位	工程量
040407019001	砂肋软体排覆盖	砂肋软体硬度 35%	m^2	10397.74

（2）定额工程量

$$[21\times300+2\times(5+0.8)\times300+2\times300\times\sqrt{(0.5+0.4)^2+0.5^2}]m^2=10397.74m^2$$

【注释】 本例计算规则同清单计算规则一样。

项目编码：040407020　项目名称：沉管水下压石

【例 45】 某隧道工程在 K2＋050～K2＋350 段有一水底隧道，在管段里灌足水后，再压碎石料，从而使垫层压紧密贴，具体布置图如图 1-44 所示，沉管的断面为圆形，求其工程量。

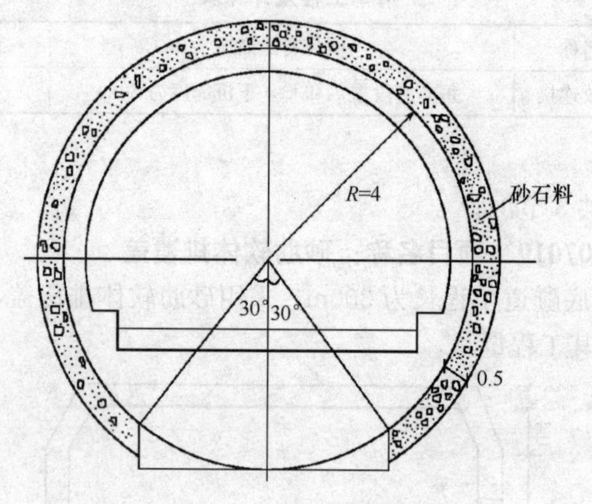

图 1-44　沉管水下压石示意图（单位：m）

【解】　（1）清单工程量

$$V=(1-\frac{1}{6})\times300\times\pi[(4+0.5)^2-4^2]m^3$$
$$=250\times\pi(4.5^2-4^2)m^3$$
$$=3337.94m^3$$

【注释】 $(1-\frac{1}{6})\times\pi[(4+0.5)$（圆环外侧的半径）$^2-4$（圆环内侧的半径）$^2]$为弧圆的截面积，300 为所需布置 的隧道长度；工程量按设计图示尺寸以体积计算。

清单工程量计算见表 1-45。

清单工程量计算表　　表 1-45

项目编码	项目名称	项目特征描述	计量单位	工程量
040407020001	沉管水下压石	在管段里灌足水后，再压碎石料	m^3	3337.94

（2）定额工程量

$$300\times\pi(4.5^2-4^2)\times\frac{(360-60)}{360}m^3=3337.94m^3$$

【注释】 本例计算规则同清单计算规则一样。

项目编码：040407021　项目名称：沉管接缝处理

【例 46】 某隧道工程在 K2＋050～K2＋150 施工段有一水下隧道，设置接缝，有纵向接缝和变形缝两种，如图 1-45 所示，纵向接缝长度 4.5m，变形缝为横向施工缝，每 20m 设置一条，长度为 21m，计算接缝工程量。

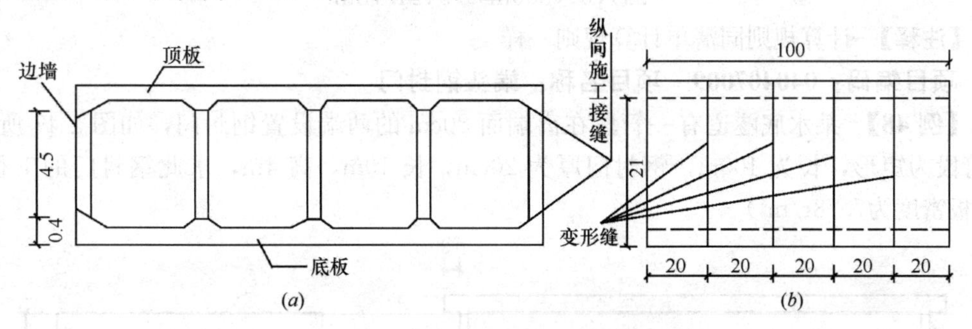

图 1-45 某隧道接缝示意图（单位：m）
（a）沉管纵向接缝布置图；（b）沉管变形缝

【解】 （1）清单工程量

1）纵向接缝工程量：由图 1-45（*a*）可知，纵向接缝共 8 条。

2）变形缝工程量：由图 1-45（*b*）可知，变形缝共 4 条。

清单工程量计算见表 1-46。

清单工程量计算表　　　　表 1-46

项目编码	项目名称	项目特征描述	计量单位	工程量
040407021001	沉管接缝处理	有纵向接缝和变形缝两种，纵向接缝长度 4.5m，变形缝 20m 设置一条，长 21m	条	12

（2）定额工程量

1）纵向接缝工程量：共 8 条

2）变形缝工程量：共 4 条

【注释】 工程量按设计图示数量计算。

项目编码：040407006　项目名称：沉管外壁防锚层

【例 47】 某隧道工程在 K0＋050～K0＋350 施工段为水底隧道，并在沉管外壁设置铁皮防锚层，具体尺寸如图 1-46 所示，求其工程量。

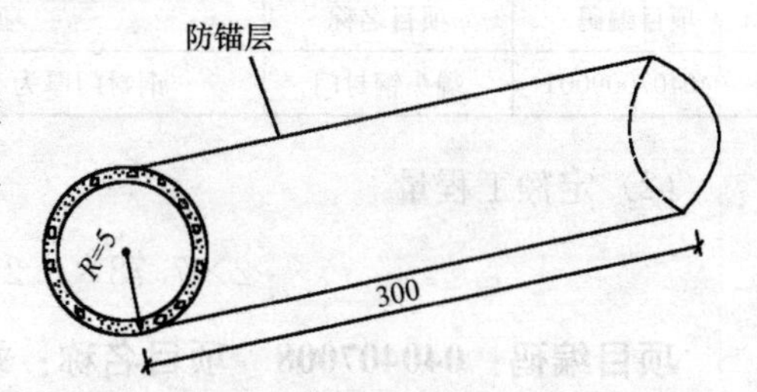

图 1-46　沉管外壁防锚层示意图（单位：m）

【解】 （1）清单工程量

$S=2\pi\times5\times300m^2=9424.78m^2$

【注释】 2π×5（外壁的半径）为沉管外

壁防锚层的周长，300为所布置管的长度；工程量按设计图示尺寸以面积计算。

清单工程量计算见表1-47。

清单工程量计算表 表1-47

项目编码	项目名称	项目特征描述	计量单位	工程量
040407006001	沉管外壁防锚层	沉管外壁设置铁皮防锚层	m^2	9424.78

（2）定额工程量

$$2\pi\times5\times300m^2=9424.78m^2$$

【注释】 计算规则同清单计算规则一样。

项目编码：040407009 项目名称：端头钢封门

【例48】 某水底隧道有一管段在离端面80cm的两端设置钢封门，如图1-47所示，此管段为矩形，长为100m，钢封门厚为20cm，长10m，高4m，求此钢封门的工程量（钢板密度为$7.78t/m^3$）

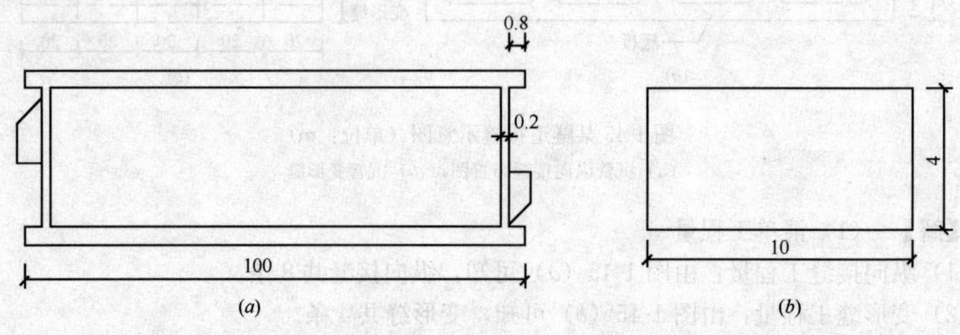

图1-47 沉管示意图（单位：m）

(a) 沉管侧面图；(b) 钢封门截面图

【解】 （1）清单工程量

$$m=2\rho v=2\times7.78\times0.2\times4\times10t=124.48t$$

【注释】 0.2(钢封门的厚度)×4(钢封门的宽度)×10(钢封门的长度)为钢封门的厚度乘以高度乘以长度；2为两个钢封门；7.78为钢封门的密度；工程量计算规则按设计图示以质量计算。

清单工程量计算见表1-48。

清单工程量计算表 表1-48

项目编码	项目名称	项目特征描述	计量单位	工程量
040407009001	端头钢封门	钢封门厚为20cm，长10m，高4m	t	124.48

（2）定额工程量

$$2\times7.78\times0.2\times4\times10t=124.48t$$

项目编码：040407008 项目名称：端头钢壳

【例49】 某隧道工程采用钢壳作为永久性防水层，管段为圆形，如图1-48所示，钢壳厚为 12mm，沉管长为 100m。求钢壳的工程量（钢材密度为 7.78t/m³）。

【解】（1）清单工程量

$m = 7.78 \times (5.012^2 - 5^2)\pi \times 100\text{t}$

$= 0.935 \times \pi \times 100\text{t} = 293.50\text{t}$

【注释】（5.012(钢壳外侧半径)² − 5(钢壳内侧半径)²）π×100(沉管的长度)为钢壳的断面积乘以沉管长；工程量按设计图示以质量计算。

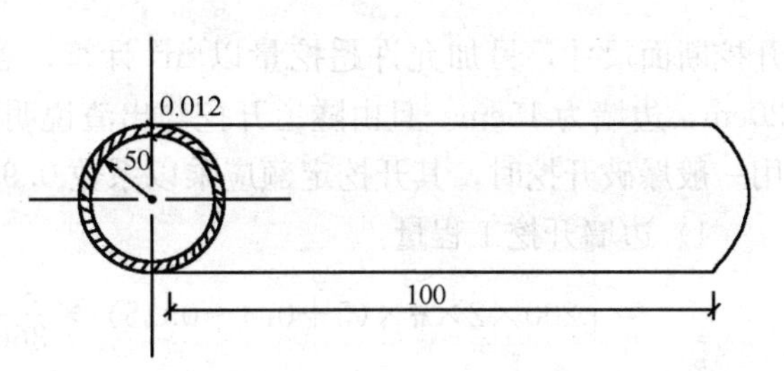

图 1-48　隧道钢壳示意图（单位：m）

清单工程量计算见表 1-49。

清单工程量计算表　　表 1-49

项目编码	项目名称	项目特征描述	计量单位	工程量
040407008001	端头钢壳	钢壳厚为 12mm	t	293.50

（2）定额工程量

$$7.78 \times (5.012^2 - 5^2)\pi \times 100\text{t} = 293.50\text{t}$$

项目编码：040401001　项目名称：平洞开挖

【例 50】 某隧道工程在 K0＋050～K0＋250 施工段，岩石类别为普坚石，采用全断面开挖，如图 1-49 所示，一般爆破，该施工段无地下水，求此圆隧道平洞开挖工程量。

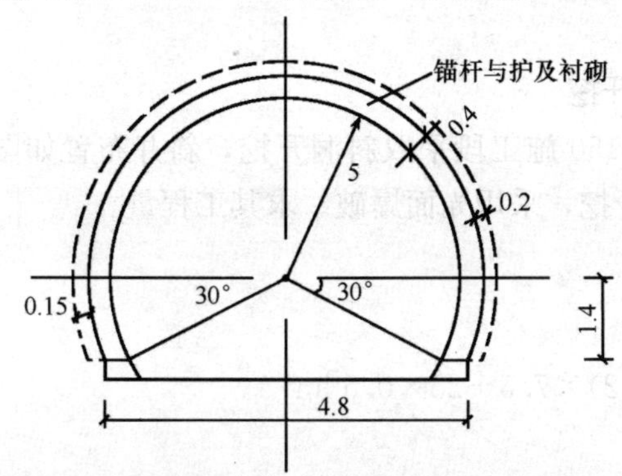

图 1-49　圆形隧道平洞开挖断面图（单位：m）

【解】（1）清单工程量

$$V = 200 \times \left[\pi \times (5+0.4)^2 \times \frac{30\times2+180}{360} + \frac{1}{2} \times 1.4 \times 4.8\right]\text{m}^3$$

$$= 200 \times (\pi \times 5.4^2\ \frac{2}{3} + 3.36)\text{m}^3$$

$$= (12214.51 + 672)\text{m}^3$$

$$= 12886.51\text{m}^3$$

【注释】（5＋0.4）(扇形的半径)²π×$\frac{30\times2+180}{360}$为扇形的断面积，$\frac{1}{2}$×1.4(下部三角形的高度)×4.8(下部三角形的底宽度)为扇形下部小三角形的面积；200 为圆隧道平洞的长度；工程量按设计图示尺寸以体积计算。

清单工程量计算见表 1-50。

清单工程量计算表　　表 1-50

项目编码	项目名称	项目特征描述	计量单位	工程量
040401001001	平洞开挖	普坚石，采用全断面开挖	m³	12886.51

（2）定额工程量

由隧道开挖与出渣工程量计算规则可知：隧道的平洞开挖与出渣工程量，按设计图示开挖断面尺寸，另加允许超挖量以 m^3 计算，若采用一般爆破，其允许超挖量：拱部为20cm，边墙为15cm。且由隧道开挖与出渣说明可知：开挖定额均按光面爆破制定，如采用一般爆破开挖时，其开挖定额应乘以系数0.935。

1）边墙开挖工程量：

$$[200\times2\times\pi\times(5+0.4+0.15)^2\times\frac{30}{360}+\frac{1}{2}\times1.4\times4.8\times200]m^3$$

$$=(400\times5.55^2\times\frac{1}{12}\times\pi+672)m^3$$

$$=(3225.63m^3+672)m^3$$

$$=3897.63m^3$$

2）拱部工程量：

$$200\times\pi(5+0.4+0.2)^2\times\frac{1}{2}m^3=100\times\pi\times5.6^2m^3=9852.03m^3$$

3）定额工程量：

$$(3897.63+9852.03)m^3=13749.66m^3$$

【注释】 200（隧道平洞的长度）$\times2\times\pi\times(5+0.4+0.15)$（超挖时拱部的外侧半径的长）$^2\times\frac{30}{360}$为两个小扇形超挖面积乘以开挖的长度；$200\times\pi(5+0.4+0.2)$（弧形边墙超挖时的半径）$^2\times\frac{1}{2}$为拱部加上超挖部分的断面积乘以开挖的长度，工程量按设计图示尺寸以体积计算。

项目编码：040401002　项目名称：斜井开挖

【例 51】 有一隧道开挖在K2+050～K2+150施工段采取斜洞开挖，斜井布置如图1-50所示，此施工段的土质为次坚石，全断面开挖，采用光面爆破。求其工程量。

【解】 （1）清单工程量

1）隧道工程量：

$$V_1=100\times[\frac{240}{360}\times\pi\times15^2+\frac{1}{2}\times(25+1.5\times2)\times7.5+25\times0.5]m^3$$

$$=100\times(471.24+105+12.5)m^3$$

$$=58874m^3$$

2）斜洞工程量：

$$V_2=(4\times5\times32+4\times5\times30)m^3$$

$$=4\times5\times(32+30)m^3$$

$$=1240m^3$$

【注释】 $\frac{240}{360}\times\pi\times15$（拱部的半径）^{2} 为扇形部分的截面积，$\frac{1}{2}\times(25+1.5\times2)$（下部三角形是底宽度）$\times7.5$（下部三角形的高度）为扇形下部的三角形面积，25（洞底部的宽度）$\times0.5$（洞底部的厚度）为洞的底部断面积，100为开挖的长度；4（斜洞的高度）$\times5$（斜洞的宽度）为斜洞的断面尺寸，（30+32）为斜洞的长度；工程量按设计图示尺寸以体积计算。

清单工程量计算见表1-51。

清单工程量计算表 **表 1-51**

序号	项目编码	项目名称	项目特征描述	计量单位	工程量
1	040401002001	斜井开挖	次坚石，全断面开挖，采用光面爆破	m^3	1240
2	040401001001	平洞开挖	次坚石，全断面开挖，采用光面爆破	m^3	58874

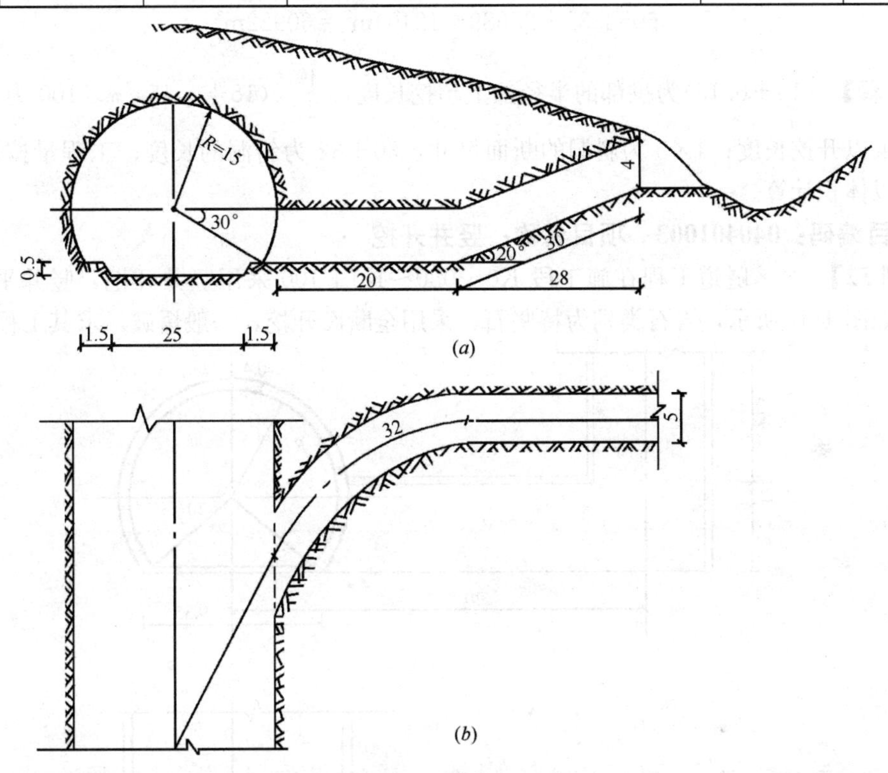

图 1-50 斜井示意图（单位：m）
(*a*) 斜井立面图；(*b*) 斜井平面图

（2）定额工程量

1）隧道工程量

由《全国统一市政工程预算定额第四册隧道工程》GYD－304－1999 中的隧道开挖与出渣工程量计算规则可知：隧道的平洞、斜井和竖井开挖与出渣工程量，按设计图开挖断面尺寸，另加允许超挖量以 m^3 计算。本定额光面爆破允许超挖量：拱部为 15cm，边墙为 10cm。

① 拱部工程量：

$$\frac{1}{2}\times(15+0.15)^2\pi\times100\text{m}^3=36053.31\text{m}^3$$

② 边墙工程量：

$$\left[\frac{1}{6}\times(15+0.1)^2\times\pi+7.5\times(25+1.5\times2)\times\frac{1}{2}+25\times0.5\right]\times100\text{m}^3$$

$$=(119.39+105+12.5)\times100\text{m}^3$$

$$=23689\text{m}^3$$

2）斜井工程量：

$$(5\times4\times32+5\times4\times30)\mathrm{m}^3=1240\mathrm{m}^3$$

3）总工程量：

$$(36053.31+23689+1240)\mathrm{m}^3=60922\mathrm{m}^3$$

【注释】 (15＋0.15)为拱部的半径加上超挖长度，$\frac{1}{2}\times(15+0.15)^2\pi\times100$ 为拱部的断面积乘以开挖长度；4×5 为斜洞的断面尺寸，30＋32 为斜洞的长度；工程量按设计图示尺寸以体积计算。

项目编码：040401003　项目名称：竖井开挖

【例 52】 ××隧道工程在施工段 K0＋050～K0＋100 采用竖井开挖，竖井平面图、立面图如图 1-51 所示，岩石类别为特坚石，采用全断面开挖，一般爆破，求其工程量。

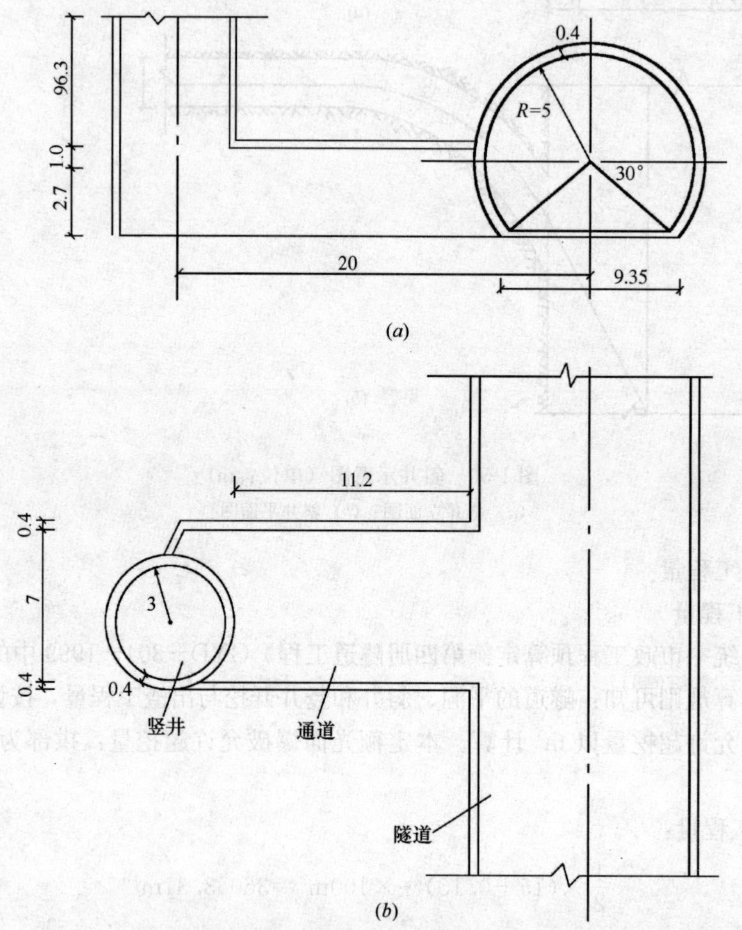

图 1-51　竖井开挖示意图（单位：m）

(a) 竖井立面图；(b) 竖井平面图

【解】 (1) 清单工程量

1）隧道工程量：

$$V_1 = 50\times[(5+0.4)^2\pi\times\frac{2}{3}+9.35\times2.7\times\frac{1}{2}]\text{m}^3$$
$$=50\times(5.4^2\times\frac{2}{3}\times\pi+12.62)\text{m}^3$$
$$=3684.63\text{m}^3$$

2）竖井工程量：

$$V_2=100\times\pi(3+0.4)^2\text{m}^3=3629.84\text{m}^3$$

3）通道工程量：

$$V_3=11.2\times(7+0.4\times2)\times(2.7+1.0+0.4)\text{m}^3=358.18\text{m}^3$$

【注释】 $(5+0.4)$(拱部的外侧半径)$^2\pi\times\frac{2}{3}$为扇形部分的断面积；9.35(下部三角形的宽度)×2.7(下部三角形的高度)$\times\frac{1}{2}$为扇形下部的三角形面积；50为开挖的长度；100×π(3+0.4)(竖井的外侧半径)^{2}为竖井的长度以井的断面积；11.2(通道的长度)×(7+0.4×2)(通道的宽度)×(2.7+1.0+0.4)(通道的高度)为通道的长度乘以宽度乘以高度；工程量按设计图示以体积计算。

清单工程量计算见表1-52。

清单工程量计算表　　表1-52

序号	项目编码	项目名称	项目特征描述	计量单位	工程量
1	040401001001	平洞开挖	特坚石，全断面开挖，一般爆破	m^3	3684.63
2	040401001002	平洞开挖	特坚石，全断面开挖，一般爆破	m^3	358.18
3	040401003001	竖井开挖	特坚石，全断面开挖，一般爆破	m^3	3629.84

（2）定额工程量

1）计算隧道工程量：

由《全国统一市政工程预算定额第四册隧道工程》中第一章隧道开挖与出渣说明中可知：开挖定额均按光面爆破制定，如采用一般爆破开挖时，其开挖定额应乘以系数0.935。

由隧道开挖与出渣工程量计算规则可知：隧道的平洞、斜井和竖井开挖与出渣工程量，按设计图开挖断面尺寸，另加允许超挖量以m^3计算。本定额若采用一般爆破，其允许超挖量：拱部为20cm，边墙为15cm。

① 拱部开挖工程量：

$$0.935\times50\times\left[(5+0.4+0.2)^2\pi\times\frac{1}{2}\right]\text{m}^3=2463\times0.935\text{m}^3=2302.91\text{m}^3$$

② 边墙开挖工程量：

$$50\times[\frac{1}{6}\times(5+0.4+0.15)^2\pi+2.7\times9.35\times\frac{1}{2}]\text{m}^3$$
$$=50\times[\frac{1}{6}\times5.55^2\pi+12.62]\text{m}^3=1473.41\text{m}^3$$

2）竖井工程量：

$$100\times3.4^2\pi\text{m}^3=3629.84\text{m}^3$$

3）通道工程量：

$$11.2\times(7+0.4\times2)\times(2.7+1.0+0.4)m^3$$
$$=11.2\times7.8\times4.1m^3$$
$$=358.18m^3$$

【注释】 5＋0.4＋0.2 为拱部的半径长度加超挖厚度；$50\times[(5+0.4+0.2)$（超挖时拱部的半径）$^2\pi\times\frac{1}{2}]$为拱部的加超挖断面积乘以开挖长度；边墙同拱部加超挖厚度计算规则一样；工程量按设计图示尺寸以体积计算。

项目编码：040402002 项目名称：混凝土顶拱衬砌

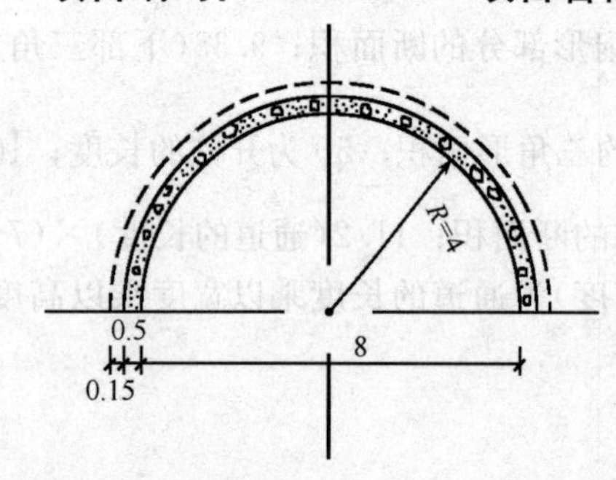

图 1-52 隧道拱部衬砌示意图（单位：m）

【例 53】 某地区一隧道工程，在施工段 K2＋050～K2＋150 对拱部进行混凝土衬砌，断面尺寸如图 1-52 所示，混凝土强度等级为 C25，石料最大粒径 15mm，求其工程量。

【解】 （1）清单工程量

$$V=\frac{1}{2}\pi\times[(4+0.5)^2-4^2]\times100m^3$$
$$=667.59m^3$$

【注释】 $\frac{1}{2}\pi\times[(4+0.5)$（拱部外侧的半径）$^2-4$（拱部内侧壁的半径）$^2]$为拱部壁的断面面积；100 为开挖的长度；工程量按设计图示尺寸以体积计算。

清单工程量计算见表 1-53。

清单工程量计算表 表 1-53

项目编码	项目名称	项目特征描述	计量单位	工程量
040402002001	混凝土顶拱衬砌	混凝土强度等级为 C25	m^3	667.59

（2）定额工程量

由《全国统一市政工程预算定额第四册隧道工程》第三章隧道内衬工程量计算规则可知：隧道内衬现浇混凝土和石料衬砌的工程量按施工图所示尺寸加允许超挖量（拱部为 15cm）。

$$100\times\frac{1}{2}\times\pi[(4+0.5+0.15)^2-4^2]m^3=883.18m^3$$

【注释】 (4＋0.5＋0.15)为超开挖时的半径，$\frac{1}{2}\times\pi[(4+0.5+0.15)^2-4^2]$为超开挖时的断面积；100 为开挖长度，工程量按设计图示尺寸以体积计算。

项目编码：040402003 项目名称：混凝土边墙衬砌

【例 54】 ××地区隧道工程在 K0＋100～K0＋150 施工段，用现浇混凝土对圆形隧道边墙进行衬砌，断面尺寸如图 1-53 所示，混

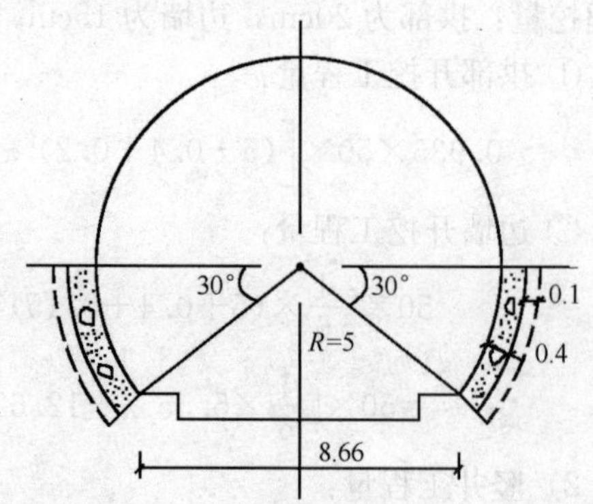

图 1-53 隧道边墙衬砌示意图（单位：m）

凝土强度为C20，石料最大粒径为25mm，求其工程量。

【解】　(1) 清单工程量

$$V=50\times\pi\times\frac{1}{6}[(5.4)^2-5^2]\text{m}^3=108.91\text{m}^3$$

【注释】　$\pi\times\frac{1}{6}$[5.4(边墙衬砌外侧的半径)^2－5(边墙衬砌的内侧半径)^2]为边墙衬砌的断面积，其中$(5.4)^2-5^2$为外环壁的面积；工程量按设计图示尺寸以体积计算。

清单工程量计算见表1-54。

清单工程量计算表　　表1-54

项目编码	项目名称	项目特征描述	计量单位	工程量
040402003001	混凝土边墙衬砌	混凝土强度为C20	m^3	108.91

(2) 定额工程量

由《全国统一市政工程预算定额第四册隧道工程》GYD-304-1999第三章隧道内衬工程量计算规则可知：

隧道内衬现浇混凝土和石料衬砌的工程量，按施工图所示尺寸加允许超挖量（边墙为10cm）。

$$50\times\frac{1}{6}\times\pi[(5+0.1+0.4)^2-5^2]\text{m}^3=137.38\text{m}^3$$

项目编码：040402004　项目名称：混凝土竖井衬砌

【例55】　某隧道工程在K0＋100～K0＋200施工段采用竖井衬砌，距隧道的距离为20m，设置在隧道左方，断面尺寸如图1-54所示，混凝土强度等级为C20，石料最大粒径25mm，求其工程量（竖井长50m）。

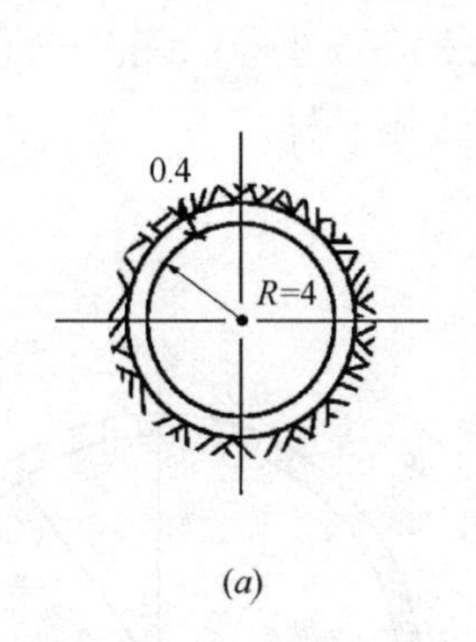

(a)

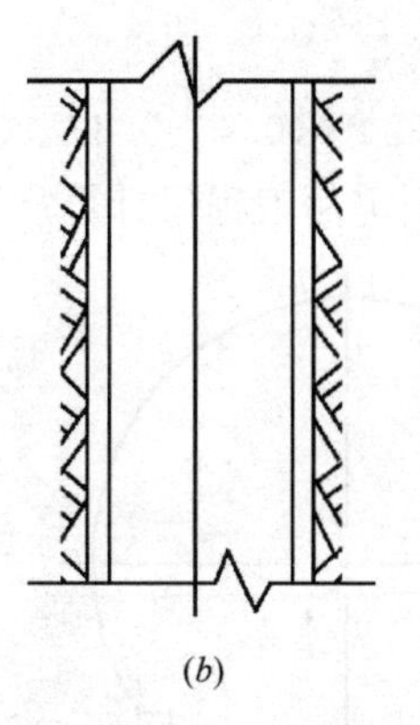

(b)

图1-54　竖井示意图　（单位：m）

(a) 平面图；(b) 立面图

【解】　(1) 清单工程量

$$V=50\times\pi[(4+0.4)^2-4^2]\text{m}^3=527.79\text{m}^3$$

【注释】　π[(4＋0.4)(竖井外侧的半径)^2－4(竖井内侧的半径)^2]为圆环边竖井衬砌的井壁断面积，50为开挖的长度；工程量按设计图示尺寸以体积计算。

清单工程量计算见表1-55。

清单工程量计算表 表 1-55

项目编码	项目名称	项目特征描述	计量单位	工程量
040402004001	混凝土竖井衬砌	混凝土强度等级为 C20，石料最大粒径 25mm	m^3	527.79

（2）定额工程量

$$50\times\pi\times[(4+0.4)^2-4^2]m^3=527.79m^3$$

【注释】 本例定额工程量计算规则同清单计算规则一样。

项目编码：040402005 项目名称：混凝土沟道

【例 56】 某隧道工程在 K2＋050～K2＋250 施工段设置混凝土沟道，其断面尺寸如图1-55所示，混凝土强度等级为 C20，石料最大粒径为 15mm，求其工程量。

【解】 （1）清单工程量

$$\begin{aligned}V&=200\times2\times[(0.4+0.3)\times(0.3+0.3)-0.4\times0.3]m^3\\&=400\times(0.7\times0.9-0.12)m^3\\&=400\times(0.63-0.12)m^3\\&=204m^3\end{aligned}$$

【注释】 (0.4＋0.3)(地沟外侧的截面高度)×(0.3＋0.3)(地沟外侧截面的宽度)为地沟外侧的截面积，0.4(地沟内侧的截面高度)×0.3(地沟内侧的截面宽度)为地沟内侧的断面积；2 为两个地沟；200 为开挖的长度；工程量按设计图示以体积计算。

清单工程量计算见表 1-56。

清单工程量计算表 表 1-56

项目编码	项目名称	项目特征描述	计量单位	工程量
040402005001	混凝土沟道	混凝土强度等级为 C20	m^3	204

（2）定额工程量：

$$200\times2\times[(0.4+0.3)\times(0.3+0.3+0.3)-0.4\times0.3]m^3=204m^3$$

【注释】 本例定额工程量计算规则同清单计算规则一样。

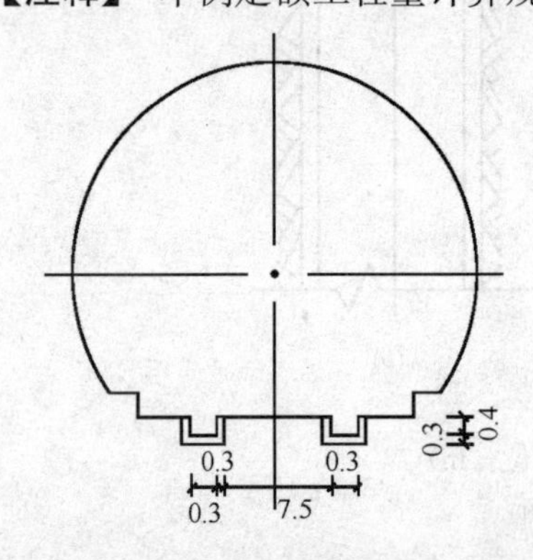

图 1-55 隧道混凝土沟道示意图（单位：m）

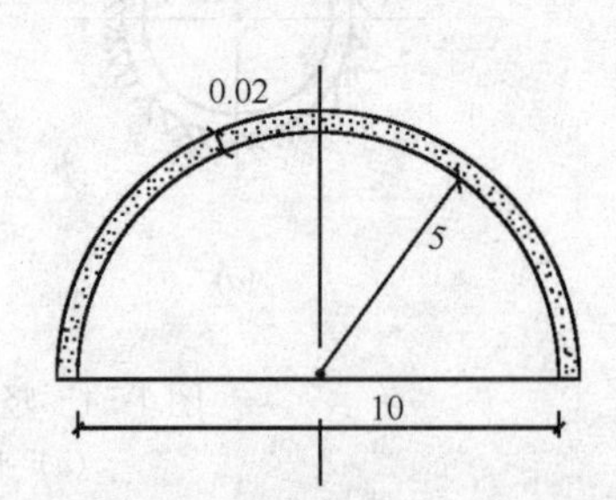

图 1-56 隧道拱部喷射混凝土示意图（单位：m）

项目编码：040402006 项目名称：拱部喷射混凝土

【例 57】 某隧道工程在 K0＋100～K0＋200 施工段对隧道拱部喷射混凝土，如图 1-

56 所示，混凝土厚度为 0.02m，混凝土强度等级为 C35，石料最大粒径 15mm，求其工程量。

【解】（1）清单工程量

$$S=\pi\times5\times100\text{m}^2=1570.80\text{m}^2$$

【注释】 π×5(拱部的半径长)×100(该隧道的长度)为半环的弧长乘以开挖的长度；工程量按设计图示尺寸以面积计算。

清单工程量计算见表 1-57。

清单工程量计算表 **表 1-57**

项目编码	项目名称	项目特征描述	计量单位	工程量
040402006001	拱部喷射混凝土	混凝土厚度为 0.02m，混凝土强度等级为 C35	m^2	1570.80

（2）定额工程量

由《全国统一市政工程预算定额第四册隧道工程》GYD-304-1999 第三章隧道内衬工程量计算规则，可知：混凝土初喷 5cm 为基本层，每增 5cm 按增加定额计算，不足 5cm 按 5cm 计算。

$$\pi\times5\times100\text{m}^3=1570.80\text{m}^3$$

项目编码：040402007　项目名称：边墙喷射混凝土

【例 58】 ××地区隧道工程在 K2＋050～K2＋150 施工段在边墙喷射混凝土如图 1-57 所示，混凝土厚度为 6cm，混凝土强度等级为 C35，石料最大粒径为 25mm，计算其工程量。

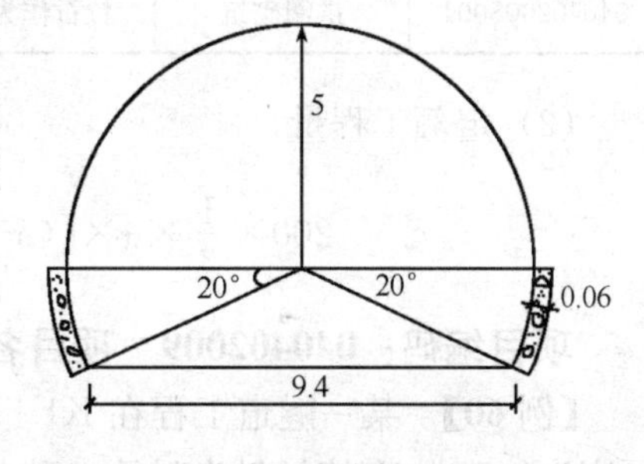

图 1-57　隧道边墙喷射混凝土示意图（单位：m）

【解】（1）清单工程量

$$S=2\times100\times\frac{20}{360}\times2\times5\times\pi\text{m}^2=349.07\text{m}^2$$

【注释】 第一个 2 为 2 个扇形，$\frac{20}{360}\times2\times5$(弧形边墙的半径长)×π 为一个扇形的弧长；100 为开挖的长度，工程量按设计图示尺寸以面积计算。

清单工程量计算见表 1-58。

清单工程量计算表 **表 1-58**

项目编码	项目名称	项目特征描述	计量单位	工程量
040402007001	边墙喷射混凝土	混凝土厚度为 6cm，混凝土强度等级为 C35	m^2	349.07

（2）定额工程量：

由《全国统一市政工程预算定额第四册隧道工程》GYD-304-1999 第三章隧道内衬，工程量计算规则规定：混凝土初喷 5cm 为基本层，每增 5cm 按增加定额计算，不足 5cm 按 5cm 计算。

$$2\times100\times\frac{20}{360}\times2\times5\times\pi\text{m}^3=349.07\text{m}^3$$

【注释】 本例中定额工程量计算规则同清单计算规则一样；

项目编码：040402008　项目名称：拱圈砌筑

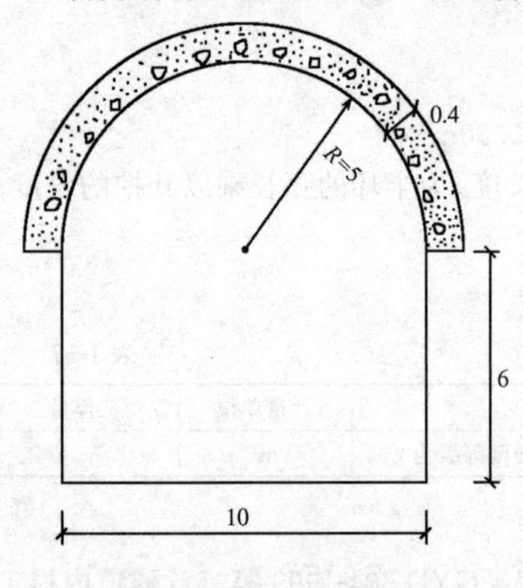

图 1-58　拱圈砌筑示意图（单位：m）

【例 59】 某隧道工程在 K2＋050～K2＋250 施工段砌筑拱圈，断面尺寸如图 1-58 所示，使用料石作为砌筑材料，砂浆强度等级为 M7.5，试计算拱圈砌筑的工程量。

【解】　(1) 清单工程量

$$V=200\times\frac{1}{2}\times\pi\times[(5+0.4)^2-5^2]\text{m}^3=1306.90\text{m}^3$$

【注释】 $\frac{1}{2}\times\pi\times[(5+0.4)$(拱圈的外侧半径长)$^2-5$(拱圈的内侧半径的长)$^2]$为拱圈的断面积；200 为开挖长度；工程量按设计图示尺寸以体积计算。

清单工程量计算见表 1-59。

清单工程量计算表　　表 1-59

项目编码	项目名称	项目特征描述	计量单位	工程量
040402008001	拱圈砌筑	粒石作为砌筑材料，砂浆强度等级为 M7.5	m^3	1306.90

(2) 定额工程量

$$200\times\frac{1}{2}\times\pi\times[(5+0.4+0.15)^2-5^2]\text{m}^3=1821.99\text{m}^3$$

项目编码：040402009　项目名称：边墙砌筑

【例 60】 某一隧道工程在 K1＋050～K1＋150 施工段对边墙进行石料砌筑，砌筑的厚度为0.7m，砌筑材料为料石，砂浆强度等级为 M5，具体断面尺寸如图 1-59 所示，求边墙砌筑的工程量。

【解】　(1) 清单工程量

$$V=100\times\frac{25\times2}{360}\times\pi\times[(4+0.7)^2-4^2]\text{m}^3$$

$$=\frac{5000}{360}\pi\times[(4.7)^2-4^2]\text{m}^3$$

$$=265.73\text{m}^3$$

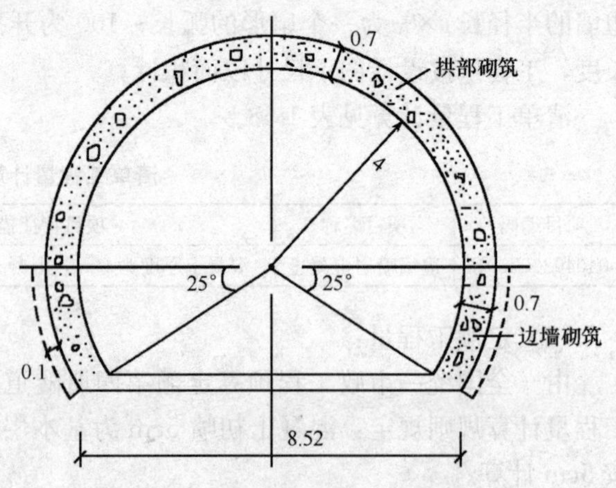

图 1-59　边墙砌筑示意图（单位：m）

【注释】 $\frac{25\times2}{360}\times\pi\times[(4+0.7)$(弧形边墙的外侧半径)$^2-4$(弧形边墙的内侧半径的长度)$^2]$为边墙石料砌筑的断面积，100 为开挖的长度；工程量按设计图示尺寸以体积计算。

清单工程量计算见表 1-60。

清单工程量计算表　　表 1-60

项目编码	项目名称	项目特征描述	计量单位	工程量
040402009001	边墙砌筑	砌筑厚度为 0.7m，砌筑材料为料石，砂浆强度等级为 M5	m^3	265.73

（2）定额工程量

由《全国统一市政工程预算定额第四册隧道工程》第三章隧道内衬工程量计算规则规定：隧道内衬现浇混凝土和石料衬砌的工程量，按施工图所示尺寸加允许超挖量（拱部为 15cm，边墙为 10cm）以 m^3 计算。

$$100\times2\times\frac{25}{360}\pi\times[(4+0.7+0.1)^2-4^2]m^3=\frac{5000}{360}\times\pi[(4.8)^2-4^2]m^3=307.18m^3$$

【注释】 (4＋0.7＋0.1)为超挖时边墙石料衬砌的半径，$2\times\frac{25}{360}\pi\times[(4+0.7+0.1)^2-4^2]$为超挖边墙石料衬砌的断面积；工程量按设计图示尺寸以体积计算。

项目编码：040402012　项目名称：锚杆

【例 61】 某隧道工程在 K3＋050～K3＋150 施工段使用锚杆支护，如图 1-60 所示，锚杆直径为 25mm，长度为 2m，采用楔缝式金属锚杆，求其工程量。

【解】 （1）清单工程量

由钢筋的计算截面面积及理论重量表可知：直径为 25mm 的钢筋，单根钢筋理论重量为 3.85kg/m。

由图示可知，共 5 根钢筋

$$m=5\times2\times3.85kg=38.50kg\approx0.039t$$

【注释】 5(锚杆喷支护的数量)×2(锚喷支护的长度)×3.85 为每根锚喷支护的长度乘以每米钢筋的重量，工程量按设计图示质量计算。

清单工程量计算见表 1-61。

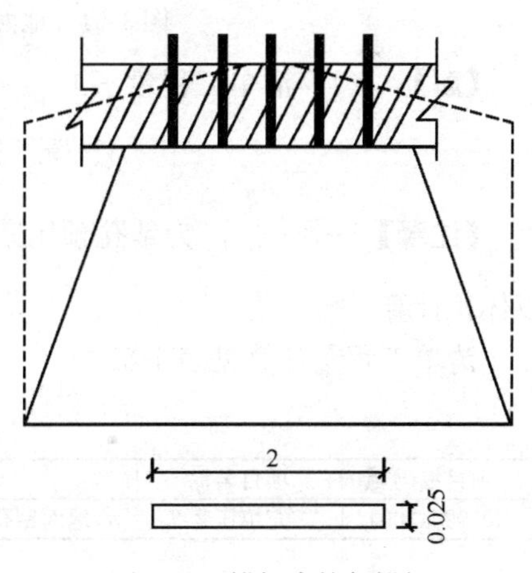

图 1-60　锚杆支护与锚杆示意图（单位：m）

清单工程量计算表　　表 1-61

项目编码	项目名称	项目特征描述	计量单位	工程量
040402012001	锚杆	直径为 25mm，长度为 2m，采用楔缝式金属锚杆	t	0.039

（2）定额工程量

由《全国统一市政工程预算定额第四册隧道工程》第三章隧道内衬工程量计算规则规定：锚杆按 ϕ22 计算，若实际不同时，定额人工、机械应按系数调整，锚杆按净重量计算，锚杆直径为 ϕ25，对应的调整系数为 0.78。

$$5\times2\times3.85\times0.78kg=30.03kg=0.030t$$

项目编码：040402013　项目名称：充填压浆

【例 62】 ××隧道工程在地面钻孔预压浆，水泥砂浆的强度为 M5，具体尺寸如图 1-61 所示，求充填压浆工程量。

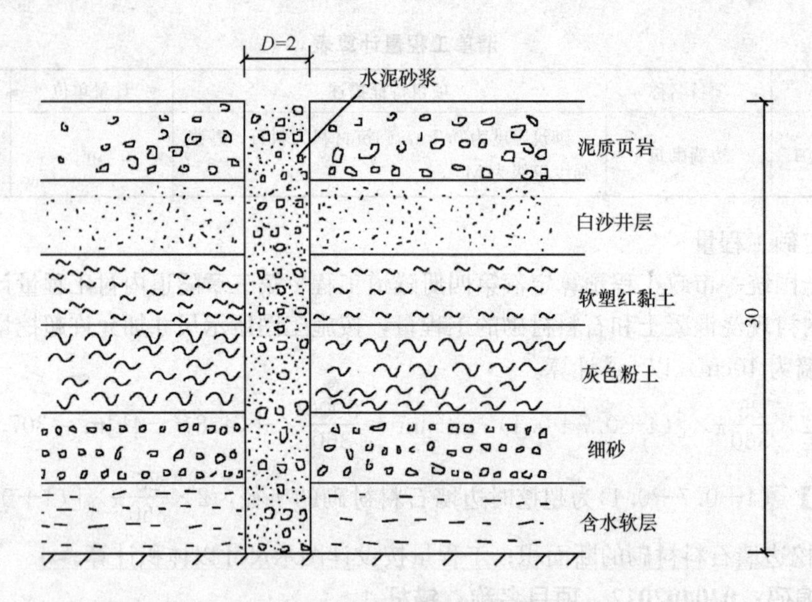

图 1-61　地面钻孔预压浆示意图（单位：m）

【解】（1）清单工程量

$$V=\pi\times\left(\frac{2}{2}\right)^2\times30\text{m}^3=94.25\text{m}^3$$

【注释】 $\pi\times\left(\frac{2}{2}\right)^2$ 为钻孔预压浆的截面积，30 为开挖长度；工程量按设计图示尺寸以体积计算。

清单工程量计算见表 1-62。

清单工程量计算表　　表 1-62

项目编码	项目名称	项目特征描述	计量单位	工程量
040402013001	充填压浆	地面钻孔预压浆，水泥砂浆的强度为 M5	m^3	94.25

（2）定额工程量

充填压浆孔数：1 孔

【注释】 工程量按设计图示以数量计算。

项目编码：040402019　项目名称：柔性防水层

【例 63】 某隧道工程在 K2＋050～K2＋150 施工段有地下水，在边墙和拱部设有 0.3m 厚的环氧树脂防水层，具体断面如图 1-62 所示，求其工程量。

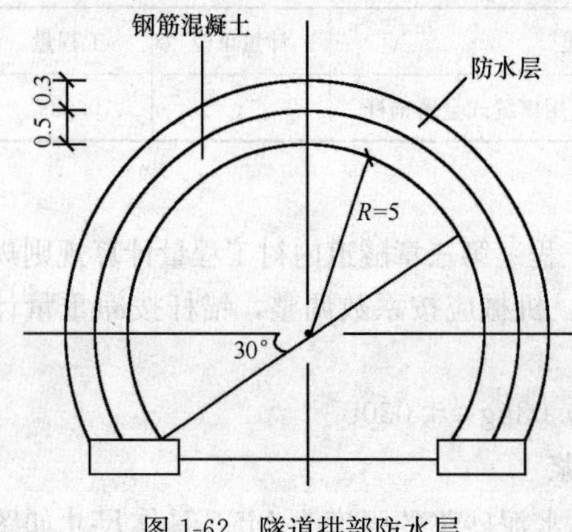

图 1-62　隧道拱部防水层示意图（单位：m）

【解】（1）清单工程量

$$S=100\times\frac{180+60}{360}\times2\times(5+0.5)\pi\text{m}^2$$

$$=\frac{2\times2}{3}\times100\times5.5\pi\text{m}^2$$

$$=2303.83\text{m}^2$$

【注释】 $\frac{180+60}{360}\times2\times(5+0.5)$(拱部的外侧半径的长)π 为拱部和边墙的弧长的长度，100 为开挖的长度；工程量按设计图示尺寸以面积计算。

清单工程量计算见表 1-63。

清单工程量计算表 表 1-63

项目编码	项目名称	项目特征描述	计量单位	工程量
040402019001	柔性防水层	0.3m 厚的环氧树脂防水层	m^2	2303.83

（2）定额工程量

$$100\times(5+0.5)\pi\times2\times\frac{240}{360}m^2=2303.83m^2$$

【注释】 定额工程量计算规则同清单计算规则一样。

项目编码：040403001 项目名称：盾构吊装及吊拆

【例 64】 ××隧道工程在 K0+100～K0+500 施工段采用盾构法施工，如图 1-63 所示，盾构外径为 5m，盾构断面形状为圆形的普通盾构，求盾构吊装、吊拆的工程量。

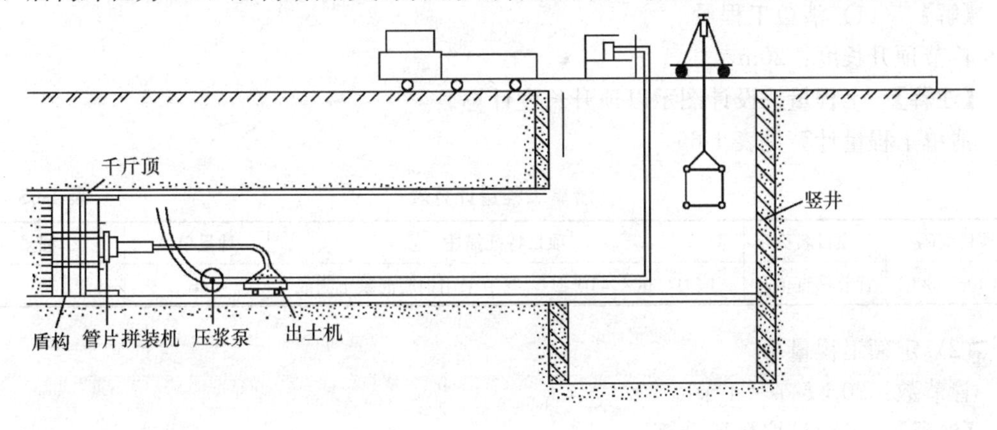

图 1-63 盾构施工图

【解】 （1）清单工程量

如图所示，盾构吊装吊拆共 1 台·次

【注释】 工程量按设计图示以数量计算。

清单工程量计算见表 1-64。

清单工程量计算表 表 1-64

项目编码	项目名称	项目特征描述	计量单位	工程量
040403001001	盾构吊装及吊拆	外径为 5m，断面形状为圆形	台·次	1

（2）定额工程量

盾构吊装吊拆共 1 台·次。

项目编码：040404003 项目名称：管节垂直顶升

【例 65】 某一隧道工程在 K0+050～K0+150 施工段，利用管节垂直顶升进行隧道推进，顶力可达 4×10^3kN，管节采用钢筋混凝土制成，具体断面形式如图 1-64 所示，求管节垂直顶升工程量。

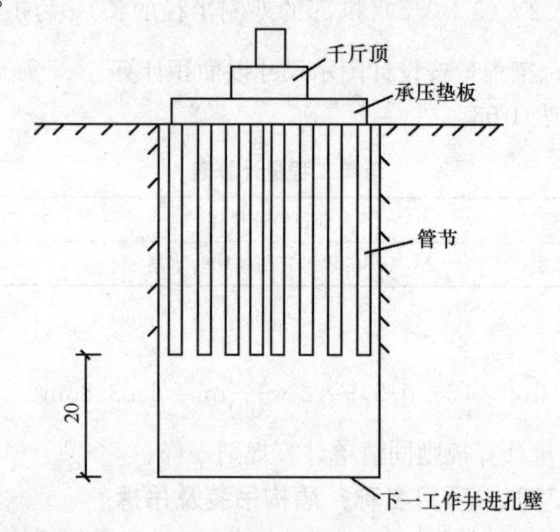

图1-64 管节垂直顶升示意图（单位：m）

【解】 (1) 清单工程量

首节顶升长度：20m

【注释】 工程量按设计图示以顶升长度计算。

清单工程量计算见表1-65。

清单工程量计算表 表1-65

项目编码	项目名称	项目特征描述	计量单位	工程量
040404003001	管节垂直顶升	顶力可达4×10^3kN，管节采用钢筋混凝土制成	m	20

(2) 定额工程量

管节数：20÷5节=4节

【注释】 工程量按数量计算。

项目编码：040405007 项目名称：钢封门

【例66】 ××隧道工程在K2＋050～K2＋150施工段做沉井基础，安装钢封门，钢材密度为$7.78t/m^3$，具体尺寸如图1-65所示，厚度为0.3m，求其工程量。

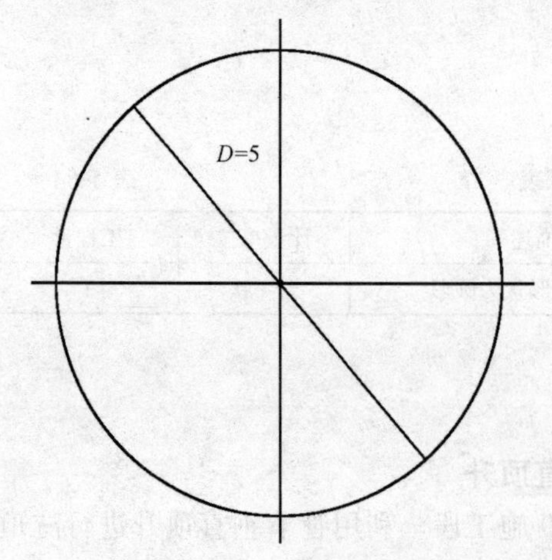

图1-65 钢封门示意图（单位：m）

【解】 (1) 清单工程量

$$m=\rho v=7.78\times\pi\left(\frac{5}{2}\right)^2\times0.3\text{t}=45.83\text{t}$$

【注释】 $7.78\times\pi(\frac{5}{2})$(钢封门的半径)$^2\times0.3$(钢封门的厚度)为钢材的密度乘以钢封门的截面面积乘以钢封门的厚度；工程量按设计图示质量计算。

清单工程量计算见表1-66。

清单工程量计算表 表 1-66

项目编码	项目名称	项目特征描述	计量单位	工程量
040405007001	钢封门	钢材密度为 $7.78t/m^3$，厚度为 0.3m	t	45.83

（2）定额工程量

$$7.78\times\pi\times\left(\frac{5}{2}\right)^2\times0.3\text{t}=45.83\text{t}$$

【注释】 本例中定额工程量同清单工程量计算规则一样。

项目编码：040101002 项目名称：挖沟槽土方

【例 67】 ××隧道工程要开挖地下连续墙（地下连续墙长度为 200m），而开挖了一条基坑，如图 1-66 所示，施工段的土质为砂土，深度为 9m，宽度为 6.4m，求其工程量。

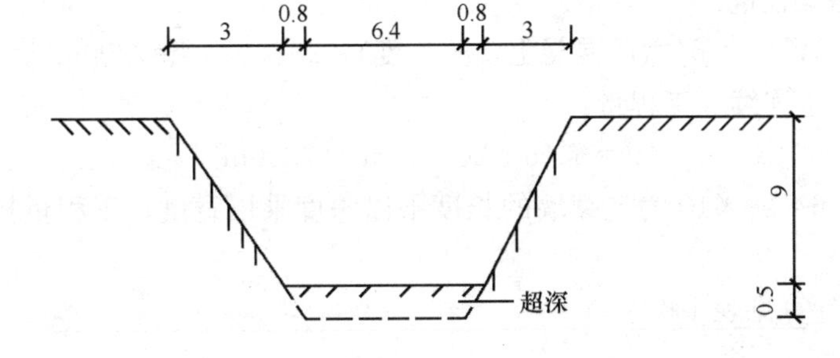

图 1-66 基坑挖土示意图（单位：m）

【解】 （1）清单工程量

$$V=200\times9\times6.4\text{m}^3=11520\text{m}^3$$

【注释】 9(基坑的深度)×6.4(基坑的下底的宽度)为基坑的截面积，200 为开挖的长度；工程量按设计图示尺寸以体积计算。

清单工程量计算见表 1-67。

清单工程量计算表 表 1-67

项目编码	项目名称	项目特征描述	计量单位	工程量
040101002001	挖沟槽土方	土质为砂土，深度为 9m，宽度为 6.4m	m^3	11520

(2)定额工程量

由《全国统一市政工程预算定额第四册隧道工程》GYD-304-1999，第七章地下连续墙工程量计算规则规定：地下连续墙成槽土方量按连续墙设计长度、宽度和槽梁(加超深 0.5m)计算。

$$200\times(9+0.5)\times(8+3+3+8-0.8\times2)/2\text{m}^3=200\times9.5\times20.4/2\text{m}^3=19380\text{m}^3$$

【注释】 (9+0.5)为加超深时基坑的高度；(9+0.5)×(8+3+3+8−0.8×2)/2 为加超深时基坑的截面积；工程量按设计图示尺寸以体积计算。

项目编码：040302003 项目名称：地下连续墙

【例 68】 ××隧道工程在施工段 K2+050～K2+250 开挖了一条狭长深槽，在槽内放置钢筋笼并浇灌水下混凝土，筑成一段钢筋混凝土墙段，（每段长 6m）共有 6 段，连接成整体。地下连续墙的深度为 20m，宽度为 10m，采用履带式液压抓斗挖土成槽。浇灌的混凝土强度等级为C25，石料最大粒径25mm，具体尺寸如图1-67所示，求其工程量。

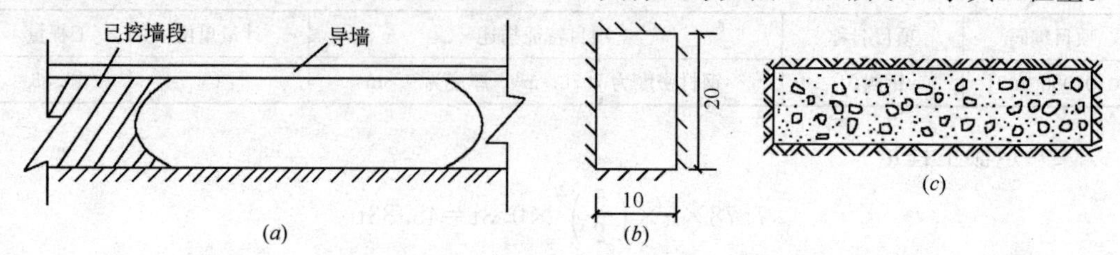

图1-67　地下连续墙示意图（单位：m）

(a) 已挖墙段示意图；(b) 侧面图；(c) 平面图

【解】 (1) 清单工程量

1) 挖土成槽工程量：

$$V=6\times6(\text{六段混凝土墙的长度})\times20\times10\text{m}^3=7200\text{m}^3$$

2) 浇捣混凝土连续墙工程量：

$$V=6\times6\times20\times10\text{m}^3=7200\text{m}^3$$

【注释】 6×6×20×10为连续墙的长度乘以深度乘以宽度；工程量按设计图示尺寸以体积计算。

清单工程量计算见表1-68。

清单工程量计算表　　表1-68

序号	项目编码	项目名称	项目特征描述	计量单位	工程量
1	040302003001	地下连续墙	深度为20m，混凝土强度等级为C25	m^3	7200
2	040302003002	地下连续墙	深度为20m，宽度为10m，采用履带式液压抓斗挖土成槽	m^3	7200

(2)定额工程量

1)挖土成槽工程量：

由《全国统一市政工程预算定额第四册隧道工程》GYD-304-1999第七章地下连续墙工程量计算规则规定：地下连续墙成槽土方量按连续墙设计长度、宽度和槽深(加超深0.5m)计算。

$$6\times6\times20\times(10+0.5)\text{m}^3=7560\text{m}^3$$

2) 浇捣混凝土连续墙工程量：

$$6\times6\times20\times(10+0.5)\text{m}^3=7560\text{m}^3$$

【注释】 10+0.5为加深以后的槽深，6×6为六段六米长的混凝土墙的总长度；6×6×20×10为浇捣混凝土连续墙的长度乘以深度乘以宽度；工程量按设计图示尺寸以体积计算。

项目编码：040406001　项目名称：混凝土地梁

【例69】 ××隧道工程浇筑混凝土地梁，如图1-68所示，垫层厚度为0.5m，采用泵送商品混凝土C30，石料最大粒径15mm，垫层采用C20的混凝土。求混凝土地梁的工程量。

【解】 (1) 清单工程量：

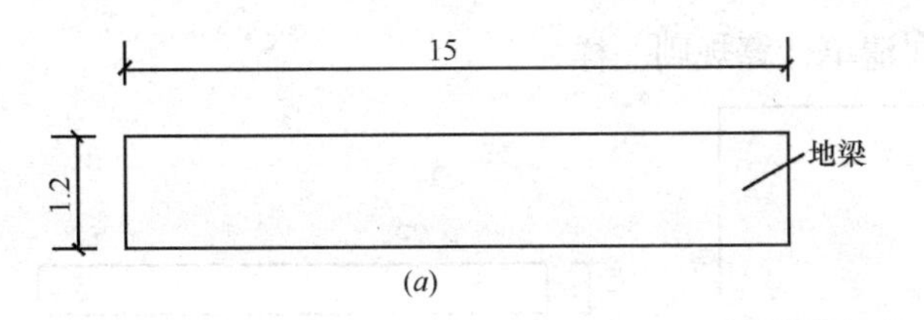

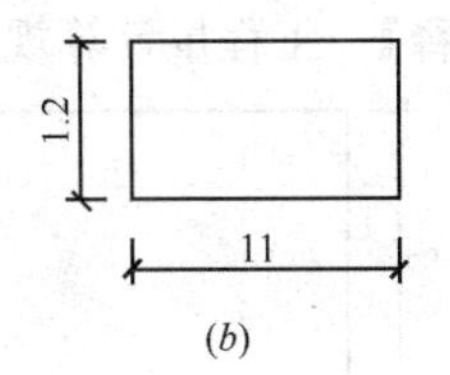

图 1-68 地梁示意图 （单位：m）
（a）地梁平面图；（b）地梁侧面图

$$V=1.2\times15\times11\text{m}^3=198\text{m}^3$$

【注释】 1.2(地梁的截面高度)×15(地梁的长度)×11(地梁的截面长度)为混凝土地梁的截面面积乘以地梁的长度；工程量计算规则按设计图示尺寸以体积计算。

清单工程量计算见表 1-69。

清单工程量计算表 **表 1-69**

项目编码	项目名称	项目特征描述	计量单位	工程量
040406001001	混凝土地梁	垫层厚度为 0.5m，C20 混凝土，地梁采用泵送预拌混凝土 C30	m^3	198

（2）定额工程量

$$1.2\times15\times11\text{m}^3=198\text{m}^3$$

项目编码：040406002 项目名称：混凝土底板

【例 70】 某隧道工程设置有钢筋混凝土底板，垫层厚度为 0.6m，材料品种为混凝土，其强度为 C20，底板位于垫层上面，其混凝土强度等级为 C30，石料最大粒径为 15mm，具体布置图如图 1-69 所示，求混凝土底板的工程量（隧道长度为 100m）。

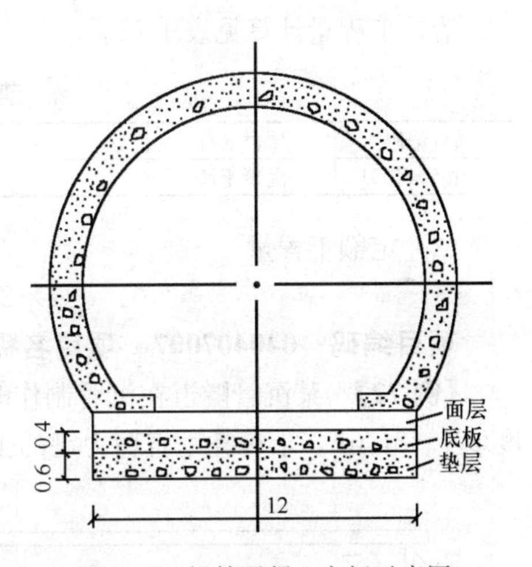

图 1-69 钢筋混凝土底板示意图
（单位：m）

【解】 （1）清单工程量

$$V=100\times0.4\times12\text{m}^3=480\text{m}^3$$

【注释】 100(隧道长度)×0.4(地板的厚度)×12(地板的截面宽度)为底板的截面积乘以隧道的长度，工程量计算规则按设计图示尺寸以体积计算。

清单工程量计算见表 1-70。

清单工程量计算表 **表 1-70**

项目编码	项目名称	项目特征描述	计量单位	工程量
040406002001	混凝土底板	垫层厚度为 0.6m，材料品种为混凝土，强度 C20，底板 C30 混凝土	m^3	480

（2）定额工程量

$$100\times0.4\times12\text{m}^3=480\text{m}^3$$

【注释】 工程量计算规则同清单计算规则一样。

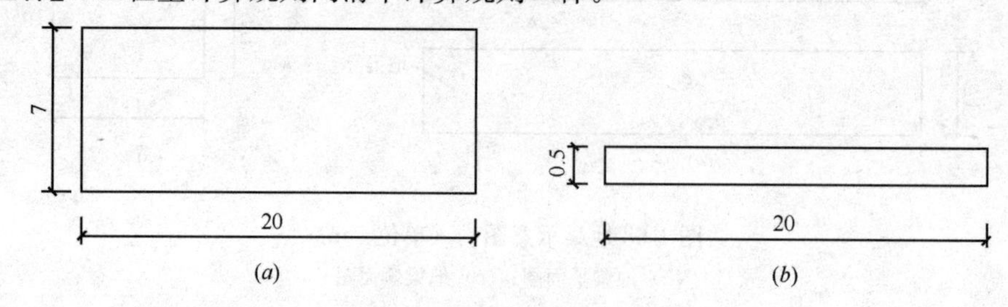

图 1-70 钢筋混凝土墙示意图 （单位：m）

(*a*) 平面图；(*b*) 立面图

项目编码：040406004 项目名称：混凝土墙

【例 71】 ××地区隧道工程有一钢筋混凝土墙，如图 1-70 所示，采用泵送预拌混凝土 C30，石料最大粒径 15mm，求其工程量。

【解】 (1) 清单工程量

$$V=7\times20\times0.5m^3=70m^3$$

【注释】 7(墙的高度)×20(墙的长度)×0.5(墙的厚度)为墙的实体体积；工程量按设计图示尺寸以体积计算。

清单工程量计算见表 1-71。

清单工程量计算表 **表 1-71**

项目编码	项目名称	项目特征描述	计量单位	工程量
040406004001	混凝土墙	C30 混凝土	m^3	70

(2) 定额工程量

$$7\times20\times0.5m^3=70m^3$$

项目编码：040407007 项目名称：鼻托垂直剪力键

【例 72】 某沉管隧道在沉管制作时安装了钢剪力键，具体尺寸如图 1-71 所示，钢密度取 7.78t/m³，求鼻托垂直剪力键的工程量。

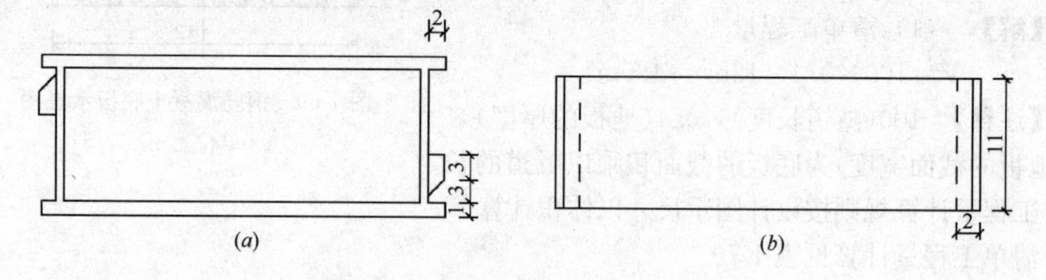

图 1-71 沉井示意图 （单位：m）

(*a*) 沉管立面图；(*b*) 沉管平面图

【解】 (1) 清单工程量

$$\begin{aligned} m &=\rho v \\ &=7.78\times(3+3+3)\times2/2\times11\times2t \\ &=1540.44\times2t \\ &=1540.44t \end{aligned}$$

【注释】 (3+3+3)×2/2 为垂直剪力键的断面积，11 为垂直剪力键的长度，2 为两个垂直剪力键；7.78 为密度；工程量按设计图示以质量计算。

清单工程量计算见表 1-72。

清单工程量计算表 **表 1-72**

项目编码	项目名称	项目特征描述	计量单位	工程量
040407007001	鼻托垂直剪力键	钢密度取 7.78t/m³	t	1540.44

(2) 定额工程量

$$7.78\times(3+3+3)\times2/2\times11\times2\text{t}=1540.44\text{ t}$$

【注释】 本例中工程量同清单计算规则一样。

项目编码：040407001 项目名称：预制沉管底垫层

【例 73】 某一隧道在施工段 K2+050～K2+150 为水底隧道，预制沉管底垫层为碎石，厚度为 0.5m，具体尺寸如图 1-72 所示，求其工程量。

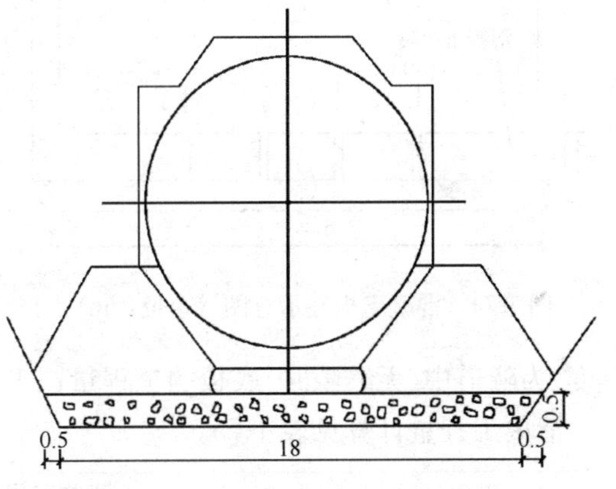

图 1-72 沉管底垫层示意图（单位：m）

【解】 (1) 清单工程量

$$V=(18+18+0.5\times2)\times0.5/2\times100\text{m}^3$$
$$=925\text{m}^3$$

【注释】 (18+18+0.5×2)(梯形垫层的上底加下底的长度之和)×0.5(垫层的厚度)/2 为沉管底垫层的断面积，100 为某施工段的隧道长度；工程量计算规则按设计图示尺寸以体积计算。

清单工程量计算见表 1-73。

清单工程量计算表 **表 1-73**

项目编码	项目名称	项目特征描述	计量单位	工程量
040408001001	预制沉管底垫层	垫层为碎石，厚度 0.5m	m³	925

(2) 定额工程量

$$(18\times2+0.5\times2)\times0.5/2\times100\text{m}^3=37/4\times100\text{m}^3=925\text{m}^3$$

项目编码：040408002 项目名称：预制沉管钢底板

【例 74】 有一海底隧道预制长为 120m 的沉管钢底板，如图 1-73 所示，以厚 6mm 的钢板作为防水层，求其工程量。

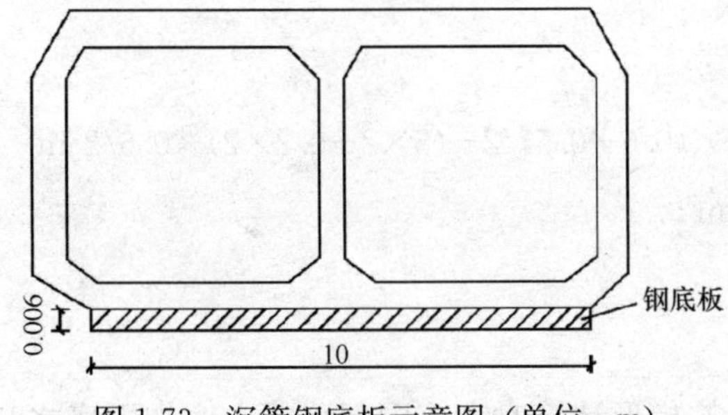

图 1-73 沉管钢底板示意图（单位：m）

【解】 (1) 清单工程量

$$m=\rho v=7.78\times120\times10\times0.006\text{t}=56.02\text{t}$$

【注释】 10(钢底板的截面宽度)×0.006(底板的厚度)为钢底板的截面积，120 为隧道长度，7.78 为钢材的密度；工程量按设计图示以质量计算。

清单工程量计算见表 1-74。

清单工程量计算表 表 1-74

项目编码	项目名称	项目特征描述	计量单位	工程量
040408002001	预制沉管钢底板	以厚 6mm 的钢板作为防水层	t	56.02

（2）定额工程量

$$7.78\times120\times10\times0.06\text{t}=56.020\text{t}$$

项目编码：040407003 项目名称：预制沉管混凝土板底

【例 75】 有一施工段在 K0＋200～K0＋400 的水底隧道预制沉管混凝土板底。混凝土强度等级为 C35，石料最大粒径 25mm，分为两个管段，一个管段的示意图如图 1-74 所示，求其工程量。

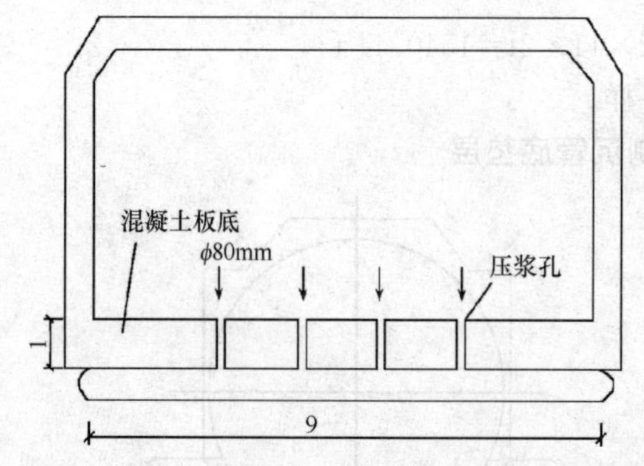

图 1-74 混凝土板底示意图（单位：m）

【解】 （1）清单工程量

$$V=\left[200\times9\times1-4\times\pi\times(\frac{0.08}{2})^2\times1\right]\text{m}^3$$
$$=1800\text{m}^3$$

【注释】 $4\times\pi\times(\frac{0.08}{2})^2\times1$ 为四个管道的面积，其中 0.08 为管道的直径；200（隧道的长度）×9（底板的截面宽度）×1（底板的厚度）为隧道中（无缝隙时）底板的工程量；工程量计算规则按设计图示尺寸以体积计算。

清单工程量计算见表 1-75。

清单工程量计算表 表 1-75

项目编码	项目名称	项目特征描述	计量单位	工程量
040407003001	预制沉管混凝土板底	混凝土强度等级为 C35	m^3	1800

（2）定额工程量

$$V=\left[200\times9\times1-4\times\pi\times(\frac{0.08}{2})^2\times1\right]\text{m}^3=1800\text{m}^3$$

【注释】 本例中定额工程量计算规则同清单计算规则一样。

项目编码：040407004 项目名称：预制沉管混凝土侧墙

【例 76】 ××地区水底隧道在施工段 K0＋000～K0＋250 预制了两节沉管，每节沉管长 125m，混凝土强度等级为 C30，石料最大粒径 25mm，预制沉管混凝土侧墙如图 1-75 所示，求其工程量。

【解】 （1）清单工程量：

$$V=2\times125\times2\times[(5\times2+0.5\times2+0.2\times2)\times(0.6+0.5)/2-(5\times2+0.2\times2)\times0.6/2]\text{m}^3$$
$$=500\times(11.4\times1.1/2-10.4\times0.6/2)\text{m}^3$$
$$=250\times6.3\text{m}^3$$
$$=1575\text{m}^3$$

【注释】 （5×2＋0.5×2＋0.2×2）（侧墙按梯形计算时大范围部分的上底加下底之和

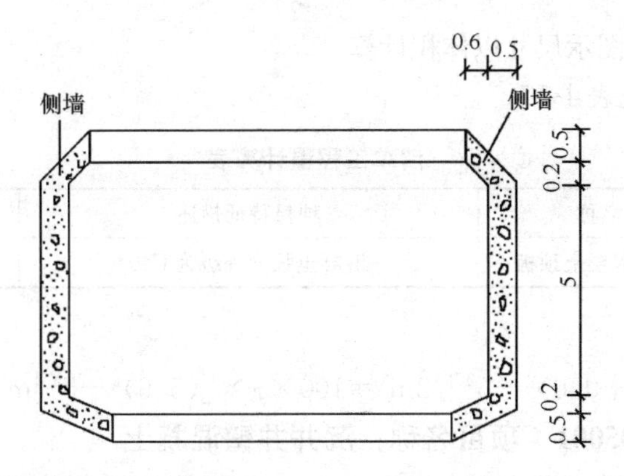

图1-75 预制沉管混凝土侧墙示意图（单位：m）

的长度）×(0.6+0.5)(梯形侧墙的总截面宽度)/2−(5×2+0.2×2)(大范围梯形多算的内侧小梯形部分的上底加下底的长度和)×0.6(内侧小梯形的宽度)/2 为侧墙的断面积，其中 2×125 为两节管的长度，工程量计算规则按设计图示尺寸以体积计算。

清单工程量计算见表 1-76。

清单工程量计算表 **表 1-76**

项目编码	项目名称	项目特征描述	计量单位	工程量
040407004001	预制沉管混凝土侧墙	混凝土强度等级为 C30	m^3	1575

(2) 定额工程量：

$2\times125\times2\times[(5\times2+0.5\times2+0.2\times2)\times(0.6+0.5)-(5\times2+0.2\times2)\times0.6]/2m^3$

$=500\times(11.4\times1.1-10.4\times0.6)/2m^3$

$=1575m^3$

【注释】 本例中定额工程量计算规则同清单计算规则一样。

项目编码：040407005 项目名称：预制沉管混凝土顶板

【例 77】 ××地区修建一水底隧道，采用沉管法，在施工段 K3+050～K3+250 浇筑两节沉管，其中沉管的混凝土顶板强度等级为 C40，石料最大粒径 15mm，具体尺寸如图 1-76 所示，求其工程量。

【解】 (1) 清单工程量

$V=200\times\pi\times[(5+0.6)^2-5^2]\times\frac{1}{2}m^3$

$=1998.05m^3$

【注释】 $\pi\times[(5+0.6)$(弧形顶板的外侧半径的长)$^2-5$(弧形顶板内侧的半径的长)$^2]\times\frac{1}{2}$为顶板的断面积，200 为某施工段隧道

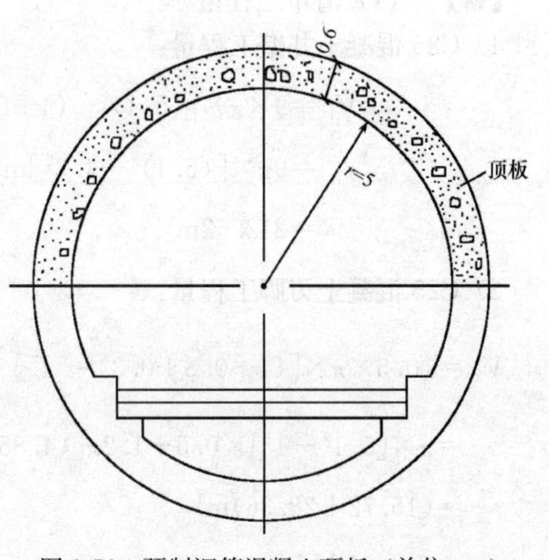

图 1-76 预制沉管混凝土顶板（单位：m）

的长度；工程量按设计图示尺寸以体积计算。

清单工程量计算见表 1-77。

清单工程量计算表　　　表 1-77

项目编码	项目名称	项目特征描述	计量单位	工程量
040407005001	预制沉管混凝土顶板	混凝土强度等级为 C40	m^3	1998.05

（2）定额工程量

$$200\times\pi\times[(5+0.6)^2-5^2]/2\text{m}^3=100\times\pi\times[(5.6)^2-5^2]\text{m}^3=1998.05\text{m}^3$$

项目编码：040405001　项目名称：沉井井壁混凝土

【例 78】 某一隧道工程在 K0＋050～K0＋250 施工段制作沉井基础，沉井平面形状为圆形，混凝土强度等级为 C25，石料最大粒径 25mm，沉井平面及立面图如图 1-77 所示，求其工程量。

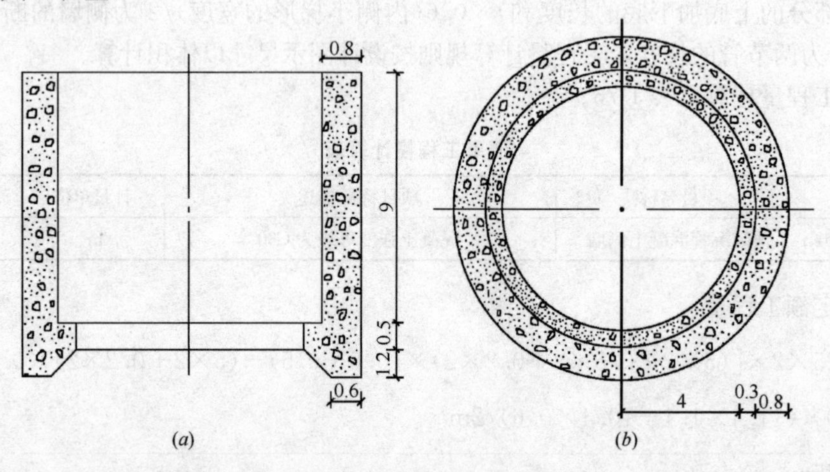

图 1-77　沉井示意图　（单位：m）

（a）沉井立面图；（b）沉井平面图

【解】（1）清单工程量

1）C25 混凝土井壁工程量：

$$\begin{aligned}V_1&=9\times\pi\times[(5.1)^2-(4+0.3)^2]\text{m}^3\\&=9\pi\times[(5.1)^2-4.3^2]\text{m}^3\\&=212.62\text{m}^3\end{aligned}$$

2）C25 混凝土刃脚工程量：

$$\begin{aligned}V_2&=\{0.5\times\pi\times[(4+0.8+0.3)^2-4^2]+1.2\times\pi[(4+\frac{0.3+0.8+0.6}{2})^2-4^2]\}\text{m}^3\\&=\pi\times[5.1^2-4^2]\times0.5+1.2\pi[(4.85)^2-4^2]\text{m}^3\\&=(15.72+28.36)\text{m}^3\\&=44.08\text{m}^3\end{aligned}$$

【注释】 $9\times\pi\times[(5.1)$(井壁外侧的半径的长)$^2-(4+0.3)$(井壁内侧的半径的长)$^2]$为井壁的高度乘以井壁的断面积，$0.5\times\pi\times[(4+0.8+0.3)$(井底刃脚0.5高处的外侧半径)$^2-4$(井底刃脚0.5高处的内侧半径)$^2]$为刃脚0.5高处的截面积乘以高度；$(4+\frac{0.3+0.8+0.6}{2})$为将井底刃脚1.2深的梯形转化为等面积的矩形的边长；工程量按设计图示尺寸以体积计算。

清单工程量计算见表1-78。

清单工程量计算表 表1-78

项目编码	项目名称	项目特征描述	计量单位	工程量
040405001001	沉井井壁混凝土	沉井平面形状为圆形，混凝土强度等级为C25	m^3	256.70

(2) 定额工程量

1) 混凝土井壁工程量：

$$V_1=9\times\pi\times[(4+0.3+0.8)^2-(4+0.3)^2]m^3=212.62m^3$$

2) 混凝土刃脚工程量：

$$V_2=\{0.5\pi\times[(4+0.8+0.3)^2-4^2]+1.2\times\pi[(4+\frac{0.3+0.6+0.8}{2})^2-4^2]\}m^3$$

$$=(15.72+28.36)m^3$$

$$=44.08m^3$$

【注释】 本例中定额的工程量计算规则同清单计算规则一样。

项目编码：040405002 项目名称：沉井下沉

【例79】 ××隧道工程有一沉井基础，此混凝土沉井采用排水挖土下沉，下沉深度为15m，沉井平面形状为圆形，设计图示如图1-78所示，求沉井下沉的工程量。

【解】 (1) 清单工程量：

$$V=15\times[16\times2\times(10+0.6)\pi+0.5\times2\times(10+0.6+0.8)\pi+0.9\times2\times(10+0.6+0.8)\pi]m^3$$

$$=15\times[32\times10.6\pi+11.4\pi+1.8\times11.4\pi]m^3$$

$$=15\pi\times371.12m^3=17488.62m^3$$

【注释】 16(井壁的高度)$\times(10+0.6)\times2$(井壁的周长，其中$(10+0.6)$为井壁外侧的半径长)π为井壁的侧面面积，0.5(刃脚的高度)$\times2\times(10+0.6+0.8)$(井底刃脚外侧的半径长)$\pi$为刃脚的部分的侧面面积，0.9(井底刃脚下部的高度)$\times2\times(10+0.6+0.8)$(刃脚下部外侧的半径的长)$\pi$为刃脚下部的外围面积，工程量计算规则按设计图示尺寸井壁的外围面积乘以下沉深度以体积计算。

清单工程量计算见表1-79。

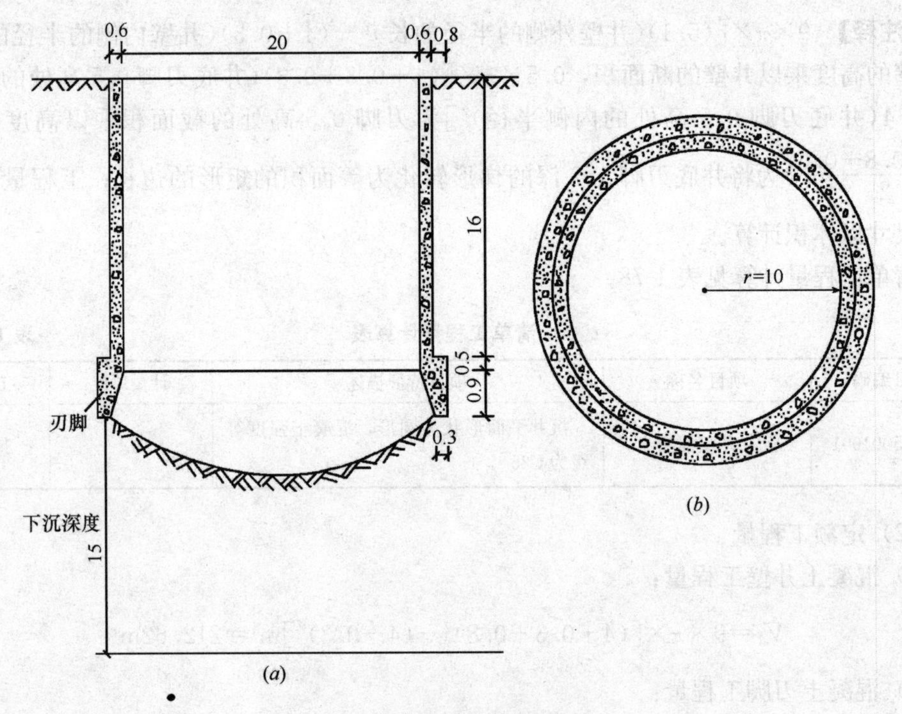

图 1-78　沉井示意图（单位：m）

(a) 沉井立面图；(b) 沉井平面图

清单工程量计算表　　表 1-79

项目编码	项目名称	项目特征描述	计量单位	工程量
040405002001	沉井下沉	下沉深度为 15m	m^3	17488.62

（2）定额工程量

由《全国统一市政工程预算定额第四册隧道工程》GYD-304-1999，第四章隧道沉井工程量计算规则规定：沉井下沉的土方工程量，按沉井外壁所围的面积乘以下沉深度（预制时刃脚底面至下沉后设计刃脚底面的高度），并分别乘以土方回淤系数计算。回淤系数：排水下沉深度大于 10m 为 1.05，不排水下沉深度大于 15m 为 1.02。

$$15\pi\times1.05\times[16\times2\times(10+0.6)+0.5\times2\times(10+0.6+0.8)+0.9\times2\times(10+1.4)]m^3$$

$$=15\pi\times1.05\times[32\times10.6+11.4+1.8\times11.4]m^3$$

$$=15\pi\times1.05\times371.12m^3$$

$$=18363.05m^3$$

项目编码：040405003　项目名称：沉井混凝土封底

【例 80】 ××地区隧道工程在施工段 K0＋050～K0＋250 无地下水，采用泵送预拌混凝土 C20，石料最大粒径为 15mm，如图 1-79 所示，求沉井混凝土封底工程量。

【解】 （1）清单工程量

$$V=\frac{\pi}{3}\times0.6\times(8^2+8.5^2+8\times8.5)=128.33m^3$$

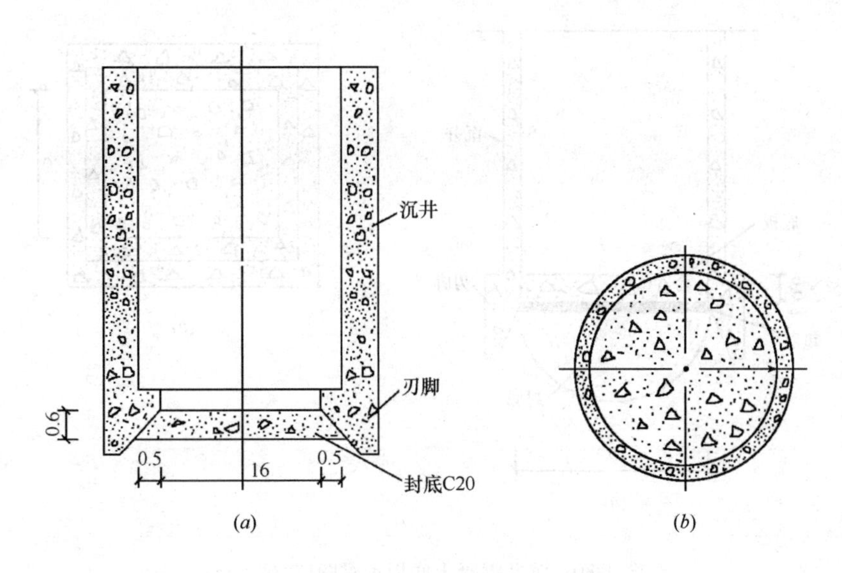

图 1-79　沉管混凝土封底示意图（单位：m）
(a) 立面图；(b) 平面图

【注释】　$\frac{\pi}{3}$×0.6(底板的厚度)×(8(封底顶面的半径)^2＋8.5(封底底面的半径)^2＋8×8.5)为圆台体积的计算公式；工程量按设计图示尺寸以体积计算。

清单工程量计算见表 1-80。

清单工程量计算表　　表 1-80

项目编码	项目名称	项目特征描述	计量单位	工程量
040405003001	沉井混凝土封底	混凝土强度 C20	m^3	128.33

(2) 定额工程量

$$\frac{\pi}{3}\times0.6\times(8^2+8.5^2+8\times8.5)=128.33\text{m}^3$$

项目编码：040405004　项目名称：沉井混凝土底板

【例 81】　××市有一隧道工程在施工段 K2＋100～K2＋300 设置沉井基础，沉井混凝土底板强度等级为泵送预拌混凝土 C25，石料最大粒径为 25mm，具体尺寸如图 1-80 所示，求其工程量。

【解】　(1) 清单工程量

$$V=5\times0.6\times15\text{m}^3=45\text{m}^3$$

【注释】　5(底板的宽度)×0.6(底板的厚度)×15(底板的长度)为混凝土底板的截面面积乘以长度；工程量按设计图示尺寸以体积计算。

清单工程量计算见表 1-81。

清单工程量计算表　　表 1-81

项目编码	项目名称	项目特征描述	计量单位	工程量
040405004001	沉井混凝土底板	混凝土强度 C25	m^3	45

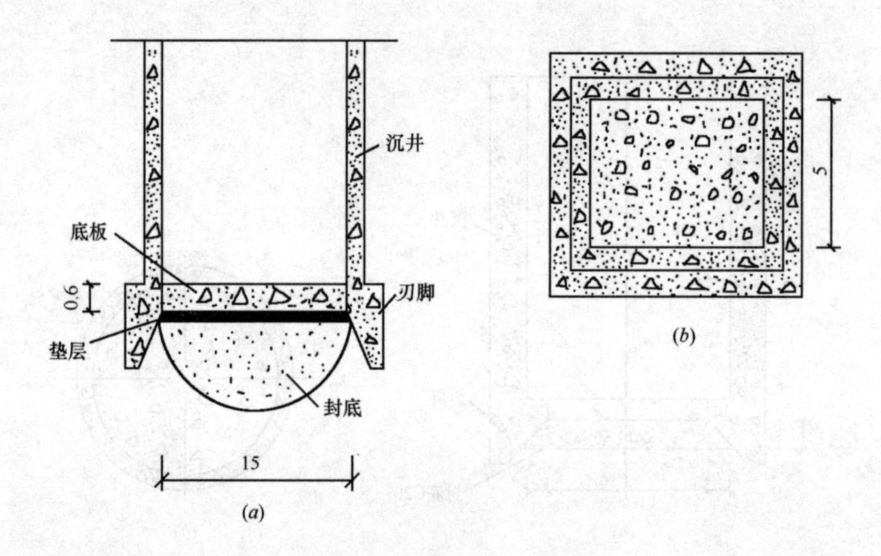

图 1-80 沉井混凝土底板示意图（单位：m）
(a)立面图；(b)平面图

(2) 定额工程量

$$5\times0.6\times15\text{m}^3=45\text{m}^3$$

【注释】 同清单计算规则一样。

项目编码：040405005 项目名称：沉井填心

【例 82】 ××地区有一隧道工程，在 K3＋050～K3＋350 施工段修建一座沉井，如图 1-81 所示采取排水下沉，材料品种为中粗砂及直径为 5～40mm 的碎石和直径为 100～400mm 的块石组成的砂石料，求工程量。

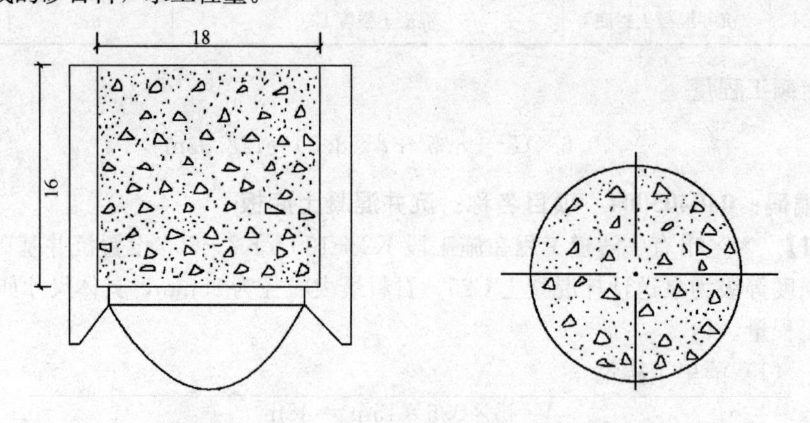

图 1-81 沉井填心平面图及立面图 （单位：m）

【解】 (1) 清单工程量

$$V=\pi\left(\frac{18}{2}\right)^2\times16\text{m}^3=\pi\times9^2\times16\text{m}^3=4071.50\text{m}^3$$

【注释】 $\pi\left(\frac{18}{2}\text{（沉井的半径的长度）}\right)^2\times16$ 为沉井的底面积乘以沉井的高度；其中 16 为沉井的高度；工程量按设计图示尺寸以体积计算。

清单工程量计算见表 1-82。

清单工程量计算表 表 1-82

项目编码	项目名称	项目特征描述	计量单位	工程量
040405005001	沉井填心	材料品种为中粗砂及直径为 5～40mm 的碎石和直径为 100～400mm 的块石组成的砂石料	m^3	4071.50

(2)定额工程量

$$\pi\times\left(\frac{18}{2}\right)^2\times16\text{m}^3=\pi\times81\times16\text{m}^3=4071.50\text{m}^3$$

【注释】 本例中工程量计算同清单工程量计算规则一样。

项目编码：040404003 项目名称：管节垂直顶升

【例 83】 某隧道施工时，由于管道覆土较深，开槽土方量较大，且需要支撑，采用管道垂直顶升的方法进行施工，垂直顶升段示意图如图 1-82 所示，每顶进一次 80m，工作坑距江底 22m，水深 38m，管节长度为 5m，管道浇筑采用 C40 水泥混凝土，表面采用防水耐腐蚀材料，试计算管节垂直顶升的工程量。

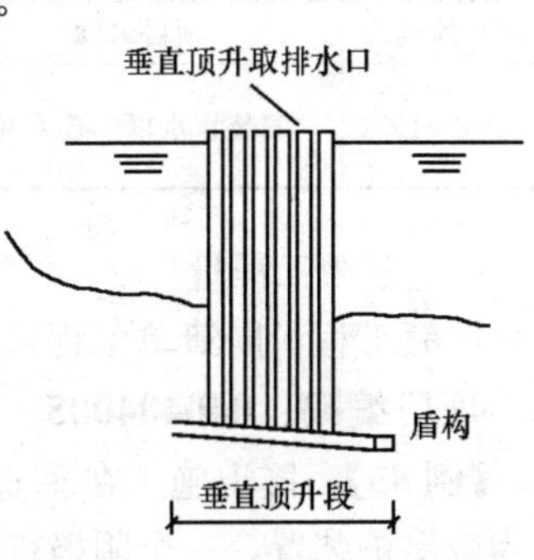

图 1-82 垂直顶升高示意图

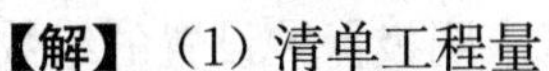

【解】 (1) 清单工程量

顶升长度：(22＋38)m＝60m

【注释】 工程量按设计图示尺寸以长度计算。

清单工程量计算见表 1-83。

清单工程量计算表 表 1-83

项目编码	项目名称	项目特征描述	计量单位	工程量
040404003001	管节垂直顶升	每顶进一次 80m，管道浇筑采用 C40 水泥混凝土，表面采用防水耐腐蚀材料	m	60

(2) 定额工程量

管节数：(22＋38)÷5 节＝12 节

【注释】 工程量设计图示以数量计算。

项目编码：040404004 项目名称：安装止水框、连系梁

【例 84】 某隧道施工时为了排水需要以及确保隧道顶部的稳定性，特设置止水框和连系梁，止水框和连系梁断面尺寸及示意图如图 1-83 所示，材质均选用密度为 $7.87\times10^3\text{kg/m}^3$ 的优质钢材，试求止水框和连系梁的工程量(止水框板厚 10cm)。

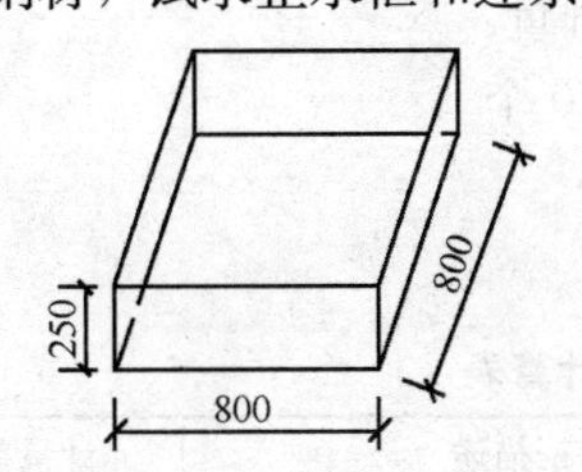

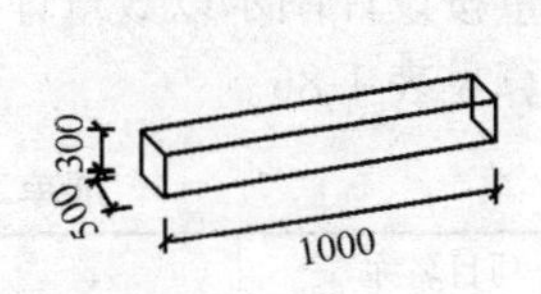

图 1-83 止水框、连系梁示意图

【解】 (1) 清单工程量

止水框的质量：$[(0.8\times0.25)\times4+0.8\times0.8]\times0.1\times7.87\times10^3$kg＝1133.28kg ＝1.133t

连系梁的质量：$0.3\times0.5\times1\times7.87\times10^3$kg＝1180.5kg＝1.181t

【注释】 (0.8(止水框的截面长度)×0.25(止水框的截面宽度))×4 为止水框的四个侧面的面积，0.8×0.8 止水框的底面的面积；0.3(连系梁的截面宽度)×0.5(连系梁的截面长度)×1(连系梁的长度)×7.87×10^3 为连系梁的截面面积乘以长度乘以钢材的密度。

清单工程量计算见表 1-84。

清单工程量计算表 **表 1-84**

项目编码	项目名称	项目特征描述	计量单位	工程量
040404004001	安装止水框，连系梁	材质均选用密度为 7.87×10^3kg/m³ 的优质钢材	t	2.134

(2) 定额工程量

定额工程量同清单工程量。

项目编码：040404005　项目名称：阴极保护装置

【例 85】 隧道施工在垂直顶升后，为了防止电化学腐蚀及生物腐蚀出水口，需要安装阴极保护装置，一个阴极保护站设有 10 组阴极保护装备，试求阴极保护设置的组数。

【解】 (1) 清单工程量：

阴极保护装置的组数：10 组

清单工程量计算见表 1-85。

清单工程量计算表 **表 1-85**

项目编码	项目名称	项目特征描述	计量单位	工程量
040404005001	阴极保护装置	一个阴极保护站设有 10 组阴极保护装置	组	10

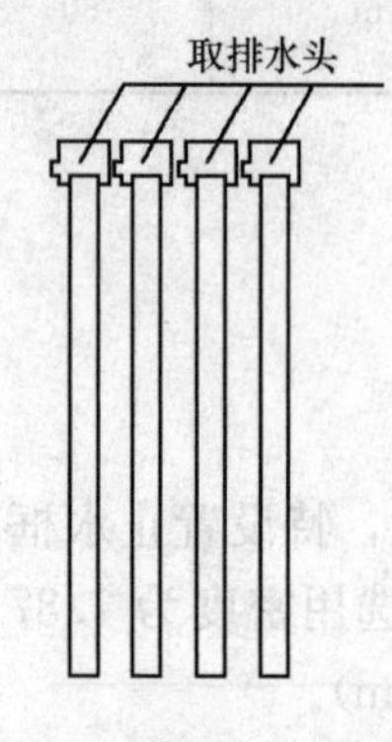

图 1-84　取排水头示意图

(2) 定额工程量

阴极保护装置的组数：10 组

【注释】 工程量按数量计算。

项目编码：040404006　项目名称：安装取、排水头

【例 86】 某隧道为了排水方便，在垂直顶升管取排水口处安装取排水头，每个取排水口均安装一个取排水头，该段共有取排水口 20 个，取排水头示意图如图 1-84 所示，试求取排水头的工程量。

【解】 (1) 清单工程量：

取排水头的个数：20 个

【注释】 工程量按设计图示以数量计算。

清单工程量计算见表 1-86。

清单工程量计算表 **表 1-86**

项目编码	项目名称	项目特征描述	计量单位	工程量
040404006001	安装取、排水头	在垂直顶升管取排水口处安装取排水头	个	20

(2) 定额工程量

定额工程量同清单工程量。

项目编码：040404009 项目名称：隧道内集水井

【例 87】 某隧道长度为 1200m，为了保证隧道稳定和便于积水的排除，在道路两侧每隔 50m 设置一座集水井，集水井示意图如图 1-85 所示，试求集水井的工程量。

【解】 (1) 清单工程量：

$$集水井的座数：\left(\frac{1200}{50(集水井是间距)}-1\right)\times 2=46\ 座$$

【注释】 工程量按设计图示数量计算。

清单工程量计算见表 1-87。

清单工程量计算表 **表 1-87**

项目编码	项目名称	项目特征描述	计量单位	工程量
040404009001	隧道内集水井	在道路两侧每隔 50m 设置一座集水井	座	46

(2) 定额工程量

定额工程量同清单工程量。

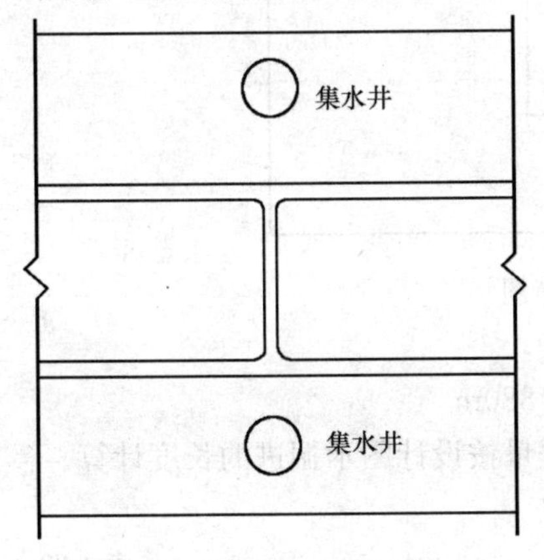

图 1-85 集水井布置图

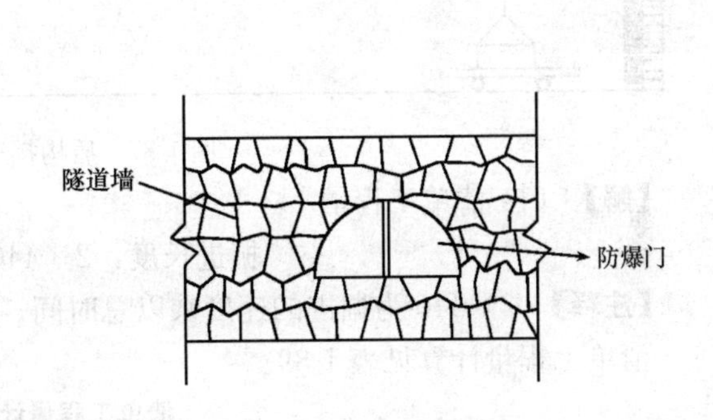

图 1-86 防爆门布置图

项目编码：040404010 项目名称：防爆门

【例 88】 某隧道全长 900m，为了保证隧道的稳定，要装置防爆门，现每隔 20m 设置一扇，其示意图如图 1-86 所示，试求防爆门的工程量。

【解】 (1) 清单工程量

$$防爆门扇数：\left(\frac{900}{20(门扇的间距)}-1\right)\times 2\ 扇=88\ 扇$$

【注释】 工程量按设计图示数量计算。

清单工程量计算见表 1-88。

清单工程量计算表 **表 1-88**

项目编码	项目名称	项目特征描述	计量单位	工程量
040404010001	防爆门	每隔 20m 设置一扇	扇	88

(2) 定额工程量

定额工程量同清单工程量。

项目编码：040403002　项目名称：盾构掘进

【例 89】 在隧道施工时，采用干式出土盾构掘进的方法施工，如图 1-87 所示，正常段掘进时，采用掘进机的直径为 5m，掘进速度为 2m/时，共掘进 440 个工时，试求掘进工程量。

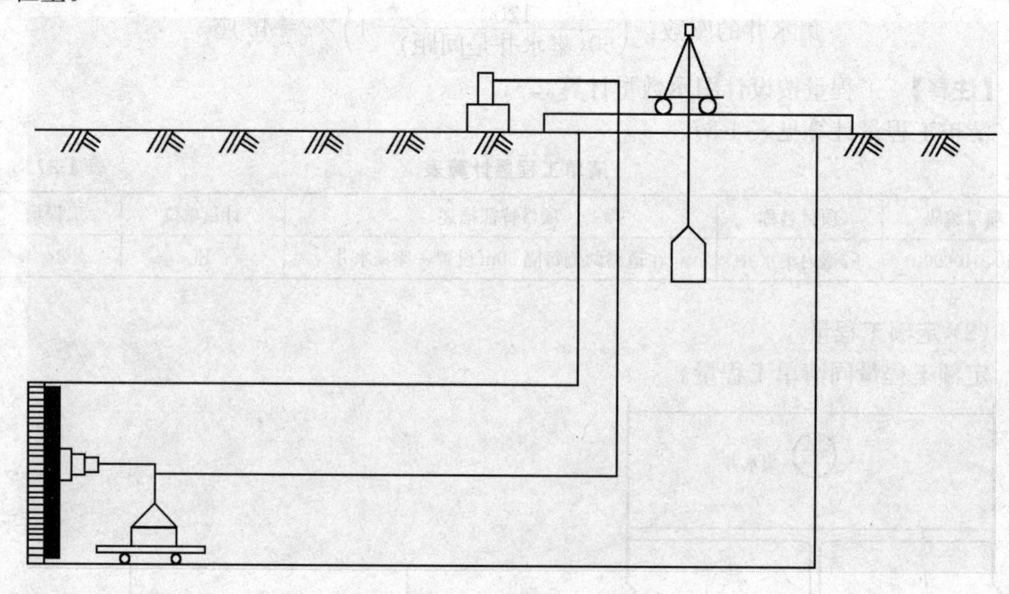

图 1-87　盾构掘进示意图

【解】 (1) 清单工程量

掘进长度：2×440m＝880m

【注释】 2×440 为掘进的速度乘以总时间；工程量按设计图示掘进的长度计算。

清单工程量计算见表 1-89。

清单工程量计算表　　表 1-89

项目编码	项目名称	项目特征描述	计量单位	工程量
040403002001	盾构掘进	直径为 5m，掘进速度为 2m/时	m	880

(2) 定额工程量

定额工程量同清单工程量。

项目编码：040403005　项目名称：管片设置密封条

【例 90】 隧道采用盾构法进行施工时，随着盾构的掘进，盾尾一次拼装衬砌管片 6 个，在管片与管片之间用密封防水橡胶条密封，共掘进 42 次，管片示意图如图 1-88 所示，试求管片密封条的工程量。

【解】 (1) 清单工程量

管片密封条的环数：(6－1)×42 环＝210 环

【注释】 工程量按设计图示数量计算。

清单工程量计算见表 1-90。

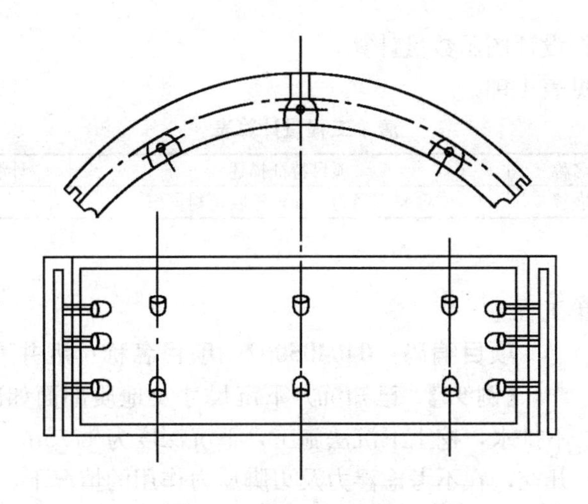

图 1-88 管片平面示意图

清单工程量计算表　　表 1-90

项目编码	项目名称	项目特征描述	计量单位	工程量
040403005001	管片设置密封条	管片与管片之间用密封防水橡胶条密封	环	210

(2) 定额工程量

定额工程量同清单工程量。

项目编码：040403007　项目名称：管片嵌缝

【例 91】 隧道施工时采用盾构法，随着盾构的掘进，盾尾每次铺砌管片 8 个，管片之间用橡胶密封嵌缝，橡胶直径为 1cm，隧道总掘进 31 次，管片缝示意图如图 1-89 所示。试求管片嵌缝的工程量。

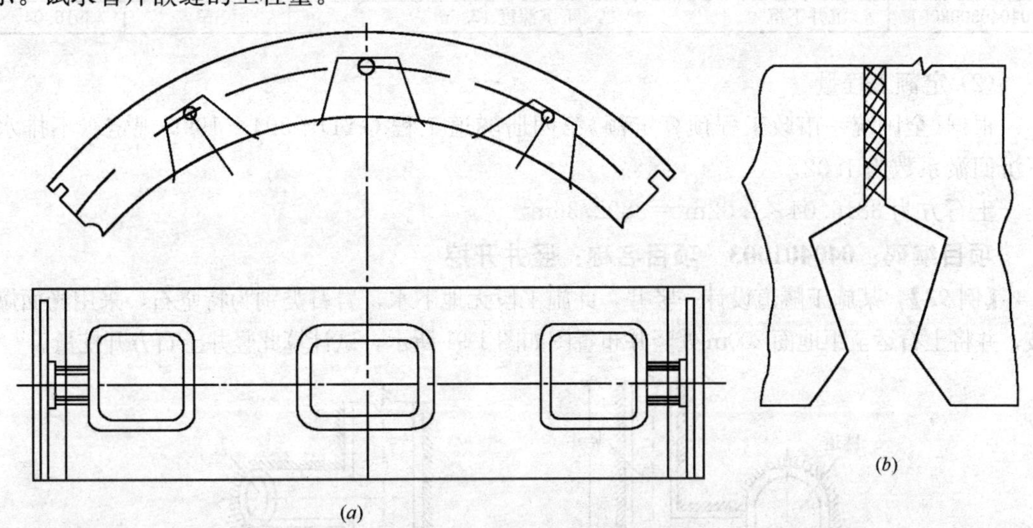

图 1-89 管片缝示意图

(a)管片缝示意图；(b)嵌缝槽示意图

【解】 (1) 清单工程量

管片缝环数：(8－1)×31＝217 环

【注释】 工程量按设计图示数量计算。

清单工程量计算见表 1-91。

清单工程量计算表 表 1-91

项目编码	项目名称	项目特征描述	计量单位	工程量
040403007001	管片嵌缝	橡胶直径为 1cm，橡胶密封嵌缝	环	217

（2）定额工程量

定额工程量同清单工程量。

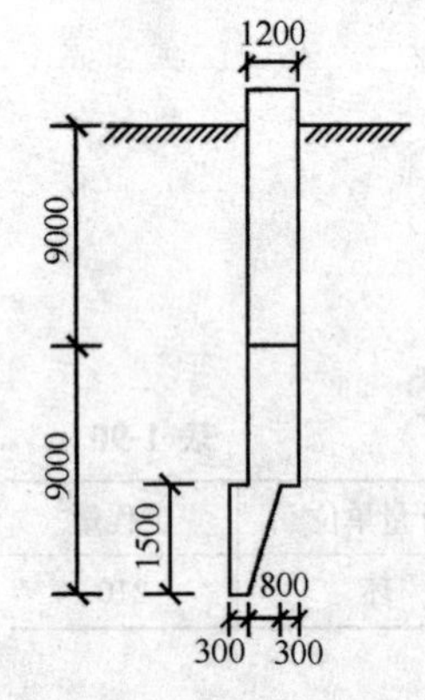

图 1-90 沉井剖面图

项目编码：040405002 项目名称：沉井下沉

【例 92】 已知沉井下沉尺寸及地质剖面如图 1-90 所示，采用不排水，挖土下沉法施工，下沉深度为 17.5m，并采用 2 节制下沉开挖，在不考虑浮力及刃脚反力作用的情况下，试求土方工程量。

【解】（1）清单工程量：

1）沉井井壁土方量为：$8.2^2 \times 3.14 \times 16.5 m^3 = 3483.70 m^3$

2）沉井刃脚土方量为：$(1.1+0.3+7)^2 \times 3.14 \times 1.5 m^3$

$= 332.34 m^3$

3）土石方工程量为：$(3483.70+332.34) m^3 = 3816.04 m^3$

【注释】 8.2(井壁的外半径)^2×3.14×16.5 为井壁的截面积乘以井壁的高度，其中 16.5 为井壁的高度，(1.1+0.3+7)(刃脚的外半径)^2×3.14 沉井刃脚的断面积，其中 1.5 为刃脚的高度；工程量按设计图示尺寸以体积计算。

清单工程量计算见表 1-92。

清单工程量计算表 表 1-92

项目编码	项目名称	项目特征描述	计量单位	工程量
040405002001	沉井下沉	下沉深度 17.5m	m^3	3916.04

（2）定额工程量

根据《全国统一市政工程预算定额》第四册隧道工程 GYD－304－1999 规定，不排水下沉回淤系数为 1.02。

土石方为 $3816.04 \times 1.02 m^3 = 3892.36 m^3$

项目编码：040401003 项目名称：竖井开挖

【例 93】 某施工隧道设计一竖井，此施工段无地下水，岩石类别为特坚石，采用光面爆破，并将土石运至距地面 200m 处竖井布置图如图 1-91 所示，试计算此竖井土石方开挖量。

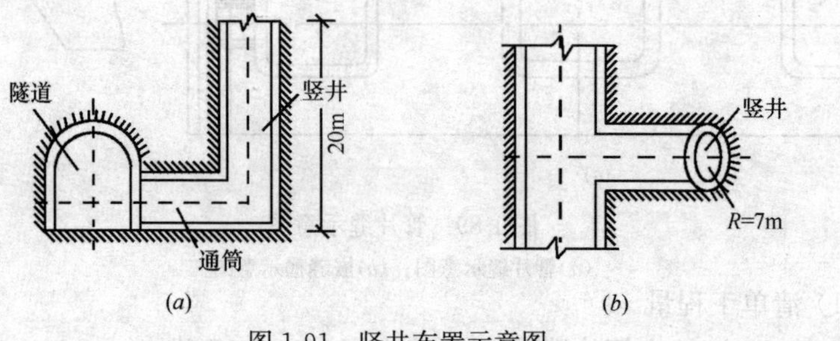

图 1-91 竖井布置示意图

(a) 立面图；(b) 平面图

【解】 (1) 清单工程量

竖井土石方开挖量：$V=3.14\times7^2\times20m^3=3077.20m^3$

【注释】 3.14×7(竖井的底面半径)^2×20(竖井的高度)为竖井的外侧实体体积；工程量按设计图示尺寸以体积计算。

清单工程量计算见表1-93。

清单工程量计算表　　表1-93

项目编码	项目名称	项目特征描述	计量单位	工程量
040401003001	竖井开挖	特坚石，采用光面爆破	m^3	3077.20

(2) 定额工程量

定额工程量同清单工程量。

项目编码：040401002　项目名称：斜井开挖

【例94】 某市政单位要在K0＋050～K0＋200间修建150m公路隧道并采用横洞开挖，经检验知此岩石层较薄，特修建横洞，此横洞断面图1-92所示，土石废渣采用光面爆破有轨运输至正洞洞口200m处废弃场，试求隧道横洞土石开挖量。

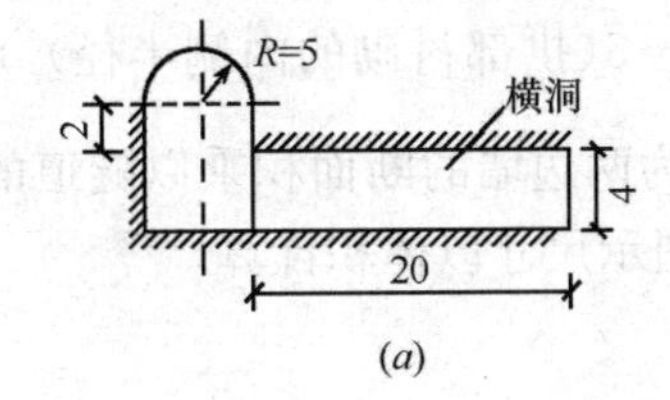

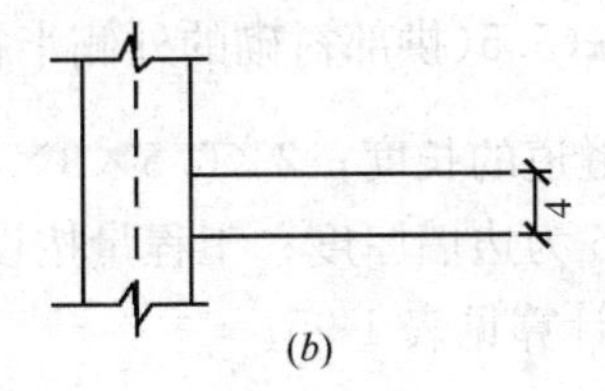

图1-92　横洞断面图　(单位：m)

(a) 立面图；(b) 平面图

【解】 (1)清单工程量

横洞土石方开工程量：

$$\left[\left(\frac{1}{2}\times3.14\times5^2+6\times10\right)\times150+4\times4\times20\right]m^3=15207.50m^3$$

【注释】 ($\frac{1}{2}$×3.14×5(拱部的半径)^2＋6(平洞的边墙的高度)×10(平洞的边墙间的宽度))为拱形洞的截面积，150为隧道的长度，4×4(横洞的截面尺寸)×20(横洞的长度)为横洞的截面面积乘以长度；工程量按设计图示尺寸以体积计算。

清单工程量计算见表1-94。

清单工程量计算表　　表1-94

项目编码	项目名称	项目特征描述	计量单位	工程量
040401002001	斜井开挖	采用光面爆破，岩石层较薄	m^3	15207.50

(2) 定额工程量

根据《全国统一市政工程预算定额》第四册隧道工程GYD—304—1999规定隧道的斜洞开挖与出渣工程量，按设计图开挖断面尺寸，另加允许超挖量以m^3计算，本定额光面爆破允许超挖量：拱部为15cm，边墙为10cm。横洞开挖土石方量：

$$\left[\left(\frac{1}{2}\times3.14\times5.15^2+6\times10.2\right)\times150+4\times4\times20\right]\text{m}^3=15749.22\text{m}^3$$

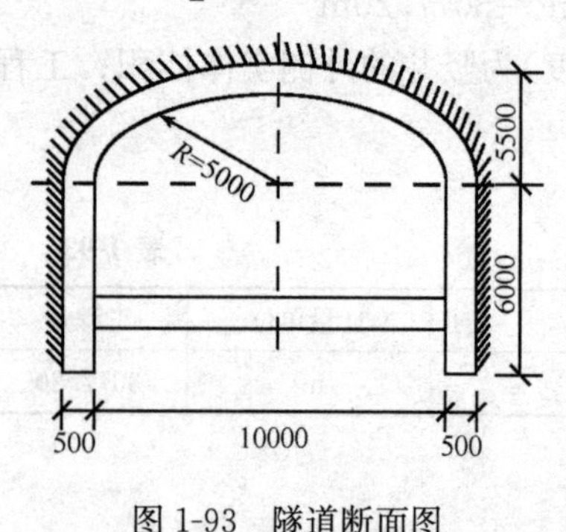

图 1-93 隧道断面图

项目编码：040402002-040402003 项目名称：混凝土顶拱衬砌 混凝土边墙衬砌

【例 95】 西安市××隧道工程其断面设计图如图 1-93 所示，根据当地地质勘测知，施工段无地下水，岩石类别为特坚石，隧道全长 500m，要求挖出的石渣运至洞口外 800m 处，现拟浇注钢筋混凝土 C50 衬砌以加强隧道拱部和边墙受压力，已知混凝土为粒式细石料厚度 20cm，求混凝土衬砌工程量：

【解】 (1)清单工程量：

1)拱部衬砌工程量：$\frac{1}{2}\pi(5.5^2-5^2)\times500\text{m}^3$

$=4123.34\text{m}^3$

2)边墙衬砌工程量：$2\times0.5\times6\times500\text{m}^3=3000\text{m}^3$

【注释】 $\frac{1}{2}\pi$(5.5(拱部衬砌的外侧半径)^2－5(拱部衬砌的内侧半径)^2)为拱部衬砌的断面积，500 为隧道的长度；2×0.5×3×500 为两边墙的断面积乘以隧道的长度，其中 6 为边墙高度，0.5 为边墙厚度；工程量按设计图示尺寸以体积计算。

清单工程量计算见表 1-95。

清单工程量计算表 表 1-95

序号	项目编码	项目名称	项目特征描述	计量单位	工程量
1	040402002001	混凝土顶拱衬砌	钢筋混凝土 C50 衬砌，混凝土为粒式细石料厚度 20cm	m^3	4123.34
2	040402003001	混凝土边墙衬砌	钢筋混凝土 C50 衬砌，混凝土为粒式细石料厚度 20cm	m^3	3000

3) 混凝土衬砌工程量：$(4123.34+3000)\text{m}^3=7123.34\text{m}^3$

(2) 定额工程量

拱部衬砌定额计算根据《全国统一市政工程预算定额》第四册—隧道工程 GYD—304—1999 规定，隧道内衬现浇混凝土衬砌的工程量，按施工图所示尺寸加允许超挖量（拱部为 15cm，边墙为 10cm）m^3 计算。

1) 拱部衬砌工程量：$\pi[(5.5+0.15)^2-5^2]\times500\text{m}^3\times\frac{1}{2}=5436.92\text{m}^3$

2) 边墙衬砌工程量：$(0.5+0.1)\times6\times2\times500\text{m}^3=3600\text{m}^3$

3) 混凝土衬砌工程量：$(5436.92+3600)\text{m}^3=9036.92\text{m}^3$

【注释】 (5.5＋0.15)为拱部衬砌超挖后个半径，(0.5＋0.1)×6×2×500 为边墙增加超挖厚度的边墙厚度乘以高度乘以隧道的长度；工程量按设计图示尺寸以体积计算。

项目编码：040302003 项目名称：地下连续墙

【例 96】 某隧道进行导墙的沟槽开挖，该地段土质为三类土，用机械开挖，人工运输方式，沟槽断面图如图 1-94 所示，试求开挖土方工程量。

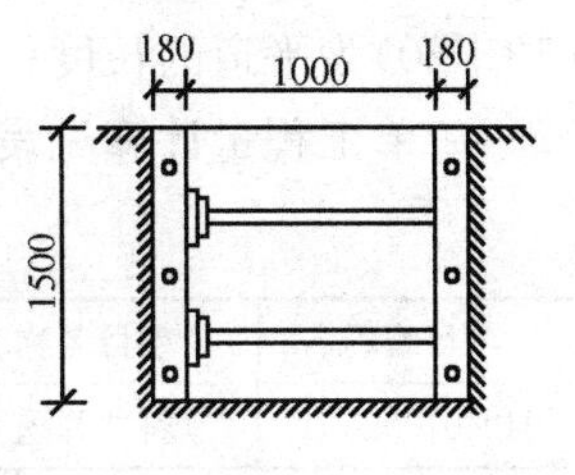

图 1-94　某隧道沟槽断面图

【解】 (1)清单工程量

沟槽土石方开挖量为：$(1+0.36)^2\times1.5m^3=2.77m^3$

【注释】 $(1+0.36)^2$ 为沟槽的截面积，1.5 为沟槽的深度；工程量按设计图示地下连续墙或围护桩围成的面积乘以基坑的深度以体积计算。

清单工程量计算见表 1-96。

清单工程量计算表　表 1-96

项目编码	项目名称	项目特征描述	计量单位	工程量
040302003001	地下连续墙	土质为三类土	m^3	2.77

(2) 定额工程量

根据《全国统一市政工程预算定额》第四册—隧道工程 GYD—304—1999 规定，地下连续墙成槽土方量，连续墙设计长度、宽度和槽深(加超深 0.5m)计算。

沟槽土石方为：$(1+0.36)^2\times(1.5+0.5)m^3=3.70m^3$

【注释】 (1.5+0.5)为超加深后的深度；工程量计算规则同清单计算规则一样。

项目编码：040401002　项目名称：斜井开挖

【例 97】 某隧道施工单位欲在特坚石地段修建一斜井，采用光面爆破，人工和自卸汽车将废渣运至洞口 800m 处废弃处，该隧道全长 50m，无地下水，斜井平剖面图如图 1-95 所示，试求该斜井土方量。

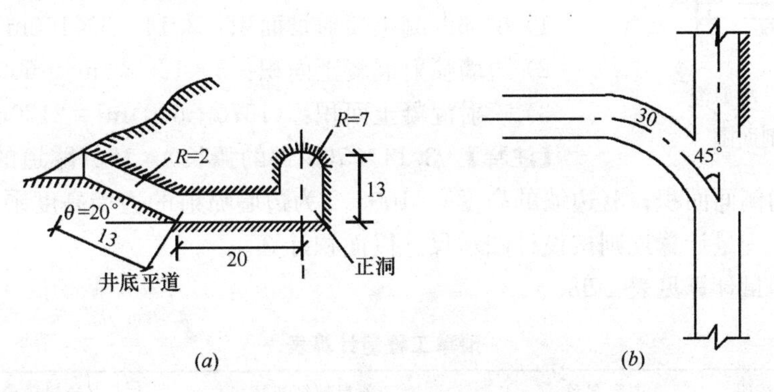

图 1-95　某隧道斜井平、剖面图　(单位：m)
(a) 剖面图；(b) 平面图

【解】 (1)清单工程量

1) 正洞土石方工程量：$\left(\frac{1}{2}\times3.14\times7^2+14\times6\right)\times50m^3=8046.50m^3$

2) 井底平道土石方工程量：$3.14\times2^2\times(13+20)m^3=414.48m^3$

3) 斜井土石方工程量：$(8046.5+414.48)m^3=8460.98m^3$

【注释】 $\left[\frac{1}{2}\times3.14\times7(\text{正洞拱部的半径长}^2)+14(\text{正洞的宽度})\times6(\text{正洞边墙的高度})\right]$为正洞的断面积，50 为隧道的长度；$3.14\times2(\text{井口的半径})^2$ 为井底的井口的截面积，

(13＋20)为平道的长度；工程量按设计图示尺寸以体积计算。

清单工程量计算见表 1-97。

清单工程量计算表　　表 1-97

项目编码	项目名称	项目特征描述	计量单位	工程量
040401002001	斜井开挖	特坚石，光面爆破	m^3	8460.98

（2）定额工程量

《根据全国统一市政工程预算定额》第四册—隧道工程 GYD－304－1999 规定，隧道的斜井与出渣量，按设计图开挖断面尺寸，另加允许超挖量以 m^3 计算，本定额光面爆破，允许超挖量，拱部 15cm，边墙为 10cm。

1）正洞土石方工程量：$\left(\frac{1}{2}\times3.14\times7.15^2+14.2\times6\right)\times50m^3=8273.12m^3$

2）井底平道土石方工程量：定额与清单相同为 $414.48m^3$

3）斜井土石方工程量：$(8273.12+414.48)m^3=8687.60m^3$

项目编码：040402006　040402007　项目名称：拱部喷射混凝土　边墙喷射混凝土

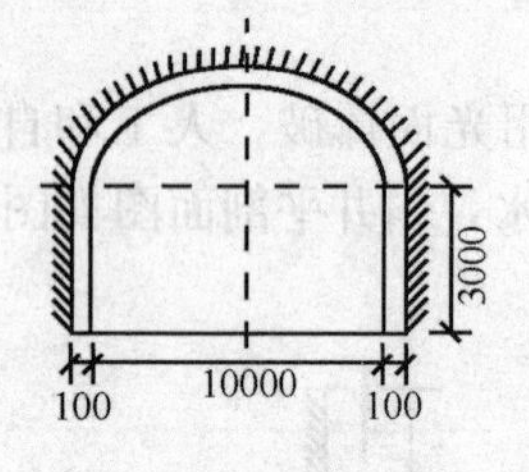

图 1-96　喷射混凝土剖面图

【例 98】 某隧道欲喷射混凝土隧道，按照施工预定石料粒径为 10mm，喷射厚度为 10cm，隧道全长 100m，拱部半径为 5m，喷射混凝土剖面图如图 1-96 所示，求混凝土喷射工程量。

【解】（1）清单工程量

1）拱部混凝土喷射量面积：$3.14\times5\times100m^2=1570m^2$

2）边墙喷射混凝土面积：$3\times100\times2m^2=600m^2$

3）喷射混凝土面积：$(1570+600)m^2=2170m^2$

【注释】 3.14×5(拱部的弧长)×100(隧道的长度)为拱部混凝土喷射的侧面面积；3(边墙的高度)×100×2 为边墙喷射的边墙高度乘以宽度乘以隧道的长度；工程量计算规则按设计图示尺寸以面积计算。

清单工程量计算见表 1-98。

清单工程量计算表　　表 1-98

序号	项目编码	项目名称	项目特征描述	计量单位	工程量
1	040402006001	拱部喷射混凝土	石料粒径为 10mm，喷射厚度为 10cm	m^2	1570
2	040402007001	边墙喷射混凝土	石料粒径为 10mm，喷射厚度为 10cm	m^2	600

（2）定额工程量

根据《全国统一市政工程预算定额》第四册隧道工程 GYD－304－1999 规定，喷射混凝土数量及厚度按设计图计算，不另增加超挖，填平补齐的数量。

喷射混凝土面积定额为 $2170m^2$。

项目编码：040402004　项目名称：混凝土竖井衬砌

【例 99】 某秦岭隧道修建一竖井，此隧道全长 40m，为加强对围岩的支承力，采用混凝土竖井衬砌，混凝土为 C30，石料最大粒径为 15mm，井壁厚为 20cm，竖井如图

1-97 所示。求此竖井混凝土衬砌工程量。

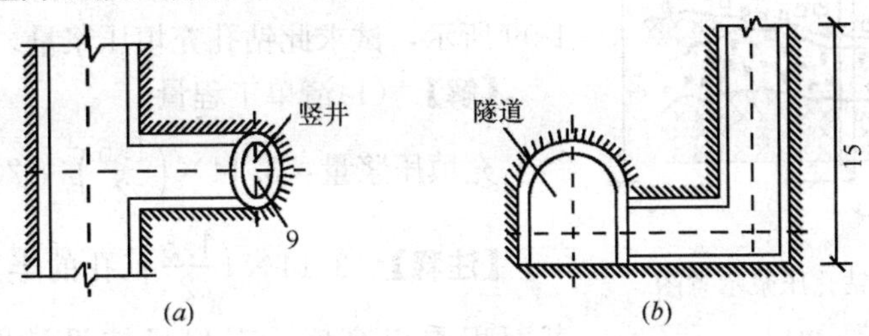

图 1-97　竖井平、立面图　（单位：m）

【解】（1）清单工程量

竖井混凝土衬砌工程量：

$15\times[3.14\times9^2-3.14\times(9-0.2)^2]\text{m}^3=167.68\text{m}^3$

【注释】$[3.14\times9$(竖井壁的外侧半径的长度)$^2-3.14\times(9-0.2)$(竖井壁的内侧半径的长度)$^2]$为竖井壁的截面积，15 为竖井的高度；工程量按设计图示尺寸以体积计算。

清单工程量计算见表 1-99。

清单工程量计算表　　表 1-99

项目编码	项目名称	项目特征描述	计量单位	工程量
040402004001	混凝土竖井衬砌	混凝土为 C30，截面尺寸为 20cm	m^3	167.68

（2）定额工程量

由《全国统一市政预算定额》第四册隧道工程 GYD—304—1999 规定，竖井混凝土衬砌工程量定额与清单相同，即竖井混凝土衬砌定额为 167.68m^3。

项目编码：040402012　项目名称：锚杆

【例 100】某隧道拱部设置 7 根锚杆以加强拱部支撑力，采用地面钻孔预压浆，楔缝式锚杆，锚杆按 $\phi22$ 钢筋，$l=2\text{m}$，锚杆布置图如图 1-98 所示，计算锚杆工程量。

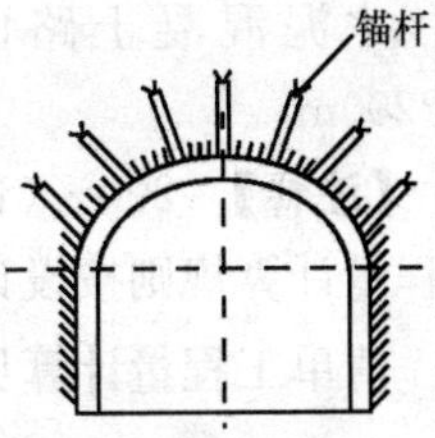

锚杆

图 1-98　锚杆布置示意图

【解】（1）清单工程量：

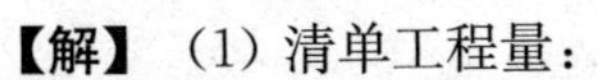

锚杆重量：$2.98\times2\times7\times10^{-3}\text{t}=4.172\times10^{-2}\text{t}$

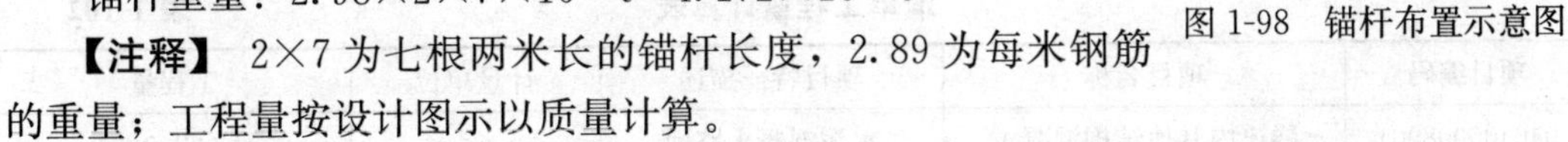

【注释】2×7 为七根两米长的锚杆长度，2.89 为每米钢筋的重量；工程量按设计图示以质量计算。

清单工程量计算见表 1-100。

清单工程量计算表　　表 1-100

项目编码	项目名称	项目特征描述	计量单位	工程量
040402012001	锚杆	楔缝式锚杆，锚杆按 $\phi22$ 钢筋，长 2m	t	4.172

（2）定额工程量

锚杆重量定额计算与清单相同为 $4.172\times10^{-2}\text{t}$

项目编码：040402013　项目名称：充填压浆

【例 101】某隧道所经地质检验，需进行地面钻孔预压浆处理，埋设深度为 20m，钻

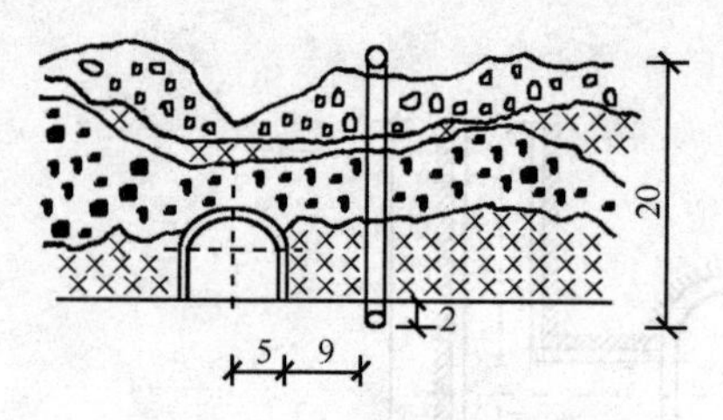

图 1-99 岩石钻孔压浆示意图（单位：m）

孔直径为1.5m，钻孔离隧道中约 9m，钻孔压浆如图 1-99 所示，试求此钻孔充填压浆量。

【解】 (1)清单工程量

充填压浆量：$3.14\times\left(\frac{1.5}{2}\right)^2\times20\text{m}^3=35.33\text{m}^3$

【注释】 $3.14\times\left(\frac{1.5}{2}\right)$(孔的半径)$^2\times20$ 为孔的截面积乘以高度，工程量按设计图示尺寸以体积计算。

清单工程量计算见表 1-101。

清单工程量计算表 表 1-101

项目编码	项目名称	项目特征描述	计量单位	工程量
040402013001	充填压浆	地面钻孔预压浆处理	m^3	35.33

(2)定额工程量

压浆孔个数：1 孔

【注释】 工程量按设计图示以个数计算。

项目编码：040406008 项目名称：隧道内其他结构混凝土

【例 102】 某城市 200m 隧道内修建一厚度为 15cm 的水泥混凝土路面，设计尺寸断面图如图 1-100 所示，石料最大粒径设计 3mm，根据设计尺寸求路面工程量。

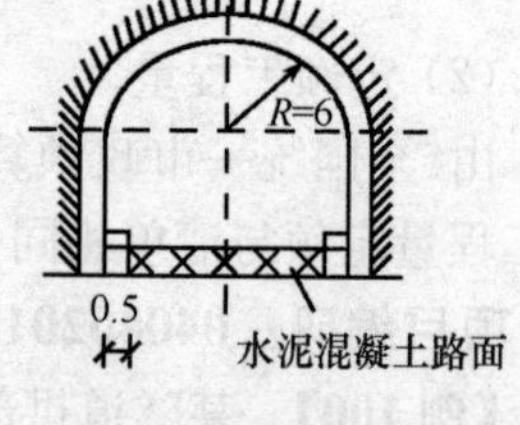

图 1-100 城市隧道路面断面图（单位：m）

【解】 (1) 清单工程量

水泥混凝土路面工程量：$200\times(12-2\times0.5)\text{m}^2=2200\text{m}^2$

【注释】 $200\times(12-2\times0.5)$为路的宽度乘以隧道长度；工程量计算规则按设计图示尺寸以面积计算。

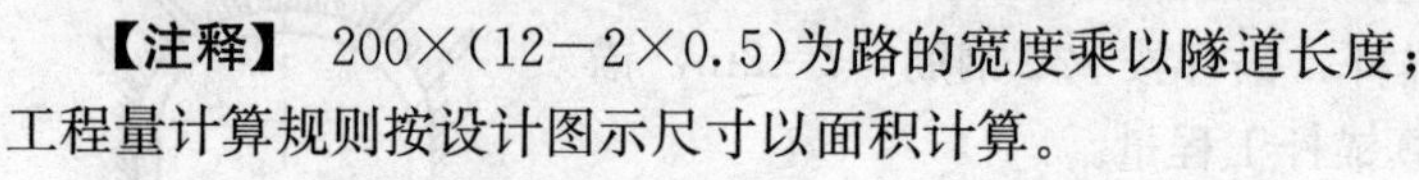

清单工程量计算见表 1-102。

清单工程量计算表 表 1-102

项目编码	项目名称	项目特征描述	计量单位	工程量
040406008001	隧道内其他结构混凝土	水泥混凝土路面	m^2	2200

(2)定额工程量

定额工程量同清单工程量。

项目编码：040402019 项目名称：柔性防水层

【例 103】 ××隧道用防水硅化砂浆材料道路层设置柔性防水层，横洞平断面图如图 1-101 所示，试求其防水层工程量。

【解】 (1) 清单工程量

横洞防水层工程量：$(8\times900+50\times3)\text{m}^2=7350\text{m}^2$

【注释】 8(平洞的宽度)×900(隧道的长度)为拱形洞的水平面积，50×3 为横洞的长

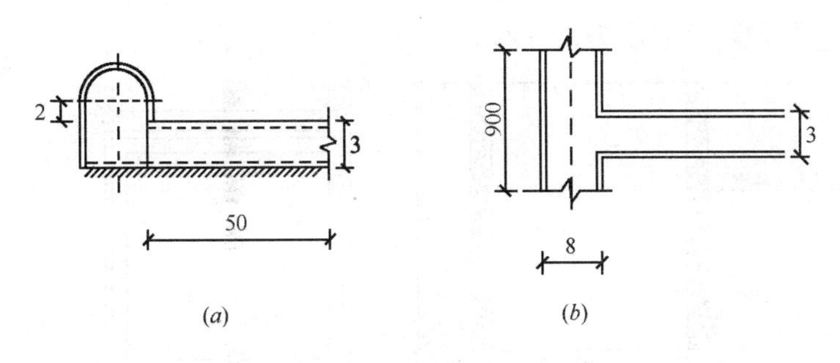

图 1-101　横洞平立面图　(单位：m)

(a) 立面图；(b) 平面图

度乘以宽度，工程量计算规则按设计图示尺寸以面积计算。

清单工程量计算见表 1-103。

清单工程量计算表　　　　表 1-103

项目编码	项目名称	项目特征描述	计量单位	工程量
040402019001	柔性防水层	防水硅化砂浆材料	m^2	7350

(2) 定额工程量

定额工程量同清单工程量。

项目编码：040305002　项目名称：干砌块料

【例 104】　××市隧道工程拟采用干砌块石衬砌隧道，拱部干砌布置设计尺寸如图 1-102 所示，砂浆强度为 M5，隧道长 300m，求拱部干砌块石工程量。

【解】　(1)清单工程量

拱部干砌块石清单：$(\frac{1}{2}\times3.14\times3.5^2-\frac{1}{2}\times3.14\times3^2)\times300m^3=1530.75m^3$

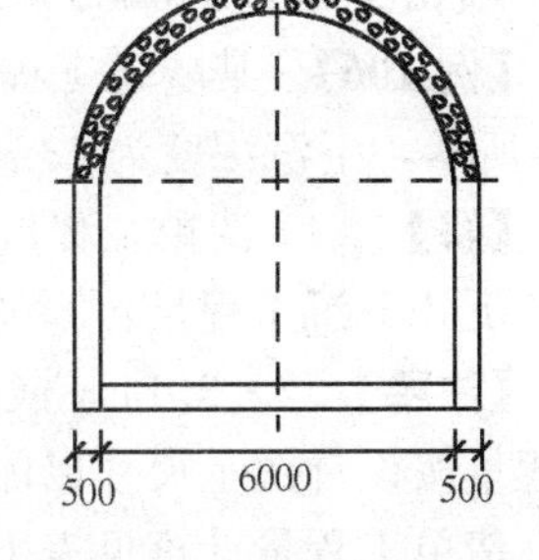

图 1-102　干砌块石布置图

【注释】　$(\frac{1}{2}\times3.14\times3.5$(拱部外侧干砌块石的半径的长度$)^2-\frac{1}{2}\times3.14\times3$(拱部内侧干砌块石的半径的长度$)^2)$为拱壁干砌块石的断面积，300 为隧道的长度；工程量计算规则按设计图示尺寸以体积计算。

清单工程量计算见表 1-104。

清单工程量计算表　　　　表 1-104

项目编码	项目名称	项目特征描述	计量单位	工程量
040305002001	干砌块料	拱部用砂浆强度为 M5 干砌	m^3	1530.75

(2)定额工程量

定额工程量同清单工程量。

项目编码：040405001　项目名称：沉井井壁混凝土

【例 105】　某隧道沉井设计平立面图如图 1-103 所示，采用 C20 混凝土制成，试求此

沉井井壁混凝土工程量。（井底为正方形）

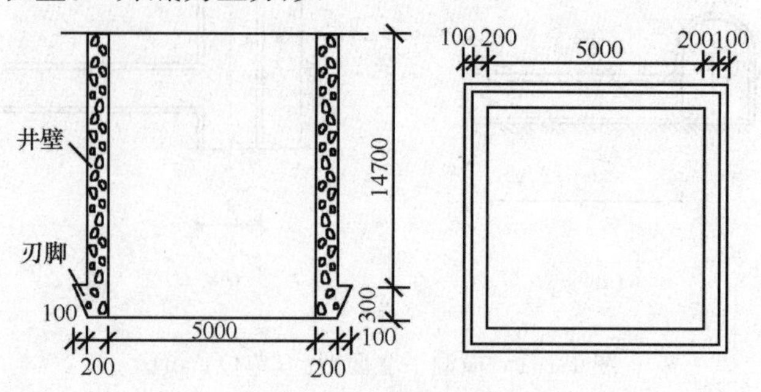

图 1-103　沉井井壁断、立面图

【解】 (1) 清单工程量

井壁混凝土工程量：$(5.4\times5.4-5\times5)\times15m^3=62.40m^3$

【注释】 $(5.4\times5.4$（井壁的外侧尺寸）-5×5（井壁的内侧尺寸））为井壁的截面面积，15 为井壁的高度；工程量按设计图示以体积计算。

清单工程量计算见表 1-105。

清单工程量计算表　　**表 1-105**

项目编码	项目名称	项目特征描述	计量单位	工程量
040405001001	沉井井壁混凝土	采用 C20 混凝土	m^3	62.40

(2) 定额工程量

定额工程量同清单工程量。

项目编码：040405002　项目名称：沉井下沉

【例 106】 某隧道工程采用排水挖土下沉法进行沉井下沉，该沉井设计尺寸如图 1-104 所示，下沉深度为 13m，试求此沉井下沉工程量。

【解】 (1) 清单工程量

沉井下沉工程量：$2\times3.14\times4\times17\times13m^3=5551.52m^3$

【注释】 $2\times3.14\times4$（井口的半径）为井口的周长，17 为井的长度，13 为下沉深度；工程量按设计图示尺寸以体积计算。

清单工程量计算见表 1-106。

清单工程量计算表　　**表 1-106**

项目编码	项目名称	项目特征描述	计量单位	工程量
040405002001	沉井下沉	下沉深度为 13m	m^3	5551.52

(2) 定额工程量

根据《全国统一市政工程预算定额》第四册隧道工程 GYD—304—1999 规定，沉井下沉的土方工程量按沉井外壁所围的面积乘以下沉深度，并分别乘以土方回淤系数，回淤系数：排水下沉深度大于 10m 为 1.05。

沉井下沉工程量为：$5551.52\times1.05m^3=5829.10m^3$

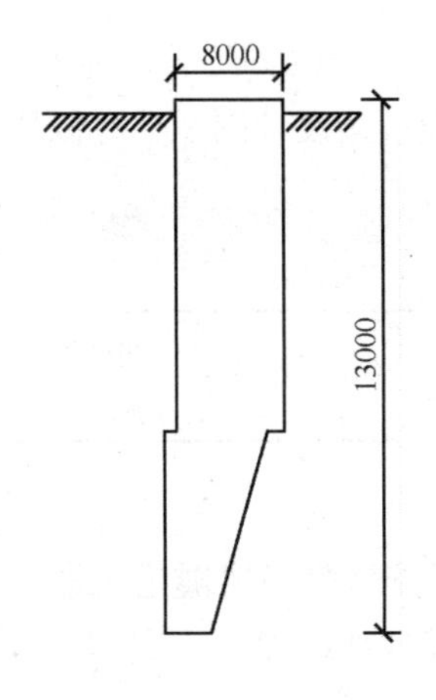

图 1-104　沉井下沉示意图

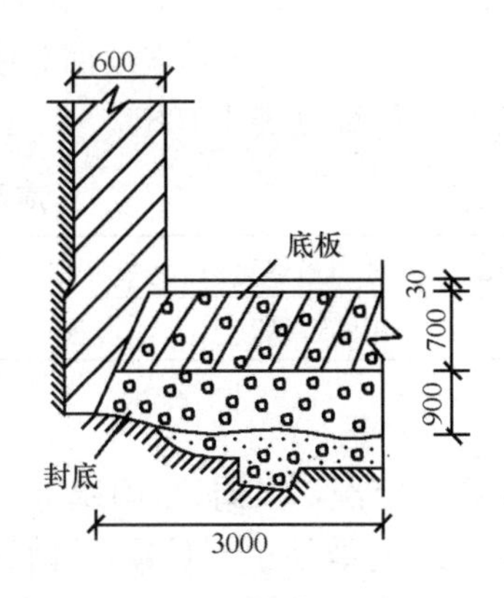

图 1-105　沉井封底构造图

项目编码：040405003　040405004　项目名称：沉井混凝土封底　沉井混凝土底板

【例 107】　某沉井进行混凝土封底和混凝土底板，采用 C25 混凝土，其施工沉井的封底构造图如图 1-105 所示，根据设计图纸计算封底和底板工程量。

【解】　(1) 清单工程量

封底工程量：$6\times6\times0.9\text{m}^3=32.40\text{m}^3$

底板工程量：$6\times6\times0.7\text{m}^3=25.20\text{m}^3$

【注释】　6×6(底板的截面尺寸)×0.9 为封底的底面积乘以板的厚度(0.9)；工程量计算规则按设计图示尺寸以体积计算。

清单工程量计算见表 1-107。

清单工程量计算表　　**表 1-107**

序号	项目编码	项目名称	项目特征描述	计量单位	工程量
1	040405003001	沉井混凝土封底	C25 混凝土	m^3	32.40
2	040405004001	沉井混凝土底板	C25 混凝土	m^3	25.20

(2) 定额工程量

定额工程量同清单工程量。

项目编码：040302003　项目名称：地下连续墙

【例 108】　如图 1-106 所示为某连续墙导墙的截面设计图，此导墙采用 C30 混凝土浇筑，导墙断截面如图 1-106 所示，根据设计图示计算导墙工程量。

【解】　(1) 清单工程量

导墙工程量清单：$(7\times7-6.66\times6.66)\times1.8\text{m}^3=8.36\text{m}^3$

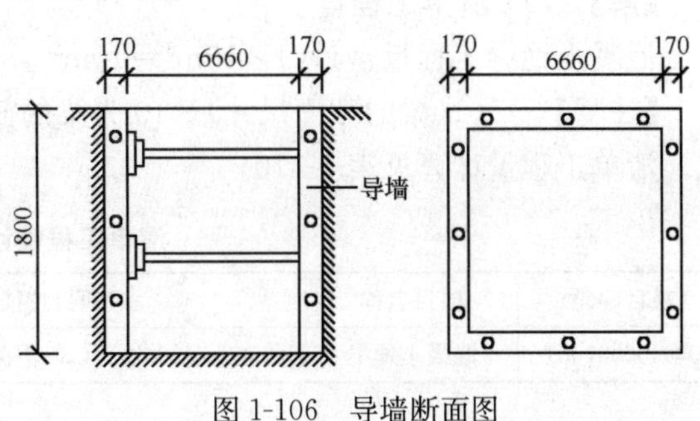

图 1-106　导墙断面图

【注释】 (7×7(连续导墙的外侧截面尺寸)−6.66×6.66(连续导墙的内侧截面尺寸))为连续墙导墙断面积，1.8为连续墙导墙的高度，工程量按设计图示尺寸以体积计算。

清单工程量计算见表1-108。

清单工程量计算表 表1-108

项目编码	项目名称	项目特征描述	计量单位	工程量
040302003001	地下连续墙	采用C30混凝土浇筑	m^3	8.36

(2) 定额工程量

导墙工程量定额，根据《全国统一市政工程预算定额》第四册隧道工程 GYD−304−1999规定，地下连续墙工程量按设计长度、宽度和槽深(加超深0.5)计算。

导墙工程量为：$(7\times7-6.66^2)\times(1.8+0.5)m^3$

$=10.68m^3$

项目编码：040201013 项目名称：深层水泥搅拌桩

【例109】 某连续墙使用三重管旋喷注浆进行深层搅拌桩成墙，已知孔径为2.0m，深度为8m，压孔示意图如图1-107所示，根据设计图示尺寸以体积计算搅拌桩成墙工程量。

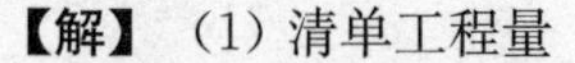

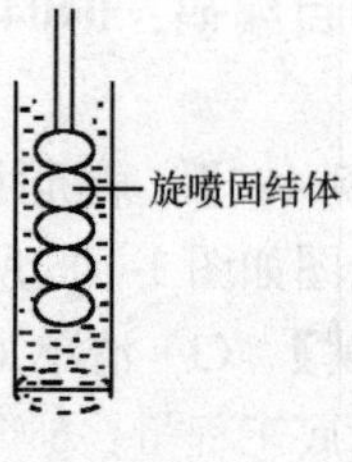

图1-107 搅拌桩孔示意图

【解】 (1) 清单工程量

深层搅拌桩成墙工程量：$3.14\times1^2\times8m^3=25.12m^3$

【注释】 3.14×1(孔的半径的长度)$^2\times8$为孔的面积乘以压孔的深度，工程量按设计图示尺寸以体积计算。

清单工程量计算见表1-109。

清单工程量计算表 表1-109

项目编码	项目名称	项目特征描述	计量单位	工程量
040201013001	深层水泥搅拌桩	孔径为2.0m，深度为8m	m	8

(2) 定额工程量

定额工程量同清单工程量。

项目编码：040406001 项目名称：混凝土地梁

【例110】 某隧道混凝土地梁设计尺寸如图1-108所示，采用C30混凝土，按设计图示尺寸计算该混凝土地梁工程量。

【解】 (1) 清单工程量

混凝土地梁工程量：$1\times1\times10m^3=10m^3$

【注释】 1×1(梁的截面尺寸)×10为梁的截面积乘以梁的长度。

清单工程量计算见表1-110。

清单工程量计算表 表1-110

项目编码	项目名称	项目特征描述	计量单位	工程量
040406001001	混凝土地梁	C30混凝土	m^3	10

(2) 定额工程量

定额工程量同清单工程量。

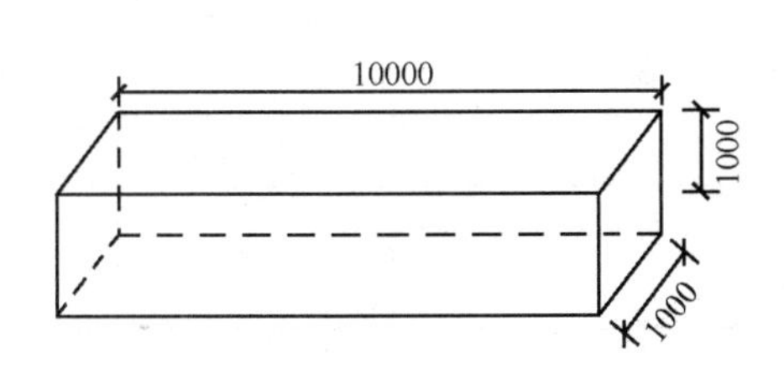

图 1-108 地梁结构设计图

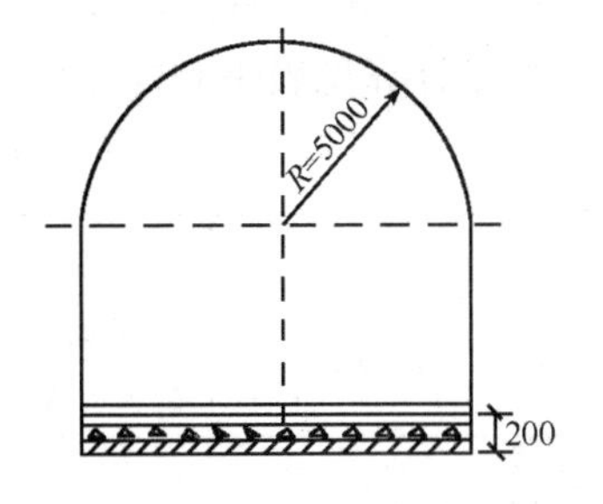

图 1-109 钢筋混凝土底板布置图

项目编码：040406002 项目名称：混凝土底板

【例 111】 某 200m 隧道内设置一钢筋混凝土底板，其垫层厚度为0.2m，底板宽度为10m，其布置图及其尺寸如图 1-109 所示，根据设计图计算该布置钢筋混凝土底板工程量。

【解】 (1) 清单工程量

钢筋混凝土底板工程量：$10\times200\times0.2m^3=400m^3$

【注释】 10(底板的宽度)×200(隧道的长度)×0.2(底板的厚度)为底板的实体工程量；工程量按设计图示尺寸以体积计算。

清单工程量计算见表 1-111。

清单工程量计算表 **表 1-111**

项目编码	项目名称	项目特征描述	计量单位	工程量
040406002001	混凝土底板	垫层厚 0.2m	m^3	400

(2) 定额工程量

定额工程量同清单工程量。

项目编码：040406004 项目名称：混凝土墙

【例 112】 某隧道洞口钢筋混凝土墙简图如图 1-110 所示，该墙体是用粒径为 5mm 石料拌和 C20 水泥而浇筑，墙体厚 0.5m，求钢筋混凝土墙的工程量。

【解】 (1) 清单工程量

钢筋混凝土墙工程量：$\left[\frac{1}{2}\times(15+8)\times10-\frac{1}{2}\times3.14\times4^2-8\times2.5\right]\times0.5m^3=34.94m^3$

【注释】 $\frac{1}{2}\times(15+8)$(梯形的上底加下底的长度之和)×10(梯形的高度)为图示梯形的

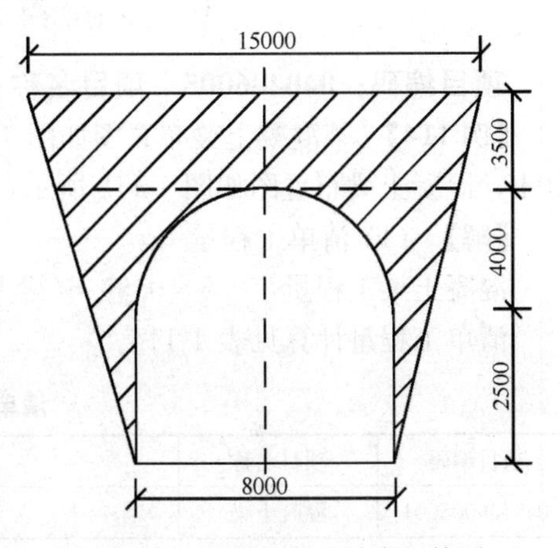

图 1-110 钢筋混凝土墙布置简图

截面积，$\frac{1}{2}\times3.14\times4$（平洞拱部的半径长）$^2+8$（平洞边墙间的宽度）×2.5（平洞边墙间的高度）为隧道洞口的截面积，0.5为墙体的厚度。工程量按设计图示尺寸以体积计算。

清单工程量计算见表1-112。

清单工程量计算表　　表1-112

项目编码	项目名称	项目特征描述	计量单位	工程量
040406004001	混凝土墙	墙体是用粒径为5mm石料拌和C20水泥而浇筑，墙厚0.5m	m^3	34.94

(2)定额工程量

定额工程量同清单工程量。

项目编码：040402003　项目名称：混凝土边墙衬砌

【例113】 某300m隧道混凝土衬墙采用最大粒径为8mm的C20混凝土浇筑而成，其衬墙厚度断面尺寸如图1-111所示，求其混凝土衬墙工程量。

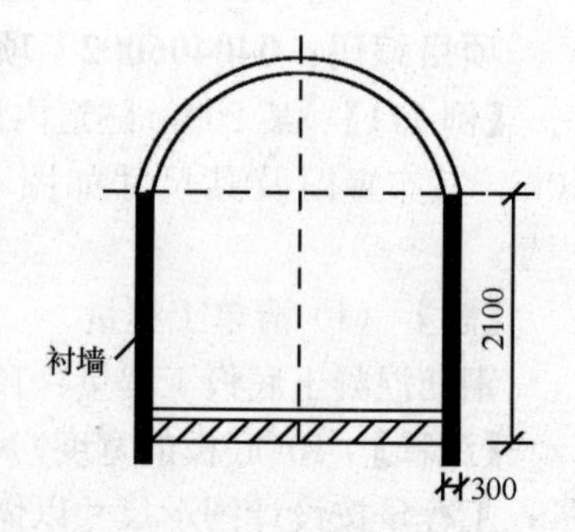

图1-111　衬墙断面图

【解】 (1) 清单工程量

混凝土衬墙工程量：$2.1\times0.3\times300\times2m^3=378m^3$

【注释】 2.1(边墙的高度)×0.3(边墙衬砌的厚度)×300(隧道的长度)×2(两侧隧道混凝土衬墙的边墙)为混凝土衬墙的实体体积；工程量按设计图示尺寸以体积计算。

清单工程量计算见表1-113。

清单工程量计算表　　表1-113

项目编码	项目名称	项目特征描述	计量单位	工程量
040402003001	混凝土边墙衬砌	混凝土强度C20	m^3	378

(2) 定额工程量(应加上超挖部分的0.1米)

$$V=2\times(0.3+0.1)\times2.1\times300=504m^3$$

项目编码：040406005　项目名称：混凝土梁

【例114】 某混凝土梁布置图如图1-112所示，梁尺寸为500×500mm，采用C30混凝土，混凝土梁布置图如图1-112所示，求其工程量。

【解】 (1) 清单工程量

混凝土梁工程量：0.5×0.5×6(梁上部的长度)$m^3=1.50m^3$

清单工程量计算见表1-114。

清单工程量计算表　　表1-114

项目编码	项目名称	项目特征描述	计量单位	工程量
040406005001	混凝土梁	采用C30混凝土	m^3	1.50

(2) 定额工程量

根据《全国统一市政工程预算定额》第四册隧道工程 GYD—304—1999 规定，当梁与柱交接时，梁长算至柱侧面(即柱间净长)。

混凝土梁工程量：0.5×0.5×5.4(柱侧面梁的净长线)m^3＝1.35m^3

【注释】 工程量按设计图示尺寸以体积计算。

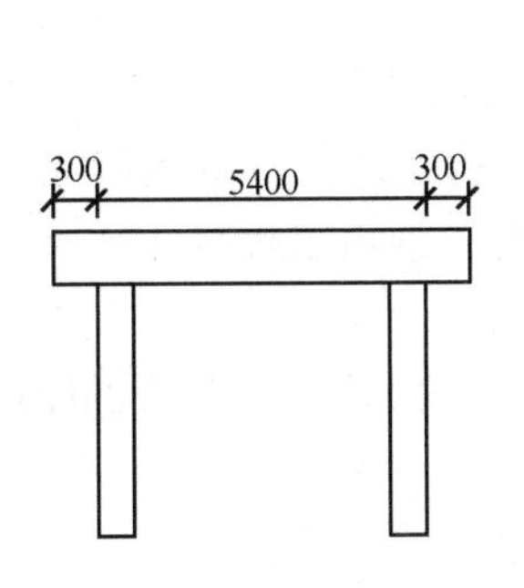

图 1-112　混凝土梁布置图

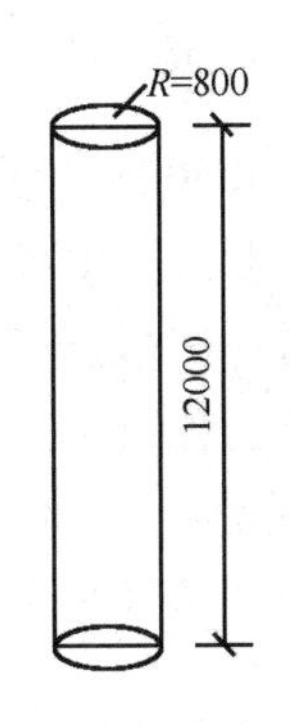

图 1-113　混凝土柱结构图

项目编码：040406003　项目名称：混凝土柱

【例 115】 某混凝土柱尺寸如图 1-113 所示，采用 C30 混凝土，根据其结构设计图计算其工程量。

【解】 (1) 清单工程量

混凝土柱工程量：$0.8^2\times\pi\times12m^3=24.13m^3$

清单工程量计算见表 1-115。

清单工程量计算表　　**表 1-115**

项目编码	项目名称	项目特征描述	计量单位	工程量
040406003001	混凝土柱	采用 C30 混凝土	m^3	24.13

(2) 定额工程量

定额工程量同清单工程量。

项目编码：040406006　项目名称：混凝土平台、顶板

【例 116】 某楼梯上混凝土平台，采用 C25 混凝土，设计尺寸为 1800×1800×300mm 其构造图如图 1-114 所示求此平台工程量。

【解】 (1) 清单工程量

混凝土平台工程量：$1.8\times1.8\times0.3m^3=0.97m^3$

清单工程量计算见表 1-116。

清单工程量计算表　　**表 1-116**

项目编码	项目名称	项目特征描述	计量单位	工程量
040406006001	混凝土平台、顶板	混凝土平台，采用 C25 混凝土	m^3	0.97

(2) 定额工程量

定额工程量同清单工程量。

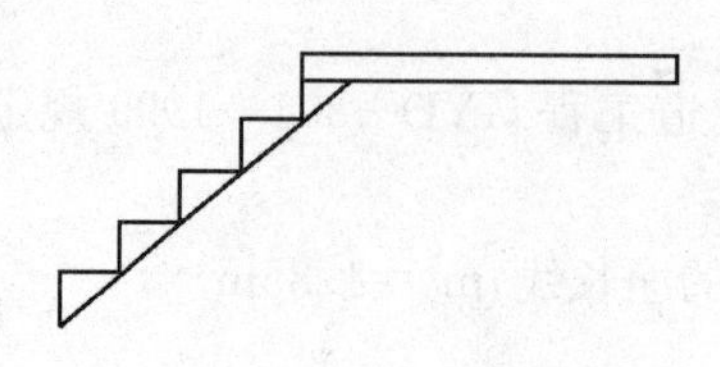

图 1-114 楼梯平台构造图

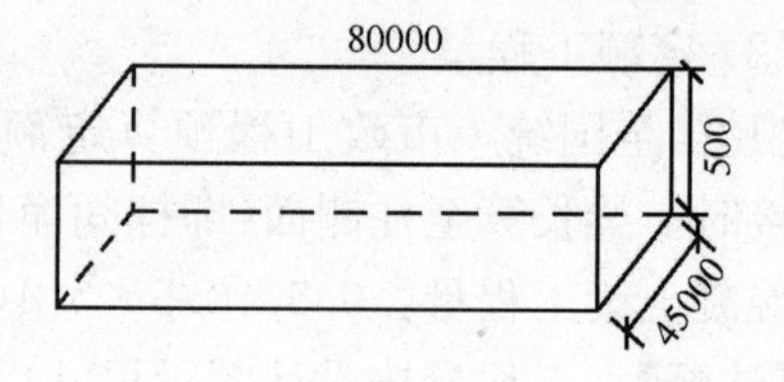

图 1-115 某顶板结构示意图

项目编码：040406006 项目名称：混凝土平台、顶板

【例 117】 某大厦顶楼顶板构造图如图 1-115 所示，采用 C10 混凝土浇筑而成，其结构图如图 1-115 所示，试根据其设计尺寸图计算混凝土顶板工程量。

【解】 (1) 清单工程量

混凝土顶板工程量：80(顶板的长度)×45(顶板的宽度)×0.5(板的厚度)m^3＝1800m^3

清单工程量计算见表 1-117。

清单工程量计算表 **表 1-117**

项目编码	项目名称	项目特征描述	计量单位	工程量
040406006001	混凝土平台、顶板	混凝土顶板，采用 C10 混凝土浇筑	m^3	1800

(2) 定额工程量

定额工程量同清单工程量。

项目编码：040406008 项目名称：隧道内其他结构混凝土

【例 118】 某隧道内衬侧墙断面图如图 1-116 所示，该侧墙是由最大粒径为 2cm 的碎石拌合 C10 混凝土砌筑成，其尺寸构造如图上所示，隧道长 1000m，求此隧道内衬侧墙工程量。

【解】 (1) 清单工程量

隧道内衬侧墙工程量：2×0.3×1000×2m^3＝1200m^3

【注释】 2×0.3×1000×2 为两侧隧道内衬侧墙的厚度乘以高度乘以隧道的长度；工程量按设计图示尺寸以体积计算。

清单工程量计算见表 1-118。

清单工程量计算表 **表 1-118**

项目编码	项目名称	项目特征描述	计量单位	工程量
040406008001	隧道内其他结构混凝土	隧道内衬侧墙，C10 混凝土砌筑	m^3	1200

(2) 定额工程量

$$V=2\times(0.3+0.1)\times2\times1000m^3=1600m^3$$

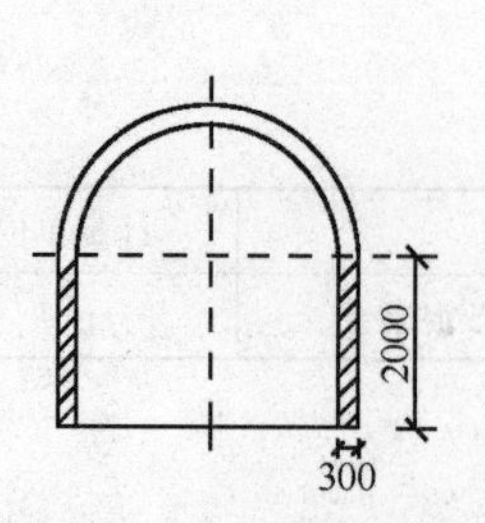

图 1-116 侧墙断面图

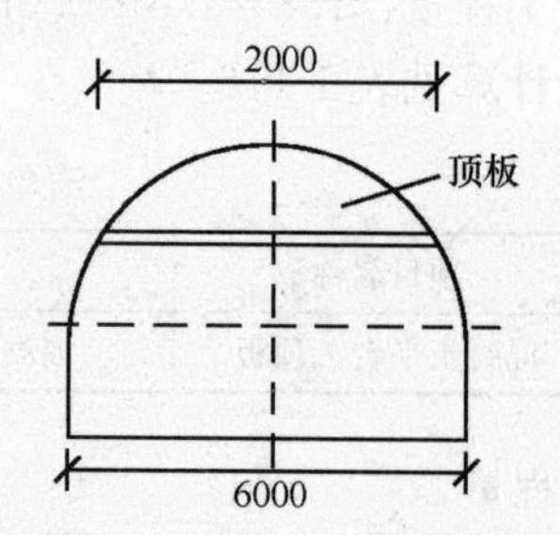

图 1-117 内衬顶板布置图

项目编码：040406008 项目名称：隧道内其他结构混凝土

【例 119】 某隧道内衬顶板为矩形 2000×80000mm，顶板厚 500mm，其布置图如图 1-117 所示，根据设计尺寸图，计算隧道内衬顶板工程量。

【解】 (1) 清单工程量

隧道内衬顶板工程量：$2\times80\times0.5m^3=80m^3$

清单工程量计算见表 1-119。

清单工程量计算表 表 1-119

项目编码	项目名称	项目特征描述	计量单位	工程量
040406008001	隧道内其他结构混凝土	隧道内衬顶板	m^3	80

(2) 定额工程量

定额工程量同清单工程量。

项目编码：040407001 项目名称：预制沉管底垫层

【例 120】 某沉管隧道进行基础的处理，根据设计图进行预制沉管底垫层，其断面图如图1-118所示，已知沉管底垫层厚 80mm，试按设计图示尺寸进行沉管底垫层工程量计算。

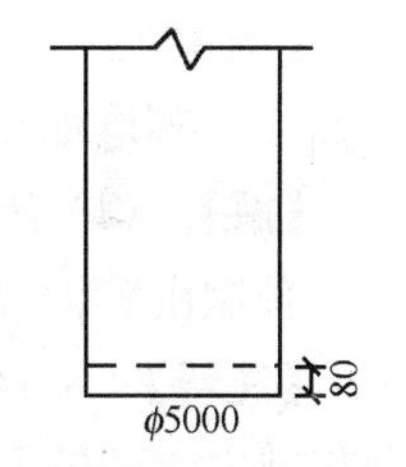

图 1-118 沉井管底垫层断面图

【解】 (1) 清单工程量

沉管底垫层工程量：3.14×2.5(垫层的半径)$^2\times0.08$(垫层的厚度)$m^3=1.57m^3$

清单工程量计算见表 1-120。

清单工程量计算表 表 1-120

项目编码	项目名称	项目特征描述	计量单位	工程量
040407001001	预制沉管底垫层	底垫层厚 8cm	m^3	1.57

(2) 定额工程量

定额工程量同清单工程量。

项目编码：040407002 项目名称：预制沉管钢底板

【例 121】 某隧道沉管进行预制沉管钢底板，此优质钢底板厚 0.012m，钢底板断面图如图 1-119 所示，试根据其设计尺寸求此预制沉管钢底板工程量。

【解】 (1) 清单工程量

预制沉管钢底板工程量：$3.14\times3^2\times0.012\times7.78t=2.64t$

【注释】 3.14×3(底板的半径)$^2\times0.012$(底板的厚度)为钢底板的底面积乘以厚度；7.78 为钢材的密度；工程量按设计图示以质量计算。

清单工程量计算见表 1-121。

清单工程量计算表 表 1-121

项目编码	项目名称	项目特征描述	计量单位	工程量
040407002001	预制沉管钢底板	优质钢底板厚 0.012m	t	2.64

(2) 定额工程量

定额工程量同清单工程量。

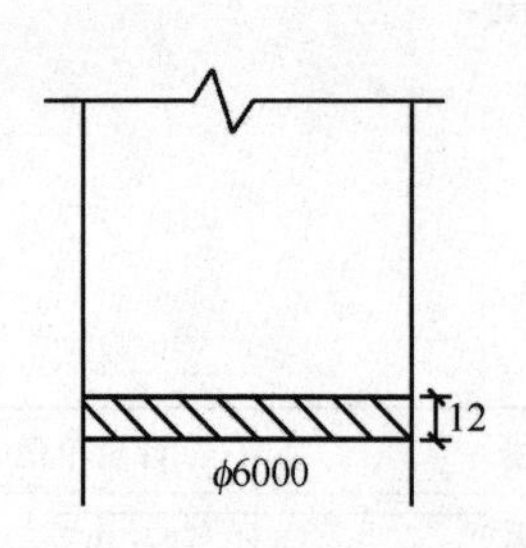

图 1-119 沉管钢底板断面图

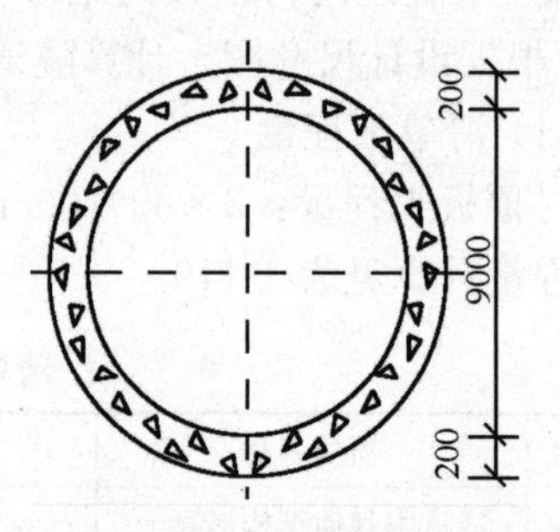

图 1-120 沉管侧墙示意图

项目编码：040407004 项目名称：预制沉管混凝土侧墙

【例 122】 某隧道工程拟预制沉管混凝土侧墙，该沉管是用 C25 粒径为 12mm 石料浇筑而成，侧墙如图 1-120 所示，求预制沉管混凝土侧墙工程量(墙高为 25m)。

【解】 (1) 清单工程量

预制沉管混凝土侧墙：$3.14\times(4.7^2-4.5^2)\times25m^3=144.44m^3$

【注释】 3.14×(4.7(外侧墙的半径)^2－4.5(内侧墙的半径)^2)为沉管混凝土侧墙外环的面积减去内环的面积是其侧墙壁截面积；25 为墙的高度；工程量按设计图示尺寸以体积计算。

清单工程量计算见表 1-122。

清单工程量计算表 表 1-122

项目编码	项目名称	项目特征描述	计量单位	工程量
040407004001	预制沉管混凝土侧墙	C25 混凝土，粒径为 12mm 石料浇筑	m^3	144.44

(2) 定额工程量

定额工程量同清单工程量。

项目编码：040407005 项目名称：预制沉管混凝土顶板

【例 123】 某城市地下隧道预制沉管混凝土顶板，采用 C25 混凝土，其截面厚度为 200mm，试根据其预制沉管顶板断面如图 1-121 所示，计算预制沉管混凝土顶板工程量。

【解】 (1) 清单工程量

预制沉管混凝土顶板工程量：$\left[\frac{1}{2}\times(100+101)\times0.5+101\times30.5\right]\times0.2m^3$

$=626.15m^3$

【注释】 $\frac{1}{2}\times(100+101)$(沉管上部的顶的上底加下底的长度之和)×0.5(管上顶部的厚度)为预制沉管混凝土顶板如图所示最上部的梯形的截面面积；101(矩形的长度)×30.5(矩形的宽度)为预制沉管混凝土顶板如图所示下部的矩形的截面面积；0.2 为其截面厚度；工程量计算规则按设计图示尺寸以体积计算。

清单工程量计算见表 1-123。

清单工程量计算表 表 1-123

项目编码	项目名称	项目特征描述	计量单位	工程量
040407005001	预制沉管混凝土顶板	采用 C25 混凝土	m^3	626.15

(2) 定额工程量

定额工程量同清单工程量。

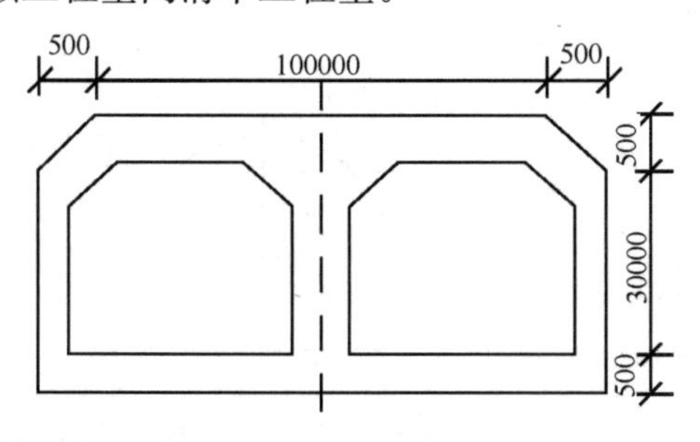

图 1-121 矩形沉管顶板横断面图

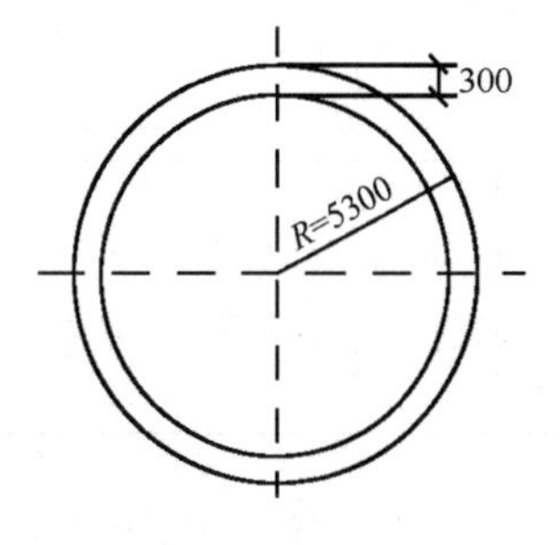

图 1-122 沉管尺寸设计图

项目编码：040407017 项目名称：沉管管节浮运

【例 124】 某沉管预制完成后，浮运至距干坞 300m 处沉放，处此沉管管节尺寸如图 1-122 所示，管节长度为 70m，求此沉管管节浮运工程量。

【解】 (1) 清单工程量

沉管管节浮运工程量：$3.14\times(5.3\times5.3-5\times5)\times70\times7.78\times10^{-3}\times300\text{kt}\cdot\text{m}$

$=1518.21\text{kt}\cdot\text{m}$

【注释】 3.14×(5.3×5.3 沉管壁的外侧半径)－5×5(沉管壁的内侧半径)为沉管壁的断面面积，70 为管节长度，7.78 为钢材的密度；工程量计算规则按设计图示质量计算。

清单工程量计算见表 1-124。

清单工程量计算表 表 1-124

项目编码	项目名称	项目特征描述	计量单位	工程量
040407017001	沉管管节浮运	管节长度为 70m	kt·m	1518.21

(2) 定额工程量

定额工程量清单工程量。

项目编码：040407007 项目名称：鼻托垂直剪力键

【例 125】 某管段宽为 10m，根据管段连接的需要，设计一厚度为 0.8m 的钢铁鼻托垂直剪力键，其布置图如图 1-123 所示，试求鼻托垂直剪力键工程量(钢铁密度 7.78t/m^3)。

【解】 (1) 清单工程量

鼻托垂直剪力键工程量：$\frac{1}{2}\times(1.5+2)\times0.8\times10\times7.78\times2\text{t}=217.840\text{t}$

【注释】 $\frac{1}{2}\times(1.5+2)$(梯形鼻托垂直剪力键的上底加下底之和的长度)×0.8 为鼻托垂直剪力键的截面面积；10 为管段宽；7.78 为钢材的密度，2 为两个鼻托垂直剪力键，工程量计算规则按设计图示质量计算。

清单工程量计算见表 1-125。

清单工程量计算表　　表 1-125

项目编码	项目名称	项目特征描述	计量单位	工程量
040407007001	鼻托垂直剪力键	钢铁鼻托	t	217.840

(2) 定额工程量

定额工程量同清单工程量。

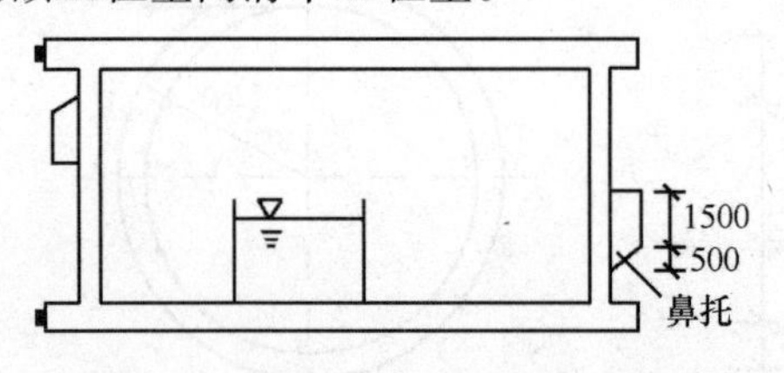

图 1-123　鼻托垂直剪力键布置图

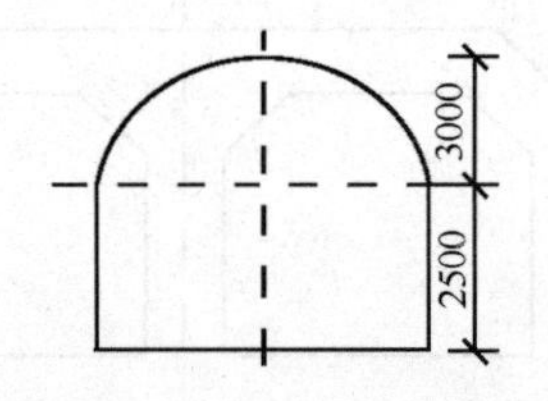

图 1-124　平洞截面尺寸图

项目编码：040401001　项目名称：平洞开挖

【例 126】 某隧道岩石开挖，采用光面爆破，自卸汽车运输废渣至洞口 500m 处弃废处理站的平洞开挖，已知此隧道全长 500m，平洞开挖断面尺寸如图 1-124 所示，试求平洞开挖工程量。

【解】 (1) 清单工程量

平洞开挖工程量：$\left(6\times2.5+\frac{1}{2}\times3.14\times3^2\right)\times500\text{m}^3=14565\text{m}^3$

【注释】 (6(平洞边墙间的宽度)×2.5(边墙的高度)$+\frac{1}{2}\times3.14\times3$(平洞拱部的半径的长度)^2)的平洞开挖截面面积，500 为隧道的长度；工程量按设计图示尺寸以体积计算。

清单工程量计算见表 1-126。

清单工程量计算表　　表 1-126

项目编码	项目名称	项目特征描述	计量单位	工程量
040401001001	平洞开挖	光面爆破	m^3	14565

(2) 定额工程量

平洞开挖工程量定额：根据《全国统一市政工程预算定额》第四册隧道工程 GYD－304－1999 规定，隧道的平洞开挖与出渣工程量，按设计图开挖断面尺寸，另加允许超挖量以 m^3 计算，本定额光面爆破允许超挖量，拱部为 15cm，边墙为 10cm。

则平洞开挖工程量：$\left(6.2\times2.5+\frac{1}{2}\times3.14\times3.15^2\right)\times500\text{m}^3=15539.16\text{m}^3$

【注释】 6.2 为(6＋0.2)是平洞的宽度加超挖量，3.15 为拱部超挖时的半径；($6.2\times2.5+\frac{1}{2}\times3.14\times3.15^2$)为超挖时候的截面面积；工程量按设计图示尺寸以体积计算。

项目编码：040401003　项目名称：竖井开挖

【例 127】 某竖井设置在隧道正上方，此隧道长 50m，采用一般爆破，顺坡排水，有轨运输废渣，其竖井布置示意图如图 1-125 所示，试求此竖井开挖工程量。

【解】 (1) 清单工程量

竖井开挖工程量：

$$\left[3.14\times4^2\times50+\left(\frac{1}{2}\times3.14\times5^2+2\times10\right)\times50\right]\text{m}^3=5474.50\text{m}^3$$

【注释】 3.14×4(竖井的半径)^2×50 为竖井的截面面积乘以隧道的长度，($\frac{1}{2}$×3.14×5(平洞拱部的半径的长度)^2+2(平洞边墙的高度)×10(平洞边墙间的宽度))为拱部的截面面积；工程量计算规则按设计图示尺寸以体积计算。

清单工程量计算见表 1-127。

清单工程量计算表　　表 1-127

项目编码	项目名称	项目特征描述	计量单位	工程量
040401003001	竖井开挖	一般爆破	m^3	5474.50

(2) 定额工程量

竖井开挖工程量定额《全国统一市政工程预算定额》第四册隧道工程 GYD－304－1999 规定，隧道的竖井开挖与出渣工程量按设计图开挖断面尺寸另加允许超挖量以 m^3 计算，本定额采用一般爆破，其允许超挖量：拱部为 20cm，边墙为 15cm。

竖井开挖工程量：$[3.14\times4^2\times50+(\frac{1}{2}\times3.14\times5.20^2+2\times10.3)\times50]\text{m}^3$

$=5664.64\text{m}^3$

【注释】 3.14×4^2×50 为超挖工程时竖井的截面面积乘以隧道的长度，5.20 为超挖时拱部的半径；10.3 为超挖时下部的截面长度，工程量计算规则按设计图示尺寸以体积计算。

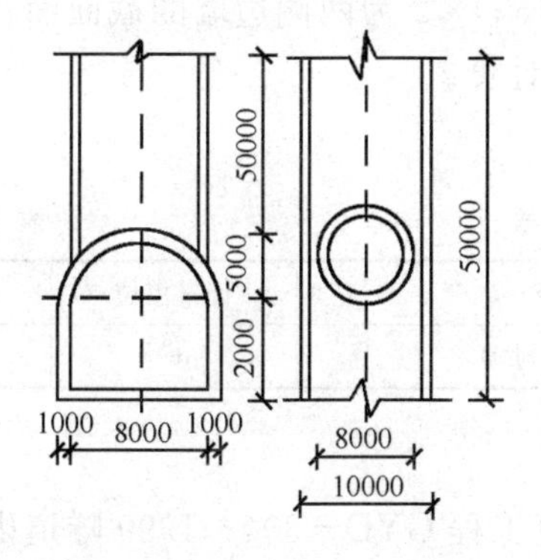

图 1-125　竖井布置示意图

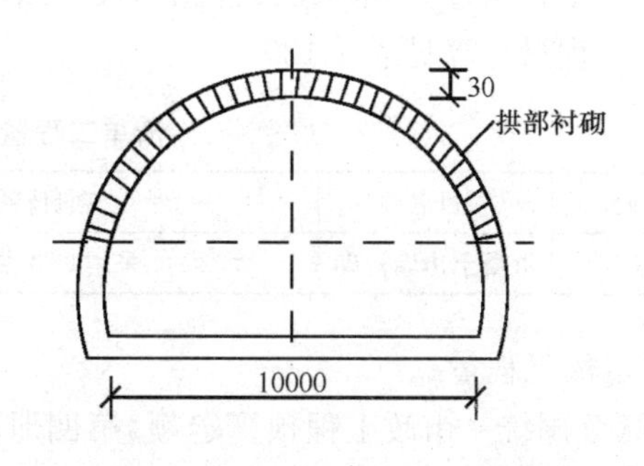

图 1-126　混凝土拱部衬砌布置图

项目编码：040402002　项目名称：混凝土顶拱衬砌

【例 128】 某 250m 隧道进行混凝土拱部衬砌，采用 C25 混凝土浇筑，其混凝土拱部衬砌尺寸如图 1-126 所示，根据设计尺寸计算混凝土拱部衬砌工程量。

【解】 (1) 清单工程量

混凝土拱部衬砌工程量：$\left(\frac{1}{2}\times3.14\times5.03^2-\frac{1}{2}\times3.14\times5^2\right)\times250\text{m}^3=118.10\text{m}^3$

【注释】 （$\frac{1}{2}$×3.14×5.03（拱部衬砌外侧的半径）^{2}－$\frac{1}{2}$×3.14×5（拱部衬砌内侧的半径）^{2}）为混凝土拱部衬砌的外侧面积减去内侧面积；250 为隧道的长度，工程量计算规则按设计图示尺寸以体积计算。

清单工程量计算见表 1-128。

清单工程量计算表 表 1-128

项目编码	项目名称	项目特征描述	计量单位	工程量
040402002001	混凝土顶拱衬砌	采用 C25 混凝土浇筑	m^3	118.10

（2）定额工程量

混凝土拱部衬砌定额《全国统一市政工程预算定额》第四册隧道工程 GYD－304－1999 规定，按施工图所示尺寸，加允许超挖量拱部为 15cm。

$\left(\frac{1}{2}\times3.14\times5.18^2-\frac{1}{2}\times3.14\times5^2\right)\times250\text{m}^3=719.22\text{m}^3$

【注释】 $\left(\frac{1}{2}\times3.14\times5.18^2\right)$为超挖时外侧的截面积，其中拱部半径增加到 5.18。

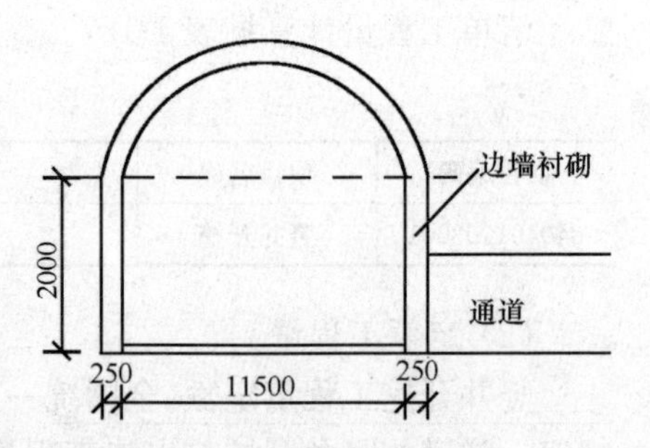

图 1-127 混凝土边墙衬砌

项目编码：040402003 项目名称：混凝土边墙衬砌

【例 129】 某 500m 长的横洞要用 C20 的混凝土浇筑边墙衬砌，混凝土边墙衬砌的断面尺寸如图 1-127 所示，试求其工程量。

【解】 （1）清单工程量

混凝土边墙衬砌工程量：0.25×2×500×2m^3＝500m^3

【注释】 0.25（边墙的厚度）×2（边墙的高度）×500×2 为两侧边墙的截面面积乘以隧道的长度，工程量计算规则按设计图示尺寸以体积计算。

清单工程量计算见表 1-129。

清单工程量计算表 表 1-129

项目编码	项目名称	项目特征描述	计量单位	工程量
040402003001	混凝土边墙衬砌	采用 C20 混凝土衬砌	m^3	500

（2）定额工程量

根据《全国统一市政工程预算定额》第四册隧道工程 GYD－304－1999 隧道内衬现浇混凝土和石料衬砌的工程量，按施工图所示尺寸加允许超挖量边墙为 10cm。

混凝土边墙衬砌工程量：0.35×2×500×2m^3＝700m^3

项目编码：040402005 项目名称：混凝土沟道

【例 130】 某 200m 城市地下隧道铺设混凝土沟道，设计布置及尺寸如图 1-128 所示，采用 C20 混凝土，试求混凝土沟道工程量。

【解】 （1）清单工程量

混凝土沟道工程量：0.5×0.3×200×2m^3＝60m^3

【注释】 0.5(沟道的截面长度)×0.3(沟道的截面宽度)为沟道的截面面积，200 为隧道的长度，2 为两个沟道；工程量计算规则按设计图示尺寸以体积计算。

清单工程量计算见表 1-130。

清单工程量计算表 表 1-130

项目编码	项目名称	项目特征描述	计量单位	工程量
040402005001	混凝土沟道	采用 C20 混凝土	m^3	60

(2) 定额工程量

定额工程量同清单工程量。

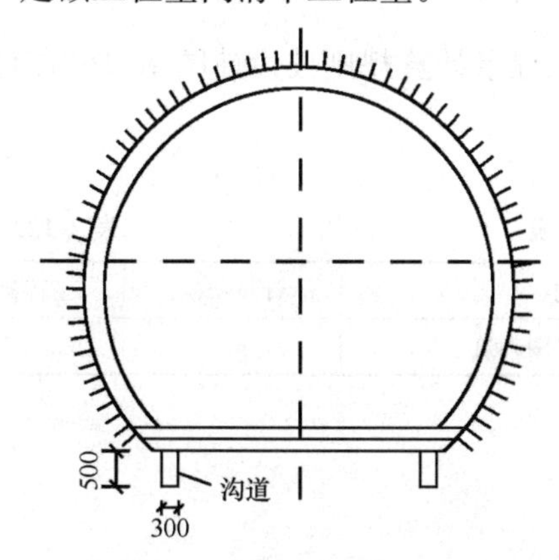

图 1-128 混凝土沟道示意图

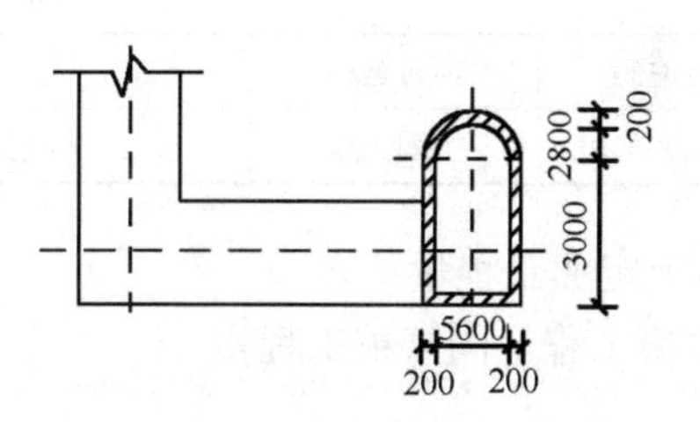

图 1-129 喷射混凝土示意图

项目编码：040402006 项目名称：拱部喷射混凝土

项目编码：040402007 项目名称：边墙喷射混凝土

【例 131】 某城市地下隧道长 30m，修建一竖井进行运碴并对拱部进行喷射混凝土 20cm，边墙 13cm，如图 1-129 所示，求拱喷射混凝土和边墙喷射混凝土。

【解】 (1) 清单工程量

拱部喷射混凝土工程量：$\frac{1}{2}\times3.14\times5.6\times30m^2=263.76m^2$

边墙喷射混凝土工程量：$3\times30\times2m^2=180m^2$

【注释】 $\frac{1}{2}\times3.14\times5.6$(拱部喷射混凝土的半径)×30 为拱部喷射混凝土的周长乘以隧道长度；3×30×2 为两侧边墙的高度乘以隧道长度；工程量计算规则按设计图示尺寸以面积计算。

清单工程量计算见表 1-131。

清单工程量计算表 表 1-131

序号	项目编码	项目名称	项目特征描述	计量单位	工程量
1	040402006001	拱部喷射混凝土	喷射混凝土 20cm	m^2	263.76
2	040402007001	边墙喷射混凝土	喷射混凝土 13cm	m^2	180

（2）定额工程量

定额工程量同清单工程量。

项目编码：040402008　项目名称：拱圈砌筑

【例 132】 某铁路隧道全长 800m，为了增加其承载能力，用砂浆比 1∶3 进行拱圈砌筑，其布置如图 1-130 所示，根据设计尺寸计算拱圈砌筑工程量。

【解】（1）清单工程量

拱圈砌筑工程量：$\frac{1}{2}\times 3.14\times(3.75^2-3^2)\times 800\text{m}^3=6358.50\text{m}^3$

【注释】 $\frac{1}{2}\times 3.14\times$(3.75(拱圈砌筑的外侧半径的长度)^2－3(拱圈砌筑的内侧半径的长度)^2)为拱圈砌筑的断面积；800 为隧道的长度。工程量计算规则按设计图示尺寸以体积计算。

清单工程量计算见表 1-132。

清单工程量计算表　　表 1-132

项目编码	项目名称	项目特征描述	计量单位	工程量
040402008001	拱圈砌筑	砂浆比 1∶3 进行拱圈砌筑	m^3	6358.50

（2）定额工程量

定额工程量同清单工程量。

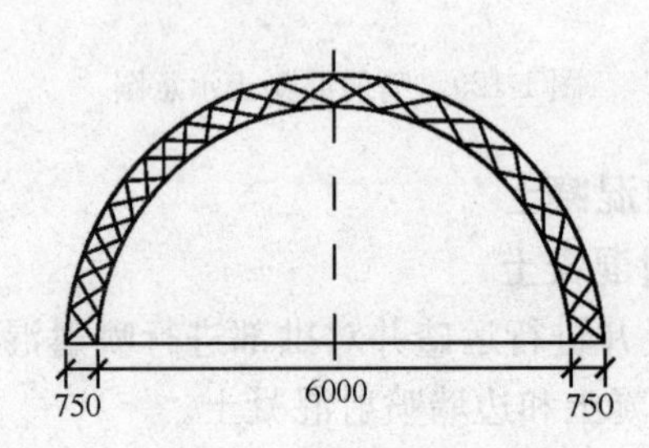

图 1-130　拱圈布置示意图

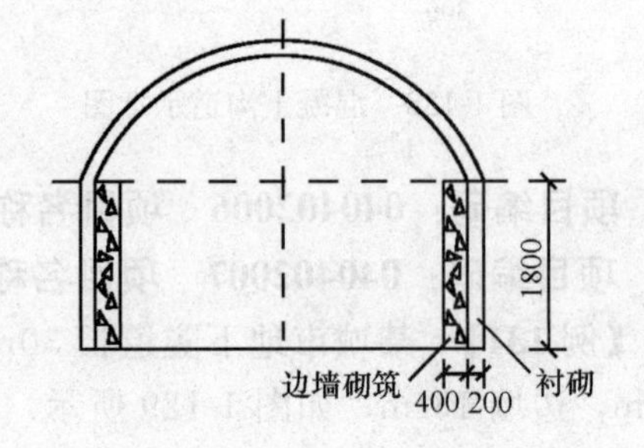

图 1-131　边墙砌筑布置示意图

项目编码：040402009　项目名称：边墙砌筑

【例 133】 某 100m 小型隧道施工中须进行边墙砌筑，根据石料品种规格要求应砌筑 40cm 厚的边墙，勾缝用砂浆抹灰，其边墙砌筑布置构造图如图 1-131 所示，试求边墙砌筑工程量。

【解】（1）清单工程量

边墙砌筑工程量：$0.4\times 1.8\times 100\times 2\text{m}^3=144\text{m}^3$

【注释】 0.4(边墙的厚度)×1.8(边墙的宽度)×100×2 为两侧边墙的截面面积乘以隧道的长度；工程量按设计图示尺寸以体积计算。

清单工程量计算见表 1-133。

清单工程量计算表　　表 1-133

项目编码	项目名称	项目特征描述	计量单位	工程量
040402009001	边墙砌筑	砌筑 25cm 厚的边墙勾缝用砂浆抹灰	m^3	144

(2) 定额工程量(加上超挖部分的0.1米)

$$V=(0.4+0.1)\times1.8\times100\times2\text{m}^3=180\text{m}^3$$

项目编码:040402010 项目名称:砌筑沟道

【例134】 某500m水下隧道用砂浆为M5砌筑沟道，砌筑沟道的尺寸如图1-132所示，试求砌筑沟道工程量。

【解】 (1) 清单工程量

砌筑沟道工程量：$0.45\times0.25\times500\times2\text{m}^3=112.50\text{m}^3$

【注释】 0.45(沟道的截面长度)×0.25(沟道的截面宽度)×500×2为两个沟道的截面积乘以隧道的长度。

清单工程量计算见表1-134。

清单工程量计算表 **表1-134**

项目编码	项目名称	项目特征描述	计量单位	工程量
040402010001	砌筑沟道	砂浆为M5	m^3	112.50

(2) 定额工程量

定额工程量同清单工程量。

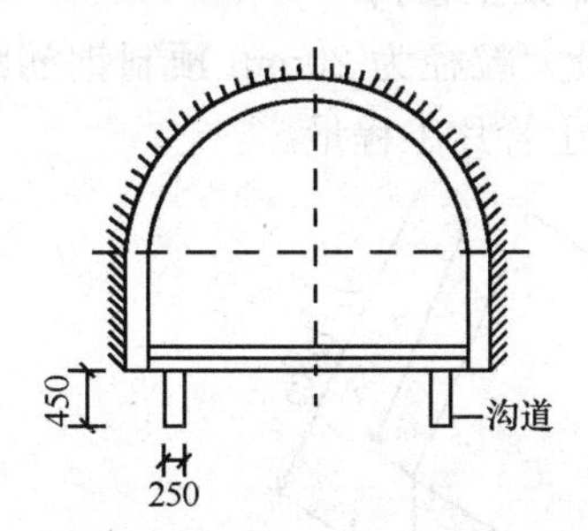

图1-132 砌筑沟道布置图

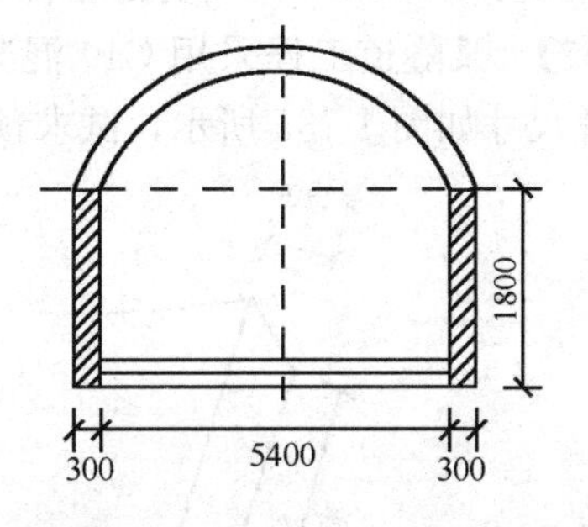

图1-133 浆砌块石示意图

项目编码:040402003 项目名称:混凝土边墙衬砌

【例135】 某300m山间隧道由于条件等因素对隧道边墙进行浆砌块石，其设计尺寸图如图1-133所示，砂浆强度为M15，求边墙浆砌块石工程量。

【解】 (1) 清单工程量

浆砌块石工程量：$0.3\times1.8\times300\times2\text{m}^3=324\text{m}^3$

【注释】 0.3(浆砌块石的厚度)×1.8(浆砌块石的高度)×300×2为浆砌块截面面积乘以隧道的长度。

清单工程量计算见表1-135。

清单工程量计算表 **表1-135**

项目编码	项目名称	项目特征描述	计量单位	工程量
040402003001	混凝土边墙衬砌	砂浆强度为M15	m^3	324

(2) 定额工程量

定额工程量同清单工程量。

项目编码：040402019　项目名称：柔性防水层

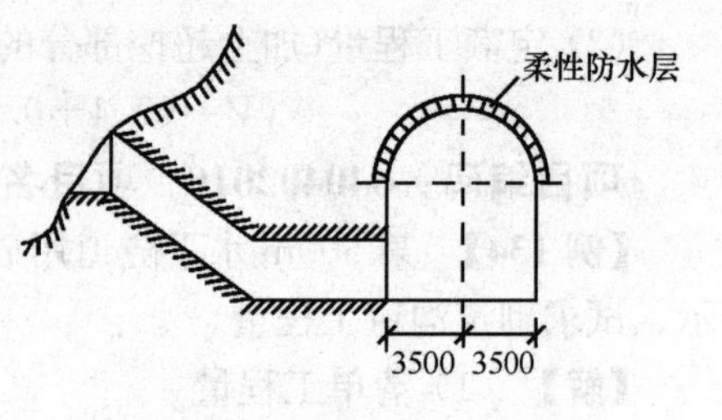

图 1-134　柔性防水层布置图

【例 136】 某斜井进行铺设柔性防水层，采用氯丁乳胶作材料，其柔性防水层的截面设计尺寸如图 1-134 所示，试求此柔性防水层工程量(隧道长 320m)。

【解】 (1) 清单工程量

柔性防水层工程量：3.14×3.5(防水层的半径)×320m² ＝3516.80m²

清单工程量计算见表 1-136。

清单工程量计算表　　**表 1-136**

项目编码	项目名称	项目特征描述	计量单位	工程量
040402019001	柔性防水层	采用氯丁乳胶作材料	m²	3516.80

(2) 定额工程量

定额工程量同清单工程量。

项目编码：040403004　项目名称：预制钢筋混凝土管片

【例 137】 某隧道工程采用 C40 混凝土，石料最大粒径为 20mm 预制钢筋混凝土管片，其管片尺寸如图 1-135 所示，试求预制钢筋混凝土管片工程量。

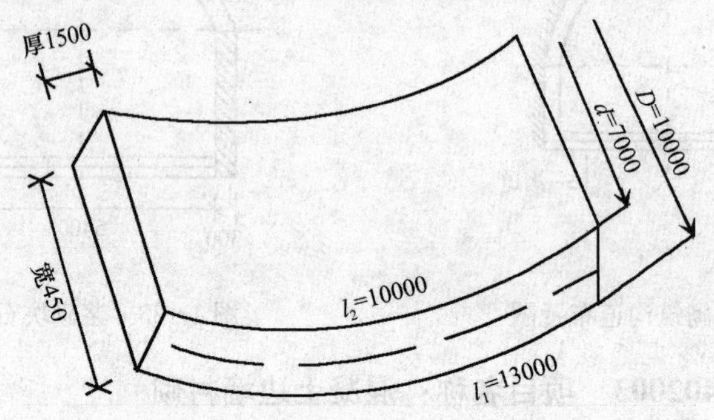

图 1-135　预制钢筋混凝土管片示意图

【解】 (1) 清单工程量

预制钢筋混凝土管片工程量：$\frac{1}{2}$×(13×10－10×7)×0.45m³＝13.5m³

【注释】 $\frac{1}{2}$×(13(钢片外侧的长度)×10(钢片外侧的直径)－10(钢片内侧的长度)×7(钢片内侧的直径))为预制钢筋混凝土管片的面积，0.45 为宽度；工程量计算规则按设计图示尺寸以体积计算。

清单工程量计算见表 1-137。

清单工程量计算表　　**表 1-137**

项目编码	项目名称	项目特征描述	计量单位	工程量
040403004001	预制钢筋混凝土管片	采用 C40 混凝土	m³	13.5

(2) 定额工程量

根据《全国统一市政工程预算定额》第四册隧道工程GYD—304—1999规定，预制混凝土管片工程量按实体积加1%损耗计算。

预制钢筋混凝土管片工程量为：

$$13.5\times(1+1\%)m^3=13.64m^3$$

项目编码：040405001　项目名称：沉井井壁混凝土

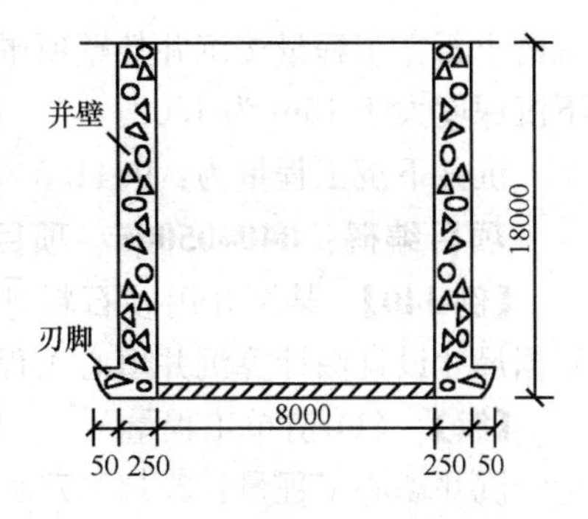

图1-136　沉井断面积尺寸示意图

【例138】 某沉井平面形状为圆形，采用C20混凝土浇筑的有筋混凝土沉井，其沉井设计尺寸如图1-136所示，求沉井井壁混凝土工程量。

【解】 (1) 清单工程量

沉井井壁混凝土工程量清单：$(3.14\times4.25^2-3.14\times4^2)\times18m^3=116.57m^3$

【注释】 (3.14×4.25(井壁外侧的半径的长度)^2－3.14×4(井壁内侧半径的长度)^2)为井壁的截面面积，18为沉井井壁的高度；工程量按设计图示尺寸以体积计算。

清单工程量计算见表1-138。

清单工程量计算表　　**表1-138**

项目编码	项目名称	项目特征描述	计量单位	工程量
040405001001	沉井井壁混凝土	圆形沉井，采用C20混凝土浇筑	m^3	116.57

(2) 定额工程量

定额工程量同清单工程量。

项目编码：040405002　项目名称：沉井下沉

【例139】 某沉井采用不排水挖土下沉，土石方场外运输，按照施工单位设计资料，该沉井应下沉17m，半径为5m，沉井下沉剖面图如图1-137所示，试根据沉井设计尺寸求沉井下沉工程量。

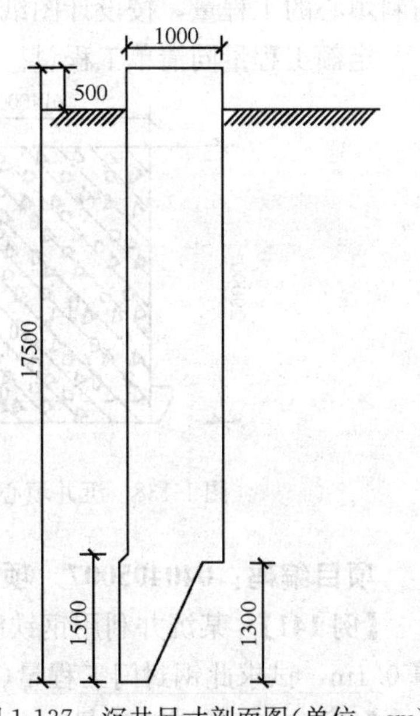

图1-137　沉井尺寸剖面图(单位：cm)

【解】 (1) 清单工程量

沉井下沉工程量：$3.14\times5\times2\times17.5\times17m^3$

$$=9341.5m^3$$

【注释】 3.14×5(井壁的半径的长度)×2×17.5(井壁的长度)为井壁的周长乘以高度是其外围面积，17为下沉深度；工程量计算规则按设计图示尺寸外围面积乘以下沉深度以体积计算。

清单工程量计算见表1-139。

清单工程量计算表　　**表1-139**

项目编码	项目名称	项目特征描述	计量单位	工程量
040405002001	沉井下沉	下沉深度17m	m^3	9341.5

(2) 定额工程量

根据《全国统一市政工程预算定额》第四册隧道工程GYD—304—1999规定，沉井下沉的土石方工程量按沉井外壁所围的面积乘以下沉深度，并乘以土方回淤系数，不排水法下沉深度大于15m为1.02。

沉井下沉工程量为：$9341.5\times1.02\text{m}^3=9528.33\text{m}^3$

项目编码：040405005　项目名称：沉井填心

【例140】 某沉井用砂石料进行不排水沉井填心，该沉井设计尺寸如图1-138所示，根据尺寸设计图计算沉井填心工程量。

【解】（1）清单工程量

沉井填心工程量：$3.14\times7^2\times20\text{m}^3=3077.20\text{m}^3$

【注释】 3.14×7(圆的半径)^2×20为圆的截面积乘以高，工程量计算规则按设计图示尺寸以体积计算。

清单工程量计算见表1-140。

清单工程量计算表　　表1-140

项目编码	项目名称	项目特征描述	计量单位	工程量
040405005001	沉井填心	砂石料	m^3	3077.20

（2）定额工程量

根据《全国统一市政工程预算定额》第四册隧道工程GYD—304—1999规定，沉井砂石料填心的工程量，按设计图纸或批准的施工组织设计计算。

定额工程量同清单工程量。

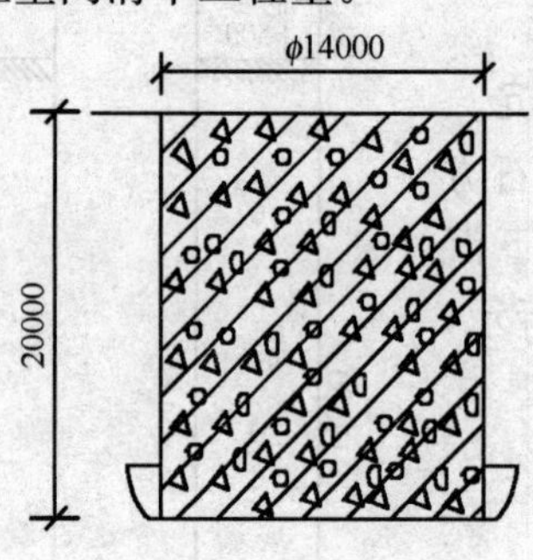

图1-138　沉井填心示意图

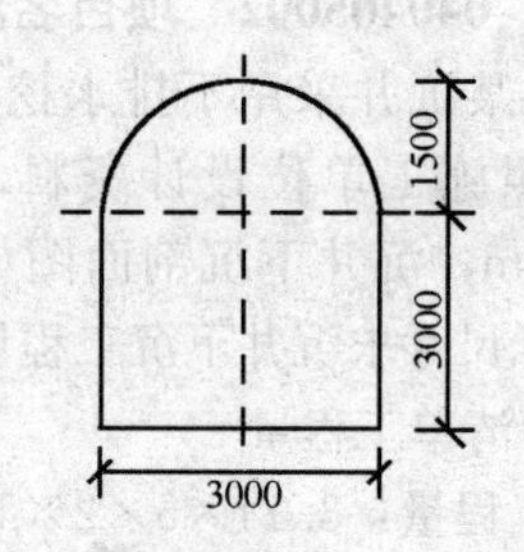

图1-139　钢封门尺寸布置图

项目编码：040405007　项目名称：钢封门

【例141】 某沉井利用钢铁制作钢封门，其尺寸构造如图1-139所示，安装的钢封门厚0.1m，试求此钢封门工程量($\rho_{钢}=7.78\text{t/m}^3$)。

【解】（1）清单工程量

钢封门工程量：$\left(\frac{1}{2}\times3.14\times1.5^2+3\times3\right)\times0.1\times7.78\text{t}=9.750\text{t}$

【注释】 ($\frac{1}{2}$×3.14×1.5(钢封门拱部的半径)^2+3(钢封门边墙的高度)×3(钢封门的宽度))为钢封门的截面积，0.1为门的厚度，工程量按设计图示以质量计算。

清单工程量计算见表1-141。

清单工程量计算表　　表 1-141

项目编码	项目名称	项目特征描述	计量单位	工程量
040405007001	钢封门	钢铁制作，厚 0.1m	t	9.750

(2) 定额工程量

定额工程量同清单工程量

项目编码：040101003　项目名称：挖基坑土方

【例 142】 某施工单位进行地下连续墙的基坑挖土，其基坑断面尺寸如图 1-140 所示，试计算此基坑挖土工程量(基坑为正方形)。

【解】 (1) 清单工程量

基坑挖土工程量：3×3(基坑底的截面尺寸)×6(基坑的深度)m^3=54m^3

清单工程量计算见表 1-142。

清单工程量计算表　　表 1-142

项目编码	项目名称	项目特征描述	计量单位	工程量
040101003001	挖基坑土方	宽 3m，深 6m	m^3	54

(2) 定额工程量

根据《全国统一市政工程预算定额》第四册隧道工程 GYD—304—1999 规定，地下连续墙成槽土方量按连续墙设计长度、宽度和槽深(加超深 0.5m)计算。

基坑挖土工程量：3×3×6.5m^3=58.5m^3

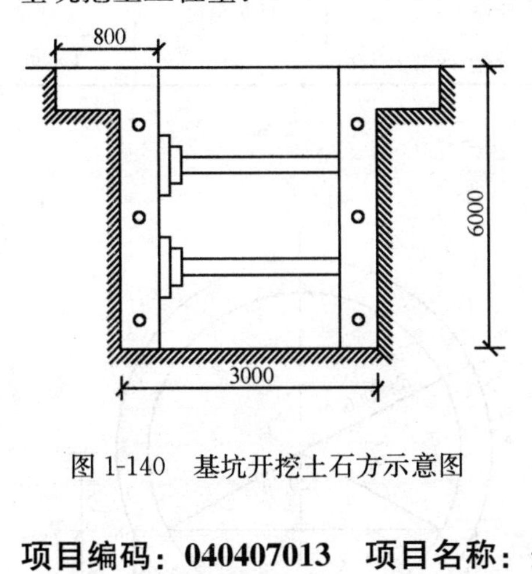

图 1-140　基坑开挖土石方示意图

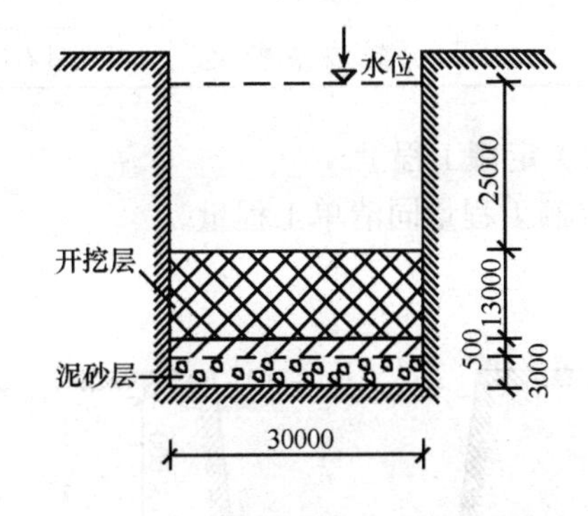

图 1-141　航道疏浚开挖示意图

项目编码：040407013　项目名称：航道疏浚

【例 143】 某航道疏浚进行管道浮运，已知该河段土质为砂性软土淤泥层，通过挖泥船的水下作业和土方驳运、卸泥完成对航道的疏浚，根据设计要求疏浚深度为 13m，其河槽开挖断面图如 1-141 所示，河道航运长为 500m，试求航道疏浚工程量。

【解】 (1) 清单工程量

根据河床地质情况，应考虑到 0.5m 的富余水深。

航道疏浚工程量：30×13.5×500m^3=202500m^3

清单工程量计算见表 1-143。

清单工程量计算表 **表 1-143**

项目编码	项目名称	项目特征描述	计量单位	工程量
040407013001	航道疏浚	土质为砂性软土淤泥层，疏浚深度为 13m	m^3	202500

（2）定额工程量

定额工程量同清单工程量。

项目编码：0404007014　项目名称：沉管河床基槽开挖

【例 144】 某河段根据社会发展的所需进行沉管河床的基槽开挖，经地质勘测知此段河床土质为砂石性卵石层，通过挖泥的作业，沉管基槽挖泥和清淤，最后测得挖土深度为 12m，其沉管基槽断面图如图 1-142 所示，河道全长 300m，求此沉管河床基槽开挖工程量。

【解】（1）清单工程量

沉管河床基槽开挖工程量：

$$\frac{1}{2}\times(25+31)\times12\times300\text{m}^3=100800\text{m}^3$$

【注释】 $\frac{1}{2}\times(25+31)$（梯形浆砌块石的上底加下底的长度之和）$\times12$（基槽开挖的深度）为沉管河床基槽的截面积，300 为隧道的长度，工程量按设计图示尺寸以体积计算。

清单工程量计算见表 1-144。

清单工程量计算表 **表 1-144**

项目编码	项目名称	项目特征描述	计量单位	工程量
0404007014001	沉管河床基槽开挖	土质为砂石性卵石层，挖土深度为 12m	m^3	100800

（2）定额工程量

定额工程量同清单工程量。

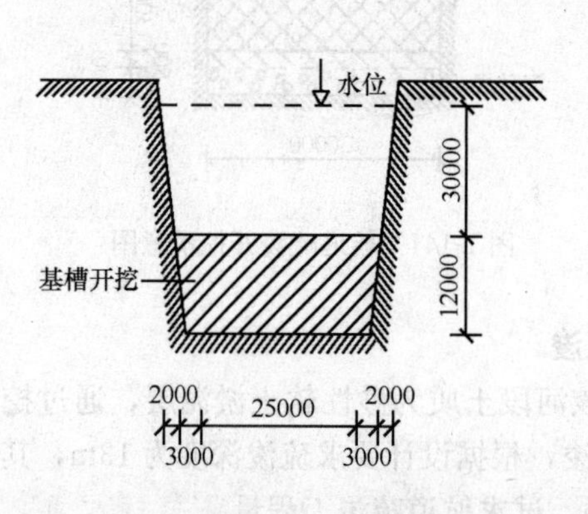

图 1-142　沉管河床基槽开挖示意图

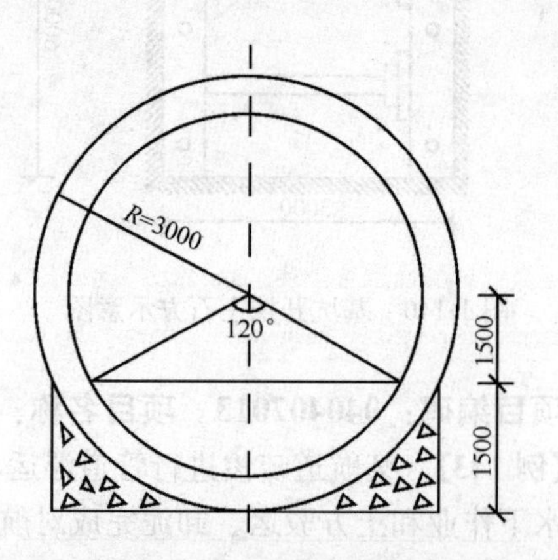

图 1-143　基槽抛铺碎石尺寸示意图（沉管长 80m）

项目编码：040407016　项目名称：基槽抛铺碎石

【例 145】 某圆形平面形状的沉管进行基槽抛铺碎石，铺石深度为 1.5m，基槽抛铺碎石布置图如图 1-143 所示，求其工程量。

【解】 (1) 清单工程量

基槽抛铺碎石工程量：$80\times[1.5\times2\times3\sin60°-(\frac{1}{3}\times3.14\times3^2-\frac{1}{2}\times3\sin60°\times2\times1.5)]m^3=181.71m^3$

【注释】 $1.5\times2\times3\sin60°$为基槽抛铺碎石加 120 度的弦外圆弧的面积；$\frac{1}{3}\times3.14\times3^2$为 120 度的扇形的面积，$\frac{1}{2}\times3$(沉管的半径)$\sin60°\times2\times1.5$(小三角形的高度)为扇形中的小三角形的面积，两者相减为 120 度的弦外圆弧的面积，工程量计算规则按设计图示尺寸以体积计算。

清单工程量计算见表 1-145。

清单工程量计算表 **表 1-145**

项目编码	项目名称	项目特征描述	计量单位	工程量
040407016001	基槽抛铺碎石	基槽抛铺碎石，铺石深度为 1.5m	m^3	181.71

(2) 定额工程量

定额工程量同清单工程量。

项目编码：040407015 项目名称：钢筋混凝土块沉石

【例 146】 用 20mm 粒径石子预制钢筋混凝土块沉石，沉石深度为 0.5m，钢筋混凝土块沉石截面尺寸如图 1-144 所示，试按设计图示尺寸求其工程量。

【解】 (1) 清单工程量

钢筋混凝土块沉石工程量：3×3(混凝土块沉石的截面尺寸)$\times0.5m^3=4.50m^3$

清单工程量计算见表 1-146。

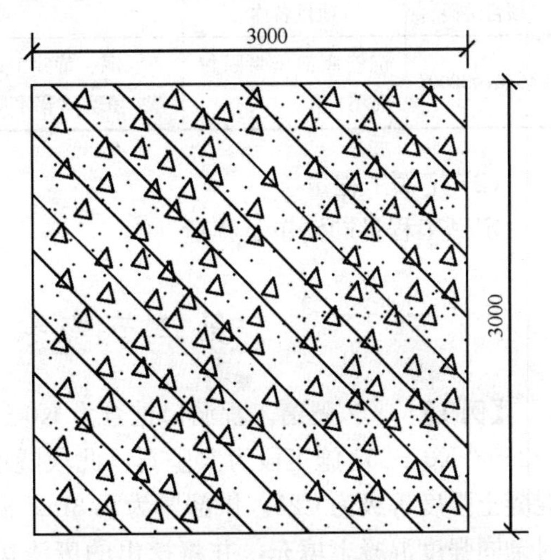

图 1-144 钢筋混凝土块沉石截面图

清单工程量计算表 **表 1-146**

项目编码	项目名称	项目特征描述	计量单位	工程量
040407015001	钢筋混凝土块沉石	沉石深度为 0.5m	m^3	4.50

(2) 定额工程量

定额工程量同清单工程量。

项目编码：040407022 项目名称：沉管底部压浆固封充填

【例 147】 某沉管底部用水泥、黄砂、黏土以及缓凝剂配成的混合砂浆，在 1.2 倍水压下进行压浆固封充填，已知沉管长 70m，压浆固封充填设计尺寸如图 1-145 所示，试求沉管底部压浆固封充填工程量。

【解】 (1) 清单工程量

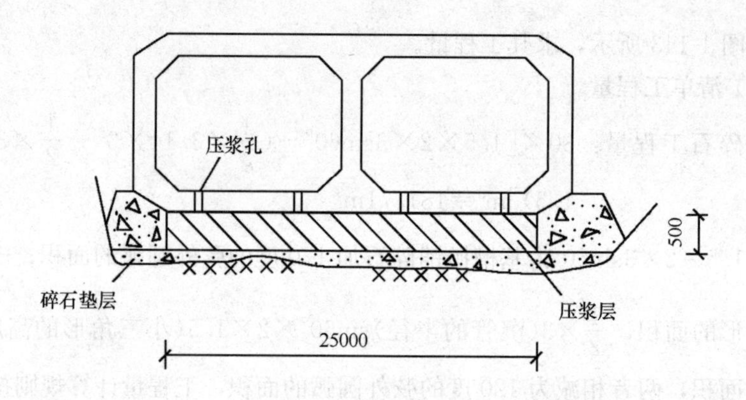

图 1-145 沉管底部压浆固封充填结构示意图

沉管底部压浆固封充填工程量：

0.5（压浆固封充填的厚度）×25（压浆固封充填的宽度）×70m³＝875m³

清单工程量计算见表 1-147。

清单工程量计算表 **表 1-147**

项目编码	项目名称	项目特征描述	计量单位	工程量
040407022001	沉管底部压浆固封充填	水泥、黄砂、黏土以缓凝剂配成的混合砂浆，在 1.2 倍水压下进行压浆固封充填	m³	875

（2）定额工程量

定额工程量同清单工程量。

第二节 综 合 实 例

【例 1】 ××隧道工程洞口桩号为 K0＋200～K0＋500，隧道长度为 300m，其中 K0＋250～K0＋350 施工段为次坚石，此段隧道的断面图如图 1-146 所示，边墙厚为 0.8m，混凝土强度等级为 C25。拱部厚为 0.8m，混凝土强度等级为 C25，主洞超挖部分采用与衬砌同强度混凝土填充，并将挖出的废渣运至距洞口 800m 处的废弃场地。该隧道设有 1m 宽的人行道。采用全断面开挖，一般爆破混凝土石料最大粒径为 15mm，求平洞开挖与衬砌工程量。

【解】（1）清单工程量

1）平洞开挖工程量：

$$V_1 = [\pi(5.5+0.8)^2\times\frac{180+30\times2}{360}+\frac{1}{2}\times3.15\times(5.5+0.8)\cos30\times2+0.5\times(5.5+0.8-0.6)\times2]\times100\text{m}^3$$

$$=[\frac{2}{3}\pi\times(6.3)^2+3.15\times5.46+5.7]\times100\text{m}^3$$

$$=(83.13+22.90)\times100\text{m}^3$$

$$=10603\text{m}^3$$

2）衬砌工程量：

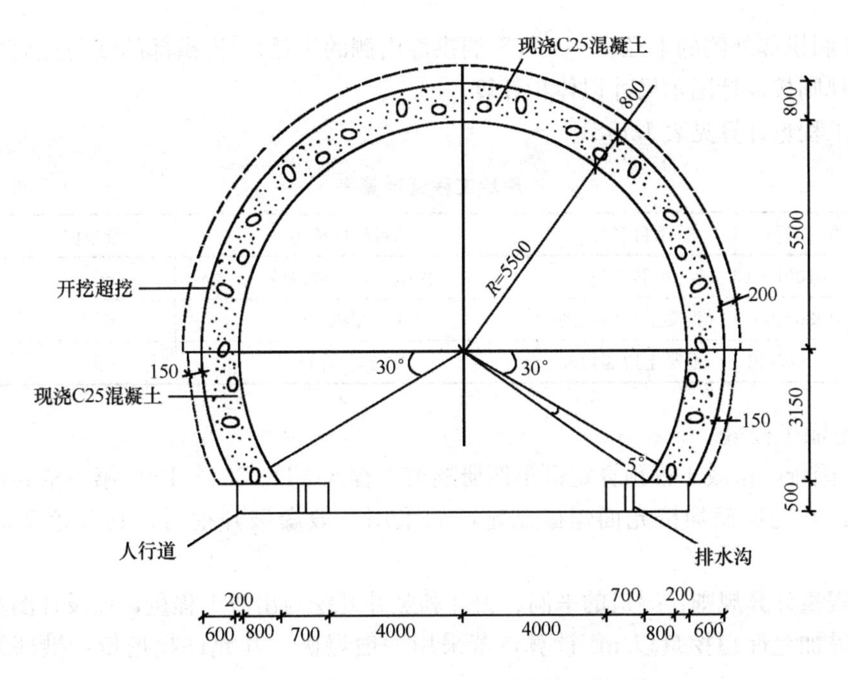

图 1-146 某隧道平洞开挖与衬砌示意图

①拱部工程量：$V_2=\frac{1}{2}\pi[(5.5+0.8)^2-5.5^2]\times100\text{m}^3$

$=14.83\times100\text{m}^3$

$=1483\text{m}^3$

②边墙工程量：

$V_3=\{2\times\frac{30}{360}\times\pi[(5.5+0.8)^2-5.5^2]\times100+100\times2\times[\frac{1}{2}\times(0.8+5.5)\cos30\times3.15$

$-\frac{5}{360}\times\pi\times5.5^2-\frac{1}{2}\times3.15\times5.5\cos35]\}\text{m}^3$

$=[\frac{1}{6}\pi\times(6.3^2-5.5^2)\times100+200\times(5.46\times3.15\times\frac{1}{2}-\frac{\pi\times5.5^2}{72}$

$-\frac{3.15\times4.51}{2})]\text{m}^3$

$=[494.28+200\times(8.60-1.32-7.10)]\text{m}^3$

$=(494.28+200\times0.18)\text{m}^3$

$=(494.28+36)\text{m}^3$

$=530.28\text{m}^3$

【注释】 $\left[\pi(5.5+0.8)\right.$(平洞拱部的外侧半径的长度)$^2\times\left.\frac{180+30\times2}{360}\right]$为平洞上部的扇形面积，$\frac{1}{2}\times3.15$(小三角形的高度)$\times(5.5+0.8)\cos30$(小三角形的底边的长度)为扇形下部的小三角形面积，0.5(排水沟的截面宽度)$\times(5.5+0.8-0.6)$(人行道和排水沟的截面宽度之和)$\times2$为人行道和排水沟的面积，100 为其某施工段的隧道长度；$\frac{1}{2}\pi[(5.5$

+0.8)(平洞拱部外侧的半径)^2−5.5(平洞拱部内侧的半径)^2]为拱部的壁的截面面积；工程量计算规则按设计图示尺寸以体积计算。

清单工程量计算见表1-148。

清单工程量计算表　　表1-148

序号	项目编码	项目名称	项目特征描述	计量单位	工程量
1	040401001001	平洞开挖	次坚石，一般爆破	m^3	10603
2	040402002001	混凝土顶拱衬砌	C25混凝土	m^3	1483
3	040402003001	混凝土边墙衬砌	C25混凝土	m^3	530.28

(2) 定额工程量

由《全国统一市政工程预算定额第四册隧道工程》GYD—304—1999第一章隧道开挖与出渣说明：开挖定额均按光面爆破制定，如采用一般爆破开挖时，其开挖定额乘以系数0.935。

由工程量计算规则：隧道的平洞、斜井和竖井开挖与出渣工程量，按设计图示开挖断面尺寸，另加允许超挖量以m^3计算，若采用一般爆破，其允许超挖量：拱部为20cm，边墙为15cm。

1) 平洞开挖工程量：

$$100\times[\frac{1}{2}\pi(5.5+0.8+0.2)^2+2\times\frac{30}{360}\times\pi\times(5.5+0.8+0.15)^2+\frac{1}{2}\times3.15\times(5.5+0.8+0.15)\cos30\times2+0.5\times11.4]m^3$$

$$=100\times(\frac{\pi}{2}\times6.5^2+\frac{\pi}{6}\times6.45^2+3.15\times5.59+5.7)m^3$$

$$=100\times(66.37+21.78+23.31)m^3$$

$$=111460m^3$$

由《全国统一市政工程预算定额第四册隧道工程》GYD—304—1999，第三章隧道内衬，工程量计算规则规定：隧道内衬现浇混凝土和石料衬砌的工程量，按施工图所示尺寸加允许超挖量拱部为15cm，边墙为10cm以m^3计算，混凝土部分不扣除0.3m^2以内孔洞所占体积。

2) 衬砌工程量：

①拱部工程量：$100\times\frac{1}{2}\times\pi\cdot[(5.5+0.8+0.15)^2-5.5^2]m^3$

$$=50\pi\times(6.45^2-5.5^2)m^3$$

$$=50\pi\times11.3525m^3$$

$$=1783.25m^3$$

②边墙工程量：$\{100\times[(5.5+0.8+0.1)^2-5.5^2]\times\frac{2\times30}{360}\times\pi+100\times2\times[(5.5+0.8+0.1)\cos30\times3.15\times\frac{1}{2}-\frac{5}{360}\times\pi\times5.5^2-\frac{1}{2}\times4.51\times3.15]\}m^3$

$$=\left[100\times\frac{\pi}{6}\times(6.4^2-5.5^2)+200\times\left(\frac{5.54\times3.15}{2}-\frac{\pi\times5.5^2}{72}-\frac{4.51\times3.15}{2}\right)\right]m^3$$

$=[560.77+200\times(8.73-1.32-7.10)]\text{m}^3$

$=(560.77+62)\text{m}^3$

$=622.77\text{m}^3$

【注释】 $\frac{1}{2}\pi(5.5+0.8+0.2)^2$ 为平洞开挖的超挖时上部的半圆扇形面积，$2\times\frac{30}{360}\times\pi\times(5.5+0.8+0.15)^2$ 为超挖时下部的小三角扇形面积；$1/2\times3.15\times(5.5+0.8+0.1)\cos30$(超挖时效三角形是底宽度)为超挖时 下口部三角形的面积。其中 $(5.5+0.8+0.15)$ 为超挖时的拱部半径；$100\times\frac{1}{2}\times\pi\cdot(5.5+0.8+0.15)^2-5.5$(拱部的内侧半径)^2 为隧道的长度乘以拱部截面积；工程量计算规则按设计图示尺寸以体积计算。

【例 2】 ××地区有一道路隧道在施工段 K3+050～K3+100 采用斜洞开挖，辅助坑道为斜井，此段土质为普坚石，采用全断面开挖，光面爆破，此施工段有地下水，在隧道内设有高 0.5m，宽 0.6m 的排水沟。具体尺寸如图 1-147、图 1-148 所示，求隧道正洞与斜井及排水沟的工程量。

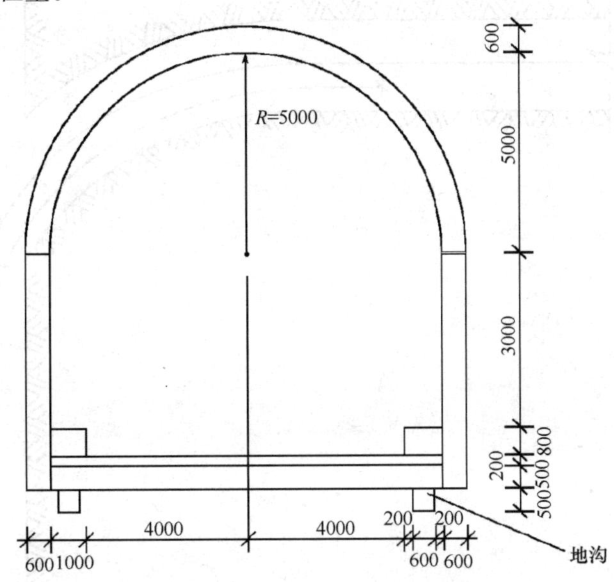

图 1-147 斜洞开挖中正洞示意图

【解】 (1) 清单工程量：

1) 隧道正洞开挖工程量：

$$V_1=50\times\left[\frac{1}{2}\pi\times(5+0.6)^2+11.2\times(3+0.5+0.8+0.2)\right]\text{m}^3$$

$$=50\times\left(\frac{1}{2}\pi\times5.6^2+11.2\times4.5\right)\text{m}^3$$

$$=50\times(49.26+50.4)\text{m}^3$$

$$=50\times99.66\text{m}^3$$

$$=4983\text{m}^3$$

2) 斜井开挖工程量：

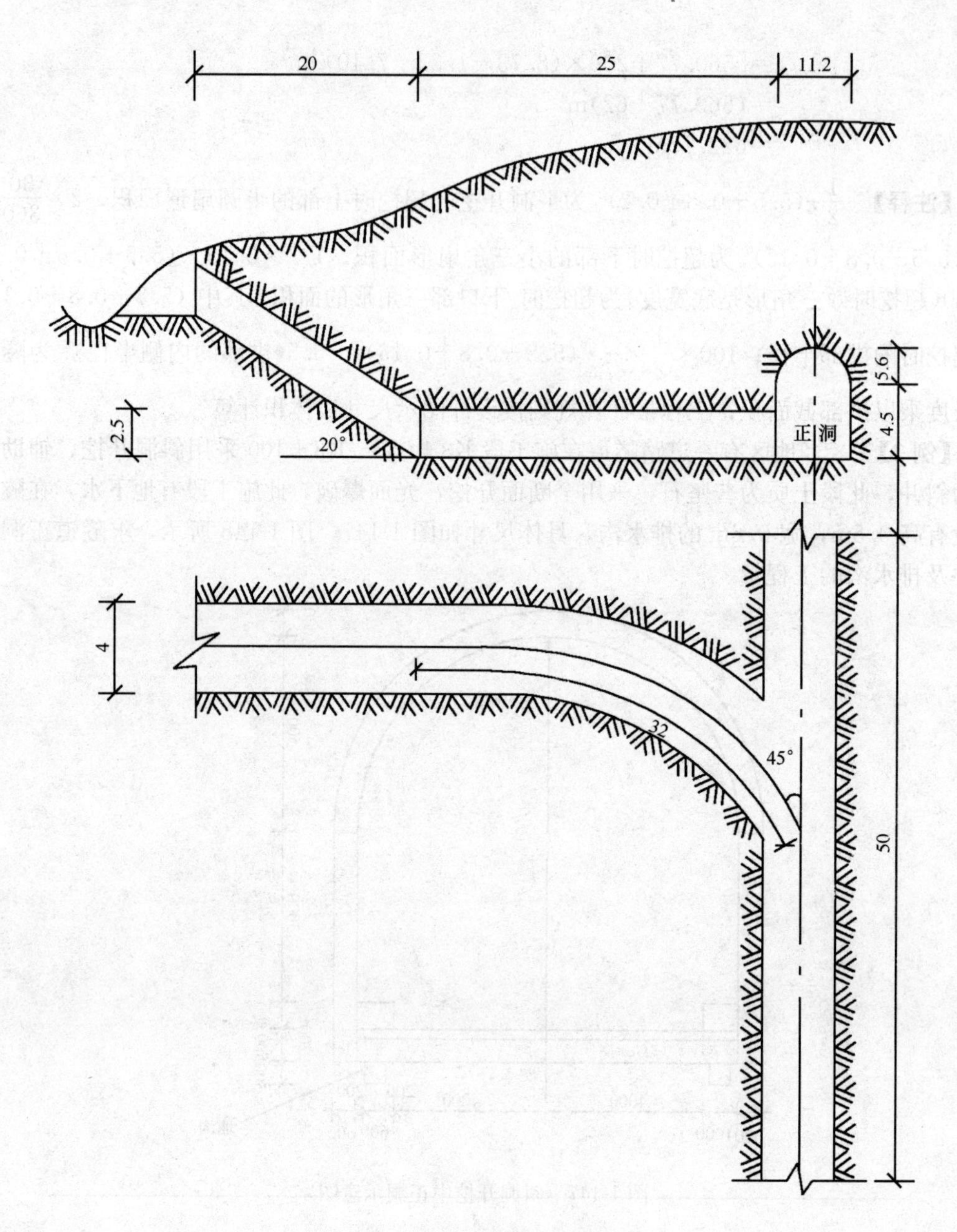

图 1-148　斜井布置图　（单位：m）

$$V_2 = \left(4 \times 32 \times 2.5 + \frac{20}{\cos 20^\circ} \times 2.5 \times 4\right) \text{m}^3$$

$$= (320 + 212.84) \text{m}^3$$

$$= 532.84 \text{m}^3$$

3）地沟开挖工程量：

$$V_3 = 2 \times 50 \times 0.5 \times 0.6 = 30 \text{m}^3$$

【注释】 $\frac{1}{2}\pi \times (5+0.6)$（平洞拱部的半径的长度）^{2} 为平洞上部半圆的截面面积，11.2（平洞开挖的宽度）×（3＋0.5＋0.8＋0.2）（平洞边墙开挖的高度）为平洞下部的面积，

50 为隧道的长度；2.5(斜井的截面高度)×4(斜井的截面宽度)为斜井的截面积，$\frac{20}{\cos20°}$为斜井的长度；2×50×0.5(地沟的截面宽度)×0.6(地沟的截面长度)为两个地沟的截面面积乘以隧道的长度；工程量计算规则按设计图示尺寸以体积计算。

清单工程量计算见表 1-149。

清单工程量计算表 **表 1-149**

序号	项目编码	项目名称	项目特征描述	计量单位	工程量
1	040401001001	平洞开挖	普坚石，全断面开挖，光面爆破	m^3	4983
2	040401002001	斜井开挖	普坚石，全断面开挖，光面爆破	m^3	532.84
3	040401004001	地沟开挖	高 0.5m，宽 0.6m	m^3	30

(2) 定额工程量

由《全国统一市政工程预算定额第四册隧道工程》第一章，隧道开挖与出渣工程量计算规则规定：隧道的平洞、斜井和竖井开挖与出渣工程量按设计图示开挖断面尺寸，另加允许超挖量以 m^3 计算，本定额光面爆破允许超挖量：拱部为 15cm，边墙为 10cm。

1) 隧道正洞工程量：

$$[\frac{1}{2}\times\pi(5+0.6+0.15)^2+2\times(3+0.8+0.2+0.5)\times(5.6+0.1)]\times50m^3$$

$$=50\times(\frac{1}{2}\pi\times5.75^2+2\times4.5\times5.7)m^3$$

$$=5161.72m^3$$

2) 斜井工程量：

$$(4\times32\times2.5+\frac{20}{\cos20°}\times2.5\times4)\times0.935m^3=532.84m^3$$

3) 地沟开挖工程量：

$$2\times50\times0.6\times0.5m^3=30m^3$$

【注释】 (5+0.6+0.15)为超挖时的半径，(5.6+0.1)为超挖时后洞一半的宽度，$\frac{1}{2}\times\pi(5+0.6+0.15)^2$为超挖时平洞上部半圆的截面面积，2×(3+0.8+0.2+0.5)×(5.6+0.1)为平洞下部的面积，50 为隧道的长度；地沟开挖工程量同清单计算规则一样。

【例 3】 ××地区在 K0+050～K0+080 施工段为隧道工程，土质为次坚石，采取竖井开挖方式，全断面开挖，一般爆破，无地下水，弃渣由人工推斗车运输至距竖井洞口 30m 的弃置场。隧道拱部衬砌混凝土强度等级 C25，石料最大粒径 15mm，边墙衬砌混凝土强度等级 C25，石料最大粒径 25mm，竖井衬砌混凝土强度等级 C20，石料最大粒径 25mm，具体断面尺寸如图 1-149～图 1-151 所示，求隧道与竖井开挖与衬砌的工程量。

【解】 (1) 清单工程量

1) 开挖工程量：

①隧道开挖工程量：

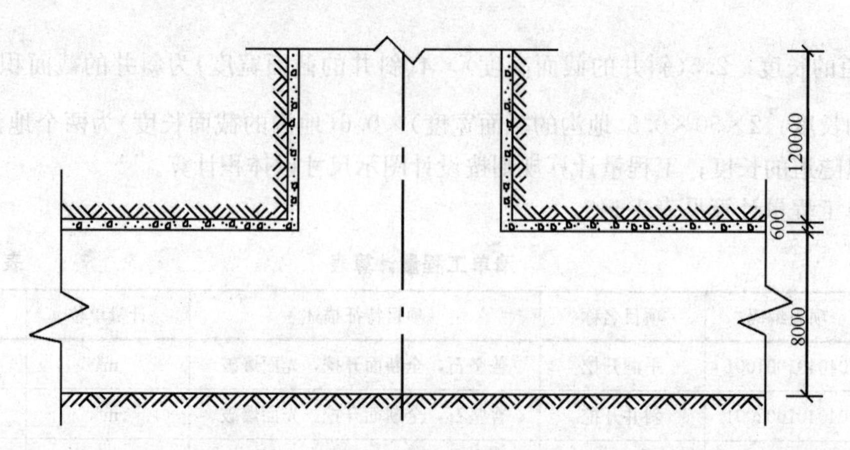

图1-149 竖井断面图

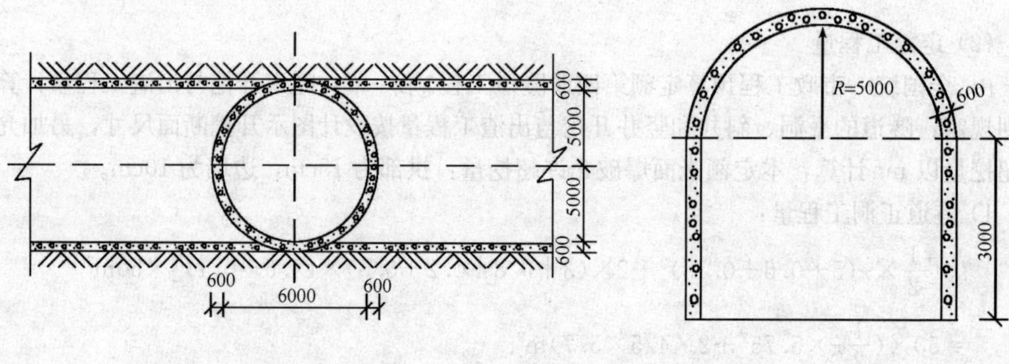

图1-150 竖井布置图

图1-151 正洞尺寸图

$$V_1=[\frac{1}{2}\times\pi\times(5+0.6)^2\times30+3\times(5+0.6)\times2\times30]\mathrm{m}^3$$
$$=(1477.81+1008)\mathrm{m}^3$$
$$=2485.81\mathrm{m}^3$$

②竖井开挖工程量：

$V_2=\pi(3+0.6)^2\times120\mathrm{m}^3=4885.80\mathrm{m}^3$

2）衬砌工程量：

①拱部工程量：

$$V_3=\frac{1}{2}\pi\times(5.6^2-5^2)\times30\mathrm{m}^3=299.71\mathrm{m}^3$$

②边墙工程量：

$$2\times30\times3\times0.6\mathrm{m}^3=108\mathrm{m}^3$$

③竖井工程量：

$$120\pi\times[(3+0.6)^2-3^2]\mathrm{m}^3=1492.88\mathrm{m}^3$$

【注释】 $\frac{1}{2}\times\pi\times(5+0.6)\times30$（平洞拱部的半径的长度）^{2} 为平洞上部的半圆面积乘以隧道长度，$3\times(5+0.6)\times2\times30$ 为平洞下部的矩形面积乘以隧道长度；$\pi(3+0.6)$（竖井半径的长度）^{2} 为竖井的截面积，120 为竖井的高度；$\frac{1}{2}\pi\times(5.6$（平洞拱部外侧半径的长度)^2－5(平洞拱部内侧半径的长度)^2)×30 为半圆拱形的半环形的面积乘以隧道长度；3(边墙的高度)×0.6(边墙的厚度)×2×30(隧道的长度)为边墙的截面面积乘以隧道的长度；[(3＋0.6)^2－3(竖井内侧壁的半径)^2]为竖井壁的截面积；工程量计算规则按设计图示尺寸以体积计算。

清单工程量计算见表 1-150。

清单工程量计算表　　表 1-150

序号	项目编码	项目名称	项目特征描述	计量单位	工程量
1	040401001001	平洞开挖	次坚石，全断面开挖，一般爆破	m^3	2485.81
2	040401003001	竖井开挖	次坚石，全断面开挖，一般爆破	m^3	4885.80
3	040402002001	混凝土顶拱衬砌	C25 混凝土	m^3	299.71
4	040402003001	混凝土边墙衬砌	C25 混凝土	m^3	108
5	040402004001	混凝土竖井衬砌	C20 混凝土	m^3	1492.88

(2) 定额工程量

1) 开挖工程量：

由《全国统一市政工程预算定额第四册隧道工程》GYD－304－1999，第一章隧道开挖与出渣说明规定：开挖定额均按光面爆破制定，如采用一般爆破开挖时，其开挖定额应乘以系数 0.935。

且工程量计算规则规定：隧道的平洞、斜井和竖井开挖与出渣工程量。按设计图开挖断面尺寸。另加允许超挖量以 m^3 计算，若采用一般爆破，其允许超挖量为拱部为 20cm，边墙为 15cm。

①隧道正洞开挖工程量：

$$\left\{\frac{1}{2}\pi\times[(5+0.6+0.2)^2-5^2]\times30+3\times(5+0.6+0.15)\times2\times30\right\}m^3$$
$$=(13.57+34.5)\times30m^3$$
$$=1442.10m^3$$

②竖井开挖工程量：

$$\pi\times(3+0.6)^2\times120m^3=4885.80m^3$$

2) 衬砌工程量：

由《全国统一市政工程预算定额第四册隧道工程》GYD－304－1999 第三章隧道内衬工程量计算规则规定：隧道内衬现浇混凝土和石料衬砌的工程量，按施工图所示尺寸加允许超挖量(拱部为 15cm，边墙为 10cm)以 m^3 计算，混凝土部分不扣除 0.3m^3 以内孔洞所占体积。

①拱部工程量：$\frac{1}{2}\pi\times[(5+0.6+0.15)^2-5^2]\times30m^3=379.94m^3$

②边墙工程量：$3\times(0.6+0.1)\times30\times2m^3=126m^3$

③竖井衬砌工程量：$\pi[(3+0.6)^2-3^2]\times120=1492.88m^3$

【注释】 定额工程量计算规则同清单计算规则（定额工程量另加允许超挖量、开挖定额应乘以系数，清单没有超挖量和开挖计算）。

【例 4】 ××地区××隧道工程在施工段 K0＋050～K0＋150，进行锚杆支护，锚杆直径为Φ20，长度为 3m，为楔头式锚杆。后喷射混凝土，初喷射厚度为 40mm，混凝土强度等级为 C40，石料最大粒径 15mm。并在衬砌圬工内充填压浆，水泥砂浆强度等级为 M7.5，压浆段长度为隧道长度 100m，且压浆厚度为 0.05m。

求：1）锚杆支护的工程量

2）充填压浆工程量

3）拱部喷射混凝土工程量

4）边墙喷射混凝土工程量

【解】（1）清单工程量

1）锚杆工程量：

由于每 10m 进行一次锚杆支护共支护 11 次，且 ϕ20 钢筋的单根钢筋理论重量为 2.47kg/m，由图 1-152、图 1-153 所示可知一次支护 5 根锚杆。

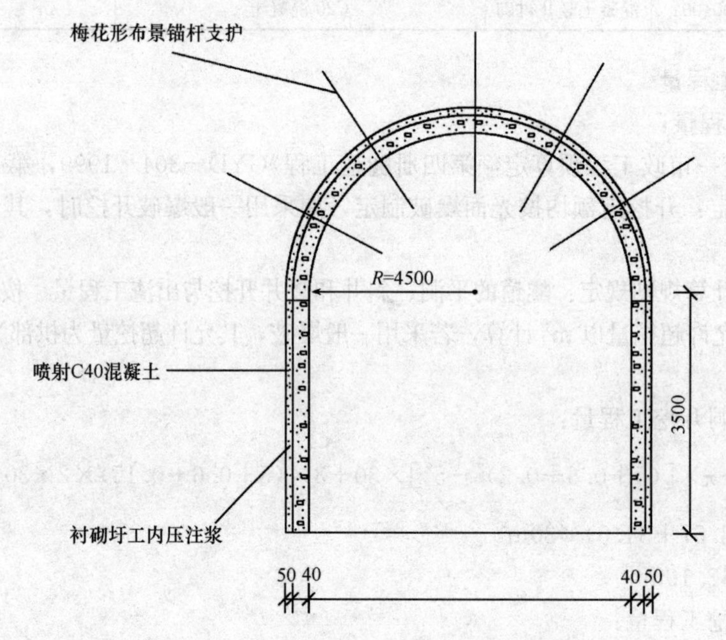

图 1-152　隧道部分衬砌工程示意图

$$m=2.47\times3\times5\times11/10^3\text{t}=0.408\text{t}$$

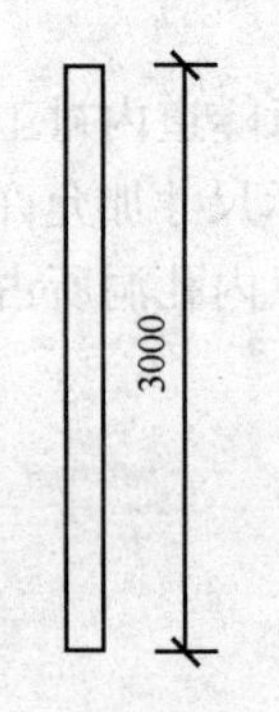

图 1-153　锚杆尺寸图

2）填充压浆工程量：

$$V_1=\left\{100\times\frac{1}{2}\pi\times[(4.5+0.04+0.05)^2-(4.5+0.04)^2]+2\times100\times3.5\times0.05\right\}\text{m}^3$$

$$=[50\pi\times(4.59^2-4.54^2)+35]\text{m}^3$$

$$=(71.71+35)\text{m}^3=106.71\text{m}^3$$

3）拱部喷射混凝土工程量：

$$S_1=100\times4.5\pi\text{m}^2=450\pi\text{m}^2=1413.72\text{m}^2$$

4）边墙喷射混凝土工程量：

$$S_2=100\times2\times3.5m^2=700m^2$$

【注释】 2.47×3(锚杆的长度)×5×11(锚杆的数量)为锚杆的每米钢筋的理论重量乘以锚杆的长度乘以锚杆的根数，锚杆工程量按设计图示以质量计算。$\frac{1}{2}\pi\times[(4.5+0.04+0.05)$(填充压浆的外侧半径)$^2-(4.5+0.04)$(填充压浆的内侧半径)$^2]$为填充压浆的截面面积，100 为隧道的长度，2×100(隧道的长度)×3.5(填充压浆边墙的高度)×0.05(填充压浆边墙的厚度)为填充压浆边墙截面面积乘以隧道的长度，填充压浆工程量按设计图示尺寸以体积计算。100×4.5π 为隧道的长度乘以拱部喷射混凝土的弧长度；100×2×3.5 为隧道的长度乘以两个边墙的高度；工程量按设计图示以面积计算。

清单工程量计算见表 1-151。

清单工程量计算表 **表 1-151**

序号	项目编码	项目名称	项目特征描述	计量单位	工程量
1	040402012001	锚杆	直径为 $\phi20$，长度 3m，楔头式	t	0.408
2	040402013001	充填压浆	衬砌圬工内充填压力浆，M7.5 水泥砂浆	m^3	106.71
3	040402006001	拱部喷射混凝土	初喷射厚度为 40mm，C40 混凝土	m^2	1413.72
4	040402007001	边墙喷射混凝土	初喷射厚度为 40mm，C40 混凝土	m^2	700

(2) 定额工程量

1) 锚杆工程量：

由《全国统一市政工程预算定额第四册隧道工程》GYD—304—1999，第三章隧道内衬工程量计算规则规定：锚杆按 $\phi22$ 计算，若实际不同时定额人工、机械应按下列系数调整，锚杆按净重计算不加损耗。

锚杆直径	$\phi28$	$\phi25$	$\phi22$	$\phi20$	$\phi18$	$\phi26$
调整系数	0.62	0.78	1	1.21	1.49	1.89

$11\times3\times5\times2.47/10^3\times1.21t=0.493t$

2) 填充压浆工程量：

$$\left\{100\times\frac{1}{2}\pi\times[(4.5+0.04+0.05)^2-(4.5+0.04)^2]+100\times2\times0.05\times3.5\right\}m^3$$
$$=[50\pi\times(4.59^2-4.54^2)+35]m^3$$
$$=(71.71+35)m^3$$
$$=106.71m^3$$

【注释】 $11\times3\times2.47\times5/10^3\times1.21$(调整系数)为锚杆的工程量乘以调整系数；填充压浆工程量、喷射混凝土工程量的计算同清单计算结果一样。

3) 喷射混凝土工程量：

由《全国统一市政工程预算定额第四册隧道工程》GYD—304—1999 第三章隧道内衬工程量计算规则规定：混凝土初喷 5cm 为基本层，每增 5cm 按增加定额计算，不足 5cm 按 5cm 计算，若作临时支护可按一个基本层计算。

①边墙工程量：$2\times100\times3.5m^2=700m^2$

②拱部工程量：$100\times1/2\times4.5\times\pi\times2m^2=450\pi m^2=1413.72m^2$

【例 5】 ××隧道工程制作沉井基础，沉井的平面形状为圆形，沉井井壁混凝土强度等级为 C25，石料最大粒径 25mm，采用排水下沉施工法，下沉深度为 15m，沉井采用排水封底，沉井封底混凝土强度等级 C20，石料最大粒径 40mm，沉井底板混凝土采用与封底相同的材料。沉井用砂石料填心，材料组成为中粗砂，5～40mm 的碎石，粒径为 100～400mm 的块石，沉井的具体尺寸如图 1-154、图 1-155 所示。求：

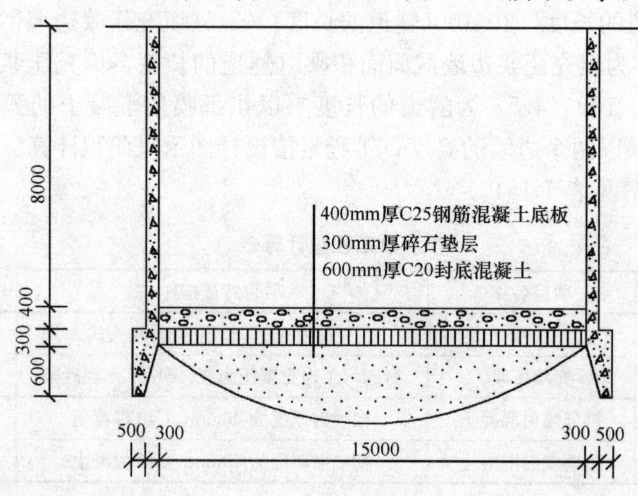

图 1-154 沉井立面图

1）沉井井壁混凝土工程量

2）沉井下沉工程量

3）沉井封底混凝土工程量

4）沉井底板混凝土工程量

5）沉井填心工程量

【解】（1）清单工程量：

1）沉井井壁混凝土工程量：

$$V_1=(8+0.4)\times\pi\times[(7.5+0.3)^2-7.5^2]$$
$$=8.4\pi\times(7.8^2-7.5^2)$$
$$=121.13\text{m}^3$$

2）沉井下沉工程量：

$$V_2=15\times\{(8+0.4)\times(7.5+0.3)+(0.3+0.6)\times[7.5+(0.3+0.5)\times0.5]\}\times2\pi\text{m}^3$$
$$=(15\times72.63\times2\pi)\text{m}^3$$
$$=6845.23\text{m}^3$$

3）沉井封底混凝土工程量：

（实际施工底部为锅底形，计算时以 0.6m 高的圆柱计算）

$$V_3=0.6\times7.5^2\pi\text{m}^3=106.03\text{m}^3$$

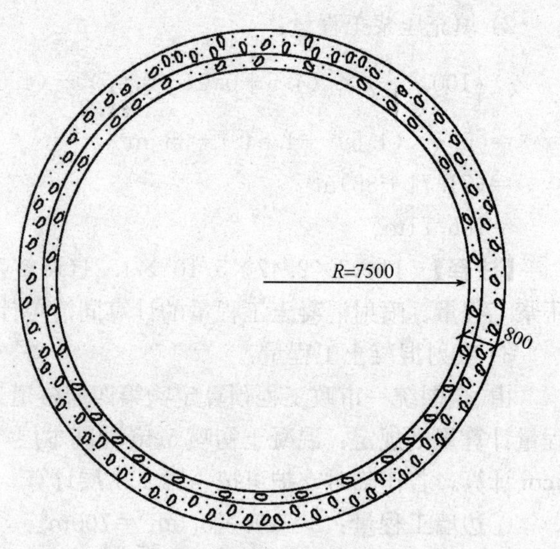

图 1-155 沉井平面图

4）沉井底板混凝土工程量：

$$V_4 = 0.4 \times \pi \times 7.5^2 \text{m}^3 = 70.69 \text{m}^3$$

5）沉井填口工程量：

$$V_5 = 8 \times \pi \times 7.5^2 \text{m}^3 = 1413.72 \text{m}^3$$

【注释】 $(8+0.4)\times\pi\times[(7.5+0.3)^2-7.5^2]$为井壁的高度乘以井壁的截面积，其中8+0.4为井壁的高度，$\pi\times[(7.5+0.3)$(井壁外侧半径的长度)$^2-7.5$(井壁内侧半径的长度)$^2]$为井壁的外侧面积减去内侧面积；{(8+0.4)(井壁外侧高度)×(7.5+0.3)(井壁外半径)+(0.3+0.6)(刃脚的高度)×[7.5+(0.3+0.5)×0.5](刃脚高度内的外壁半径)}×2π为井的底面积乘以井高度为井的外围面积，15为下沉的深度；工程量按设计图示外围面积乘以下沉深度以体积计算。0.6×7.5^2为沉井封底的底面积乘以高度；0.4(底板的厚度)$\times\pi\times7.5^2$为板底面积乘以板的厚度；8(井壁的内侧面高度)$\times\pi\times7.5^2$为井内侧的高度乘以井底内侧底面积；工程量按设计图示尺寸以体积计算。

清单工程量计算见表1-152。

清单工程量计算表 **表1-152**

序号	项目编码	项目名称	项目特征描述	计量单位	工程量
1	040405001001	沉井井壁混凝土	圆形，C25混凝土	m^3	121.13
2	040405002001	沉井下沉	下沉深度15m	m^3	6833.27
3	040405003001	沉井混凝土封底	C20混凝土	m^3	106.03
4	040405004001	沉井混凝土底板	C20混凝土	m^3	70.69
5	040405005001	沉井填心	砂石料填心，材料组成粗砂，5～40mm的碎石，粒径为100～400mm的块石	m^3	1413.72

（2）定额工程量

1）沉井井壁混凝土工程量：

$$(8+0.4)\times\pi\times[(7.5+0.3)^2-7.5^2]=\{[7.8^2-7.5^2]\times8.4\pi\}\text{m}^3=121.13\text{m}^3$$

2）沉井下沉工程量：

由《全国统一市政工程预算定额第四册隧道工程》GYD—304—1999第四章隧道沉井工程量计算规则规定：六、沉井下沉的土方工程量，按沉井外壁所围的面积乘以下沉深度（预制时刃脚底面至下沉后设计刃脚底面的高度），并分别乘以土方回淤系数计算。回淤系数：排水下沉深度大于10m为1.05，不排水下沉深度15m为1.02。

$$[15\times\pi\times(15+0.3\times2)\times(8+0.4+0.3+0.6)\times1.05]\text{m}^3=7174.93\text{m}^3$$

3）沉井封底混凝土工程量：

$$0.6\pi\times7.5^2\text{m}^3=106.03\text{m}^3$$

4）沉井底板混凝土工程量：

$$0.4\pi \times 7.5^2 \text{m}^3 = 70.69\text{m}^3$$

5）沉井填心工程量：

$$8\pi \times 7.5^2 \text{m}^3 = 1413.72\text{m}^3$$

【注释】 定额中沉井下沉工程量乘以回淤系数；沉井井壁混凝土工程量、沉井封底混凝土工程量、沉井底板混凝土工程量、沉井填心工程量同清单计算结果一样。

【例 6】 ××地区在 K0＋050～K0＋250 施工段是水底隧道，采用沉管施工法。首先场地平整，铺沉管底垫层，垫层材料是碎石，厚度为 0.5m，再制作钢底板，采用钢板厚度为 6mm，铺设沉管钢底板。浇筑混凝土板底，并预埋注浆管，压浆孔直径为 80mm，再浇筑侧墙及顶板混凝土。预制沉管板底，侧墙及顶板混凝土强度等级为 C35，石料最大粒径为 15mm。沉管形状为矩形，采用钢筋混凝土铺设 150mm 厚的沉管外壁防锚层。具体尺寸如图 1-156 所示，求：

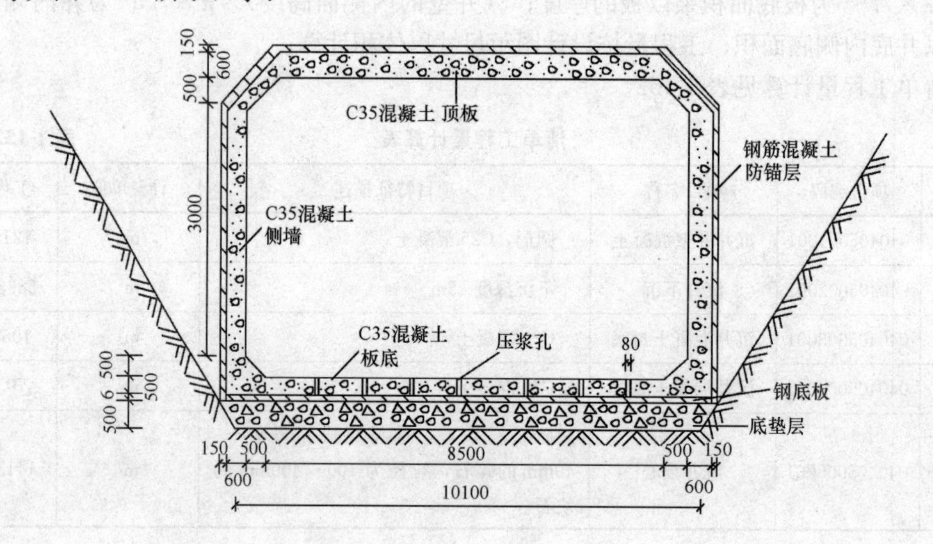

图 1-156 预制沉管隧道示意图

1）预制沉管底垫层工程量

2）预制沉管钢底板工程量

3）预制沉管混凝土板底工程量

4）预制沉管混凝土侧墙工程量

5）预制沉管混凝土顶板工程量

6）沉管外壁防锚层工程量

【解】 (1) 清单工程量

1）预制沉管底垫层工程量：

$$V_1 = 200 \times \frac{1}{2} \times 0.5 \times (10.1 + 8.5 + 0.5 \times 2 + 0.6 \times 2 + 0.15 \times 2)\text{m}^3$$

$$= 1055\text{m}^3$$

2）预制沉管钢底板工程量：（钢板密度为 7.78t/m³）

$$m=\rho \cdot v=7.78\times200\times(8.5+0.5\times2+0.6\times2)\times0.006\text{t}$$
$$=1556\times10.7\times0.006\text{t}$$
$$=99.895\text{t}$$

3）预制沉管混凝土板底工程量：

$$V_2=200\times0.5\times\left[(8.5+0.5\times2-7\times0.08)+\frac{1}{2}\times0.5\times0.5\times2+0.6\times(0.5+0.5)\times2\right]\text{m}^3$$
$$=1039\text{m}^3$$

4）预制沉管混凝土侧墙工程量：

$$V_3=200\times2\times0.6\times3\text{m}^3=720\text{m}^3$$

5）预制沉管混凝土顶板工程量：

$$V_4=200\times\left[8.5\times0.6+2\times(0.6+0.5)\times(0.6+0.5)\times\frac{1}{2}-2\times\frac{1}{2}\times0.5\times0.5\right]\text{m}^3$$
$$=1212\text{m}^3$$

6）沉管外壁防锚层工程量：

$$S=200\times[2\times(3+0.5+0.5+0.006)+8.5+2\times\sqrt{2}(0.5+0.6)]\text{m}^2$$
$$=200\times(2\times4.006+8.5+2.2\times\sqrt{2})\text{m}^2$$
$$=200\times19.62\text{m}^2$$
$$=3924.65\text{m}^2$$

【注释】 $\frac{1}{2}\times0.5$(垫层的厚度)$\times(10.1+8.5+0.5\times2+0.6\times2+0.15\times2)$(梯形垫层的上底加下底的长度之和)为梯形垫层的截面面积，200为隧道的长度；$7.78\times200\times(8.5+0.5\times2+0.6\times2)$(钢底板的宽度)$\times0.006$(钢板的厚度)为钢底板的密度乘以隧道的长度乘以底板的宽度乘以厚度(其钢底板的工程量按设计图示以质量计算)。7×0.08为7个压浆孔的直径长度，$\frac{1}{2}\times0.5\times0.5$为底板两个小三角形的面积，0.6(小矩形的截面宽度)$\times(0.5+0.5)$(小矩形的截面长度)$\times2$为底板两个边侧小矩形的面积；$200\times2\times0.6$(侧墙的厚度)$\times3$(侧墙的高度)为隧道的长度乘以预制沉管混凝土两个侧墙的截面面积；$2\times(3+0.5+0.5+0.006)+8.5+2\times\sqrt{2}(0.5+0.6)$为外壁防锚层的总长度(其工程量按设计图示尺寸以面积计算)；其余的工程量均按设计图示尺寸以体积计算。

清单工程量计算见表1-153。

清单工程量计算表 表1-153

序号	项目编码	项目名称	项目特征描述	计量单位	工程量
1	040407001001	预制沉管底垫层	材料为碎石，厚度为0.5m	m^3	1055
2	040407002001	预制沉管钢底板	钢板厚度为6mm	t	99.895
3	040407003001	预制沉管混凝土板底	C35混凝土	m^3	1039
4	040407004001	预制沉管混凝土侧墙	C35混凝土	m^3	720
5	040407005001	预制沉管混凝土顶板	C35混凝土	m^3	1212
6	040407006001	沉管外壁防锚层	采用钢筋混凝土铺设15cm厚的沉管外壁防锚层	m^2	3924.65

(2) 定额工程量

1) 预制沉管底垫层工程量：

$$200\times\frac{1}{2}\times0.5\times(10.1+8.5+0.5\times2+0.6\times2+0.15\times2)m^3=1055m^3$$

2) 预制沉管钢底板工程量：

$$7.78\times(8.5+0.5\times2+0.6\times2)\times0.006t=99.895t$$

3) 预制沉管混凝土板底工程量：

$$200\times0.5\times\left[(8.5+0.5\times2-7\times0.08)+\frac{1}{2}\times0.5\times0.5\times2+0.6\times(0.5+0.5)\times2\right]m^3$$
$$=1039m^3$$

4) 预制沉管混凝土侧墙工程量：

$$200\times2\times0.6\times3m^3=720m^3$$

5) 预制沉管混凝土顶板工程量：

$$200\times\left[8.5\times0.6+2\times(0.6+0.5)\times(0.6+0.5)\times\frac{1}{2}-2\times\frac{1}{2}\times0.5\times0.5\right]m^3$$
$$=1212m^3$$

6) 沉管外壁防锚层工程量：

$$200\times[2\times(3+0.5\times2+0.006)+\sqrt{2}\times(0.5+0.6)\times2+8.5]m^2$$
$$=200\times(8.012+8.5+2.2\times\sqrt{2})m^2$$
$$=3924.65m^2$$

【注释】 定额计算规则同清单计算规则一样。

【例 7】 ××地区隧道工程施工段 K2＋050～K2＋350 为水底隧道采用沉管施工法(图 1-157～图 1-159)，共四段沉管，长度分别为 50m，100m，110m，40m，沉管采用砂肋软体排覆盖，硬度为 35°S，水下压石采用砂石料，其组成为：中粗砂，碎石：5～40mm，块石 100～400mm。接缝处理采用纵向施工缝和变形缝。变形缝为横向施工缝，每 20m 一条，长度为 39.3m，基础处理采用压浆固封充填，即压注法中的压浆法，压浆材料为混合砂浆，由水泥膨润土，黄砂和缓凝剂配成。压浆孔口净压力为 0.0527MPa。(压入的砂浆厚 0.4m)管段制作采用普通混凝土密度为 2550kg/m³，管段的混凝土截面积为 62.885m²。四节管段的质量分别为：3.14t，6.29t，6.92t，2.52t，沉管管节浮运的距离分别为：1750m，1850m，1960m，2000m，管段下沉深度为 30m，求：

1) 沉管管节浮运的工程量

2) 管段沉放连接的工程量

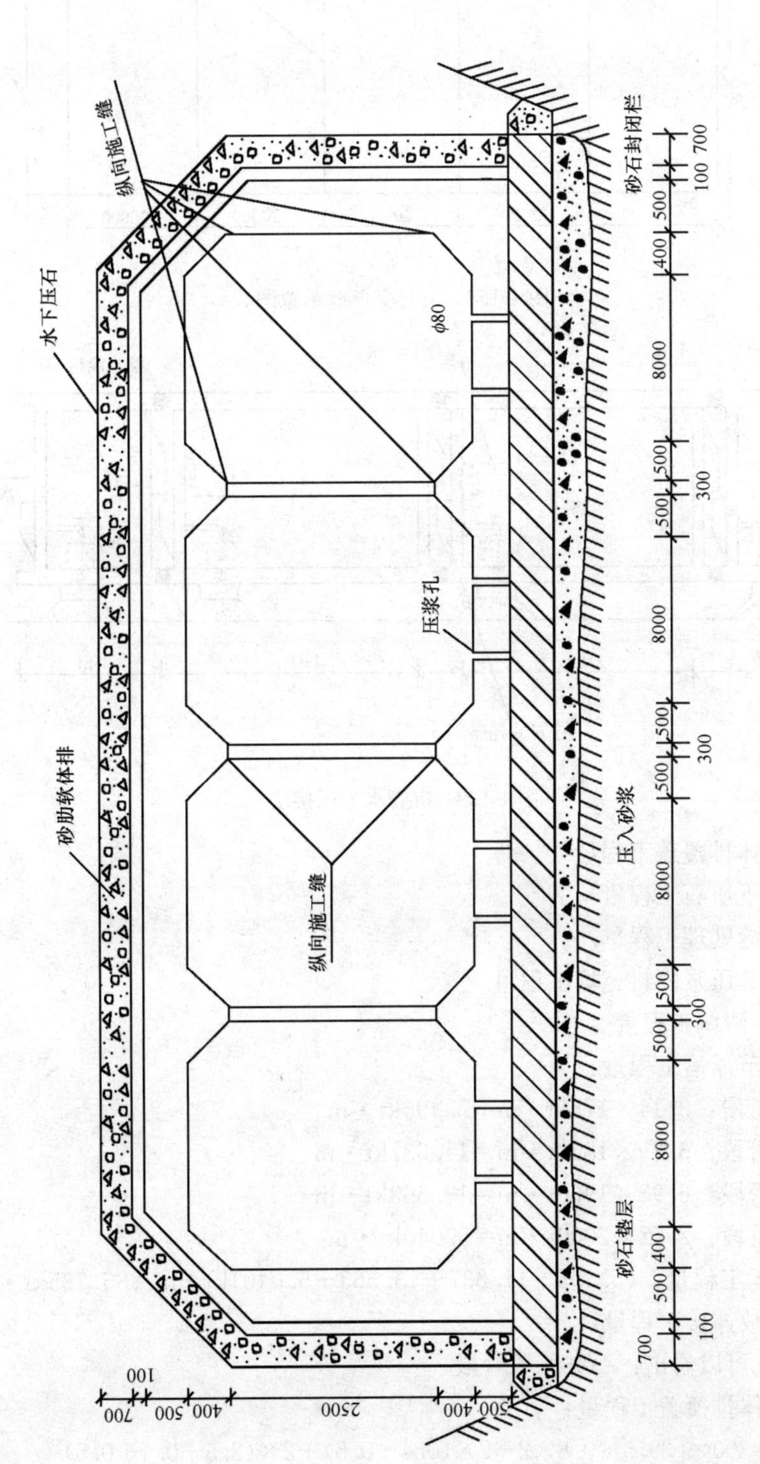

图 1-157 沉管沉放示意图

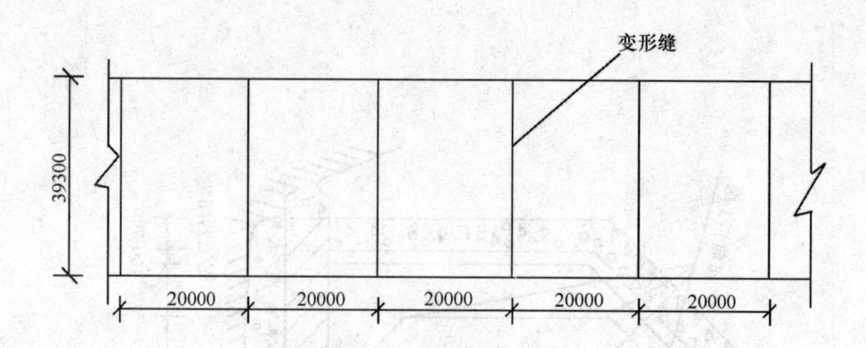

图 1-158　沉管变形缝示意图

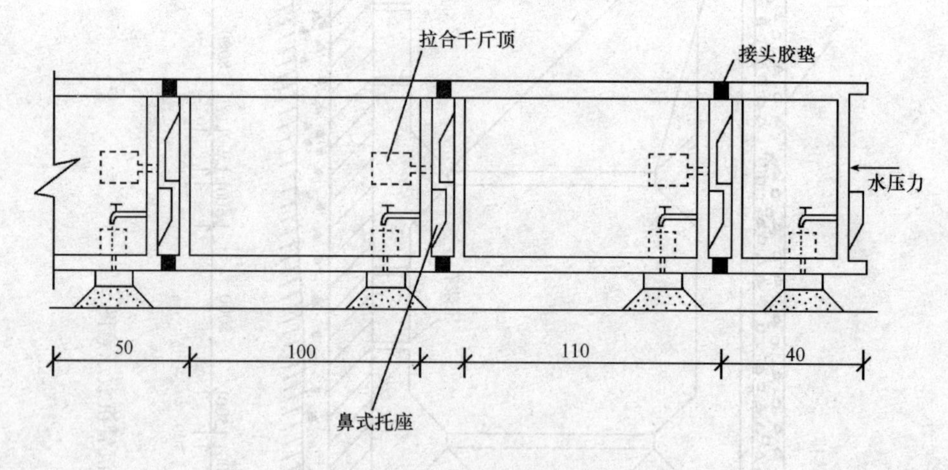

图 1-159　沉管水力压接法

3）砂肋软体排覆盖工程量

4）沉管水下压石工程量

5）沉管接缝处理工程量

6）沉管底部压浆固封充填工程量

【解】（1）清单工程量

1）沉管管节浮运工程量：

①第一节管段：3.14×1750t・m＝5.495kt・m

②第二节管段：6.29×1850t・m＝11.637kt・m

③第三节管段：6.92×1960t・m＝13.563kt・m

④第四节管段：2.52×2000t・m＝5.040kt・m

⑤沉管浮运工程量：(5.495＋11.637＋13.563＋5.040)kt・m＝35.735kt・m

2）管段沉放连接工程量：

由图 1-159 可以看出：一共 4 节管段

3）砂肋软体排覆盖工程量：

$$S=300\times[39.3-0.8\times2-2\times(0.4+0.5)+2\times(2.5+0.4+0.5)+2\sqrt{2}\times(0.4+0.5)]m^2$$

$$=300\times(35.9+6.8+2.55)m^2$$

$=13573.68\text{m}^2$

4）沉管水下压石工程量：

$$V=\{300\times(39.3-1.6-1.8)\times0.7+2\times\frac{1}{2}\times[(0.7+0.1+0.4+0.5)^2-(0.4+0.5+0.1)^2]\times300+300\times2\times0.7\times(2.5+0.4+0.5)\}\text{m}^3$$

$=(300\times35.9\times0.7+300\times1.89+300\times4.76)\text{m}^3$

$=300\times(35.9\times0.7+1.89+4.76)\text{m}^3$

$=9534\text{m}^3$

5）沉管接缝处理工程量：

由图 1-157 及图 1-158 可以看出：

①纵向施工缝共 10 条，垂直于横断面，是水平缝。

②沉管共 4 段，300m，每 20m 一条变形缝，节段之间也留有横向施工缝。一共 14 条变形缝，即横向施工缝。

6）沉管底部压浆固封充填工程量：

$$V=300\times0.4\times(0.7\times2+0.1\times2+0.5\times8+0.4\times2+8\times4+0.3\times3)\text{m}^3$$

$=120\times(1.4+0.2+4+0.8+32+0.9)\text{m}^3$

$=120\times39.3\text{m}^3$

$=4716\text{m}^3$

【注释】 3.14×1750 为第一节管段的质量乘以第一节沉管管节浮运的距离，6.29×1850 为第二节管段的质量乘以第二节沉管管节浮运的距离，三、四节工程量计算同上；管段沉放连接中一共 4 节管段、工程量按设计图示以数量计算；39.3－0.8×2－2×(0.4＋0.5)如图沉管沉放示意图中最上部的横长度，2×(2.5＋0.4＋0.5)为沉管沉放示意图中两侧的竖直长度，$2\sqrt{2}\times(0.4+0.5)$为沉管沉放示意图中顶部的斜长度，300 为隧道的长度，其工程量按设计图示尺寸以面积计算。(39.3－1.6－1.8)(水压石的宽度)×0.7(水压石的厚度)为上部水压石的截面积，$2\times\frac{1}{2}\times[(0.7+0.1+0.4+0.5)^2-(0.4+0.5+0.1)^2]$(斜长的长度)为斜长部分的截面积，300×2×0.7(两边纵向砂石封闭栏的厚度)×(2.5＋0.4＋0.5)(两边纵向砂石封闭栏的高度)为隧道的长度乘以竖直部分的截面积，其工程量按设计图示尺寸以体积计算。(0.7×2＋0.1×2＋0.5×8＋0.4×2＋8×4＋0.3×3)为底部压浆固封充填的长度，0.4 为底部压浆固封充填的厚度。

清单工程量计算见表 1-154。

清单工程量计算表　　**表 1-154**

序号	项目编码	项目名称	项目特征描述	计量单位	工程量
1	040407017001	沉管管节浮运	四节管段的质量分别为：3.14t，6.29t，6.92t，2.5t，浮运的距离分别为：1750m，1850m，1960m，2000m	kt·m	35.735
2	040407018001	管段沉放连接	连节管段的质量分别为：3.14t，6.29t，6.92t，2.52t，下沉深度为30m	节	4

续表

序号	项目编码	项目名称	项目特征描述	计量单位	工程量
3	040407019001	砂肋软体排覆盖	硬度为 35°s	m^2	13573.68
4	040407020001	沉管水下压石	水下压石采用砂石料，其组成为：中粗砂，碎石 5～40mm，块石 100～400mm	m^3	9534
5	040407021001	沉管接缝处理	采用纵向施工缝和变形缝，变形缝每 20m 一条，长度为 39.3m	条	24
6	040407022001	沉管底部压浆固封充填	压浆材料为混合砂浆，由水泥膨润土，黄砂和缓凝剂配成，压浆孔口净压力为 0.0527MPa	m^3	4716

(2)定额工程量

1) 沉管管节浮运工程量：

$$(3.14\times1250+6.29\times1850+6.92\times1960+2.52\times2000)\text{t}\cdot\text{m}=35.735\text{kt}\cdot\text{m}$$

2) 管段沉放连接工程量：

由图 1-159 可以看出一共 4 节管节。

3) 砂肋软体排覆盖工程量：

$$\begin{aligned}S&=300\times[39.3-0.8\times2-2\times(0.4+0.5)+2\times(2.5+0.4+0.5)+\sqrt{2}\times2(0.4+0.5)]\text{m}^2\\&=300\times45.2456\text{m}^2\\&=13573.68\text{m}^2\end{aligned}$$

4) 沉管水下压石工程量：

$$\begin{aligned}V_1&=300\times(0.7\times2+0.1\times2+0.5\times8+0.4\times2+8\times4+0.3\times2-0.7\times2-0.1\times2-0.5\\&\quad\times2-0.4\times2)\times0.7+2\times0.7\times(2.5+0.4+0.5)+2\times\frac{1}{2}\times[(0.7+0.1+0.4+\\&\quad0.5)^2-(0.4+0.5+0.1)^2]\text{m}^3\\&=300\times(25.13+4.76+1.89)\text{m}^3\\&=300\times31.78\text{m}^3\\&=9534\text{m}^3\end{aligned}$$

5) 沉管接缝处理工程量：

由图 1-157 及图 1-158 可以看出：

①纵向施工接缝即水平缝的条数是 10 条，分别在灌筑底板混凝土与后灌筑边墙之间以及灌筑边墙和顶板混凝土交接处。

②横向施工缝即变形缝每 20m 一条，及在管节连接处，一共 14 条。

6)沉管底部压浆固封充填工程量：

$$\begin{aligned}V_2&=300\times0.4\times(0.7\times2+0.1\times2+0.5\times8+0.4\times2+8\times4+0.3\times3)\text{m}^3\\&=120\times(1.4+0.2+4+0.8+32+0.9)\text{m}^3\\&=120\times39.3\text{m}^3\\&=4716\text{m}^3\end{aligned}$$

【注释】 本例中定额的工程量计算规则同清单计算规则一样。

【例 8】　××隧道工程在 K0＋050～K0＋250 施工段疏浚航道，河床土质为紧密的细砂、软弱的砂夹黏土，航道疏浚包括临时航道和管段浮运航道的疏浚。临时航道长为 50m，浮运航道长为 100m，具体尺寸如图 1-160、图 1-161 所示，临时航道疏浚深度为 15m，浮运航道疏浚深度为 20m，同时由于河床地质情况增加 0.5m 的富余水深。管段高度为 3.5m，基础处理所需超挖深度为 1m，同时基槽开挖覆盖层厚度为 1.5m，基槽开挖的深度为 6m。钢筋混凝土块次石的粒径为 5～40mm，沉石深度为 0.5m。再向基槽抛铺碎石，方法为从水面上用砂泵将砂、水混合料通过伸入管段底下的喷管向管段底喷注，填满空隙，石料厚度为 0.3m，具体如图 1-162 所示，求：

1）航道疏浚的工程量

2）沉管河床基槽开挖工程量

3）钢筋混凝土块沉石工程量

4）基槽抛铺碎石工程量

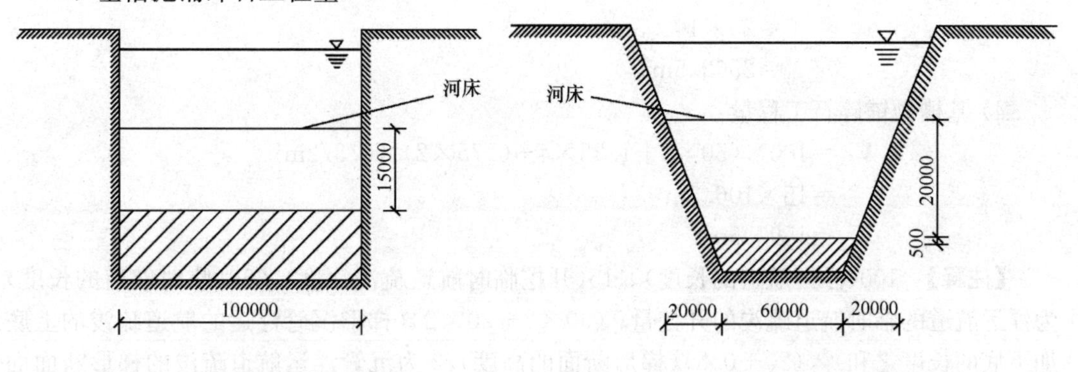

图 1-160　临时航道疏浚断面图　　　图 1-161　管段浮运航道疏浚断面图

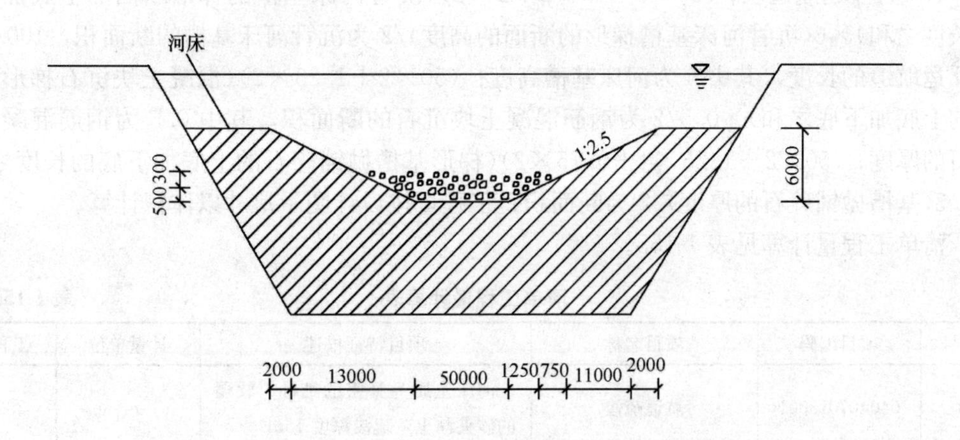

图 1-162　基槽开挖及抛铺沉石及碎石示意图

【解】　(1) 清单工程量

1）航道疏浚工程量：

①临时航道疏浚工程量：

$$V_1 = 100 \times 15 \times 50\text{m}^3 = 75000\text{m}^3$$

②沉管浮运航道疏浚工程量：

$$V_2 = 100 \times (60 \times 2 + 20 \times 2) \times (20 + 0.5)/2\text{m}^3$$

$=328000/2\text{m}^3$

$=164000\text{m}^3$

③航道疏浚工程量：

$$V=V_1+V_2=(75000+164000)\text{m}^3=239000\text{m}^3$$

2）沉管河床基槽开挖工程量：

由于河床土质为紧密的细砂、软弱的砂夹黏土，查基槽开挖坡度表可知，若用坡度为：1∶2～1∶3，取坡度为1∶2.5。

$$V_3=100\times(50\times2+13\times2+2\times2)\times6/2\text{m}^3$$

$=300\times130\text{m}^3$

$=39000\text{m}^3$

3）钢筋混凝土块沉石工程量：

$$V_4=100\times(50\times2+1.25\times2)\times0.5/2\text{m}^3$$

$=25\times102.5\text{m}^3$

$=2562.5\text{m}^3$

4）基槽抛铺碎石工程量：

$$V_5=100\times(50\times2+1.25\times4+0.75\times2)\times0.3/2\text{m}^3$$

$=15\times106.5\text{m}^3$

$=1597.5\text{m}^3$

【注释】 100（浮运航道的长度）×15（开挖临时航道疏浚深度）×50（临时航道的长度）为浮运航道的临时航道疏浚的开挖量；（60×2＋20×2）（梯形沉管浮运的航道疏浚的上底加下底的长度之和）×（20＋0.5）（梯形断面的高度）/2为沉管浮运航道疏浚的梯形断面面积，100为浮运航道长；（50×2＋13×2＋2×2）（沉管河床基槽的梯形断面的上底加下底的长度之和）×6（沉管河床基槽梯形的断面的高度）/2为沉管河床基槽的断面积，100为沉管浮运航道的长度，其中6为河床基槽高度；（50×2＋1.25×2）（混凝土块沉石梯形的断面的上底加下底之和）×0.5/2为钢筋混凝土块沉石的断面积，其中0.5为钢筋混凝土块沉石的厚度；（50×2＋1.25×4＋0.75×2）（梯形基槽抛铺碎石的上底加下底的长度之和）×0.3（基槽抛铺碎石的厚度）/2为断面积；工程量按设计图示尺寸以体积计算。

清单工程量计算见表1-155。

清单工程量计算表 **表1-155**

序号	项目编码	项目名称	项目特征描述	计量单位	工程量
1	040407013001	航道疏浚	河床土质为紧密的细砂、软弱的砂夹黏土，疏浚深度15m	m^3	23900
2	040407014001	沉管河床基槽开挖	河床土质为紧密的细砂、软弱的砂夹黏土，开挖深度为6m	m^3	39000
3	040407015001	钢筋混凝土块沉石	沉石深度为0.5m	m^3	2562.5
4	040407016001	基槽抛铺碎石	石料厚度为0.3m	m^3	1597.5

（2）定额工程量

1）航道疏浚工程量：

$$V = (V_1 + V_2)$$
$$= [50 \times 15 \times 100 + 100 \times (60 \times 2 + 20 \times 2) \times 20.5/2] \text{m}^3$$
$$= (75000 + 164000) \text{m}^3$$
$$= 239000 \text{m}^3$$

2）沉管河床基槽开挖工程量：

$$V_3 = 100 \times (50 \times 2 + 13 \times 2 + 2 \times 2) \times 6/2 \text{m}^3$$
$$= 600 \times 130 \text{m}^3 = 39000 \text{m}^3$$

3）钢筋混凝土块沉石工程量：

$$V_4 = 100 \times (50 \times 2 + 1.25 \times 2) \times 0.5/2 \text{m}^3$$
$$= 25 \times 102.5 \text{m}^3$$
$$= 2562.5 \text{m}^3$$

4）基槽抛铺碎石工程量：

$$V_6 = 200 \times [50 \times 2 + 1.25 \times 4 + 0.75 \times 2] \times 0.3/2 \text{m}^3$$
$$= 30 \times 106.5 \text{m}^3$$
$$= 1597.5 \text{m}^3$$

【注释】 本例中定额的工程量计算规则同清单计算规则一样。

【例 9】 ××隧道工程开挖地下连续墙，连续墙的深度为 2m，宽度为 1.2m，将如图 1-163 所示的四段墙连接成一条连续地下墙。在地面开挖基槽并在槽内放置钢筋笼并浇灌混凝土。混凝土的强度等级为非泵送商品混凝土 C25，石料最大粒径为 15mm，该施工段土质为Ⅳ类土，基坑挖土的深度为 2m，基坑的形状为梯形，具体尺寸如图 1-163、图 1-164 所示。

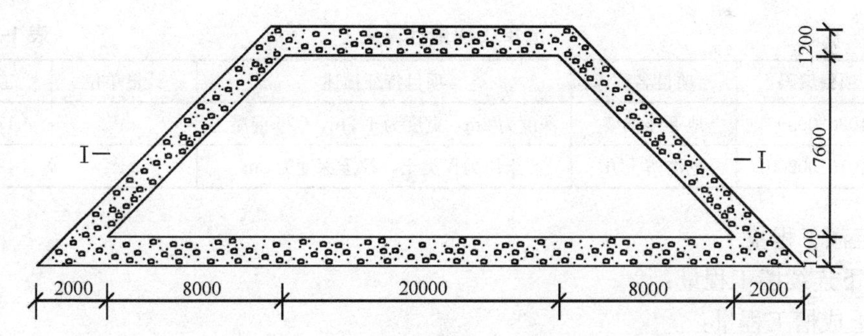

图 1-163 现浇地下连续墙及基坑平面图

图 1-164 Ⅰ-Ⅰ剖面图

求：1）地下连续墙的工程量

2）基坑挖土的工程量

【解】（1）清单工程量

1）地下连续墙工程量：

①挖土成槽工程量：

$V_1 = [(20\times2+8\times2+2\times2)\times(7.6+1.2\times2)/2-(20\times2+8\times2)\times7.6/2]\times2m^3$

$=(60\times10-56\times7.6)m^3$

$=174.40m^3$

②混凝土浇筑量工程量：

$V_2=V_1 = [(20\times2+8\times2+2\times2)\times(7.6+1.2\times2)/2-(20\times2+8\times2)\times7.6/2]\times2m^3$

$=174.40m^3$

2）基坑挖土工程量：

$V_3 = 2\times[(20\times2+8\times2)\times7.6/2]m^3$

$=56\times7.6m^3$

$=425.60m^3$

【注释】 (20×2+8×2+2×2)(梯形基坑的上底加下底的长度之和)×(7.6+1.2×2)(平面上梯形基坑的开挖高度)/2 为基坑平面图中梯形状截面面积，(20×2+8×2)(内侧梯形上下底长度之和)×7.6(内侧梯形的高度)/2 为基坑的面积，2 为地下连续墙成槽的高度；挖土成槽工程量、混凝土浇筑量工程量、基坑挖土工程量均按设计图示尺寸以体积计算。

清单工程量计算见表 1-156。

清单工程量计算表 **表 1-156**

序号	项目编码	项目名称	项目特征描述	计量单位	工程量
1	040302003001	地下连续墙	深度为 2m，宽度为 1.2m，C25 混凝土	m^3	174.40
2	040101002001	挖沟槽土方	土质为Ⅳ类土，挖土深度为 2m	m^3	425.60

（2）定额工程量

1）地下连续墙工程量：

①挖土成槽工程量：

由《全国统一市政工程预算定额第四册隧道工程》GYD－304－1999 第七章地下连续墙工程量计算规则规定：一、地下连续墙成槽土方量，按连续墙设计长度、宽度和槽深(加超深0.5m)计算。混凝土浇筑量同连续墙成槽土方量。

$(2+0.5)\times[(20\times2+8\times2+2\times2)\times(7.6+1.2\times2)/2-(20\times2+8\times2)\times7.6/2]m^3$

$=2.5\times(30\times10-28\times7.6)m^3$

$=218m^3$

②混凝土浇筑量工程量：

$(2+0.5)\times[(20\times2+8\times2+2\times2)\times(7.6+1.2\times2)/2-(20\times2+8\times2)\times7.6/2]m^3$

$=218m^3$

2）基坑开挖工程量：

$$2\times(20\times2+8\times2)\times7.6/2\mathrm{m}^3=56\times7.6\mathrm{m}^3=425.60\mathrm{m}^3$$

【注释】 本例中定额的工程量计算规则同清单计算规则一样。

【例 10】 ××隧道有一地下连续墙工程，采用深层搅拌桩成墙。其中钻冲孔排桩地下连续墙，孔直径为 2m，深度为 5m，采用三重管旋喷法的旋喷注浆，注浆管由水、气、浆三种介质组成。采用带有活动管靴的钢管打入土中，再拔出灌以浆液。再在桩顶现浇混凝土圈梁，圈梁宽 2m，混凝土强度等级为 C35，石料最大粒径 15mm，具体尺寸如图 1-165 所示，求：

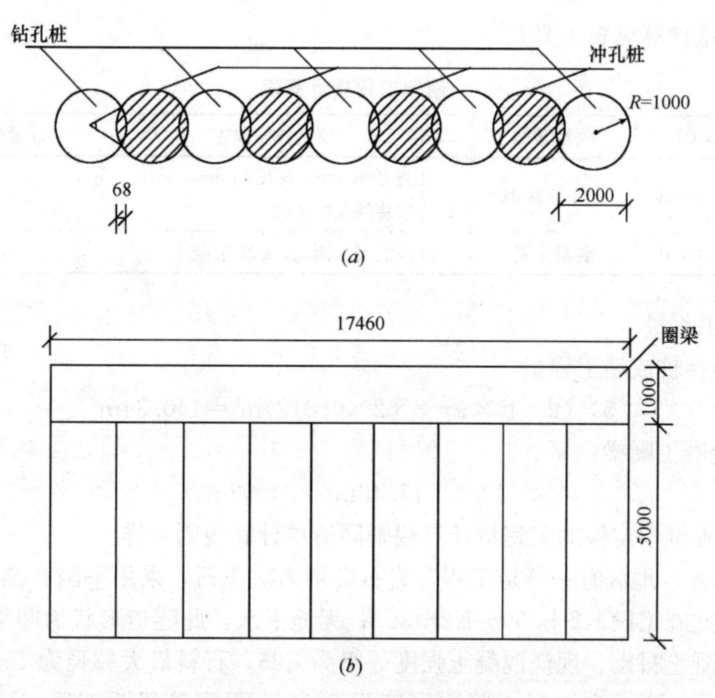

图 1-165　地下连续墙示意图
(a) 平面图；(b) 立面图

1）深层搅拌桩成墙工程量

2）桩顶混凝土圈梁工程量

【解】 (1) 清单工程量

1）深层搅拌桩成墙工程量：

钻孔桩与冲孔桩之间的交叉处面积：

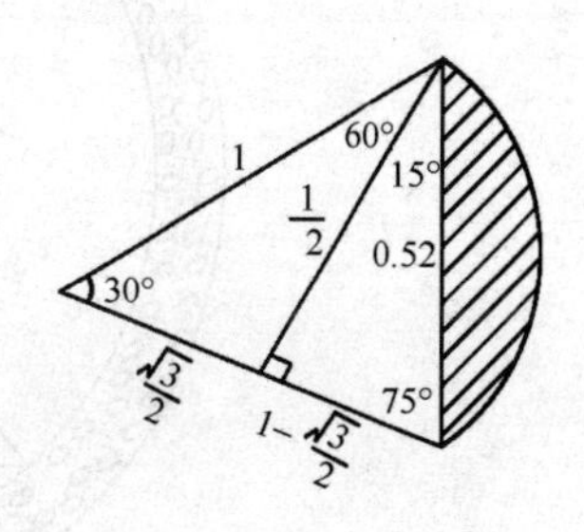

$$S=\left[\frac{30}{360}\pi\cdot1^2-\frac{1}{2}\times\frac{1}{2}\times\left(1-\frac{\sqrt{3}}{2}+\frac{\sqrt{3}}{2}\right)\right]\mathrm{m}^2$$

$$=\left(\frac{\pi}{12}-0.25\right)\mathrm{m}^2$$

$$=0.012\mathrm{m}^2$$

$$V_1=5\times[9\times\pi\times1^2-8\times2\times0.012]\mathrm{m}^3$$

$$=5\times28.068\mathrm{m}^3$$

$$=140.34\mathrm{m}^3$$

2）桩顶混凝土圈梁工程量：

$V_2=1\times2\times17.46\text{m}^3=2\times17.46\text{m}^3=34.92\text{m}^3$

【注释】 9(钻冲孔排桩的数量)×π×1(钻冲孔排桩的半径)²－8×2(钻冲孔排桩的交叉处的数量)×0.012为钻冲孔排桩地下连续墙的总面积减去钻孔桩与冲孔桩之间的交叉处面积的总面积，5为地下墙的深度；1(桩顶混凝土圈梁的厚度)×2(钻冲孔的直径)×17.46(连续墙的长度)为桩顶混凝土圈梁的实体体积；工程量计算规则按设计图示尺寸以体积计算。

清单工程量计算见表1-157。

清单工程量计算表　　表1-157

序号	项目编码	项目名称	项目特征描述	计量单位	工程量
1	040302003001	地下连续墙	孔直径为2m，深度为5m，采用三重管旋喷法的旋喷注浆	m^3	140.34
2	040406005001	混凝土梁	桩顶混凝土圈梁，C35混凝土	m^3	34.92

（2）定额工程量

1）深层搅拌桩成墙工程量：

$$5\times(9\times1^2\times\pi-8\times2\times0.012)\text{m}^3=140.34\text{m}^3$$

2）桩顶混凝土圈梁：

$$1\times2\times17.46\text{m}^3=34.92\text{m}^3$$

【注释】 本例中定额的工程量计算规则同清单计算规则一样。

【例11】 ××地区有一隧道工程，岩石类别为次坚石，采用平洞开挖，全断面开挖，一般爆破，在此施工段K2＋050～K2＋350，无地下水，此隧道形状为圆形，混凝土拱部及边墙采用混凝土衬砌。现浇混凝土强度等级为C25，石料最大粒径为15mm，具体尺寸如图1-166所示。隧道内混凝土路面厚度为0.1m，强度等级为C35，石料最大粒径为25mm。隧道内附属设施电缆沟；车道侧石如图1-166所示，楼梯如图1-167、图1-168所

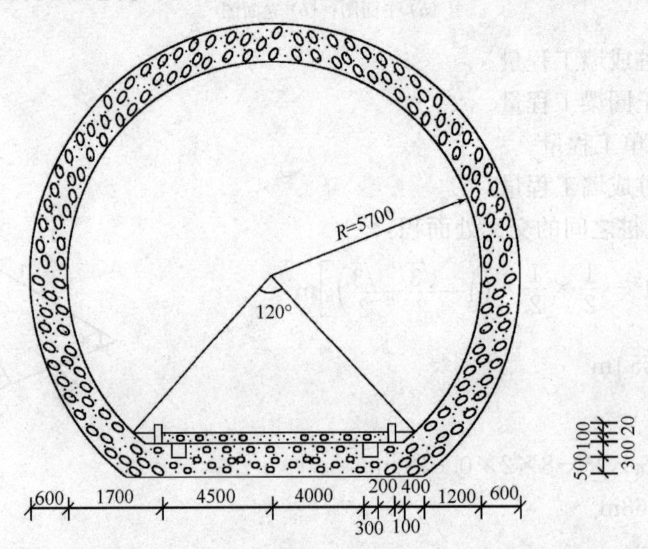

图1-166　隧道开挖衬砌混凝土路面及车道侧石电缆沟示意图

示，混凝土强度等级为 C30，石料最大粒径为 25mm.

求：1）平洞开挖工程量

2）混凝土拱部衬砌工程量

3）混凝土边墙衬砌工程量

4）隧道内混凝土路面工程量

5）隧道内附属结构混凝土工程量

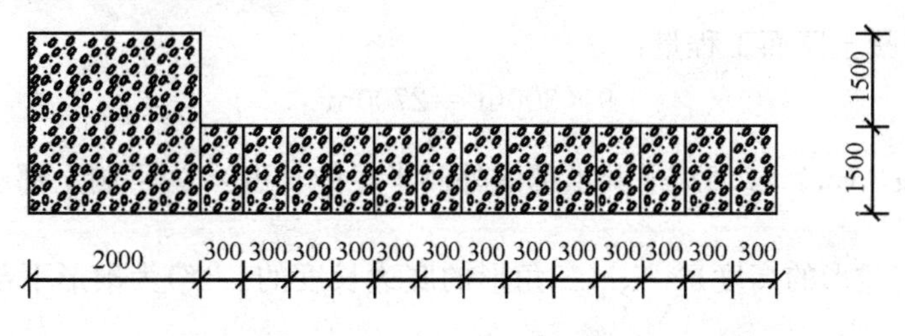

图 1-167　隧道内附属结构楼梯与平台平面图

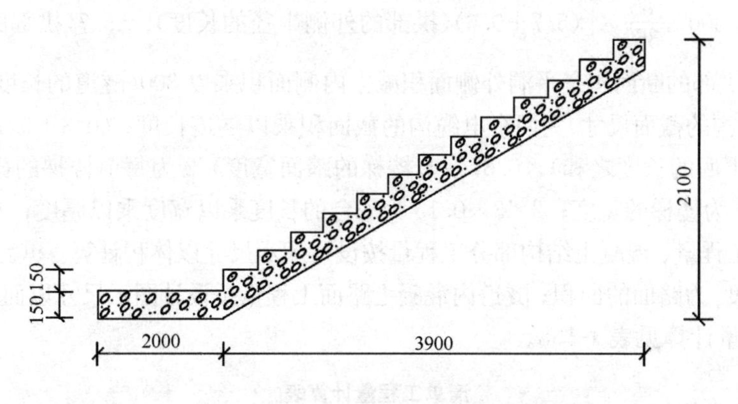

图 1-168　隧道楼梯立面图

【解】（1）清单工程量

1）平洞开挖工程量：

$$V_1 = 300\times[\frac{2}{3}\pi\times(5.7+0.6)^2+\frac{1}{2}\times2\sin60°\times5.7\times\frac{5.7}{2}+2\times(4.0+0.3+0.2+0.1+0.4)\times0.9]\text{m}^3$$

$$=31804.54\text{m}^3$$

2）隧道衬砌工程量：

① 拱部衬砌工程量：$300\times\pi\times[(5.7+0.6)^2-5.7^2]\times\frac{1}{2}\text{m}^3=3392.93\text{m}^3$

② 边墙工程量：$300\times\frac{60}{360}\times[(5.7+0.6)^2-5.7^2]\pi\text{m}^3=50\times22.62\text{m}^3$

$$=1130.97\text{m}^3$$

3）混凝土结构工程量：

① 电缆沟工程量：

$$2\times300\times0.3\times0.3\text{m}^3=54\text{m}^3$$

② 车道侧石工程量：

$$2\times300\times0.1\times0.12=7.20m^3$$

③ 楼梯工程量：

$$1.5\times13\times(0.3+0.15)\times0.3/2m^3=1.32m^3$$

④ 平台工程量：

$$2\times3\times0.15m^3=0.90m^3$$

⑤ 隧道内混凝土路面工程量：

$$9\times300m^2=2700m^2$$

【注释】 $\frac{2}{3}\pi\times(5.7+0.6)$(平洞拱部的外侧半径的长度)^2 为平洞上部扇形的面积；$\frac{1}{2}\times2\sin60°\times5.7$(三角形的高度)$\times\frac{5.7}{2}$(三角形的底边长度的一半)为扇形下部的三角形的面积，2×(4.0＋0.3＋0.2＋0.1＋0.4)(平洞底部的长度)×0.9(平洞底部的厚度)为平洞底部开挖的截面积；$300\times\frac{60}{360}\times[(5.7+0.6)$(拱部的外侧半径的长度)$^2-5.7$(拱部的内侧的半径的长度)$^2]\pi$ 为拱部的断面积是平洞外侧面积减去内侧面积乘以 300(隧道的长度)；2×300×0.3×0.3(电缆沟的截面尺寸)为两个电缆沟的截面积乘以隧道长度；(0.3＋0.15)(一节梯形楼梯的上底架下底的长度之和)×0.3(一节楼梯的踏面宽度)/2 为每节楼梯的截面积，13 为楼梯数量，1.5 为楼梯的宽度；2×3×0.15 为平台的长度乘以宽度乘以厚度；平洞开挖工程量、隧道衬砌工程量、混凝土结构部分工程量按设计图示尺寸以体积计算。9(路面的宽度)×300(隧道的长度)为路面的面积；隧道内混凝土路面工程量按设计图示尺寸以面积计算。

清单工程量计算见表 1-158。

清单工程量计算表 **表 1-158**

序号	项目编码	项目名称	项目特征描述	计量单位	工程量
1	040401001001	平洞开挖	次坚石，采用全断面开挖，一般爆破	m^3	31804.54
2	040402002001	混凝土顶拱衬砌	C25 混凝土	m^3	3392.93
3	040402003001	混凝土边墙衬砌	C25 混凝土	m^3	1130.97
4	040406008001	隧道内其他结构混凝土	隧道内混凝土路面，强度等级为 C35	m^3	2700
5	040406008002	隧道内其他结构混凝土	电缆沟，C30 混凝土	m^3	54
6	040406008003	隧道内其他结构混凝土	车道侧石，C30 混凝土	m^3	7.20
7	040406008004	隧道内其他结构混凝土	楼梯，C30 混凝土	m^3	1.32
8	040406006004	混凝土平台、顶板	混凝土平台，C30 混凝土	m^3	0.90

(2) 定额工程量

1) 平洞开挖工程量：

由《全国统一市政工程预算定额第四册隧道工程》GYD－304－1999 第一章隧道开挖与出渣说明：开挖定额均按光面爆破制定，如采用一般爆破开挖时，其开挖定额应乘以系数 0.935。

工程量计算规则规定：一、隧道的平洞、斜井和竖井开挖与出渣工程量，按设计图示开挖断面尺寸，另加允许超挖管以 m^3 计算，本定额光面爆破允许超挖量：拱部为 15cm，边墙为 10cm，若采用一般爆破，其允许超挖量：拱部为 20cm，边墙为 15cm。

$$300\times[\frac{1}{2}\pi(5.7+0.6+0.2)^2+\frac{60}{360}\pi(5.7+0.6+0.15)^2+\frac{1}{2}\times2\times5.7\sin60°\times\frac{5.7}{2}+(4.0+0.3+0.2+0.1+0.4)\times2\times(0.5+0.3+0.1)]m^3$$

$=33311.32m^3$

2）衬砌工程量：

由《全国统一市政工程预算定额第四册隧道工程》GYD—304—1999，第三章隧道内衬工程量计算规则规定：一、隧道内衬现浇混凝土和石料衬砌的工程量，按施工图所示尺寸加允许超挖量（拱部为 15cm，边墙为 10cm）以 m^2 计算，混凝土拱部不扣除 0.3m^2 以内孔洞所占体积。

① 拱部工程量：$300\times\frac{1}{2}\pi\times[(5.7+0.6+0.15)^2-5.7^2]m^3$

$=150\pi\times9.1125m^3$

$=1431.39\times3m^3$

$=4294.16m^3$

② 边墙工程量：$300\times2\times\frac{30}{360}\pi\times[(5.7+0.6+0.1)^2-5.7^2]m^3$

$=50\pi\times8.47m^3=1330.46m^3$

3）混凝土结构工程量：

① 电缆沟工程量：

$$2\times300\times0.3\times0.3m^3=54m^3$$

② 车道侧石工程量：

$$2\times300\times0.1\times(0.1+0.02)m^3=60\times0.12m^3=7.20m^3$$

③ 楼梯工程量：$13\times1.5\times(0.15+0.15\times2)\times0.3/2m^3$

$=13\times1.5\times0.45\times0.3/2m^3$

$=1.32m^3$

④ 平台工程量：$2\times0.15\times3m^3=0.90m^3$

⑤ 隧道内混凝土路面工程量：$0.1\times9\times300m^3=270m^3$

【注释】 $\frac{1}{2}\pi(5.7+0.6+0.2)$（拱部超挖时的平洞半径）$^2+\frac{60}{360}\pi(5.7+0.6+0.15)$（边墙超挖时的平洞半径）^{2} 为平洞超挖时的扇形的截面积，$\frac{1}{2}\times2\times5.7\sin60°\times\frac{5.7}{2}$为三角形超挖时的面积；$(4.0+0.3+0.2+0.1+0.4)$（底部超挖时的长度）$\times2\times(0.5+0.3+0.1)$（底部超挖时的厚度）为底部超挖时的面积，隧道内混凝土路面定额工程量以 m^3 为计量单位；其他部分的工程量同清单计算规则、结果一样。

【例 12】 ××隧道工程在 K0＋000～K0＋200 施工段，进行砌筑工程，洞门为端墙式洞门，具体示意图如图 1-169 所示。洞门砌筑采用的是料石（砌筑厚度 0.6m），砂浆强

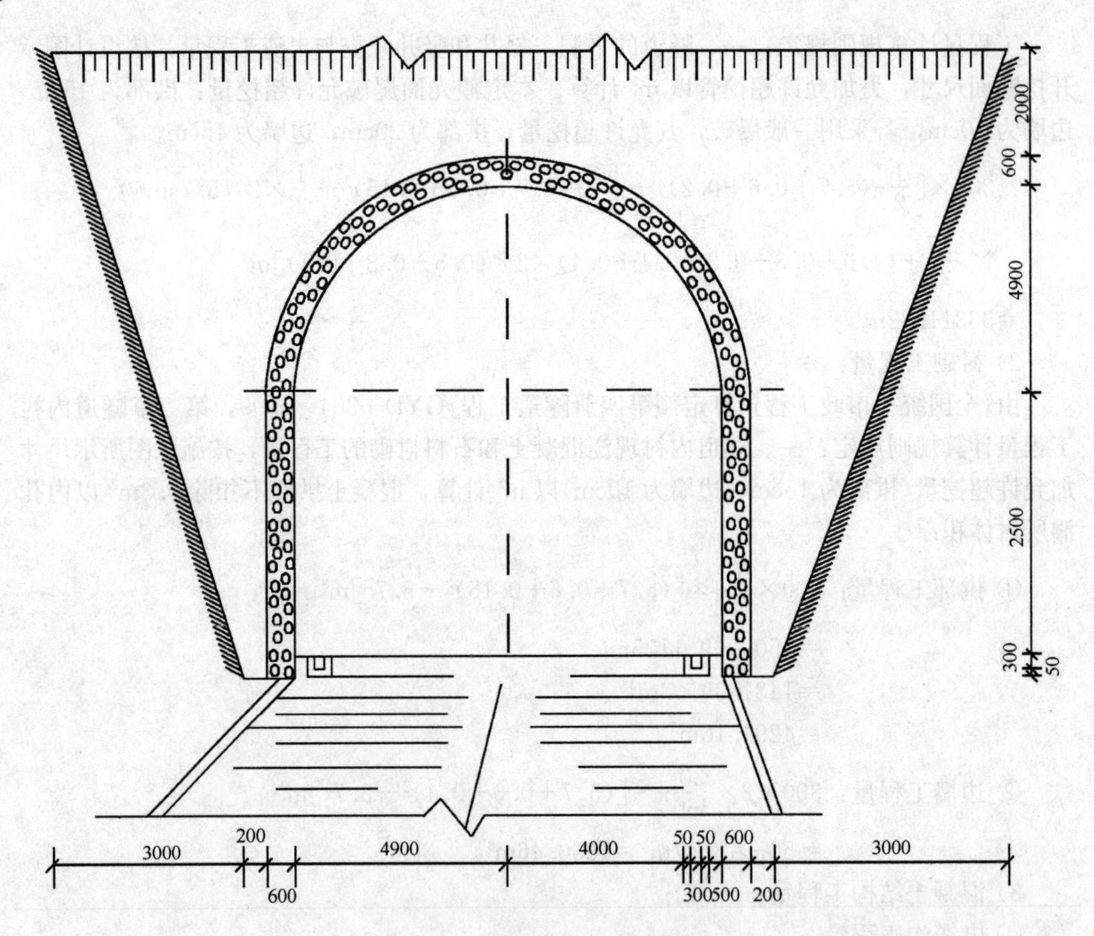

图 1-169　隧道砌筑工程示意图

度等级M7.5，拱圈为半圆形，半径为 4.9m，采用料石砌筑，砂浆强度等级 M7.5，边墙砌筑厚度为0.6m，采用料石砌筑，砂浆强度等级为 M7.5，沟道砌筑材料为料石，沟道砌筑厚度为 0.05m，沟道宽 0.3m，深 0.3m，砂浆强度为 M5.0。

求：1）拱圈砌筑工程量

2）边墙砌筑工程量

3）砌筑沟道工程量

4）洞门砌筑工程量

【解】（1）清单工程量

1）拱圈砌筑工程量：

$$V_1 = 200\times\frac{1}{2}\pi\times[(4.9+0.6)^2-4.9^2]\text{m}^3$$
$$=100\pi\times6.24\text{m}^3$$
$$=1960.35\text{m}^3$$

2）边墙砌筑工程量：

$$V_2 = 2\times200\times(2.5+0.3+0.05)\times0.6\text{m}^3$$
$$=400\times0.6\times2.85\text{m}^3$$
$$=684\text{m}^3$$

3）沟道砌筑工程量：

$$V_3=2\times200\times[(0.3+0.05\times2)\times(0.3+0.05)-0.3\times0.3]\text{m}^3$$
$$=400\times(0.4\times0.35-0.09)\text{m}^3$$
$$=400\times0.05\text{m}^3=20\text{m}^3$$

4）洞门砌筑工程量：

$$V_4=0.6\times[(0.2\times2+0.6\times2+4.9\times2+3\times2+0.2\times2+0.6\times2+4.9\times2)\times(0.05+0.3+2.5+4.9+0.6+2)/2-\frac{1}{2}\pi\times(4.9+0.6)^2-(2.5+0.3+0.05)\times(4.9\times2+0.6\times2)]\text{m}^3$$
$$=0.6\times[(0.8+2.4+6+19.6)\times10.35/2-\frac{1}{2}\pi\times5.5^2-2.85\times11]\text{m}^3$$
$$=0.6\times(28.8\times10.35/2-47.52-31.35)\text{m}^3$$
$$=0.6\times70.17\text{m}^3$$
$$=42.10\text{m}^3$$

【注释】 $\frac{1}{2}\pi\times(4.9+0.6)$(拱圈外侧的半径的长度)$^2-4.9$(拱圈内侧半径的长度)^{2}为拱圈的外侧环壁的面积；2×200×(2.5+0.3+0.05)×0.6 为隧道的长度乘以两侧边墙的厚度乘以高度，其中 0.6 为边墙的厚度，2.5+0.3+0.05 为边墙的高度；(0.3+0.05×2)(外侧矩形的长度)×(0.3+0.05)(外侧矩形的宽度)为地沟的外侧矩形面积，0.3×0.3 为地沟内侧小矩形的面积，两者相减为地沟壁的截面积，200 为隧道的长度；(0.2×2+0.6×2+4.9×2+3×2+0.2×2+0.6×2+4.9×2)为开挖如砌筑工程示意图的梯形基坑的上底加下底的长度之和，(0.05+0.3+2.5+4.9+0.6+2)为梯形基坑的开挖深度；$\frac{1}{2}\pi\times(4.9+0.6)$(隧道拱部的半径的长度)^2 为平洞拱部的截面积，(2.5+0.3+0.05)(边墙的开挖高度)×(4.9×2+0.6×2)(平洞边墙间的宽度)为平洞边墙间的截面积，0.6 为砌筑的厚度；工程量计算规则按设计图示尺寸以体积计算。

清单工程量计算见表 1-159。

清单工程量计算表　　**表 1-159**

序号	项目编码	项目名称	项目特征描述	计量单位	工程量
1	040402008001	拱圈砌筑	半径为 4.9m，采用料石砌筑，M7.5 砂浆	m^3	1960.35
2	040402009001	边墙砌筑	厚度为 0.6m，采用料石砌筑，M7.5 砂浆	m^3	684
3	040402010001	砌筑沟道	料石，厚度为 50mm，M5.0 砂浆	m^3	20
4	040402011001	洞门砌筑	厚度为 0.6m，M7.5 砂浆	m^3	42.10

（2）定额工程量

1）拱圈砌筑工程量：

$$V_1=200\times\frac{1}{2}\pi\times[(4.9+0.6)^2-4.9^2]\text{m}^3=100\pi\times6.24\text{m}^3=1960.35\text{m}^3$$

2）边墙砌筑工程量：

$V_2 = 2\times200\times(2.5+0.3+0.05)\times0.6\text{m}^3 = 400\times0.6\times2.85\text{m}^3 = 684\text{m}^3$

3）沟道砌筑工程量：

$V_3 = 2\times200\times[(0.3+0.05\times2)\times(0.3+0.05)-0.3\times0.3]\text{m}^3$

$= 400\times(0.4\times0.35-0.09)\text{m}^3$

$= 400\times0.05\text{m}^3$

$= 20\text{m}^3$

4）洞门砌筑工程量：

$V_4 = 0.6\times[(0.2\times2+0.6\times2+4.9\times2+3\times2+0.2\times2+0.6\times2+4.9\times2)\times(0.05+0.3+2.5+4.9+0.6+2)/2-\frac{1}{2}\pi\times(4.9+0.6)^2-(2.5+0.3+0.05)\times(4.9\times2+0.6\times2)]\text{m}^3$

$= 0.6\times[(0.8+2.4+6+19.6)\times10.35/2-\frac{1}{2}\pi\times5.5^2-2.85\times11]\text{m}^3$

$= 0.6\times(28.8\times10.35/2-47.52-31.35)\text{m}^3$

$= 0.6\times70.17\text{m}^3$

$= 42.10\text{m}^3$

【注释】 本例中定额工程量计算规则同清单工程量计算规则一样。

【例 13】 ××隧道工程在 K2＋050～K2＋200 施工段有一水底隧道，采用沉管法制作和下沉矩形沉管，如图 1-171，沉管为双向 4 车道，沉管宽为 20m，河床土质为砂砾、紧密的砂夹黏土，覆土回填高度为 1m，沉管高为 3.5m，超挖深度为 1.3m，基坑底宽为 28m，高度为 5.8m，沉管接缝包括纵向施工缝和横向施工缝。纵向施工缝是底板与竖墙之间的施工缝，高出底板0.4m。横向施工缝每 15m 设置一条，做成变形缝，如图 1-170 所示。

求：1）沉管河床基槽开挖工程量

2）沉管接缝处理工程量

【解】 （1）清单工程量

1）沉管河床基槽开挖工程量：

由基槽坡度表可知：土层种类为：砂砾、紧密的砂夹黏土对应的荐用坡度为：1∶1～1∶1.5，取为 1∶1。

$150\times(20\times2+4\times4+5.8\times2)\times(1.3+3.5+1.0)/2\text{m}^3$

$= 150\times(40+16+11.6)\times5.8/2\text{m}^3$

$= 150\times67.6\times2.9\text{m}^3$

$= 29406\text{m}^3$

2）沉管接缝处理工程量：

由图 1-170 可知：底板与竖墙之间的施工缝即纵向施工缝共 3 条，每条 150m 长。

同时可以看出每 15m 设一条变形缝即横向施工缝，沉管长 150m，一共 9 条，变形缝长度和沉管边墙同高。

【注释】 $(20\times2+4\times4+5.8\times2)$（梯形沉管河床的上底加下底的长度之和）$\times(1.3+3.5+1.0)/2$ 为沉管河床基槽开挖梯形的其截面积，其中$(1.3+3.5+1)$为沉管河床基槽

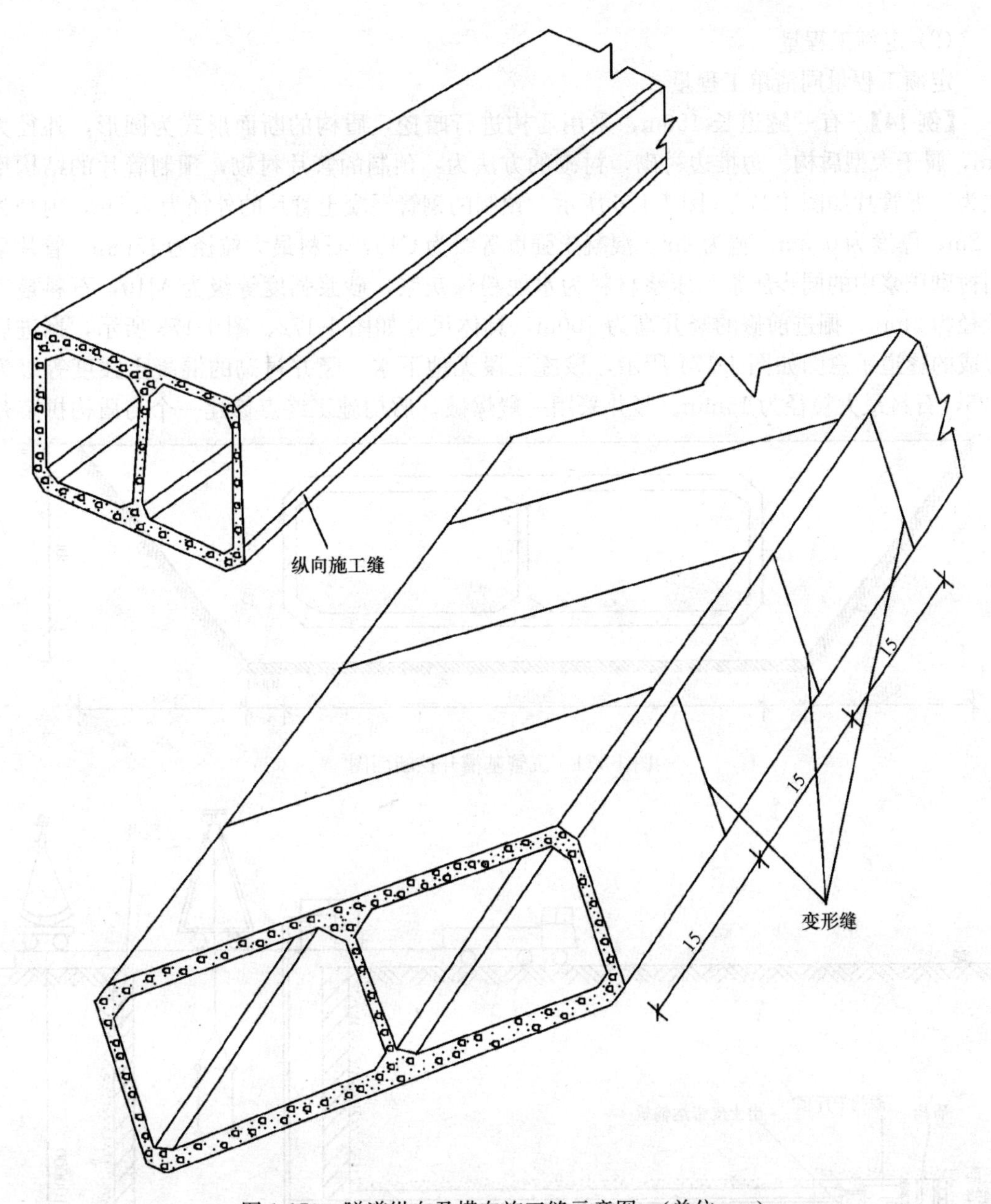

图 1-170　隧道纵向及横向施工缝示意图　（单位：m）

开挖的高度，150 为隧道的长度，其工程量计算规则按设计图示尺寸以体积计算。沉管接缝工程量计算规则按设计图示以数量计算。

清单工程量计算见表 1-160。

清单工程量计算表　　　　表 1-160

序号	项目编码	项目名称	项目特征描述	计量单位	工程量
1	040407014001	沉管河床基槽开挖	土质为砂砾、紧密的砂夹黏土，挖土深度 5.8m	m^3	29406
2	040407021001	沉管接缝处理	纵向施工缝和横向施工缝，横向施工缝每 15m 设置一条	条	12

(2) 定额工程量

定额工程量同清单工程量。

【例 14】 有一隧道长 150m，采用盾构进行暗挖，盾构的断面形式为圆形，外径为 8m，属于大型盾构。边推边衬砌，衬砌的方法为：预制的管片衬砌，预制管片的结构型式为箱形管片如图 1-175、图 1-176 所示。预制的钢管混凝土管片的外径为 7.8m，内径为 7.2m，厚度为 0.3m，宽为 2m，混凝土强度等级为 C40，石料最大粒径为 15mm。管片采用衬砌压浆中的同步压浆，压浆材料为水泥粉煤灰浆，砂浆强度等级为 M10，石料最大粒径为 5mm。掘进前修的竖井高为 100m，具体尺寸如图 1-172、图 1-173 所示，掘进后形成的隧道示意图如图 1-174 所示，该施工段无地下水，竖井衬砌的混凝土强度等级为 C25，石料最大粒径为 15mm。竖井采用一般爆破，盾构施工终点修建一个与盾构拼装井

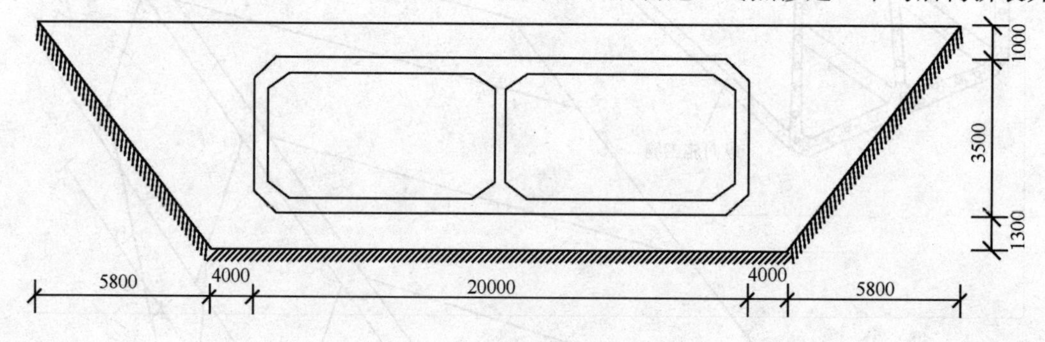

图 1-171 沉管基槽开挖断面图

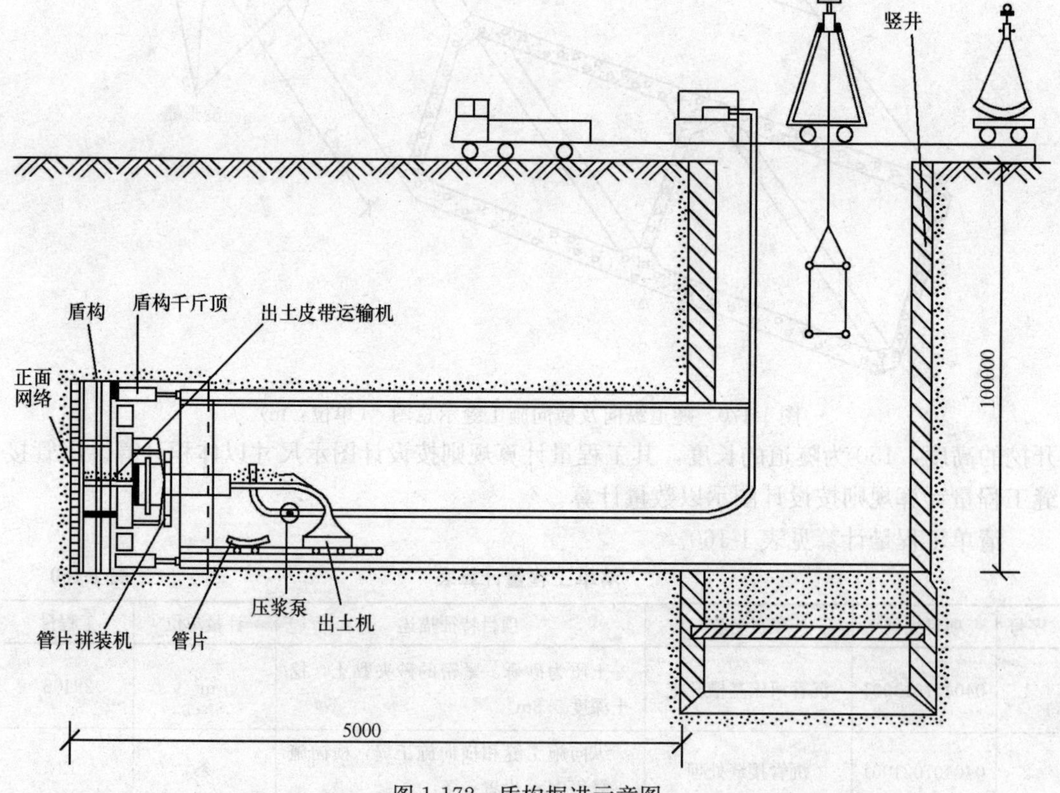

图 1-172 盾构掘进示意图

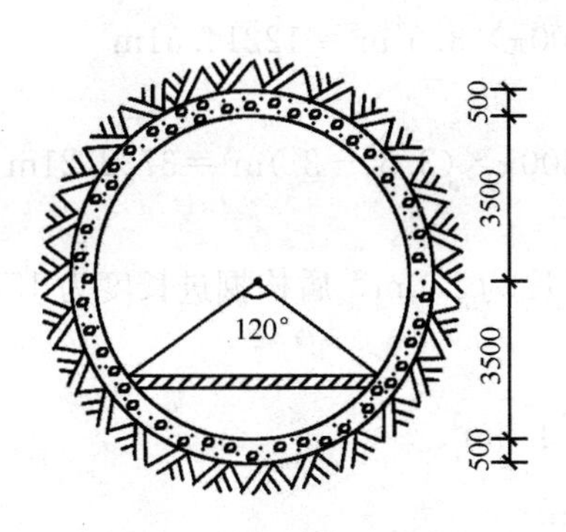

图 1-173　吊隧道示意图

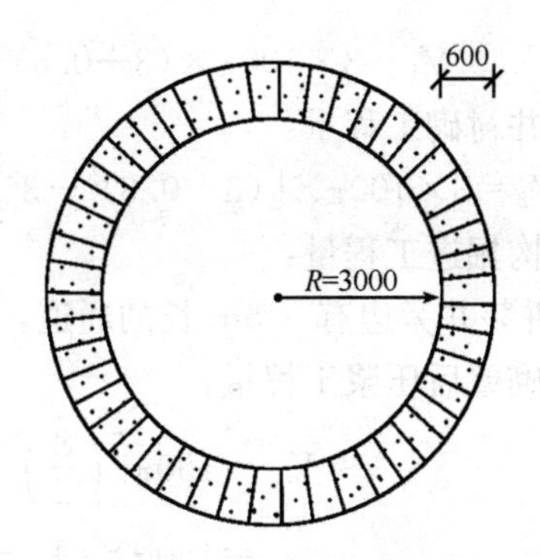

图 1-174　竖井平面图

一样尺寸的盾构到达井并在隧道中线位置修建一个同样尺寸的中间井，用来检查和维修盾构，盾构正掘面土质为砂性土。

求：1）竖井开挖工程量

2）混凝土竖井衬砌工程量

3）隧道盾构掘进工程量

4）衬砌压浆工程量

5）预制钢筋混凝土管片工程量

【解】（1）清单工程量

1）竖井开挖工程量：

盾构拼装井、中间井，盾构到达井，一共 3 座竖井。

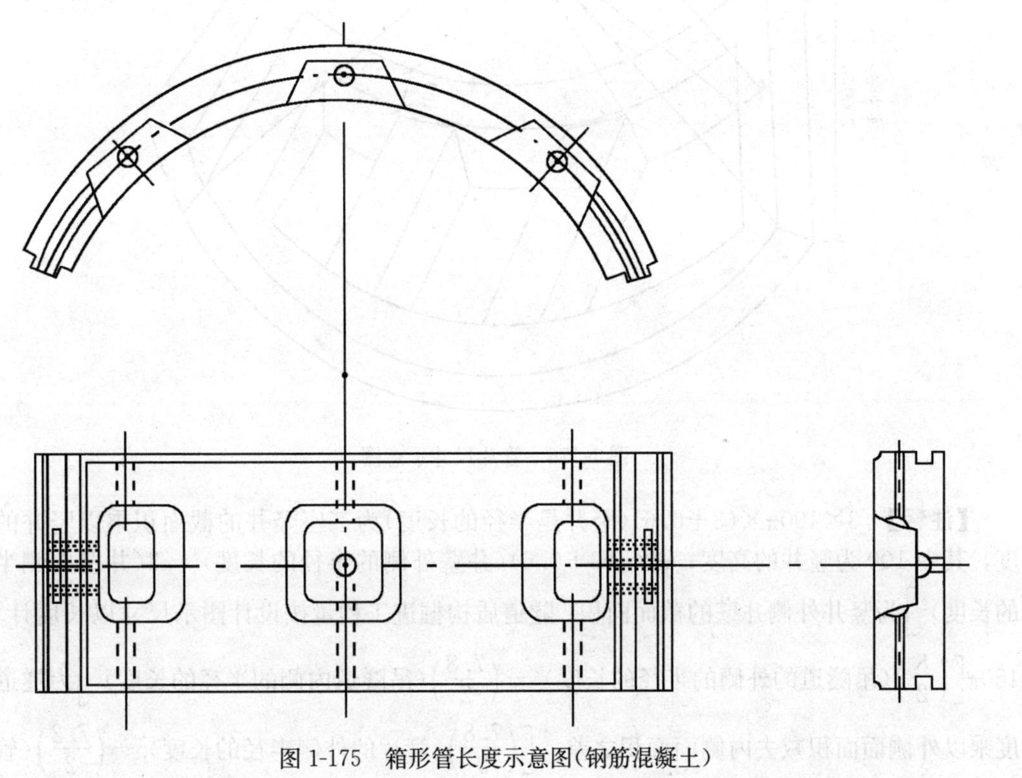

图 1-175　箱形管长度示意图(钢筋混凝土)

$V_1=3\times100\pi\times(3+0.6)^2\text{m}^3=300\pi\times3.6^2\text{m}^3=12214.51\text{m}^3$

2）竖井衬砌工程量：

$V_2=3\times100\pi\times[(3+0.6)^2-3^2]\text{m}^3=300\pi\times(3.6^2-3^2)\text{m}^3=3732.21\text{m}^3$

3）盾构掘进工程量：

盾构拼装井旁边有一 5m 长的通道，隧道长度为 150m，盾构掘进长度为 150m

4）衬砌壁后压浆工程量：

$$\begin{aligned}V_3&=150\pi\left[\left(\frac{8}{2}\right)^2-\left(\frac{7.8}{2}\right)^2\right]\text{m}^3\\&=150\pi\times(4^2-3.9^2)\text{m}^3\\&=372.28\text{m}^3\end{aligned}$$

5）预制钢筋混凝土管片工程量：

如图 1-176 所示，一个管片的体积为：

$$\left\{\frac{120}{360}\times\left[\left(\frac{7.8}{2}\right)^2-\left(\frac{7.2}{2}\right)^2\right]\pi\times2-3\times\frac{20}{360}\times\pi\left[\left(\frac{7.6}{2}\right)^2-\left(\frac{7.2}{2}\right)^2\right]\times(2-0.3\times2)\right\}\text{m}^3$$

$$=\left[\frac{2}{3}\times(3.9^2-3.6^2)\pi-\frac{1}{6}\times\pi(3.8^2-3.6^2)\times1.4\right]\text{m}^3$$

$$=4.71-1.08\text{m}^3=3.63\text{m}^3$$

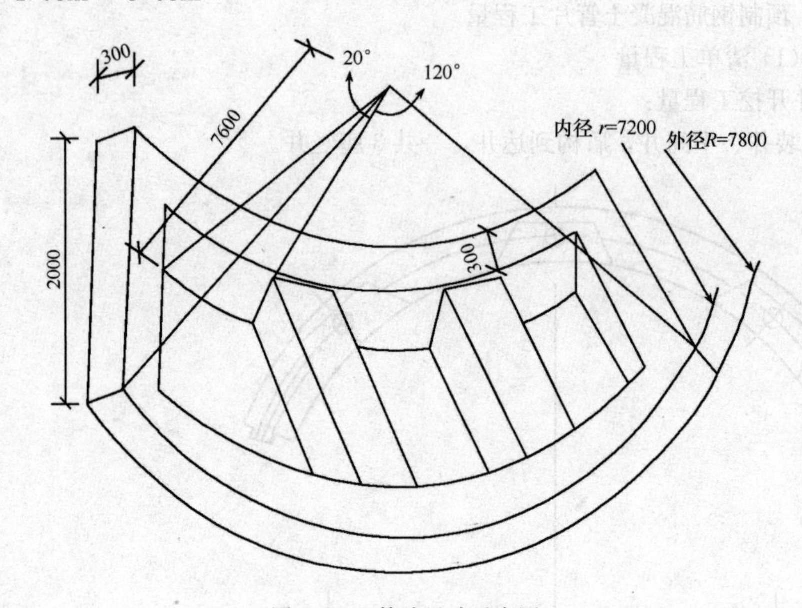

图 1-176 管片尺寸示意图

【注释】 $3\times100\pi\times(3+0.6)$（竖井是半径的长度）为三座竖井的截面积乘以竖井的高度，其中 100 为竖井的高度；$\pi\times[(3+0.6)$（井壁外侧的半径的长度）$^2-3$（井壁内侧半径的长度）$^2]$为竖井外侧井壁的截面面积；隧道盾构掘进工程量按设计图示尺寸以长度计算；$150\pi\left[\left(\frac{8}{2}\right)\right.$（吊隧道的外侧的半径的长度）$^2-\left(\frac{7.8}{2}\right)$（吊隧道内侧的半径的长度）$\left.^2\right]$为隧道长度乘以外侧面面积减去内侧面面积之差；$\left[\left(\frac{7.8}{2}\right)\right.$（管片的外侧半径的长度）$^2-\left(\frac{7.2}{2}\right)$（管片内侧半径的长度$)^2\Big]\pi$ 为管片的外侧管片壁的截面面积，2 为管片宽度，$\left[\left(\frac{7.6}{2}\right)\right.$(管片的挖去部分外半径的长度$)^2-\left(\frac{7.2}{2}\right)$(管片内侧半径的长度$)^2\Big]\pi$ 为管片挖去部分的管片壁的截面面积，$\frac{20}{360}$为求弧长的系数值，(2－0.3×2)为管片挖去部分的宽度；本例中除隧道盾构掘进工程量其他工程量计算规则均按设计图示尺寸以体积计算。

清单工程量计算见表 1-161。

清单工程量计算表　　**表 1-161**

序号	项目编码	项目名称	项目特征描述	计量单位	工程量
1	040401003001	竖井开挖	采用一般爆破	m^3	12214.51
2	040402004001	混凝土竖井衬砌	C25 混凝土	m^3	3732.21
3	040403002001	盾构掘进	外径为 8m	m	150
4	040403003001	衬砌壁后压浆	C40 混凝土	m^3	372.28
5	040403004001	预制钢筋混凝土管片	外径为 7.8m，内径为 7.2m，厚度为 300mm，宽为 2m，C40 混凝土	m^3	3.63

(2) 定额工程量

1) 竖井开挖工程量：

由《全国统一市政工程预算定额第四册隧道工程》GYD—304—1999，第一章隧道开挖与出渣说明规定：四、开挖定额均按光面爆破制定，如采用一般爆破开挖时，其开挖定额应乘以系数0.935。

$$3\times100\times(3+0.6)^2\pi\times0.935=11420.57\text{m}^3$$

2) 混凝土竖井衬砌工程量：

$$3\times100\pi\times[(3+0.6)^2-3^2]\text{m}^3$$
$$=300\pi\times(3.6^2-3^2)\text{m}^3=3732.21\text{m}^3$$

3) 隧道盾构掘进工程量：

由于盾构正掘面土质为砂性，且隧道横截面含砂性土比例为 60%，采用的是干式出土盾构掘进。

根据《全国统一市政工程预算定额第四册隧道工程》GYD—304—1999 第五章盾构法掘进，说明规定：盾构掘进在穿越不同区域土层时，根据地质报告确定的盾构正掘面含砂性土的比例，按表调整该区域的人工、机械费(不含盾构的折旧及大修理费)对于砂性土的调整系数为 1.5。

盾构掘进长度为 150m。

4) 衬砌压浆工程量：

$$150\pi\times\left[\left(\frac{8}{2}-0.03\right)^2-\left(\frac{7.8}{2}\right)^2\right]\text{m}^3=150\pi\times(3.97^2-3.9^2)\text{m}^3=259.61\text{m}^3$$

5) 预制钢筋混凝土管片工程量：

根据《全国统一市政工程预算定额第四册隧道工程》GYD－304－1999 第五章盾构法掘进工程量计算规则规定：五、预制混凝土管片工程量按实体积加 1%损耗计算，管片试拼装以每 100 环管片拼装 1 组(3 环)计算。

一个管片的工程量：

$$\left\{\frac{120}{360}\times\left[\left(\frac{7.8}{2}\right)^2-\left(\frac{7.2}{2}\right)^2\right]\pi\times2-3\times\frac{20}{360}\times\pi\left[\left(\frac{7.6}{2}\right)^2-\left(\frac{7.2}{2}\right)^2\right]\times(2-0.3\times2)\right\}\times(1+1\%)\text{m}^3$$

$$=\left[\frac{2}{3}\times(3.9^2-3.6^2)\pi-\frac{1}{6}\times\pi(3.8^2-3.6^2)\times1.4\right]\times1.01\text{m}^3$$

$$=3.63\times1.01\text{m}^3$$

$$=3.67\text{m}^3$$

【注释】 由于定额与清单工程量的计算规则不同，定额工程量应乘以相应的系数。

【例 15】 ××地区有一隧道工程在施工段 K2＋050～K2＋250 的岩石类别为普坚石，采用全断面开挖方式，一般爆破，该施工段无地下水，采用 $\phi22$ 的锚杆支护，长度为 2m，类型为楔头式锚杆，如图 1-177 所示。边墙和拱部采用混凝土衬砌，混凝土强度等级为 C25，石料最大粒径为 15mm，对边墙和拱部喷射混凝土厚度为 4cm，混凝土强度等级为 C40，石料最大粒径为 15mm。喷射的混凝土所用的材料为：不低于 325 号的水泥，速凝剂：砂石配合比为灰骨比：1：4～1：5；水灰比＝0.4～0.5，砂率：45%～60%，喷射混凝土所用的施工设备为混凝土喷射机

求：1）平洞开挖工程量

2）混凝土拱部衬砌工程量

3）混凝土边墙衬砌工程量

4）拱部喷射混凝土工程量

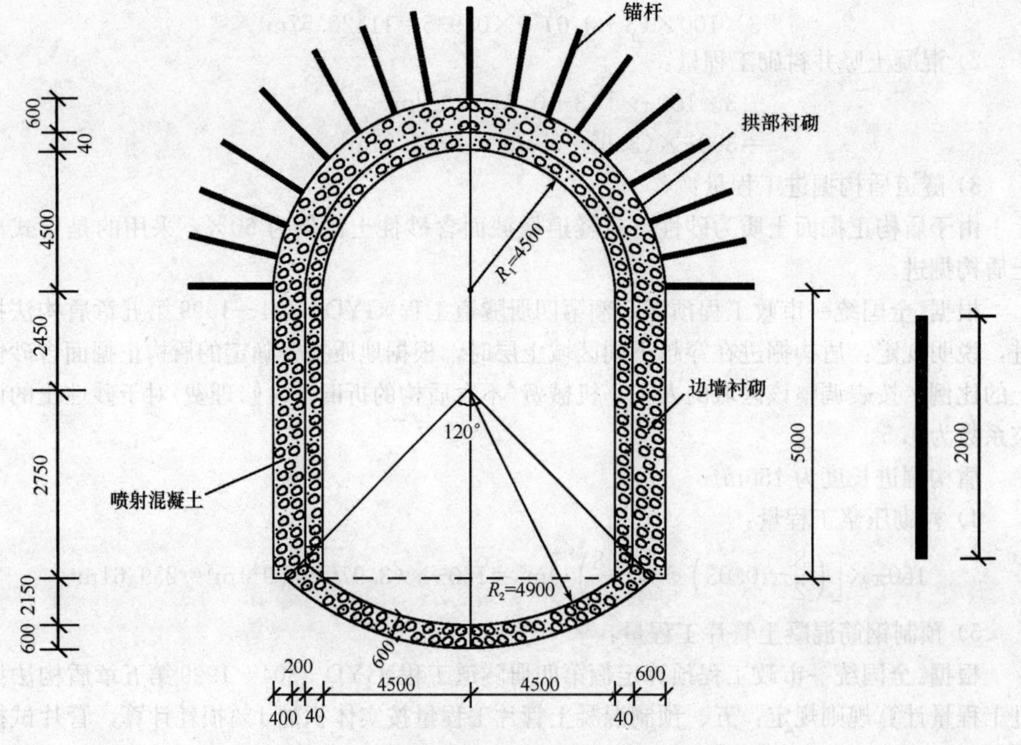

图 1-177 隧道开挖、衬砌及锚杆支护示意图

5）边墙喷射混凝土工程量

6）锚杆工程量

【解】（1）清单工程量：

1）平洞开挖工程量：

$$V_1 = 200\times[\frac{1}{2}\times\pi\times(4.5+0.04+0.6)^2+\frac{120}{360}\times(4.9+0.6)^2\pi+0.4\times2\times5+(5-2.75+5)\times(4.5+0.04+0.2)\times\frac{1}{2}\times2]\text{m}^3$$

$$=200\times\left(\frac{\pi}{2}\times5.14^2+\frac{\pi}{3}\times5.5^2+4+7.25\times4.74\right)\text{m}^3$$

$$=200\times(41.50+31.68+38.37)\text{m}^3$$

$$=22310\text{m}^3$$

2）混凝土拱部衬砌工程量：

$$V_2 = 200\times\frac{1}{2}\pi\times[(4.5+0.04+0.6)^2-(4.5+0.04)^2]\text{m}^3$$

$$=100\pi\times[5.14^2-4.54^2]\text{m}^3=1824.64\text{m}^3$$

3）混凝土边墙衬砌工程量：

$$V_3=2\times200\times0.6\times5\text{m}^3=1200\text{m}^3$$

4）拱部喷射混凝土工程量：

$$V_4=\frac{1}{2}\pi\times2\times4.5\times200\text{m}^2=628.32\text{m}^2$$

5）边墙喷射混凝土工程量：

$$V_5=200\times5\times2\text{m}^2=2000\text{m}^2$$

6）锚杆工程量：

由于锚杆采用的是钢筋，对于 $\phi22$ 号钢筋，单根钢筋理论重量为 2.98kg/m，由图 2-32 可知：一共 17 根钢筋。

$$m=17\times2.98\times2/1000=0.10\text{t}$$

【注释】 $\frac{1}{2}\times\pi\times(4.5+0.04+0.6)$(平洞拱部的半径的长度)^2 为平洞上部半圆的截面积，$\frac{120}{360}\times(6+0.6)$(平洞下部扇形半径的长度)$^2\pi$ 为平洞下部扇形的断面积，$(5-2.75+5)$(平洞下部一侧梯形的上底加下底之和)$\times(4.5+0.04+0.2)$(平洞下部一侧梯形的高度)$\times\frac{1}{2}\times2$ 为平洞底部扇形上部的两个小梯形的面积；$2\times200\times0.6$(边墙的厚度)$\times5$(边墙的高度)为两侧边墙的截面面积乘以隧道的长度；以上工程量计算规则按设计图示尺寸以体积计算。$\frac{1}{2}\pi\times2\times4.5$(拱部的半径的长度)$\times200$ 为上部拱部的长度乘以隧道的长度，$200\times5\times2$ 为隧道的长度乘以两侧边墙的高度；喷射工程量按设计图示尺寸以面积计算。$17\times2.98\times2/1000$ 为 17 根钢筋的长度乘以每米钢筋的重量，锚杆工程量计算规则按设计图示以质量计算。

清单工程量计算见表 1-162。

清单工程量计算表 表 1-162

序号	项目编码	项目名称	项目特征描述	计量单位	工程量
1	040401001001	平洞开挖	普坚石，采用合作断面开挖，一般爆破	m^3	22310
2	040402002001	混凝土顶拱衬砌	C25 混凝土	m^3	1824.64
3	040402003001	混凝土边墙衬砌	C25 混凝土	m^3	1200
4	040402006001	拱部喷射混凝土	厚度为 4cm，C40 混凝土	m^3	628.32
5	040402007001	边墙喷射混凝土	厚度为 4cm，C40 混凝土	m^3	2000
6	040402012001	锚杆	ϕ22 锚杆，长度为 2m，楔头式锚杆	t	0.101

（2）定额工程量：

由《全国统一市政预算定额第四册隧道工程》GYD—304—1999，第一章隧道开挖与出渣，说明规定：四、开挖定额均按光面爆破制定，如采用一般爆破开挖时，其开挖定额应乘以系数 0.935。

且工程量计算规则规定：一、隧洞的平洞、斜井和竖井开挖与出渣工程量，按设计图开挖断面尺寸，另加允许超挖量以 m^3 计算。本定额光面爆破允许超挖量：拱部为 15cm，边墙为 10cm，若采用一般爆破，其允许超挖量：拱部为 20cm，边墙为 15cm。

1）平洞开挖工程量：

$$200\times\left[\frac{1}{2}\times\pi(4.5+0.04+0.4+0.2)^2+5\times2\times(0.4+0.15)+\frac{120}{360}\pi\times(4.9+0.6)^2\right.$$

$$\left.+2\times\frac{1}{2}\times(4.5+0.04+0.6-0.4)\times(5-2.75+5)\right]m^3$$

$$=200\times\left[\frac{1}{2}\pi\times5.34^2+10\times0.55+\frac{1}{3}\pi\times5.5^2+4.74\times7.25\right]m^3$$

$$=200\times(44.79+5.5+31.68+38.37)m^3$$

$$=200\times120.34m^3$$

$$=24068m^3$$

2）拱部衬砌工程量：

由《全国统一市政工程预算定额第四册隧道工程》GYD－304－1999，第三章隧道内衬，工程量计算规则规定：一、隧道内衬现浇混凝土和石料衬砌的工程量，按施工图所示尺寸加允许超挖量（拱部为 15cm，边墙为 10cm）以 m^3 计算，混凝土部分不扣除 $0.3m^2$ 以内孔洞所占体积。

$$200\times\frac{1}{2}\times\pi\times[(4.5+0.15+0.04+0.6)^2-(4.5+0.04)^2]m^3$$

$$=100\pi\times(5.29^2-4.54^2)m^3$$

$$=100\pi\times7.3725m^3$$

$$=2316.14m^3$$

3）边墙衬砌工程量：

$$2\times200\times(0.6+0.1)\times5m^3=400\times5\times0.7m^3=1400m^3$$

4）拱部喷射混凝土工程量：

根据《全国统一市政工程预算定额第四册隧道工程》GYD－304－1999 第三章隧道内衬

工程量计算规则规定：五、混凝土初喷 5cm 为基本层，每增 5cm 按增加定额计算，不足 5cm 按 5cm 计算，若作临时支护可按一个基本层计算。

拱部及边墙喷射混凝土厚度为 4cm，作为一个基本层，按 5cm 计算：

$$\frac{1}{2}\pi\times2\times4.5\times200\text{m}^2=628.32\text{m}^2$$

5）边墙喷射混凝土工程量：

$$200\times5\times2\text{m}^2=200\text{m}^2$$

6）锚杆工程量：

由钢筋密度表可知：对应于 $\phi22$ 的单根钢筋，理论重量为 2.98kg/m。

由上图可知：锚杆支护采用梅花形布置，共 17 根锚杆，2.98×2×17/1000t=0.10t

【注释】 $\frac{1}{2}\times\pi\times[(4.5+0.15+0.04+0.6)^2-(4.5+0.04)^2$(拱部内侧的半径的长度)]为超挖时拱部的外侧拱部壁的截面面积，其中(4.5+0.15+0.04+0.6)为超挖时外侧的半径长，200 为隧道的长度；(0.6+0.1)为超挖时边墙的厚度；喷射工程量和锚杆工程量同清单计算规则一样。

【例 16】 西安市某山区隧道全长 700m，根据当地地质和水文勘测得知该段施工地下无地下水，岩石类别为普坚石，隧道采用开洞全断面开挖，光面爆破，设计要求拱部衬砌和边墙衬砌采用 C20 混凝土现浇，出渣采用自卸汽车运输至距洞口 800m 处的废弃站，该隧道的断面设计尺寸如图 1-178 所示，试根据上述设计要求编制该段隧道开挖和衬砌工程量清单项目。

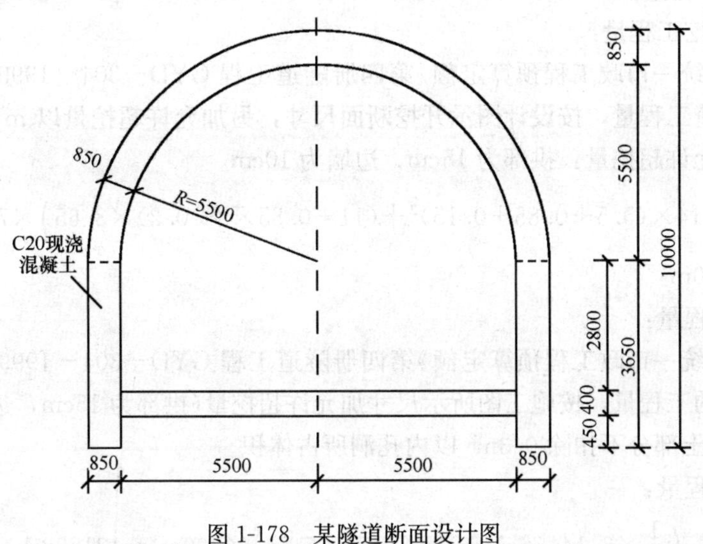

图 1-178　某隧道断面设计图

【解】 (1) 清单工程量：

1）平洞开挖工程量：

$$\left(\frac{1}{2}\times\pi\times(5.5+0.85)^2+(11+0.85\times2)\times3.65\right)\times700\text{m}^3=76785.40\text{m}^3$$

2）衬砌工程量：

① 拱部工程量：

$$\left(\frac{1}{2}\times\pi\times6.35^2-\frac{1}{2}\times\pi\times5.5^2\right)\times700m^3=11069.68m^3$$

②边墙工程量：

$$3.65\times0.85\times700\times2m^3=4343.5m^3$$

【注释】 $\frac{1}{2}\times\pi\times(5.5+0.85)$(平洞拱部的外侧半径的长度)^2 为平洞上部的半圆的截面面积，(11+0.85×2)(平洞下部矩形的长度)×3.65(平洞下部矩形的宽度)为平洞下部矩形的截面积；700为隧道的长度；$\frac{1}{2}\times3.14\times6.35$(拱部外侧的半径的长度)$^2-\frac{1}{2}\times3.14\times5.5$(拱部内侧半径的长度)^2 为平洞上部半圆的外侧面积减去内侧面积是其拱部的截面积；3.65(边墙的高度)×0.85(边墙的厚度)×700×2为两侧边墙的截面面积乘以隧道长度；工程量计算规则按设计图示尺寸以体积计算。

清单工程量计算见表1-163。

清单工程量计算表 **表1-163**

序号	项目编码	项目名称	项目特征描述	计量单位	工程量
1	040401001001	平洞开挖	普坚石，全断面开挖，一般爆破	m^3	76785.40
2	040402002001	混凝土顶拱衬砌	C20混凝土现浇	m^3	11069.68
3	040402003001	混凝土边墙衬砌	C20混凝土现浇	m^3	4343.50

(2) 定额工程量：

1) 平洞开挖工程量：

根据《全国统一市政工程预算定额》第四册隧道工程 GYD－304－1999规定：隧道的平洞开挖与出渣工程量，按设计图示开挖断面尺寸，另加允许超挖量以m^3计，算本定额采用光面爆破允许超挖量：拱部为15cm，边墙为10cm。

$$\left(\frac{1}{2}\times3.14\times(5.5+0.85+0.15)^2+(11+0.85\times2+0.2)\times3.65\right)\times700m^3$$
$$=79415.80m^3$$

2) 衬砌工程量：

根据《全国统一市政工程预算定额》第四册隧道工程 GYD－304－1999规定：隧道内衬现浇混凝土的工程量，按施工图所示尺寸加允许超挖量(拱部为15cm，边墙为10cm)以m^3计算，混凝土部分不扣除$0.3m^2$以内孔洞所占体积。

① 拱部工程量：

$$\left(\frac{1}{2}\times3.14\times6.5^2-\frac{1}{2}\times3.14\times5.5^2\right)\times700m^3=13188m^3$$

②边墙工程量：

$$3.65\times0.95\times700\times2m^3=4854.50m^3$$

【注释】 $(\frac{1}{2}\times3.14\times(5.5+0.85+0.15)^2+(11+0.85\times2+0.2)\times3.65)$为超挖时的平洞的截面积，其中(5.5+0.85+0.15)为拱部超挖时的半径，(11+0.85×2+0.2)为超挖时平洞下部矩形的长度；工程量按设计图示尺寸以体积计算。

【例 17】 太原市××道路隧道长 300m，根据地质勘测报告，该施工段无地下水，岩石类型为特坚石，隧道采用斜洞开挖中横洞开挖法，一般爆破，设计要求拱部衬砌和边墙衬砌采用 C25 混凝土现场浇筑，用自卸汽车将废渣运至距洞口 1000m 处弃置场地，该隧道横洞断面尺寸如图 1-179 所示，试根据施工设计要求编制该段隧道开挖和衬砌工程量清单项目。

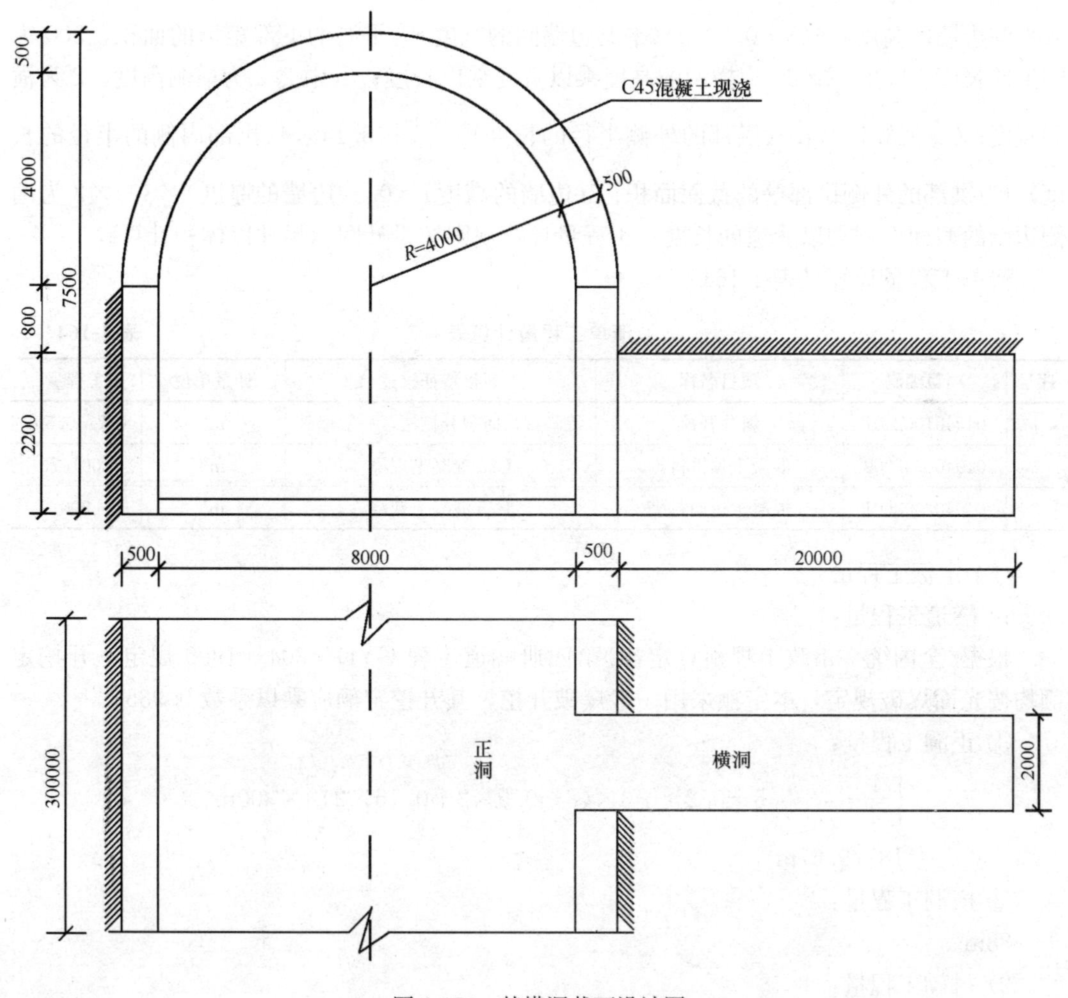

图 1-179 某横洞截面设计图

【解】 (1) 清单工程量

1) 隧道工程量：

① 正洞工程量：

$$\left[\frac{1}{2}\times3.14\times(4+0.5)^2+3\times(8+0.5\times2)\right]\times300\text{m}^3=17642.59\text{m}^3$$

② 横洞工程量：

$2.2\times2\times20\text{m}^3=88\text{m}^3$

2) 衬砌工程量：

① 拱部工程量：

$$\left(\frac{1}{2}\times3.14\times4.5^2-\frac{1}{2}\times3.14\times4^2\right)\times300m^3=2001.75m^3$$

②边墙工程量：

$$3\times0.5\times300\times2m^3=900m^3$$

【注释】 $\frac{1}{2}\times3.14\times(4+0.5)$(平洞拱部的半径的长度)^2 为平洞的上部半圆的面积，3(平洞边墙的高度)×(8+0.5×2)(平洞边墙间的宽度)为平洞的下部矩形的面积，300 为隧道的长度；2.2×2×20 为横洞的高度乘以宽度乘以长度；其中 2.2 为横洞高度，2 为横洞宽度；($\frac{1}{2}\times3.14\times4.5$(拱部的外侧半径的长度)$^2-\frac{1}{2}\times3.14\times4$(拱部内侧的半径的长度)^2)为拱部的外侧拱部壁的截面面积；3(边墙的高度)×0.5(边墙的厚度)×300×2 为两侧边墙的截面面积乘以隧道的长度；工程量计算规则按设计图示尺寸以体积计算。

清单工程量计算见表 1-164。

清单工程量计算表 **表 1-164**

序号	项目编码	项目名称	项目特征描述	计量单位	工程量
1	040401002001	斜井开挖	特坚石，横洞开挖法，一般爆破	m^3	17730.59
2	040402002002	混凝土顶拱衬砌	C25 混凝土现浇	m^3	2001.75
3	040402003001	混凝土边墙衬砌	C25 混凝土现浇	m^3	900

(2) 定额工程量

1) 隧道工程量：

根据《全国统一市政工程预算定额》第四册隧道工程 GYD－304－1999 规定：开挖定额均按光面爆破规定，本定额采用一般爆破开挖，其开挖定额应乘以系数 0.935。

① 正洞工程量：

$$\left[\frac{1}{2}\pi(4+0.5+0.2)^2+3\times(8+0.5\times2+0.15\times2)\right]\times300m^3$$
$$=18779.67m^3$$

② 横洞工程量：

$88m^3$

2) 衬砌工程量：

根据《全国统一市政工程预算定额》第四册隧道工程 GYD－304－1999 规定：隧道内衬现浇混凝土的工程量，按施工图所示尺寸加允许超挖量(拱部为 15cm，边墙为 10cm)以 m^3 计算，混凝土部分不扣除 $0.3m^2$ 以内孔洞所占体积。

① 拱部工程量：

$$\left(\frac{1}{2}\times3.14\times4.65^2-\frac{1}{2}\times3.14\times4^2\right)\times300m^3=2648.20m^3$$

② 边墙工程量：

$$3\times0.6\times300\times2m^3=1080m^3$$

【注释】 (4+0.5+0.2)为超挖时拱部外侧的半径，(8+0.5×2+0.15×2)为超挖时平洞的宽度；工程量按设计图示尺寸以体积计算。

【例 18】 重庆市某山区道路需修建一竖井隧道，由当地地质资料知，该段隧道地下有地下水采用顺坡排水，岩石类别为特坚石采用光面爆破，已知隧道长 40m，要求衬砌和边墙采用 C20 混凝土砌筑废渣用吊斗运输至井口 500m 处，此竖井断面设计尺寸图如图 1-180所示，编制该竖井工程量清单项目。

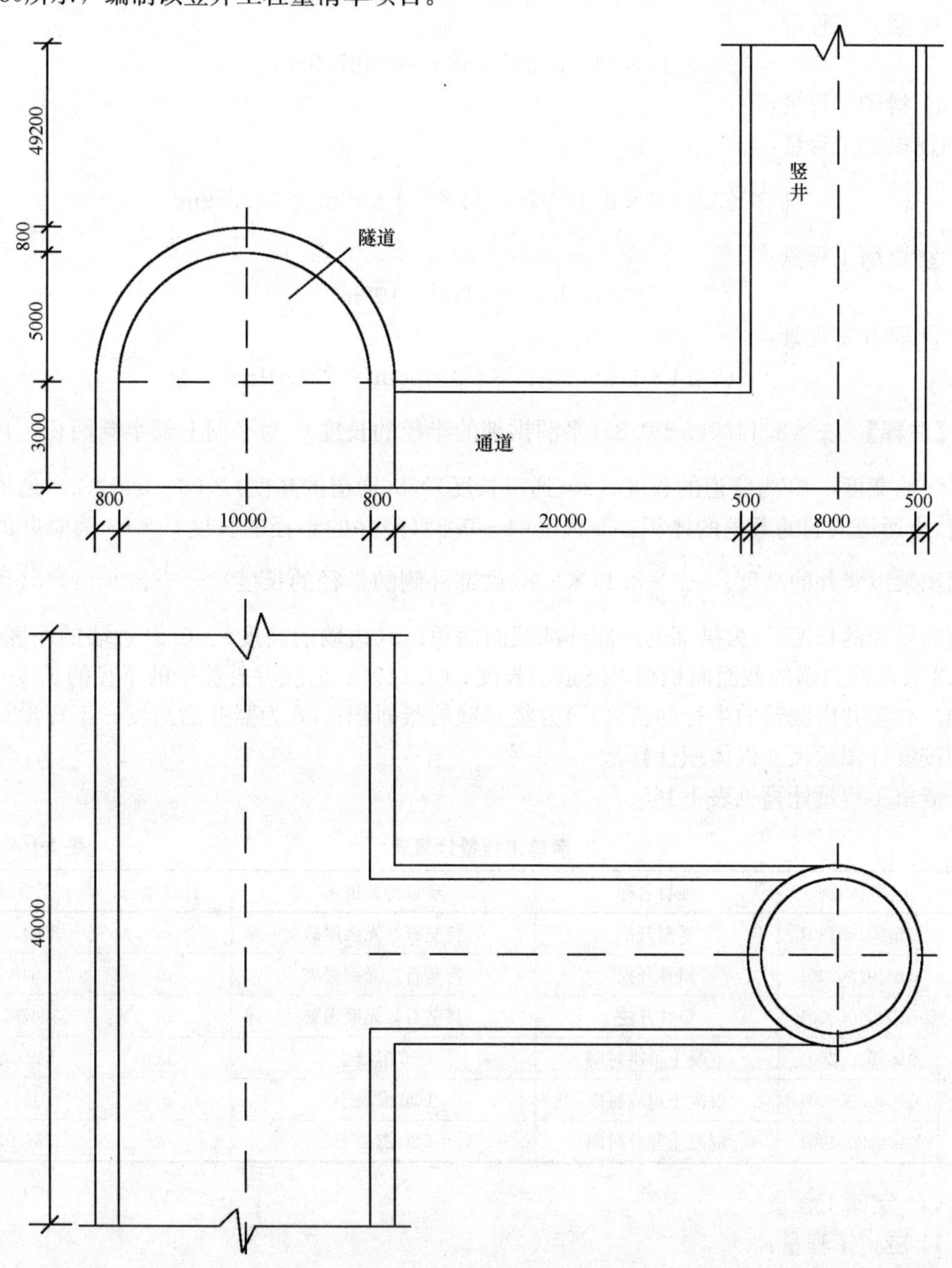

图 1-180 竖井断面示意图

【解】 (1) 清单工程量

1) 隧道工程量：

$$\left[\frac{1}{2}\times 3.14\times(5+0.8)^2+11.6\times 3\right]\times 40\text{m}^3=3504.59\text{m}^3$$

2）通道工程量：

$$20\times 3\times(8+0.5\times 2)\text{m}^3=540\text{m}^3$$

3）竖井工程量：

$$3.14\times(4+0.5)^2\times 58\text{m}^3=3687.93\text{m}^3$$

4）衬砌工程量：

① 拱部工程量：

$$\left(\frac{1}{2}\times 3.14\times 5.8^2-\frac{1}{2}\times 3.14\times 5^2\right)\times 40\text{m}^3=542.59\text{m}^3$$

② 边墙工程量：

$$3\times 0.8\times 40\times 2\text{m}^3=192\text{m}^3$$

③ 竖井工程量：

$$(3.14\times 4.5^2-3.14\times 4^2)\times 58\text{m}^3=774.01\text{m}^3$$

【注释】 $\frac{1}{2}\times 3.14\times(5+0.8)$(平洞拱部的半径的长度)^2 为平洞上部半圆面积，11.6 为平洞的宽度，40 为隧道的长度；20(通道长度)×3(通道的高度)×(8＋0.5×2)(通道的宽度)为通道的洞的开挖的体积；3.14×(4＋0.5)(竖井的半径的长度)^2×58 为竖井的截面面积乘以竖井的高度；($\frac{1}{2}$×3.14×5.8(拱部外侧的半径的长度)^2－$\frac{1}{2}$×3.14×5(拱部内侧的半径的长度)^2)为拱部的外侧环部截面面积；3(边墙的高度)×0.8(边墙的厚度)×40×2 为两侧边墙的截面面积乘以隧道的长度；(3.14×4.5(竖井外侧壁的半径的长度)^2－3.14×4(竖井内侧壁的半径的长度)^2)为竖井壁的截面积；58 为竖井的高度；工程量计算规则按设计图示尺寸以体积计算。

清单工程量计算见表 1-165。

清单工程量计算表 **表 1-165**

序号	项目编码	项目名称	项目特征描述	计量单位	工程量
1	040401001001	平洞开挖	特坚石，光面爆破	m^3	3504.59
2	040401002001	斜井开挖	特坚石，光面爆破	m^3	540
3	040401003001	竖井开挖	特坚石，光面爆破	m^3	3687.93
4	040402002001	混凝土顶拱衬砌	C20 混凝土	m^3	542.59
5	040402003001	混凝土边墙衬砌	C20 混凝土	m^3	192
6	040402004001	混凝土竖井衬砌	C20 混凝土	m^3	774.01

（2）定额工程量

1）隧道工程量：

根据《全国统一市政工程预算定额》第四册隧道工程 GYD－304－1999 规定：隧道的竖井开挖与出渣工程量，按设计图开挖断面尺寸，另加允许超挖量以 m^3 计算，本定额光面爆破允许超挖量：拱部为 15cm，边墙为 10cm。

$$\left[\frac{1}{2}\times 3.14\times(5+0.8+0.15)^2+(10+0.8\times 2+0.2)\times 3\right]\times 40\text{m}^3=3639.28\text{m}^3$$

2）通道工程量：

通道定额工程量与清单相同为 $540m^3$

3）竖井工程量：

竖井定额工程量与清单相同为 $3687.93m^3$

4）衬砌工程量：

根据《全国统一市政工程预算定额》第四册隧道工程 GYD—304—1999 规定：隧道竖井内衬现浇混凝土的工程量，按施工图所示尺寸加允许超挖量（拱部为 15cm，边墙为 10cm）以 m^3 计算。

① 拱部工程量：

$$\left(\frac{1}{2}\times3.14\times5.95^2-\frac{1}{2}\times3.14\times5^2\right)\times40m^3=653.28m^3$$

② 边墙工程量：

$$3\times0.9\times40\times2m^3=216m^3$$

③ 竖井工程量：

竖井衬砌定额工程量与清单相同为 $774.01m^3$。

【注释】 (5+0.8+0.15)为超挖时平洞上部半圆的外侧半径，(10+0.8×2+0.2)为超挖时平洞的宽度；长度按超挖时长度计算，工程量按设计图示尺寸加超挖数以体积计算。

【例 19】 某城市道路隧道长 200m，由地质勘测报告知，该段隧道无地下水，岩石为普坚石，采用光面爆破开挖，在清洗岩石后，用 C20 混凝土喷射边墙和拱部，喷射混凝土厚度为 0.12m，浆砌块石拱部和边墙 0.5m，废土运至距洞口 700m 处，此隧道喷射混凝土尺寸布置图如图 1-181 所示，试计算该隧道工程量。

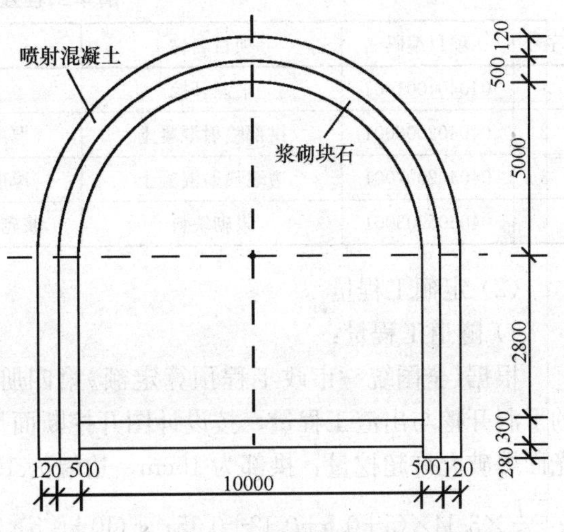

图 1-181 某隧道喷射混凝土断面图

【解】 (1) 清单工程量

1）隧道工程量：

$$\left[\frac{1}{2}\times3.14\times(5+0.5+0.12)^2+(10+0.5\times2+0.12\times2)\times3.38\right]\times200m^3$$

$$=17531.48m^3$$

2）喷射混凝土工程量：

① 拱部工程量：

$$\frac{1}{2}\times2\pi\times(5+0.5)\times200m^2=3454m^2$$

② 边墙工程量：

$$3.38\times200\times2m^2=1352m^2$$

③ 浆砌块石工程量：

$$200\times\left(\frac{1}{2}\times3.14\times5.5^2-\frac{1}{2}\times3.14\times5^2+0.5\times3.38\times2\right)m^3=2324.50m^3$$

【注释】 $\frac{1}{2}\times3.14\times(5+0.5+0.12)$（平洞拱部的半径的长度）^{2} 为平洞的上部半圆的面积，$(10+0.5\times2+0.12\times2)$（平洞边墙间的外侧宽度）$\times3.38$（平洞边墙的高度）为平洞的下部矩形的宽度乘以高度，200 为隧道的长度。$\frac{1}{2}\times2\pi\times(5+0.5)$（拱部的外侧半径的长度）$\times200$ 为平洞的上部半圆的弧长度乘以隧道的长度，$3.38\times200\times2$ 为两侧边墙的高度乘以隧道的长度，其喷射工程量计算规则按设计图示尺寸以面积计算。$\frac{1}{2}\times3.14\times5.5^2$ 为外侧拱部的面积，$\frac{1}{2}\times3.14\times5$（平洞拱部内侧的半径的长度）^{2} 内侧拱部的面积；0.5（边墙的厚度）$\times3.38\times2$ 为两侧边墙的厚度乘以高度；隧道工程量、浆砌块石工程量计算规则均按设计图示尺寸以体积计算。

清单工程量计算见表 1-166。

清单工程量计算表　　表 1-166

序号	项目编码	项目名称	项目特征描述	计量单位	工程量
1	040401001001	平洞开挖	普坚石，光面爆破	m^3	17531.48
2	040402006001	拱部喷射混凝土	厚度 12cm，C20 混凝土	m^2	3454
3	040402007001	边墙喷射混凝土	厚度 12cm，C20 混凝土	m^2	1352
4	040305003001	浆砌块料	浆砌块石，浆砌厚度 50cm	m^2	2324.50

（2）定额工程量

1）隧道工程量：

根据《全国统一市政工程预算定额》第四册—隧道工程 GYD—304—1999 规定：隧道的平洞开挖与出渣工程量，按设计图开挖断面尺寸，另加允许超挖量以 m^3 计算，本定额光面爆破允许超挖量：拱部为 15cm，边墙为 10cm。

$$\left[\frac{1}{2}\times3.14\times(5+0.5+0.12+0.15)^2+(10+0.5\times2+0.12\times2+0.2)\times3.38\right]\times200m^3$$
$$=18187.41m^3$$

2）喷射混凝土工程量：

① 拱部工程量：

拱部喷射混凝土定额工程量与清单相同 $3454m^2$

② 边墙工程量：

边墙喷射混凝土定额工程量与清单相同 $1352m^2$

3）浆砌块石工程量：

根据《全国统一市政工程预算定额》第四册—隧道工程 GYD－304－1999 规定，隧道石料衬砌的工程量，按施工图所示尺寸加允许超挖量（拱部为 15cm，边墙为 10cm），以 m^3 计算，混凝土部分不扣除 $0.3m^2$，以内孔洞所占体积：

$$200\times\left(\frac{1}{2}\times3.14\times5.65^2-\frac{1}{2}\times3.14\times5^2+0.6\times3.38\times2\right)m^3=2984.87m^3$$

【注释】（5＋0.5＋0.12＋0.15）为超挖时的拱部外侧的半径，（10＋0.5×2＋0.12×2＋0.2）为超挖时平洞的宽度，工程量按设计图示尺寸加超挖数以体积计算。

【例 20】某隧道长 100m，采用平洞开挖，光面爆破，经地质勘探此段岩层为特坚石，无地下水，隧道开挖后，进行拱圈砌筑和边墙砌筑，砌筑材料为粗石料砂浆，其设计尺寸见图 1-182 所示，试编制该段隧道开挖和砌筑工程量项目。

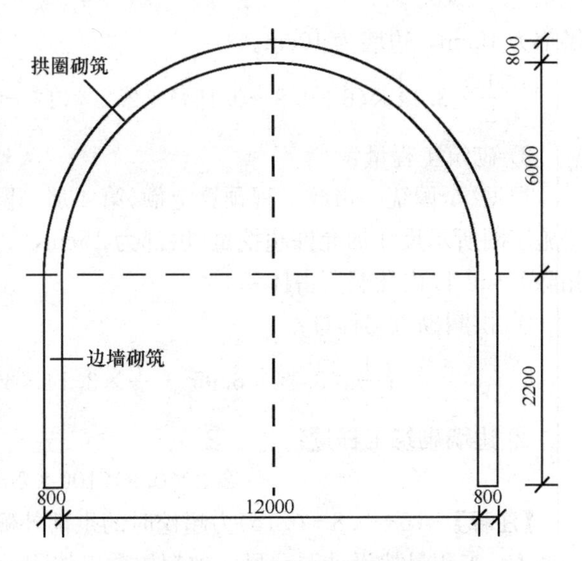

图 1-182　拱圈和边墙砌筑示意图

【解】（1）清单工程量

1）隧道工程量：

$$\left[\frac{1}{2}\times3.14\times(6+0.8)^2+2.2\times(12+0.8\times2)\right]\times100\text{m}^3=10251.68\text{m}^3$$

2）拱圈砌筑工程量：

$$\left(\frac{1}{2}\times3.14\times6.8^2-\frac{1}{2}\times3.14\times6^2\right)\times100\text{m}^3=1607.68\text{m}^3$$

3）边墙砌筑工程量：

$$2.2\times0.8\times100\times2\text{m}^3=352\text{m}^3$$

【注释】$\frac{1}{2}\times3.14\times(6+0.8)$（拱部的外侧的半径的长度）^{2} 为平洞上部的半圆的面积，2.2（边墙的高度）×（12＋0.8×2）（平洞边墙间的外侧的宽度）为平洞的下部矩形的面积，100 为隧道的长度。$\left(\frac{1}{2}\times3.14\times6.8\right)^2$ 为拱部的外侧面积，$\frac{1}{2}\times3.14\times6$（拱部的内侧半径的长度）^{2} 为拱部的内侧面积，内外两者面积相减为拱部壁的截面积；2.2（边墙的高度）×0.8（边墙的厚度）×100×2 为两侧边墙的截面面积乘以隧道的长度。工程量计算规则按设计图示尺寸以体积计算。

清单工程量计算见表 1-167。

清单工程量计算表　　　　**表 1-167**

序号	项目编码	项目名称	项目特征描述	计量单位	工程量
1	040401001001	平洞开挖	平洞开挖，光面爆破，特坚石	m^3	10251.68
2	040402008001	拱圈砌筑	粗石料砂浆	m^3	1607.68
3	040402009001	边墙砌筑	粗石料砂浆	m^3	352

（2）定额工程量

1）隧道工程量：

根据《全国统一市政工程预算定额》第 4 册—隧道工程规定：隧道的平洞开挖与出渣量，按设计图开挖断面尺寸，另加允许超挖量以 m^3 计算，本定额光面爆破允许超挖量：

拱部为 15cm，边墙为 10cm。

$$\left[\frac{1}{2}\times3.14\times(6+0.8+0.15)^2+2.2\times(12+0.8+0.2)\times100\right]\text{m}^3=10619.49\text{m}^3$$

2）砌筑工程量：

根据《全国统一市政工程预算定额》第 4 册—隧道工程规定：隧道石料衬砌的工程量，按施工图所示尺寸加允许超挖量（拱部为 15cm，边墙为 10cm）以 m^3 计算，混凝土部分不扣除 $0.3m^2$ 以内孔洞所占体积。

① 拱圈砌筑工程量：

$$\left(\frac{1}{2}\times3.14\times6.95^2-\frac{1}{2}\times3.14\times6^2\right)\times100\text{m}^3=1931.49\text{m}^3$$

② 边墙砌筑工程量：

$$2.2\times0.9\times100\times2\text{m}^3=396\text{m}^3$$

【注释】 （6＋0.8＋0.15）为超挖时的拱部外侧半径，（12＋0.8＋0.2）为超挖时的平洞的宽度；工程量按设计图示尺寸加超挖数以体积计算。

【例 21】 某隧道沉井是圆形平面 C20 混凝土浇筑而成在自重作用下，利用排水下沉法下沉 30m，已知沉井高为 8m，待沉井下沉到设计标高后，用排水封底法在沉井底部浇筑混凝土底板，沉井混凝土底板和封底尺寸设计如图 1-183 所示，最后在井孔内填筑圬土完成沉井填心最后工序，形成沉井基础，试根据设计图计算此隧道沉井工程量。

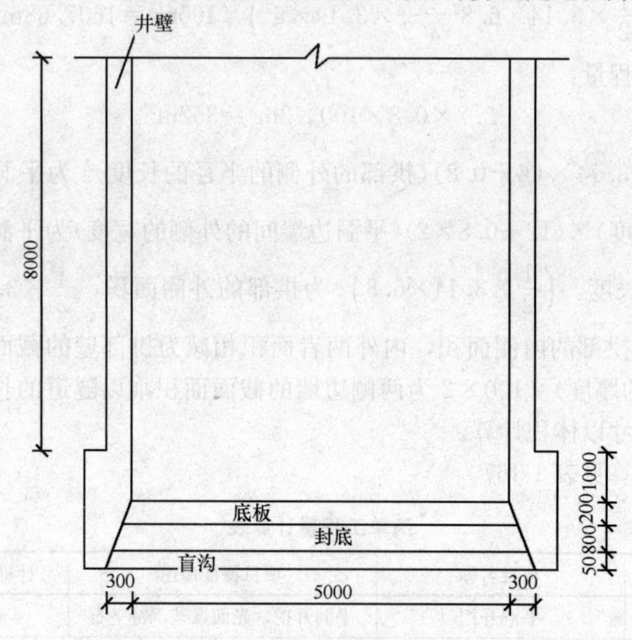

图 1-183 沉井封底构造图

【解】 (1) 清单工程量

1）沉井井壁混凝土工程量：

$$(3.14\times2.8^2-3.14\times2.5^2)\times8\text{m}^3=39.94\text{m}^3$$

2）沉井下沉工程量：

$$2\times3.14\times2.8\times(8+1+0.2+0.8+0.05)\times30\text{m}^3=5301.58\text{m}^3$$

3）沉井混凝土封底工程量：

$$3.14\times2.5^2\times0.8m^3=15.70m^3$$

4）沉井混凝土底板工程量：

$$3.14\times2.5^2\times0.2m^3=3.93m^3$$

5）沉井填心工程量：

$$3.14\times2.5^2\times30m^3=588.75m^3$$

【注释】 [3.14×2.8(井壁的外侧半径的长度)^2－3.14×2.5(井壁内侧半径的长度)^2]×8(沉井的高度)为井的外侧井壁的截面面积乘以沉井的高度；2×3.14×2.8为井外侧圆的周长，(8＋1＋0.2＋0.8＋0.05)为沉井下沉的高度加底板、封底和盲沟的高度，30为沉井下沉的深度；3.14×2.5(井底半径的长度)^2×0.8(封底的高度)为井底的面积乘以封底高度；3.14×2.5^2×0.2(底板的厚度)为井底的面积乘以底板高度；3.14×2.5^2×30(沉井的深度)为井内侧圆的面积乘以沉井下沉的深度；工程量计算规则均按设计图示尺寸以体积计算。

清单工程量计算见表1-168。

清单工程量计算表 表1-168

序号	项目编码	项目名称	项目特征描述	计量单位	工程量
1	040405001001	沉井井壁混凝土	圆形平面，C20混凝土	m^3	39.94
2	040405002001	沉井下沉	下沉深度30m	m^3	5301.58
3	040405003001	沉井混凝土封底	C20混凝土	m^3	15.70
4	040405004001	沉井混凝土底板	C20混凝土	m^3	3.93
5	040405005001	沉井填心	填筑圬工材料	m^3	588.75

(2) 定额工程量

1）沉井井壁混凝土工程量：

沉井井壁混凝土工程量定额与清单相同为39.94m^3

2）沉井下沉工程量：

根据《全国统一市政工程预算定额》第四册—隧道工程GYD－304－1999规定：沉井下沉的土方工程量，按沉井外壁所围的面积乘以下沉深度(预制时刃脚底面至下沉后设计刃脚底面的高度)，并分别乘以土方回淤系数计算。回淤系数：排水下沉大于10m为1.05;不排水下沉深度大于15m为1.02。

$$2\times3.14\times2.8\times(8+1+0.2+0.8+0.05)\times30\times1.05m^3=5566.65m^3$$

3）沉井混凝土封底工程量：

沉井混凝土封底工程量定额与清单相同为15.7m^3

4）沉井混凝土底板工程量：

沉井混凝土底板工程量定额与清单相同为3.93m^3

5）沉井填心工程量：

沉井填心定额工程量与清单相同为588.75m^3

【注释】 由于排水下沉大于10m为1.05，所以沉井下沉工程量乘以该系数；本例中沉井井壁混凝土工程量、封底工程量、底板工程量、填心工程量均同取得计算规则和结果一样。

【例 22】 某砂性土进行地下连续墙制作，在地下挖 1.5m 深的深槽，浇筑 C25 的混凝土形成墙体，用锁口管将墙体相连制成连续墙，利用基坑挖土将地下连续墙围成的土体挖出形成基坑，连续墙宽度尺寸和基坑宽度尺寸如图 1-184 所示，试编制地下连续墙和基坑挖土工程量。

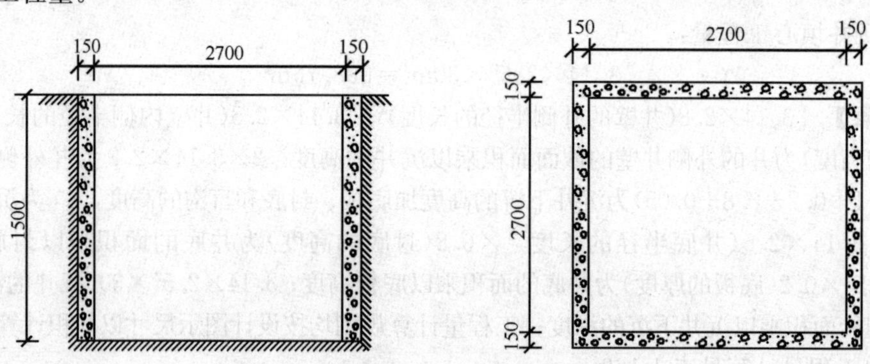

图 1-184 地下连续墙和基坑挖土示意图

【解】 (1) 清单工程量

1) 地下连续墙工程量：

$$(3\times0.15\times2+2.7\times0.15\times2)\times1.5\text{m}^3=2.57\text{m}^3$$

2) 基坑挖土工程量：

$$2.7\times2.7\times1.5\text{m}^3=10.94\text{m}^3$$

【注释】 (3(连续墙的长度)×0.15(连续墙的厚度)×2＋2.7(连续墙的宽度)×0.15×2)为地下连续墙的四周的截面积之和，1.5 为地下连续墙的高度；2.7×2.7(基坑的截面尺寸)×1.5 为基坑的截面积乘以挖的深度；工程量计算规则按设计图示尺寸以体积计算。

清单工程量计算见表 1-169。

清单工程量计算表 表 1-169

序号	项目编码	项目名称	项目特征描述	计量单位	工程量
1	040302003001	地下连续墙	深 1.5m，C25 混凝土浇筑	m^3	2.57
2	040101003001	挖基坑土方	深 1.5m，宽 2.7m	m^3	10.94

(2) 定额工程量

1) 地下连续墙工程量：

根据《全国统一市政工程预算定额》第四册—隧道工程规定：地下连续墙成槽土方量按连续墙设计长度、宽度和槽深(加超深 0.5m)计算。

$$(3\times0.15\times2+2.7\times0.15\times2)\times(1.5+0.5)\text{m}^3=3.42\text{m}^3$$

2) 基坑挖土工程量：

根据《全国统一市政工程预算定额》第 4 册—隧道工程规定：地下连续墙成槽土方量按连续墙设计长度、宽度和槽深(加超深 0.5m)计算。

$$2.7\times2.7\times(1.5+0.5)\text{m}^3=14.58\text{m}^3$$

【注释】 (3×0.15×2＋2.7×0.15×2)为超挖时地下连续墙的四周的截面积之和，(1.5

+0.5)为有超挖时地下连续墙的高度；2.7×2.7×(1.5+0.5)为有超挖时基坑的截面积乘以挖的深度；工程量计算规则按设计图示尺寸以体积计算。

【例 23】 某隧道长 300m，内部修建一条厚 0.15m 的混凝土路面，混凝土强度为 C30 砂浆比为 3∶2，隧道处于普坚石地段，采用光面爆破平洞开挖方式，衬砌为 C20 的混凝土现浇，其尺寸如图 1-185 所示，试求其工程量。

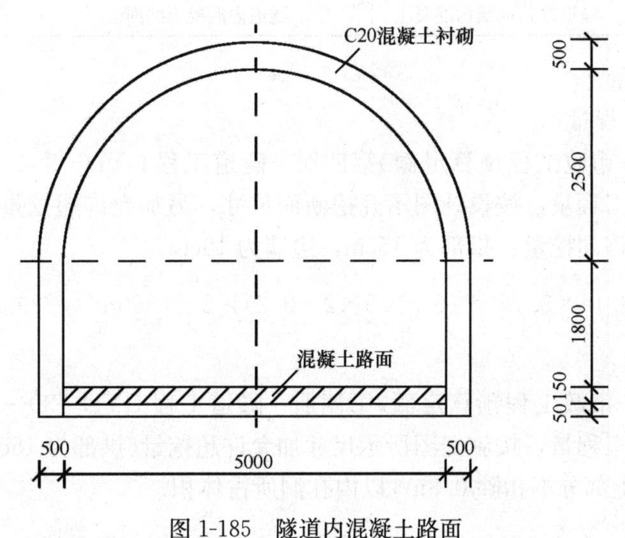

图 1-185　隧道内混凝土路面

【解】 (1) 清单工程量

1) 平洞开挖工程量：

$$300\times\left[\frac{1}{2}\times3.14\times(2.5+0.5)^2+(5+0.5\times2)\times2\right]\text{m}^3=7839\text{m}^3$$

2) 衬砌工程量：

① 拱部工程量：$\left(\frac{1}{2}\times3.14\times3^2-\frac{1}{2}\times3.14\times2.5^2\right)\times300\text{m}^3=1295.25\text{m}^3$

② 边墙工程量：$0.5\times2\times300\times2\text{m}^3=600\text{m}^3$

3) 隧道内混凝土路面工程量：

$$5\times300\times0.15\text{m}^3=225\text{m}^3$$

【注释】 $\frac{1}{2}\times3.14\times(2.5+0.5)$(平洞拱部的半径的长度)^2 为平洞上部拱部的面积，(5+0.5×2)(平洞边墙间的宽度)×2(边墙的高度)为平洞拱部下面的矩形的截面积，300 为隧道的长度；$\frac{1}{2}\times3.14\times3$(拱部外侧半径的长度)^2 为平洞拱部的外侧圆面积，$\frac{1}{2}\times3.14\times2.5$(拱部内侧半径的长度)^2 为平洞拱部的内侧圆面积；0.5(边墙的厚度)×2(边墙的高度)×300×2 为两侧边墙的截面面积乘以隧道的长度；以上工程量计算规则按设计图示尺寸以体积计算。5×300×0.15 为隧道内混凝土路面的宽度乘以隧道的长度乘以厚度，其工程量计算规则按设计图示尺寸以体积计算。

清单工程量计算见表 1-170。

清单工程量计算表 表 1-170

序号	项目编码	项目名称	项目特征描述	计量单位	工程量
1	040401001001	平洞开挖	普坚石，光面爆破，平洞开挖	m^3	7839
2	040402002001	混凝土顶拱衬砌	C20 混凝土现浇	m^3	1295.25
3	040402003001	混凝土边墙衬砌	C20 混凝土现浇	m^3	600
4	040406008001	隧道内其他结构混凝土	隧道内混凝土路面	m^3	225

(2) 定额工程量

1) 平洞开挖工程量：

根据《全国统一市政工程预算定额》第四册—隧道工程 GYD－304－1999 规定，隧道的平洞开挖与出渣工程量，按设计图示开挖断面尺寸，另加允许超挖量以 m^3 计算，本定额采用光面爆破允许超挖量：拱部为 15cm，边墙为 10cm。

$$\left[\frac{1}{2}\times3.14\times3.15^2+(5+0.5\times2+0.2)\times2\right]\times300m^3=8393.50m^3$$

2) 衬砌工程量：

根据《全国统一市政工程预算定额》第四册—隧道工程 GYD—304—1999 规定：隧道内衬现浇混凝土的工程量，按施工图所示尺寸加允许超挖量(拱部为 15cm，边墙为 10cm)以 m^3 计算，混凝土部分不扣除 $0.3m^2$ 以内孔洞所占体积。

① 拱部工程量：$\left(\frac{1}{2}\times3.14\times3.15^2-\frac{1}{2}\times3.14\times2.5^2\right)\times300m^3=1729.75m^3$

② 边墙工程量：$0.6\times2\times300\times2m^3=720m^3$

3) 隧道内混凝土路面工程量：

隧道内混凝土路面定额工程量与清单相同为 $1500m^2$

【注释】 3.15 为超挖时拱部外侧圆的半径，$(5+0.5\times2+0.2)$为超挖时平洞的宽度；可得$\left[\frac{1}{2}\times3.14\times3.15^2+(5+0.5\times2+0.2)\times2\right]$为平洞的截面积；工程量按设计图示尺寸加超挖长度以体积计算。

【例 24】 某沉管隧道用石料最大粒径为 4cm，混凝土强度为 C25 的预制沉管混凝土板底、侧墙和顶板，所有工序都是通过混凝土浇筑完成的，为了加强预制沉管的防水性能，需预制沉管钢底板作外侧防水层，在沉放沉管时，采用压浆法预制沉管底垫层，完成隧道基槽的场地平整和垫层铺设，已知预制的混凝土沉管隧道平面为矩形，管节长 40m，其各垫层、压浆层、底板、侧墙、顶板设计尺寸如图 1-186 所示布置，采用 M5 砂浆固封充填，试根据施工设计编制沉管隧道工程量。

【解】 (1) 清单工程量

1) 预制沉管底垫层工程量：

$$18.9\times0.5\times40m^3=378m^3$$

2) 预制沉管钢底板工程量：

已知钢材的密度 $\rho=7.78t/m^3$

$$12.2\times0.12\times40\times7.78t=455.597t$$

3) 预制沉管混凝土板底工程量：

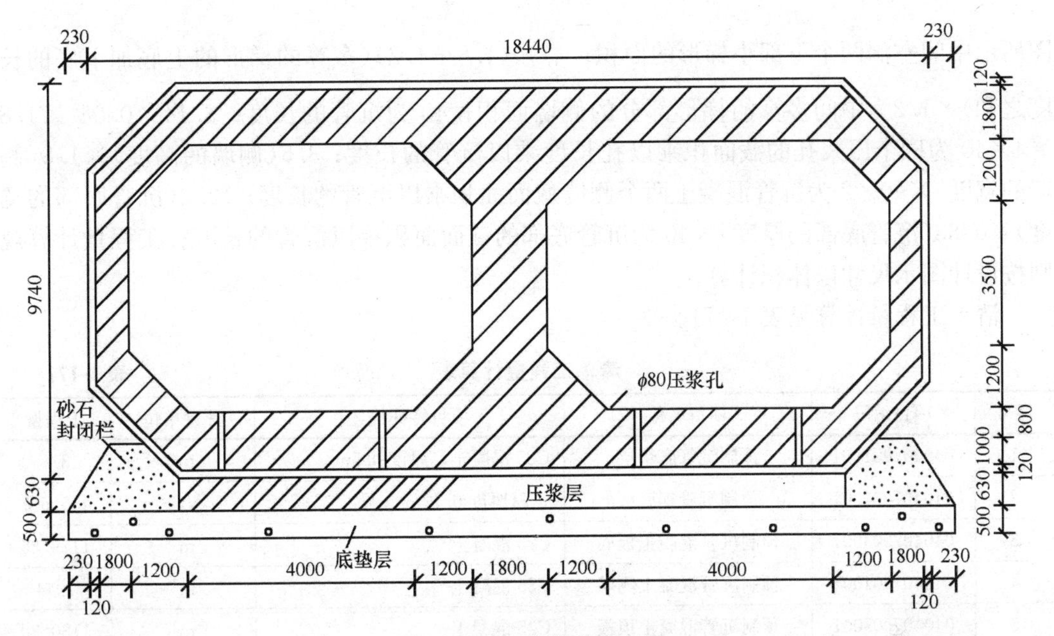

图 1-186 沉管隧道布置图

$$\left\{\left[\frac{1}{2}\times(12.2+18.2)\times3-\frac{1}{2}\times(4+6.4)\times1.2\times2-\frac{1}{2}\times(1.8+4.2)\times1.2\right]\times40-3.14\times0.04^2\times1.8\times4\times40\right\}\text{m}^3$$

$=[(45.6-12.48-3.6)\times40-1.45]\text{m}^3$

$=(29.52\times40-1.45)\text{m}^3$

$=(1180.8-1.45)\text{m}^3$

$=1179.35\text{m}^3$

4）预制沉管混凝土侧墙工程量：

$3.5\times1.8\times40\times2+2\times1/2\times(1.8+4.2)\times1.2\times40+3.5\times1.8\times40\text{m}^3=1044\text{m}^3$

5）预制沉管混凝土顶板工程量：

$$\left[\frac{1}{2}\times(12.2+18.2)\times3-\frac{1}{2}\times(4+6.4)\times1.2\times2-\frac{1}{2}\times(1.8+4.2)\times1.2\right]\times40\text{m}^3$$

$=(45.6-12.48-3.6)\times40\text{m}^3$

$=29.52\times40\text{m}^3$

$=1180.80\text{m}^3$

6）沉管底部压浆固封充填工程量：

$$12.2\times0.63\times40\text{m}^3=307.44\text{m}^3$$

【注释】 18.9（垫层的宽度）×0.5（垫层的厚度）×40 为沉管底垫层的厚截面面积乘以沉管的长度；12.2（板底钢的长度）×0.12（板底钢的厚度）×40×7.78 为板底钢的截面积乘以管的长度乘以每立方米钢筋的理论质量（其工程量计算规则按设计图示以质量计算）。$\frac{1}{2}\times(12.2+18.2)$（下部梯形的上底加下底的长度之和）×3（梯形的高度）为下部梯形的面面积，$\frac{1}{2}\times(4+6.4)$（小梯形的上底加下底长度之和）×1.2（两个小梯形的高度）×2 为如图所示中间空洞两个下部小梯形的面积；$\frac{1}{2}\times(1.8+4.2)$（多算的梯形的上底加下底的长度之和）×1.2为中间多算的梯形部分的侧墙面积；40 为沉管的长度；$3.14\times0.04^2\times1.8\times4\times40$ 为四个压浆孔的截面积乘以孔长度乘以沉管的长度；3.5（侧墙的高度）×1.8（侧墙的宽度）×40×2 为沉管混凝土两个侧墙截面面积乘以沉管的长度；12.2（沉管底部的宽度）×0.63（沉管底部的厚度）×40 为沉管底部的截面面积乘以沉管的长度；工程量计算规则按设计图示尺寸以体积计算。

清单工程量计算见表 1-171。

清单工程量计算表 **表 1-171**

序号	项目编码	项目名称	项目特征描述	计量单位	工程量
1	040407001001	预制沉管底垫层	C25 混凝土，厚度 0.5m	m^3	378
2	040407002001	预制沉管钢底板	钢材厚度 0.12m	t	455.597
3	040407003001	预制沉管混凝土板底	C25 混凝土	m^3	1179.35
4	040407004001	预制沉管混凝土侧墙	C25 混凝土	m^3	1044
5	040407005001	预制沉管混凝土顶板	C25 混凝土	m^3	1180.80
6	040407022001	沉管底部压浆固封充填	M5 砂浆	m^3	307.44

（2）定额工程量：

1）预制沉管底垫层工程量：

预制沉管底垫层工程量定额与清单相同为 $378m^3$

2）预制沉管钢底板工程量：

预制沉管钢底板工程量定额与清单相同为 455.597t

3）预制沉管混凝土板底工程量：

预制沉管混凝土板底工程量定额与清单相同为 $1179.35m^3$

4）预制沉管混凝土侧墙工程量：

预制沉管混凝土侧墙工程量定额与清单相同为 $1044m^3$

5）预制沉管混凝土顶板工程量：

预制沉管混凝土顶板工程量定额与清单相同为 $1180.80m^3$

6）沉管底部压浆固封充填工程量：

沉管底部压浆固封充填定额工程量与清单相同为 $307.44m^3$

【注释】 工程量计算规则同清单一样。

【例 25】 某沉管隧道在干坞内完成 30m 预制，需进行浮运和沉放，已知河床土质为砂性淤泥，需进行基槽开挖 10m 才能进行沉管浮运，基槽开挖采用挖泥船昼夜开工驳运，卸泥以加速工程进度，干坞距沉放地 1000m。在干坞内灌水使预制管段浮起，并压粒径为 15cm 砂石粒，使垫层压紧密贴，基槽内布置粒径为 30cm 的沉石和粒径为 8cm 的碎石基槽抛铺，其沉管基槽布置图如图 1-187 所示。试根据施工设计图编制此沉管工程量。

【解】 （1）清单工程量

1）沉管河床基槽开挖工程量：

$$\frac{1}{2}\times(18+20)\times10\times30m^3=5700m^3$$

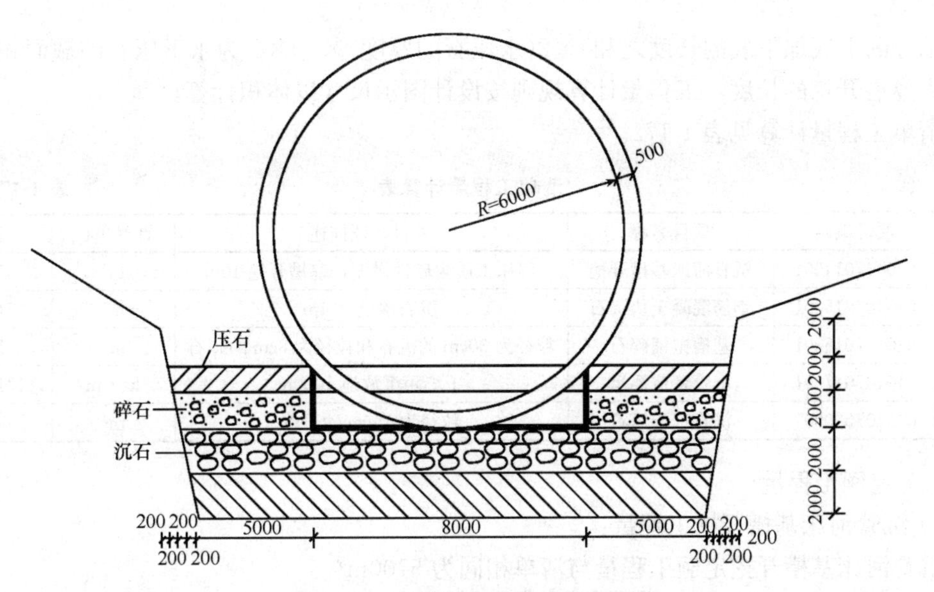

图 1-187 沉管河床基槽开挖布置图

2）钢筋混凝土块沉石工程量：

$$\frac{1}{2}\times(18.4+18.8)\times2\times30\text{m}^3=1116\text{m}^3$$

3）基槽抛铺碎石工程量：

$$\frac{1}{2}\times(18.8+19.2)\times2\times30=1140\text{m}^3$$

4）沉管管节浮运工程量：

此沉管管节采用密度为 2500kg/m³ 的普通混凝土预制。

$$V=(3.14\times6.5^2-3.14\times6^2)\times30\text{m}^3=588.75\text{m}^3$$

$$m=588.75\times2500\text{kg}=1471875\text{kg}=1471.875\text{t}$$

沉管管节浮运工程量：

$$1471875\times1000\times10^{-6}\text{kt}\cdot\text{m}=1471.875\text{kt}\cdot\text{m}$$

5）沉管水下压石工程量：

$$\frac{1}{2}\times(5.6+5.8)\times2\times30\times2\text{m}^3=684\text{m}^3$$

【注释】 $\frac{1}{2}\times(18+20)$(梯形河床的上底加下底的长度之和)×10(河床的基槽开挖的深度)为沉管河床基槽的截面积，30 为某沉管隧道开挖的长度；$\frac{1}{2}\times(18.4+18.8)$(梯形混凝土块沉石的上底加下底的长度之和)×2(混凝土块沉石的厚度)为钢筋混凝土块沉石的截面积；$\frac{1}{2}\times(18.8+19.2)$(基槽铺碎石梯形的上底加下底的长度之和)×2(基槽铺碎石的厚度)为基槽铺碎石的截面积；(3.14×6.5(沉管管节壁的外侧半径的长度)^2－3.14×6(沉管管节壁的内侧半径的长度)^2)×30 为沉管管节壁的面积乘以沉管隧道开挖的长度；588.75×2500 为沉管管节混凝土的工程量乘以每米钢筋的质量；$\frac{1}{2}\times(5.6+5.8)$(水压石梯形部分的上底加下底的长度之和）×2（水压石的厚度）×30×2 为水下压石的截面积乘以某沉管隧道开挖的长度，工程量计算规则按设计图示尺寸以体积计算。

清单工程量计算见表 1-172。

清单工程量计算表 **表 1-172**

序号	项目编码	项目名称	项目特征描述	计量单位	工程量
1	040407014001	沉管河床基槽开挖	河床土质为砂性淤泥，基槽开挖 10m	m^3	5700
2	040407015001	钢筋混凝土块沉石	沉石深度 0.4m	m^3	1116
3	040407016001	基槽抛铺碎石	粒径为 30cm 的沉石和粒径为 8cm 的碎石	m^3	1140
4	040407017001	沉管管节浮运	干坞距沉放地 1000m	kt·m	1471.875
5	040407020001	沉管水下压石	粒径为 15cm 砂石粒	m^3	684

（2）定额工程量

1）沉管河床基槽开挖工程量：

沉管河床基槽开挖定额工程量与清单相同为 $5700m^3$

2）钢筋混凝土块沉石工程量：

钢筋混凝土块沉石定额工程量与清单相同为 $1116m^3$

3）基槽抛铺碎石工程量：

基槽抛铺碎石定额工程量与清单相同为 $1140m^3$

4）沉管管节浮运工程量：

沉管管节浮运定额工程量与清单相同为 1471.875kt·m

5）沉管水下压石工程量：

沉管水下压石定额工程量与清单相同为 $684m^3$

【注释】 工程量计算规则同清单工程量计算规则一样。

【例 26】 某山间隧道全长 150m，采用横洞开挖，光面爆破施工，经地质检测该段岩石层为普坚石，无地下水，根据施工设计用 C20 混凝土对隧道拱部和边墙喷射 300mm 厚的混凝土，斜洞开挖废渣用轻轨斗车运至洞底 300m 处，隧道喷射混凝土量如图 1-188 所示，试根据斜洞开挖设计计算规则计算其工程量。

【解】 （1）清单工程量

1）隧道工程量：

① 正洞工程量：$\left(\frac{1}{2}\times3.14\times4.1^2+8.2\times3.7\right)\times150m^3=8509.76m^3$

② 横洞工程量：$2.5\times2\times15m^3=75m^3$

2）喷射混凝土工程量：

① 拱部喷射混凝土工程量：$3.14\times3.8\times150m^2=1789.80m^2$

② 边墙喷射混凝土工程量：$3.7\times150\times2=1110m^2$

【注释】 $\frac{1}{2}\times3.14\times4.1$（正洞拱部的半径的长度）^{2} +8.2（正洞边墙间外侧的宽度）×3.7（正洞边墙的高度）为正洞的截面积，150 为隧道的长度；2.5（横洞的截面高度）×2（横洞的截面宽度）×15（横洞的长度）为横洞的长度乘以截面面积；工程量计算规则按设计图示尺寸以体积计算。3.14×3.8（拱部喷射外侧半径的长度）×150 为拱部喷射的长度乘以

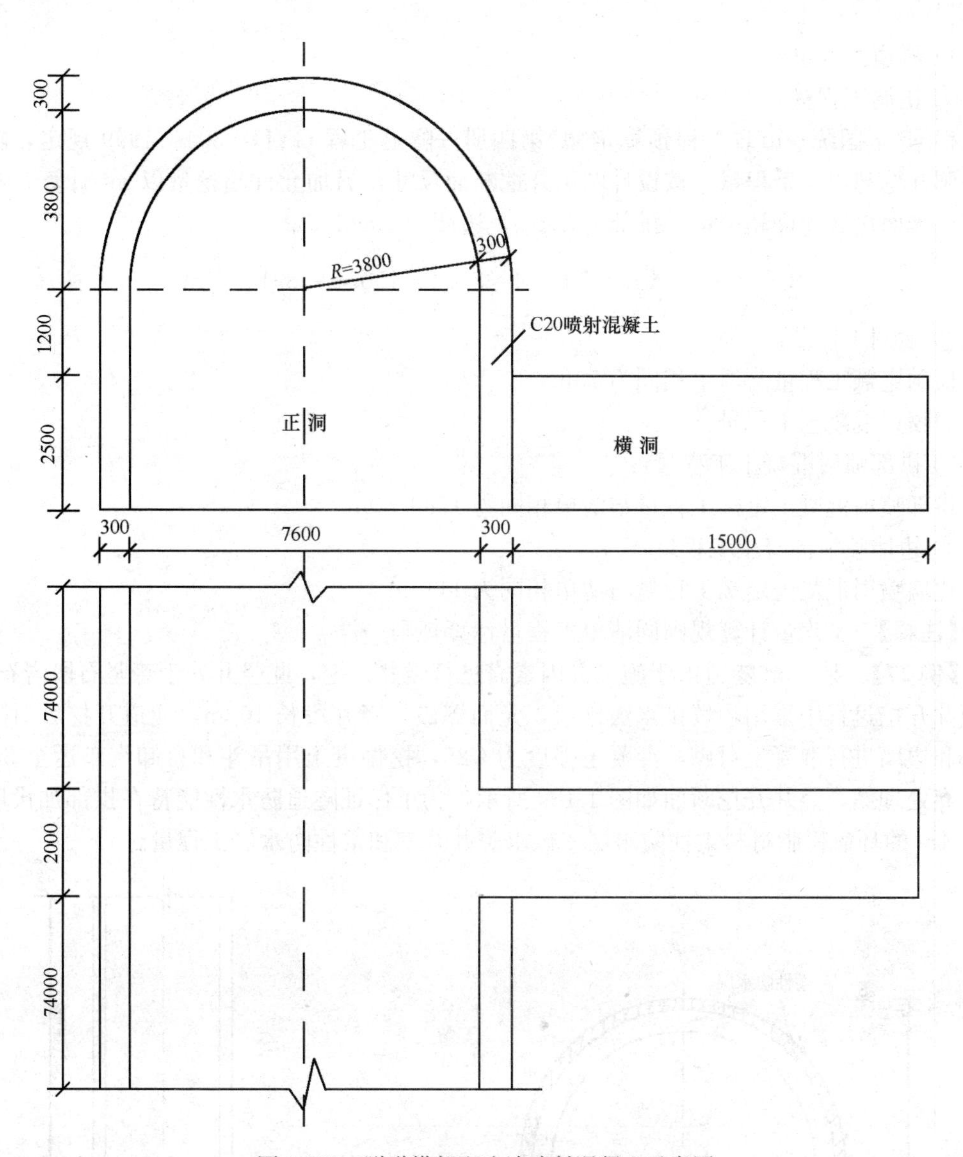

图 1-188 隧道拱部和边墙喷射混凝土示意图

隧道的长度，3.7×150×2 为两侧边墙的高度乘以隧道的长度；喷射工程量计算规则按设计图示尺寸以面积计算。

清单工程量计算见表 1-173。

清单工程量计算表 **表 1-173**

序号	项目编码	项目名称	项目特征描述	计量单位	工程量
1	040401001001	平洞开挖	普坚石，光面爆破，横洞开挖	m^3	8509.76
2	040401002001	斜井开挖	普坚石，光面爆破，横洞开挖	m^3	75
3	040402006001	拱部喷射混凝土	厚 300mm，C20 混凝土	m^3	1789.80
4	040402007001	边墙喷射混凝土	厚 300mm，C20 混凝土	m^3	1110

(2) 定额工程量

1）隧道工程量：

① 正洞工程量：

根据《全国统一市政工程预算定额》第四册—隧道工程 GYD－304－1999 规定，隧道的平洞开挖与出渣工程量，按设计图示开挖断面尺寸，另加允许超挖量以 m^3 计算，本定额采用光面爆破允许超挖量：拱部为 15cm，边墙为 10cm。

$$\left(\frac{1}{2}\times3.14\times4.25^2+8.4\times3.7\right)\times150m^3=8915.72m^3$$

② 横洞工程量：

横洞定额工程量与清单相同为 $75m^3$

2)喷射混凝土工程量：

① 拱部喷射混凝土工程量：

拱部喷射混凝土定额工程量与清单相同为 $1789.80m^2$

② 边墙喷射混凝土工程量：

边墙喷射混凝土定额工程量与清单相同为 $1110m^2$

【注释】 工程量计算规则同清单工程量计算规则一样。

【例 27】 某 50m 隧道由于施工等因素需进行竖井开挖，此竖井处于普坚石段岩石层，在竖井开挖过程中采用顺坡排水法排水，光面爆破，竖井段长 100m，隧道开挖后对隧道拱部和边墙进行混凝土衬砌，混凝土强度为 C25，挖掘废土用吊斗和自卸汽车运至 300m 外废弃处理站，竖井开挖断面如图 1-189 所示，为了保证隧道防水性能特在拱部加设厚度为 0.1m 的环氧树脂材料柔性防水层，试求竖井开挖和柔性防水层工程量。

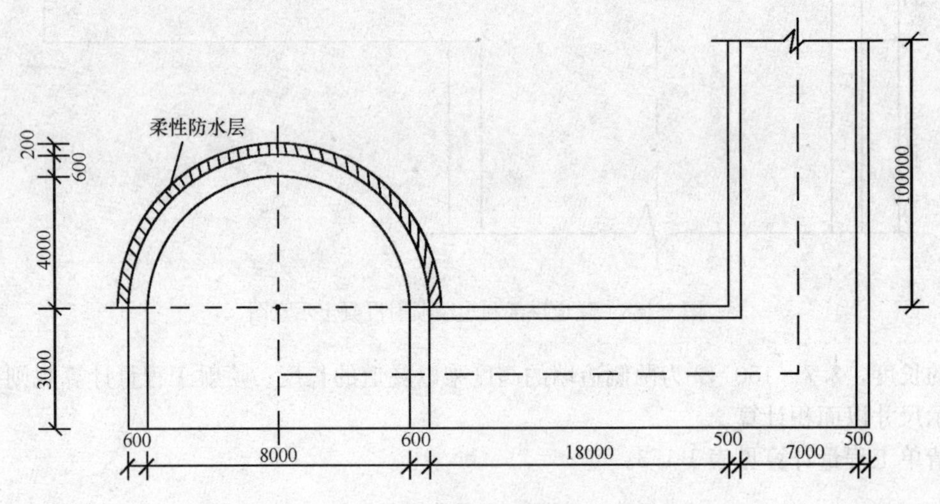

图 1-189 竖井开挖及柔性防水层布置图

【解】 (1)清单工程量

1）隧道工程量：

$$\left(\frac{1}{2}\times3.14\times4.6^2+9.2\times3\right)\times50m^3=3041.06m^3$$

2）竖井开挖工程量：

$$3.14\times4^2\times100m^3=5024m^3$$

3）衬砌工程量：

① 拱部工程量：

$$\left(\frac{1}{2}\times3.14\times4.6^2-\frac{1}{2}\times3.14\times4^2\right)\times50\text{m}^3=405.06\text{m}^3$$

② 边墙工程量：

$$3\times0.6\times50\times2\text{m}^3=180\text{m}^3$$

③ 竖井工程量：

$$\left(\frac{1}{2}\times3.14\times4^2-\frac{1}{2}\times3.14\times3.5^2\right)\times100\text{m}^3=588.75\text{m}^3$$

4）柔性防水层工程量：

$$3.14\times4.6\times50\text{m}^2=722.20\text{m}^2$$

【注释】 $\frac{1}{2}\times3.14\times4.6$(隧道平洞拱部的外侧半径的长度)^2 +9.2(隧道平洞的边墙间的宽度)×3(平洞边墙的高度)为隧道平洞的截面积，50 为隧道的长度；3.14×4(竖井井口的半径)^2 ×100(竖井的高度)为竖井井口的截面积乘以竖井的高度；$\frac{1}{2}\times3.14\times4.6$(拱部外侧半径的长度)^2 为拱部外侧圆的截面积，$\frac{1}{2}\times3.14\times4$(拱部内侧半径的长度)^2 为拱部内侧圆的截面积；3(边墙的高度)×0.6(边墙的厚度)×50×2 为两侧边墙的截面面积乘以隧道的长度；$\frac{1}{2}\times3.14\times4$(竖井外侧半径的长度)$^2-\frac{1}{2}\times3.14\times3.5$(竖井内侧半径的长度)^2 为竖井的井壁的截面积；100 为竖井高度；以上工程量计算规则按设计图示尺寸以体积计算。3.14×4.6(半圆半径的长度)×50 为半圆的周长乘以隧道的长度，其工程量计算规则按设计图示尺寸以面积计算。

清单工程量计算见表 1-174。

清单工程量计算表　　表 1-174

序号	项目编码	项目名称	项目特征描述	计量单位	工程量
1	040401001001	平洞开挖	普坚石，光面爆破	m^3	3041.06
2	040401003001	竖井开挖	普坚石，光面爆破	m^3	5024
3	040402002001	混凝土顶拱衬砌	C25 混凝土	m^3	405.06
4	040402003001	混凝土边墙衬砌	C25 混凝土	m^3	180
5	040402004001	混凝土竖井衬砌	C25 混凝土	m^3	588.75
6	040402019001	柔性防水层	厚度为 10cm 的环氧树脂材料	m^2	722.20

（2）定额工程量

1）隧道工程量：

根据《全国统一市政工程预算定额》第四册—隧道工程 GYD－304－1999 规定：隧道的竖井开挖与出渣工程量，按设计图开挖断面尺寸，另加允许超挖量以 m^3 计算，本定额光面爆破允许超挖量：拱部为 15cm，边墙为 10cm。

$$\left(\frac{1}{2}\times3.14\times4.75^2+9.4\times3\right)\times50\text{m}^3=3181.16\text{m}^3$$

2)竖井开挖工程量：

竖井开挖定额工程量与清单相同为 5024m^3

3)衬砌工程量：

根据《全国统一市政工程预算定额》第四册—隧道工程 GYD－304－1999 规定：隧道内衬现浇混凝土工程量，按施工图所示尺寸加允许超挖量(拱部为 15cm，边墙为 10cm)，以 m^3 计算。

① 拱部工程量：

$$\left[\left(\frac{1}{2}\times3.14\times4.75^2-\frac{1}{2}\times3.14\times4^2\right]\times50\text{m}^3=672.16\text{m}^3$$

② 边墙工程量：

$$3\times0.7\times50\times2\text{m}^3=210\text{m}^3$$

③ 竖井工程量：

$$\left(\frac{1}{2}\times3.14\times4^2-\frac{1}{2}\times3.14\times3.5^2\right)\times100\text{m}^3=588.75\text{m}^3$$

4) 柔性防水层工程量：

柔性防水层定额工程量与清单相同为 722.20m^2。

【注释】 $\frac{1}{2}\times3.14\times4.75$(超挖时外侧的半径)^2 为超挖时外侧圆的截面积，$3\times0.7\times50\times2$ 为超挖时边墙厚度增加后的工程量，竖井工程量的计算同清单算量；工程量按设计图示尺寸加超挖尺寸以体积计算。

【例 28】 某隧道长 120m 处于砂岩与页岩之间，防水性能良好，隧道采用平洞开挖光面爆破方式进行隧道施工，废土通过自卸汽车运输至洞外 300m 处，废弃站隧道开挖阶段完成后，用 C20 混凝土浇筑隧道内衬弓形底板 400mm，内衬侧墙 80mm 并对隧道顶板进行安装 100mm，其隧道内衬弓形底板，内衬侧墙、内衬顶板布置图如图 1-190 所示，试编制以下几个工程量。

1) 隧道内衬弓形底板

2) 隧道内衬侧墙

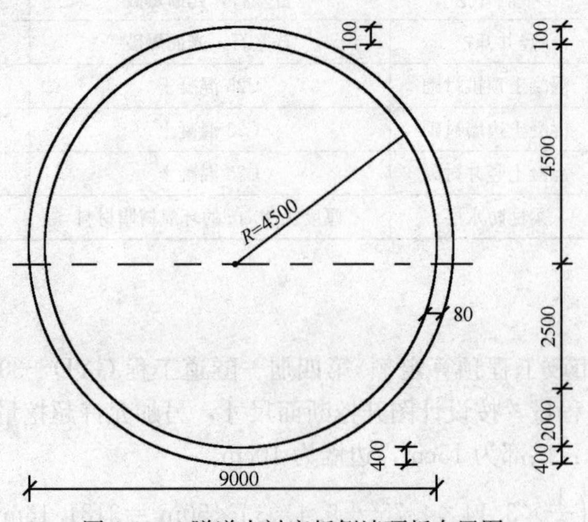

图 1-190 隧道内衬底板侧墙顶板布置图

3）隧道内侧顶板

【解】（1）清单工程量

1）隧道内衬弓形底板工程量：

由于隧道内衬弓形底板为半圆环形，可极限求其工程量。

$$9\times0.4\times120\text{m}^3=432\text{m}^3$$

2）隧道内衬侧墙工程量：

隧道内衬侧墙近似地看成是矩形

$$0.08\times2.5\times120\times2\text{m}^3=48\text{m}^3$$

3）隧道内衬顶板工程量：

$$2\times3.14\times4.5\times120\text{m}^2=753.60\text{m}^2$$

【注释】 9(弓形底板的宽度)×0.4(弓形底板的厚度)×120 为内衬弓形底板的截面面积乘以隧道的长度；0.08(衬侧墙的厚度)×2.5(衬侧墙的高度)×120×2 为两个内衬侧墙的截面面积乘以隧道的长度，工程量计算规则按设计图示尺寸以体积计算。2×3.14×4.5(底板的半径的长度)×120 为顶板的周长乘以隧道的长度，工程量计算规则按设计图示尺寸以面积计算。

清单工程量计算见表 1-175。

清单工程量计算表 **表 1-175**

序号	项目编码	项目名称	项目特征描述	计量单位	工程量
1	040406002001	混凝土底板	隧道内衬弓形底板，C20 混凝土	m^3	432
2	040406008001	隧道内其他结构混凝土	隧道内衬侧墙，C20 混凝土	m^3	48
3	040406008002	隧道内其他结构混凝土	隧道内衬顶板	m^2	753.60

（2）定额工程量

1）隧道内衬弓形底板工程量：

隧道内衬弓形底板定额工程量与清单相同为 432m^3

2）隧道内衬侧墙工程量：

隧道内衬侧墙定额工程量与清单相同为 48m^3

3）隧道内衬顶板工程量：

隧道内衬顶板定额工程量与清单相同为 753.60m^2

【注释】 工程量计算规则同清单计算规则一样。

【例 29】 某乡村隧道全长 150m，其主轴线穿过××岭山脊，为上、下行分离的四车道高速公路隧道，经地质勘测，该隧道穿越微风化石英岩，无地下水，隧道施工单位采用平洞开挖，一般爆破，隧道出碴采用装载机装碴，自卸汽车运输至洞外 300 处弃渣场，隧道拱部和边墙采用 C25 混凝土衬砌 30cm，并对拱部和边墙进行锚喷支护，锚杆采用 ϕ22，长 3.5m 的砂浆锚杆，呈梅花型布置，上、下、左、右间距为 1m，打入边仰坡，衬砌，锚杆支护尺寸设计如图 1-191 所示，试求其工程量。

【解】（1）清单工程量

1）隧道平洞开挖工程量：

$$\left(\frac{1}{2}\times3.14\times6.8^2+13.6\times3\right)\times150\text{m}^3=17009.52\text{m}^3$$

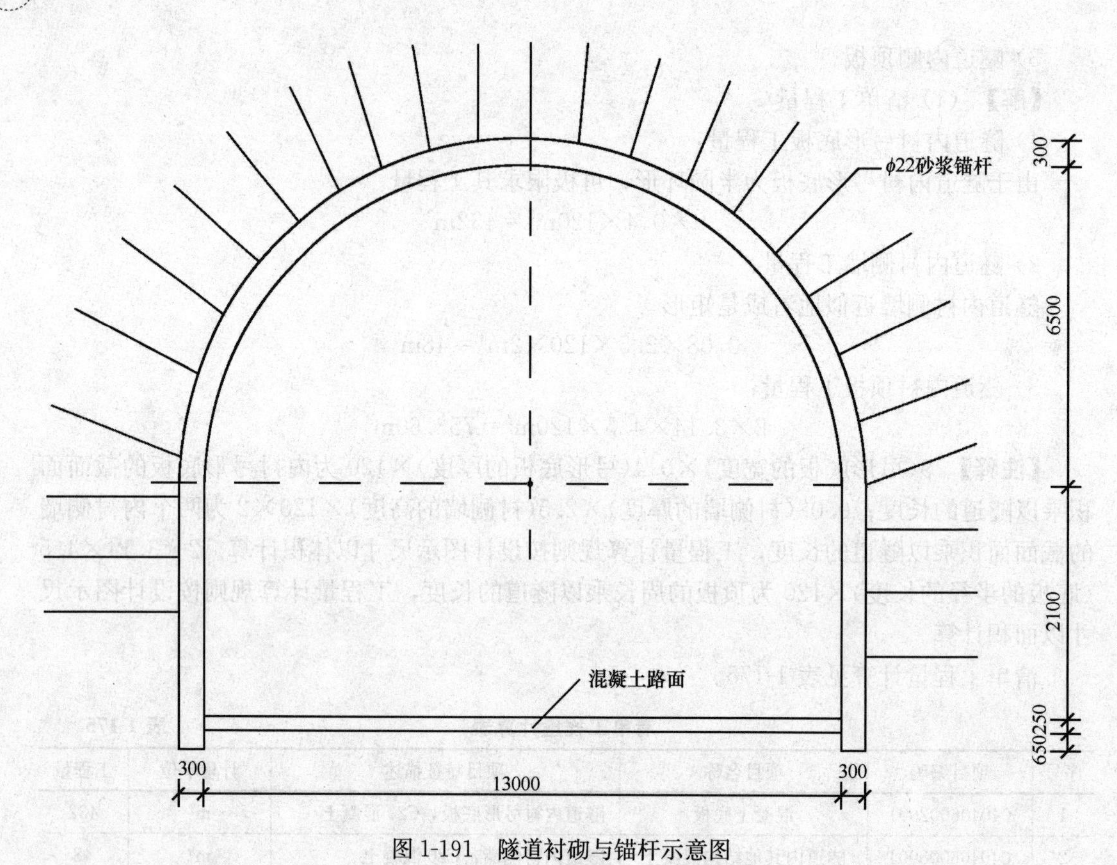

图 1-191　隧道衬砌与锚杆示意图

2）衬砌工程量：

① 拱部工程量：

$$\left(\frac{1}{2}\times3.14\times6.8^2-\frac{1}{2}\times3.14\times6.5^2\right)\times150\text{m}^3=939.65\text{m}^3$$

② 边墙工程量：

$$3\times0.3\times150\times2\text{m}^3=270\text{m}^3$$

③ 锚杆工程量：

ϕ22 锚杆密度为 2.98×10^{-3}t/m

$$2.98\times10^{-3}\times3.5\times25\times150\text{t}=39.15\text{t}$$

【注释】 $\frac{1}{2}\times3.14\times6.8$(平洞拱部的半径的长度)$^2+13.6$(平洞边墙间的外侧宽度)$\times$3(平洞边墙的高度)为平洞的截面积，150 为隧道的长度；$\frac{1}{2}\times3.14\times6.8$(拱部外侧的半径的长度)^2 为拱部的外侧半圆面积，$\frac{1}{2}\times3.14\times6.5$(拱部内侧的半径的长度)^2 为内侧的半圆面积；3(边墙的高度)×0.3(边墙的厚度)×150×2 为两侧边墙的截面面积乘以隧道的长度；以上工程量计算规则按设计图示尺寸以体积计算。2.98×10^{-3}(每米钢筋的理论质量)×3.5(锚杆的长度)×25×150 为 25×150 根锚杆的长度乘以每米锚杆的质量，其中 150 为间距 1m 的锚杆的排数，工程量计算规则按设计图示以质量计算。

清单工程量计算见表 1-176。

清单工程量计算表 **表 1-176**

序号	项目编码	项目名称	项目特征描述	计量单位	工程量
1	040401001001	平洞开挖	石英岩，平洞开挖，一般爆破	m^3	17009.52
2	040402002001	混凝土顶拱衬砌	C25 混凝土衬砌 30cm	m^3	939.65
3	040402003001	混凝土边墙衬砌	C25 混凝土衬砌 30cm	m^3	270
4	040402012001	锚杆	ϕ22，长 3.5m	t	39.15

(2) 定额工程量

1) 平洞开挖工程量：

根据《全国统一市政工程预算定额》第四册—隧道工程 GYD—304—1999 规定：隧道的平洞开挖与出渣工程量，按设计图示开挖断面尺寸，另加允许超挖量以 m^3 计算，本定额采用一般爆破，其允许超挖量，拱部为 20cm，边墙为 15cm，另开挖定额采用一般爆破时，应乘以系数 0.935。

$$\left(\frac{1}{2}\times3.14\times7^2+13.9\times3\right)\times150m^3=17794.50m^3$$

2) 衬砌工程量：

根据《全国统一市政工程预算定额》第四册—隧道工程 GYD－304－1999 规定：隧道内衬现浇混凝土的工程量，按施工图所示尺寸加允许超挖量(拱部为 15cm，边墙为 10cm)以 m^3 计算，混凝土部分不扣除 $0.3m^2$，以内孔洞所占体积。

① 拱部工程量：

$$\left(\frac{1}{2}\times3.14\times6.95^2-\frac{1}{2}\times3.14\times6.5^2\right)\times150m^3=1425.36m^3$$

② 边墙工程量：

$$3\times0.4\times150\times2m^3=360m^3$$

3) 锚杆工程量：

锚杆定额工程量与清单相同为 39.15t。

【注释】 $\frac{1}{2}\times3.14\times7$(超挖时平洞拱部半径的长度)$^2+13.9$(超挖时平洞边墙间的宽度)$\times3$ 为超挖时平洞的截面积；0.935 为定额应乘以的系数；$\frac{1}{2}\times3.14\times6.95$(超挖时拱部外侧半径的长度)^2 为超挖时的拱部外侧半圆的截面积；0.4 为超挖时边墙的厚度；工程量计算规则按设计图示尺寸加超挖尺寸以体积计算。

【例 30】 ××地区有一隧道工程，由于要穿越××铁路，而采用垂直顶升施工，管节为箱涵框架结构，共由三节组成，长度分别 40m，30m，20m，断面如图 1-192 所示，箱涵为钢筋混凝土箱涵。钢筋选用的是热轧低合金 16 锰钢，混凝土强度等级为 C35，抗渗防水达到 S6，顶升设备是 4 斤顶，并修建有后背。试求管节垂直顶升的工程量。

【解】 (1)清单工程量

由图 2-47 可知：垂直顶升长度为：(40＋30＋20＋10)m＝100m

【注释】 工程量计算规则按设计图示尺寸以长度计算。

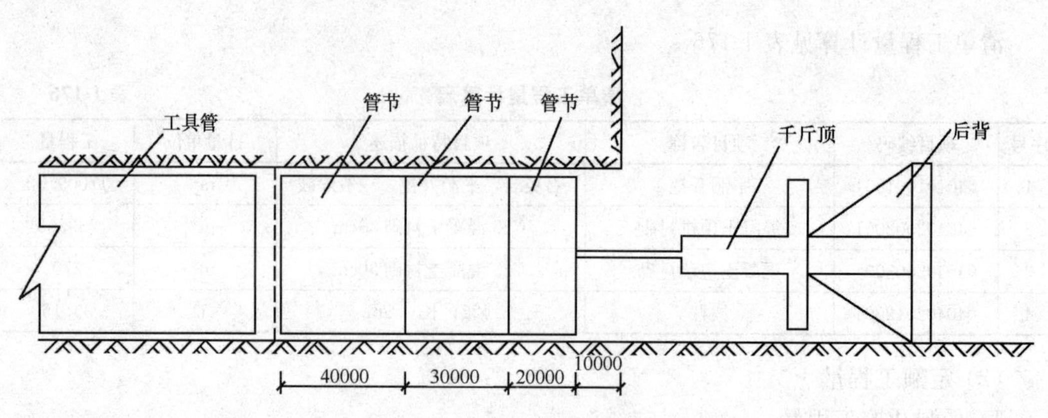

图 1-192　管节垂直顶升示意图

清单工程量计算见表 1-177。

清单工程量计算表　　表 1-177

项目编码	项目名称	项目特征描述	计量单位	工程量
040404003001	管节垂直顶升	顶升设备千斤顶，混凝土 C35，抗渗防水达到 S6	m	100

(2)定额工程量

顶升节数：3 节

【注释】 工程量按设计图示以数量计算。

【例 31】 有一隧道长 300m，采用全断面开挖，隧道的断面形状为两个隧道洞，隧道内混凝土路面厚度为 0.4m，强度等级为 C35，石料最大粒径为 15mm，路面设有路侧排水沟，共有 4 车道，路面坡度为 1.5%，两车道交界处设有侧石，沉管两侧各有一个宽 0.4m，高 0.5m 的电缆沟。电缆沟及排水沟的混凝土强度等级为 C35，石料最大粒径为 15mm。隧道拱部为半圆形，半径为 3m，边墙高度为 4m，隧道内底板采用钢筋混凝土，厚度为 0.8m，混凝土强度等级为 C25，石料最大粒径为 25mm，如图 1-193～图 1-195 所示。

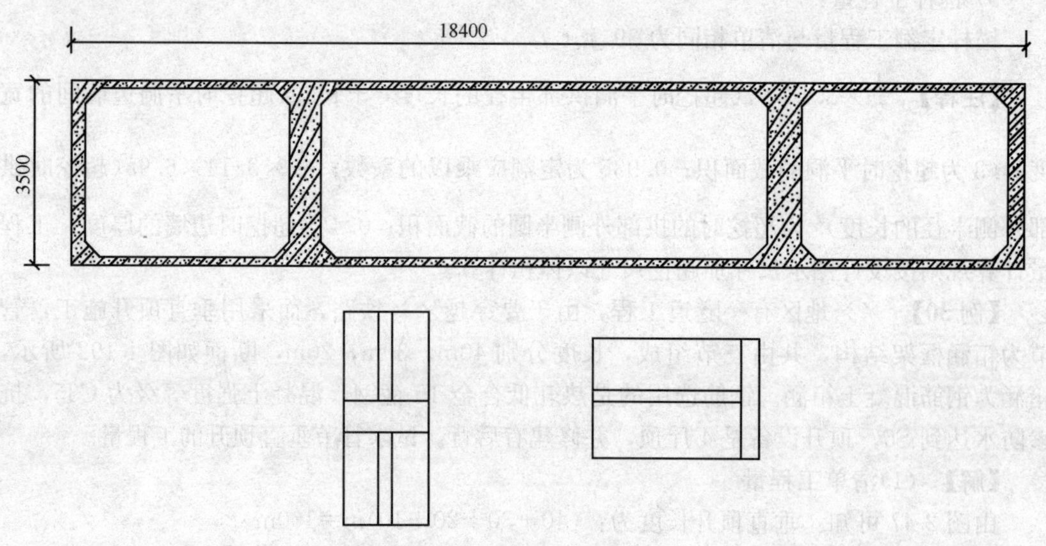

图 1-193　后背侧面及平面图

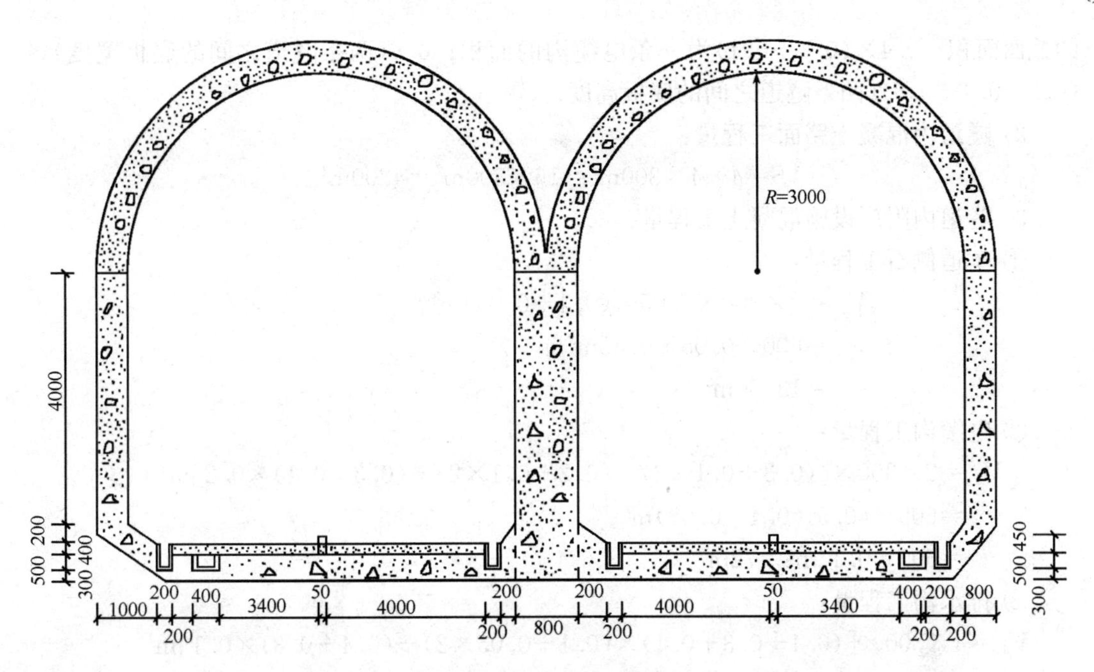

图 1-194　隧道路面示意图

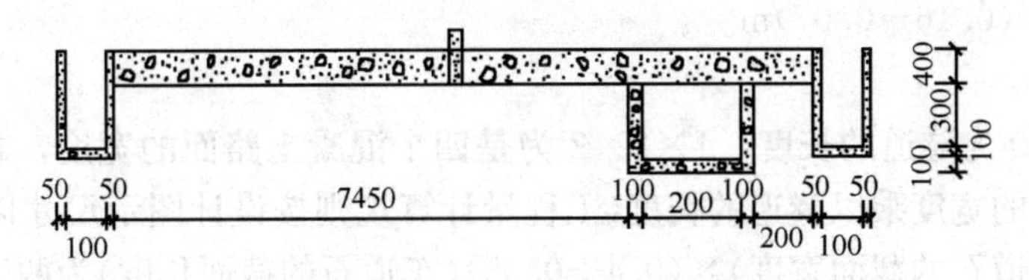

图 1-195　隧道内路面断面详图

试求：1）混凝土底板工程量

　　　2）隧道内混凝土路面工程量

　　　3）隧道内附属设施混凝土。

【解】　(1) 清单工程量

1）混凝土底板工程量：

$$V=\{2\times300\times[(1+4\times2\times2+0.05\times2+0.2\times6)\times(1.2+0.2)/2-(0.2\times4+4\times2+0.05\times2+4\times2+0.2\times2)\times0.2/2-2\times0.2\times0.8-0.05\times0.4-2\times4\times0.4-0.4\times(0.4+0.1)]+300\times0.8\times(0.2+0.4+0.8)\}\mathrm{m}^3$$

$$=\{600\times[18.3\times0.7-1.73-0.32-0.02-0.32-0.2]+300\times0.8\times1.4\}\mathrm{m}^3$$

$$=[600\times10.22+336]\mathrm{m}^3$$

$$=6468\mathrm{m}^3$$

【注释】　2 为两个隧道洞，300 为隧道的长度，(1＋4×2×2＋0.05×2＋0.2×6)为隧道下部大梯形(底板和道路以及小梯形空白)上下底长度之和，(1.2＋0.2)为其高度，其中 1.2＝0.8(底板厚度)＋0.4(道路厚度)；(0.2×4＋4×2＋0.05×2＋4×2＋0.2×2)(小梯形空白的上下底长度之和)×0.2(小梯形空白的高度)/2 为小梯形空白的面积；2×0.2×0.8 为两条排水沟的面积；0.05×0.4 为一个侧石在路面以下的面积；2×4×0.4 为道路的截面面积；0.4×(0.4＋0.1)为一条电缆沟的面积；0.8(两条隧道之间的底板宽度)×(0.2＋0.4＋0.8)(两条隧道之间的底板高度)。

2）隧道内混凝土路面工程量：

$$S=4\times4\times300\text{m}^2=16\times300\text{m}^2=4800\text{m}^2$$

3）隧道内附属设施混凝土工程量：

① 车道侧石工程量：

$$V_1=2\times300\times0.05\times(0.4+0.05)\text{m}^3=600\times0.05\times0.45\text{m}^3=13.50\text{m}^3$$

② 电缆沟工程量：

$$V_2=2\times300\times[(0.3+0.1\times2)\times(0.2+0.1\times2)-(0.3+0.1)\times0.2]\text{m}^3=600\times(0.5\times0.4-0.08)\text{m}^3=600\times0.12\text{m}^3=72\text{m}^3$$

③ 排水沟工程量：

$$V_3=4\times300\times[(0.4+0.3+0.1)\times(0.1+0.05\times2)-(0.4+0.3)\times0.1]\text{m}^3=1200\times[0.8\times(0.1+0.1)-0.07]\text{m}^3=1200\times(0.16-0.07)\text{m}^3=108\text{m}^3$$

【注释】 300 为隧道的长度，4×2×2 为是四个混凝土路面的宽度，4×4×300 为是四个混凝土路面的宽度乘以隧道的长度(工程量计算规则按设计图示尺寸以面积计算)；2×300×0.05(车道石的截面宽度)×(0.4＋0.05)(车道石的截面长度)为两旁车道侧石的截面面积乘以隧道的长度；(0.3＋0.1×2)(电缆沟的外侧截面长度)×(0.2＋0.1×2)(电缆沟的截面宽度)为电缆沟的外侧截面积，(0.3＋0.1)(电缆沟的截面长度)×0.2(电缆沟的截面宽度)为内侧电缆沟的截面积；(0.4＋0.3＋0.1)(排水沟的外侧的截面长度)×(0.1＋0.05×2)(排水沟的外侧的截面宽度)为外侧排水沟的截面积，(0.4＋0.3)(排水沟的内侧的截面长度)×0.1(排水沟的内侧的截面宽度)为内侧排水沟的截面积，两者相减为排水沟壁的截面积；其余工程量计算规则按设计图示尺寸以体积计算。

清单工程量计算见表 1-178。

清单工程量计算表 **表 1-178**

序号	项目编码	项目名称	项目特征描述	计量单位	工程量
1	040406002001	混凝土底板	厚 0.8m，C25 混凝土	m^3	6468
2	040406008001	隧道内其他结构混凝土	隧道内混凝土路面，厚 400mm，C35 混凝土	m^2	4800
3	040406008002	隧道内其他结构混凝土	车道侧石，两车道交界处设有侧石	m^3	13.50
4	040406008003	隧道内其他结构混凝土	电缆沟，C35 混凝土	m^3	72
5	040201022001	排水沟、截水沟	排水沟，C35 混凝土	m^3	108

(2) 定额工程量

1) 钢筋混凝土底板工程量：

$\{2\times300\times[1+0.2+4\times4+0.2\times(3+2)+0.05\times2]\times(1.2+0.2)/2-(1-0.8$
$+0.2+4\times2\times2+0.05\times2+0.2\times2\times2)\times0.2/2-2\times0.2\times0.8-0.05\times0.4$
$-0.4\times(0.1+0.4)-0.4\times4\times2+300\times0.8\times(0.2+1.2)\}m^3$

$=\{600\times[18.5\times0.7-17.3\times0.1-0.32-0.02-0.2-3.2]+300\times0.8\times1.4\}m^3$

$=\{600\times[12.81-1.73-0.32-0.02-0.52]+336\}m^3$

$=(600\times10.22+336)m^3$

$=6468m^3$

2) 隧道内混凝土路面工程量：

$$0.4\times2\times300\times4\times2m^3=1920m^3$$

3) 隧道内附属结构混凝土工程量：

① 电缆沟工程量：

$2\times300\times[(0.1\times2+0.2)\times(0.3+0.1\times2)-(0.3+0.1)\times0.2]m^3$

$=600\times[0.4\times0.5-0.08]m^3$

$=72m^3$

② 排水沟工程量：

$2\times300\times2[(0.05\times2+0.1)\times(0.3+0.4+0.1)-(0.4+0.3)\times0.1]m^3$

$=1200\times[0.2\times0.8-0.7\times0.1]m^3$

$=1200\times(0.16-0.07)m^3$

$=108m^3$

③ 车道侧石工程量：

$2\times300\times(0.4+0.05)\times0.05m^3$

$=600\times0.45\times0.05m^3$

$=30\times0.45m^3$

$=13.50m^3$

【注释】 0.4(混凝土路面的厚度)×2×300(隧道的长度)×4×2(混凝土路面的宽度)为混凝土路面的截面面积乘以隧道的长度，其定额工程量计算规则按设计图示尺寸以体积计算。其他工程量计算规则同清单工程量计算规则、结果一样。

【例 32】 有一隧道工程长 50m，采用斜洞开挖中的竖井开挖方式，竖井位置在隧道的一侧。该隧道段设有地下水，采用一般爆破，岩石类别为次坚石，采用全断面开挖。竖井深度为 100m，开挖断面如图 1-196 所示，竖井半径为 3m，隧道拱部半径为 4m，边墙高度为 3.5m，隧道拱部边墙及竖井衬砌混凝土强度等级为 C25，石料最大粒径为 15mm，混凝土边墙及拱部衬砌厚度为 0.6m，竖井衬砌厚度为 0.4m，断面尺寸如图1-196所示。

试求：1) 竖井开挖工程量

2) 岩石隧道衬砌工程量

【解】 (1) 清单工程量

1) 竖井开挖工程量：

① 隧道开挖工程量：

$$V_1 = 50\times[\frac{1}{2}\times\pi\times(4+0.6)^2+(4\times2+0.6\times2)\times(3.5+0.6)]m^3$$
$$=50\times[33.24+9.2\times4.1]m^3$$
$$=50\times[33.24+37.72]m^3$$
$$=3547.90m^3$$

② 竖井开挖工程量：

$$V_2=100\times\pi\times(3+0.4)^2m^3=3631.68m^3$$

③ 通道开挖工程量：

$$V_3=(3.5+0.4)\times15\times(0.4+0.6+6+0.4+0.4)m^3$$
$$=3.9\times15\times7.8m^3$$
$$=456.30m^3$$

2）岩石隧道衬砌工程量：

① 拱部工程量：

$$V_1=50\times\frac{1}{2}\pi[(4+0.6)^2-4^2]m^3$$
$$=25\pi\times[4.6^2-4^2]m^3$$
$$=405.27m^3$$

② 混凝土边墙衬砌工程量：

$$V_2=2\times50\times(3.5+0.6)\times0.6m^3=246m^3$$

③ 混凝土竖井衬砌工程量：

$$V_3=\left\{(100-3.5)\times\pi[(3+0.4)^2-3^2]+3.5\times\frac{\pi}{2}\times[(3+0.4)^2-3^2]\right\}m^3$$
$$=[96.5\pi\times(3.4^2-3^2)+1.75\pi\times(3.4^2-3^2)]m^3$$
$$=(96.5\pi\times2.56+1.75\pi\times2.56)m^3$$
$$=2.56\times98.25\pi m^3$$
$$=790.17m^3$$

④ 通道混凝土工程量：

$$V_4=15\times[0.4\times(6+0.4\times3+0.6)+3.5\times0.4\times2]m^3$$
$$=15\times[0.4\times7.8+2.8]m^3$$
$$=15\times5.92m^3=88.80m^3$$

【注释】 $\frac{1}{2}\times\pi\times(4+0.6)$(平洞拱部的半径的长度)^2＋(4×2＋0.6×2)(平洞边墙间的宽度)×(3.5＋0.6)(边墙的高度)为平洞的截面积，150 为隧道的长度；100×π×(3＋0.4)(竖井的半径的长度)^2 为竖井的高度乘以竖井的截面积，(3.5＋0.4)×15×(0.4＋0.6＋6＋0.4＋0.4)为通道的宽度乘以长度乘以高度，其中(3.5＋0.4)为通道的高度，(0.4＋0.6＋6＋0.4＋0.4)为通道的宽度，15 为通道长度；$\frac{1}{2}\pi(4+0.6)$(拱部外侧的半径的长度)^2－4(拱部内侧的半径的长度)^2 为拱部半圆环壁的截面积，50 为隧道工程长度；2×50×(3.5＋0.6)(两侧边墙的高度)×0.6(边墙的厚度)为两侧边墙的截面面积乘以隧道工程的长度；π(3＋0.4)(井壁外侧的半径的长度)^2－3(井壁内侧半径的长度)^2 为混凝土

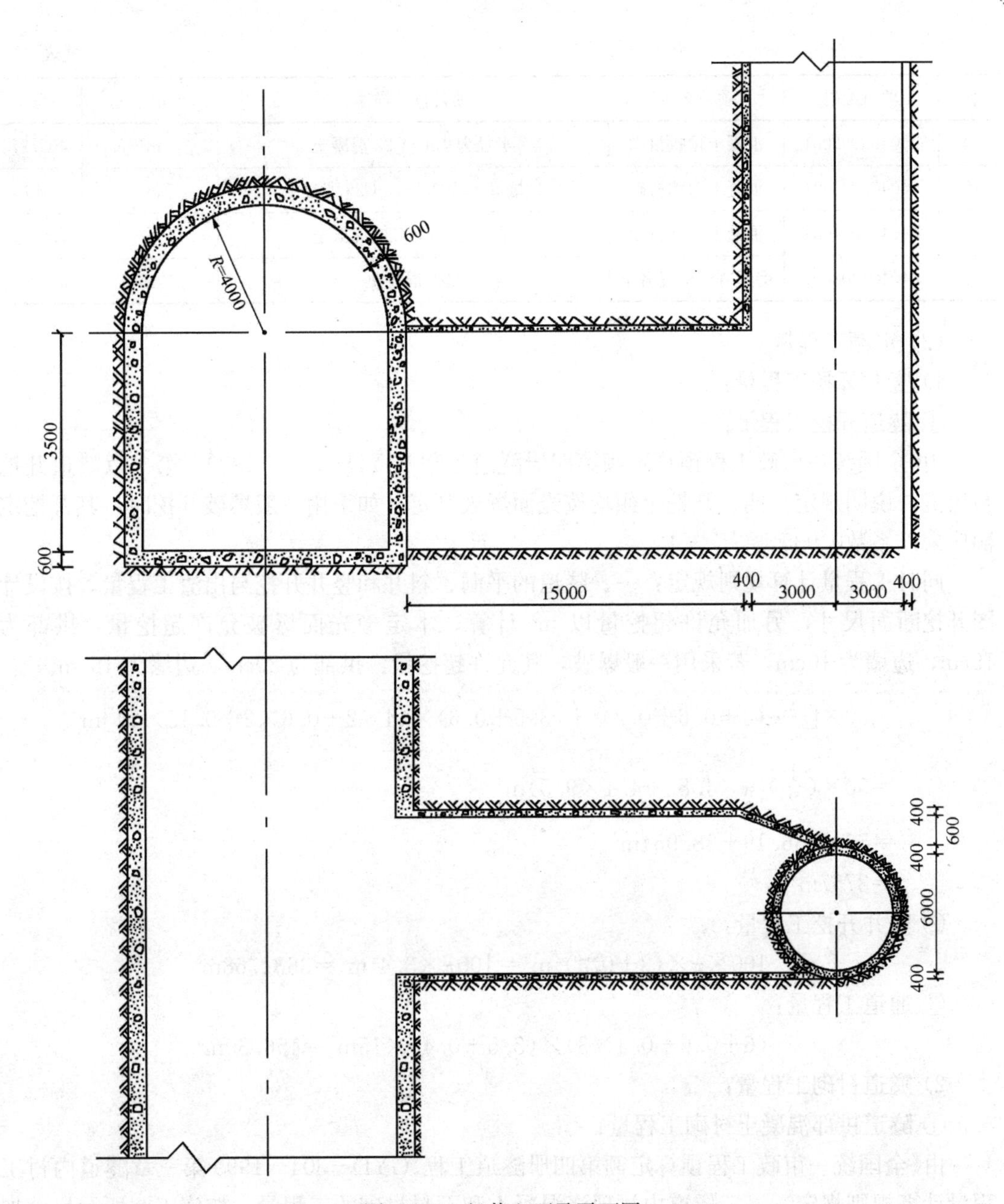

图 1-196 竖井立面及平面图

竖井的外侧井壁的截面积；工程量计算规则按设计图示尺寸以体积计算。

清单工程量计算见表 1-179。

清单工程量计算表 表 1-179

序号	项目编码	项目名称	项目特征描述	计量单位	工程量
1	040401001001	平洞开挖	次坚石，全断面开挖，一般爆破	m^3	3547.90
2	040401003001	竖井开挖	次坚石，全断面开挖，一般爆破	m^3	3631.68
3	040401002001	斜井开挖	次坚石，全断面开挖，一般爆破	m^3	456.30

续表

序号	项目编码	项目名称	项目特征描述	计量单位	工程量
4	040402002001	混凝土顶拱衬砌	半径为4m，C25混凝土	m^3	405.27
5	040402003001	混凝土边墙衬砌	边墙高度为3.5m，C25混凝土	m^3	246
6	040402004001	混凝土竖井衬砌	半径为3m，C25混凝土	m^3	790.17
7	040404008001	旁通道结构混凝土	C25混凝土	m^3	88.80

(2) 定额工程量

1) 竖井开挖工程量：

① 隧道开挖工程量：

由《全国统一市政工程预算定额第四册隧道工程》GYD－304－1999，第一章隧道开挖与出渣，说明规定：四、开挖定额均按光面爆破制定，如采用一般爆破开挖时，其开挖定额应乘以系数0.935。

同时工程量计算规则规定：一、隧道的平洞、斜井和竖井开挖与出渣工程量，按设计图开挖断面尺寸，另加允许超挖量以 m^3 计算，本定额光面爆破允许超挖量：拱部为15cm，边墙为10cm，若采用一般爆破，其允许超挖量：拱部为20cm，边墙为15cm。

$$50\times[\frac{1}{2}\pi(4+0.6+0.2)^2+(3.5+0.6)\times(4\times2+0.6\times2+0.15\times2)]m^3$$

$$=50\times(\frac{1}{2}\times\pi\times4.8^2+4.1\times9.5)m^3$$

$$=50\times(36.19+38.95)m^3$$

$$=3757m^3$$

② 竖井开挖工程量：

$$100\times\pi\times(3+0.4)^2m^3=100\pi\times3.4^2m^3=3631.68m^3$$

③ 通道工程量：

$$(6+0.6+0.4\times3)\times(3.5+0.4)\times15m^3=456.30m^3$$

2) 隧道衬砌工程量：

① 隧道拱部混凝土衬砌工程量：

由《全国统一市政工程预算定额第四册隧道工程》GYD－304－1999第三章隧道内衬工程量计算规则规定：一、隧道内衬现浇混凝土和石料衬砌的工程量，按施工图所示尺寸加允许超挖量(拱部为15cm，边墙为10cm)以 m^3 计算，混凝土部分不扣除 $0.3m^2$ 以内孔洞所占体积。

$$50\times\frac{1}{2}\pi\times[(4+0.6+0.15)^2-4^2]m^3$$

$$=25\pi\times(4.75^2-4^2)m^3$$

$$=515.42m^3$$

② 隧道边墙混凝土衬砌工程量：

$$50\times2\times(0.6+0.1)\times(3.5+0.6)m^3=287m^3$$

③ 竖井混凝土衬砌工程量：

$$(100-3.5)\times[(3+0.4)^2-3^2]\pi+3.5\times\frac{1}{2}[(3+0.4)^2-3^2]\pi m^3$$
$$=(96.5\pi+1.75\pi)\times[(3.4)^2-3^2]m^3$$
$$=2.56\times308.66m^3$$
$$=790.17m^3$$

④ 通道混凝土工程量：

$$15\times[(3.5+0.4)\times(6+0.6+0.4\times3)-(6+0.4+0.6)\times3.5]m^3$$
$$=15\times(3.9\times7.8-7\times3.5)m^3$$
$$=15\times(30.42-24.5)m^3$$
$$=15\times5.92m^3$$
$$=88.80m^3$$

【注释】 $\frac{1}{2}\pi(4+0.6+0.2)^2+(3.5+0.6)\times(4\times2+0.6\times2+0.15\times2)$(超挖时平洞边墙间的宽度)为有超挖时的平洞的截面积，(4＋0.6＋0.15)为超挖时的拱部的半径；拱部和边墙工程量按设计图示尺寸加超挖尺寸以体积计算。其他工程量同清单工程量计算规则一样。

【例 33】 ××地区有一隧道长 50m，隧道形式为圆形，隧道内半径为 4m，采用全断面开挖，光面爆破，此施工段有地下水，土质为次坚石，为了方便施工修一旁通道，断面形式如图 1-197 所示。隧道边墙及拱部混凝土衬砌采用的混凝土强度等级为 C25，石料最大粒径 15mm，旁通道衬砌混凝土强度为 C20，石料最大粒径 25mm。为了排除洞内渗水，修建了直径为 0.4m 的集水井，在隧道两边并列布置，采用的材料为混凝土，采用不拆除管片建圆形集水井。

试求：1) 平洞开挖工程量

2) 隧道内旁通道开挖工程量

3) 隧道拱部衬砌工程量

4) 隧道边墙混凝土衬砌工程量

5) 旁通道结构混凝土工程量

6) 隧道内集水井工程量

【解】 (1) 清单工程量

1) 平洞开挖工程量：

$$V_1=50\times[\pi(4+0.6)^2-\frac{45\times2}{360}\pi(4+0.6)^2+\frac{1}{2}\times(4+0.6)^2]m^3$$
$$=50\times[\frac{3}{4}\times\pi\times4.6^2+\frac{1}{2}\times4.6^2]m^3$$
$$=50\times(49.86+10.58)m^3$$
$$=3022m^3$$

2) 隧道内旁通道开挖工程量：

$$V_2=\{20\times(4+0.4\times2)\times(2.828+0.4)+(4+0.4\times2)\times[\frac{1}{2}\times(1.77+4+0.6)\times(2.828+0.4)-\frac{45}{360}\times\pi\times(4+0.6)^2]\}m^3$$

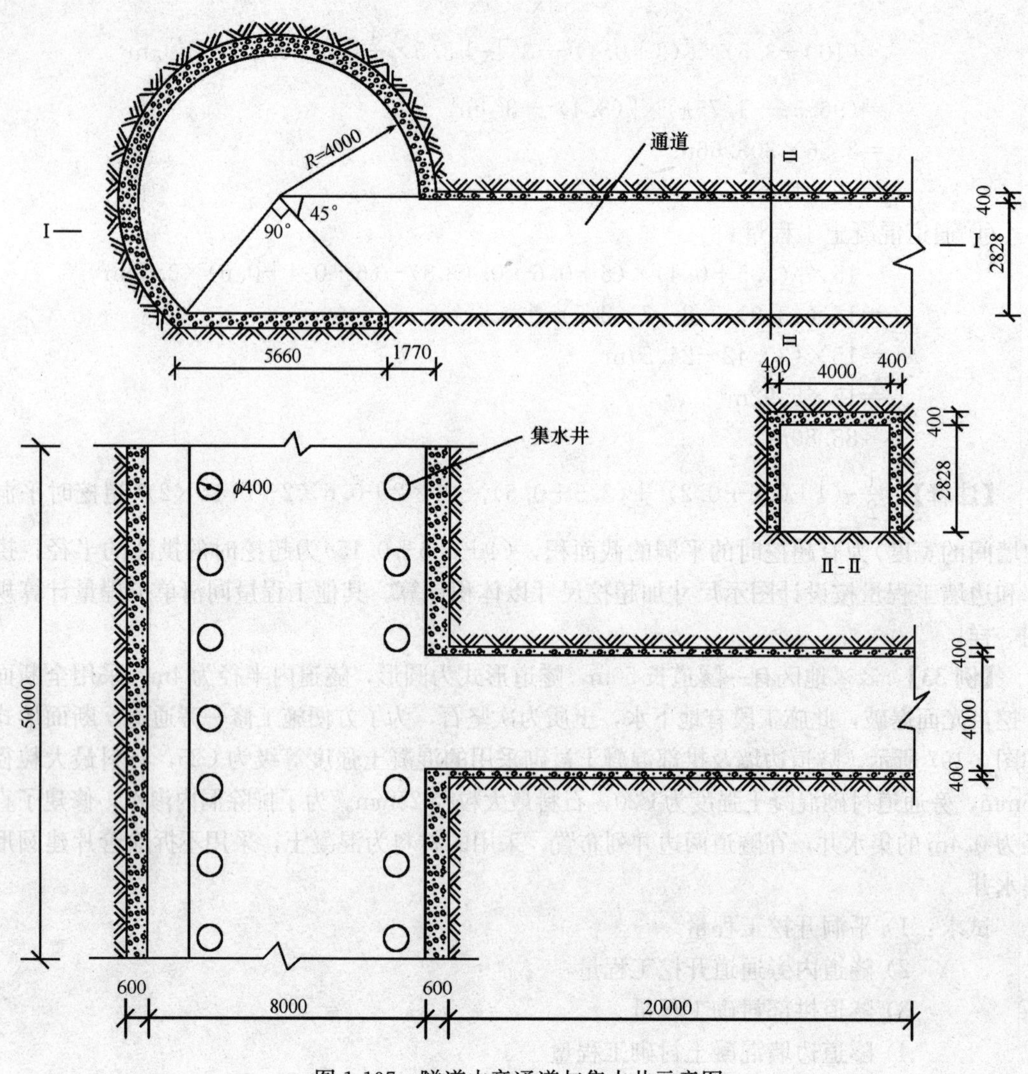

图 1-197 隧道内旁通道与集水井示意图

$$=[20\times4.8\times3.228+4.8\times(\frac{1}{2}\times6.37\times3.228-\frac{1}{8}\pi\times4.6^2)]m^3$$
$$=[309.89+4.8\times(10.28-8.31)]m^3$$
$$=319.35m^3$$

3）隧道拱部衬砌工程量：

$$V_3=50\times\frac{1}{2}\pi[(4+0.6)^2-4^2]m^3$$
$$=25\pi(4.6^2-4^2)m^3$$
$$=405.27m^3$$

4）隧道边墙衬砌工程量：

$$V_4=\left\{50\times\frac{45\times2}{360}\times\pi[(4+0.6)^2-4^2]-4\times\frac{45}{360}\pi[(4+0.6)^2-4^2]\right\}m^3$$
$$=\left[12.5\pi\times(4.6^2-4^2)-\frac{1}{2}\pi\times(4.6^2-4^2)\right]m^3$$

$=13\pi\times(4.6^2-4^2)m^3$

$=210.74m^3$

5）旁通道结构混凝土工程量：

$$V_5=\left\{20\times[(2.828+0.4)\times(4+0.4\times2)-4\times2.828]+2\times0.4\times\left[\frac{1}{2}\times(1.77+4+0.6)\times(2.828+0.4)-\frac{45}{360}\times\pi\times(4+0.6)^2\right]\right\}m^3$$

$$=\left\{20\times[4.8\times3.228-4\times2.828]+0.8\times\left[6.37\times3.228\times\frac{1}{2}-\frac{\pi}{8}\times21.16\right]\right\}m^3$$

$=[20\times4.18+0.8\times(10.28-8.31)]m^3$

$=85.18m^3$

6）隧道内集水井工程量：

由图 1-197 可知：在长 50m 的隧道上共有 ϕ400 的集水井 13 座。

【注释】 $\pi(4+0.6)^2$ 为圆的面积，$\frac{45\times2}{360}\pi(4+0.6)$(扇形半径的长度)^2 为 90°扇形的面积，$\frac{1}{2}\times(4+0.6)$(小三角形的截面尺寸)^2 为 90°小三角形的截面积；50 为隧道的长度；$20\times(4+0.4\times2)\times(2.828+0.4)$为如图横通道的长度乘以横通道的截面面积，其中$(2.828+0.4)$为通道的高度，$(4+0.4\times2)$为通道的宽度，20 为通道的长度；$\frac{45}{360}\times\pi\times(4+0.6)^2$ 为 45°扇形的截面积；$\frac{1}{2}\pi(4+0.6)^2-4$(扇形内侧半径的长度)^2 为拱部的外侧面积减去内侧面积是其拱部壁的截面积；$\pi(4+0.6)$(隧道外侧圆的半径的长度)$^2-4$(隧道内侧圆的半径的长度)^2 为圆隧道的环的截面积；前五项工程量计算规则按设计图示尺寸以体积计算。隧道内集水井工程量计算规则按设计图示以数量计算。

清单工程量计算见表 1-180。

清单工程量计算表 **表 1-180**

序号	项目编码	项目名称	项目特征描述	计量单位	工程量
1	040401001001	平洞开挖	次坚石，全断面开挖，光面爆破	m^3	3022
2	040401002001	斜井开挖	次坚石，全断面开挖，光面爆破	m^3	319.35
3	040402002001	混凝土顶拱衬砌	C25 混凝土	m^3	405.27
4	040402003001	混凝土边墙衬砌	C25 混凝土	m^3	210.74
5	040404008001	旁通道结构混凝土	C20 混凝土	m^3	85.18
6	040404009001	隧道内集水井	在隧道两边并列布置直径为 400mm 圆形集水井	座	13

(2) 定额工程量

1）平洞开挖工程量：

由《全国统一市政工程预算定额第四册隧道工程》GYD－304－1999 第一章隧道开挖与出渣，工程量计算规则规定：一、隧道的平洞、斜井和竖井开挖与出渣工程量，按设计图开挖断面尺寸，另加允许超挖量以 m^3 计算。本定额光面爆破允许超挖量：拱部为 15cm，边墙为10cm，若采用一般爆破，其允许超挖量：拱部为20cm，边墙为10cm。

$$50\times\left[\frac{1}{2}\pi\times(4+0.6+0.15)^2+2\times\frac{45}{360}\times\pi\times(4+0.6+0.1)^2+\frac{1}{2}\times(4+0.6)^2\right]m^3$$

$$=\left[50\times\frac{1}{2}\pi\times4.75^2+\frac{1}{4}\pi\times4.7^2+\frac{1}{2}\times4.6^2\right]m^3$$

$$=50\times(35.44+17.35+10.58)m^3$$

$$=50\times63.37m^3$$

$$=3168.5m^3$$

2）隧道内旁通道开挖工程量：

$$\{20\times(2.828+0.4)\times(4+0.4\times2)+(4+0.4\times2)\times[(0.6+4-\frac{5.66}{2}+4+0.6)\times(2.828+0.4)/2-\frac{45}{360}\pi\times(4+0.6)^2]\}m^3$$

$$=[20\times4.8\times3.228+4.8\times(6.37\times3.228/2-\frac{\pi}{8}\times4.6^2)]m^3$$

$$=[309.89+4.8\times(10.28-8.31)]m^3$$

$$=319.35m^3$$

3）隧道拱部衬砌工程量：

根据《全国统一市政工程预算定额第四册隧道工程》GYD－304－1999，第三章隧道内衬工程量计算规则规定：一、隧道内衬现浇混凝土和石料衬砌的工程量，按施工图所示尺寸加允许超挖量(拱部为15cm，边墙为10cm)以m^3计算，混凝土部分不扣除$0.3m^2$以内孔洞所占体积。

$$50\times\frac{1}{2}\pi\times[(4+0.6+0.15)^2-4^2]m^3=25\pi\times(4.75^2-4^2)m^3=515.42m^3$$

4）隧道边墙衬砌工程量：

$$\left\{50\times2\times\frac{45}{360}\times[(4+0.6+0.1)^2-4^2]\pi-4\times\frac{45}{360}\times[(4+0.6+0.1)^2-4^2]\right\}m^3$$

$$=(4.6^2-4^2)\pi\times\left(\frac{50}{4}-\frac{2}{4}\right)m^3$$

$$=5.16\pi\times12m^3$$

$$=194.53m^3$$

5）旁通道结构混凝土工程量：

$$\left\{20\times[(4+0.4\times2)\times(2.828+0.4)-4\times2.828]+2\times0.4\times\left[0.6+4-\frac{5.66}{2}+0.6+4)\times(2.828+0.4)/2-\frac{45}{360}\times\pi(4+0.6)^2\right]\right\}m^3$$

$$=\left\{20\times(4.8\times3.228-4\times2.828)+0.8\times\left[(9.2-2.83)\times3.228/2-\frac{\pi}{8}\times4.6^2\right]\right\}m^3$$

$$=[20\times(15.4944-11.3/2)+0.8\times(6.37\times1.614-8.31)]m^3$$

$$=(20\times4.18+0.8\times1.97)m^3$$

$=(83.60+1.58)\text{m}^3$

$=85.18\text{m}^3$

6）隧道内集水井工程量：

如图 1-197 所示可知：在隧道底板两侧共布置了 13 座集水井

【注释】 (4＋0.6＋0.15)为超挖时拱部外侧的半径，工程量按设计图示尺寸应加超挖的尺寸以体积计算。

【例 34】 ××地区有一隧道工程(图 1-198)，长 200m，隧道拱部半径为 4.4m，为半圆形，衬砌厚度为0.8m，边墙高 3m，衬砌厚度 0.8m。隧道内的混凝土路面为双向两车道，两隧洞路面均采用 1.5％的超高，混凝土路面厚度 0.2m，混凝土强度等级 C40，石料最大粒径 15mm，顶板混凝土厚度为 0.4m，强度等级为 C30，石料最大粒径为 15mm，隧道内衬底板为弓形，石料最大粒径为 25mm，混凝土强度等级为 C30。

试求：1）隧道内衬顶板工程量

2）隧道内衬弓形底板工程量

3）隧道内混凝土路面工程量

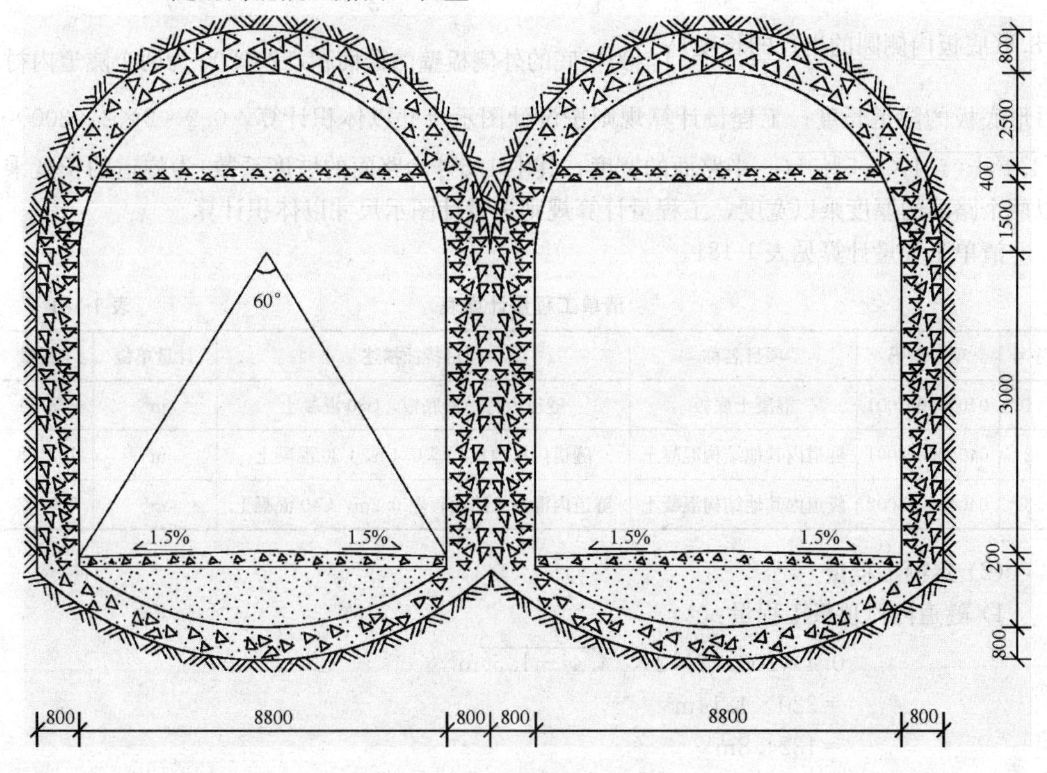

图 1-198　隧道混凝土结构示意图

【解】 (1) 清单工程量

1）隧道内衬顶板工程量：

$$V_1=0.4\times2\times\sqrt{4.4^2-1.5^2}\times2\times200\text{m}^3$$

$$=320\times4.14\text{m}^3$$

$$=1324.8\text{m}^3$$

2）隧道内衬弓形底板工程量：

弓形底板外径为 9.7m，内径为 8.9m，底板对应圆心角为 60°

$$V_2 = 2\times200\times\frac{60}{360}\times\pi\times[(\frac{9.7}{2})^2-(\frac{8.9}{2})^2]\text{m}^3$$

$$=\frac{400}{6}\pi\times\frac{1}{4}\times(9.7^2-8.9^2)\text{m}^3$$

$$=\frac{100}{6}\pi\times14.88\text{m}^3$$

$$=779.11\text{m}^3$$

3）隧道内混凝土路面工程量：

$$V_3 = 0.2\times2\times2\times200\times\sqrt{4.4^2+(4.4\times1.5\%)^2}\text{m}^3$$

$$=160\times4.4\times\sqrt{1.0002}\text{m}^3$$

$$=709.07\text{m}^3$$

【注释】 200 为隧道的长度，$\pi\times\left[\left(\frac{9.7(\text{板底外侧圆的半径的长度})}{2}\right)^2-\left(\frac{8.9(\text{底板内侧圆的半径的长度})}{2}\right)^2\right]$为板底的外侧板壁的截面积，2×200 为两个隧道内衬弓形底板的隧道长度；工程量计算规则按设计图示尺寸以体积计算。$0.2\times2\times2\times200\times\sqrt{4.4^2+(4.4\times1.5\%)^2}$（一半路面的宽度，其中 1.5%为路面的坡度系数）为隧道的长度乘以两个路面的厚度乘以宽度，工程量计算规则按设计图示尺寸以体积计算。

清单工程量计算见表 1-181。

清单工程量计算表 **表 1-181**

序号	项目编码	项目名称	项目特征描述	计量单位	工程量
1	040406002001	混凝土底板	隧道内衬弓形底板，C30 混凝土	m^3	779.11
2	040406008001	隧道内其他结构混凝土	隧道内衬顶板，厚 0.4m，C30 混凝土	m^3	1324.8
3	040406008002	隧道内其他结构混凝土	隧道内混凝土路面，厚 0.2m，C40 混凝土	m^3	709.07

（2）定额工程量

1）隧道内衬顶板工程量：

$$0.4\times200\times2\times2\times\sqrt{4.4^2-1.5^2}\text{m}^3$$

$$=320\times4.14\text{m}^3$$

$$=1324.8\text{m}^3$$

2）隧道内衬弓形底板工程量：

$$2\times200\times\frac{60}{360}\pi\times\left[\left(\frac{9.7}{2}\right)^2-\left(\frac{8.9}{2}\right)^2\right]\text{m}^3=779.11\text{m}^3$$

3）隧道内混凝土路面工程量：

$$0.2\times2\times2\times200\times\sqrt{4.4^2+(4.4\times0.015)^2}\ \text{m}^3=709.07\text{m}^3$$

【注释】 隧道内衬顶板工程量、隧道内衬弓形底板工程量同清单计算规则一样；路面工程量中 0.2 为路面的厚度；工程量按设计图示尺寸以体积计算。

【例 35】　××地区有一隧道形状为圆形，长度为 200m，端墙式洞门砌筑采用的材料是料石，即块石，砂浆强度等级为 M7.5，拱圈砌筑采用的材料品种为拱石，水泥砂浆的强度等级为 M10，拱圈及边墙砌筑厚度都为 0.6m，边墙砌筑的材料品种为块石，水泥砂浆的强度等级为 M7.5，盲沟也采用浆砌块石，水泥砂浆的强度等级为 M7.5。隧道设有防水层，防水层厚度为 0.3m，具体断面尺寸如图 1-199～图 1-201 所示。

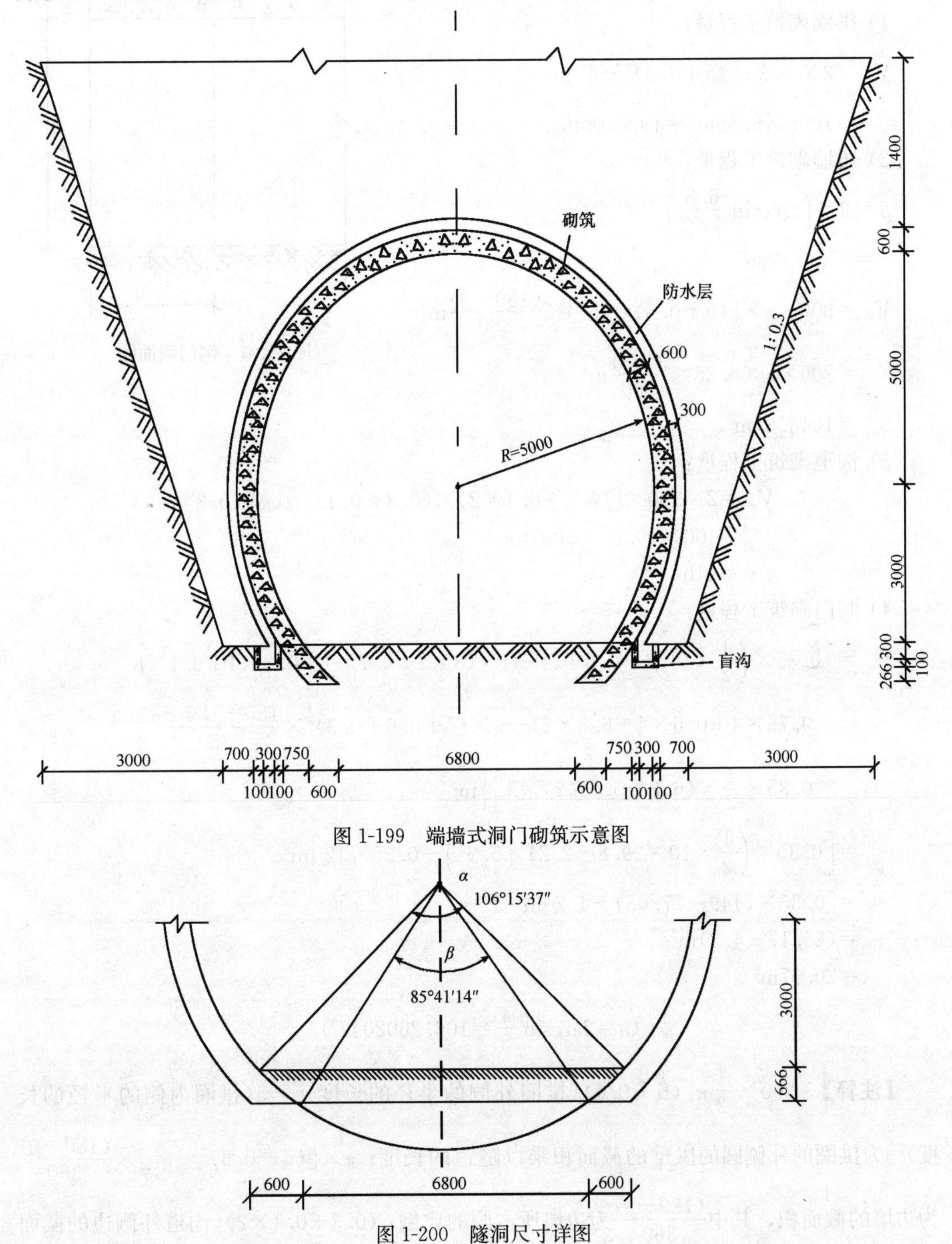

图 1-199　端墙式洞门砌筑示意图

图 1-200　隧洞尺寸详图

试求：1）拱圈砌筑工程量

2）边墙砌筑工程量

3）沟道砌筑工程量

4）洞门砌筑工程量

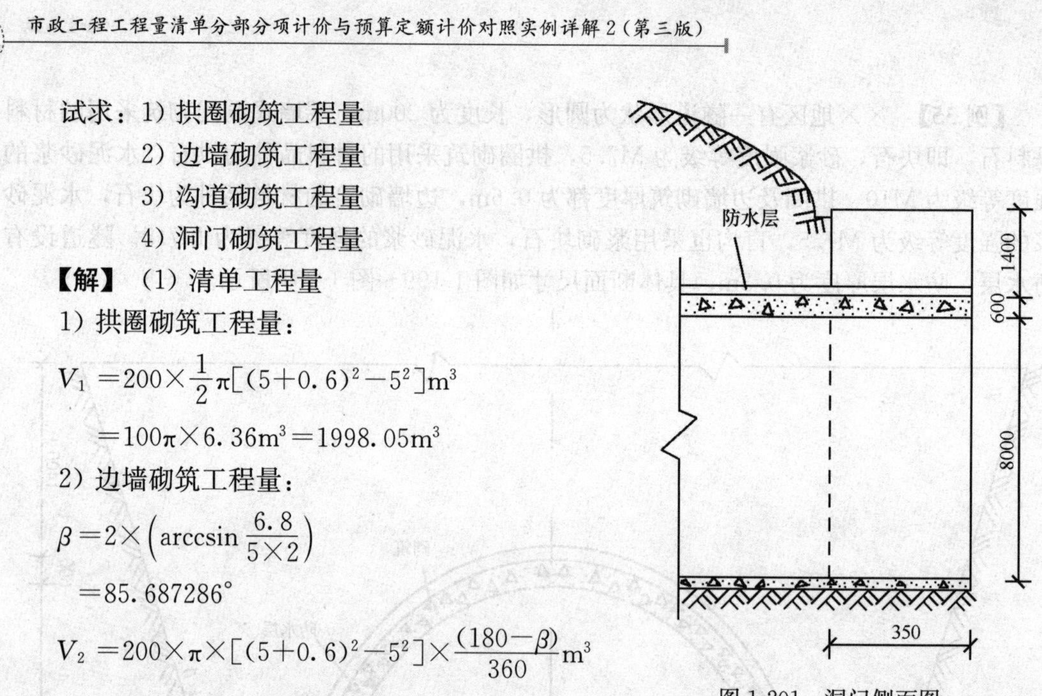

图 1-201 洞门侧面图

【解】（1）清单工程量

1）拱圈砌筑工程量：

$$V_1 = 200 \times \frac{1}{2}\pi[(5+0.6)^2 - 5^2]\text{m}^3$$

$$= 100\pi \times 6.36\text{m}^3 = 1998.05\text{m}^3$$

2）边墙砌筑工程量：

$$\beta = 2 \times \left(\arccos\frac{6.8}{5\times 2}\right)$$

$$= 85.687286°$$

$$V_2 = 200 \times \pi \times [(5+0.6)^2 - 5^2] \times \frac{(180-\beta)}{360}\text{m}^3$$

$$= 200 \times \pi \times 6.36 \times \frac{94.31}{360}\text{m}^3$$

$$= 1046.87\text{m}^3$$

3）沟道砌筑工程量：

$$V_3 = 2 \times 200 \times [(0.3+0.1\times 2)\times(0.3+0.1) - 0.3\times 0.3]\text{m}^3$$

$$= 400 \times (0.2 - 0.09)\text{m}^3$$

$$= 44\text{m}^3$$

4）洞门砌筑工程量：

$$V_4 = \left\{0.35 \times \left(\frac{1}{2} \times (1.4+0.6+5+3) \times (3\times 2 + 0.7\times 4 + 0.3\times 4 + 0.1\times 8 + 0.75\times 4 + 0.6\times 4 + 6.8\times 2) - \pi \times (5+0.6+0.3)^2 \times \frac{180+180-\alpha}{360}\right] - 0.35 \times \frac{1}{2} \times (6.8+0.6\times 2)\times 3\right]\right\}\text{m}^3$$

$$= \left[0.35 \times \left(\frac{1}{2} \times 10 \times 29.8 - 2.21 \times 5.9^2\right) - 0.35 \times 12\right]\text{m}^3$$

$$= [0.35 \times (149 - 77.08) - 4.2]\text{m}^3$$

$$= (25.17 - 4.2)\text{m}^3$$

$$= 20.97\text{m}^3$$

$$\left(\alpha = 2\arcsin\frac{4}{5} = 106.2602047°\right)$$

【注释】 $200 \times \frac{1}{2}\pi[(5+0.6)$（拱圈外侧的半径的长度）$^2 - 5$（拱圈内侧的半径的长度）$^2]$为拱圈的外侧圆的拱壁的截面积乘以隧道的长度；$\pi \times [(5+0.6)^2 - 5^2] \times \frac{(180-\beta)}{360}$为边墙的截面积，其中$\frac{(180-\beta)}{360}$为边墙所占圆的比例；$(0.3+0.1\times 2)$（沟道外侧边的截面

长度)×(0.3+0.1)(沟道外侧边的截面宽度)为沟道的外侧边的截面积，0.3×0.3(沟道内侧的截面尺寸)为沟道的内侧边的截面积，两者之差为沟道壁的截面积，2×200为两个沟道的长度；$\frac{1}{2}$×(1.4+0.6+5+3)(梯形开挖槽的深度)×(3×2+0.7×4+0.3×4+0.1×8+0.75×4+0.6×4+6.8×2)为隧道梯形开挖槽的上底加下底之和乘以基槽开挖的深度除以二的截面积；0.35为洞门砌筑的厚度；$\pi\times(5+0.6+0.3)$(平洞防水层扇形半径的长度)$^2\times\frac{180+180-\alpha}{360}$为平洞外侧算至防水层的扇形截面积，$\frac{1}{2}$×(6.8+0.6×2)(下部小三角形的宽度)×3(下部小三角形的高度)为扇形下部小三角形的截面积；工程量计算规则按设计图示尺寸以体积计算。

清单工程量计算见表1-182。

清单工程量计算表 **表1-182**

序号	项目编码	项目名称	项目特征描述	计量单位	工程量
1	040402008001	拱圈砌筑	M10砂浆，拱石，厚度0.6m	m^3	1998.05
2	040402010001	砌筑沟道	M7.5水泥砂浆，块石	m^3	44
3	040402011001	洞门砌筑	M7.5砂浆，块石	m^3	20.97
4	040402009001	边墙砌筑	M7.5砂浆，块石	m^3	1046.87

(2) 定额工程量

1) 拱圈砌筑工程量：

由《全国统一市政工程预算定额第四册隧道工程》GYD－304－1999，第三章隧道内衬，工程量计算规则规定：一、隧道内衬现浇混凝土和石料衬砌的工程量按施工图所示尺寸加允许超挖量(拱部为15cm，边墙为10cm)以m^3计算，混凝土部分不扣除$0.3m^2$以内孔洞所占体积。

$$200\times\frac{1}{2}\pi[(5+0.6+0.15)^2-5^2]m^3$$
$$=100\pi\times(5.75^2-5^2)m^3$$
$$=2532.91m^3$$

2) 边墙砌筑工程量：

$$200\times\pi\times[(5+0.6+0.1)^2-5^2]\times\frac{180-\beta}{360}m^3$$
$$=200\pi\times[5.7^2-5^2]\times\frac{94.31}{360}m^3$$
$$=1498\times\pi\times\frac{94.31}{360}m^3$$
$$=1232.90m^3$$

3) 盲沟砌筑工程量：

$$2\times200\times[(0.1\times2+0.3)\times(0.3+0.1)-0.3\times0.3]m^3$$
$$=400\times[0.5\times0.4-0.09]m^3$$
$$=44m^3$$

4）洞门砌筑工程量：

$$\left\{0.35\times\left[\frac{1}{2}\times(3\times2+0.7\times4+0.1\times8+0.3\times4+0.75\times4+0.6\times4+6.8\times2)\times(1.4+0.6+5+3)-\pi(5+0.6+0.3+0.15)^2\times\frac{1}{2}-\pi(5+0.6+0.3+0.1)^2\times\frac{180-\alpha}{360}\right]-0.35\times\left[\frac{1}{2}\times(6.8+0.6\times2)\times3\right]\right\}m^3$$

$=19.72m^3$

【注释】 $200\times\frac{1}{2}\pi[(5+0.6+0.15)^2-5^2]$为平洞超挖时隧道的长度乘以拱圈壁的截面积，其中(5+0.6+0.15)为超挖是拱圈外侧圆的半径；(5+0.6+0.1)为超挖时外侧边缘的半径；拱圈和边墙、洞门砌筑程量计算规则按设计图示尺寸加超挖尺寸以体积计算。盲沟砌筑工程量同清单计算规则一样。

【例 36】 有一水底隧道长 200m，采用沉管法施工，沉管为双向六车道，顶板及底板都为弧形。沉管板底，侧墙及顶板同预制混凝土制作，混凝土强度等级为 C35，石料最大粒径为 15mm，如图 1-202 所示。

试求：1）预制沉管混凝土板底工程量

2）预制沉管混凝土侧墙工程量

3）预制混凝土沉管顶板工程量

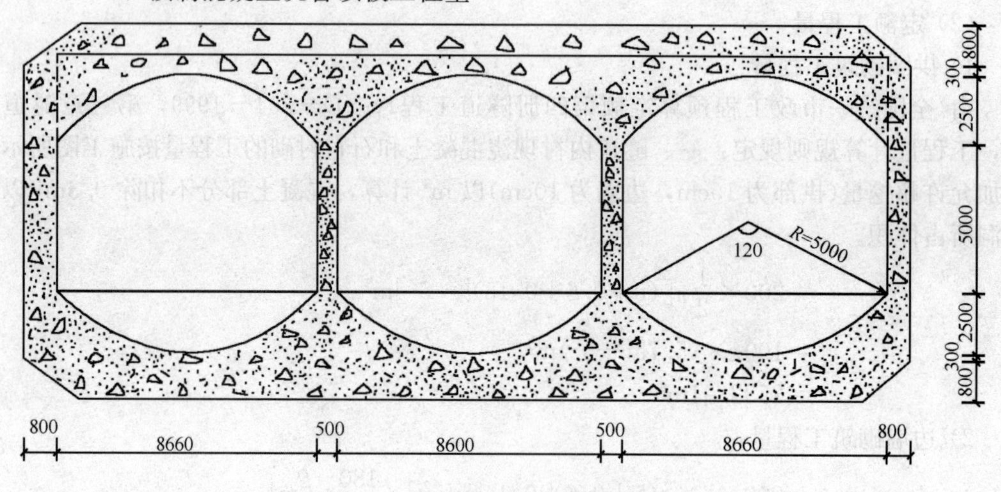

图 1-202 沉管隧道混凝土结构示意图

【解】 (1) 清单工程量

1）预制混凝土沉管板底工程量：

$$V_1=\left\{[(8.66\times3+0.5\times2+0.8\times2)+(8.66\times3+0.5\times2)]\times0.8\times\frac{1}{2}+(8.66\times3+0.5\times2+0.8\times2)\times(2.5+0.3)-\left(\frac{120}{360}\pi\times5^2\times3-3\times\frac{1}{2}\times2\sin60^\circ\times5\times2.5\right)\times200\right\}m^3$$

$=11244.79m^3$

2）预制沉管混凝土侧墙工程量：

$$V_2=200\times5\times(0.8\times2+0.5\times2)m^3=2600m^3$$

3）预制混凝土沉管顶板工程量：

$$V_3=\Big\{\Big[(8.66\times3+0.5\times2+0.8\times2)+(8.66\times3+0.5\times2)\Big]\times0.8\times\frac{1}{2}$$
$$+(8.66\times3+0.5\times2+0.8\times2)\times(2.5\times0.3)-\Big(\frac{120}{360}\pi\times5^2\times3$$
$$-3\times\frac{1}{2}\times2\sin60^\circ\times5\times2.5\Big)\times200\Big\}m^3$$
$$=11244.79m^3$$

【注释】 [(8.66×3+0.5×2+0.8×2)+(8.66×3+0.5×2)](预制混凝土底板的底部的上底加下底的长度之和)$\times0.8\times\frac{1}{2}$为如沉管隧道混凝土结构示意图最底部厚度为0.8的梯形形状的部分板底的截面积；(8.66×3+0.5×2+0.8×2)(小矩形的截面宽度)×(2.5+0.3)(小矩形的截面高度)为图示中的小矩形形状的截面积；($\frac{120}{360}\pi$×5(沉管底部弧形的半径)^2×3－3×$\frac{1}{2}$×2sin60°×5(下部扇形中三角形的宽度)×2.5(下部三角形中三角形的高度))为多算的三个沉管隧道的底部部分的截面积；200为隧道的长度；200×5(侧墙的高度)×(0.8×2+0.5×2)(侧墙的厚度)为隧道的长度乘以侧墙的截面面积；顶板工程量同板底工程量；工程量计算规则按设计图示尺寸以体积计算。

清单工程量计算见表1-183。

清单工程量计算表 表1-183

序号	项目编码	项目名称	项目特征描述	计量单位	工程量
1	040407003001	预制沉管混凝土板底	C35混凝土，石料最大粒径为15mm	m^3	11244.79
2	040407004001	预制沉管混凝土侧墙	C35混凝土，石料最大粒径为15mm	m^3	2600
3	040407005001	预制沉管混凝土顶板	C35混凝土，石料最大粒径为15mm	m^3	11244.79

(2) 定额工程量

1）预制混凝土沉管板底工程量：

$$V_1=\Big\{\Big[(8.66\times3+0.5\times2+0.8\times2)+(8.66\times3+0.5\times2)\Big]\times0.8\times\frac{1}{2}$$
$$+(8.66\times3+0.5\times2+0.8\times2)\times(2.5+0.3)-\Big(\frac{120}{360}\pi\times5^2\times3$$
$$-3\times\frac{1}{2}\times2\sin60^\circ\times5\times2.5\Big)\times200\Big\}m^3$$
$$=11244.79m^3$$

2）预制沉管混凝土侧墙工程量：

$$V_2=200\times5\times(0.8\times2+0.5\times2)=2600m^3$$

3）预制混凝土沉管顶板工程量：

$$V_3=\Big\{\Big[(8.66\times3+0.5\times2+0.8\times2)+(8.66\times3+0.5\times2)\Big]\times0.8\times\frac{1}{2}$$

$+(8.66\times3+0.5\times2+0.8\times2)\times(2.5+0.3)-\left(\frac{120}{360}\pi\times5^2\times3\right.$

$\left.-3\times\frac{1}{2}\times2\sin60^\circ\times5\times2.5\right)\times200\}\mathrm{m}^3$

$=11244.79\mathrm{m}^3$

【注释】 本例中定额工程量计算规则同清单工程量计算规则一样。

【例 37】 ××地区要在与××铁路的交叉处建一座公路隧道，长为 200m，采用顶进法施工，先把桥墩顶进，然后顶进隧道顶板，再把桥墩之间的土体挖去，最后浇筑底板。混凝土顶板的混凝土强度等级为 C35，石料最大粒径为 25mm，钢筋混凝土底板的混凝土强度等级为 C40，石料最大粒径为 15mm，钢筋混凝土墙厚 0.5m，混凝土强度等级为 C35，石料最大粒径为 25mm，此地道桥为三孔连续箱涵框架，共双向 4 车道，共宽 33.8m，高为 4.7m，如图 1-203 所示。

试计算：1）此地道桥钢筋混凝土底板工程量

2）钢筋混凝土墙工程量

3）混凝土顶板工程量

【解】 (1) 清单工程量：

1）钢筋混凝土底板工程量：

$V_1=200\times[0.5\times(4.5\times2+9+0.6\times4+0.5\times2+2.8\times2)+2\times\frac{1}{2}$

$\times(0.5+0.6)^2-2\times\frac{1}{2}\times0.6^2++4\times\frac{1}{2}\times0.6\times0.6]\mathrm{m}^3$

$=200\times[0.5\times(24.2+2.8)+1.1^2-0.6^2+0.72]\mathrm{m}^3$

$=200\times(13.5+1.21-0.36+0.72)\mathrm{m}^3$

$=3014\mathrm{m}^3$

2）钢筋混凝土墙工程量：

$$V_2=4\times0.5\times2.5\times200\mathrm{m}^3=1000\mathrm{m}^3$$

3）混凝土顶板工程量：

$V_3=200\times[0.5\times(9+4.5\times2+0.6\times4+0.5\times2+2.8\times2)+4\times\frac{1}{2}$

$\times0.6^2-2\times\frac{1}{2}\times0.6^2+2\times\frac{1}{2}\times(0.5+0.6)\times(0.5+0.6)]\mathrm{m}^3$

$=200\times(0.5\times27+2\times0.36-0.6^2+1.1^2)\mathrm{m}^3$

$=200\times(13.5+0.72-0.36+1.21)\mathrm{m}^3$

$=200\times15.07\mathrm{m}^3$

$=3014\mathrm{m}^3$

【注释】 0.5(中间部分的板底的厚度)×(9+4.5×2+0.6×4+2.8×2)(中间底板的长度)为示意图中间部分的板底的截面积；$2\times\frac{1}{2}\times(0.5+0.6)$(板底斜角处的上三角形的截面尺寸)$^2-2\times\frac{1}{2}\times0.6$(板底斜角处上部空白处小三角形的截面尺寸)^{2}为板底斜角处三角形的截面积；$4\times\frac{1}{2}\times0.6\times0.6$(墩帽的截面尺寸)为板底上部墩帽底的截面积；4(侧墙的

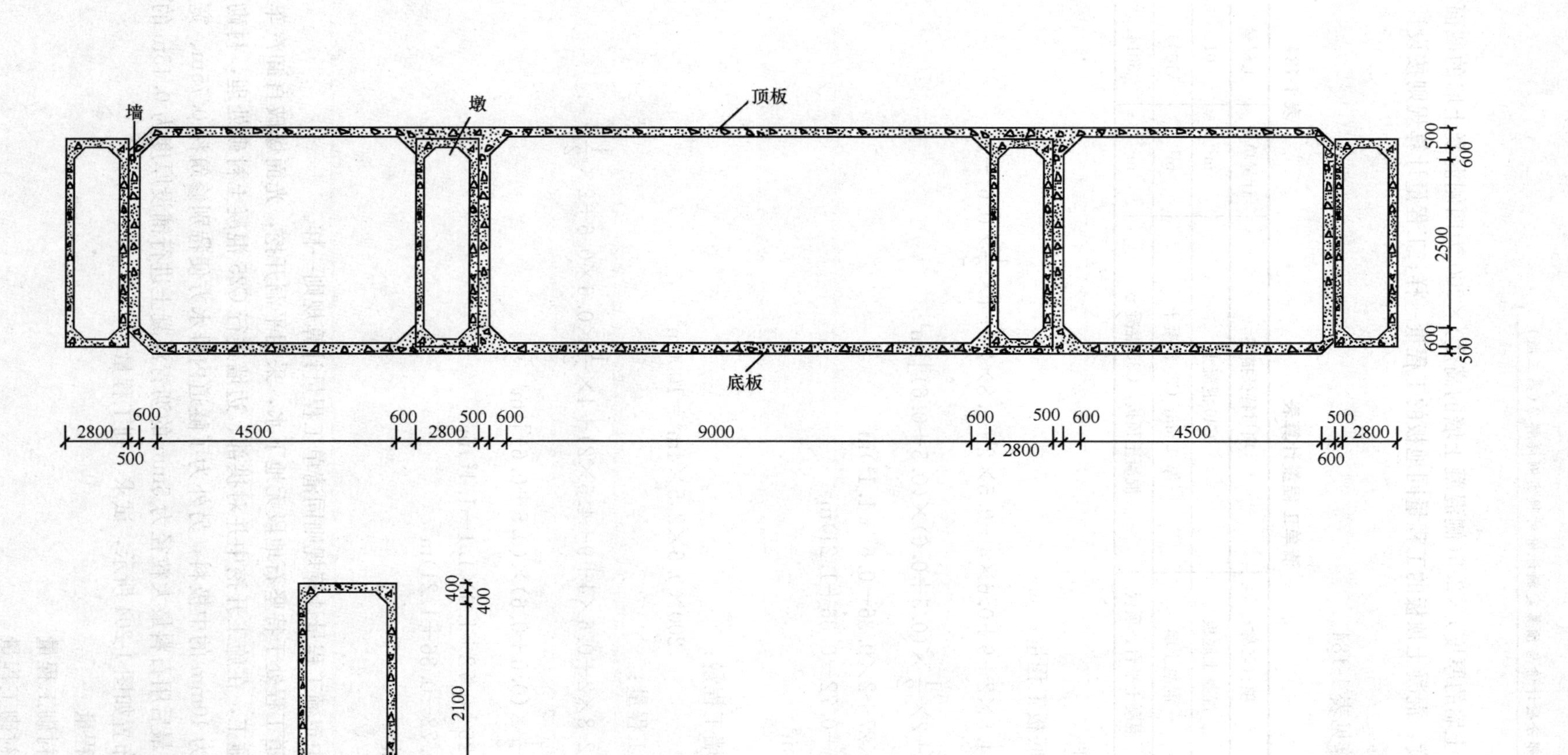

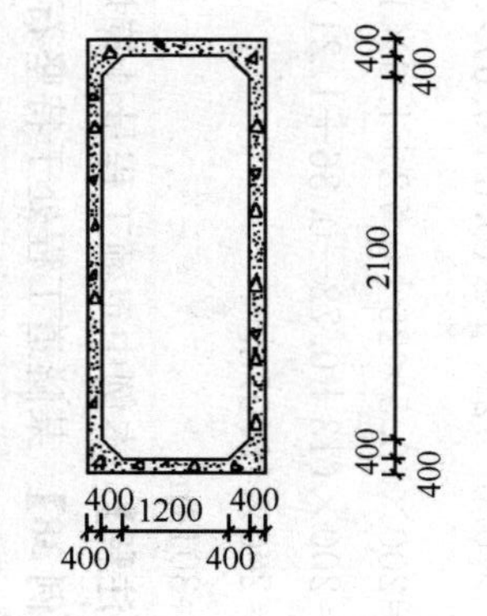

图 1-203　箱形桥墩示意图

数量）×0.5（侧混凝土墙的厚度）×2.5（侧混凝土墙的高度）×200 为四侧混凝土墙的截面面积乘以隧道的长度，混凝土顶板的工程量同地板的工程量一样；工程量计算规则按设计图示尺寸以体积计算。

清单工程量计算见表 1-184。

清单工程量计算表 **表 1-184**

序号	项目编码	项目名称	项目特征描述	计量单位	工程量
1	040406002001	混凝土底板	C40 混凝土	m^3	3014
2	040406004001	混凝土墙	厚 0.5m，C35 混凝土	m^3	1000
3	040406006001	混凝土平台、顶板	混凝土顶板，C35 混凝土	m^3	3014

（2）定额工程量

1）钢筋混凝土底板工程量：

$$\{200\times[0.5\times(4.5\times2+9+0.6\times4+0.5\times2+2.8\times2)+4\times\frac{1}{2}\times0.6^2-2\times\frac{1}{2}\times0.6^2+2\times\frac{1}{2}\times(0.5+0.6)\times(0.5+0.6)]\}m^3$$

$=200\times(0.5\times27+2\times0.36-0.6^2+1.1^2)m^3$

$=200\times(13.5+0.72-0.36+1.21)m^3$

$=200\times15.07m^3$

$=3014m^3$

2）钢筋混凝土墙工程量：

$$200\times0.5\times2.5\times4m^3=1000m^3$$

3）混凝土顶板工程量：

$$\{200\times[0.5\times(2.8\times2+0.6\times4+9+4.5\times2)+4\times\frac{1}{2}\times0.6\times0.6+2\times\frac{1}{2}\times0.6^2+2\times\frac{1}{2}\times(0.5+0.6)\times(0.5+0.6)]\}m^3$$

$=200\times(0.5\times26+0.72+1.6\times1.1-1.1^2)m^3$

$=200\times(13+0.72-0.36+1.21)m^3$

$=200\times15.07m^3$

$=3014m^3$

【注释】 本例中定额工程量计算规则同清单工程量计算规则一样。

【例 38】 某隧道工程处于特坚石地段无地下水，采用平洞开挖，光面爆破自卸汽车运输方式进行隧段施工，在施工开挖中并对拱部、边墙进行 C25 混凝土衬砌处理，衬砌所用石料最大粒径为 10mm 的中极料，另外为了隧道内排水方便特别修筑深 0.75m、宽 0.5m 的排水沟道，最后用石料最大粒径为 5mm 的沥青混凝土进行铺设厚度为 0.15m 的沥青路面，其斜井布置如图 1-204 所示，试求下列工程量。

1）平洞开挖工程量

2）混凝土拱部衬砌工程量

3）混凝土边墙衬砌工程量

4）砌筑沟道工程量

5）隧道内混凝土路面工程量

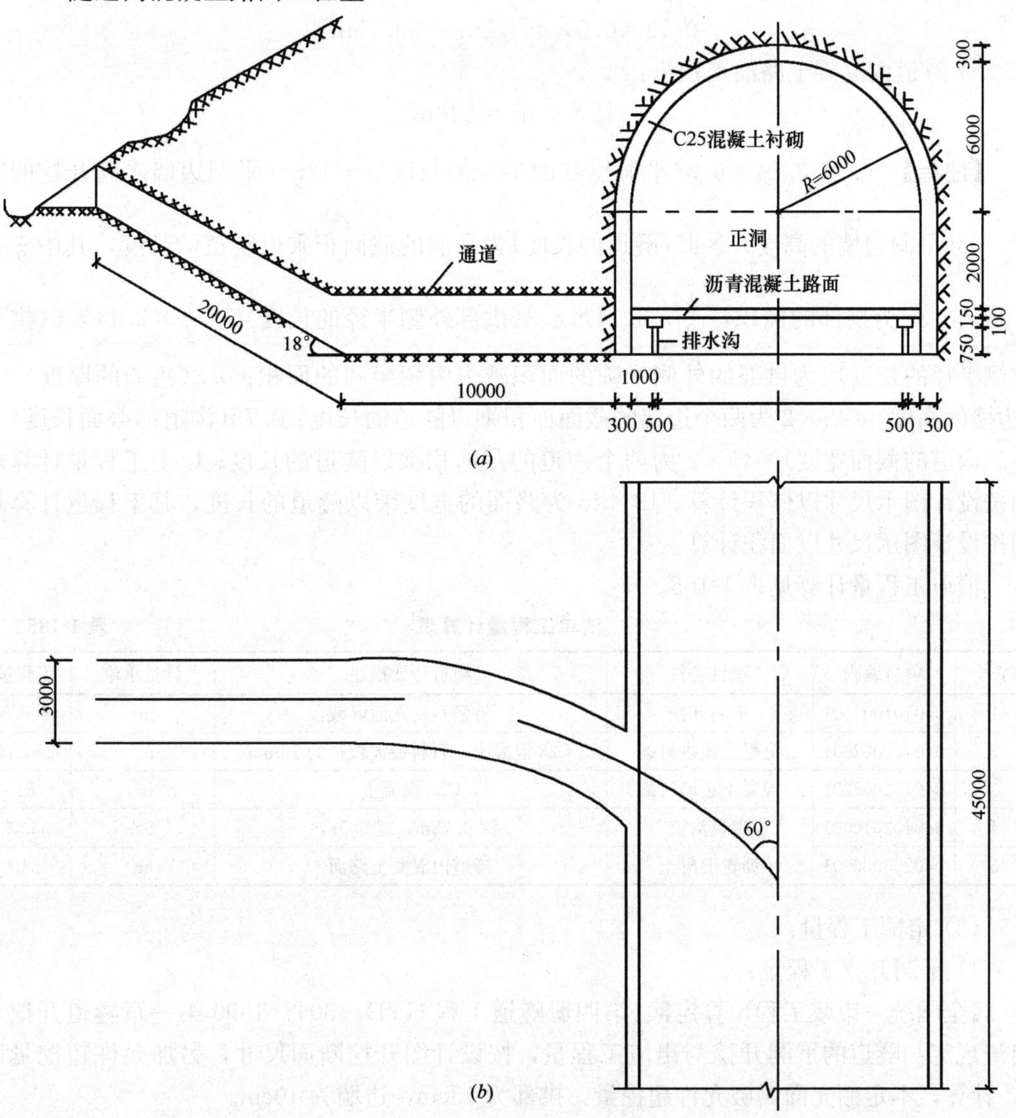

图 1-204　斜井布置示意图

(a)立面图；(b)平面图

【解】（1）清单工程量

1）平洞开挖工程量：

$$\left(\frac{1}{2}\times3.14\times6.3^2+12.6\times3\right)\times45\text{m}^3=4506.52\text{m}^3$$

2)混凝土拱部衬砌工程量：

$$\left(\frac{1}{2}\times3.14\times6.3^2-\frac{1}{2}\times3.14\times6^2\right)\times45\text{m}^3=260.70\text{m}^3$$

3）混凝土边墙衬砌工程量：

$$0.3\times3\times45\times2m^3=81m^3$$

4）砌筑沟道工程量：

$$0.75\times0.5\times45\times2m^3=33.75m^3$$

5）隧道内混凝土路面工程量：

$$12\times45m^2=540m^2$$

【注释】 （$\frac{1}{2}\times3.14\times6.3$（平洞拱部的半径的长度）$^2+12.6$（平洞边墙之间开挖的宽度）×3（平洞边墙的高度））×45（隧道的长度）为平洞的截面积乘以隧道的长度，其中$\frac{1}{2}\times3.14\times6.3^2$为拱部的面积，$\frac{1}{2}\times3.14\times6.3$（拱部外侧半径的长度）$^2-\frac{1}{2}\times3.14\times6$（拱部内侧半径的长度）^{2}为拱部的外侧半圆的面积减去内侧半圆的面积；0.3（边墙的厚度）×3（边墙的高度）×45×2 为两个边墙的截面面积乘以隧道的长度；0.75（沟道的截面长度）×0.5（沟道的截面宽度）×45×2 为两个沟道的截面积乘以隧道的长度；以上工程量计算规则按设计图示尺寸以体积计算。12×45 为路面的宽度乘以隧道的长度，其工程量计算规则按设计图示尺寸以面积计算。

清单工程量计算见表 1-185。

清单工程量计算表 **表 1-185**

序号	项目编码	项目名称	项目特征描述	计量单位	工程量
1	040401001001	平洞开挖	特坚石，光面爆破	m^3	4506.52
2	040402002001	混凝土顶拱衬砌	C25 混凝土，石料最大粒径为 10mm	m^3	260.70
3	040402003001	混凝土边墙衬砌	C25 混凝土	m^3	81
4	040402010001	砌筑沟道	深 0.75m，宽 0.5m	m^3	33.75
5	040203006001	沥青混凝土	隧道内混凝土路面	m^2	540

（2）定额工程量：

1）平洞开挖工程量：

《全国统一市政工程预算定额》第四册隧道工程 GYD－304－1999 第一章隧道开挖与出渣规定：隧道的平洞开挖与出渣工程量，按设计图开挖断面尺寸，另加允许超挖量以 m^3 计算，本定额光面爆破允许超挖量：拱部为 15cm，边墙为 10cm。

$$\left(\frac{1}{2}\times3.14\times6.45^2+12.8\times3\right)\times45m^3=4667.22m^3$$

2）混凝土拱部衬砌工程量：

《全国统一市政工程预算定额》第四册隧道工程第三章隧道内衬规定：隧道内衬现浇混凝土的工程量，按施工图所示尺寸加允许超挖量（拱部为 15cm，边墙为 10cm）以 m^3 计算，混凝土部分不扣除 0.3m^2 以内孔洞所占体积。

$$\left(\frac{1}{2}\times3.14\times6.45^2-\frac{1}{2}\times3.14\times6^2\right)\times45m^3=395.82m^3$$

3）混凝土边墙衬砌工程量：

《全国统一市政工程预算定额》第四册隧道工程规定：隧道内衬现浇混凝土的工程量，按施工图所示尺寸加允许超挖量（拱部为 15cm，边墙为 10cm）以 m^3 计算，混凝土部分不扣除0.3m²以内孔洞所占体积。

$$0.4\times3\times45\times2\text{m}^3=108\text{m}^3$$

4）砌筑沟道工程量：

砌筑沟道定额工程量与清单相同为 33.75m³

5）隧道内混凝土路面工程量：

$$0.15\times12\times45\text{m}^3=81\text{m}^3$$

【注释】（$\frac{1}{2}\times3.14\times6.45^2+12.8\times3$）×45 为超挖是平洞的截面积乘以隧道的长度，其中 6.45＝6＋0.3＋0.15（拱部的允许超挖厚度），12.8＝12.6＋0.1＋0.1（边墙的允许超挖厚度）为平洞的宽度；（$\frac{1}{2}\times3.14\times6.45^2-\frac{1}{2}\times3.14\times6^2$）为拱部的外侧半圆面积减去内侧半圆面积是其拱部壁的截面积；0.4×3×45×2 为两个边墙的厚度乘以高度乘以隧道的长度，其中 0.4＝0.3＋0.1（边墙的允许超挖厚度）为边墙的厚度；0.15×12×45 为路面的厚度乘以宽度乘以隧道的长度，其中 0.15 为边墙的厚度，12 为边墙的宽度；工程量计算规则按设计图示尺寸以体积计算。

【例 39】 某城市交通隧道全长 300m，洞门属于端墙式洞门类型，该段隧道是明洞类型，其内部结构如图 1-205 所示，洞门砌筑 1m，已知该隧道用 C20 混凝土喷射拱部

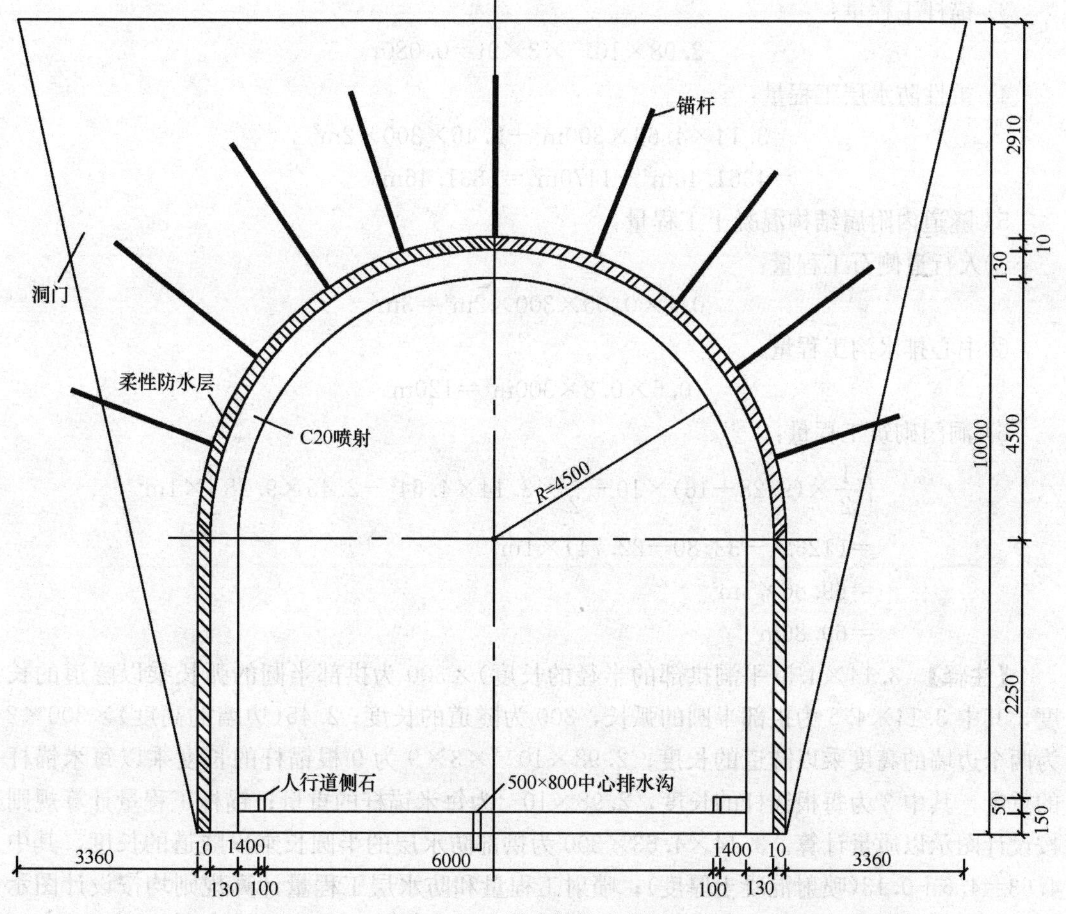

图 1-205　隧道结构示意图

和边墙 0.13m。为了保护隧道围岩的支撑作用，本隧道采用锚杆加固围岩，锚杆直径为 22mm，长 3m，密度为 2.98kg/m，隧道内铺设人行道，中心排水沟等附属结构，本隧道在喷混凝土衬砌内表面上铺设聚乙烯作防水层，防水层厚度 0.1m，试求下列隧道各项工程量。

1）拱部喷射混凝土工程量

2）边墙喷射混凝土工程量

3）锚杆工程量

4）柔性防水层工程量

5）隧道内附属结构混凝土（人行道侧石，中心排水沟）工程量

6）洞门砌筑工程量

【解】（1）清单工程量

1）拱部喷射混凝土工程量：

根据题意知喷射混凝土厚度为 0.13m

$$3.14\times4.5\times300\text{m}^2=4239\text{m}^2$$

2）边墙喷射混凝土工程量：

$$2.45\times300\times2\text{m}^2=1470\text{m}^2$$

3）锚杆工程量：

$$2.98\times10^{-3}\times3\times9\text{t}=0.080\text{t}$$

4）柔性防水层工程量：

$$3.14\times4.63\times300\text{m}^2+2.45\times300\times2\text{m}^2$$
$$=4361.46\text{m}^2+1470\text{m}^2=5831.46\text{m}^2$$

5）隧道内附属结构混凝土工程量：

①人行道侧石工程量：

$$0.1\times0.05\times300\times2\text{m}^3=3\text{m}^3$$

②中心排水沟工程量：

$$0.5\times0.8\times300\text{m}^3=120\text{m}^3$$

6）洞门砌筑工程量：

$$\left[\frac{1}{2}\times(9.28+16)\times10-\frac{1}{2}\times3.14\times4.64^2-2.45\times9.28\right]\times1\text{m}^3$$
$$=(126.4-33.80-22.74)\times1\text{m}^3$$
$$=69.86\times1\text{m}^3$$
$$=69.86\text{m}^3$$

【注释】 3.14×4.5（平洞拱部的半径的长度）×300 为拱部半圆的弧长乘以隧道的长度，其中 3.14×4.5 为拱部半圆的弧长，300 为隧道的长度；2.45（边墙的高度）×300×2 为两个边墙的高度乘以隧道的长度；$2.98\times10^{-3}\times3\times9$ 为 9 根锚杆的长度乘以每米锚杆的重量，其中 3 为每根锚杆的长度，2.98×10^{-3} 为每米锚杆的重量；锚杆工程量计算规则按设计图示以质量计算。3.14×4.63×300 为拱部防水层的半圆长乘以隧道的长度，其中 4.63=4.6+0.13（喷射混凝土厚度）；喷射工程量和防水层工程量计算规则均按设计图示尺寸以面积计算。0.1×0.05×300×2 为两侧侧石的截面积乘以隧道的长度，其中 0.1×

0.05 为侧石的长度乘以宽度为其截面积；0.5(排水沟的截面宽度)×0.8(排水沟的截面长度)×300 为中心排水沟的截面面积乘以隧道的长度；$\frac{1}{2}\times(9.28+16)\times10$ 为隧道开挖是梯形形状沟槽的上底加下底之和乘以沟槽的深度除以 2 是其沟槽的截面积；其中 9.28=6+1.4+1.4+0.13+0.13+0.01+0.01 为沟槽底的长度，16=9.28+3.36+3.36 为沟槽口部的宽度；$\frac{1}{2}\times3.14\times4.64^2$ 为拱部外侧半圆的截面积，其中 4.64=4.5+0.13+0.01(防水层厚度)；2.45(矩形部分的截面高度)×9.28(下部矩形的截面宽度)为平洞下部矩形形状截面面积；隧道内附属结构混凝土工程量计算规则按设计图示尺寸以体积计算。

清单工程量计算见表 1-186。

清单工程量计算表　　表 1-186

序号	项目编码	项目名称	项目特征描述	计量单位	工程量
1	040402006001	拱部喷射混凝土	厚 13cm，C20 混凝土	m^2	4239
2	040402007001	边墙喷射混凝土	厚 13cm，C20 混凝土	m^2	1470
3	040402012001	锚杆	ϕ22，长 3m，密度为 2.98kg/m	t	0.080
4	040402019001	柔性防水层	聚乙烯作防水层，厚 10mm	m^2	5831.46
5	040406008001	隧道内其他结构混凝土	人行道侧石，C20 混凝土	m^3	3
6	040406008002	隧道内其他结构混凝土	中心排水沟，C20 混凝土	m^3	120
7	040402011001	洞门砌筑	砌筑 1m	m^3	69.86

(2) 定额工程量

1) 拱部喷射混凝土工程量：

《全国统一市政工程预算定额》第四册隧道工程 GYD－304－1999 第三章隧道内衬规定：喷射混凝土数量及厚度按设计图计算，不另增加超挖填平补齐的数量。

故拱部喷射混凝土定额工程量与清单相同为 4239m^2

2) 边墙喷射混凝土工程量：

由《全国统一市政工程预算定额》第四册隧道工程 GYD－304－1999 第三章隧道内衬知：喷射混凝土数量及厚度按设计图计算，不另增加超挖填平补齐的数量边墙喷射混凝土工程量，定额与清单相同为 1470m^2。

3) 锚杆工程量：

锚杆定额工程量与清单相同为 0.080t

4) 柔性防水层工程量：

柔性防水层定额工程量与清单相同为 5831.46m^2

5) 隧道内附属结构混凝土工程量：

①人行道侧石工程量：

人行道侧石定额工程量与清单相同为 3m^3

②中心排水沟工程量：

中心排水沟定额工程量与清单相同为 120m^3

6) 洞门砌筑工程量：

洞门砌筑定额工程量与清单相同为 69.86m^3

【注释】 本例中定额工程量计算规则同清单工程量计算规则一样。

【例 40】 某城乡过山隧道 40m 穿越页岩，页岩灰夹岩地质，经地质勘测该地段无地下水，为了方便施工采用斜井开挖，光面爆破，废渣用自卸汽车运至距洞口 500m 的弃渣处，开挖后用粒径为 5cm 石料 C20 混凝土浆砌边墙 20cm，用粒径为 10cm 的块石 C25 混凝土进行干砌拱部，斜井布置图如图 1-206 所示，根据截面设计尺寸计算下列工程量：

1）斜井开挖工程量

2）浆砌块石工程量

3）干砌块石工程量

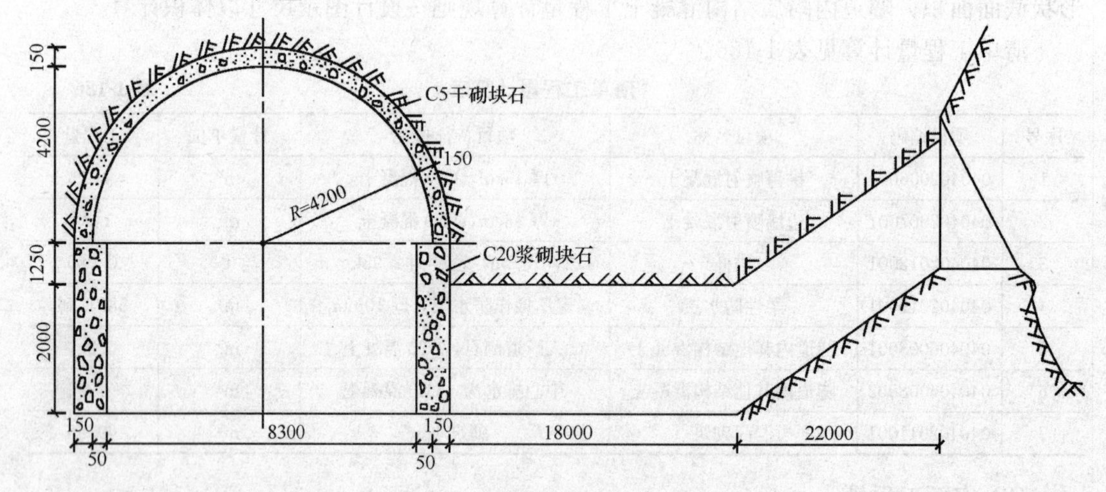

图 1-206 斜井衬砌布置示意图

【解】 (1)清单工程量

1）斜井开挖工程量：

$$\left(\frac{1}{2}\times3.14\times4.35^2+8.7\times3.25\right)\times40\text{m}^3=2319.33\text{m}^3$$

2）浆砌块石工程量：

$$0.2\times3.25\times40\times2\text{m}^3=52\text{m}^3$$

3）干砌块石工程量：

$$\left(\frac{1}{2}\times3.14\times4.35^2-\frac{1}{2}\times3.14\times4.2^2\right)\times40\text{m}^3$$
$$=(29.71-27.69)\times40\text{m}^3$$
$$=2.02\times40\text{m}^3$$
$$=80.40\text{m}^3$$

【注释】 $\Big(\frac{1}{2}\times3.14\times4.35$(平洞拱部的截面半径)$^2+8.7$(平洞边墙间的截面宽度)$\times$ 3.25(平洞边墙的高度)$\Big)\times40$(隧道的长度)为平洞的截面积乘以隧道的长度，其中$\frac{1}{2}\times3.14\times4.35^2$为拱部半圆的截面积，4.35＝4.2＋0.15(干砌块石的厚度)，8.7×3.25 为平洞下部边墙的截面积；0.2(边墙截面的厚度)×3.25(边墙的截面高度)×40×2 为两侧边墙浆砌块石的截面面积乘以隧道的长度；($\frac{1}{2}\times3.14\times4.35^2-\frac{1}{2}\times3.14\times4.2$(拱部内侧的

半径的长度)^2)为拱部半圆的外侧面积减去内侧面积为其干砌块石壁的截面积，40 为隧道的长度；工程量计算规则按设计图示尺寸以体积计算。

清单工程量计算见表 1-187。

清单工程量计算表 **表 1-187**

序号	项目编码	项目名称	项目特征描述	计量单位	工程量
1	040401002001	斜井开挖	页岩灰夹岩，光面爆破	m^3	2319.33
2	040402009001	边墙砌筑	粒径 5cm 石料，C20 混凝土浆砌边墙 20cm	m^3	52
3	040305002001	干砌块料	粒径 10cm 块石，C25 混凝土干砌拱部	m^3	80.40

(2) 定额工程量

1) 斜井开挖工程量：

《全国统一市政工程预算定额》第四册隧道工程 GYD－304－1999 第一章隧道开挖与出渣规定：隧道的斜井开挖与出渣量，按设计图开挖断面尺寸，另加允许超挖量以 m^3 计算，采用光面爆破，允许超挖量：拱部为 15cm，边墙为 10cm。

$$\left(\frac{1}{2}\times3.14\times4.5^2+8.9\times3.25\right)\times40m^3=2428.70m^3$$

2) 浆砌块石工程量：

《全国统一市政工程预算定额》第四册隧道工程 GYD－304－1999 第三章隧道内衬规定：隧道内衬现浇混凝土和石料衬砌的工程量，按施工图所示尺寸加允许超挖量(拱部为 15cm，边墙为 10cm)以 m^3 计算，混凝土部分不扣除 $0.3m^2$ 以内孔洞所占体积。

$$0.3\times3.25\times40\times2m^3=78m^3$$

3) 干砌块石工程量：

本隧道拱部采用干砌块石，根据《全国统一市政工程预算定额》第四册隧道工程 GYD—304—1999 规定：隧道内衬现浇混凝土和石料衬砌的工程量，按施工图所示尺寸加允许超挖量(拱部为 15cm，边墙为 10cm)以 m^3 计算，混凝土部分不扣除 $0.3m^2$ 以内孔洞所占体积。

$$\begin{aligned}&\left(\frac{1}{2}\times3.14\times4.5^2-\frac{1}{2}\times3.14\times4.2^2\right)\times40m^3\\&=(31.79-27.69)\times40m^3\\&=4.10\times40m^3\\&=164m^3\end{aligned}$$

【注释】 $\left(\frac{1}{2}\times3.14\times4.5^2+8.9\right.$(允许超挖时边墙间的宽度)$\left.\times3.25\right)\times40$ 为超挖是平洞的截面积乘以隧道的长度，其中 4.5＝4.2＋0.15＋0.15(允许拱部超挖的厚度)，8.9＝8.7＋0.1＋0.1(允许边墙超挖的厚度)；0.3×3.25(边墙的高度)×40×2 为超挖是两侧浆砌块石的截面面积乘以隧道的长度，其中 0.3＝0.2＋0.1(允许边墙超挖的厚度)；$\frac{1}{2}\times3.14\times4.5^2-\frac{1}{2}\times3.14\times4.2$(拱部内侧的半径的长度)^2 为超挖是平洞的拱部半圆外侧面积减去内侧面积；工程量计算规则按设计图示尺寸加超挖尺寸以体积计算。

【例 41】 某竖井长度为 130m，已知隧道全长 30m，开挖按照设计施工图采用平洞开挖，一般爆破，开挖后废渣采用轻轨斗车运至洞口 100m 处。隧道开挖后用强度为 C25 的混凝土砂浆砌筑隧道拱圈和边墙 0.3m，在对隧道砌筑的同时，在竖井内壁安装钢模板，清理竖井内壁，然后，用强度为 C20 混凝土对竖井进行衬砌 0.2m，由于隧道施工需要，需在距洞口 3m 处，每隔 8m 安装一个集水井，竖井布置如图 1-207 所示，试根据尺寸图，求下列工程项目工程量：

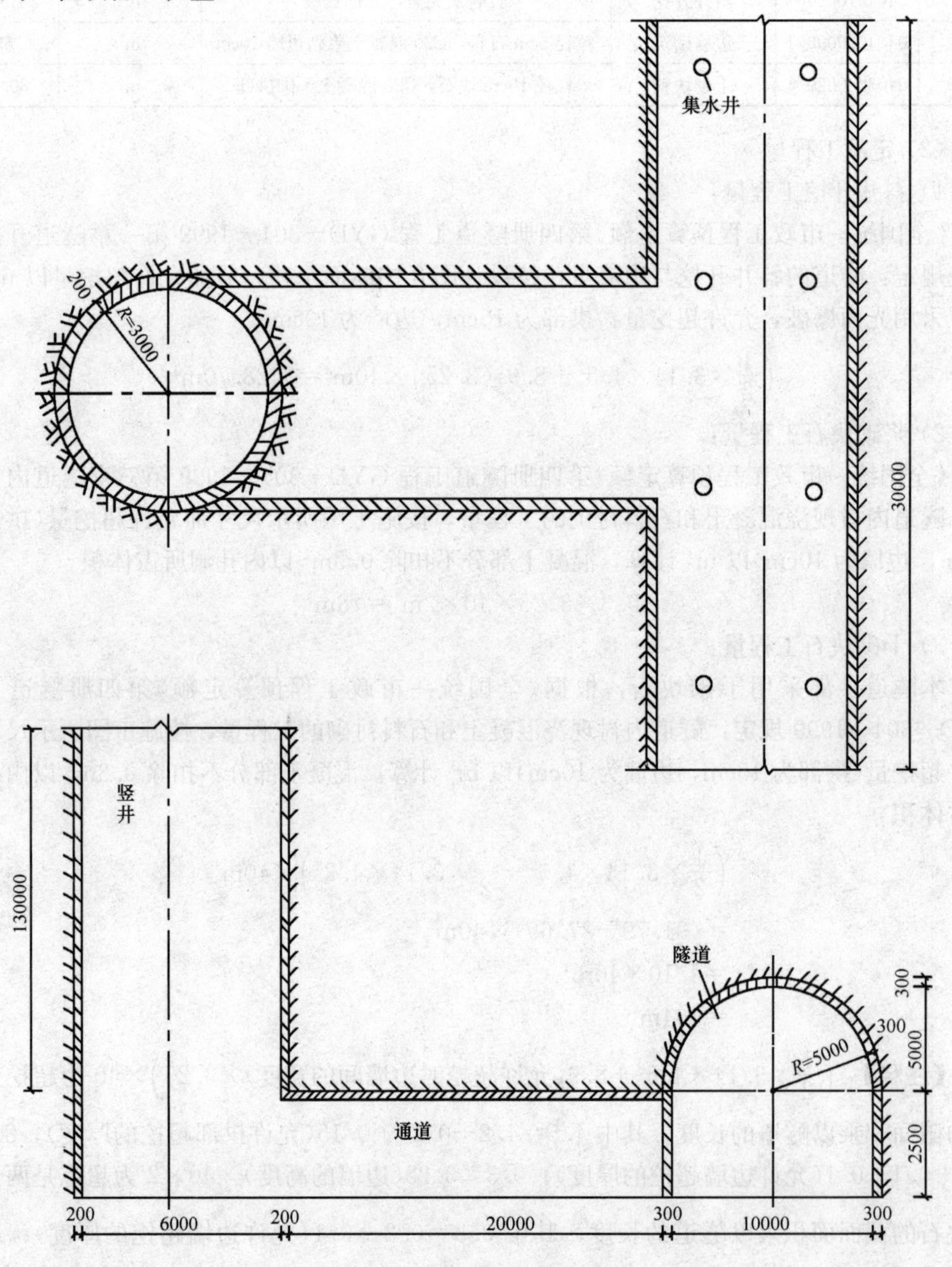

图 1-207 竖井内部布置示意图

1）竖井开挖工程量

2）混凝土竖井衬砌工程量

3）拱圈衬砌工程量
4）边墙衬砌工程量
5）隧道内集水井工程量
6）隧道内旁通道开挖

【解】 (1)清单工程量

1）竖井开挖工程量：

$$\frac{1}{2}\times 3.14\times 3.2^2\times 130\text{m}^3=2089.98\text{m}^3$$

2）混凝土竖井衬砌工程量：

$$\left(\frac{1}{2}\times 3.14\times 3.2^2-\frac{1}{2}\times 3.14\times 3^2\right)\times 130\text{m}^3=253.08\text{m}^3$$

3）拱圈砌筑工程量：

$$\begin{aligned}&\left(\frac{1}{2}\times 3.14\times 5.3^2-\frac{1}{2}\times 3.14\times 5^2\right)\times 30\text{m}^3\\&=(44.10-39.25)\times 30\text{m}^3\\&=4.85\times 30\text{m}^3\\&=145.50\text{m}^3\end{aligned}$$

4）边墙砌筑工程量：

$$0.3\times 2.5\times 30\times 2\text{m}^3=45\text{m}^3$$

5）隧道内集水井工程量：

$$2\times\left(\frac{30-3\times 2}{8}-1\right)\text{座}=8\text{座}$$

6）隧道内通道开挖工程量：

$$6.4\times 2.5\times 20\text{m}^3=320\text{m}^3$$

【注释】 $\frac{1}{2}\times 3.14\times 3.2^2\times 130$(竖井的高度)为竖井的截面积乘以竖井的高度，其中$\frac{1}{2}\times 3.14\times 3.2^2$ 为圆形竖井的面积，3.2 为竖井的开挖半径；$\frac{1}{2}\times 3.14\times 3.2$(竖井外侧的半径的长度)$^2-\frac{1}{2}\times 3.14\times 3$(竖井内侧半径的长度)^2 为竖井的开挖的外侧圆竖井壁衬砌的截面积；$\frac{1}{2}\times 3.14\times 5.3$(拱部外侧的半径的长度)$^2-\frac{1}{2}\times 3.14\times 5$(拱部内侧的半径的长度)^2 为平洞拱部的外侧半圆面积减去内侧半圆面积是其拱部壁的截面积，30 为隧道的长度；0.3×2.5×30(隧道的长度)×2 为两侧边墙的截面面积乘以隧道的长度，其中 0.3 为边墙的厚度，2.5 为边墙的高度；隧道内集水井工程量按设计图示以数量计算(如题中示意图)；6.4×2.5×20 为内通道的高度乘以宽度乘以长度，其中 6.4 为通道的宽度，2.5 为隧道的高度，20 为通道的长度；除集水井工程量其他工程量计算规则按设计图示尺寸以体积计算。

清单工程量计算见表 1-188。

清单工程量计算表　　表1-188

序号	项目编码	项目名称	项目特征描述	计量单位	工程量
1	040401003001	竖井开挖	一般爆破，平洞开挖	m^3	2089.98
2	040402004001	混凝土竖井衬砌	C20混凝土衬砌20cm	m^3	253.08
3	040402008001	拱圈砌筑	C25混凝土砂浆砌筑拱圈30cm	m^3	145.54
4	040402009001	边墙砌筑	C25混凝土砂浆砌筑拱圈30cm	m^3	45
5	040401002001	斜井开挖	一般爆破，平洞开挖	m^3	320
6	040404009001	隧道内集水井	在距洞口3m处，每隔8m安装一个集水井	座	8

（2）定额工程量

1）竖井开挖工程量：

《全国统一市政工程预算定额》第四册隧道工程GYD－304－1999第一章隧道开挖与出渣规定：隧道的竖井开挖与出渣工程量，按设计图开挖断面尺寸，另加允许超挖量以m^3计算，本定额采用一般爆破，其允许超挖量：拱部为20cm，边墙为15cm，另开挖定额采用一般爆破开挖，其开挖定额应乘以系数0.935。

$$\frac{1}{2}\times3.14\times3.2^2\times130m^3=2089.98m^3$$

2）混凝土竖井衬砌工程量：

混凝土竖井衬砌工程量定额与清单相同为253.08m^3

3）拱圈砌筑工程量：

《全国统一市政预算定额》第四册隧道工程GYD—304—1999第三章，隧道内衬规定：隧道内衬现浇混凝土和石料衬砌的工程量，按施工图所示尺寸加允许超挖量（拱部为15cm）以m^3计算。

$$\left(\frac{1}{2}\times3.14\times5.45^2-\frac{1}{2}\times3.14\times5^2\right)\times30m^3=7.38\times30m^3=221.40m^3$$

4）边墙砌筑工程量：

根据《全国统一市政工程预算定额》第四册隧道工程GYD－304－1999规定：隧道内衬现浇混凝土和石料衬砌的工程量，按施工图所示尺寸加允许超挖量（边墙为10cm）以m^3计算。

$$0.4\times2.5\times30\times2m^3=60m^3$$

5）隧道内集水井工程量：

隧道内集水井定额工程量与清单相同为8座

6）隧道内旁通道开挖工程量：

隧道内旁通道开挖定额工程量与清单相同为320m^3

【注释】 $\frac{1}{2}\times3.14\times3.2$（超挖时拱部的半径）$^2\times130$为超挖是平洞的截面积，开挖定额应乘以系数0.935；$(\frac{1}{2}\times3.14\times5.45^2-\frac{1}{2}\times3.14\times5^2)$为超挖是平洞拱部半圆的外侧面积减去内侧面积；其中5.45＝5.3＋0.15（允许拱部超挖的厚度）；0.4（超挖时边墙的厚度）×2.5（超挖时边墙的高度）×30×2为超挖时边墙的截面面积乘以隧道的长度，其中0.4＝0.3＋0.1（允许边墙超挖的厚度）；工程量计算规则按设计图示尺寸加超挖尺寸以体积计算。

【例 42】 某竖井为圆形平面高 20m，采用盾构法施工开挖、衬砌。如图 1-208 所示为

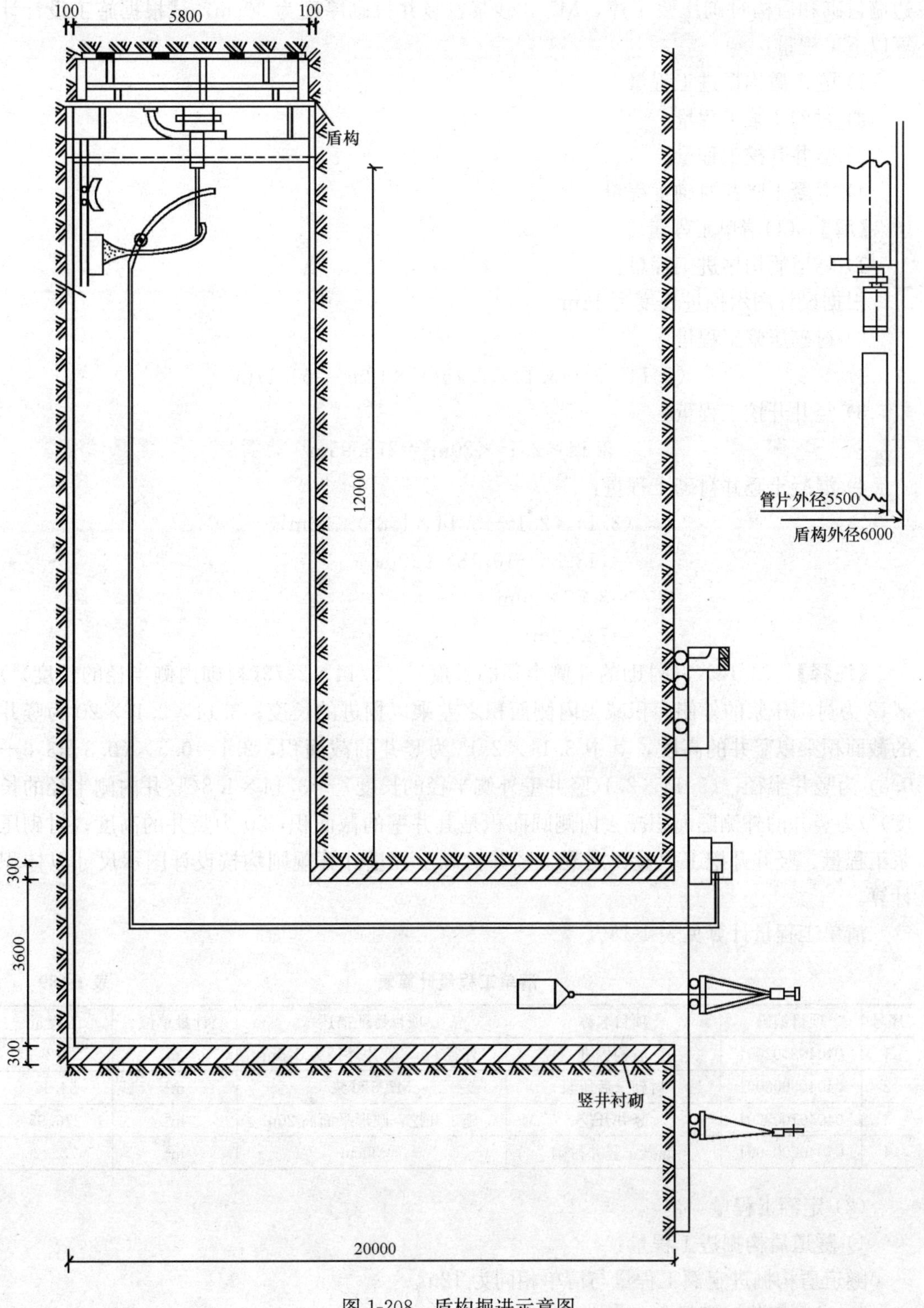

图 1-208　盾构掘进示意图

盾构掘进示意图，此盾构外径为 6m，管片外径为 5.5m，在掘进施工中经历：负环段掘进、出洞段掘进正常段掘进、进洞段掘进四个施工阶段，在盾构掘进过程中，完成对竖井边墙衬砌和盾构衬砌压浆工序，M7.5 砂浆，竖井衬砌厚度为 30cm，试根据施工设计计算以下工程量：

1）隧道盾构掘进工程量

2）衬砌压浆工程量

3）竖井开挖工程量

4）混凝土竖井衬砌工程量

【解】（1）清单工程量

1）隧道盾构掘进工程量：

根据设计图示掘进长度为 12m

2）衬砌压浆工程量：

$$(3.14\times3^2-3.14\times2.75^2)\times12\text{m}^3=54.17\text{m}^3$$

3）竖井开挖工程量：

$$3.14\times2.1^2\times20\text{m}^3=276.95\text{m}^3$$

4）混凝土竖井衬砌工程量：

$$\begin{aligned}&(3.14\times2.1^2-3.14\times1.8^2)\times20\text{m}^3\\&=(13.85-10.18)\times20\text{m}^3\\&=3.67\times20\text{m}^3\\&=73.42\text{m}^3\end{aligned}$$

【注释】（3.14×3(衬砌的外侧半径的长度)^2－3.14×2.75(衬砌内侧半径的长度)^2）×12 为衬砌压浆的外侧面积减去内侧面积之差乘以掘进的长度；$3.14\times2.1^2\times20$ 为竖井的截面积乘以竖井的高度，其中 3.14×2.1^2 为竖井的截面积，2.1＝0.5×(0.3＋3.6＋0.3) 为竖井半径；(3.14×2.1(竖井壁外侧半径的长度)^2－3.14×1.8(竖井内侧半径的长度)^2)为竖井的外侧圆面积减去内侧圆面积是其井壁的截面积，20 为竖井的高度；衬砌压浆工程量、竖井开挖工程量、混凝土竖井衬砌工程量计算规则均按设计图示尺寸以体积计算。

清单工程量计算见表 1-189。

清单工程量计算表 **表 1-189**

序号	项目编码	项目名称	项目特征描述	计量单位	工程量
1	040403002001	盾构掘进	外径 6m，管片外径为 5.5m	m	12
2	040403003001	衬砌壁后压浆	M7.5 砂浆	m^3	54.17
3	040401003001	竖井开挖	施工开挖，圆形平面高 20m	m^3	276.95
4	040402004001	混凝土竖井衬砌	厚 30cm	m^3	73.42

（2）定额工程量：

1）隧道盾构掘进工程量：

隧道盾构掘进定额工程量与清单相同为 12m。

2）衬砌压浆工程量：

衬砌压浆定额工程量与清单相同为 54.17m^3

3）竖井开挖工程量：

竖井开挖定额工程量与清单相同为 276.95m^3

4）混凝土竖井衬砌工程量：

《全国统一市政工程预算定额》第四册隧道工程 GYD－304－1999 第三章隧道内衬规定：隧道内衬现浇混凝土和石料衬砌的工程量，按施工图所示尺寸加允许超挖量(拱部为15cm，边墙为 10cm)以 m^3 计算，混凝土部分不扣除 0.3m^2 以内孔洞所占体积。

混凝土竖井衬砌定额工程量与清单相同为 73.42m^3。

【注释】 定额工程量计算规则同清单工程量计算规则一样。

【例 43】 某隧道全长 200m，处于特坚岩地段，根据施工要求需开挖一条沟道，采用光面爆破机械开挖，此沟道截面尺寸为 0.5×200m，沟深 1m，沟道开挖完成后对沟道进行 0.1m 厚的砌筑砌筑砂浆比为 1∶2，其开挖示意图如图 1-209 所示，试根据设计尺寸求下列工程量：

1）沟道开挖工程量

2）砌筑沟道工程量

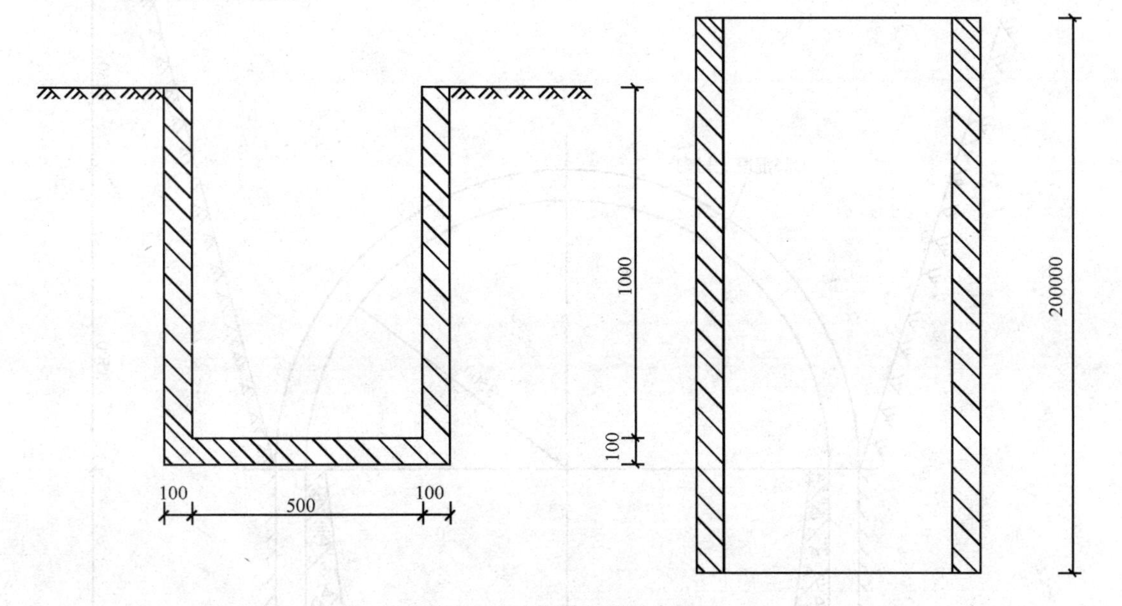

图 1-209　沟道开挖示意图

【解】 (1)清单工程量

1）沟道开挖工程量：

$$1.1\times0.7\times200\text{m}^3=154\text{m}^3$$

2）砌筑沟道工程量：

$$(1.1\times0.7-0.5\times1)\times200\text{m}^3=54\text{m}^3$$

【注释】 1.1×0.7×200 为沟槽开挖的隧道的长度乘以沟道的截面积；其中 1.1=1+0.1(沟道进行 0.1m 厚的砌筑砌筑砂浆)为沟道外侧的截面长度，0.7=0.5+0.1+0.1(砌筑砌筑砂浆的厚度)为沟道外侧的截面宽度；(1.1×0.7－0.5(沟道内侧的截面宽度)×1(沟道内侧的截面长度))为沟道外侧面积减去沟道内侧面积是其砌筑的截面积；工程量计算规则按设计图示尺寸以体积计算。

（2）定额工程量

1）沟道开挖工程量：

《全国统一市政工程预算定额》第四册隧道工程 GYD－304－1999 规定：隧道内地沟的开挖和出渣工程量，按设计断面尺寸，以 m^3 计算，不得另行计算允许超挖量。

沟道开挖定额工程量与清单相同为 $154m^3$。

2）砌筑沟道工程量：

砌筑沟道工程量定额与清单相同为 $54m^3$

【注释】 工程量计算规则同清单计算规则一样。

【例 44】 某段岩石比较破碎，路堑边坡也比较高，采用上部明挖先拱后墙法隧道开挖施工 150m，其示意图如图 1-210 所示，该隧道拱线以上部分采用拉槽法开挖临时边坡，仰坡，并配合喷锚网加固坡面，由于拱脚岩层承载力较好，故在拱脚部位设连续的纵钢筋

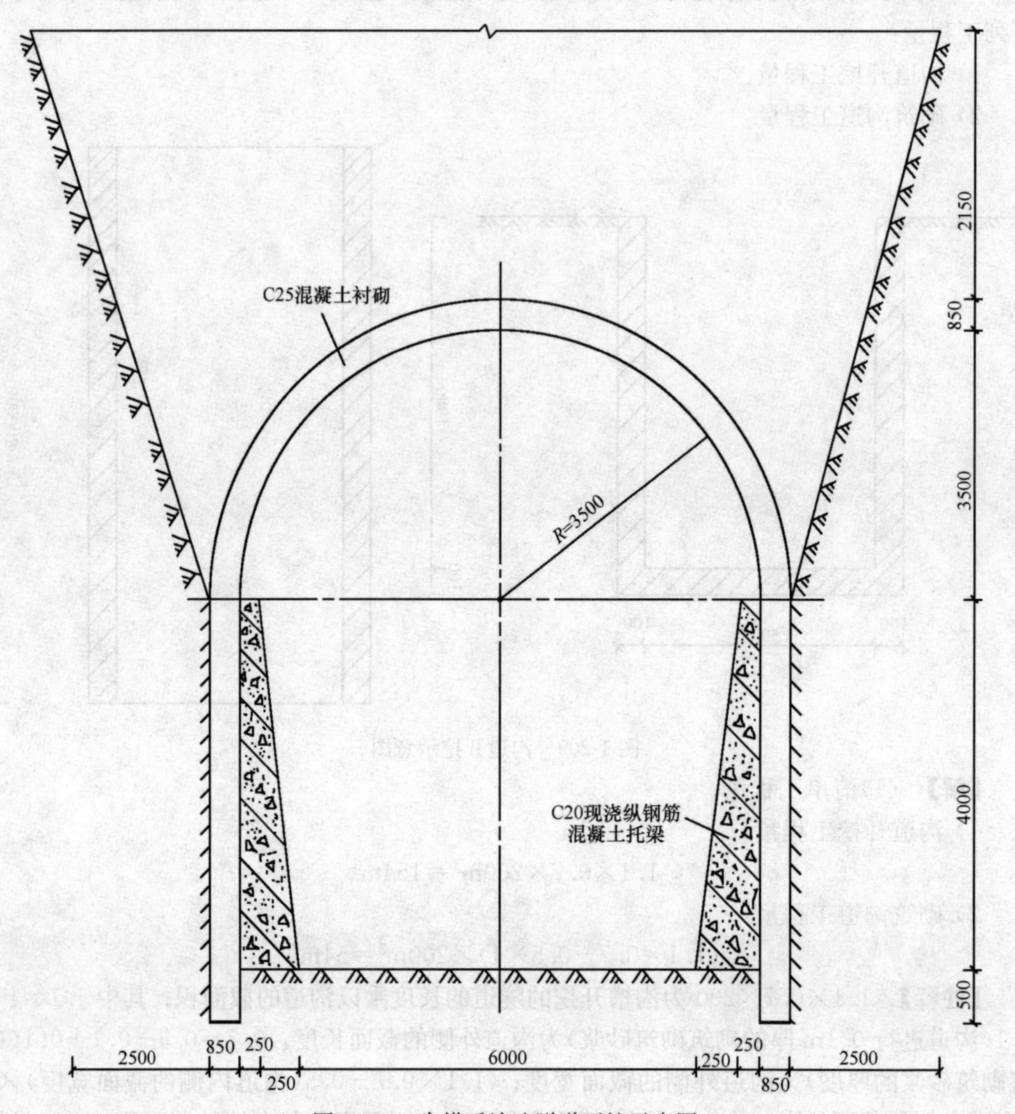

图 1-210 先拱后墙法隧道开挖示意图

混凝土托梁，其尺寸布置如图 1-210 所示，用 C25 的混凝土衬砌隧道拱部和边墙衬砌厚 85cm，试根据此隧道开挖设计图计算下列工程量：

1)混凝土拱部衬砌工程量

2) 混凝土边墙衬砌工程量

3) 混凝土梁工程量

【解】 (1)清单工程量

1) 混凝土拱部衬砌工程量：

$$\left(\frac{1}{2}\times3.14\times4.35^2-\frac{1}{2}\times3.14\times3.5^2\right)\times150\text{m}^3$$
$$=(29.71-19.23)\times150\text{m}^3$$
$$=10.48\times150\text{m}^3=1571.37\text{m}^3$$

2) 混凝土边墙衬砌工程量：

$$4.5\times0.85\times150\times2\text{m}^3=1147.50\text{m}^3$$

3) 混凝土梁工程量：

$$\frac{1}{2}\times(0.25+0.5)\times4\times150\times2\text{m}^3=450\text{m}^3$$

【注释】 $\left(\frac{1}{2}\times3.14\times4.35^2-\frac{1}{2}\times3.14\times3.5(\text{拱部内侧半径的长度})^2\right)\times150$ 为拱部半圆外侧的截面积减去内侧截面积之差乘以隧道的长度，其中 4.35=3.5+0.85 为拱部外侧的半径的长度；4.5×0.85×150×2 为混凝土两侧边墙的厚度乘以边墙的高度乘以隧道的长度，其中 0.85 为边墙的厚度，4.5 为边墙的高度，150 为隧道的长度；$\frac{1}{2}\times(0.25+0.5)\times4\times150\times2$ 两个混凝土托梁的截面积乘以隧道的长度，其中 $\frac{1}{2}\times(0.25+0.5)$(梯形托梁的上底加下底之和除以 2) ×4 为混凝土托梁的截面积，4 为托梁的高度；工程量计算规则按设计图示尺寸以体积计算。

清单工程量计算见表 1-190。

清单工程量计算表　　　　**表 1-190**

序号	项目编码	项目名称	项目特征描述	计量单位	工程量
1	040402002001	混凝土顶拱衬砌	C25 混凝土，厚 85cm	m^3	1571.37
2	040402003001	混凝土边墙衬砌	C25 混凝土，厚 85cm	m^3	1147.50
3	040406005001	混凝土梁	在拱脚部位，设纵钢筋混凝土托梁	m^3	450

(2) 定额工程量

1) 混凝土拱部衬砌工程量：

《全国统一市政工程预算定额》第四册隧道工程 GYD—304—1999 规定：隧道内衬现浇混凝土和石料衬砌的工程量，按施工图所示尺寸加允许超挖量(拱部为 15cm)以 m^3 计算混凝土部分不扣除 $0.3m^2$ 以内孔洞所占体积。

$$\left(\frac{1}{2}\times3.14\times4.5^2-\frac{1}{2}\times3.14\times3.5^2\right)\times150\text{m}^3$$
$$=(31.79-19.23)\times150\text{m}^3$$
$$=12.56\times150\text{m}^3=1884\text{m}^3$$

2）混凝土边墙衬砌工程量：

《全国统一市政预算定额》第四册隧道工程 GYD—304—1999 规定：隧道内衬现浇混凝土的工程量，按施工图所示尺寸加允许超挖量（边墙为 10cm）以 m^3 计算，混凝土部分不扣除 0.3m^2 以内孔洞所占体积。

$$4.5\times0.95\times150\times2\text{m}^3=1282.50\text{m}^3$$

3）混凝土梁工程量：

《全国统一市政预算定额》第四册隧道工程 GYD—304—1999 规定现浇混凝土工程量按施工图计算，不扣作 0.3m^3 以内的孔洞体积。

混凝土梁工程量定额与清单相同为 450m^3。

【注释】 $\left(\frac{1}{2}\times3.14\times4.5^2-\frac{1}{2}\times3.14\times3.5^2\right)\times150$ 为超挖是拱部半圆外侧的截面积减去内侧截面积之差乘以隧道的长度，其中 $4.5=4.35+0.15$（允许拱部超挖的厚度）为超挖时外侧的半径；$4.5\times0.95\times150\times2$ 为超挖时边墙的厚度乘以高度乘以隧道的长度；其中 $0.95=0.85+0.1$（允许边墙超挖的厚度）为边墙超挖时的厚度；工程量计算规则按设计图示尺寸加允许超挖尺寸以体积计算。

【例 45】 某道路隧道长 150m，洞口桩号为 K3＋300 和 K3＋450，其中 K3＋320～K3＋370 段岩石为普坚土，此段隧道的设计断面如图 1-211 所示，设计开挖断面面积为 66.67m^2，拱部衬砌断面面积为 10.17m^2，边墙厚为 0.6m，混凝土强度等级为 C20，边墙

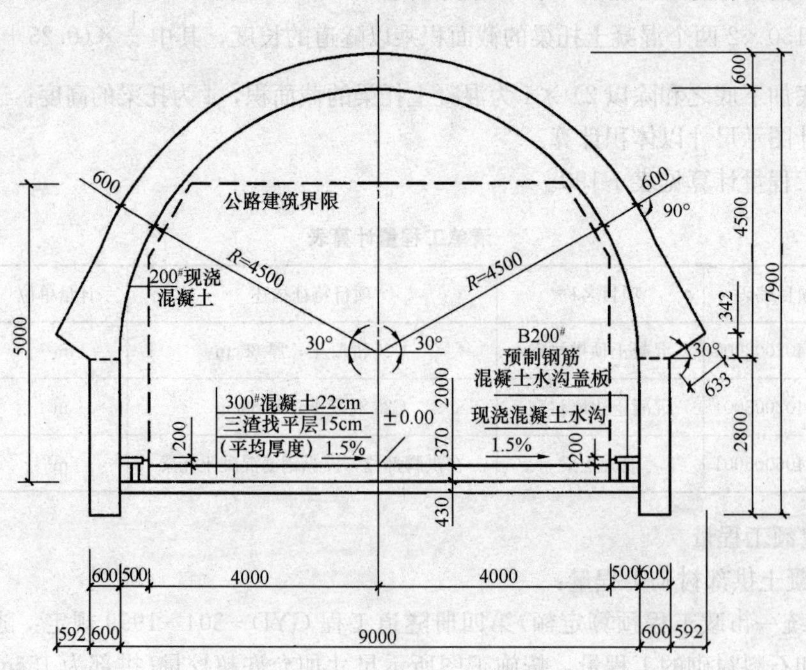

图 1-211　标识号隧道设计断面图

断面面积为3.36m²，采用光面爆破，全断面开挖，开挖出的废渣运至距洞口900m处弃场弃置，运输时用挖掘机装渣，自卸汽车运输，模板采用钢模板，钢模架。

一、《建设工程工程量清单计价规范》GB 50500—2003计算方法（表1-191～表1-196）

1. 平洞设计开挖断面面积为66.67m²，超挖断面面积3.26m²，清单开挖量：66.67×50＝3333.50(m³)；施工开挖量：(66.67＋3.26)×50＝3496.50(m³)

(1) 全断面开挖，光面爆破

1) 人工费：999.69元/100m³×3496.5m³＝34954.16元

2) 材料费：669.96元/100m³×3496.5m³＝23425.15元

3) 机械费：1974.31元/100m³×3496.5m³＝69031.75元

(2) 平洞出渣，机械装自卸汽车运输，运距1000m以内

1) 人工费：25.17元/100m³×3496.5m³＝880.07元

2) 材料费：无

3) 机械费：1804.55元/100m³×3496.5m³＝63096.09元

(3) 综合

1) 直接费合计：191387.22元

2) 管理费：191387.22×14％＝26794.21(元)

3) 利润：191387.22×7％＝13397.11(元)

4) 总计：191387.22＋26794.21＋13397.11＝231578.54(元)

5) 综合单价：231578.54÷3333.50＝69.47(元/m³)

2. 拱部设计衬砌断面为10.17m²，超挖充填混凝土断面面积为2.58m²，拱部施工衬砌量为(10.17＋2.58)×50＝637.50m³

(1) 拱部混凝土衬砌，拱顶厚60cm，C20混凝土

1) 人工费：709.15元/10m³×637.50m³＝45208.31元

2) 材料费：10.39元/10m³×637.50m³＝662.36元

3) 机械费：137.06元/10m³×637.50m³＝8737.58元

(2) C20混凝土：10.15m³/10m³×637.50m³＝647.06m³

647.06×241＝155941.46(元)

(3) 综合

1) 直接费合计：211196.77元

2) 管理费：211196.77×14％＝29567.55(元)

3) 利润：211196.77×7％＝14783.77(元)

4) 总计：211196.77＋29567.55＋14783.77＝255548.09(元)

5) 综合单价：255548.09÷(10.17×50)＝501.55(元/m³)

3. 边墙设计断面面积为3.36m²，超挖充填断面面积为0.68m²，边墙衬砌量为：(3.36＋0.68)×50＝202(m³)

(1) 边墙衬砌，厚60cm，C20混凝土

1) 人工费：535.91元/10m³×202m³＝10825.38元

2) 材料费：9.18元/10m³×202m³＝185.44元

3) 机械费：106.14元/10m³×202m³＝2144.03元

(2) C20混凝土：$10.15m^3/10m^3 \times 202m^3 = 205.03m^3$

$205.03m^3 \times 241$元$/m^3 = 49412.23$元

(3) 综合

1) 直接费合计：62567.08元

2) 管理费：62567.08×14%=8759.39(元)

3) 利润：62567.08×7%=4379.7(元)

4) 总计：62567.08+8759.39+4379.7=75706.17(元)

5) 综合单价：75706.17÷(3.36×50)=450.632(元/m^3)

4. 衬砌模板面积计算

(1) 拱部模板面积：(2×3.14×4.5÷2)×50=706.50(m^2)

(2) 边墙模板面积：2.8×2×50=280.00(m^2)

5. 在洞口50m处设变压器、高位水池、空压气站

(1) 粘胶帆布风管ϕ1000(150÷2−30)×2=90(m)

(2) 水管用ϕ50钢管(150÷2+50)×2=250(m)

(3) 高压风管ϕ150钢管(150÷2+50)×2=250(m)

(4) 洞内照明线路两边设置50×2=300(m)

(5) 动力线路(150÷2+50)×2=250(m)

分部分项工程量清单 **表1-191**

工程名称：某隧道工程　K0+320～K0+370段　开挖及衬砌　第1页　共1页

序号	项目编码	项目名称	计量单位	工程量
1	040401001001	平洞开挖(设计断面66.67m^2，光面爆破)	m^3	3333.50
2	040402001001	混凝土顶拱衬砌(拱顶厚60cm，C20混凝土)	m^3	508.50
3	040402002001	混凝土边墙衬砌(厚60cm，C20混凝土)	m^3	168.00

分部分项工程量清单计价表 **表1-192**

工程名称：某隧道工程　K0+320～K0+370段　隧道开挖及衬砌

序号	项目编码	项目名称	计量单位	工程量	金额/元	
					综合单价	小　计
1	040401001001	平洞开挖(普坚石，设计断面66.67m^2)	m^3	3333.50	69.47	231578.54
2	040402001001	混凝土顶拱衬砌(拱顶厚60cmC20混凝土)	m^3	508.5	501.55	255548.09
3	040402002001	混凝土边墙衬砌(厚60cmC20混凝土)	m^3	168.00	450.632	75706.17
		合　计				562832.80

分部分项工程量清单综合单价计算表　　**表 1-193**

工程名称：某隧道工程　　K0＋320～K0＋370 段　　计量单位：m³

项目编码：040401001001　　工程数量：3333.50

项目名称：平洞开挖(普坚石设计断面 66.67m²，光面爆破)　　综合单价：69.47 元

序号	定额编号	工程内容	单位	数量	金额/元					
					人工费	材料费	机械费	管理费	利　润	小　计
1	4-20	平洞全断面开挖(普坚石，设计断面 66.67m²)用光面爆破	m³	3496.5	34954.16	23425.15	69031.75			
2	4-54	平洞出渣(机械装自卸汽车运输，运距 1000m 以内)	m³	3496.5	880.07	—	63096.09			
		合　计			35834.23	23425.15	132127.84	26794.21	13397.11	231578.54

分部分项工程量清单综合单价计算表　　**表 1-194**

工程名称：某隧道工程　　K0＋320～K0＋370 段　　计量单位：m³

项目编码：040402001001　　工程数量：508.50

项目名称：混凝土顶拱衬砌(拱顶厚 60cm，C20 混凝土)　　综合单价：501.55 元

序号	定额编号	工程内容	单位	数量	金额/元					
					人工费	材料费	机械费	管理费	利润	小计
1	4-91	平洞拱部混凝土衬砌(拱顶厚 60cm，C20 混凝土)	m³	637.5	45208.31	662.36	8737.58			
		C20 混凝土	m³	647.06		155941.46				
		合　计			45208.31	164679.04	8737.58	29567.55	14783.77	255548.09

分部分项工程量清单综合单价计算表　　**表 1-195**

工程名称：某隧道工程　　0＋320～0＋370 段　　计量单位：m³

项目编码：040402002001　　工程数量：168.00

项目名称：混凝土边墙衬砌(厚 60cm，C20 混凝土)　　综合单价：450.632 元

序号	定额编号	工程内容	单位	数量	金额/元					
					人工费	材料费	机械费	管理费	利润	小计
1	4-109	平洞边墙衬砌(厚 60cm，C20 混凝土)	m³	202	10825.38	185.44	2144.03			
		C20 混凝土	m³	205.03		49412.23				
		合　计			10825.38	49597.67	2144.03	8759.39	4379.7	75706.17

措施项目费计算表 表 1-196

工程名称：某隧道工程

序号	定额编号	措施项目名称	单位	数量	金额/元					
					人工费	材料费	机械费	管理费	利润	小计
		临时供水，照明，动力线路，通风管，高压风管，摊销		19801.14	31237.28	2371.33	7477.365	3738.68	64625.795	
1	4-64	洞内通风管安拆年摊销（ϕ1000 胶布轻便软管一年以内）	m	90	2548.1	615.21	—			
2	4-70	洞内风水管道安拆年摊销（钢管 ϕ150 一年以内）	m	250	3655.30	1315.53	72.10			
3	4-76	洞内风水管安拆年摊销（镀锌钢管 ϕ150 一年以内）	m	250	4808.03	4786.25	2299.23			
4	4-78	洞内照明电路架设、拆除所摊销	m	300	4705.23	14291.34	—			
5	4-80	洞内动力电路架设、拆除所摊销	m	250	4084.48	10228.95	—			
		衬砌模板（0＋320～0＋370）			23583.59	18541.20	5201.98	6625.75	3312.87	57265.39
6	4-93	拱部衬砌模板（钢模板）	m²	706.5	18065.91	14975.68	4428.34			
7	4-111	边墙衬砌模板（钢模板）	m²	280	5517.68	3565.52	773.64			
		合　计			43384.73	49778.48	7573.31	14103.12	7051.55	21891.185

二、《建设工程工程量清单计价规范》GB 50500—2008 计算方法（表 1-197～表 1-201）采用《全国统一市政工程预算定额》GYP—305—1999。投标方定额工程量与方法一样。

分部分项工程量清单与计价表 表 1-197

工程名称：某隧道工程　　标段：K0＋320～K0＋370　　第　页　共　页

序号	项目编号	项目名称	项目特征描述	计量单位	工程量	金额/元		
						综合单价	合价	其中：暂估价
1	040401001001	平洞开挖	普坚石，设计断面 66.67m²，光面爆破	m³	3333.50	66.23	220777.71	
2	040402001001	混凝土顶拱衬砌	拱顶厚 60cm×C20 混凝土	m³	508.5	436.05	221731.43	
3	040402002001	混凝土边墙衬砌	厚 60cm×C20 混凝土	m³	168.00	388.75	65310	
		本页小计					507819.14	
		合　计					507819.14	

工程量清单综合单位分析表　　表 1-198

工程名称：某隧道工程　　标段：K0＋320～K0＋370　　第 1 页　共 3 页

项目编码	040401001001		项目名称		平洞开挖		计量单位			m^3	
清单综合单价组成明细											
定额编号	定额名称	定额单位	数量	单价				合价			
				人工费	材料费	机械费	管理费和利润	人工费	材料费	机械费	管理费和利润
4-20	平硐全断面开挖	100m^2	0.01	999.69	669.96	1974.31	765.23	10.00	6.70	19.74	7.65
4-54	隧道平硐出渣	100m^2	0.01	25.17		1804.55	384.24	0.25		18.05	3.84
人工单价		小　计						10.25	6.70	37.79	11.49
22.47 元/工日		未计价材料费									
清单项目综合单价								66.23			

材料费明细	主要材料名称、规格、型号	单位	数量	单价/元	合价/元	暂估单价/元	暂估合计/元
	电雷管(迟发)带脚线 2.5m	个	1.73	0.25	0.43		
	硝铵炸药	kg	1.15	3.55	4.08		
	胶质导线 BV-2.5mm	m	0.67	0.27	0.18		
	胶质导线 BV-4.0mm	m	0.18	0.37	0.07		
	合金钻头(一字型)	个	0.07	5.40	0.38		
	六角空心钢 22～25	kg	0.11	3.15	0.35		
	高压胶皮风管 ϕ25-69-20m	m	0.03	12.48	0.37		
	高压胶皮水管 ϕ19-69-20m	m	0.03	19.61	0.59		
	水	m^3	0.25	0.45	0.11		
	电	kW·h	0.11	0.35	0.04		
	其他材料费			—	0.13	—	
	材料费小计			—	6.70	—	

注：1. “数量”栏为“投标方(定额)工程量÷招标方(清单)工程量÷定额单位数量”，如“定额编号为 4-20 中 3496.5÷3333.5÷100＝0.01”

2. 管理费费率为 14%，利润率为 7%。

工程量清单综合单位分析表　　表 1-199

工程名称：某隧道工程　　标段：K0＋320～K0＋370　　第 2 页　共 3 页

项目编码	040402001001		项目名称		混凝土顶拱衬砌		计量单位			m^3	
清单综合单价组成明细											
定额编号	定额名称	定额单位	数量	单价				合价			
				人工费	材料费	机械费	管理费和利润	人工费	材料费	机械费	管理费和利润
4-91	混凝土及钢筋混凝土衬砌平洞拱部	10m^3	0.1254	709.15	10.39	137.06	179.89	88.93	1.30	17.19	22.56
人工单价		小　计						88.93	1.30	17.19	22.56
22.47 元/工日		未计价材料费						306.07			
清单项目综合单价								436.05			

续表

材料费明细	主要材料名称、规格、型号	单位	数量	单价/元	合价/元	暂估单价/元	暂估合计/元
	C20 混凝土	m^3	1.27	241	306.07		
	其他材料费			—		—	
	材料费小计			—	306.07	—	

注：1. "数量"栏为"投标方(定额)工程量÷招标方(清单)工程量÷定额单位数量"，如"定额编号为4-91中637.50÷508.5÷10＝0.1254"

2. 管理费费率为14%，利润率为7%。

工程量清单综合单位分析表 **表1-200**

工程名称：某隧道工程　　标段：K0＋320～K0＋370　　第3页　共3页

项目编码	040402002001	项目名称	混凝土边墙衬砌	计量单位	m^3

清单综合单价组成明细

定额编号	定额名称	定额单位	数量	单价				合价			
				人工费	材料费	机械费	管理费和利润	人工费	材料费	机械费	管理费和利润
4-109	混凝土及钢筋混凝土衬砌平硐边墙	$100m^2$	0.1202	535.91	9.18	106.14	136.76	64.42	1.10	12.76	16.44
人工单价		小计						64.42	1.10	12.76	16.44
22.47元/工日		未计价材料费						294.03			
清单项目综合单价								388.75			

材料费明细	主要材料名称、规格、型号	单位	数量	单价/元	合价/元	暂估单价/元	暂估合计/元
	C20 混凝土	m^3	1.22	241	294.03		
	其他材料费			—		—	
	材料费小计			—	294.03	—	

注：1. "数量"栏为"投标方(定额)工程量÷招标方(清单)工程量÷定额单位数量"，如"定额编号为4-109中202÷168.0÷10＝0.1202"

2. 管理费费率为14%，利润率为7%。

措施项目清单计价表 **表1-201**

工程名称：某隧道工程　　标段：0＋320～0＋370段　　第1页　共1页

序号	项目编码	项目名称	项目特征描述	计量单位	工程量	金额/元	
						综合单价	小计
1	DB001	洞内通风管安拆年摊销	ϕ1000胶布轻便软管一年以内	m	90	42.53	3827.61
2	DB002	洞内风水管道安拆年摊销	钢管ϕ150一年以内	m	250	24.41	6101.94
3	DB003	洞内风水管道安拆年摊销	镀锌钢管ϕ150一年以内	m	250	57.56	14391.14

续表

序号	项目编码	项目名称	项目特征描述	计量单位	工程量	金额/元	
						综合单价	小 计
4	DB004	洞内照明电路架设，拆除摊销	洞内照明线路两边设置	m	300	76.62	22985.85
5	DB005	洞内动力电路架设，拆除摊销	动力线路	m	250	69.28	17319.24
6	DB006	拱部衬砌模板	钢模板	m^2	706.50	64.17	45338.62
7	DB007	边墙衬砌模板	钢模板	m^2	280	42.60	11926.78
本页小计							121891.18
合　计							121891.18

注：本表适用于以综合单价形式计价的措施项目。

三、《建设工程工程量清单计价规范》GB 50500—2013 和《市政工程工程量计算规范》GB 50857—2013 计算方法（表 1-202～表 1-205）

采用《全国统一市政工程预算定额》GYP-305-1999。投标方定额工程量与方法一样。

分部分项工程和单价措施项目清单与计价表 **表 1-202**

工程名称：某隧道工程　　标段：K0＋320～K0＋370　　第　页　共　页

序号	项目编号	项目名称	项目特征描述	计量单位	工程量	金额（元）		
						综合单价	合价	其中：暂估价
实体项目								
1	040401001001	平洞开挖	普坚石，设计断面 66.67m^2，光面爆破	m^3	3333.50	66.23	220777.71	
2	040402002001	混凝土顶拱衬砌	拱顶厚 60cm×C20 混凝土	m^3	508.5	436.05	221731.43	
3	040402003001	混凝土边墙衬砌	厚 60cm×C20 混凝土	m^3	168.00	388.75	65310	
措施项目								
4	041105001001	洞内通风设施	ϕ1000 胶布轻便软管一年以内	m	90	42.53	3827.61	
5	041105002001	洞内供水设施	钢管 ϕ150 一年以内	m	250	24.41	6101.94	
6	041105002002	洞内供水设施	镀锌钢管 ϕ150 一年以内	m	250	57.56	14391.14	
7	041105003001	洞内供电及照明设施	洞内照明线路两边设置	m	300	76.62	22985.85	
8	041105003002	洞内供电及照明设施	动力线路	m	250	69.28	17319.24	
9	041102025001	拱部衬砌模板	钢模板	m^2	706.50	64.17	45338.62	
10	041102026001	边墙衬砌模板	钢模板	m^2	280	42.60	11926.78	
本页小计							97570.49	
合　计							507819.14	

工程量清单综合单位分析表 **表1-203**

工程名称：某隧道工程　　标段：K0＋320～K0＋370　　第1页　共3页

项目编码	040401001001	项目名称	平洞开挖	计量单位	m^3	工程量	3333.50				
清单综合单价组成明细											
定额编号	定额名称	定额单位	数量	单价				合价			
				人工费	材料费	机械费	管理费和利润	人工费	材料费	机械费	管理费和利润
4-20	平硐全断面开挖	$100m^2$	0.01	999.69	669.96	1974.31	765.23	10.00	6.70	19.74	7.65
4-54	隧道平硐出渣	$100m^2$	0.01	25.17		1804.55	384.24	0.25		18.05	3.84
人工单价		小计						10.25	6.70	37.79	11.49
22.47元/工日		未计价材料费									
清单项目综合单价								66.23			

材料费明细	主要材料名称、规格、型号	单位	数量	单价/元	合价/元	暂估单价/元	暂估合计/元
	电雷管(迟发)带脚线2.5m	个	1.73	0.25	0.43		
	硝铵炸药	kg	1.15	3.55	4.08		
	胶质导线BV-2.5mm	m	0.67	0.27	0.18		
	胶质导线BV-4.0mm	m	0.18	0.37	0.07		
	合金钻头(一字型)	个	0.07	5.40	0.38		
	六角空心钢22～25	kg	0.11	3.15	0.35		
	高压胶皮风管ϕ25-69-20m	m	0.03	12.48	0.37		
	高压胶皮水管ϕ19-69-20m	m	0.03	19.61	0.59		
	水	m^3	0.25	0.45	0.11		
	电	kW·h	0.11	0.35	0.04		
	其他材料费			—	0.13	—	
	材料费小计			—	6.70	—	

注：1. “数量”栏为“投标方(定额)工程量÷招标方(清单)工程量÷定额单位数量”，如“定额编号为4-20中3496.5÷3333.5÷100＝0.01”

2. 管理费费率为14%，利润率为7%。

工程量清单综合单位分析表 **表1-204**

工程名称：某隧道工程　　标段：K0＋320～K0＋370　　第2页　共3页

项目编码	040402002001	项目名称	混凝土顶拱衬砌	计量单位	m^3	工程量	508.50				
清单综合单价组成明细											
定额编号	定额名称	定额单位	数量	单价				合价			
				人工费	材料费	机械费	管理费和利润	人工费	材料费	机械费	管理费和利润
4-91	混凝土及钢筋混凝土衬砌平洞拱部	$10m^3$	0.1254	709.15	10.39	137.06	179.89	88.93	1.30	17.19	22.56
人工单价		小计						88.93	1.30	17.19	22.56
22.47元/工日		未计价材料费						306.07			
清单项目综合单价								436.05			

续表

材料费明细	主要材料名称、规格、型号	单位	数量	单价/元	合价/元	暂估单价/元	暂估合计/元
	C20 混凝土	m^3	1.27	241	306.07		
	其他材料费			—		—	
	材料费小计			—	306.07	—	

注：1.“数量”栏为“投标方(定额)工程量÷招标方(清单)工程量÷定额单位数量”，如“定额编号为 4-91 中 637.50÷508.5÷10=0.1254”

2. 管理费费率为 14%，利润率为 7%。

工程量清单综合单位分析表　　　　**表 1-205**

工程名称：某隧道工程　　　标段：K0+320～K0+370　　　第 3 页　共 3 页

项目编码	040402003001	项目名称	混凝土边墙衬砌	计量单位	m^3	工程量	168.00

定额编号	定额名称	定额单位	数量	单价 人工费	单价 材料费	单价 机械费	单价 管理费和利润	合价 人工费	合价 材料费	合价 机械费	合价 管理费和利润
清单综合单价组成明细											
4-109	混凝土及钢筋混凝土衬砌平硐边墙	$100m^2$	0.1202	535.91	9.18	106.14	136.76	64.42	1.10	12.76	16.44
人工单价		小计						64.42	1.10	12.76	16.44
22.47 元/工日		未计价材料费						294.03			
清单项目综合单价								388.75			

材料费明细	主要材料名称、规格、型号	单位	数量	单价/元	合价/元	暂估单价/元	暂估合计/元
	C20 混凝土	m^3	1.22	241	294.03		
	其他材料费			—		—	
	材料费小计			—	294.03	—	

注：1.“数量”栏为“投标方(定额)工程量÷招标方(清单)工程量÷定额单位数量”，如“定额编号为 4-109 中 202÷168.0÷10=0.1202”

2. 管理费费率为 14%，利润率为 7%。

四、“2003 规范”计算方法、“2008 规范”计算方法和“2013 规范”计算方法的区别与联系

1.“2008 规范”和“2003 规范”相比，工程量清单计价表有很大差别。比如本题 2008 计算方法中的“分部分项工程量清单与计价表”就是由“2003 规范”中的“分部分项工程量清单”和“分部分项工程量清单计价表”合成的。

2.“2013 规范”将“2008 规范”中的“分部分项工程量清单与计价表”和“措施项目清单与计价表”合并重新设置，改名为“分部分项工程和单价措施项目清单与计价表”，采用这一表现形式，大大地减少了投标人因两表分设而可能带来的出错概率，说明这种表现形式反映了良好的交易习惯。可以认为，这种表现形式可以满足不同行业工程计价的实际需要。

3.“2008 规范”和“2003 规范”相比，“2008 规范”中的“工程量清单综合单价分析表”和“2003 规范”中的“分部分项工程量清单综合单价计算表”的实质是一样的，只是在细节方面有些不同。“工程量清单综合单价分析表”中增加了“材料费明细”一栏，此栏中若本项目编码所包括的定额中含有未计价材料，则在“材料费明细”中只显示未计价材料，并将所有未计价材料费汇总后填入“未计价材料费”一栏中。若本项目编码所包括的定额中都不含未计价材料，则“材料费明细”中应显示以上定额所涉及的全部材料。若不同定额编号所用材料有所相同的，则应在“材料费明细”中合并后计算。

4.“2013 规范”和“08 规范”相比，“2013 规范”中的“工程量清单综合单价分析表”新增加了“工程量”一栏，使表格中的内容更加清晰、全面，增加了表格的适用性。

第二章 市政管网工程

第一节 分部分项实例

项目编码：040101002 项目名称：挖沟槽土方

【例 1】 箱涵沟槽挖方体积如何计算？

【解】 (1)清单工程量：

如图 2-1 所示沟槽挖方其实是一个等腰梯形

此梯形的边坡比是 $1:k=1:1$ 即 $k=1$。a 为沟槽挖方的结构宽度 $a=5.0\text{m}$，c 为沟槽挖方的工作面宽度 $c=0.4\text{m}$，H 为沟槽平均高度 $H=4.0\text{m}$，L 为沟槽长度 $L=250\text{m}$。

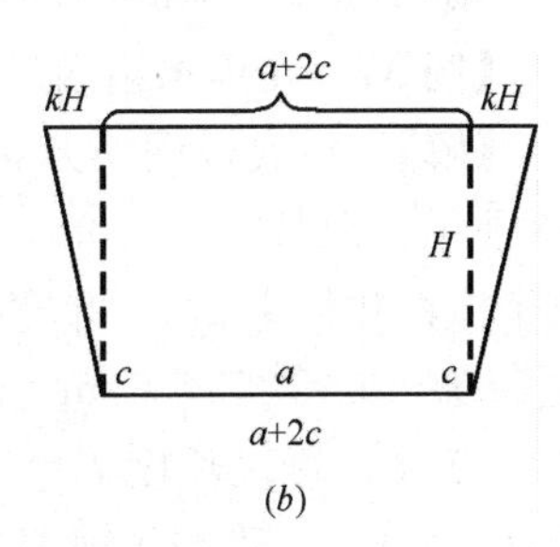

图 2-1 沟槽挖方图

(a)简化立体图；(b)沟槽挖方断面图

$V=a\cdot H\cdot L=5\times4\times250\text{m}^3=5000\text{m}^3$

【注释】 工程量计算规则按设计图示尺寸以基础垫层底面积乘以挖土深度计算。

清单工程量计算见表 2-1。

清单工程量计算表 **表 2-1**

项目编码	项目名称	项目特征描述	计量单位	工程量
040101002001	挖沟槽土方	箱涵挖沟槽土方，平均高度 4.0m	m^3	5000

(2) 定额工程量：

总体积：$V=\frac{1}{2}(a+2c+a+2c+2kH)\cdot H\cdot L=(a+2c+k\cdot H)\cdot H\cdot L$

$=(5+2\times0.4+1\times4)\times4\times250\text{m}^3$

$=9800\text{m}^3$

$9800\text{m}^3/100=98(100\text{m}^3)$

项目编码：040201020 项目名称：褥垫层

【例 2】 箱涵沟槽碎石垫层体积如何计算？

【解】 (1)清单工程：

碎石垫层为长条的薄垫层，长度较长，从立体图来看是一个长方体，如图 2-2 所示。

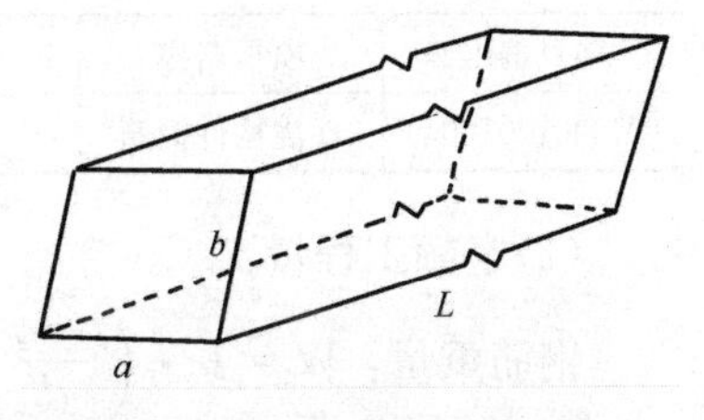

图 2-2 碎石垫层立体简图

其中 $a=5.0\text{m}$，$b=0.1\text{m}$，$L=250\text{m}$

$V=a\cdot b\cdot L=5.0\times0.1\times250\text{m}^3=125\text{m}^3$

【注释】 $5.0\times0.1\times250$ 为长方体垫层的宽度(5.0)乘以垫层的厚度(0.1)乘以垫层的

长度(250)为其长方体垫层的工程量；工程量计算规则按设计图示尺寸以铺设体积计算。

清单工程量计算见表2-2。

清单工程量计算表　　表2-2

项目编码	项目名称	项目特征描述	计量单位	工程量
040201020001	褥垫层	碎石垫层，厚0.1m	m^3	125

(2) 定额工程量：

$a \cdot b \cdot L/10 = 12.5(10m^3)$(定额编号：6-563；名称：非定型井垫层)

【注释】 定额工程量按每十立方米的工程量。

项目编码：040901001　项目名称：现浇构件钢筋

【例3】 在排水箱涵工程量计算中，底板钢筋重量将如何计算？

【解】 设底板钢筋为$\phi 10$钢筋，如图2-3所示，总长$L=250$m，共分四段，有三个检查井每座2m，井宽共$3\times 2=6$m，故$l=L-6=(250-6)$m$=244$m，保护层$\delta=0.03$m，每段长度$l_0=4.8$m，钢筋间距$d=0.1$m，又$\phi 10$钢筋每米重量：$P_0=0.617$kg/m。

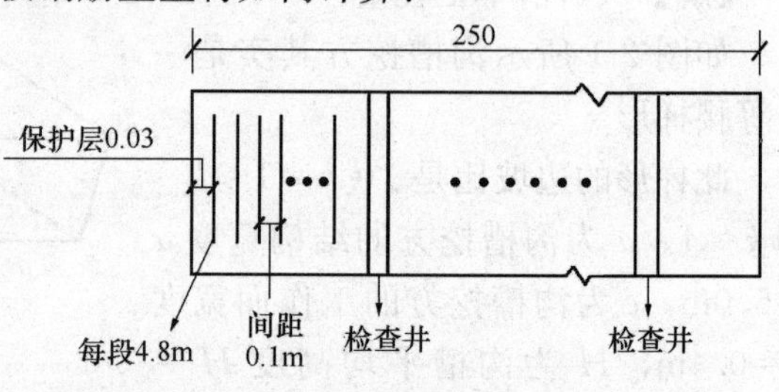

图2-3　底板钢筋配筋简图

(1)清单工程量：

钢筋重量为：

$$W=l_0\left(\frac{l-4\delta}{d}+4\right)\cdot P_0=4.8\times\left(\frac{244-0.03\times 4}{0.1}+4\right)\times 0.617\text{kg}=7234.60\text{kg}=7.235\text{t}$$

【注释】 $4.8\times\left(\frac{244-0.03\times 4}{0.1}+4\right)\times 0.617$为钢筋的总长度乘以每米钢筋的重量，其中4.8为钢筋的长度，$\left(\frac{244-0.03\times 4}{0.1}+4\right)$为钢筋的根数，$244-0.03\times 4$为排布钢筋的总长度，0.1为钢筋之间的间距；最后加四为按计算规则求钢筋根数每段加一，本例中分四段所以加四。工程量按设计图示以质量计算。

清单工程量计算见表2-3。

清单工程量计算表　　表2-3

项目编码	项目名称	项目特征描述	计量单位	工程量
040901001001	现浇构件钢筋	排水箱涵底板钢筋$\phi 10$	t	7.235

(2)定额工程量：

$$\text{钢筋重量：}W=l_0\cdot\left(\frac{l-4\delta}{d}+4\right)\times P_0$$

$$=4.8\times\left(\frac{244-0.03\times 4}{0.1}+4\right)\times 0.617\times 10^{-3}\text{t}$$

$$=7.235\text{t}$$

【注释】 定额工程量同清单工程量计算规则。

（定额编号：6-1331；名称：现浇、预制构件钢筋）

【例 4】 不同直径钢筋单位长度重量如何计算？

【解】 取 $\phi10$ 钢筋为例：如图 2-4 所示，钢筋密度为 $\rho=7.8\times10^3\text{kg/m}^3$

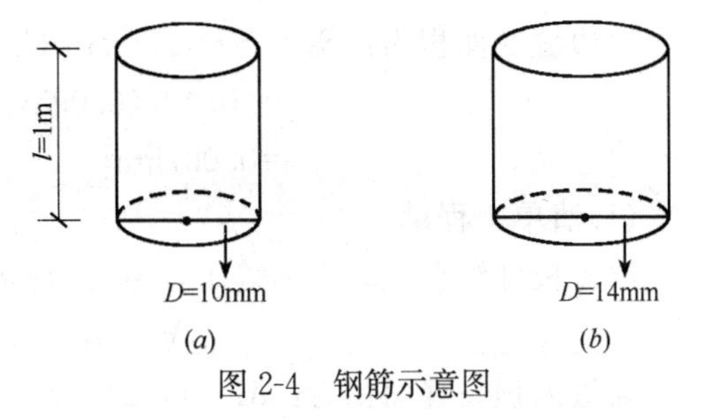

图 2-4 钢筋示意图

则此单位长度 $\phi10$ 钢筋体积为：

$$V_0=\frac{1}{4}\pi D_0^2\cdot l=\frac{1}{4}\times3.1416\times0.01^2\times1\text{m}^3=7.854\times10^{-5}\text{m}^3$$

此单位长度 $\phi10$ 钢筋质量为：

$$m_0=\rho V_0=7.8\times10^3\times7.854\times10^{-5}\text{kg}\approx0.613\text{kg}$$

同理可算得不同直径钢筋单位长度质量

也可根据 $\phi10$ 钢筋推知其余直径钢筋，如下：

由于 $m=\frac{1}{4}\pi D^2\cdot l\cdot\rho$ 则 $\frac{m}{m_0}=\frac{\frac{1}{4}\pi D^2\cdot l\cdot\rho}{\frac{1}{4}\pi D_0^2\cdot l\cdot\rho}=\frac{D^2}{D_0^2}$

故其单位长度质量与其直径平方成正比

$$m=m_o D^2/D_0^2=\frac{1}{100}m_o D^2$$

例 $\phi14$ 钢筋：$m=m_o D^2/D_0^2=\frac{1}{100}\times0.613\times14^2\text{kg/m}=1.20\text{kg/m}$

（此题为推算钢筋重量题）

项目编码：040201022　项目名称：排水沟、截水沟

【例 5】 在箱涵工程中，箱涵盖板外细石混凝土填缝工程量如何计算？盖板内顶勾缝工程量如何计算？

【解】 如图 2-5 所示：

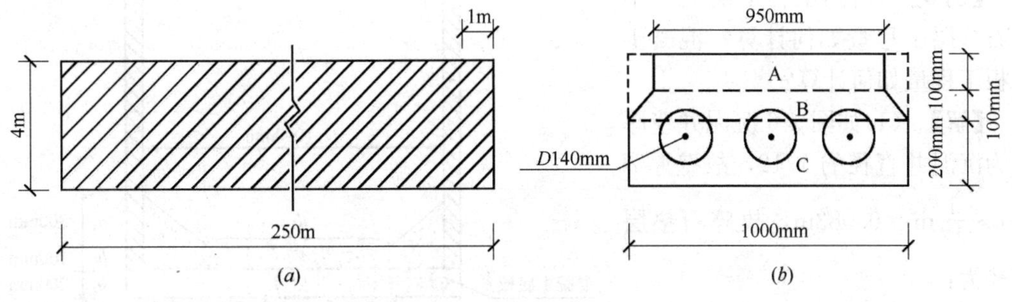

图 2-5 盖板示意图

(a)盖板正投影图；(b)盖板分解后剖面图

剖面图面积：$S=1\times0.4\text{m}^2=0.4\text{m}^2$（带虚边框）

$A=0.95\times0.1\text{m}^2=0.095\text{m}^2$；$B=\frac{1}{2}\times(0.95+1)\times0.1\text{m}^2=0.0975\text{m}^2$

$C=1\times0.2\text{m}^2=0.2\text{m}^2$

故边缝底面积为：$S_0=S-(A+B+C)$

$=[0.4-(0.095+0.0975+0.2)]\text{m}^2$

$=0.0075\text{m}^2$

(1)清单工程量：

故盖板外细石混凝土填缝工程量为(每米有 S_0 面积 4 条，共为 250m，则有 250 个)：

$$V=S_0\cdot 4\times250=7.5\text{m}^3$$

盖板内顶勾缝面积为：$M=4\times250\text{m}^2=1000\text{m}^2$

故由上知：箱涵盖板外细石混凝土填缝工程量为 7.5m^3，盖板内顶勾缝面积为 1000m^2。

【注释】 1×0.4 盖板示意图中剖面图 b 的长度乘以高度为其剖面面积；$A=0.95\times0.1$ 如图长度乘以高度为 A 面的的面积；$B=\frac{1}{2}\times(0.95+1)\times0.1$ 为上底加下底之和乘以高除以二为梯形 B 面的面积；$C=1\times0.2$ 为长度乘以高是 C 面的面积；$S-(A+B+C)$ 为边缝底面积，4×250 为盖板的长度乘以宽度是其盖板勾缝的面积，即盖板的面积。

清单工程量计算见表 2-4。

清单工程量计算表　　表 2-4

项目编码	项目名称	项目特征描述	计量单位	工程量
040201022001	排水沟、截水沟	箱涵，矩形断面	m	250

(2) 定额工程量

细石混凝土填缝：$7.5\text{m}^3/10=0.75(10\text{m}^3)$

盖板内顶勾缝：$1000\text{m}^2/100=10(100\text{m}^2)$

【注释】 本例中定额工程量计算规则同清单计算规则一样。

项目编码：040305001　项目名称：垫层

项目编码：040601003　项目名称：沉井混凝土底板

【例 6】 箱涵工程中沉泥井中碎石垫层工程量如何计算？混凝土底板工程量如何计算？

【解】 (1)如图 2-6 沉泥井壁厚应为沉泥井直径的 1/12，故壁厚 $d=1\times\frac{1}{12}\text{m}=0.083\text{m}$，故碎石垫层直径为：

$d_1=1+0.083\times2=1.166\text{m}$

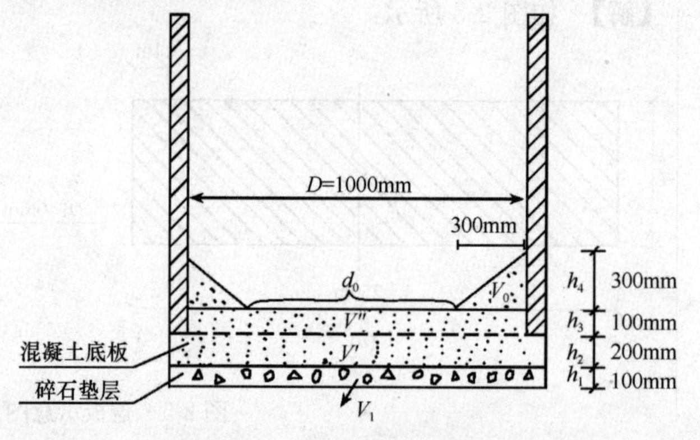

图 2-6　沉泥井底部剖面图

1) 碎石垫层体积清单工程量为：

$$V_1=\frac{1}{4}\pi d_1^2h_1=\frac{1}{4}\times3.1416\times1.166^2\times0.1\text{m}^3=0.107\text{m}^3$$

2) 定额工程量为 $0.0107(10\text{m}^3)$

(2) 由图知混凝土底板是由一个带壁厚圆柱 V'；一个不带壁厚圆柱 V'' 和一个圆柱减

去一个圆台所剩体积 V_0 组成($d_1=d'$)

$$V'=\frac{1}{4}\pi d_1^2h_2=\frac{1}{4}\times3.1416\times1.166^2\times0.2\text{m}^3=0.214\text{m}^3$$

$$V''=\frac{1}{4}\pi D^2h_3=\frac{1}{4}\times3.1416\times1^2\times0.1\text{m}^3=0.0785\text{m}^3$$

$$V_0=\frac{1}{4}\pi D^2\cdot h_4-\frac{1}{3}\pi h_4\left(\frac{d_0{}^2}{2^2}+\frac{D^2}{2^2}+\frac{d_0}{2}\cdot\frac{D}{2}\right)$$

$$=\left[\frac{1}{4}\times3.1416\times1^2\times0.3-\frac{1}{3}\times3.1416\times0.3\times\left(\frac{0.4^2}{4}+\frac{1^2}{4}+\frac{0.4}{2}\times\frac{1}{2}\right)\right]\text{m}^3$$

$$=(0.2356-0.1225)\text{m}^3=0.1131\text{m}^3$$

1）故混凝土底板清单工程量为：

$V_2=V'+V''+V_0=(0.214+0.0785+0.1131)\text{m}^3=0.4056\text{m}^3$

清单工程量计算见表 2-5。

清单工程量计算表　　**表 2-5**

项目编码	项目名称	项目特征描述	计量单位	工程量
040305001001	垫层	碎石，厚度 100mm	m^3	0.107
040601003001	沉井混凝土底板	沉井混凝土底板	m^3	0.4056

2)定额工程量为 0.04056($10m^3$)

【注释】 $\frac{1}{4}\times3.1416\times1.166^2\times0.1$ 为碎石垫层的面积乘以垫层的厚度，其中底的直径1.166,0.1 为垫层的厚度；$\frac{1}{4}\times3.1416\times1.166^2\times0.2$ 为垫层上部混凝土板底面积乘以混凝土板的厚度，其中 1.166 为其板底直径；0.2 为 V' 中板的厚度；$\frac{1}{4}\times3.1416\times1^2\times0.1$ 为 V''底板的面积乘以其板底的厚度，其中 1 为 V''底板的直径，0.1 为 V''板的厚度 ；V_0 工程量为整个 0.3 厚底板体积减去多余的圆锥形的体积；其中$\frac{1}{4}\pi D^2\cdot h_4$ 为 0.3 厚底的体积，$\frac{1}{3}\pi h_4\left(\frac{d_0{}^2}{2^2}+\frac{D^2}{2^2}+\frac{d_0}{2}\cdot\frac{D}{2}\right)$为中间多算的圆锥形的体积；工程量计算规则按设计图示尺寸以体积计算。

综上：碎石垫层工程量为 0.107m^3，混凝土底板工程量为 0.4056m^3。

项目编码：040601005　项目名称：沉井混凝土顶板

【例 7】 直线井的钢筋混凝土盖板工程量如何计算？

【解】 (1)清单工程量

此直线井钢筋混凝土盖板上有一铸铁井盖，不计入盖板工程量。

如图 2-7 所示：盖板长度 $l=4\text{m}$，宽 $B=1\times2\text{m}=2\text{m}$

厚度 $h=0.4\text{m}$，铸铁井盖半径 $r=0.2\text{m}$

故此钢筋混凝土盖板清单工程量为：

$$V=(Bl-\pi r^2)h=(2\times4-3.1416\times0.2^2)\times0.4\text{m}^3=3.15\text{m}^3$$

【注释】 $(2\times4-3.1416\times0.2^2)\times0.4$ 为盖板的面积减去井盖的面积之差乘以盖板的

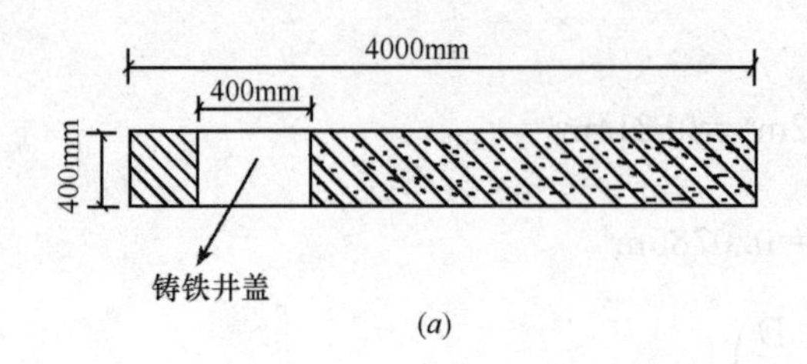

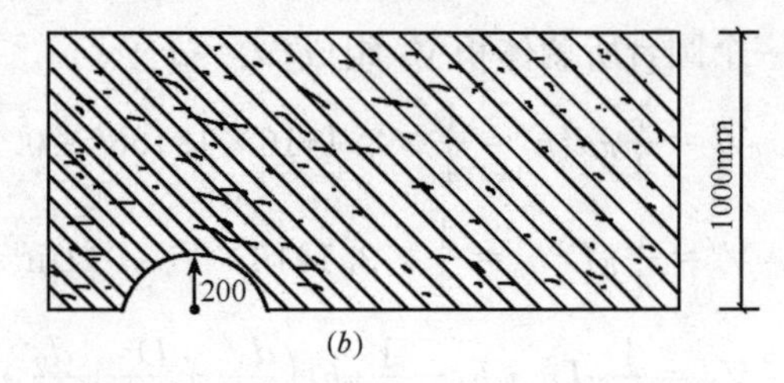

图 2-7 直线井示意图

(a)直线井剖面图；(b)直线井平面图(一半)

厚度；2×4 为盖板的长度乘以宽度；工程量计算规则按设计图示尺寸以体积计算。

清单工程量计算见表 2-6。

清单工程量计算表 **表 2-6**

项目编码	项目名称	项目特征描述	计量单位	工程量
040601005001	沉井混凝土顶板	直线井的钢筋混凝土顶板	m^3	3.15

(2) 定额工程量

$$3.15m^3/10=0.315(10m^3)$$

项目编码：040303015 项目名称：混凝土挡墙墙身

【例 8】 某池壁是一个厚度不均的墙壁，其上厚 30cm，下厚 50cm，高 5m，宽 2m，试计算其工程量(池壁尺寸如图 2-8)。

【解】 如图 2-8 所示，上底厚 $l_1=0.3$m，下底厚 $l_2=0.5$m，高 $h=5$m，宽 $b=2$m

则平均厚度：$l=\frac{l_1+l_2}{2}=\frac{0.3+0.5}{2}\text{m}=0.4\text{m}$

池壁高度由池底板面算至池盖下面。

(1)清单工程量

其工程量为：$V=lhb=0.4\times5\times2m^3=4m^3$

【注释】 0.4×5×2 为池壁的平均厚度乘以高乘以池壁的宽度；工程量按设计图示尺寸以体积计算。

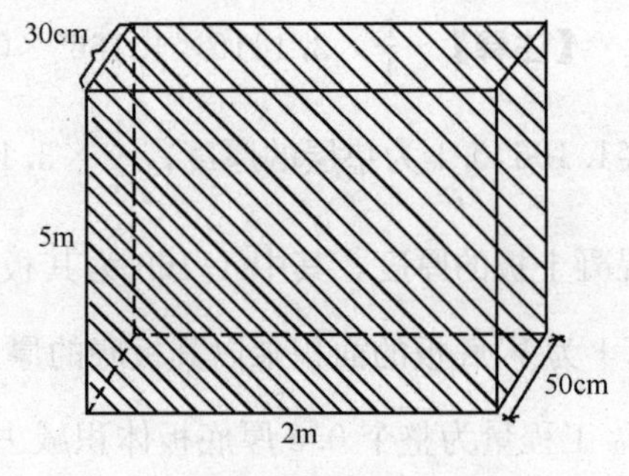

图 2-8 池壁尺寸图

清单工程量计算见表 2-7。

清单工程量计算表 **表 2-7**

项目编码	项目名称	项目特征描述	计量单位	工程量
040303015001	混凝土挡墙墙身	墙厚平均为 0.4m	m^3	4

(2)定额工程量

$$V=lhb=0.4\times5\times2m^3/10=0.4(10m^3)$$

项目编码：040901002 项目名称：预制构件钢筋

【例 9】 如图 2-9 所示，在排水工程建设中，常用到钢筋混凝土预制板，图即为一钢筋混凝土预制板，板长为 4m，宽为 1m，厚 0.1m，保护层为 2.5cm，配筋如下图所示，计算钢筋重量。

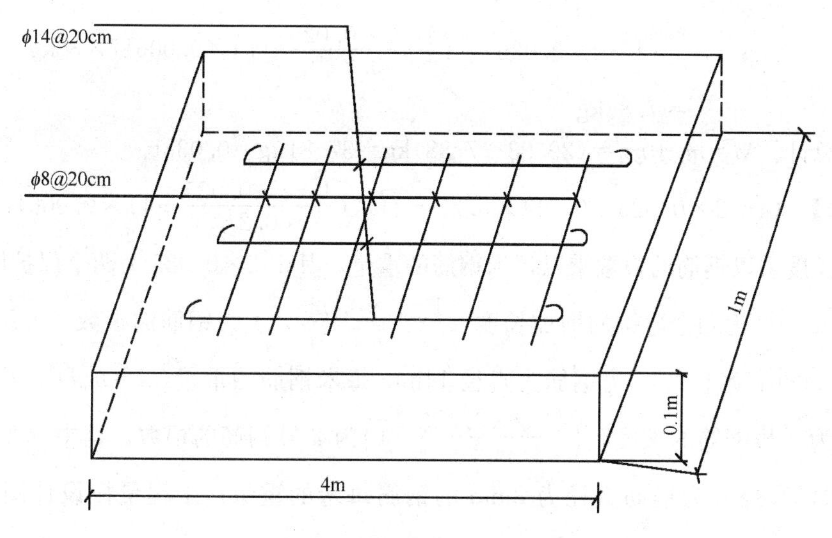

图 2-9　某预制板钢筋布置图

长 l=4m

宽 b=1m

厚 h=0.1m

保护层 δ=0.025m

ϕ14 间距 d_1=0.2m

ϕ8 间距 d_2=0.2m

【解】（1）清单工程量

此题中有钢筋重量及数量长度计算，钢筋重量计算前已涉及（不再介绍），现将钢筋长度计算方法介绍于下：

计算钢筋长度时，应该按照其设计施工图计算，如果通长钢筋长度超过标尺长度时，应计算钢筋搭接长度。

如长度未标明的，按下列规定计算：

1）查钢筋长度：为钢筋构件长度减去总保护层厚度。

2）带弯钢筋长度：为钢筋构件长度减去总保护层厚度再加上弯钩长度。

①半圆弯钩长度为每个 6.25d

②直弯钩长度为每个 3d　　（d 为钢筋直径）

③斜弯钩长度为每个 4.9d

3）分布钢筋根数为配筋长度除以间距再加上 1。

4）求钢筋根数时，如有小数只进不舍取整数。计算：

①ϕ14 重量为：$m_1=(l-2\delta+d\times6.25\times2)\times[(b-2\delta)/d_1+1]\times0.00617\times14^2\text{kg}$

$$=(4-2\times0.025+0.014\times6.25\times2)\times\left(\frac{1-2\times0.025}{0.2}+1\right)\times0.00617\times14^2\text{kg}$$

$$=29.93\text{kg}$$

②ϕ8 重量为：$m_2=(b-2\delta)\times\left(\frac{4-2\delta}{0.2}+1\right)\times0.00617\times8^2\text{kg}$

$$=(1-2\times0.025)\times\left(\frac{4-2\times0.025}{0.2}+1\right)\times0.00617\times8^2\text{kg}$$
$$=7.88\text{kg}$$

钢筋总计：$M=m_1+m_2=(29.93+7.88)\text{kg}=37.81\text{kg}=0.038\text{t}$

【注释】 $(4-2\times0.025+0.014\times6.25\times2)\times(\frac{1-2\times0.025}{0.2}+1)\times0.00617\times14$ 为1号钢筋的长度乘以钢筋的根数乘以每米钢筋的重量，其中 2×0.025 为两个保护层的厚度，$0.014\times6.25\times2$ 为两个弯钩的增加长度，$\frac{1-2\times0.025}{0.2}+1$ 为钢筋的根数、0.2为钢筋间的间距，$0.00617\times14\times14$ 为钢筋为直径14mm每米钢筋的重量$(m=m_oD^2/D_0^2)$；$(1-2\times0.025)$为2号钢筋的长度，$\left(\frac{4-2\times0.025}{0.2}+1\right)$为2号钢筋的根数，其中0.2为钢筋间距；$0.00617\times8\times8$ 为钢筋直径为8mm的钢筋每米的重量；工程量按设计图示以质量计算。

清单工程量计算见表2-8。

清单工程量计算表　　表2-8

序号	项目编码	项目名称	项目特征描述	计量单位	工程量
1	040901002001	预制构件钢筋	钢筋混凝土预制板 ϕ14	t	0.030
2	040901002002	预制构件钢筋	钢筋混凝土预制板 ϕ8	t	0.008

(2)定额工程量：(29.93+7.88)kg=37.81kg=0.038t(定额编号：6-1335　名称：现浇预制构件钢筋)

项目编码：040901001　项目名称：现浇构件钢筋

【例10】 如图2-10所示的弯起钢筋 $\phi10$，其 $\alpha=30°$，H 为0.5m，直线长为4m，试计算其长度及重量。

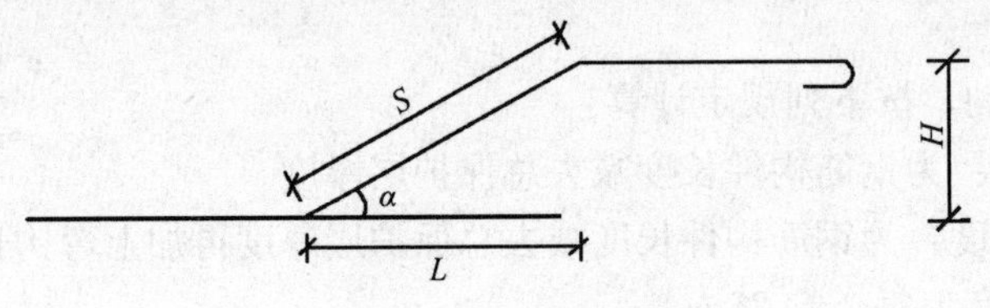

图2-10　弯起筋示意图

【解】 本题涉及弯起钢筋的长度计算，其计算规则如下：弯起筋总长度为弯起筋直线长度+弯钩增加长度+S值(表2-9)。

有关用到的基本值　　表2-9

α	30°	45°	60°
S	$2H$	$1.41H$	$1.15H$
L	$1.73H$	H	$0.58H$
$S-L$	$0.27H$	$0.41H$	$0.57H$

由图示 $\alpha=30°$，$H=0.5$m，直线长 $D=4$m

则 $\phi10$ 弯起钢筋长度为：$L=D+0.01\times6.25+2H$

$=(4+0.0625+1)\mathrm{m}$

$=5.0625\mathrm{m}$

此钢筋重量为：$m=5.0625\times0.617\mathrm{kg}=3.12\mathrm{kg}=0.003\mathrm{t}$

则其钢筋长度为 5.06m，此钢筋重量为 0.003t。

【注释】 $D+0.01\times6.25+2H$ 为钢筋的直长度加上弯钩的增加长度加上弯起的长度为其钢筋的长度；5.0625×0.617 为钢筋的长度乘以每米钢筋的重量；工程量按设计图示以质量计算。

清单工程量计算见表 2-10。

清单工程量计算表　　**表 2-10**

项目编码	项目名称	项目特征描述	计量单位	工程量
040901001001	现浇构件钢筋	弯起钢筋，$\phi10$	t	0.003

项目编码：040303001　项目名称：混凝土垫层

项目编码：040305001　项目名称：垫层

【例 11】 在箱涵工程中，直线井垫层如图 2-11 所示，试计算其碎石垫层、C10 混凝土垫层工程量(其中直线井长度为 2m)。

【解】 (1)清单工程量

在箱涵工程中，直线井是以碎石和混凝土做为垫层的，并且碎石垫层在混凝土垫层下面如图 2-11 所示，在施工中，其清单工程量计算如下：

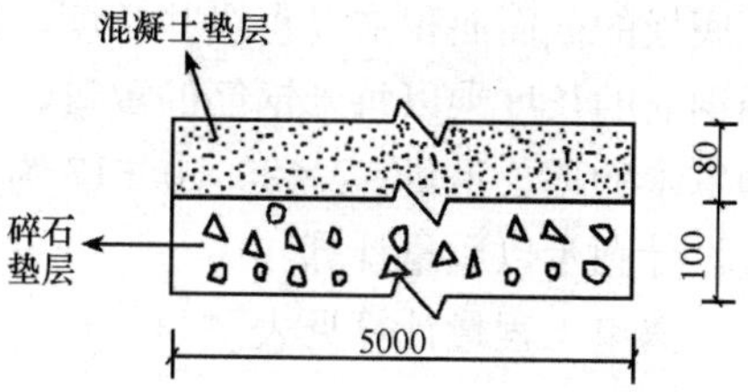

碎石垫层：$5\times0.1\times2\mathrm{m}^3=1\mathrm{m}^3$

混凝土垫层：$5\times0.08\times2\mathrm{m}^3=0.8\mathrm{m}^3$

图 2-11　直线井垫层

因此，碎石垫层和混凝土垫层工程量分别为 $1\mathrm{m}^3$ 和 $0.8\mathrm{m}^3$。

(2)定额工程量

碎石垫层：$5\times0.1\times2\mathrm{m}^3/10=0.1(10\mathrm{m}^3)$

混凝土垫层：$5\times0.08\times2\mathrm{m}^3/10=0.08(10\mathrm{m}^3)$

【注释】 5×0.1×2 为碎石垫层的长度乘以碎石垫层的厚度乘以直线井的长度，其中 5 为碎石垫层长度，0.1 为碎石垫层厚度；5×0.08×2 为混凝土垫层的长度乘以混凝土垫层的厚度乘以直线井的长度，其中 0.08 为混凝土垫层的厚度；工程量按设计图示尺寸以体积计算。

项目编码：040406002　项目名称：混凝土底板

项目编码：040901002　项目名称：预制构件钢筋

【例 12】 在箱涵工程中，直线井钢筋混凝土底板工程量及钢筋量如何计算？

(直线井长度为 2m)

$\phi14$，每根长 4m

$\phi10$，每根长 2m

(其中 $\phi14$ 钢筋为 10 根，$\phi10$ 钢筋为 25 根)

【解】 (1)清单工程量

由图 2-12 所知，钢筋混凝土底板工程量为 $4\times0.4\times2\text{m}^3=3.2\text{m}^3$

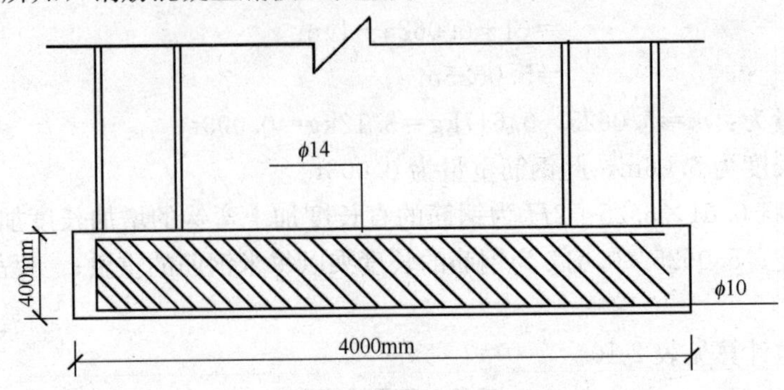

图 2-12　某箱涵直线井简图

钢筋混凝土底板钢筋量为：

$$\phi14:\quad 4\times10\times0.00617\times14^2\text{kg}=48.37\text{kg}$$

$$\phi10:\quad 2\times25\times0.617\text{kg}=30.85\text{kg}$$

故钢筋总量为：$(48.37+30.85)\text{kg}=79.22\text{kg}=0.079\text{t}$

【注释】 4(混凝土底板的宽度)×0.4(混凝土底板的厚度)×2(直线井的长度)为混凝土底板的截面面积乘以直线井长度；4×10(钢筋的数量)×0.00617×14×14 为十根圆十四钢筋的长度乘以每米钢筋的重量，其中 4 为钢筋的长度，0.00617×14×14 为圆十四钢筋每米的理论重量；2×25×0.617 为 25 根圆十钢筋的长度乘以每米钢筋的重量；工程量按设计图示以质量计算。

清单工程量计算见表 2-11。

清单工程量计算表　　**表 2-11**

序号	项目编码	项目名称	项目特征描述	计量单位	工程量
1	040406002001	混凝土底板	直线井钢筋混凝土底板	m^3	3.20
2	040901002001	预制构件钢筋	箱涵底板钢筋，ϕ14	t	0.048
3	040901002002	预制构件钢筋	箱涵底板钢筋 ϕ10	t	0.031

(2) 定额工程量

混凝土底板：$4\times0.4\times2\text{m}^3/10=0.32(10\text{m}^3)$

预制构件钢筋：$(48.37+30.85)\text{kg}=79.22\text{kg}=0.079\text{t}$

项目编码：040101003　项目名称：挖基坑土方

【例 13】 在人工挖基坑工程中，如何确定人工挖基坑的土方工程量(此为修建圆形钢筋混凝土蓄水池)？

【解】 如图 2-13 所示，人工挖基坑的土方工程量即为土台体积。

(1)清单工程量

$$V_1=\pi r^2H=3.1416\times\left(\frac{14}{2}\right)^2\times(4.0+0.5)\text{m}^3=692.72\text{m}^3$$

集水坑：$V_2=\dfrac{1}{3}\times1.0\times(0.6^2+0.5^2+0.6\times0.5)\times3.1416\text{m}^3=0.953\text{m}^3$

清单总挖方：$V=V_1+V_2=(692.72+0.953)\text{m}^3=693.67\text{m}^3$

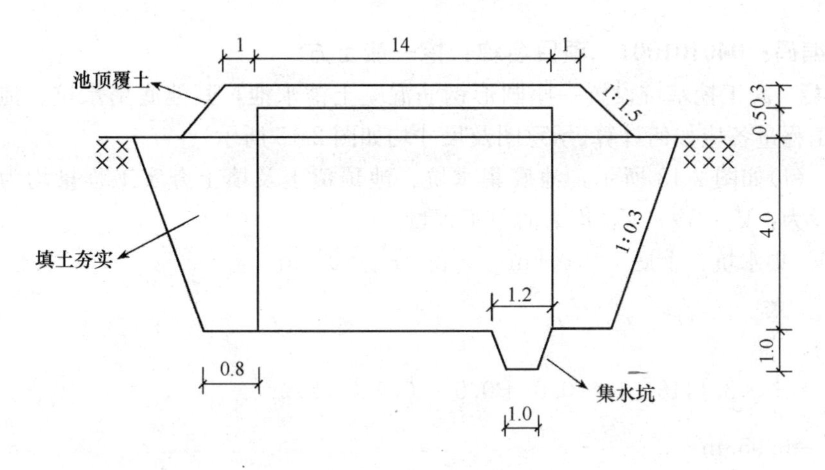

图 2-13 某蓄水池简图

【注释】 $3.1416\times\left(\frac{14}{2}\right)^2\times(4.0+0.5)$为如示意图中间集水井的截面积乘以井的高度，其中$3.1416\times\left(\frac{14}{2}\right)$(集水井的半径的长度)^2 集水井的截面积，4.0+0.5 为集水井的高度；$\frac{1}{3}\times1.0$(集水坑的截面高度)$\times(0.6^2+0.5^2+0.6\times0.5)\times3.1416$ 为圆锥形的集水坑的体积，0.6 为集水坑上口的半径，0.5 为集水坑底部半径；工程量按设计图示尺寸以体积计算。

清单工程量计算见表 2-12。

清单工程量计算表 表 2-12

项目编码	项目名称	项目特征描述	计量单位	工程量
040101003001	挖基坑土方	人工挖基坑	m^3	693.67

故人工挖基坑土方清单工程量为 693.67m^3。

(2) 定额工程量

则下底半径：$R_1=(14+2\times0.8)\times\frac{1}{2}m=7.8m$

上底半径：$R_2=(7.8+4\times0.3)m=9m$

则土台体积为：$V=\frac{\pi}{3}\times4.0\times(R_1{}^2+R_2^2+R_1R_2)$

$=\frac{1}{3}\times3.1416\times4.0\times(7.8^2+9^2+7.8\times9)m^3$

$=888.19m^3$

定额总挖方：$V=(888.19+0.953)m^3=889.14m^3$

(V 集水坑=0.953)定额工程量：$889.14m^3/100=8.89(100m^3)$

【注释】 $(7.8+4\times0.3)$为上底半径，其中 4×0.3 为基坑的高度乘以坡度，如图坡度为 1：0.3。$\frac{\pi}{3}\times4.0\times(R_1{}^2+R_2^2+R_1R_2)$为圆锥形的体积公式，工程量按设计图示尺寸以体积计算。

项目编码：040101001　项目名称：挖一般土方

【例 14】 人工挖基坑设置一座圆形钢筋混凝土蓄水池，其池底集水坑、池顶覆土及填土夯实工程量各应如何计算(示意图及尺寸均如图 2-13 所示)？

【解】 (1)如图 2-13 所示，池底集水坑、池顶覆土及填土夯实工程量均为其施工体积，分别设为：V_1；V_2；V_3(均为清单工程量)。

对于 V_1 集水坑：上底 $r_1=0.6\text{m}$　下底　$r'_1=0.5\text{m}$

$$\text{则 } V_1=\frac{\pi}{3}\times1\times(r_1^2+r'^2_1+r_1r'_1)$$

$$=\frac{1}{3}\times3.1416\times1\times(0.6^2+0.5^2+0.6\times0.5)\text{m}^3$$

$$=0.953\text{m}^3$$

对于 V_2 池顶覆土：土台上半径：$r_2=(7+1)\text{m}=8\text{m}$

土台下半径：$r'_2=(8+0.8\times1.5)\text{m}=9.2\text{m}$

土台内池体体积 $V_0=\pi\times7^2\times0.5\text{m}^3=76.97\text{m}^3$

$$\text{则 } V_2=\frac{\pi}{3}\times0.8\times(r_2^2+r'^2_2+r_2r'_2)-V_0$$

$$=\left[\frac{1}{3}\times3.1416\times0.8\times(8^2+9.2^2+8\times9.2)-76.97\right]\text{m}^3$$

$$=109.21\text{m}^3$$

对于 V_3 填土夯实：$V_3=(V-\pi\times7^2\times4)\text{m}^3$(池体体积)$=272.44\text{m}^3$

(V 土台体积$=888.19\text{m}^3$)则：池底集水坑、池顶覆土及填土夯实工程量分别为 0.953m^3；109.21m^3；272.44m^3。

【注释】 $\frac{1}{3}\times1.0\times(0.6^2+0.5^2+0.6\times0.5)\times3.1416$ 为圆锥形的集水坑的体积，0.6 为集水坑上口的半径，0.5 为集水坑底部半径；$8+0.8\times1.5$ 为池顶覆土台半径，其中 0.8×1.5 为池顶覆土的厚度以坡度系数(如图所示)；$\pi\times7^2\times0.5$ 为土台内池的面积乘以该池的高度；$\pi\times7^2\times4$ 为集水井的口截面积乘以集水井的高度，其中 4 为高度；例题 13 中有 V 的工程量，$V_3=(V-\pi\times7^2\times4)$为集水井外侧填土夯实量；工程量按设计图示尺寸以体积计算。

清单工程量计算见表 2-13。

清单工程量计算表　　表 2-13

序号	项目编码	项目名称	项目特征描述	计量单位	工程量
1	040101001001	挖一般土方	集水坑池底，深 1m	m^3	0.95
2	040101001002	挖一般土方	池顶覆土，厚 0.8m	m^3	109.21
3	040103001001	回填方	填土夯实，原土回填	m^3	272.44

(2) 定额工程量

集水坑：$V_1=0.953\text{m}^3/100=0.00953(100\text{m}^3)$

$$\text{池顶覆土：} V_2=\left[\frac{1}{3}\times3.1416\times0.8\times(8^2+9.2^2+8\times9.2)-76.97\right]/100\text{m}^3$$

$$=109.21/100\text{m}^3$$

$$=1.0921(100\text{m}^3)$$

填土夯实：$V_3=(V-\pi\times7^2\times4)/100m^3=2.7244(100m^3)$

【注释】 定额工程量同清单工程量计算规则一样。

项目编码：040602002　项目名称：格栅除污机

【例 15】 在污水处理工程中，无论是生活污水和工业废水都含有大量的漂浮物和悬浮物质，为将此悬浮物和漂浮物除去，常采用物理法先行除去，去除工具常采用格栅，现对某城镇污水设计格栅工程量，如图 2-14 所示。

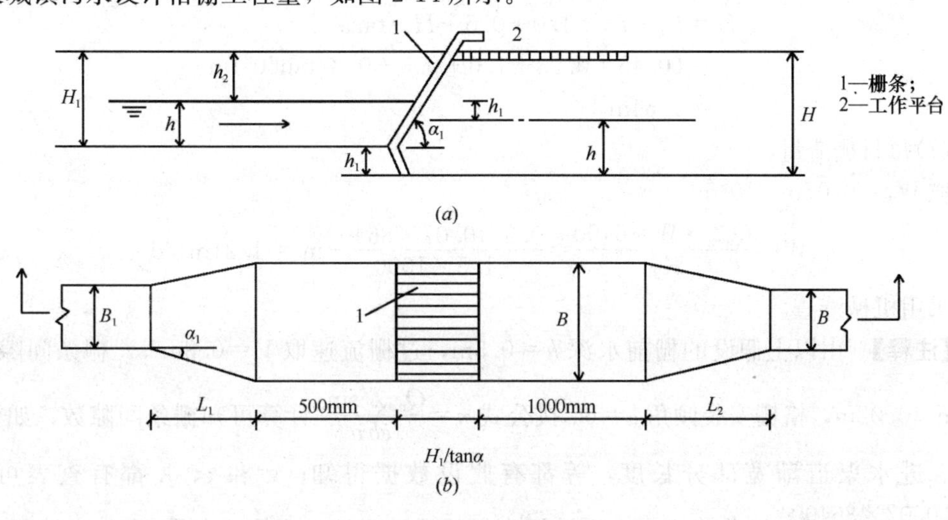

图 2-14　格栅计算图

(a)立面图；(b)平面图

已知此城市污水最大设计污水量为 $Q_{max}=0.3m^3/s$，$K_总=1.5$，计算格栅各部分尺寸及工程量。

【解】 格栅采用平面型中格栅

设栅前水深 $h=0.5m$，过栅流速取 $V=0.8m/s$，栅条间隙 $e=20mm=0.02m$，格栅安装倾角 $\alpha=60°$。

(1)栅条间隙数

$$n=\frac{Q_{max}\sqrt{\sin\alpha}}{ehv}=\frac{0.3\times\sqrt{\sin60°}}{0.02\times0.5\times0.8}=33$$

(2)栅槽宽度

取栅条宽度 $S=0.01m$

$$B=S(n-1)+en=[0.01\times(33-1)+0.02\times33]m=0.98m$$

(3)进水渠道渐宽部分长度

设进水渠宽 $B_1=0.65m$，渐宽部分展开角 $\alpha_1=20°$。

$$L_1=\frac{B-B_1}{2\tan\alpha_1}=\frac{0.98-0.65}{2\times\tan20°}m=0.45m$$

栅槽与出水渠道连接处的渐窄部分长度：

$$L_2=\frac{1}{2}L_1=\frac{1}{2}\times0.45m=0.23m$$

(4)过栅水头损失

$$h_1 = kh_0 = k\varepsilon\frac{v^2}{2g}\sin\alpha = 3\times2.42\times\left(\frac{0.01}{0.02}\right)^{4/3}\times\frac{0.8^2}{2\times9.81}\sin60^\circ\text{m} = 0.081\text{m}$$

(5)栅后槽总高度

取栅前渠道超高 $h_2 = 0.3\text{m}$，栅前槽高 $H_1 = h + h_2 = 0.8\text{m}$

$$H = h + h_1 + h_2 = (0.5 + 0.081 + 0.3)\text{m} = 0.881\text{m}$$

(6)栅槽总长度

$$\begin{aligned} L &= L_1 + L_2 + 1.0 + 0.5 + H_1/\tan\alpha \\ &= (0.45 + 0.23 + 1.0 + 0.5 + 0.8/\tan60^\circ)\text{m} \\ &= 2.64\text{m} \end{aligned}$$

(7)每日栅渣量

取 $W_1 = 0.07\text{m}^3/10^3\text{m}^3$

$$W = \frac{Q_{\max}\cdot W_1 86400}{K_{总}} = \frac{0.3\times0.07\times86400}{1.5\times1000}\text{m}^3 = 1.21\text{m}^3/\text{d}$$

采用机械清渣

【注释】 由以上假设的栅前水深 $h = 0.5\text{m}$，过栅流速取 $V = 0.8\text{m/s}$，栅条间隙 $e = 20\text{mm} = 0.02\text{m}$，格栅安装倾角 $\alpha = 60^\circ$按公式 $n = \frac{Q_{\max}\sqrt{\sin\alpha}}{ehv}$计算可知栅条间隙数；如栅槽宽度、进水渠道渐宽部分长度，等都有假设数据得知；g 和 ε、k 都有查表可得；$\frac{0.3\times0.07\times86400}{1.5\times1000}$ 0.3 为污水最大设计污水量，0.07 为 10m^3 的污水量，86400 为查表系数；工程量计算规则按设计图示以数量计算。

清单工程量计算见表 2-14。

清单工程量计算表 表 2-14

项目编码	项目名称	项目特征描述	计量单位	工程量
040602002001	格栅除污机	平面型中格栅	台	1

项目编码：040101003 项目名称：挖基坑土方

【例 16】 在市政工程中，需用人工挖路基，某一段路基总长度为 100m，截面如图 2-15 所示，试计算其土方工程量。

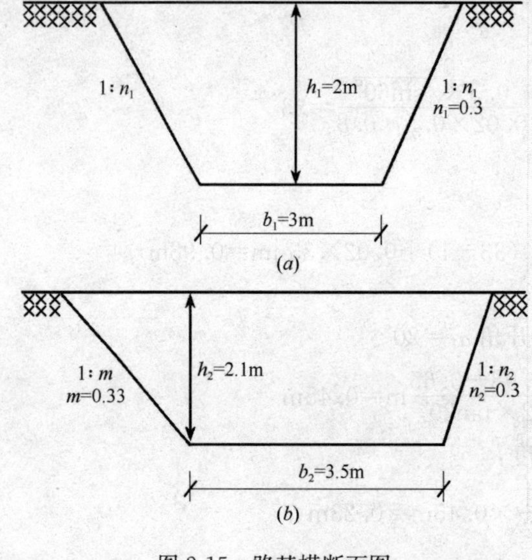

图 2-15 路基横断面图

【解】 (1)如图 2-15 所示：

在总长 100m 的一段路基上，开始断面(a)截止断面(b)尺寸已在图上标注，故断面(a)的面积为：

$$F_1 = h_1(b_1 + n_1h_1) = 2\times(3 + 0.3\times2)\text{m}^2 = 7.2\text{m}^2$$

断面(b)的面积为：

$$F_2=h_2\left[b_2+\frac{h_2(m+n_2)}{2}\right]$$
$$=2.1\times\left[3.5+\frac{2.1}{2}\times(0.33+0.3)\right]\text{m}^2$$
$$=2.1\times(3.5+0.6615)\text{m}^2=8.74\text{m}^2$$

故其清单工程量为：

$$V=\frac{F_1+F_2}{2}\cdot L=\frac{7.2+8.74}{2}\times100\text{m}^3=797.00\text{m}^3$$

【注释】　n_1h_1 为梯形上部的斜边的跨度，如图梯形为等边梯形，所以可以等效为宽度为 $b_1+n_1h_1$ 矩形；$2\times(3+0.3\times2)$为断面 a)的面积，其中 2 为路基的高度，0.3 为坡度的系数，3 为路基宽度。h_2b_2 为断面 b)中间矩形的截面积，$h_2\left(\frac{h_2(m+n_2)}{2}\right)$为两边两个小三角形的面积；$\frac{7.2+8.74}{2}\times100$ 为路基的两个断面面积的平均面积乘以路基的总长度，其中 100 为路基的总长度；工程量计算规则按设计图示尺寸以体积计算。

清单工程量计算见表 2-15。

清单工程量计算表　　表 2-15

项目编码	项目名称	项目特征描述	计量单位	工程量
040101003001	挖基坑土方	人工挖路基	m^3	797.00

(2)定额工程量

$$V=L\cdot(F_1+F_2)/2=\frac{1}{2}\times(7.2+8.74)\times100\text{m}^3=797\text{m}^3=7.97(100\text{m}^3)$$

【注释】　定额工程量书写结果按每 $100m^3$ 书写。

列项见表 2-16。

表 2-16

定额编号	项目名称	计量单位	工程量	计算式
1-25	人工挖基坑(四类土)	$100m^3$	7.97	$\frac{1}{2}\times(7.2+8.74)\times100/100$

【例 17】　在人工挖沟槽工程中，常用若干垂直于土堤的截面将其分为若干段，每段20～50m，地形平坦处可以大些。在如图 2-16 所示的一段沟槽工程中，两个断面已给出，试计算其工程量(注：图中单位为 mm，此段总长为 30m)。

【解】　如图 2-16 所示：

对于断面(a)：$b=5\text{m}$　$h=2\text{m}$　$h'_1=1.5\text{m}$　$h'_2=3\text{m}$　$n=0.3$

则由断面计算公式得：

$$F_1=b\cdot\frac{h'_1+h'_2}{2}+\frac{n(h'^2_1+h'^2_2)}{2}$$
$$=\left[5\times\frac{1.5+3}{2}+\frac{0.3\times(1.5^2+3^2)}{2}\right]\text{m}^2$$
$$=(5\times2.25+1.6875)\text{m}^2$$
$$=12.94\text{m}^2$$

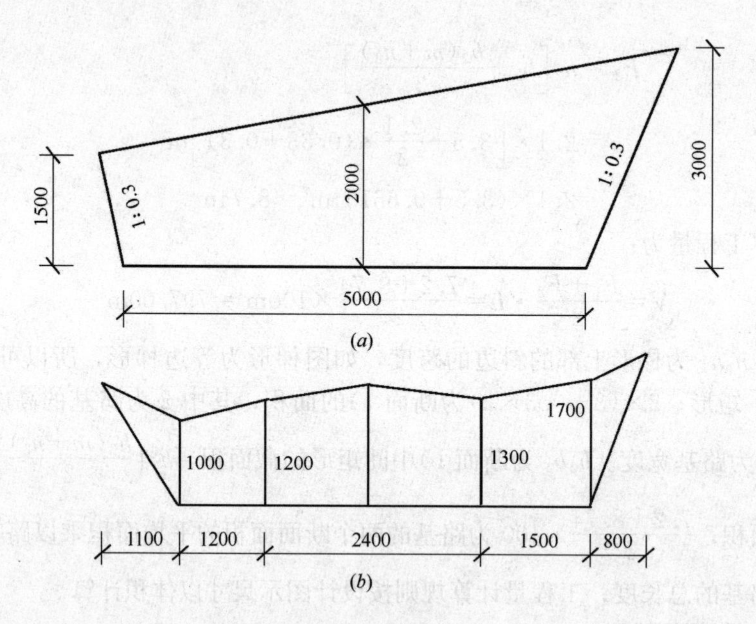

图 2-16 沟槽断面图

对于断面(b)：$a_1=1.1\text{m}$，$a_2=1.2\text{m}$，$a_3=2.4\text{m}$

$a_4=1.5\text{m}$；$a_5=0.8\text{m}$

$h_1=1\text{m}$，$h_2=1.2\text{m}$，$h_3=1.3\text{m}$，$h_4=1.7\text{m}$

则断面计算公式：

$$F_2=h_1\frac{a_1+a_2}{2}+h_2\frac{a_2+a_3}{2}+h_3\frac{a_3+a_4}{2}+h_4\frac{a_4+a_5}{2}$$

$$=\left(1\times\frac{1.1+1.2}{2}+1.2\times\frac{1.2+2.4}{2}+1.3\times\frac{2.4+1.5}{2}+1.7\times\frac{1.5+0.8}{2}\right)\text{m}^2$$

$$=7.80\text{m}^2$$

(1)清单工程量

由中华人民共和国国家标准《市政工程工程量计算规范》中市政工程工程量清单项目及计算规则中土石方工程，可以计算出其工程量为：

$$V=\frac{F_1+F_2}{2}L=\frac{1}{2}\times(12.94+7.80)\times30\text{m}^3=311.10\text{m}^3$$

【注释】 $b\cdot\frac{h_1'+h_2'}{2}$为断面 a)中间上底加下底之和乘以高除以二的梯形的面积；$\frac{n(h_1'^2+h_2'^2)}{2}$为断面 a)底乘以高除以二的两边小三角形的面积；由公式 $F_2=h_1\frac{a_1+a_2}{2}+h_2\frac{a_2+a_3}{2}+h_3\frac{a_3+a_4}{2}+h_4\frac{a_4+a_5}{2}$可知断面 b)的面积；$\frac{1}{2}\times(12.94+7.80)\times30$ 为两个断面的面积平均值乘以此段沟槽的总长度；工程量计算规则按设计图示尺寸以体积计算。

列项见表 2-17。

表 2-17

项目编码	项目名称	项目特征描述	单　位	工程量	计算式
040101002001	挖沟槽土方	人工挖沟槽	m^3	311.10	$\frac{1}{2}\times(12.94+7.80)\times30$

(2)定额工程量

根据全国统一建筑工程预算定额，可算得其定额工程量：

$$V=\frac{1}{2}(F_1+F_2)\cdot L/100$$
$$=\frac{1}{2}\times(12.94+7.80)\times 30\text{m}^3/100$$
$$=3.11(100\text{m}^3)$$

列项见表 2-18。

表 2-18

定额编号	项目名称	单　位	工程量	计算式
1-13	人工挖沟、槽土方	100m^3	3.11	$\frac{1}{2}\times(12.94+7.80)\times 30/100$

上两题方法释义：

在市政工程中，土石方工程约占造价的 10%～30%，因此，正确计算土方工程量十分重要。由于自然地面起伏变化，将要计算范围内的土石方划分为若干段或若干个小方格区，用几何公式求各段土石方体积，然后求其和，此二题即为一分段工程量。

【例 18】 某城市中市政排水工程主干管长度为 610m，采用 ϕ600 混凝土管，135°混凝土基础，在主干管上设置雨水检查井 8 座，规格为 ϕ1500，单室雨水井 20 座，雨水口接入管为 ϕ225UPVC 加筋管，共 8 道，每道 8m。求混凝土管基础及铺设长度和检查井座数，闭水试验长度(如图 2-17 所示)。

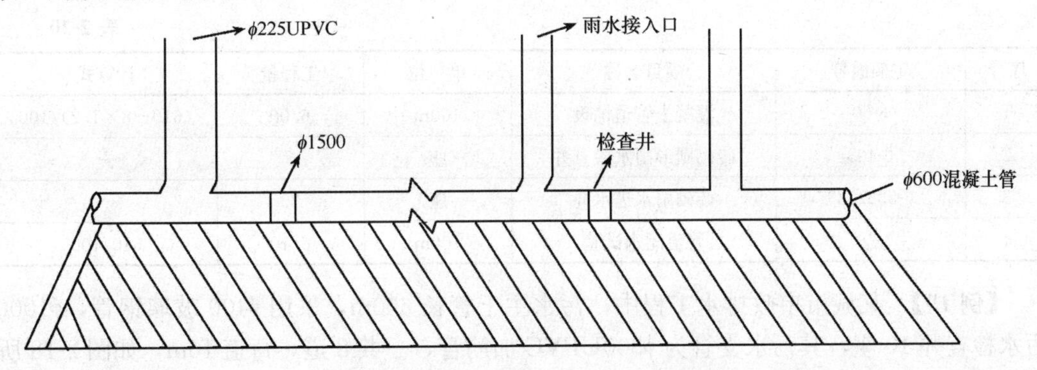

图 2-17　某市政排水工程干管示意图

【解】 定额中在定型混凝土管道基础及铺设中，各种角度的混凝土基础、混凝土管、缸瓦管铺设按井中至井中的中心扣除检查井长度，以延长米计算工程量，ϕ1500 检查井扣除长度为 1.2m。

(1)清单工程量

ϕ600 混凝土管道基础及铺设：$L_1=610\text{m}$

ϕ225UPVC 加筋管铺设：$L_2=8\times 8\text{m}=64\text{m}$

ϕ1500 雨水检查井：8 座

单室雨水井：20 座

ϕ600 以内管道闭水试验：610m

【注释】 工程量计算规则按设计图示长度、数量计算。

列项见表 2-19。

表 2-19

序 号	项目编码	项目名称	项目特征描述	单位	工程量	计算式
1	040501001001	混凝土管	135°混凝土基础，ϕ600	m	1220	610+610(只有两项)
2	040501004001	塑料管	ϕ225UPVC 加筋管	m	64	8×8(只有一项)
3	040504001001	砌筑井	ϕ1500	座	座	8
4	040504009001	雨水口	单室	座	20	—

(2) 定额工程量

ϕ600 混凝土管道基础及铺设：

$$l_1=(610-8\times1.2)\text{m}/100=6.00(100\text{m})$$

ϕ225UPVC 加筋管铺设：

$l_2=(8\times8-8\times1.2)\text{m}/100=0.54(100\text{m})$(无定额)

ϕ1500 雨水检查井：8 座

单室雨水井：20 座

ϕ600 以内管道闭水试验：610m/100=6.10(100m)

【注释】 (610－8×1.2)为直径为 600 的混凝土管道基础及铺设的长度，其中 1.2ϕ1500 检查井扣除长度，8 检查井的数量。

列项见表 2-20。

表 2-20

序号	定额编号	项目名称	单 位	工程量	计算式
1	6-60	混凝土管道铺设	100m	6.00	(610－8×1.2)/100
2	6-403	砖砌圆形雨水检查井	座	8	—
3	6-532/533	砖砌雨水进水井	座	20	—
4	6-287	管道闭水试验	100m	6.10	610/100

【例 19】 某城市市政排水工程中，污水主干管长 600m，采用 ϕ400 玻璃钢管，ϕ1000 污水检查井 10 座，其污水支管为 ϕ300UPVC 加筋管，一共 8 道，每道 10m，如图 2-18 所示，求管道的基础及铺设长度以及检查井个数及闭水试验长度。

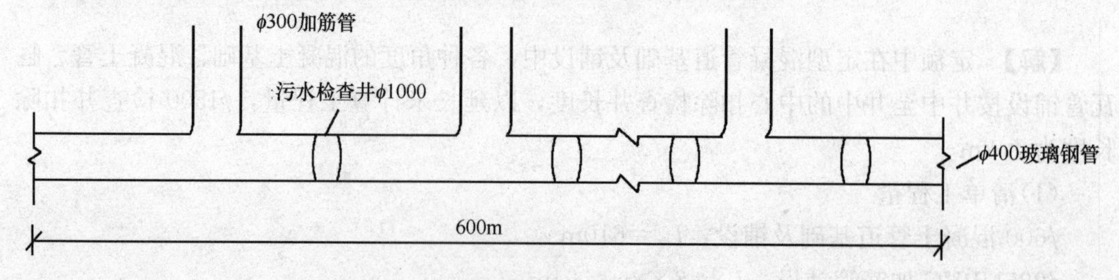

图 2-18 某段污水干管示意图

【解】 定额中在管道铺设中，玻璃钢管，UPVC 加筋管铺设中，检查井中至井中的中心扣除检查井长度，以延长米计算工程量，ϕ1000 检查井扣除长度为 0.7m。

(1)清单工程量

ϕ400 玻璃钢管铺设：l_1＝600m

ϕ300UPVC 加筋管铺设：l_2＝8×10m＝80m

ϕ1000 污水检查井：10 座

ϕ400 以内管道闭水试验：600m

【注释】 工程量按设计图示长度、数量计算。

列项见表 2-21。

表 2-21

序号	项目编码	项目名称	项目特征描述	单　位	工程量	计算式
1	040501002001	钢管	玻璃钢管 ϕ400	m	1200	600＋600(两项)
2	040501004001	塑料管	ϕ300UPVC 加筋管	m	80	8×10(一项)
3	040504001001	砖筑井	污水检查井 ϕ1000	座	10	—

(2) 定额工程量

ϕ400 玻璃钢管铺设：l_1＝(600－10×0.7)m/10＝59.30(10m)

ϕ300UPVC 加筋管铺设：l_2 ＝(8×10－10×0.7)m/10＝7.30(10m)(无定额)

ϕ1000 污水检查井：10 座

ϕ400 以内管道闭水试验：600m/100＝6.00(100m)

【注释】 (600－10×0.7)为直径为 400 的玻璃钢管铺设的长度；其中 0.7 为 ϕ1000 检查井扣除长度，10 为检查井的数量。

列项见表 2-22。

表 2-22

序　号	项目编码	项目名称	单　位	数量	计算式
1	6-769	挤压顶进	10m	59.30	(600－10×0.7)/10
2	6-407	砖砌圆形污水检查井	座	10	—
3	6-286	管道闭水试验	100m	6.00	600/100

在施工中 ϕ400 玻璃钢管常采用挤压顶进进行，此定额是根据统一市政工程预算定额排水工程部分。

【例 20】 某排水工程中，有一段管线长 300m，如图 2-19 所示，D600 混凝土(每节 2m)污水管，120°混凝土基础，采用水泥砂浆接口，共有 5 座检查井(ϕ1000 圆形检查井)，求主要工程量及套用清单与定额。

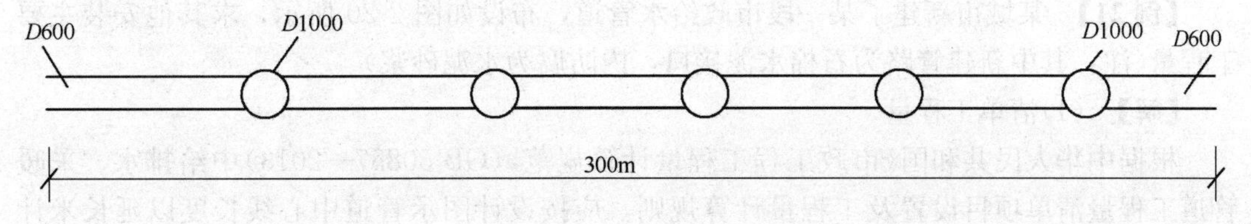

图 2-19　某排水管线示意图

【解】 (1)清单工程量

在排水工程中混凝土管道铺设中，其计算规则是按设计图示管道中心线长度以延长米计算，不扣除附属构筑物、管件及阀门所占长度。

故混凝土管道基础及铺设：L_1＝300m

管道接口：(300/2－1)个＝149个

闭水试验：L_2＝300m

圆形检查井：5座

列项见表2-23。

表2-23

序号	项目编码	项目名称	项目特征描述	单　位	工程量	计算式
1	040501001001	混凝土管	120°混凝土基础，D600	m	600.00	300＋300
2	040504001001	砌筑井	圆形ϕ1000	座	5	—

(2) 定额工程量

在排水工程中混凝土管道铺设中，井中至井中的中心扣除检查井长度，以延长米计算工程量，ϕ1000检查井扣除0.7m，管道接口区分管径和作法，以实际接口个数计算，闭水试验以实际闭水长度计算不扣各种井所占长度。

混凝土基础及铺设：L＝(300－0.7×5)m/100＝296.5m＝2.97(100m)

管道接口：(300/2－1)个/10＝14.9(10个)

闭水试验：L_1＝300m/100＝3(100m)

圆形检查井：5座

【注释】 (300－0.7×5)为混凝土基础及铺设长度，其中0.7为ϕ1000检查井扣除的长度，5为检查井的数量；工程量按设计图示以数量、长度计算。

列项见表2-24。

表2-24

序号	项目编码	项目名称	单　位	数量	计算式
1	6-4	平接式管道基础	100m	2.97	(300－0.7×5)/100
2	6-118	水泥砂浆接口(120°)	10个口	14.9	(300/2－1)/10
3	6-287	管道闭水试验	100m	3	300/100
4	6-407	砖砌圆形污水检查井	座	5	—

项目编码：040501003　项目名称：铸铁管

项目编码：040502005　项目名称：阀门

【例21】 某城市新建了某一段市政给水管道，布设如图2-20所示，求其他安装主要工程量(注：其中新建管路为石棉水泥接口，内防腐为水泥砂浆)。

【解】 (1)清单工程量

根据中华人民共和国《市政工程工程量计算规范》(GB 50857—2013)中给排水、采暖管道工程量清单项目设置及工程量计算规则，应按设计图示管道中心线长度以延长米计算，不扣除阀门、管件(包括减压器、疏水器、水表、伸缩器等组成安装)及各种井类所占的长度，方形补偿器以其所占长度按管道安装工程量计算。

管道安装：DN400：L＝1500m　DN200：L＝4m　DN500：L＝6m

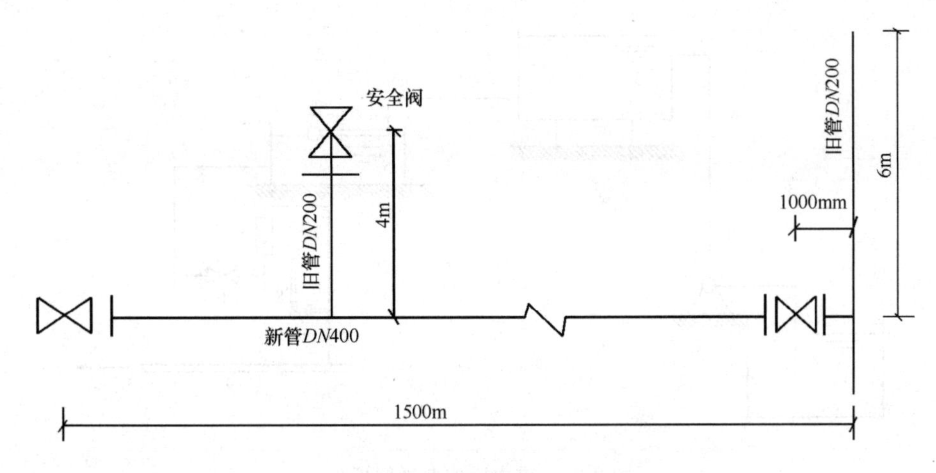

图 2-20 某段给水管道布置图

阀门安装：*DN*400：2 个 *DN*200：1 个

碰头：*DN*500：1 处 *DN*200：1 处

清单工程量计算见表 2-25。

清单工程量计算表 **表 2-25**

序号	项目编码	项目名称	项目特征描述	计量单位	工程量
1	040501003001	铸铁管	室外管路为石棉水泥接口，采暖 *DN*400	m	1500
2	040501003002	铸铁管	室外管路为石棉水泥接口，采暖 *DN*200	m	4
3	040501003003	铸铁管	室外管路为石棉水泥接口，采暖 *DN*500	m	6
4	040502005001	阀门	*DN*400	个	2
5	040502005002	阀门	*DN*200	个	1
6	040501014001	新旧管连接	*DN*500	处	1
7	040501014002	新旧管连接	*DN*200	处	1

(2)定额工程量

管道安装*DN*400：$L=(1500-1)\text{m}=1499\text{m}=149.90(10\text{m})$

*DN*200：$L=4/10=0.40(10\text{m})$ *DN*500：$L=6/10=0.60(10\text{m})$

阀门安装 *DN*400：2 个 *DN*200：1 个

碰头 *DN*500：1 个 *DN*200：1 个

定额计算是根据全国统一安装工程预算定额，第八册，给排水、采暖、燃气工程计算。

项目编码：040602046 项目名称：在线水质检测设备

【例 22】 在给水管网工程中，为了除去水中的悬浮固体颗粒及杂质等，常对取水后处理之前加入混凝剂，通过混凝剂的絮凝沉淀作用去除水中的悬浮物，固体杂质、颗粒等，而加入混凝剂有多种投加方式。常用的有高位溶液池重力投加，如图 2-21 所示，试计算其工程量。

【解】 (1)清单工程量

根据中华人民共和国《市政工程工程量计算规范》(GB 50857—2013)，此工程量为：

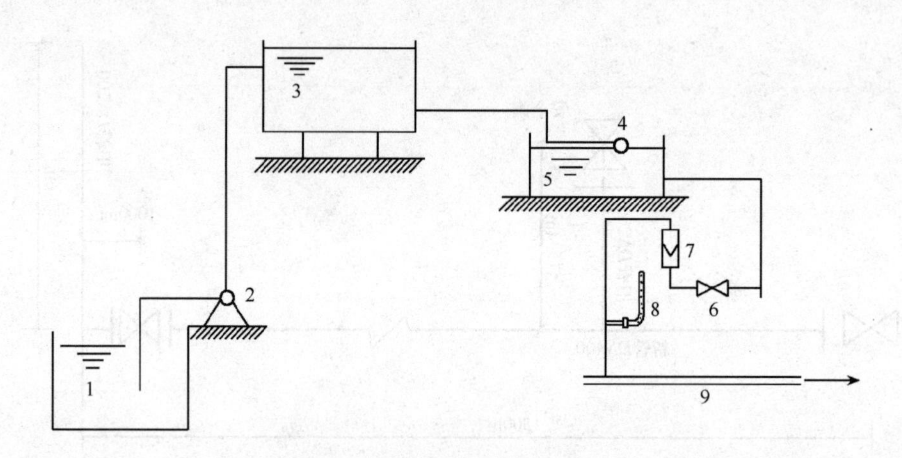

图 2-21　重力投加混凝剂简图

1—溶解池；2—提升泵；3—溶液池；4—浮球阀；5—水封箱；
6—调节阀；7—流量计；8—温度计；9—压水管

转子流量计：1 套

WNG-12　90°角形工业用玻璃水银温度计：1 套

清单工程量计算见表 2-26。

清单工程量计算表　　**表 2-26**

序号	项目编码	项目名称	项目特征描述	计量单位	工程量
1	040602046001	在线水质检测设备	转子流量计	套	1
2	040602046002	在线水质检测设备	WNG-12，90°角形工业用玻璃水银	套	1

(2)定额工程量

其取源部件安装、套管安装等均以人工计量。

项目编码：040602002　项目名称：格栅除污机

【例 23】 在排水工程中，在预处理过程中，常使用格栅机拦截较大颗粒的悬浮物，如图 2-22 所示为一组格栅，试计算其工程量。

【解】 (1)清单工程量

根据中华人民共和国《市政工程工程量计算规范》(GB 50857—2013)，格栅除污工程量计算按“台”为计量单位，工程量如下：

格栅除污机：3 台

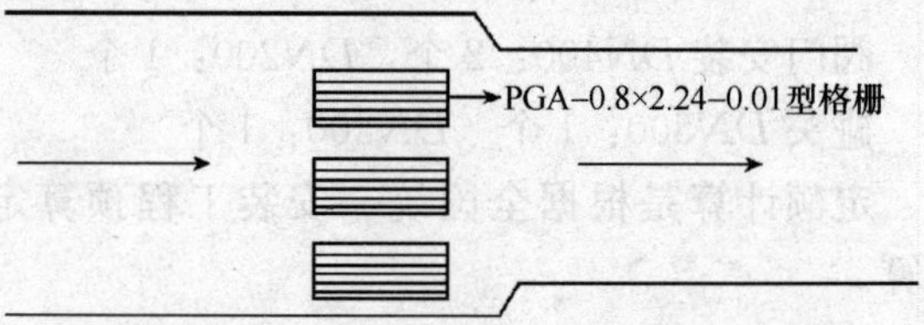

PGA−0.8×2.24−0.01型格栅

图 2-22　某格栅间简图

格栅是由一组平行的金属栅条或饰网制成，安装在污水渠道、泵房集水井的进口处或污水处理厂的端部，用以截留较大的悬浮物和漂浮物，按形状，可分为平面格栅和曲面格栅两种，平面格栅的表示方法有 PGA—B×L—e。

其中 PGA 为平面格栅 A 型，B 为格栅宽度，L 为格栅长度，e 为间隙净宽。

清单工程量计算见表 2-27。

清单工程量计算表　　表 2-27

项目编码	项目名称	项目特征描述	计量单位	工程量
040602002001	格栅除污机	平面格栅 A 型	台	3

(2) 定额工程量

格栅除污机——3 台 {定额编号：6-1029；项目名称：格栅除污机}

项目编码：030109007　项目名称：螺杆泵

【例 24】 近十几年来，国内、外在污泥回流系统中，比较广泛采用螺旋泵，它是由泵轴、螺旋叶片、上、下支座、导槽、挡水板和驱动装置组成，如图 2-23 所示为一回流泵房简图，试计算其工程量。

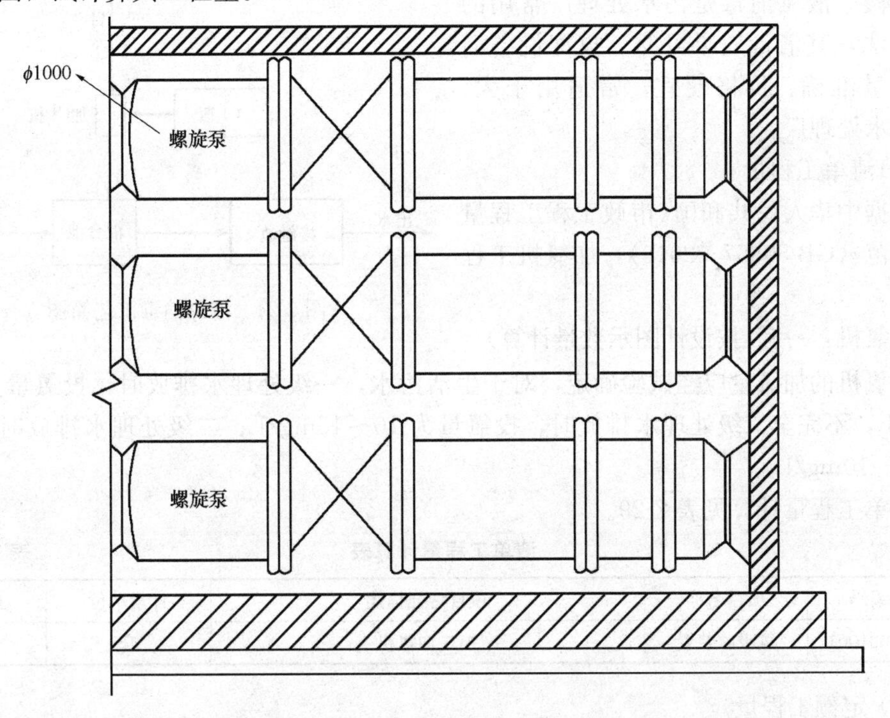

图 2-23　某回流泵房简图

【解】 螺旋泵是指依靠中轴上叶轮的转动来吸水及出水的一种水泵、扬程高、流量大。现计算其工程量。

(1)清单工程量

根据中华人民共和国《通用安装工程工程量计算规范》(GB 50856—2013)、螺旋泵工程量计算如下：

螺旋泵：3 台 $\phi 1000$ 螺旋泵

清单工程量计算见表 2-28。

清单工程量计算表　　表 2-28

项目编码	项目名称	项目特征描述	计量单位	工程量
030109007001	螺杆泵	$\phi 1000$	台	3

(2) 螺旋泵具有以下特征

1) 效率高、稳定，即使进泥量有所变化，仍能保持较高的效率。

2) 能够直接安装在曝气池与二次沉淀池之间，不必另设污泥井及其他附属设备。

3) 不因污泥而堵塞，维护方便，节省能源。

4) 转速较慢，不会打碎活性污泥等凝体。

项目编码：040602021　项目名称：氯吸收装置

【例 25】 城市污水经二级处理后，水质已经改善，细菌含量也大幅度减少，但细菌的绝对值仍然比较可观，并存在有病原菌的可能。因此在排放水体前或在农田灌溉时，应进行消毒处理。常用的消毒方法有液氯、臭氧、次氯酸钠、紫外线消毒等，如图 2-24 所示是液氯消毒工艺简图，计算其工程量。

【解】 液氯消毒是污水处理厂常用的消毒方法，其消毒效果可靠、投配设备简单、投量准确、价格便宜，常适用于大、中型污水处理厂。

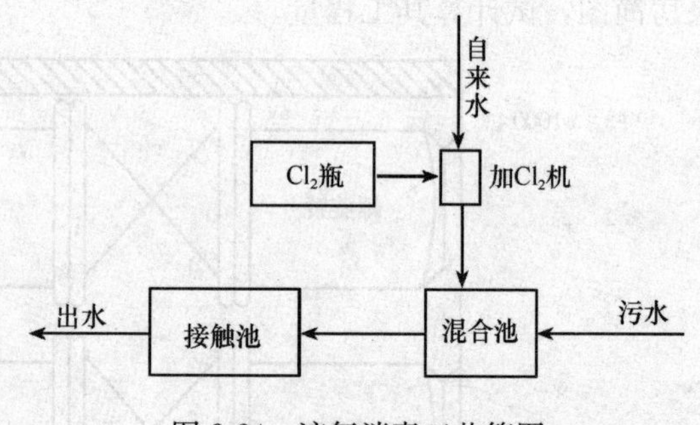

图 2-24　液氯消毒工艺简图

(1)清单工程量

根据中华人民共和国《市政工程工程量计算规范》(GB 50857—2013)，加氯机工程量计算。

加氯机：一套(按设计图示数量计算)

加氯机的加氯量应经试验确定，对于生活污水，一级处理水排放时，投氯量为 20～30mg/L，不完全二级处理水排放时，投氯量为 10～15mg/L；二级处理水排放时，投氯量为 5～10mg/L。

清单工程量计算见表 2-29。

清单工程量计算表　　**表 2-29**

项目编码	项目名称	项目特征描述	计量单位	工程量
040602021001	氯吸收装置	柜式加氯机	套	1

(2) 定额工程量

根据全国统一市政工程预算定额，第六册，排水工程(1999)，加氯机工程量。

柜式加氯机：1 套

定额编号：6-1043；项目名称：加氯机

项目编码：040602022　项目名称：水射器

【例 26】 在给水工程中，常采用水射器投加的方法加入混凝剂，如图 2-25 所示为水射器投加混凝剂简图。计算其工程量。

【解】 水射器投加是利用高压水通过水射器喷嘴和喉管之间真空抽吸作用将药液吸入，同时随水的余压注入原水管中，这种投加方式设备简单，使用方便，溶液池高度不受太大限制，但水射器效率低，易磨损。

(1)清单工程量

根据中华人民共和国《市政工程工程量计算规范》(GB 50857—2013)水射器工程量

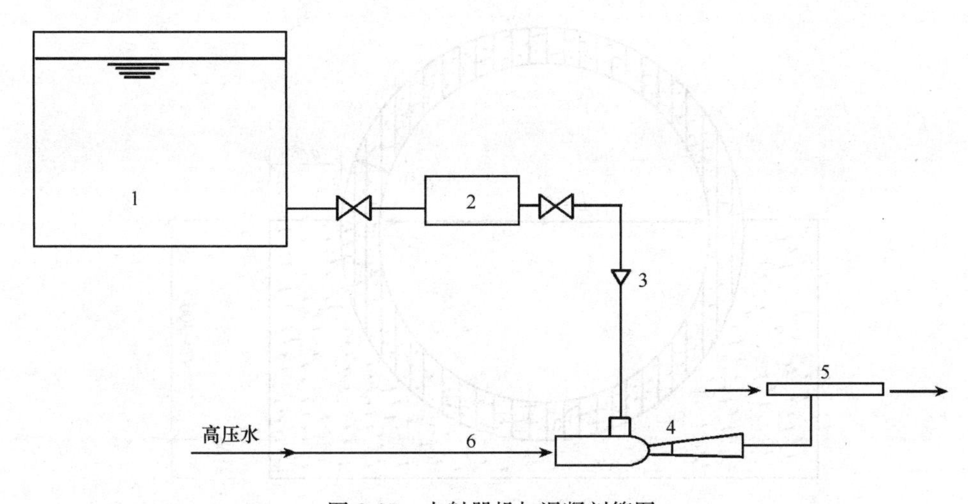

图 2-25 水射器投加混凝剂简图

1—溶液池；2—投药箱；3—漏斗；4—水射器(DN40)；5—压水管；6—高压水管

计算。

DN40 水射器：1 个(按设计图示数量计算)

清单工程量计算见表 2-30。

清单工程量计算表 **表 2-30**

项目编码	项目名称	项目特征描述	计量单位	工程量
040602022001	水射器	DN40	个	1

(2) 定额工程量

根据全国统一市政工程预算定额：第六册排水工程(1999)，水射器工程量。

DN40 水射器：1 个

(定额编号：6-1047；项目名称：水射器)

项目编码：040501001 项目名称：混凝土管

【例 27】 在某街道新建排水工程中，其污水管是采用钢筋混凝土管，使用 180°混凝土基础，计算尺寸如图 2-26 所示，试计算混凝土管道铺设工程量。

【解】 图中：管径 D=500mm，管壁厚 t 为 50mm，管肩宽 a 为 80mm，管基厚 C_1 为 100mm，C_2 为 300mm，管道防腐为 100m。

(1)清单工程量

管道防腐为 100m，水泥砂浆接口(180°)，每段 2m，$\left(\frac{100}{2}-1\right)$个=49 个

则混凝土管道铺设工程量为 100m。

清单工程量计算见表 2-31。

清单工程量计算表 **表 2-31**

项目编码	项目名称	项目特征描述	计量单位	工程量
040501001001	混凝土管	水泥砂浆接口(180°)，DN500	m	100.00

(2)定额工程量

平接(企口)式管道基础(180°)：100m/100=1.00(100m)

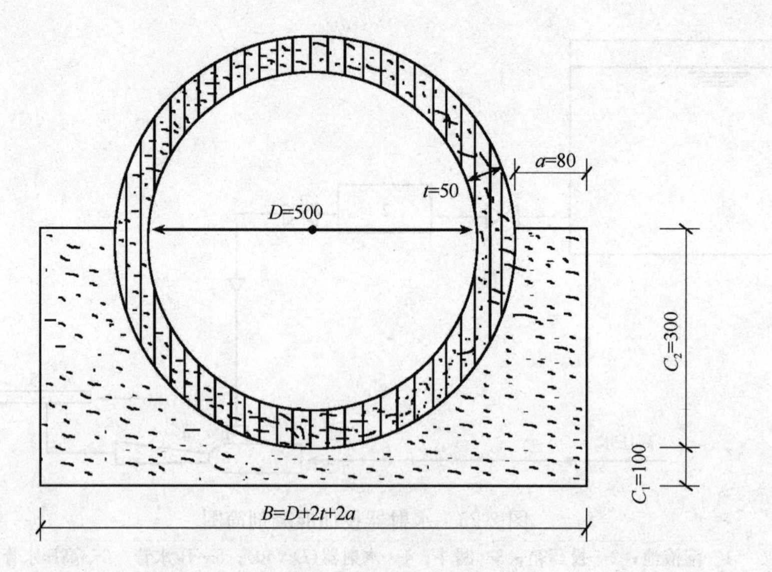

图 2-26 管基断面

定额编号：6-20；项目名称：平接(企口)式管道基础

管道铺设平接(企口)式：100m/100＝1.00(100m)

定额编号：6-54；项目名称：管道铺设平接(企口)式

水泥砂浆接口：$\left(\frac{100}{2}-1\right)$个/10＝4.9(10 个口)

定额编号：6-125；项目名称：水泥砂浆接口(180°管基)

本题中清单工程量是根据中华人民共和国《市政工程工程量计算规范》(GB 50857—2013) 计算；定额工程量是根据全国统一市政工程预算定额：第六册排水工程(1999)计算，均为国家标准!

项目编码：040504009 项目名称：雨水口

【例 28】 在某街道路新建排水工程中，其雨水进水井采用了单平箅(680×380)雨水进水井，井深 1.0m 具体尺寸如图 2-27 所示，试计算其主要工程量。

【解】 雨水井是雨水管道上或合流制管道上收集雨水的构筑物，通过连接管流入雨水管道或合流制管道中去，雨水井的设置，应保证能迅速收集雨水，常设置在交叉路口，路侧边沟及道路低洼的地方。根据中华人民共和国《市政工程工程量计算规范》(GB 50857—2013)，应按图示数量计算。

(1)清单工程量

单平箅(680×380)雨水进水井：1 座

其中：

1) 混凝土浇筑：

①C10 混凝土基础：1.26×0.96×0.1m^3＝0.12m^3

②C10 豆石混凝土：0.68×0.38×0.05m^3＝0.013m^3

2) 砌筑工程量：

M10 水泥砂浆砌砖

$$(0.68+2\times0.24+0.38)\times2\times0.24\times(1+0.05-0.12)\text{m}^3=0.69\text{m}^3$$

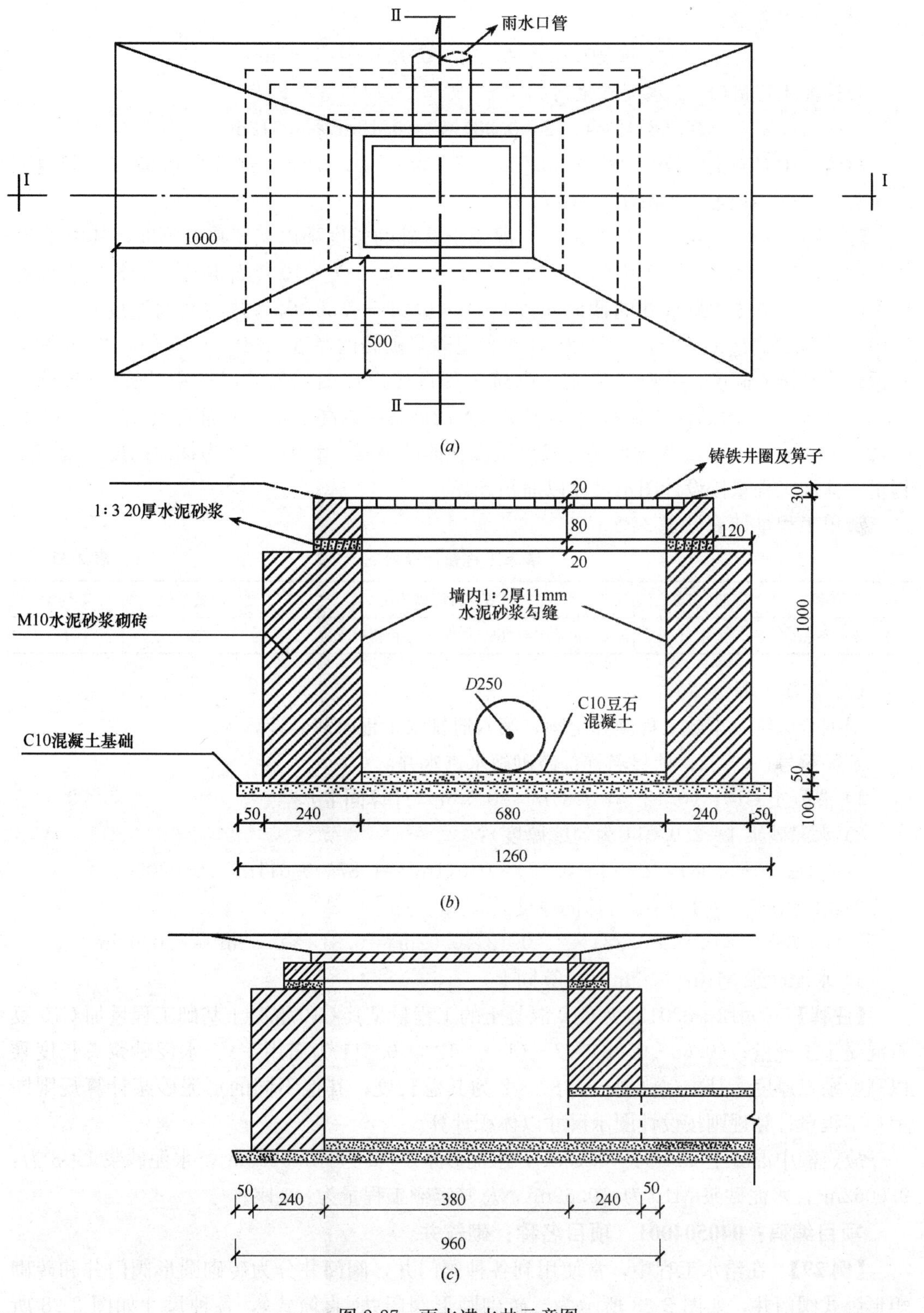

图 2-27 雨水进水井示意图

(a)平面图；(b)Ⅰ—Ⅰ剖面图；(c)Ⅱ—Ⅱ剖面

3)勾缝工程量：

$$(0.68+0.38)\times2\times(1-0.12)m^2=1.87m^2$$

4)抹面工程量(1∶3 水泥砂浆)：

$$(0.68+2\times0.12+0.38)\times2\times0.12m^2=0.312m^2$$

故清单中混凝土浇筑：$(0.12+0.013)m^3=0.13m^3$；砌筑工程量为 $0.69m^3$；勾缝工程量为$1.87m^2$；抹面工程量为 $0.31m^2$。

【注释】 1.26×0.96×0.1 为 C10 混凝土基础的长度乘以宽度乘以厚度，其中 1.26 为长度，0.96 为宽度，0.1 为厚度；0.68×0.38×0.05 为 C10 豆石混凝土的长度乘以宽度乘以厚度；(0.68(雨水井的截面长度)＋2×0.24＋0.38(雨水井的截面宽度))×2 为 M10 水泥砂浆砌砖的周长，0.24 为 M10 水泥砂浆砌砖的厚度，(1＋0.05－0.12)为 M10 水泥砂浆砌砖的高度；混凝土浇筑、砌筑工程量按设计图示尺寸以体积计算。(0.68＋0.38)×2×(1－0.12)(内墙的高度)为内墙壁 的周长乘以高度是其侧面面积；(0.68＋2×0.12＋0.38)×2×0.12 为抹面的总长度乘以抹面的高度，其中 0.12 为抹面高度；勾缝工程量、抹面工程量按设计图示尺寸以面积计算。

清单工程量计算见表 2-32。

清单工程量计算表 **表 2-32**

项目编码	项目名称	项目特征描述	计量单位	工程量
040504009001	雨水口	单平箅(680×380)，井深 1.0m	座	1

(2) 定额工程量

根据全国统一市政工程预算定额，第六册排水工程(1999)计算。

定额编号：6-532；项目名称：砖砌雨水进水井

1) 混凝土 C10：$(0.12+0.013)m^3=0.13m^3$(计算同上)

2) 水泥砂浆 1∶2(0.011 为勾缝厚度)：

$$(0.68+0.38)\times2\times(1-0.12)\times0.011m^3=1.87\times0.011m^3=0.0206m^3$$

3) 水泥砂浆 1∶3(0.02 为抹面厚度)：

$$(0.68+2\times0.12+0.38)\times2\times0.12\times0.02m^3=0.312\times0.02m^3=0.0062m^3$$

4) 水泥砂浆 M10：$0.69m^3$(计算同上)

【注释】 (0.12＋0.013)为 C10 混凝土的工程量是其 C10 混凝土基础工程量加 C10 豆石混凝土工程量；(0.68＋0.38)×2×(1－0.12)×0.011 为需用 1∶2 水泥砂浆总长度乘以高度乘以厚度，其中(0.68＋0.38)×2 为其总长度；其他不同的水泥砂浆计算规则同上；工程量计算规则按设计图示尺寸以体积计算。

故定额中混凝土 C10 为：$0.13m^3$；水泥砂浆 1∶2 为：$0.0206m^3$，水泥砂浆 1∶3 为：$0.0062m^3$；水泥砂浆 M10 为：$0.69m^3$，总其定额工程量为：1 座。

项目编码：040504001 项目名称：砌筑井

【例 29】 在给水工程中，常使用到各种阀门井，阀门井分为砖砌圆形阀门井和砖砌矩形卧式阀门井，如图 2-28 所示为一砖砌圆形阀门井(直筒式)，各种尺寸如图 2-28 所示，试计算其主要工程量。

【解】 (1)清单工程量

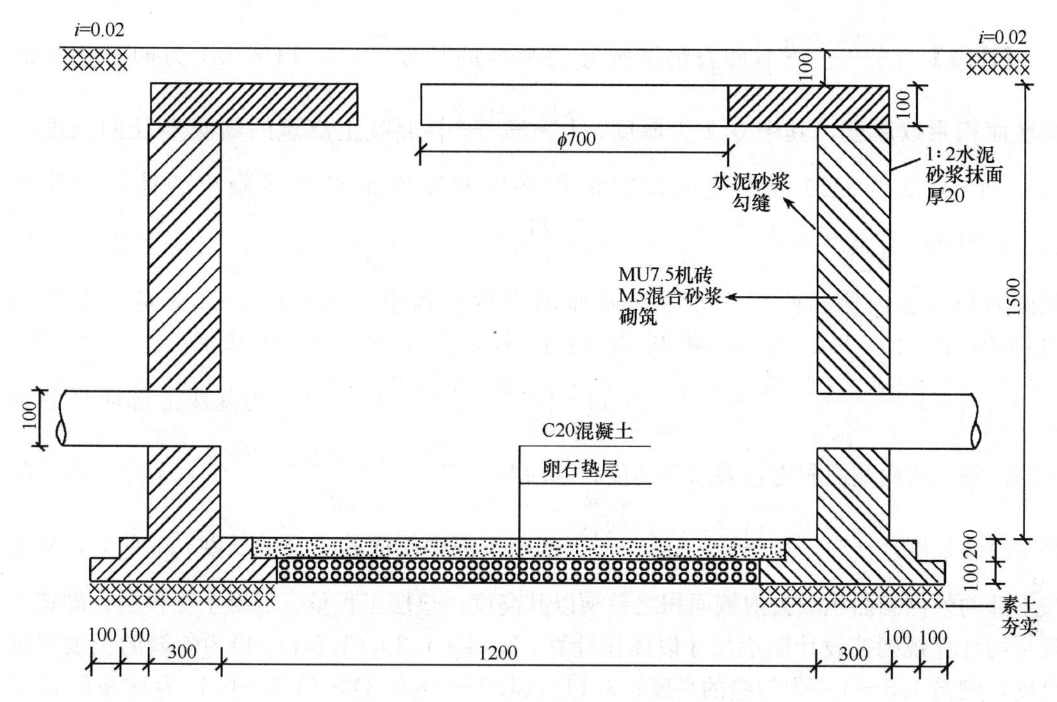

图 2-28　阀门井剖面图

砌筑井：1 座

其中：1)垫层铺筑(卵石垫层)：

$$\left(\frac{1.2-0.4}{2}\right)^2\times3.14\times0.1\text{m}^3=0.05024\text{m}^3$$

2)混凝土浇筑(C20 混凝土)：

$$\left(\frac{1.2-0.2}{2}\right)^2\times3.14\times0.2\text{m}^3=0.157\text{m}^3$$

3)砌筑(MU7.5 机砖 M5 混合砂浆砌筑)：

基座上：$\left\{\left[\left(\frac{1.2+0.3\times2}{2}\right)^2\times3.14-\left(\frac{1.2}{2}\right)^2\times3.14\right]\times(1.5-0.1)\right\}\text{m}^3=1.98\text{m}^3$

基座：$\left\{\left[3.14\times\left(\frac{1.2+0.3\times2+0.1\times2}{2}\right)^2-3.14\times\left(\frac{1.2-0.1\times2}{2}\right)^2\right]\times0.2\right.$

$\left.+\left[3.14\times\left(\frac{1.2+0.2\times2+0.3\times2}{2}\right)^2-3.14\times\left(\frac{1.2-0.2\times2}{2}\right)^2\right]\times0.1\right\}\text{m}^3$

$=0.8007\text{m}^3$

故砌筑工程量为：$(1.98+0.8007)\text{m}^3=2.78\text{m}^3$

4) 勾缝(水泥砂浆勾缝)：

$$3.14\times1.2\times(1.5-0.1)\text{m}^2=5.2752\text{m}^2$$

5)抹面(1∶2 水泥砂浆抹面)：

$$3.14\times(1.2+2\times0.3)\times(1.5-0.1)\text{m}^2=7.9128\text{m}^2$$

以上工程量是根据中华人民共和国《市政工程工程量计算规范》(GB 50857—2013)计算。

【注释】 $\left(\frac{1.2-0.4}{2}\right)$（卵石垫层圆底的半径的长度）$^2\times3.14\times0.1$ 为卵石垫层的圆底面积乘以厚度，其中 0.1 为厚度；$\left(\frac{1.2-0.2}{2}\right)$（混凝土浇筑的圆底半径的长度）$^2\times3.14\times0.2$ 为 C20 混凝土的圆底面积乘以其厚度是 C20 混凝土的体积，其中 0.2 为厚度；$\left\{\left[\left(\frac{1.2+0.3\times2}{2}\right)^2\times3.14-\left(\frac{1.2}{2}\right)^2\times3.14\right]\times(1.5-0.1)\right\}$为基座上的外侧圆面积减去内侧圆面积之差乘以基座的高度；其中 1.2＋0.3×2 为基座上外侧边圆的直径，1.2 为内侧圆壁的直径，1.5－0.1 为基座上的高度；$\left[3.14\times\left(\frac{1.2+0.3\times2+0.1\times2}{2}\right)^2-3.14\times\left(\frac{1.2-0.1\times2}{2}\right)^2\right]\times0.2$ 为基座上部阶梯的外侧圆面积减去内侧面积之差乘以其高度；$[3.14\times\left(\frac{1.2+0.2\times2+0.3\times2}{2}\right)$（基座下部外侧圆半径的长度）$^2-3.14\times\frac{(1.2-0.2\times2)^2}{2}$（基座下部内侧面的半径的长度）$]\times0.1$ 为基座最下部的外侧圆面积减去内侧面积之差乘以其高度；垫层工程量、混凝土工程量、砌筑工程量均计算规则按设计图示尺寸以体积计算。3.14×1.2×(1.5－0.1)为勾缝的长度乘以高度，砌筑 1.5－0.1 为勾缝的高度；3.14×(1.2＋2×0.3)×(1.5－0.1)为抹面的长度乘以高度，3.14×(1.2＋2×0.3)为抹面的总长度；工程量按设计图示尺寸以侧面积计算。

清单工程量计算见表 2-33。

清单工程量计算表 表 2-33

项目编码	项目名称	项目特征描述	计量单位	工程量
040504001001	砌筑井	圆形阀门井(直筒式)	座	1

(2) 定额工程量

定额编号：5-380 项目名称：砖砌圆形阀门井(直筒式)

其工程量为：1 座

其中：1)C20 混凝土：0.157m^3(计算同上)

2) MU7.5 机砖、M5 混合砂浆砌筑：2.78m^3(计算同上)

3) 卵石垫层：0.05024m^3(计算同上)

以上工程是根据全国统一市政工程预算定额：第五册，给水工程(1999)计算。

项目编码：040601006 项目名称：现浇混凝土池底

【例 30】 在排水工程中，常用到各种池底，其中现浇钢筋混凝土架空式池底是较为常见的一种，如图 2-29 所示为此种池底的示意图，各种尺寸如图 2-29 所示，计算其工程量(池底尺寸 30m×30m)。

【解】 (1)清单工程量

根据中华人民共和国《市政工程工程量计算规范》(GB 50857—2013)计算。此应按图示尺寸以体积计算。

垫层铺筑：(30.5＋2×0.1)×0.1×(30.5＋2×0.1)m^3＝94.25m^3

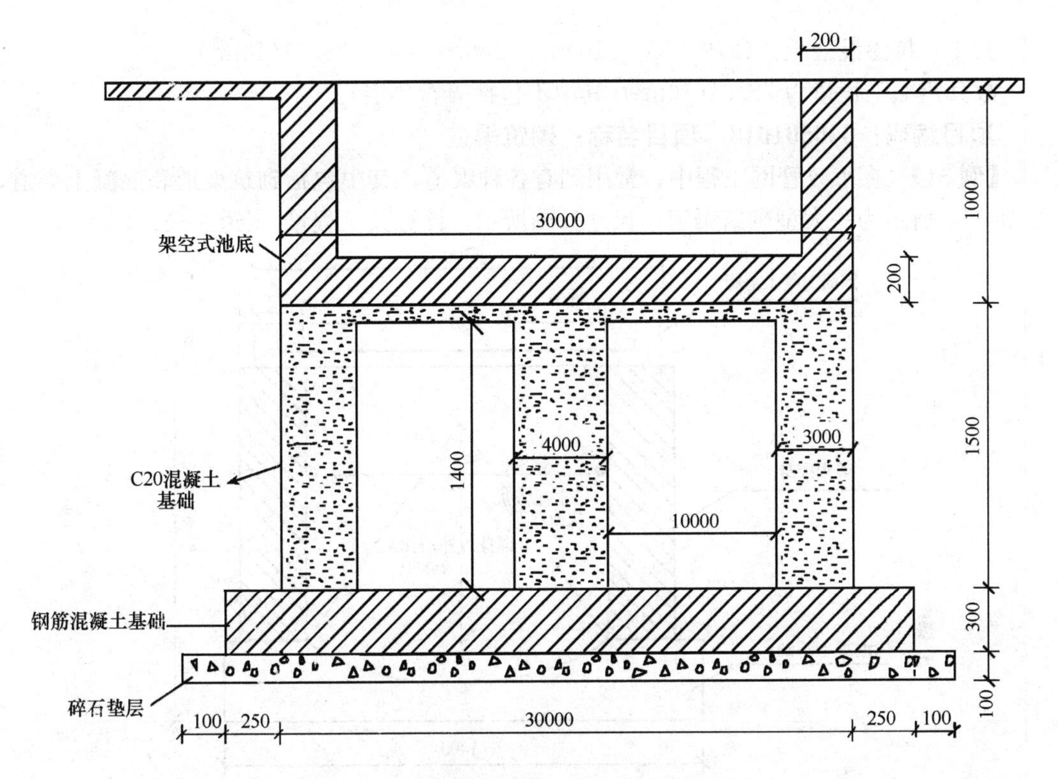

图 2-29 现浇钢筋混凝土架空式池底剖面图

混凝土浇筑：

1）钢筋混凝土基础：

$$30.5\times30.5\times0.3\text{m}^3=279.08\text{m}^3$$

2）C20 混凝土基础：

$$(30\times1.5-10\times1.4\times2)\times30\text{m}^3=510\text{m}^3$$

混凝土浇筑工程量：$(279.08+510)\text{m}^3=789.08\text{m}^3$

【注释】 30.5×30.5(基础底的截面尺寸)×0.3 为钢筋混凝土基础的长度乘以宽度乘以厚度，其中 0.3 为厚度；(30×1.5－10×1.4×2)×30 为 C20 混凝土基础的外侧尺寸的大截面积减去内侧两个小矩形截面积之差乘以基础的宽度，其中 30×1.5 为基础的外侧尺寸的大截面积，10×1.4×2 为内侧两个小矩形截面积；工程量计算规则按设计图示尺寸以体积计算。

清单工程量计算见表 2-34。

清单工程量计算表 表 2-34

序号	项目编码	项目名称	项目特征描述	计量单位	工程量
1	040601006001	现浇混凝土池底	钢筋混凝土基础	m^3	279.08
2	040601006002	现浇混凝土池底	C20 混凝土基础	m^3	510.00

(2) 定额工程量

定额编号：6-894；项目名称：架空式池底

根据全国统一市政工程预算定额，第六册，排水工程(1999)计算，计量单位：10m^3

其中，抗渗混凝土：$(279.075+510)\text{m}^3=789.075\text{m}^3=78.91(10\text{m}^3)$

故其定额工程量为78.91(10m^3)(其中不包括碎石垫层)。

项目编码：040501018　项目名称：砌筑渠道

【例31】 在市政管网工程中，常用到有各种渠道，其中包括砌筑渠道和混凝土渠道，如图2-30所示为一大型砌筑渠道，尺寸如图所示，计算其工程量(渠道总长：100m)。

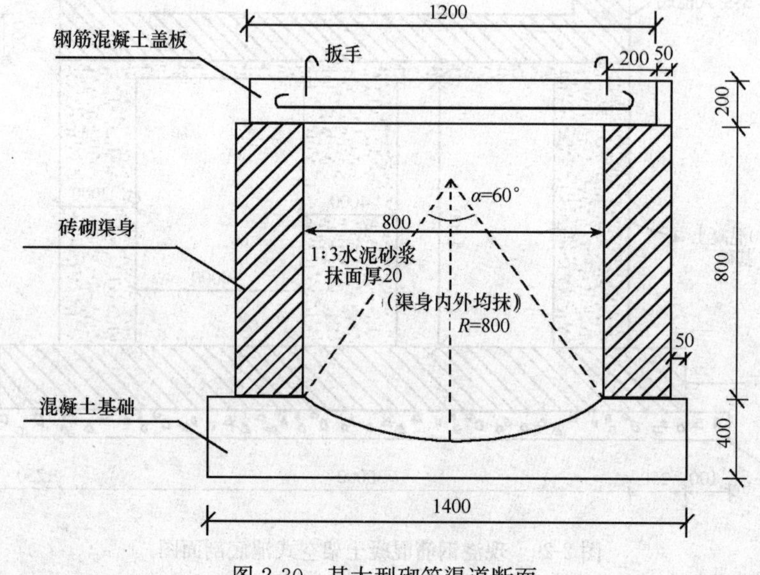

图2-30　某大型砌筑渠道断面

【解】 砌筑渠道采用的材料有砖、石、陶土块、混凝土块、钢筋混凝土块等，施工材料的选择，应根据当地的供应情况，就地取材，大型排水渠道常由渠顶、渠底和基础以及渠身构成。由图2-30计算工程量。

(1)清单工程量

根据中华人民共和国《市政工程工程量计算规范》(GB 50857—2013)，应按设计图示尺寸以延长米计算。

则砌筑渠道工程量：100m

其中：1)渠道基础：

$$\left[1.4\times0.4-\left(\frac{1}{2}\times0.8^2\times\frac{\pi}{3}-\frac{\sqrt{3}}{4}\times0.8^2\right)\right]\times100\text{m}^3=50.22\text{m}^3$$

其中$\left(\frac{1}{2}\times0.8^2\times\frac{\pi}{3}-\frac{\sqrt{3}}{4}\times0.8^2\right)$为弓形面积

2) 墙身砌筑：$0.8\times0.25\times100\times2\text{m}^3=40\text{m}^3$

3)盖板预制：$1.2\times0.2\times100\text{m}^3=24\text{m}^3$

4) 抹面：$0.8\times100\times4\text{m}^2=320\text{m}^2$

5)防腐：100m

【注释】 $\left[1.4\times0.4-\left(\frac{1}{2}\times0.8^2\times\frac{\pi}{3}-\frac{\sqrt{3}}{4}\times0.8^2\right)\right]\times100$ 为混凝土基础的截面积乘以渠道的总长度，其中1.4×0.4为渠道基础的宽度乘以基础的高度；$\frac{1}{2}\times0.8^2\times\frac{\pi}{3}$为中

间部分扇形的面积、0.8 为扇形的半径，$\frac{\sqrt{3}}{4}\times0.8^2$ 为扇形中三角形的面积；0.8×0.25×100×2 为两个墙身的高度乘以厚度乘以渠道的总长度，其中 0.25 为墙身的厚度；1.2×0.2×100 为盖板预制的长度乘以厚度乘以渠道的总长度；本例中前三项工程量计算规则按设计图示尺寸以体积计算。0.8×100×4 为两个墙身内外共四个面抹面的长度乘以渠道的总长度；抹面工程量按设计图示尺寸以面积计算。100 为渠道的长度，防腐工程量按设计图示尺寸以长度计算。

清单工程量计算见表 2-35。

清单工程量计算表　　表 2-35

项目编码	项目名称	项目特征描述	计量单位	工程量
040501018001	砌筑渠道	砖砌，混凝土渠道	m	100

(2) 定额工程量

1) 负拱基础：50.22m^3/10＝5.02($10m^3$)　(计算同上)

定额编号：6-613

2) 墙身砌筑：40m^3/10＝4.0($10m^3$)(计算同上)

定额编号：6-618

3) 抹灰：320m^2/100＝3.2($100m^2$)(计算同上)

定额编号：6-632

4) 渠道盖板：24m^3/10＝2.4($10m^3$)(计算同上)

定额编号：6-666

此是根据全国统一市政工程预算定额，第六册，排水工程(1999)计算得。

项目编码：040601007　项目名称：现浇混凝土池壁(隔墙)

【例 32】 在某排水工程中，常用到水池，如图 2-31 所示为一现浇混凝土池壁的水池(有隔墙)，尺寸如图 2-31 所示，计算其工程量(图中尺寸：mm)。

【解】 池壁指池内构筑物的内墙壁，具有不同的形状，不同类型，根据不同作用的池类，池壁制作样式也有不同，现根据图示计算工程量。

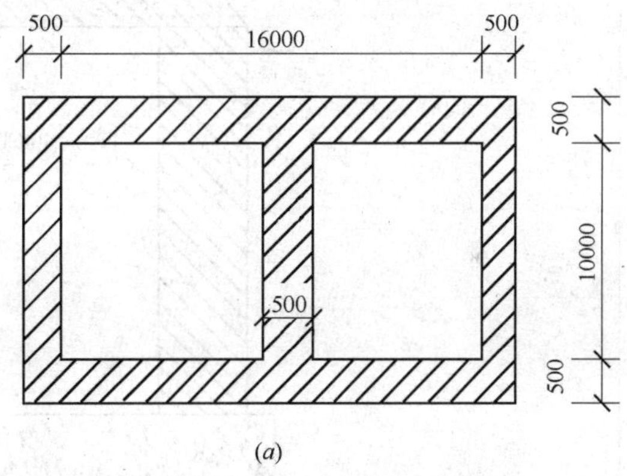

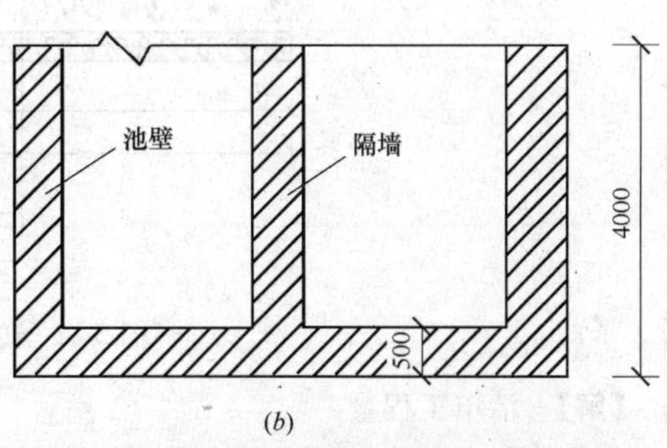

图 2-31　现浇混凝土池壁的水池示意图
(a)水池平面图；(b)水池剖面图

(1)清单工程量

混凝土浇筑：[(16＋0.5×2)×10.1×4－(16－0.5)×10×(4.0－0.5)]m^3＝144.30m^3

【注释】 (16＋0.5×2)×10.1×4 为现浇混凝土水池的外尺寸面积乘以水池的高度，

其中(16＋0.5×2) 为水池长度，10.1 为水池的宽度；(16－0.5)×10×(4.0－0.5)为内侧水池最大的容积，(16－0.5)为水池内壁的总长度，(4.0－0.5)为水池内的高度，10 为水池内的宽度；工程量计算规则按设计图示尺寸以体积计算。

清单工程量计算见表 2-36。

清单工程量计算表 **表 2-36**

项目编码	项目名称	项目特征描述	计量单位	工程量
040601007001	现浇混凝土池壁(隔墙)	水池，现浇混凝土	m^3	144.30

(2)定额工程量

定额编号：6-900；项目名称：池壁(隔墙)

混凝土：$144.30m^3/10=14.43(10m^3)$

此是根据全国统一市政工程预算定额，第六册，排水工程(1999)计算。

项目编码：040501016　项目名称：砌筑方沟

【例 33】 如图为某砖筑管道方沟示意图，尺寸如图 2-32 所示，计算其工程量(管道沟长 100m)。

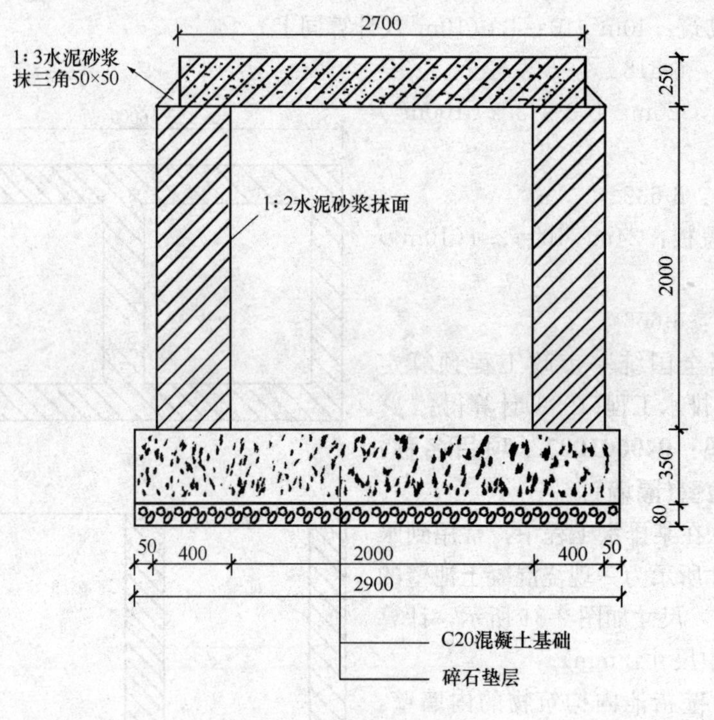

图 2-32　砖沟结构图

【解】 清单工程量

根据中华人民共和国国家标准《市政工程工程量计算规范》(GB 50857—2013)，管道方沟工程量应按图示尺寸以延长米计算，现计算如下：

管道方沟总长 100m

垫层铺筑(碎石垫层)：$2.9\times0.08\times100m^3=23.20m^3$

方沟基础(C20 混凝土基础)：$2.9\times0.35\times100m^3=101.50m^3$

墙身砌筑：0.4×2×100×2m³＝160.00m³

盖板预制(钢筋混凝土盖)：2.7×0.25×100m³＝67.50m³

1∶3 水泥砂浆抹三角：$\frac{1}{2}$×0.05×0.05×100×2m³＝0.25m³

1∶2 水泥砂浆抹面：2×100×2m²＝400.00m²

【注释】 2.9(垫层的宽度)×0.08(垫层的厚度)×100 为碎石垫层的截面面积乘以管道的总长度；2.9×0.35×100 为基础的长度乘以厚度乘以管道的总长度，其中 0.35 为基础的厚度；0.4(墙身的厚度)×2×100×2 为两个墙身的厚度乘以高度乘以管道的总长度；2.7×0.25×100 为盖板的长度乘以厚度乘以管道的总长度，其中 0.25 为盖板的厚度；$\frac{1}{2}$×0.05×0.05(抹三角的三角形的截面尺寸)×100×2 为两个抹三角的三角形的面积乘以管道的长度；垫层、基础、预制盖板、抹三角工程量计算规则按设计图示尺寸以体积计算。2×100×2 为两个内侧抹面的长度乘以管道的总长度，其中 2 为抹面的长度；抹面工程量按设计图示尺寸以侧面积计算。

清单工程量计算见表 2-37。

清单工程量计算表　　　　表 2-37

项目编码	项目名称	项目特征描述	计量单位	工程量
040501016001	砌筑方沟	砖筑管道方沟，C20 混凝土基础，1∶2 水泥砂浆抹面	m	100

项目编码：040305001　项目名称：垫层

项目编码：040601006　项目名称：现浇混凝土池底

项目编码：040601007　项目名称：现浇混凝土池壁(隔墙)

【例 34】 如图 2-33 所示为给排水工程中给水排水构筑物现浇钢筋混凝土半地下室水池，试计算其工程量，构筑物尺寸如图所示(水池为圆形水池)。

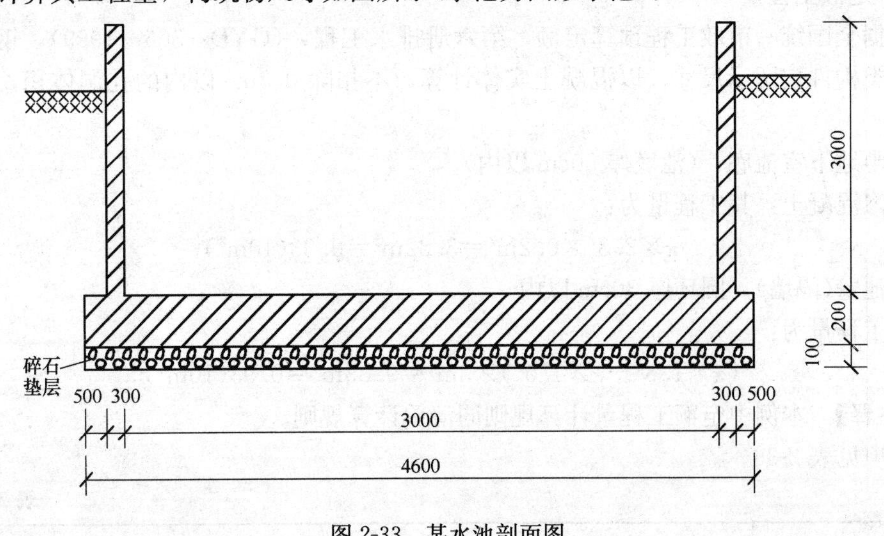

图 2-33　某水池剖面图

【解】 (1)清单工程量：

根据中华人民共和国国家标准《市政工程工程量计算规范》(GB 50857—2013)，现浇混凝土池底及池壁(隔墙)应按设计图示尺寸以体积计算。具体计算如下：

1）现浇混凝土池底：

垫层铺筑：由图示，垫层厚 0.1m，因为是一个圆柱，底边半径为$\frac{4.6}{2}$m=2.3m，则工程量为 $\pi\times2.3^2\times0.1m^3=1.66m^3$

混凝土浇筑：由图示，混凝土池底厚 0.2m，底面半径为 2.3m，则工程量为：$\pi\times2.3^2\times0.2m^3=3.32m^3$

2）现浇混凝土池壁(隔墙)：

由图示，池壁厚 0.3m，则内壁半径为$\frac{3}{2}$m=1.5m，外壁半径为$\left(\frac{3}{2}+0.3\right)$m=1.8m，则池壁工程量为

$$(\pi\times1.8^2-\pi\times1.5^2)\times3m^3=9.33m^3$$

此为半地下室水池，常用给排水工程中的蓄水池。

【注释】 $\pi\times2.3$(底面的半径的长度)$^2\times0.1$ 为垫层的底面积乘以垫层的厚度(0.1)，$\pi\times2.3^2\times0.2$ 为基础的底面积乘以基础的厚度(0.2)；$(\pi\times1.8^2-\pi\times1.5^2)\times3$ 为池的外壁圆面积减去内壁圆面积之差乘以池的高度；1.8 为池的外壁半径，1.5 为内壁半径；工程量计算规则按设计图示尺寸以体积计算。

列项见表 2-38。

表 2-38

序号	项目编码	项目名称	项目特征描述	单位	工程量
1	040305001001	垫层	碎石，厚度 0.1m	m^3	1.66
2	040601006001	现浇混凝土池底	圆形、钢筋混凝土	m^3	3.32
3	040601007001	现浇混凝土池壁(隔墙)	厚 300mm	m^3	9.33

(2)定额工程量

根据全国统一市政工程预算定额，第六册排水工程，(GYD—306—1999)，钢筋混凝土池各类构件按图示尺寸，以混凝土实体计算，不扣除 0.3m^2 以内的孔洞体积，现计算如下：

1)半地下室池底：(池底厚 50cm 以内)

抗渗混凝土：其工程量为：

$$\pi\times2.3^2\times0.2m^3=3.32m^3=0.33(10m^3)$$

2)池壁(隔墙)，圆环厚 30cm 以内

其工程量为：

$$(\pi\times1.8^2-\pi\times1.5^2)\times3m^3=9.33m^3=0.93(10m^3)$$

【注释】 本例中定额工程量计算规则同清单计算规则。

列项见表 2-39。

表 2-39

定额编号	项目名称	单位	数量
6-888	半地下室池底	$10m^3$	0.33
6-902	池壁(隔墙)	$10m^3$	0.93

项目编码：040305001　项目名称：垫层

项目编码：040601006　项目名称：现浇混凝土池底

项目编码：040601007　项目名称：现浇混凝土池壁(隔墙)

项目编码：040601010　项目名称：现浇混凝土池盖板

【例 35】 如图 2-34 所示，在某给水排水工程中，要建一带盖水池，(现浇钢筋混凝土)，尺寸如图 2-34 所示，计算其工程量。

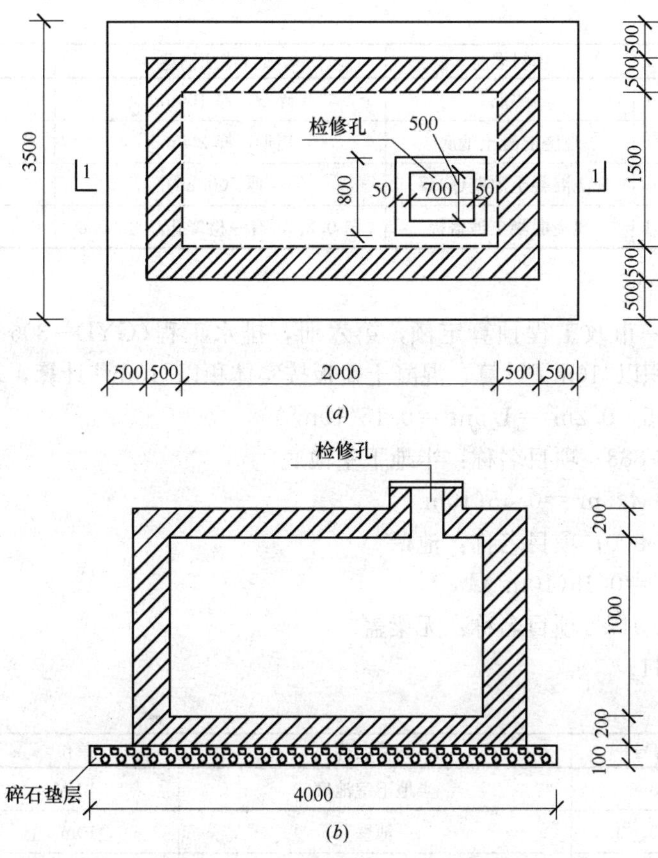

图 2-34　某现浇钢筋混凝土水池

(a)平面图；(b)1—1 剖面图

【解】 (1)清单工程量

根据中华人民共和国国家标准《市政工程工程量计算规范》(GB 50857—2013)计算，其具体工程量如下：

1）现浇混凝土池底：

垫层铺筑：碎石垫层长 4m，宽 3.5m，厚 0.1m

$$4\times3.5\times0.1\text{m}^3=1.40\text{m}^3$$

混凝土浇筑：池底混凝土长 3m，宽 2.5m，厚 0.2m

$$3\times2.5\times0.2\text{m}^3=1.50\text{m}^3$$

2）现浇混凝土池壁(隔墙)：

池壁厚 0.5m，高 1m，则

$$[(2+1)\times2+1.5\times2]\times1\times0.5\text{m}^3=4.50\text{m}^3$$

3）现浇钢筋混凝土池盖：

池盖厚 0.2m，长 3m，宽 2.5m，不扣除检修孔 0.8×0.8

$$3\times2.5\times0.2\text{m}^3=1.50\text{m}^3$$

【注释】 4×3.5×0.1 为垫层的长度乘以垫层的宽度乘以垫层的厚度；工程量计算规则按设计图示尺寸以体积计算。

列项见表 2-40。

表 2-40

序号	项目编码	项目名称	项目特征描述	单位	工程量
1	040305001001	垫层	碎石，厚 100mm	m^3	1.40
2	040601006001	现浇混凝土池底	矩形，厚 200mm	m^3	1.50
3	040601007001	现浇混凝土池壁(隔墙)	厚 500mm	m^3	4.50
4	040601010001	现浇混凝土池盖板	厚 0.2m，有一检修孔 0.8×0.8	m^3	1.50

（2）定额工程量

根据全国统一市政工程预算定额，第六册，排水工程（GYD—306—1999）；井渠垫层、基础按实体积以"$10m^3$"计算，混凝土盖板按实体积以"$10m^3$"计算，现计算如下：

池底：$3\times2.5\times0.2\text{m}^3=1.5\text{m}^3=0.15(10\text{m}^3)$

定额编号：6-888；项目名称：半地下室池底

池壁(隔墙)：$4.5\text{m}^3=0.45(10\text{m}^3)$

定额编号：6-900；项目名称：池壁

池盖：$1.5\text{m}^3=0.15(10\text{m}^3)$

定额编号：6-917　项目名称：无梁盖

列项见表 2-41。

表 2-41

序号	定额编号	项目名称	单位	数量
1	6-888	半地下室池底	$10m^3$	0.15
2	6-900	池壁	$10m^3$	0.45
3	6-917	无梁盖	$10m^3$	0.15

项目编码：040501018　项目名称：砌筑渠道

【例 36】 排水箱涵工程尺寸的初步确定。

已知某排水工程之部分箱涵截面净尺寸为 4m（宽）×2m（高），如图 2-35 所示，计算桩号从 0+011 到 0+269，排水干线上有 3 座直线井，每座井长 2m，试确定箱涵工程的计算长度。

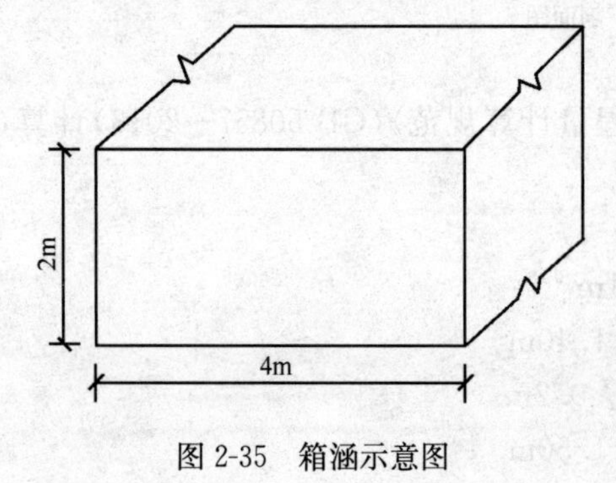

图 2-35　箱涵示意图

【解】 如图 2-36 所示，箱涵全长为(269－11)m＝258m，扣除直线井的总长度 2×3m＝6m，箱涵的计算长度为(258－6)m＝252m。

清单工程量计算见表 2-42。

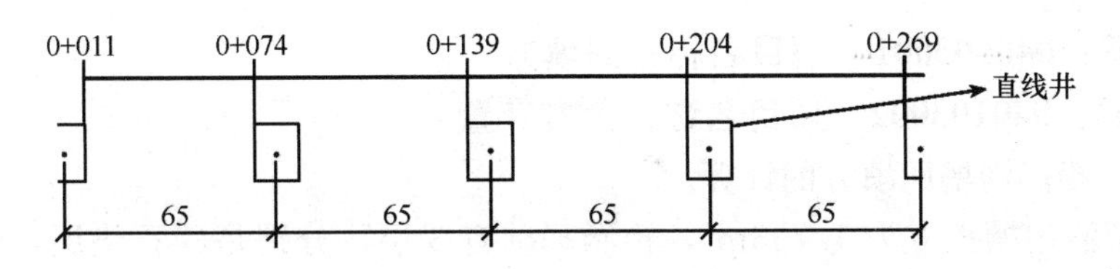

图 2-36　箱涵长度计算示意图

清单工程量计算表　　表 2-42

项目编码	项目名称	项目特征描述	计量单位	工程量
040501018001	砌筑渠道	箱涵截面尺寸为 4m(宽)×2m(高)	m	252.00

项目编码：040101002　项目名称：挖沟槽土方

【例 37】 人工挖箱涵沟槽土方的计算。

已知某箱涵沟槽总长 258m，平均挖深为4.5m，结构宽度为 5.2m，工作面宽度为 0.5m，边坡比为 1∶1，如图 2-37 所示，计算人工挖箱涵沟槽土方量。

【解】 (1)清单工程量

$258\times4.5\times5.2\text{m}^3=6037.2\text{m}^3$

按照《市政工程工程量计算规范》D.1 土石方工程中的计算规则，“底宽 7m 以内，底长大于底宽 3 倍以上应按沟槽计算。”本例题，底宽为 6.2m，底长为 258m，属于挖沟槽土方，工程量计算规则是：“按设计图示尺寸以基础垫层底面积乘以挖土深度计算，计量单位为 m³。故按照清单计价工程量为：$V=aHL=5.2\times4.5\times258\text{m}^3=6037.2\text{m}^3$

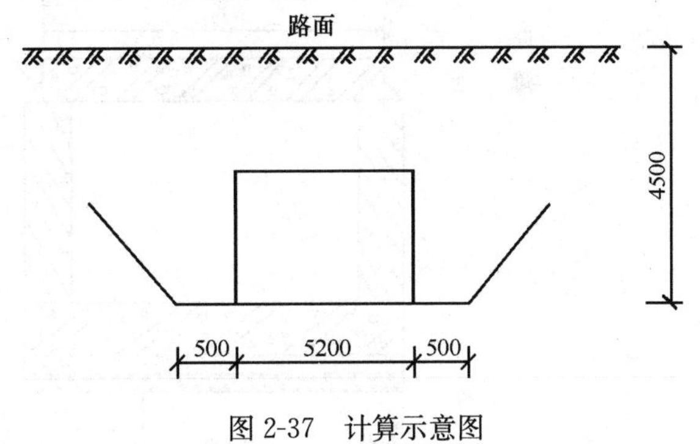

图 2-37　计算示意图

清单工程量计算见表 2-43。

清单工程量计算表　　表 2-43

项目编码	项目名称	项目特征描述	计量单位	工程量
040101002001	挖沟槽土方	人工挖箱涵沟槽土方，平均挖深为 4.5m	m³	6037.20

(2) 定额工程量

按照《全国统一市政工程预算定额》第一册通用项目(GYD—301—1999)第一章土石方工程的工程量计算规则，土方工程量按图纸尺寸计算，计量单位为 100m³。

$$
\begin{aligned}
V &=(a+2c+kH)\cdot H\cdot L\times1.025\\
&=(5.2+2\times0.5+1\times4.5)\times4.5\times258\times1.025\text{m}^3\\
&=12733.27\text{m}^3\\
&=127.33(100\text{m}^3)
\end{aligned}
$$

注：定额工程量按实际施工中的挖方计算，而清单工程量则是按设计图示尺寸以基础垫层底面积乘以挖土深度计算。而且两者的单位也不相同。

1.025 是自然方与密实方的体积换算系数。定额中土石方体积均以天然密实体积计算，回填土按碾压后的体积计算。

项目编码：040103001　项目名称：回填方

项目编码：040103002　项目名称：余方弃置

【例 38】 箱涵沟槽回填方的计算。

已知某箱涵沟槽挖方为 12733m³，箱涵基础有 3 层，分别是碎石垫层，素混凝土垫层，钢筋混凝土底板。箱涵主体是砖砌体，盖板是钢筋混凝土盖板，盖板与砖砌体连接处是水泥砂浆抹角，各部分尺寸如图 2-38 所示，计算沟槽回填方与弃方（沟槽总长 258m）。

【解】 沟槽回填方等于挖方减去基础，盖板等的体积，即：

$$V=[12733-(5.2\times0.08+5.2\times0.1+5.2\times0.3+4.6\times0.4+0.05\times0.05+0.6\times2\times2)\times258]/0.95\text{m}^3$$

$$=11573.13(\text{m}^3)$$

箱涵沟槽弃方：$(12733-11573.13)\text{m}^3=1159.87(\text{m}^3)$

其中，“0.95”为填土的密实度。

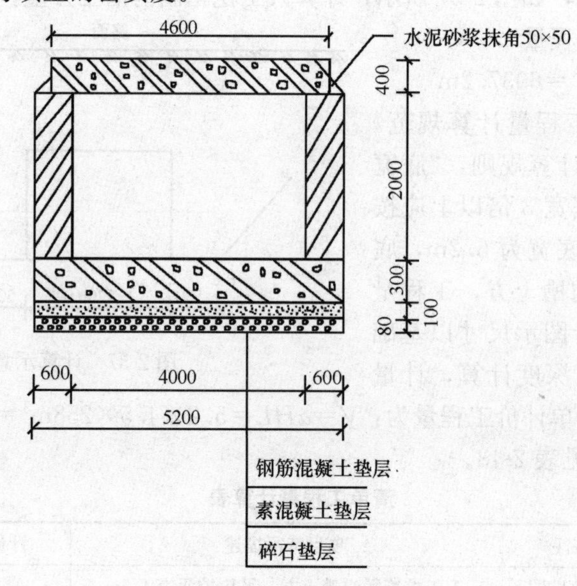

图 2-38　箱涵断面示意图

【注释】 5.2×0.08 为碎石垫层的长度乘以厚度(0.08)是其垫层的截面积，5.2×0.1 为素混凝土垫层的宽度乘以厚度，0.1 为厚度；5.2×0.3 为钢筋混凝土底板的长度乘以厚度；4.6×0.4 为盖板的长度乘以厚度；0.05×0.05 为抹三角的截尺寸，0.6×2×2 为两个墙身的高度乘以厚度；258 为沟槽的总长度；12733 为清单某箱涵沟槽挖方量；工程量计算规则按设计图示尺寸以体积计算。

清单工程量计算见表 2-44。

清单工程量计算表　　**表 2-44**

序号	项目编码	项目名称	项目特征描述	计量单位	工程量
1	040103001001	回填方	原土回填，填土的密实度	m³	11573.13
2	040103002001	余方弃置	余方弃置，就地弃土	m³	1159.87

项目编码：040303001　项目名称：混凝土垫层

项目编码：040305001　项目名称：垫层

【例 39】 垫层体积的计算。

已知某箱涵沟槽总长 258m，垫层分为两层，分别是碎石垫层和素混凝土垫层，尺寸如图 2-39 所示，排水干线上布置有直线井，扣除直线井长度，箱涵计算长度为 252m，计算各垫层的体积。

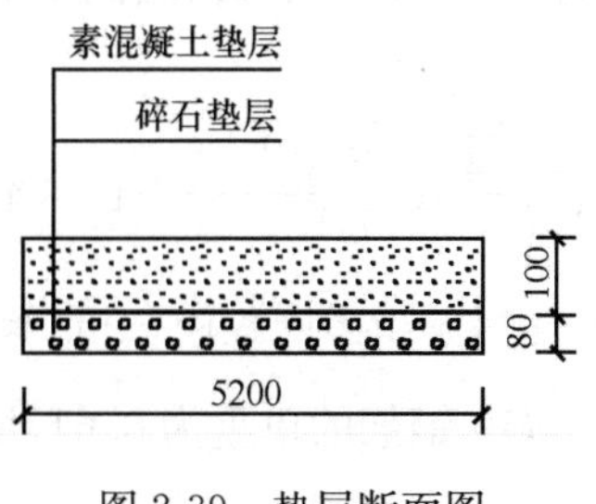

图 2-39　垫层断面图

【解】 注意：垫层的计算长度应取箱涵的计算长度 252m。而不是箱涵沟槽长度 258m，故垫层的体积为：

$V_{碎石}=5.2\times0.08\times252m^3=104.83m^3$

$V_{素混凝土垫层}=5.2\times0.1\times252m^3=131.04m^3$

【注释】 5.2×0.08×252 为碎石垫层的长度乘以厚度乘以 垫层中箱涵的计算长度，其中 .0.08 为垫层厚度；5.2×0.1×252(垫层的计算长度)为素混凝土的长度乘以厚度乘以垫层中箱涵的计算长度，其中 5.2 为垫层的长度，0.1 为垫层的厚度；工程量计算规则按设计图示尺寸以体积计算。

清单工程量计算见表 2-45。

清单工程量计算表　　表 2-45

项目编码	项目名称	项目特征描述	计量单位	工程量
040303001001	混凝土垫层	素混凝土垫层，厚度 100mm	m^3	131.04
040305001001	垫层	碎石，厚度 80mm	m^3	104.83

项目编码：040901001　项目名称：现浇构件钢筋

【例 40】 箱涵底板钢筋的质量计算。

某箱涵全长 252m，且通过了 3 个直线井。箱涵底板配筋有两种：通长布置钢筋(纵筋 $\phi10$)和延长布置 $\phi14$ 钢筋，钢筋规格及间距如图 2-40 所示，求钢筋工程量。

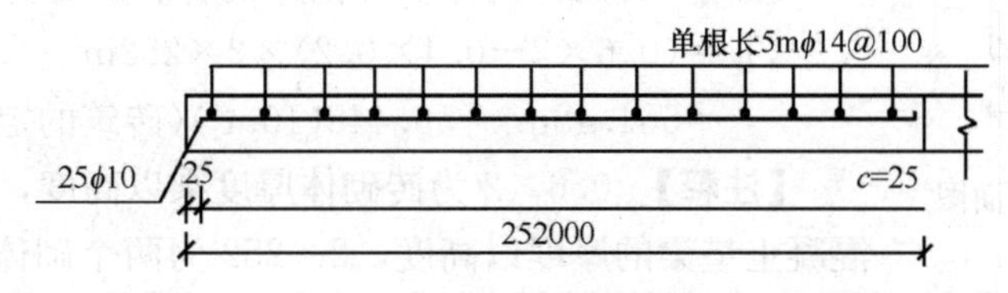

图 2-40　底板钢筋断面图

【解】 通长布置钢筋：纵筋

$\phi10$：$(252-0.025\times8)\times25\times0.617\times10^{-3}t=3.884t$

延长布置钢筋 $\phi14$ 单根长 5m，$\phi14$：$5.0\times\left(\dfrac{252-0.025\times8}{0.1}+4\right)\times14^2\times0.617\times10^{-2}$

$\times10^{-3}t=15.250t$

注：式中 0.025 为钢筋的保护层厚度；“8”指共有 8 个保护层，因为箱涵被分成了 4 段，每段两端有 2 个保护层；“0.617”指 $\phi10$ 钢筋的单重，单位为 kg/m。

$\phi14$ 钢筋的计算式中$\left(\dfrac{252-0.025\times8}{0.1}+4\right)$的来历：

箱涵被分成了 4 段，各段长为$\frac{252}{4}$m，每段的保护层长为 0.025×2m，每段中钢筋间距都为0.1m，则每段箱涵中的钢筋根数为：$\left(\frac{\frac{252}{4}-0.025\times2}{0.1}+1\right)$根；总 $\phi14$ 钢筋的根数为：$\left(\frac{\frac{252}{4}-0.025\times2}{0.1}+1\right)\times4$ 根$=\left(\frac{252-0.025\times8}{0.1}+4\right)$根

$[14^2\times0.617\times10^{-2}]$的来历：

$\phi10$ 钢筋的单重为 0.617kg/m，$\phi14$ 为其的$\frac{14^2}{10^2}$倍，故 $\phi14$ 钢筋的单重为 $14^2\times0.617\times10^{-2}$kg/m≈1.21kg/m。

【注释】 (252－0.025×8(八个保护层的厚度))×25×0.617 为 25 根直径为十的钢筋的长度乘以每米钢筋的重量，其中(252－0.025×8)为每根通长钢筋的长度，25 为根数；工程量计算规则按设计图示尺寸以质量计算。

清单工程量计算见表 2-46。

清单工程量计算表　　表 2-46

序号	项目编码	项目名称	项目特征描述	计量单位	工程量
1	040901001001	现浇构件钢筋	通长布置纵筋 $\phi10$	t	3.884
2	040901001002	现浇构件钢筋	延长布置纵筋 $\phi14$	t	15.250

项目编码：040305004　项目名称：砖砌体

【例 41】 箱涵砖砌体的计算。

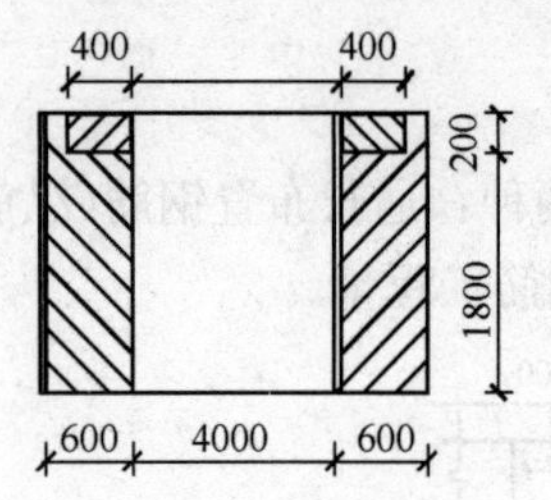

图 2-41　砖砌体断面图

已知某箱涵工程砖砌体中包含了两个通长布置的垫梁，砖砌体尺寸与钢筋混凝土垫梁的尺寸如图 2-41 所示，求砖砌体的体积。(箱涵计算长度为 252m)

【解】 砖砌体的体积应扣除钢筋混凝土垫梁的体积：

$V_{砖}=(0.6\times2-0.4\times0.2)\times2\times252\text{m}^3$

$=564.48\text{m}^3=56.448(10\text{m}^3)$(砖筑的定额计量单位)

【注释】 0.6×2 为砖砌体厚度乘以高度，0.4×0.2 为钢筋混凝土垫梁的厚度以高度，2×252 为两个砌体乘以箱涵计算长度；工程量计算规则按设计图示尺寸以体积计算。

清单工程量计算见表 2-47。

清单工程量计算表　　表 2-47

项目编码	项目名称	项目特征描述	计量单位	工程量
040305004001	砖砌体	砖砌体，箱涵渠道	m^3	564.48

注：砖砌体的体积包括了内外抹面，“2”指砖砌体和垫梁对称分布。

【例 42】 砖砌体中垫梁的工程量计算，砖砌体长 252m，通过了 3 个直线井，被分成了 4 段，已知砖砌体中 C20 钢筋混凝土垫梁的尺寸及钢筋断面示意图(如图 2-42 所示)，求垫梁及钢筋的工程量(垫梁计算长度为 252m)。

【解】 $\phi 8$ 钢筋的延长布置，单根钢筋的长度为：

(350×2+150×2)mm=1000mm

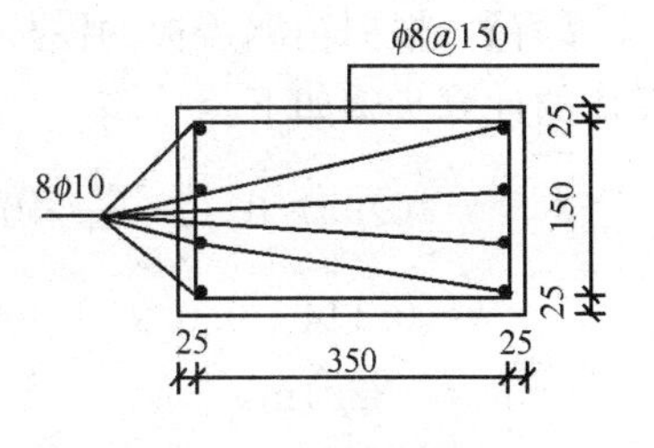

图 2-42　垫梁钢筋图

钢筋的根数为：$\left(\frac{252-0.025\times8}{0.15}+4\right)$根=1683 根

$\phi 8$ 的重量为：$1\times1683\times2\times8^2\times0.00617\times10^{-3}$ t =1.329t

$\phi 10$ 钢筋在单个垫梁中有 8 根，通长布置，长度为：(252−0.025×8)m=251.8m

$\phi 10$ 的重量为：$251.8\times8\times2\times0.617\times10^{-3}$ t=2.486t

垫梁体积为：$0.4\times0.2\times2\times252m^3=40.32m^3=4.032(10m^3)$

注：式中"2"指垫梁对称分布，"$8^2\times0.00617$"为 $\phi 8$ 钢筋的单重，单位为 kg/m。

【注释】 0.15 为箍筋的间距；251.8×8×2×0.617 为钢筋的长度乘以钢筋的根数乘以每米钢筋的理论重量，251.8 为钢筋长度，8 为钢筋的根数；0.617 为每米钢筋的理论重量；钢筋工程量按设计图示以质量计算。0.4×0.2×2×252 为垫层的宽度(0.4)乘以厚度(0.2)乘以垫梁计算长度，垫层工程量计算规则按设计图示尺寸以体积计算。

清单工程量计算见表 2-48。

清单工程量计算表　表 2-48

序号	项目编码	项目名称	项目特征描述	计量单位	工程量
1	040901001001	现浇构件钢筋	延长布置钢筋，垫梁，$\phi 8$	t	1.329
2	040901001002	现浇构件钢筋	通长布置钢筋，垫梁，$\phi 10$	t	2.486

项目编码：040501018　项目名称：砌筑渠道

项目编码：040306005　项目名称：箱涵顶板

项目编码：040901001　项目名称：现浇构件钢筋

【例 43】 钢筋混凝土盖板工程量的计算。

已知：某箱涵盖板的截面及钢筋分布，箱涵计算长度 252m，求箱涵盖板的工程量。

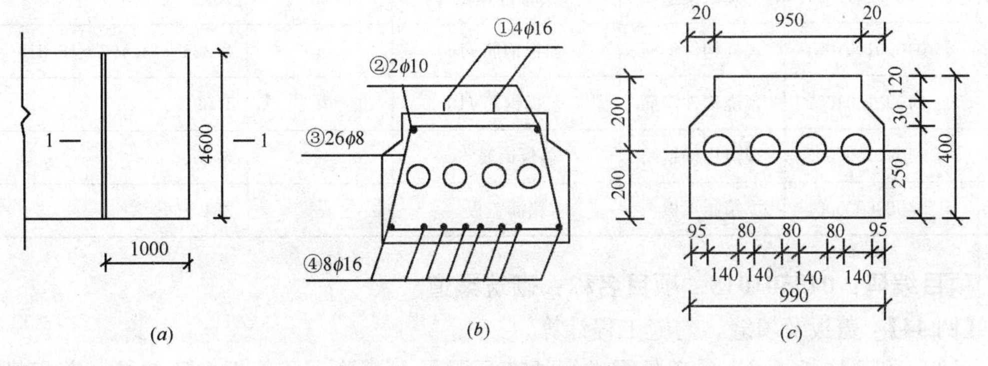

图 2-43　盖板尺寸及配筋图

(a)单位盖板尺寸；(b)1-1 配筋图；(c)盖板模板图

【解】 根据箱涵盖板的模板图（如图 2-43 所示），先求得单位长度盖板的混凝土面积，具体的计算步骤如下：

$$S=\left[0.95\times0.12+\frac{1}{2}\times0.03\times(0.95+0.99)+0.99\times0.25-4\times\pi\times0.07^2\right]m^2$$
$$=(0.114+0.0291+0.2475-0.0615)m^2$$
$$=0.3291m^2$$

单位长度盖板的混凝土面积为 0.3291m^2/m。

注：相差的 0.01m 视为模板间应留的抹缝尺寸

箱涵长度 252m，故需要 252 块盖板，每块盖板长 4.6m（如图 2-43 所示），故盖板体积为：

[0.3291×252×4.6+3.10（封闭盖板端头）]m^3＝384.59m^3＝38.46（10m^3）

封闭盖板端头的计算如下，每个小圆的半径为 0.07m，一块盖板有 8 个封闭端头，每个端头的封闭厚度取为 0.1m（可查具体的施工图知），故端头体积为：$8\times\pi\times0.07^2\times0.1\times252m^3=3.10m^3$

盖板钢筋的计算如下，盖板共有 4 种钢筋构成，每种钢筋的根数及单根长度均可查阅相关的施工图求得，在本例中知④号 $\phi16$ 钢筋单根长为 4.55m，②号 $\phi10$ 钢筋长为 4.48，③号 $\phi8$ 钢筋为2.57m，1 号 $\phi16$ 钢筋为 1.46m，故每种钢筋的质量为：

①号 $\phi16$，$1.46\times4\times252\times1.58\times10^{-3}t=2.325t$

②号 $\phi10$，$4.48\times2\times252\times0.617\times10^{-3}t=1.393t$

③号 $\phi8$，$2.57\times26\times252\times0.395\times10^{-3}t=6.651t$

④号 $\phi16$，$4.55\times8\times252\times1.58\times10^{-3}t=14.493t$

【注释】 1.46×4×252×1.58×10 为 1 号钢筋的长度乘以根数乘以盖板块数乘以每米钢筋理论的重量，4 为钢筋的根数，1.58 为钢筋直径为 16mm 的每米钢筋的理论重量；2、3、4 号钢筋计算如上；工程量按设计图示以质量计算。

清单工程量计算见表 2-49。

清单工程量计算表 表 2-49

序号	项目编码	项目名称	项目特征描述	计量单位	工程量
1	040501018001	砌筑渠道	砖砌体箱涵	m	252
2	040901001001	现浇构件钢筋	盖板钢筋 $\phi16$	t	2.325＋14.493＝16.818
3	040901001002	现浇构件钢筋	盖板钢筋 $\phi10$	t	1.393
4	040901001003	现浇构件钢筋	盖板钢筋 $\phi8$	t	6.651
5	040306005001	箱涵顶板	箱涵盖板	m^3	384.59

项目编码：040501018 项目名称：砌筑渠道

【例 44】 盖板及填缝、勾缝工程计算

已知：252 块长 4.6m 的盖板需进行外细石混凝土填缝，及盖板内顶勾缝、盖板模板尺寸如图 2-44、图 2-45 所示，求填缝、勾缝工程量。

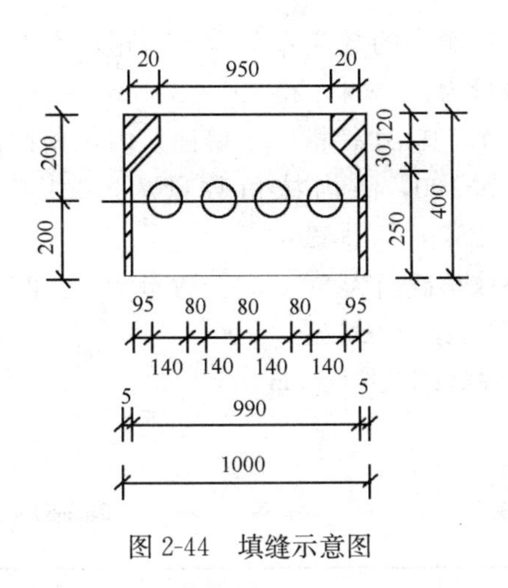

图 2-44　填缝示意图

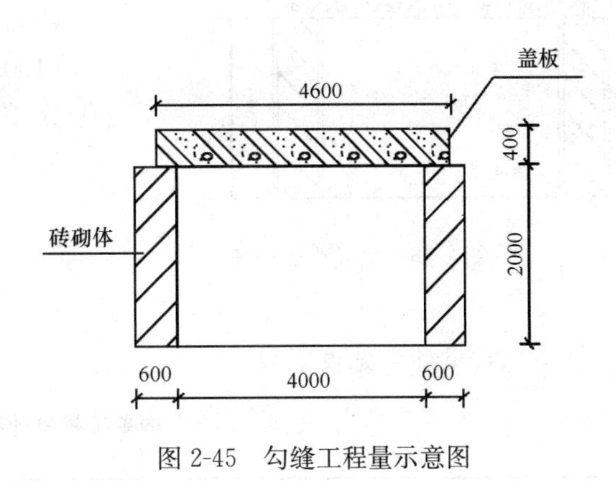

图 2-45　勾缝工程量示意图

【解】 填缝的目的是用细石混凝土将相邻盖板之间的缝隙填实，勾缝是为了保证箱涵内顶没有缝隙。如图 2-44 所示阴影部分为单位长度填缝面积。

每块盖板长 4.6m，共 252 块，则填缝量为：

$$4.6\times252\times\left\{0.4\times1-\left[0.95\times0.12+\frac{1}{2}\times(0.95+0.99)\times0.03+0.99\times0.25\right]\right\}\text{m}^3$$

$$=4.6\times252\times[0.4-(0.114+0.0291+0.2475)]\text{m}^3$$

$$=10.896\text{m}^3$$

如图 2-45 所示，盖板与砖砌体相连，盖板内顶宽 4m，故勾缝面积为：

$4\times252\text{m}^2=1008\text{m}^2=10.08(100\text{m}^2)$

注：勾缝工作量以面积为单位，参照定额。

【注释】 0.4(盖板的厚度)×1(填缝的截面宽度)为盖板的面积，0.95(上口部填缝的截面宽度)×0.12(上口部的截面厚度)为如填缝示意图中上口部的面积，$\frac{1}{2}$×(0.95+0.99)(填缝示意图中间小梯形的上底加下底的长度之和)×0.03(小梯形的厚度)为上口下部梯形的面积，0.99(示意图中梯形下部的截面宽度)×0.25(示意图中梯形下部的截面厚度)为梯形下部的面积；4.6(一块盖板的长度)×252 为 252 块盖板的长度；工程量计算规则按设计图示尺寸以体积计算。

清单工程量计算见表 2-50。

清单工程量计算表　　**表 2-50**

项目编码	项目名称	项目特征描述	计量单位	工程量
040501018001	砌筑渠道	砖砌体箱涵	m	252×1

项目编码：040501018　项目名称：砌筑渠道

【例 45】 箱涵工程中抹角及粉面的计算。

已知：如图 2-46 所示某箱涵砖砌体内外抹角及粉面示意图。求工程量，箱涵长 252m。

【解】 在砖砌体的内、外表面都用水泥砂浆进行粉面，粉面只考虑面积而不考虑粉面

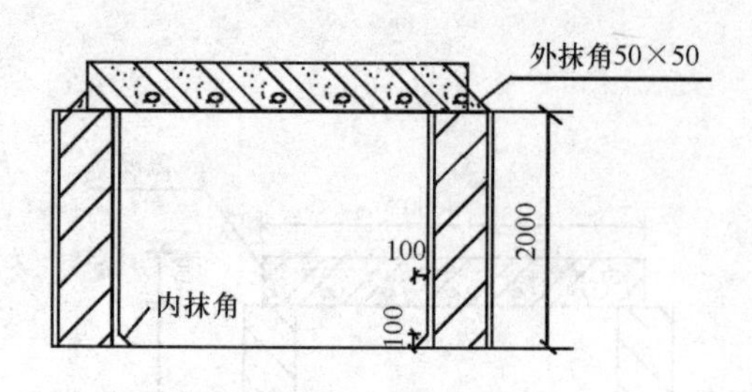

图 2-46 箱涵粉面抹角

厚度，定额中的数量单位是 $100m^2$，本例题粉面数量为：$2\times4\times252m^2=2016m^2=20.16(100m^2)$，其中"4"指 4 个墙面。内抹角截面为 100×100，故内抹角数量为：$0.100\times0.100\times252m^3=2.52m^3$

外抹角截面为 50×50，数量为：$0.05\times0.05\times252m^3=0.63m^3$

注：抹角数量单位为 m^3。

清单工程量计算见表 2-51。

清单工程量计算表　　表 2-51

项目编码	项目名称	项目特征描述	计量单位	工程量
040501018001	砌筑渠道	砖砌体箱涵	m	252

项目编码：040304003　项目名称：预制混凝土板

【例 46】 钢筋混凝土盖板制作、运输、安装的工程量计算。

已知某工程中钢筋混凝土盖板的混凝土数量为 $384.59m^3$，求盖板制作、运输、安装工程量。

【解】 盖板制作工程量包含了制作、运输、安装三方面的损耗，而运输工程量包含了运输、安装两方面的损耗。运输、安装、制作损耗率分别为 0.8%、0.5%、0.2%，故：

盖板制作工程量为：$384.59\times(1+0.8\%+0.5\%+0.2\%)m^3=390.36m^3=39.04(10m^3)$

盖板运输工程量为：$384.59\times(1+0.8\%+0.5\%)m^3=389.59m^3=38.96(10m^3)$

盖板安装工程量为：$384.59\times(1+0.5\%)m^3=386.51m^3=38.65(10m^3)$

注：盖板制作工程量包含了运输工程量，运输工程量又包含了安装工程量。

项目编码：040101002　项目名称：挖沟槽土方

项目编码：040501001　项目名称：混凝土管

【例 47】 钢筋混凝土排水管管长及挖方计算。

已知：某直径为 700mm 的钢筋混凝土排水管，管长 50m，两端各连接一个直径为 1000mm 的检查井，如图 2-47 所示，计算排水管的工程量及挖方量。

【解】 根据《全国统一市政工程预算定额》第六册排水工程 GYD—306—1999 中工程量计算规则规定每座 $\phi1000$ 的检查井管长应扣除的长度为 0.7m，故该段混凝土管的定额工程量应为：$(50-0.7\times2)m=48.6m$

如图 2-48 所示，管道直径 d 为 700mm，壁厚$=\frac{1}{12}d=\frac{1}{12}\times700mm=58mm$，管外径为 816mm，135°的管座，管顶覆土厚度一般为 2.6～4m。这里取基础厚0.12m，覆土厚度为 2.6m，则 $H=(0.12+0.816+2.6)m=3.536m$，$C$ 取0.5m，则挖方为($1:k=1:0.33$)：

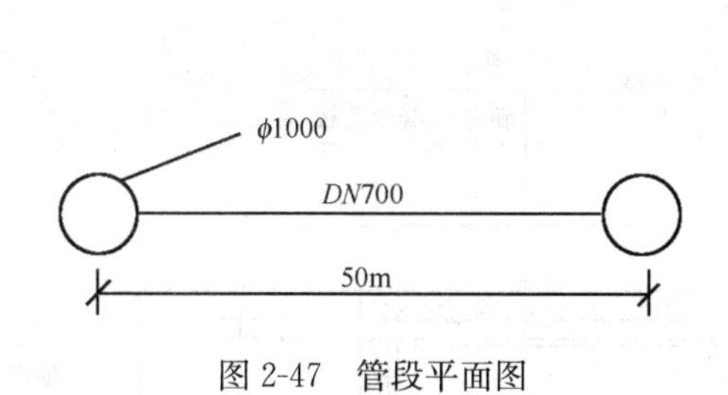

图 2-47 管段平面图

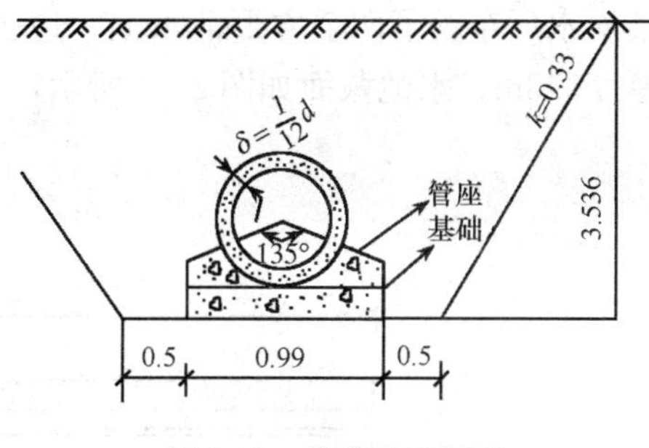

图 2-48 管道基础断面

$$V=\frac{1}{2}(a+2c+2kH+a+2c)\times H\times L\times 1.025=(a+2c+kH)\cdot H\cdot L\times 1.025$$

$$=(0.97+2\times 0.5+0.33\times 3.536)\times 3.536\times 50\times 1.025\text{m}^3$$

$$=568.47\text{m}^3=5.68(100\text{m}^3)$$

注：本题中 $a=2\text{tg}50°\times(0.35+0.058)\text{m}=0.97\text{m}$，“1.025”为自然方与实方的体积换算系数。计算挖方时，长度应取井中至井中的管线长。

管道挖方的清单工程量：$V=aHL=0.97\times 3.536\times 50\text{m}^3=171.50\text{m}^3$

清单工程量计算见表 2-52。

清单工程量计算表 表 2-52

序号	项目编码	项目名称	项目特征描述	计量单位	工程量
1	040501001001	混凝土管	钢筋混凝土排水管 135°基础，DN700	m	50
2	040101002001	挖沟槽土方	沟槽深度 3.536m	m^3	171.50

项目编码：040303001 项目名称：混凝土垫层

项目编码：040406002 项目名称：混凝土底板

【例 48】 钢模板回库维修量的计算。

已知某箱涵工程的基础有 3 部分组成，分别是碎石垫层，C10 素混凝土垫层，C20 钢筋混凝土底板，各部分的尺寸分别如图 2-49 所示，长为 252m，求钢模板回库维修量。

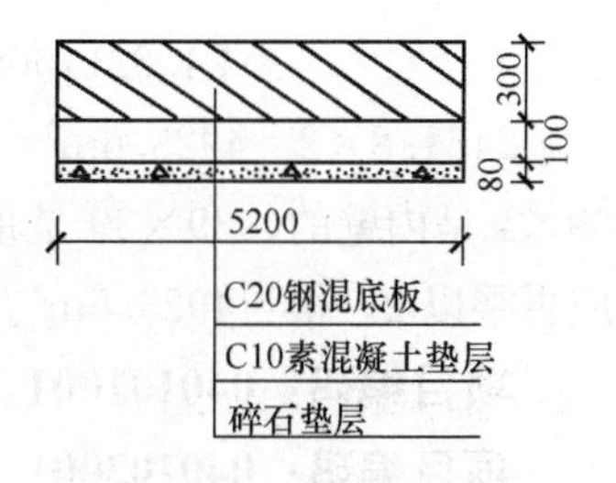

图 2-49 基础示意图

【解】 钢模板回库维修费包含了所有混凝土材料的模板，但不包含钢筋混凝土盖板。在本例中碎石垫层也不属于其范围。

故钢模板回库维修量 $=(0.3\times 5.2+5.2\times 0.1)\times L$

$=2.08\times 252\text{m}^3$

$=524.16\text{m}^3$

【注释】 0.3×5.2 为 C20 钢筋混凝土底板的厚度(0.3)乘以底板长度(5.2)；5.2×0.1 为 C10 素混凝土垫层的长度乘以垫层的厚度(0.1)；$L=252$ 为维修板长；工程量计算规则按设计图示尺寸以体积计算。

项目编码：041101001 项目名称：墙面脚手架

【例 49】 脚手架工程量的计算。

某给水厂布置了两个方形清水池，边长为40m×40m，地上高度1.5m，地下深4m，覆土厚度0.3m，水池截面如图2-50所示，求脚手架工程量。

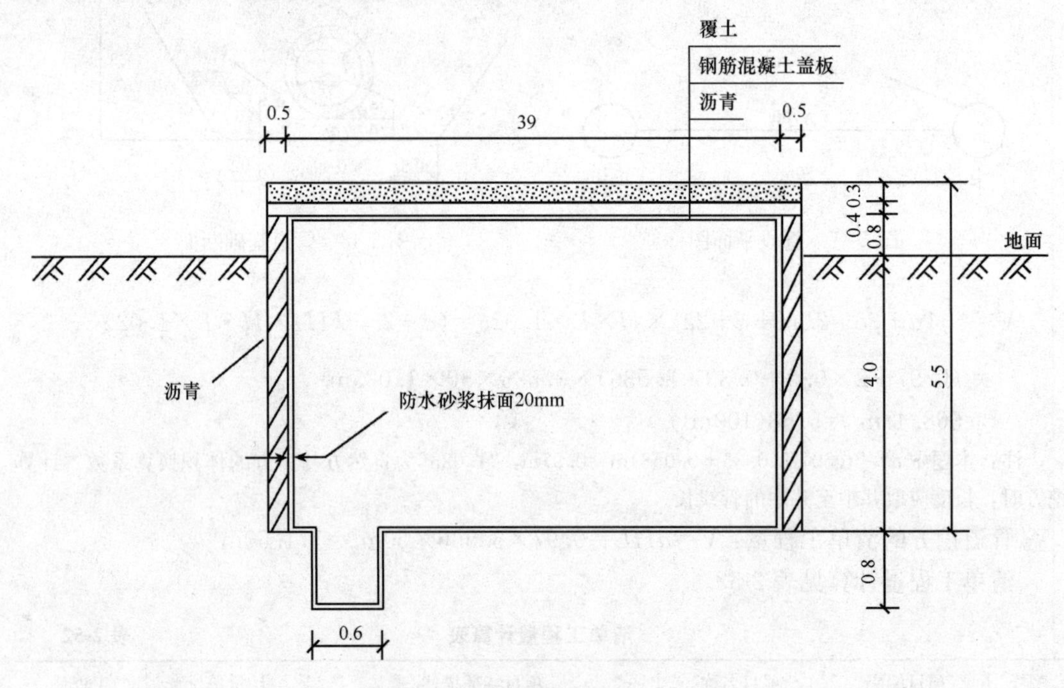

图2-50 清水池断面图 （单位：m）

【解】 由图2-50可知，钢筋混凝土池壁厚0.5m，水池外壁和顶板顶面涂抹一层沥青，水池内壁、底板均采用防水砂浆抹面，厚20mm。脚手架的工程计量单位是m²，因为脚手架用于壁面抹灰，故只用计算壁面面积，本例中需计算内壁、外壁的面积。

$$S=[(0.8+0.4)\times40\times4+(0.8+4.0)\times39\times4+39^2]\text{m}^2$$
$$=2461.8\text{m}^2$$
$$=24.62(100\text{m}^2)$$

2461.8×2=4923.6m²，(0.8+0.4)×40×4是外壁的脚手架工程量，(0.8+4.0)×39×4是内壁的，39×39是顶板的，2461.8m²是单个水池的脚手架工程量，两个清水池应再乘以2，得：4923.6m²。

项目编码：040101001　项目名称：挖一般土方

项目编码：040103001　项目名称：回填方

【例50】 给水工程中某清水池人工挖一般土方的计算。

某自来水厂中单个清水池尺寸为40×40×5.5m³，地上高度为1.5m，地下深4m，覆土厚0.3m，如图2-51所示，计算人工挖一般土方量与回填方量。

【解】 挖方截面为梯形，下底长(40+2×1.0)m=42m，上底为(4.0×0.33×2+42)m
=44.64m

$$V_1=\frac{1}{2}\times(42+44.64)\times4.0\times1.025\times40\text{m}^3=7104.48\text{m}^3$$

集水槽长40m，断面尺寸为0.6m×0.8m，集水槽挖方为：

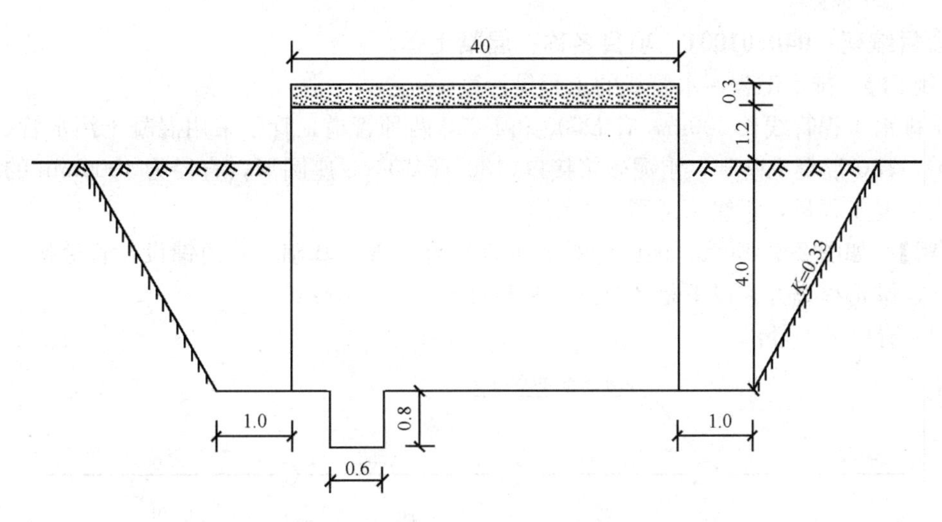

图 2-51 基坑尺寸示意图（单位：m）

$V_2=40\times0.6\times0.8m^3=19.2m^3$

故人工挖一般土方定额工程量为：

$V=V_1+V_2=(7104.48+19.2)m^3=7123.68m^3=71.24(100m^3)$

回填方定额工程量计算：$(7123.68-4.0\times40\times40-0.6\times0.8\times40)m^3$

$=(7123.68-6400-19.2)m^3$

$=704.48m^3$

$=7.04(100m^3)$

人工挖土方量，根据《市政工程工程量计算规范》中 D.1.1 挖土方中的规定，该清水池的挖方要按一般土方计算。本例为：

$V=(40\times40\times5.5+0.6\times0.8\times40)m^3=8819.2m^3$

填方工程量计算，根据规则，按挖方清单项目工程量－基础－构筑物埋入体积＋原地面线至设计要求标高间的体积：

$V=(8819.2-40\times40\times4.0-0.6\times0.8\times40)m^3=2400m^3$

【注释】 $\frac{1}{2}\times(42+44.64)\times4.0$(开挖基坑的深度)$\times1.025\times40$ 为基坑的截面积乘以基坑的长度乘以自然方与实方的体积换算系数；(40×40(清水池的截面尺寸)×5.5(清水池的高度))为清水池的截面面积乘以高度；0.6(集水沟的截面宽度)×0.8(集水沟的截面长度)×40(清水池的长度)为集水沟的截面面积乘以清水池的长度；40×40×4.0(地面以下清水池的高度)为地面以下清水池的工程量；工程量计算规则按设计图示尺寸以体积计算。

清单工程量计算见表 2-53。

清单工程量计算表 **表 2-53**

序号	项目编码	项目名称	项目特征描述	计量单位	工程量
1	040101001001	挖一般土方	人工挖一般土方	m^3	8819.20
2	040103001001	回填方	原土回填	m^3	2400.00

项目编码：040501001　项目名称：混凝土管

【例 51】 排水工程污水管线的工程量计算。

某排水工程管线长 300m，有 *D*500 和 *D*600 两种管道，管子采用混凝土污水管（每节长 2m），180°混凝土基础，水泥砂浆接口（180°管基），3 座圆形，直径为 1000mm 的检查井，求主要工程量，管线示意图如下图所示。

【解】 如图 2-52 所示，能够计算的工程量有：管线基础、管道铺设、管道接口、闭水试验、圆形检查井。以下是各自的工程量计算：

(1) 清单工程量：

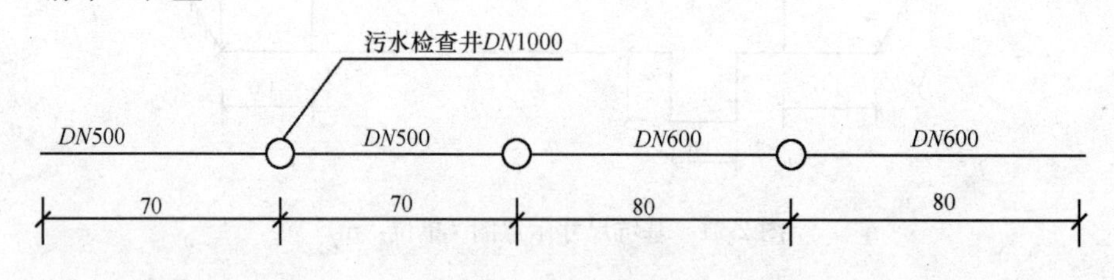

图 2-52　管线示意图

根据《市政工程工程量计算规范》(GB50857—2013) 中 D.5 市政管网工程中管道铺设 (E.1) 中的设置项目和计算规则，本例题中混凝土管的铺设项目编码为 040501001，包括的可以计算的工程内容有混凝土基础浇筑、管道铺设、管道接口、检测及试验四项。

1) 基础浇筑：根据清单中的工程量计算规则，按设计图示管道中心线长度以延长米计算，不扣 除附属构筑物、管件及 阀门等所占长度，故本例中的工程量为：300m。

2) 管道铺设：同基础浇筑也为 300m。

3) 管道接口：计算方法与定额有所差异。

*DN*500，(140/2－1)个＝69 个

*DN*600，(160/2－1)个＝79 个

4)闭水试验，计算方法与定额相同，结果为 300m。

检查井　根据“E.4 管道附属构筑物。”本例属于“040504001”该项目编码，砌筑井的计量单位为座，这与定额一致。但包括了“垫层铺筑”、“混凝土浇筑”、“养生”、“砌筑”、“爬梯制作安装”、“勾缝”、“抹面”、“盖板”、“过梁制作、安装”，“井盖井座制作、安装”几个工程内容，限于本例题所提供的条件，不能求出各工程内容的工程量。

清单工程量计算见表 2-54。

清单工程量计算表　　**表 2-54**

序号	项目编码	项目名称	项目特征描述	计量单位	工程量
1	040501001001	混凝土管	180°混凝土基础，水泥砂浆接口，*D*500	m	70×2＝140
2	040501001002	混凝土管	180°混凝土基础，水泥砂浆接口，*D*600	m	80×2＝160

(2) 定额工程量

1) 管线基础：根据《全国统一市政工程预算定额》第六册排水工程（GYD—306—1999）中的相关规定，各种角度的混凝土基础，按井中至井中的中心扣除检查井长度 0.7m 以延长米计算工程量。那么，本例中的管线基础工程量为：

(300－0.7×3)m＝297.9m＝2.98(100m)

式中“0.7”是直径为 1000mm 的检查井规定的扣除长度。

2) 管道铺设：根据《全国统一市政工程预算定额》(GYD—306—1999)中的相关规定，混凝土管、缸瓦管铺设也是按井中至井中的中心扣除检查井长度后以延长米计算工程量。那么本例中管道铺设的工程量应与管线基础相同为 2.98(100m)。

3) 管道接口：根据 GYD-306-1999 中的相关计算规则，管道接口区分管径和作法，以实际接口个数计算。本例中采用平(企)接口，工程计量单位是：10 个，管径有 500、600 两种，水泥砂浆接口。

对于 *DN*500 的混凝土管：其长为 140m，扣除检查井为[140－(0.7＋0.35)]m＝138.95m

单根管长 2m，则需要接口为：(138.95/2－1)个＝68.475 个≈69 个，定额中规定接口按“10 个”为单位，则 *DN*500 的接口为 6.9 个。

*DN*600 的混凝土管：管长为 160m，扣除检查井后为：[160－(0.7＋0.35)]m＝158.95m，则需要接口为：(158.95/2－1)个＝78.475 个≈79 个＝7.9(10 个)

4) 闭水试验，根据《全国统一市政工程预算定额》第六册排水工程(GYD-306-1999)中的相关规定，管道闭水试验，以实际闭水长度计算，不扣除各种井所占长度。故本例中闭水试验的工程量为：

300m＝3(100m)

5) 检查井，定额中检查井的计量单位为座，本例中检查井的工程量为 3 座。

项目编码：040504001　项目名称：砌筑井

【例 52】 井字架工程量的计算。

某工程有非定型井 7 座，其中 1.4m 深的井 3 座，1.5m 深的井 4 座，计算井字架工程量。

【解】 根据《全国统一市政工程预算定额》(GYD—306—1999)中的规定，井字架区分材质和搭设高度以“座”为单位计算，每座井计算为一次。深度在 1.5m 以内的井不予计算井字架。故本例井字架的定额工程量为 4 座。

清单工程量计算见表 2-55。

清单工程量计算表　　**表 2-55**

序号	项目编码	项目名称	项目特征描述	计量单位	工程量
1	040504001001	砌筑井	井字架井，深 1.4m	座	3
2	040504001002	砌筑井	井字架井，深 1.5m	座	4

项目编码：040901001　项目名称：现浇构件钢筋

【例 53】 市政工程中盖板模板中钢筋用量计算。

盖板模板中钢筋有三种：直钢筋、弯钢筋、分布钢筋。

已知某单块盖板中钢筋如图 2-53 所示分布，求钢筋的工程量。

【解】 如图 2-53 所示，钢筋分上、下层分布，上层 3 根 $\phi8$ 的钢筋，下层 6 根 $\phi16$ 的钢筋，其中中间两根钢筋弯起，还分布有分布钢筋 $\phi6$，上、下层各 6 根。各种钢筋长度的计算方法如下：

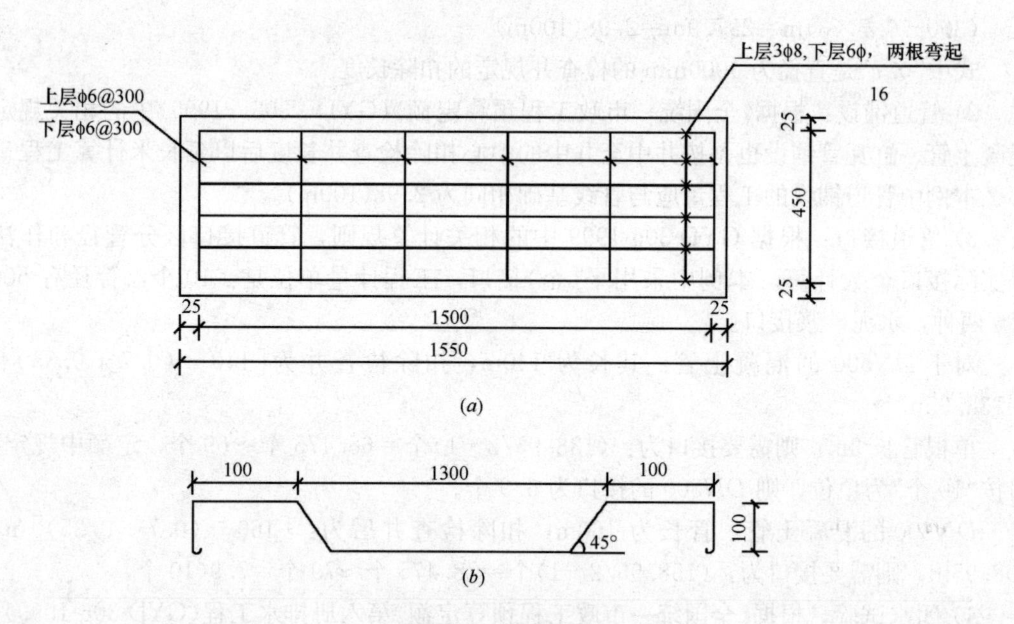

图 2-53　钢筋示意图

(a)钢筋分布图；(b)弯起钢筋示意图

直钢的长度＝构件长度－保护层厚度

带弯钢筋长度＝构件长度－保护层厚度＋弯钩长度

半圆弯钩长度＝6.25d/个弯钩

直角弯钩长度＝3d/个弯钩

斜弯钩长度＝4.9d/个弯钩

分布钢筋长度＝配筋长度÷间距＋1

分布钢筋工程量 ϕ6：12×(0.5－0.025×2)×6^2×0.00617kg＝1.20kg＝0.001t

直钢筋工程量 ϕ8(共 3 根)：3×(1.55－0.025×2)×8^2×0.00617kg

＝3×1.5×64×0.00617kg

＝1.78kg＝0.002t

ϕ16(共 4 根)：4×(1.55－0.025×2)×16^2×0.00617kg＝4×1.5×256×0.00617kg＝9.48kg＝0.009t

弯起钢筋工程量 ϕ16(共 2 根)：2×[1.55－0.025×2＋(1.41×0.1－0.1)×2＋(0.1＋6.25×0.016)×2]×16^2×0.00617kg

＝2×(1.5＋0.082＋0.2×2)×256×0.00617kg＝6.26kg

＝0.006t

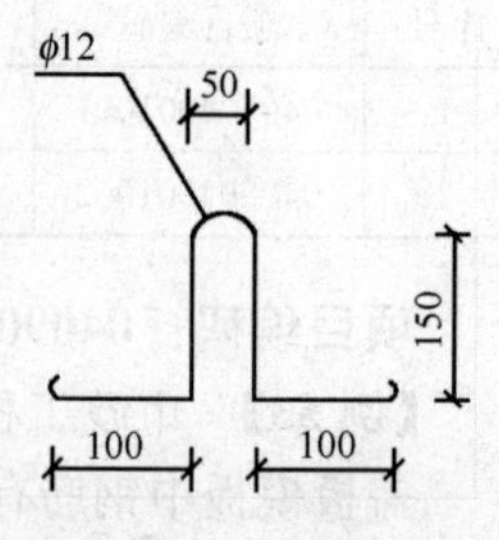

图 2-54　拉环示意图

钢筋合计：(1.2＋1.78＋9.48＋6.26)kg＝18.72kg＝0.019t

对于装有盖板拉环的盖板，其钢筋工程量又包括拉环的工程量，拉环的计算如下例：

一个盖板装有 2 个拉环，拉环的截面尺寸如图 2-54 所示，拉环的工程量为：

$2\times[0.1\times2+6.25\times0.012\times2+(0.15-0.5\times0.05)\times2$

$+3.14\times0.5\times0.050]\times12^2\times0.00617kg$

$=2\times(0.2+0.15+0.25+0.0785)\times144\times0.00617kg$

$=1.21kg$

$=0.001t$

【注释】 $2\times\left(\frac{1.55-0.025\times2}{0.3}+1\right)\times(0.5-0.025\times2)\times6^2\times0.00617$ 为钢筋的根数乘以钢筋的长度乘以每米钢筋的重量，其中 $2\times(\frac{1.55-0.025\times2}{0.3}+1)$ 为上下两层钢筋的根数，0.025×2 为两个保护层的厚度，0.3 为钢筋的间距，$(0.5-0.025\times2)$ 为钢筋的长度，$6^2\times0.00617$ 为钢筋直径为 6 每米钢筋的重量。$8^2\times0.00617$ 为钢筋直径为 8 的每米钢筋的重量；$16^2\times0.00617$ 为钢筋直径为 16 的每米钢筋的重量；$(1.41\times0.1-0.1)\times2$ 为弯起钢筋的钢筋斜边的增加长度；$6.25\times0.016\times2$ 为两个弯钩的长度。$0.1\times2+6.25\times0.012\times2+(0.15-0.5\times0.05)\times2+3.14\times0.5\times0.050$ 为拉环的长度，其中 0.1×2 为拉环两边的直长度，$6.25\times0.012\times2$ 为两个弯钩的长度，$(0.15-0.5\times0.05)\times2$ 为拉环两个竖直长度，$3.14\times0.5\times0.050$ 为拉环上部半圆弧的长度，0.5×0.050 为顶部半圆的半径；工程量按设计图示以质量计算。

清单工程量计算见表 2-56。

清单工程量计算表 **表 2-56**

序号	项目编码	项目名称	项目特征描述	计量单位	工程量
1	040901001001	现浇构件钢筋	分布钢筋，盖板钢筋 $\phi6$	t	0.001
2	040901001002	现浇构件钢筋	直钢筋，盖板钢筋 $\phi8$	t	0.002
3	040901001003	现浇构件钢筋	分布钢筋，盖板钢筋 $\phi16$	t	0.016
4	040901009001	预埋铁件	盖板拉环	t	0.001

项目编码：040501002 项目名称：钢管

【例 54】 钢管防腐工程量计算。

某钢管排管工程，管径为 $DN400$，管外径为 426mm，排管长度为 2000m，钢管节长 4m，计算环氧煤沥青外防腐的工程量。

【解】 按照定额中的规定，碳钢管内外防腐均按平方米计算，且不扣除管件、阀门所占长度。钢管防腐包括了钢管接口防腐，伤口修补。“补口宽度综合取定是 0.6m；补伤工作量以每 100m 取1.0m 计算。”→上海市定额

外表面防腐：单位长度的钢管外表面积为：

$S=\pi(D/2)^2=3.14\times(0.426/2)^2m^2/m=0.142m^2/m$

钢管的总表面积为：$2000\times0.142m^2=284m^2$

补伤的工程量：$(2000\div100)\times1.0\times0.142m^2=2.84m^2$

接口工程量：$[(2000\div4)-1]\times0.6\times0.142m^2=42.51m^2$

钢管外防腐的工程量为：

$(284+2.84+42.51)m^2=329.35m^2$

【注释】 2000×0.142为钢管的长度乘以单位长度钢管的侧面积；(2000÷100)×1.0×0.142为补伤的工程量每100m取1.0m的长度乘以钢管的侧面积；[(2000÷4)－1]×0.6(补口的宽度)×0.142为接口的数量乘以补口的宽度乘以钢管侧面积，其中4为每节钢管的长度；钢管工程量按设计图示尺寸以米计算。

注：钢管外防腐可以套用不同地区的定额。本题所采用的定额是上海市。

清单工程量计算见表2-57。

清单工程量计算表 表2-57

项目编码	项目名称	项目特征描述	计量单位	工程量
040501002001	钢管	*DN*400，外径为426mm	m	2000

项目编码：040501002 项目名称：钢管

【例55】 管道焊缝超声波探伤工程量计算。

某钢管排管工程，管径为*DN*400，外径为426mm，制作管件时需对钢板拼焊缝60m进行超声波探伤，计算其工程量。

【解】 根据定额，“管道焊缝超声波探伤按口计算，对管材、钢板的超声波探伤、应将探伤长度换算成相应管径焊缝长度计算”。本例中是对钢板焊缝进行超声波探伤，应换算成相应管径焊缝长度。管径为400的钢管其周长为：

0.426×3.14m＝1.338m

焊缝折合数为：60÷1.338口＝44.84口≈45口

清单工程量计算见表2-58。

清单工程量计算表 表2-58

项目编码	项目名称	项目特征描述	计量单位	工程量
040501002001	钢管	管径为*DN*400，外径为426mm	m	60

项目编码：040501001 项目名称：混凝土管

【例56】 管道消毒、试压及吹扫工程量计算。

某给水管道包括*DN*300的支管3段，长度分别为7m，9m，15m，干管*DN*500长300m，求管道冲洗消毒工程量和试验工程量。

【解】 根据全国统一市政工程定额规定，管道试压以“100m”为计量单位，*DN*300以内为(7＋9＋15)m＝31m＝0.31(100m)，*DN*500管：300m＝3(100m)，管道冲洗消毒工程量：*DN*300以内：0.31(100m)；*DN*500，3(100m)。

清单工程量计算见表2-59。

清单工程量计算表 表2-59

序号	项目编码	项目名称	项目特征描述	计量单位	工程量
1	040501001001	混凝土管	*DN*300，管道试压，冲洗消毒	m	31
2	040501001002	混凝土管	*DN*500，管道试压，冲洗消毒	m	300

注：各个地区可以根据自己的情况制定各自的定额计算规则，例如上海市新定额中规定“管道消毒、试压及吹扫以米为计量单位。”而且强度试验和气密性试验项目，当管道长度不满10m时，以10m计量；

超过 10m 时，以实际长度计算。如此一来，本例中管道试压的工程量就变为 $DN300$：(10+10+15)m=35m，$DN500$：300m“管道冲洗消毒工程量按管道设计长度计算，单项工程总长度不满 100m，按 100m 计算，超过 100m 按实际长度计算。”如此，本例中管道冲洗消毒工程量为：$DN300$ 是(9+7+15)m=31m，$DN500$ 是 300m，总工程量为 331m。

项目编码：041001001　项目名称：拆除路面

【例 57】 拆除工程量的计算。

某埋管工程有单管沟槽排管和双管沟槽排管两种，单管管径为 $DN300$，排管长度为 400m，双管沟排管管径分别为 $DN300$ 和 $DN400$，两管中心矩为 1.00m，排管长度为 500m，求拆除面积。

【解】 道路路面层拆除面积=沟槽槽底宽度×排管长度，单管沟槽宽度与管径有关，通过查阅相关的表格，可以得出 $DN300$ 的管道，沟槽底宽为 0.90m，$DN400$ 的管道沟槽底宽为 1.20m，则对于本例中单管沟槽的拆除面积为：$0.90\times400\text{m}^2=360\text{m}^2$

双管沟槽的沟槽宽度为：

$$\left(\frac{0.90}{2}+\frac{1.20}{2}+1.00\right)\text{m}=(0.45+0.60+1.00)\text{m}=2.05\text{m}$$

则双管沟槽的拆除面积为：

$2.05\times500\text{m}^2=1025\text{m}^2$

清单工程量计算见表 2-60。

清单工程量计算表　　表 2-60

项目编码	项目名称	项目特征描述	计量单位	工程量
041001001001	拆除路面	单管沟槽，$DN300$	m^2	360.00
041001001002	拆除路面	双管沟槽，$DN300$ 和 $DN400$	m^2	1025.00

项目编码：040501001　项目名称：混凝土管

项目编码：040101002　项目名称：挖沟槽土方

项目编码：040103001　项目名称：回填方

项目编码：040103002　项目名称：余方弃置

项目编码：040504001　项目名称：砌筑井

项目编码：040504009　项目名称：雨水口

【例 58】 雨水管道工程量计算。

某雨水管道工程，干管和支管均为钢筋混凝土管，规格分别为：$d400\times2000\times35$，$d600\times2000\times50$，支管总长 100m，干管长 500m，管道基础为 180°平接式混凝土基础，接口为钢丝网水泥砂浆接口 180°。砖砌雨水检查井 10 座，平均井深 2.5m，直径为 1000mm，雨水口进水井 20 座，规格为 680×380，平均井深 1m，土质为三类土，余土弃置 5km，计算工程量。

【解】 (1) 清单工程量

1) 挖土方：

① 干管挖土方：

$\phi600$ 钢筋混凝土管(180°)基础宽为 900mm，管基厚(100+350)mm=450mm，如图 2-55 所示

$V_{干}=0.9\times3\times500m^3=1350m^3$

② 支管挖土方：

$\phi400$ 钢筋混凝土管基宽 630mm，如图 2-56 所示

$V_{支}=0.63\times1.3\times100m^3=81.9m^3$

【注释】 0.9×3(干管管基的长度)×500 为基础宽度乘以管基的长度乘以干管长的长度；0.63×1.3(支管管基的长度)×100 为 $\phi400$ 钢筋混凝土管基宽乘以其管基的长度乘以支管总长；工程量按设计图示尺寸以体积计算。

③ 雨水检查井土方(图 2-57)

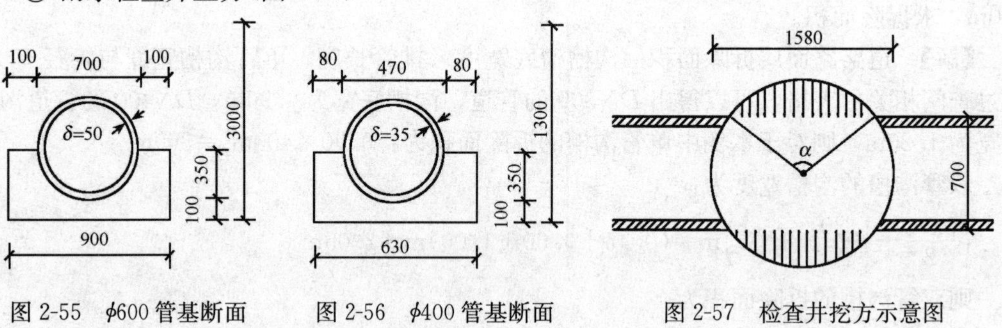

图 2-55 $\phi600$ 管基断面　　图 2-56 $\phi400$ 管基断面　　图 2-57 检查井挖方示意图

$V_{检查井}=0.891\times3.0\times10m^3=26.73m^3$

“3.0”是干管基础至原地面线的距离。

其中，0.891 是检查井扣除干管后的投影面积。

弓形面积=[扇形面积－三角形面积]×2

$$=\left(\frac{\alpha}{360}\pi R^2-\frac{1}{2}\sin\alpha R^2\right)\times2m^2（其中，\alpha=2\arccos 0.443=127.4°）$$

$$=\left(\frac{127.4}{360}\times3.14-\frac{1}{2}\times\sin127.4°\right)\times\left(\frac{1.58}{2}\right)^2\times2m^2$$

$$=2\times(1.11-0.397)\times\left(\frac{1.58}{2}\right)^2m^2=0.89m^2$$

注：根据清单计价规范，管道铺设及基础的工程量计算是井中至井中，包含了部分检查井的基础。

④ 雨水口进水井土方：

$V_{进水井}=1.26\times0.96\times1.2\times20m^3=29.03m^3$

1.26m 为井基础的长，0.96m 为井基础的宽(图 2-58)。

1.2m 取为进水井基础到原地面线的距离(图 2-59)。

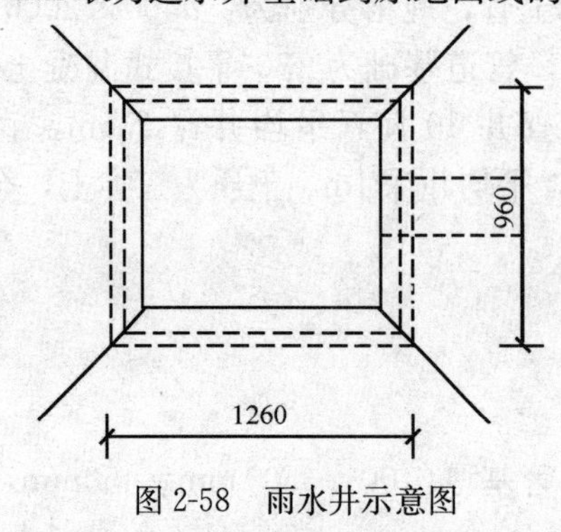

图 2-58 雨水井示意图

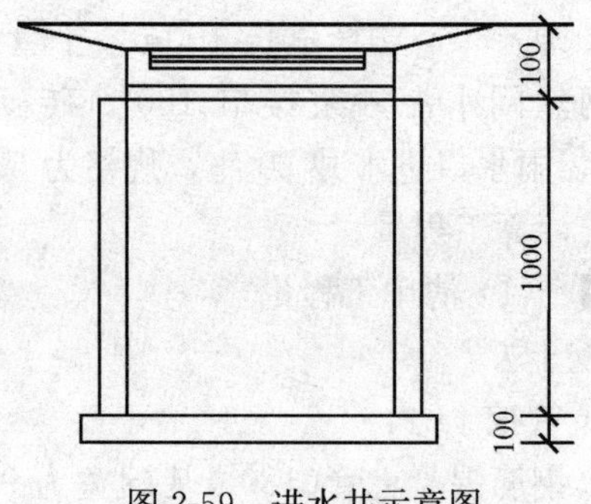

图 2-59 进水井示意图

040101002001　挖沟槽土方(2m内三类土)

挖沟槽土方式(三类)±2m以内：(0～2)

支管土方量＋雨水口进水井土方量＝(81.9＋29.03)m^3＝110.93m^3

040101002002　挖沟槽土方(4m内，三类土)

挖沟槽土方(三类)±4m以内：(0～4)

干管挖土方量＋雨水检查井土方量＝(1350＋26.73)m^3＝1376.73m^3

040103001001　回填方

2) 回填及弃土工程量：

① 根据清单工程量计算规则，管道沟槽回填土体积(m^3)＝挖土体积－管径所占体积。

管径在500mm以下的管道所占体积不扣除；管径超过500mm以上的，按表2-61规定扣除管道所占体积。故*DN*400的管道沟槽回填土＝挖土体积＝81.9m^3

*DN*600的管道沟槽回填土＝挖土体积－管径所占体积

＝(1350－0.33×500)m^3＝1185m^3(0.33经查表2-61得出)

进水井、检查井所占体积为：

V＝(29.03＋26.73)m^3＝55.76m^3

故总的回填方量为：

(81.9＋1185＋26.73＋29.03－46.79)m^3＝1275.87m^3

注：由此可以看出，在用清单计价规范计算时，回填土方量不用考虑管线上的各种井，井的挖方完全弃置。

② 弃土量：(0.33×500＋29.03＋26.73)m^3＝220.76m^3

管道扣除土方体积表　　**表2-61**

管道名称	管道直径/mm					
	501～600	601～800	801～1000	1101～1200	1201～1400	1401～1600
钢　管	0.21	0.44	0.71			
铸铁管	0.24	0.49	0.77			
混凝土管	0.33	0.60	0.92	1.15	1.35	1.55

3) 管道及基础铺设：

① ϕ600钢筋混凝土管：500m

② ϕ400钢筋混凝土管：100m

③ 管道接口：

干管ϕ600：(500/2－1)个＝249个

支管ϕ400：(100/2－1)个＝49个

④ 管道闭水试验：

ϕ600为500m；ϕ400为100m。

4)雨水检查井工程量：

①ϕ1000圆形砖砌雨水检查井：10座

②检查井脚手架：10座

5)进水井工程量：

规格为 680×380 的砖砌雨水口进水井：20 座

清单工程量计算见表 2-62。

清单工程量计算表 表 2-62

序号	项目编码	项目名称	项目特征描述	计量单位	工程量
1	040101002001	挖沟槽土方	三类土，2m 以内	m^3	110.93
2	040101002002	挖沟槽土方	三类土，4m 以内	m^3	1376.73
3	040103001001	回填方	原土回填	m^3	1275.87
4	040103002001	余土弃置	余土弃置 5km	m^3	220.76
5	040501001001	混凝土管	180°平接式基础，钢丝网水泥砂浆接口，ϕ600，闭水试验	m	500
6	040501001002	混凝土管	180°平接式基础，钢丝网水泥砂浆接口，ϕ400，闭水试验	m	100
7	040504001001	砌筑井	砖砌圆形雨水检查井，ϕ1000，平均井深为 2.5m	座	10
8	040504009001	雨水口	规格为 680×380，平均井深 1m	座	20

（2）定额工程量

干管管道沟槽挖土采用大放坡，人工开挖，三类土，边坡系数采用 1∶0.33。支管管道沟槽挖土由于挖深较浅，不放坡，人工开挖，留工作面。管沟底部每侧工作面宽度为 0.5m。

1）土方量：

*DN*600 干管（如图 2-60 所示）：

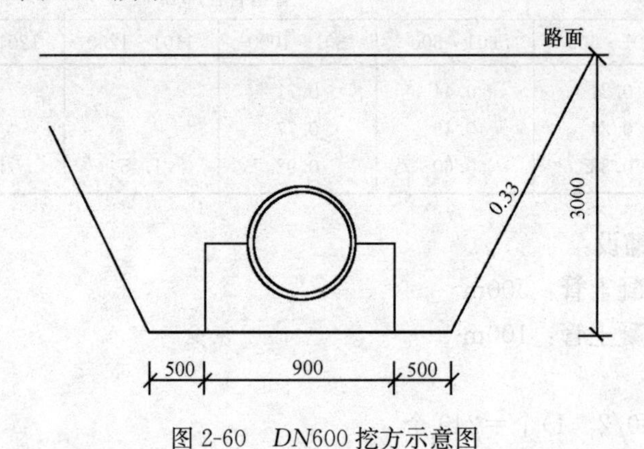

图 2-60 *DN*600 挖方示意图

$V_{干,1}=(0.9+2\times0.5+0.33\times3)\times3\times500\times1.025\text{m}^3$

$=4443.38\text{m}^3=44.43(100\text{m}^3)$

*DN*400 支管（如图 2-61 所示）：

$V_{支,1}=(0.63+2\times0.5)\times1.3\times100\times1.025\text{m}^3$

$=1.63\times1.3\times100\times1.025\text{m}^3$

$=217.20\text{m}^3=2.17(100\text{m}^3)$

2)回填土方量：

雨水检查井的土方量(如图 2-62 所示)：

$V_{检查井}=0.891\times3.0\times10m^3=26.73m^3$

雨水进水井的土方量(体积)：

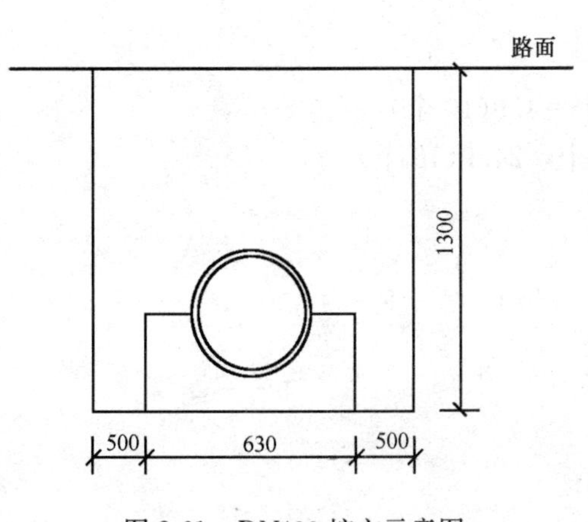

图 2-61 *DN*400 挖方示意图

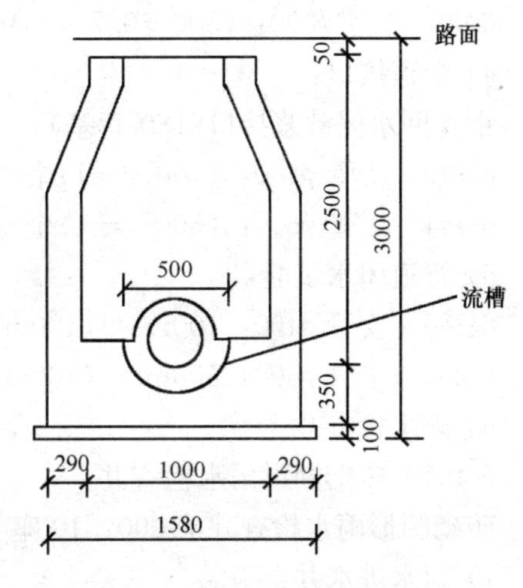

图 2-62 检查井立面示意图

$V_{进水井}=1.26\times0.96\times1.2\times20m^3=29.03m^3$

干管(*DN*600)管道及基础所占体积：

$$V_{干,2}=\left[0.9\times(0.1+0.35)+\frac{1}{2}\times3.14\times0.35^2\right]\times500m^3$$
$$=298.66m^3$$

$$V_{支,2}=\left[0.63\times(0.1+0.35)+\frac{1}{2}\times3.14\times0.235^2\right]\times100m^3$$
$$=37.02m^3$$

回填土方量为：

$$V_{回填}=(4443.38+217.20-26.73-29.03-298.66-37.02)m^3$$
$$=33.81(100m^3)$$

余土弃置：$V_{弃}$＝总土方量－回填土方＝$(44.43+2.17-33.81)m^3=12.79(100m^3)$

【注释】 (0.9＋2×0.5＋0.33(沟槽的放坡系数)×3)×3(开挖方的深度)×500(干管的长度)为等边梯形等效于(0.9＋2×0.5＋0.33×3)宽度的矩形沟槽的长度乘以宽度乘以混凝土干管长度；1.025 为自然方与密实方的换算系数；(0.63＋2×0.5)×1.3×100×1.025 为支管挖方长度以高度乘以支管的总长度乘以换算系数；检查井＝0.891×3.0×10 中 3.0 是干管基础至原地面线的距离，其中，0.891 是检查井扣除干管后的投影面积，10 为十座检查井；进水井＝1.26×0.96×1.2×20 中 1.26m 为井基础的长，0.96m 为井基础的宽，1.2m 取为进水井基础到原地面线的距离，20 为进水井的数量。

注：清单计算规则与定额计算规则不同，不同之处在于：(1)土方量清单计算时是管道最大投影面积×平均挖深＋井投影面积(扣除管道)×平均挖深，而用定额计算时只考虑管道道沟开挖时的实际挖方，而且还要乘以换算系数；(2)回填土方也有各自具体的规定，清单计算不用扣除各种井的体积，而且管径在 500mm 以下的挖土方完全回填。而定额则要扣除各种井所占体积，而且管径在 200mm 以下的

管道挖土完全回填。

3）管道及基础铺设：

平接(企口)式(人机配合下管)

6-58　支管 ϕ400：100m＝1(100m)(不用扣除井的规定长度)进水井没有要求

6-60　干管 ϕ600：(500－0.7×10)m＝493m＝4.93(100m)

4）管道接口：

钢丝网水泥砂浆接口(180°管基)

6-149　支管 ϕ400：(100/2－1)个＝49 个＝4.9(10 个)

6-151　干管 ϕ600：(500/2－1)个＝249 个＝24.9(10 个)

5）管道闭水试验：

6-286　支管 ϕ400：100m＝1(100m)

6-287　干管 ϕ600：500m＝5(100m)

6）雨水检查井：

6-401　砖砌圆形雨水检查井

砖砌圆形雨水检查井 ϕ1000：10 座

7）雨水进水井：

6-532　砖砌雨水进水井　单平箅(680×380)：20 座

6-1347　井深 4m 以内　木制

8）检查井脚手架：

4m 以内的井字架：10 座

9）模板工程量：

6-1304 管座(复合木模)

① 干管管座模板：

0.45×493×2m^2＝443.7m^2＝4.44(100m^2)

“0.45”是管座的高，“493”是干管的铺设长度，“2”是指对称的两边。

6-1304 管座(复合木模)

② 支管管座模板：

0.45×100×2m^2＝90m^2＝0.90(100m^2)

6-1251　混凝土基础垫木模

③检查井井底基础模板：

3.14×1.58×0.1×10m^2＝4.96m^2

6-1309 井底流槽(木模)

④ 检查井井底流槽模板：

3.14×0.5^2×10m^2＝7.85m^2＝0.08(100m^2)

“0.5”为检查井半径。

6-1251 混凝土基础垫层(木模)

⑤ 雨水进水井基础模板：

(1.26＋0.96)×2×0.1×20m^2＝8.88m^2

“(1.26＋0.96)×2”是基础投影矩形的周长，“0.1”为井基础的高。

10)(沟槽开挖深度在 6m 以内)轻型井点安装工程量(如图 2-63 所示):

在干管双侧沿线布置轻型井点，井点相隔 1.2m(上海定额)，使用时间 22 天，共 $2\times\left(\frac{500}{1.2}+1\right)$根＝835.3 根≈835 根≈83.5(10 根)，共 17 套(50 根为一套)。

支管因挖深较浅，不布置轻型井点。

图 2-63 轻型井点布置示意图

项目编码：040303001

项目名称：混凝土垫层

项目编码：040305001

项目名称：垫层

【例 59】 沉井工程量的计算

某圆形雨水泵站的预制钢筋混凝土沉井结构如图 2-64 所示，计算沉井垫木，刃脚黄砂垫层、素混凝土垫层的工程量。

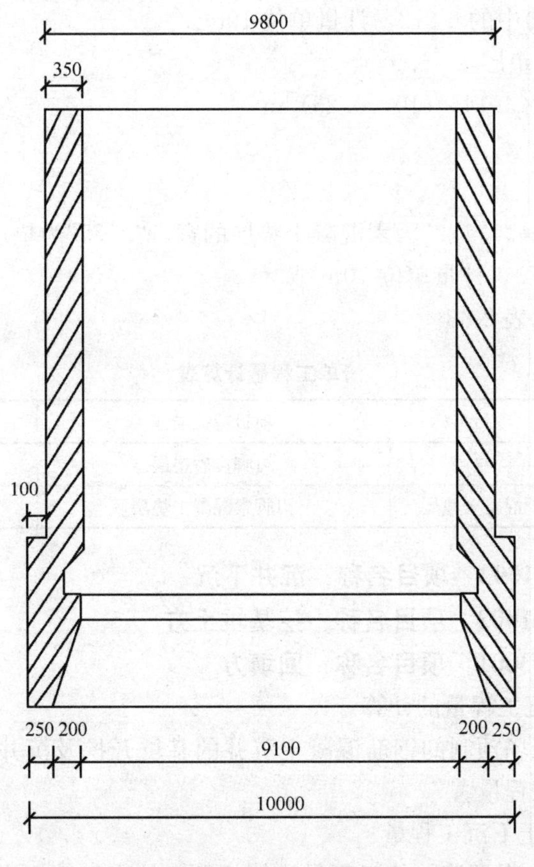

图 2-64 沉井立面图

【解】 如图 2-64 所示，沉井外半径 9800/2mm，内半径 9100/2mm，刃脚外半径 10000/2mm，沉井壁厚 350mm。

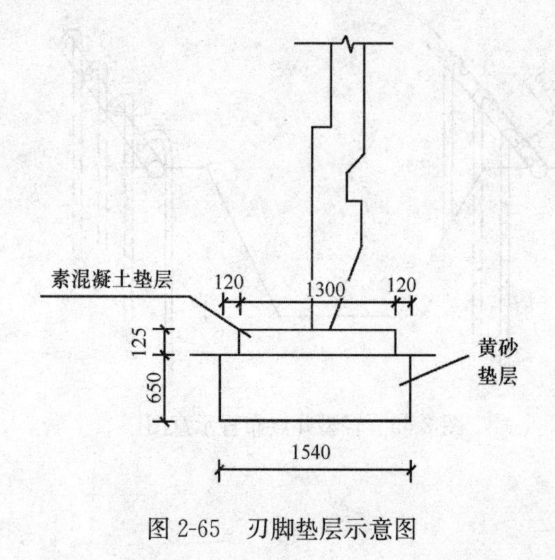

图 2-65 刃脚垫层示意图

如图 2-65 所示是刃脚砂垫层与素混凝土垫层的示意图。

（1）沉井垫木：

沉井垫木按刃脚中心线的周长计算。

$L=(10-0.25)\times3.14\text{m}$

$=30.615\text{m}$

$=0.31(100\text{m})$

注：套用 1999 年全国统一市政工程定额中的 6-870，计量单位 100m。

（2）刃脚黄砂垫层：

$V_{砂}=1.54\times0.65\times3.14\times(10-0.25)\text{m}^3$

$=1.54\times0.65\times3.14\times9.75\text{m}^3$

$=30.65\text{m}^3$

$=3.1(10\text{m}^3)$

注："1.54"为垫层的宽，"0.65"为垫层的高，(10－0.25)为垫层中心圆的直径。

套用定额(1999 年)中的 6-872，计量单位 10m^3。

(3) 刃脚素混凝土垫层：

$V=[0.125\times1.3\times3.14\times(10-0.25)]\text{m}^3$

$=4.97\text{m}^3$

$=0.50(10\text{m}^3)$

套"0.125"为垫层高，"1.3"为素混凝土垫层的宽，"9.75"为垫层中心圆的直径。

套用定额中的 6-873，计量单位 10m^3。

清单工程量计算见表 2-63。

清单工程量计算表　　表 2-63

序号	项目编码	项目名称	项目特征描述	计量单位	工程量
1	040305001001	垫层	刃脚黄砂垫层	m^3	30.65
2	040303001001	混凝土垫层	刃脚素混凝土垫层	m^3	4.97

项目编码：040601002　项目名称：沉井下沉

项目编码：040101003　项目名称：挖基坑土方

项目编码：040103001　项目名称：回填方

【例 60】 沉井下沉工程量的计算。

某圆形雨水泵站现场预制的钢筋混凝土沉井的基坑开挖及沉井下沉示意图如图 2-66 所示，求沉井下沉的工程量。

【解】 (1)沉井挖土下沉工程量

1) 清单计价计算：根据清单的工程量计算规则，按自然面标高至设计垫层底标高间的高度乘以沉井外壁最大断面面积以体积计算，单位是 m^3。故：

$$V_{清}=(1.6+3.9)\times\left(\frac{9.8+0.2}{2}\right)^2\times3.14\text{m}^3=5.5\times10^2\times3.14\times\frac{1}{4}\text{m}^3=431.75\text{m}^3$$

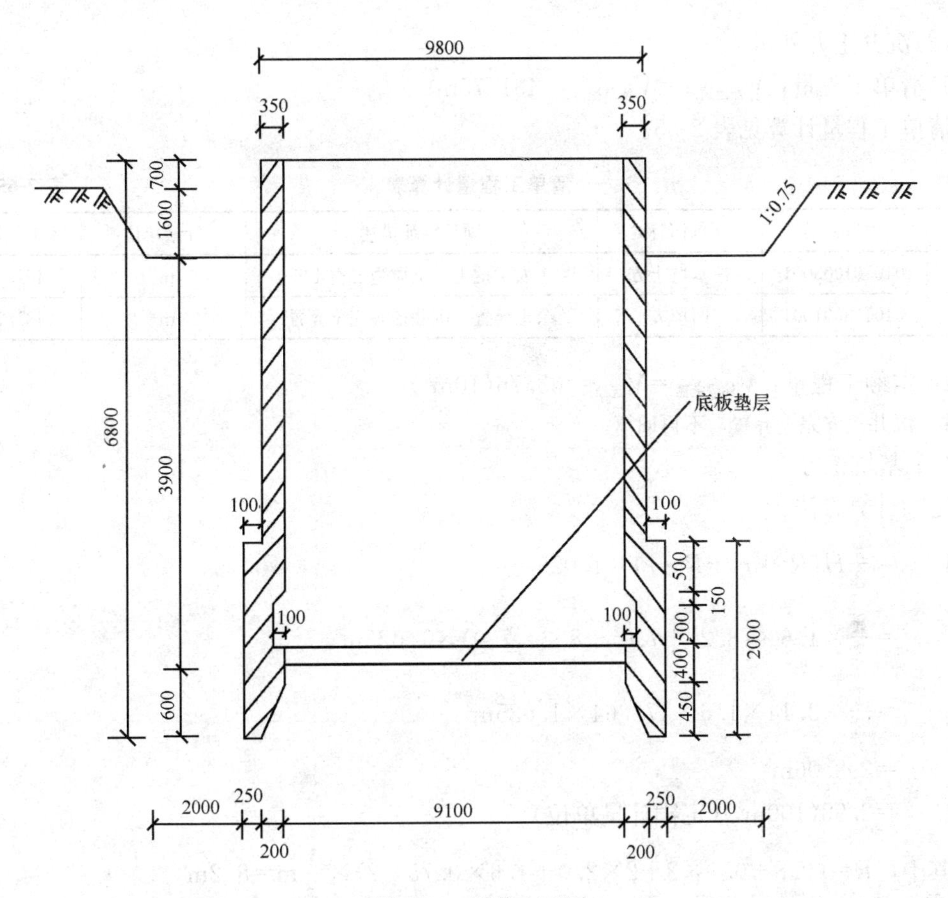

图 2-66　沉井立面图

式中$\left(\frac{9.8+0.2}{2}\right)^2\pi$是最大井外壁投影面积。

清单工程量计算见表 2-64。

清单工程量计算表　　　　**表 2-64**

项目编码	项目名称	项目特征描述	计量单位	工程量
040601002001	沉井下沉	下沉深度 5.5m	m^3	431.75

2)定额计算：沉井挖土套用的定额各个地区可以不同，这里选用上海市定额计算规则进行计算。沉井挖土量按沉井外壁间(即刃脚外壁)的面积乘以沉井下沉深度计算。沉井下沉深度指沉井基坑底土面至设计垫层底面之间距离再加 2/3 垫层底面与刃脚踏面间距离。

下沉深度：$H=(3.9+2/3\times0.6)\text{m}=4.3\text{m}$

6-883　人工挖土二类土质

$$V_{定额}=4.3\times\frac{1}{4}\times3.14\times(9.8+0.2)^2\text{m}^3$$

$$=\frac{1}{4}\times4.3\times3.14\times10^2\text{m}^3$$

$$=337.55\text{m}^3$$

$$=33.76(10\text{m}^3)$$

(2)沉井土方外运

1)清单工程量：$V_{外运清单}=V_{清单挖方}=431.75\text{m}^3$

清单工程量计算见表 2-65。

清单工程量计算表　　　　表 2-65

序号	项目编码	项目名称	项目特征描述	计量单位	工程量
1	040101003001	挖基坑土方	人工挖土，土质为二类土	m^3	431.75
2	040103001001	回填方	余土弃置，沉井挖方完全弃置	m^3	431.75

2) 定额工程量：$V_{外运定额}=V_{定额}=33.76(10\text{m}^3)$

注：沉井挖方完全弃置，不再回填。

(3) 基坑挖方

定额计算方法：

$$V_{土方}=\frac{\pi}{3}H(R^2+r^2+R\cdot r)\times1.025$$

$$=\frac{\pi}{3}\times1.6\times(8.2^2+7.0^2+8.2\times7.0)\times1.025\text{m}^3$$

$$=\frac{1}{3}\times3.14\times1.6\times173.64\times1.025\text{m}^3$$

$$=298.06\text{m}^3$$

$$=2.98(100\text{m}^3)(定额计量单位)$$

其中，$R=(9.8+0.1\times2+2\times2.0+1.6\times0.75\times2)\times\frac{1}{2}\text{m}=8.2\text{m}$

$r=(4.9+2.0+0.1)\text{m}=7.0\text{m}$

(4) 基坑回填土

定额计算方法：

$$V_{回填}=(298.06-1.6\times3.14\times4.9^2)\text{m}^3$$

$$=(298.06-120.63)\text{m}^3$$

$$=177.43\text{m}^3=1.77(100\text{m}^3)$$

(5) 余方弃置

套用上海市定额，基坑挖土土方按 75％直接装车外运，25％按场内运输；沉井挖土为直接装车全部外运，基坑土方外运：$298.06\times75\%\text{m}^3=223.55\text{m}^3=2.24(100\text{m}^3)$

基坑场内运输：$298.06\times25\%\text{m}^3=74.52\text{m}^3=0.75(100\text{m}^3)$

回填土场内运输：$177.43\text{m}^3=1.77(100\text{m}^3)$

注：本例中基坑土方外运，没有包含开槽挖土方，也即刃脚黄砂垫层的土方，实际上应该包含这一部分，结合例 23，基坑土方外运应为：$(298.06+30.65)\times75\%=328.71\times75\%\text{m}^3=246.53\text{m}^3$，场内运输应为：$(298.06+30.65)\times25\%\text{m}^3=328.71\times25\%\text{m}^3=82.18\text{m}^3$。基坑挖方中 1.025 为自然方与密实方的换算系数。

(6) 沉井井壁灌砂

1) 套用全国统一定额 6-871，计量单位 10m^3

$V=\pi DSH=3.14\times(9.8+0.1)\times0.1\times(6.8-0.7-1.6-2)\text{m}^3$

$=3.14\times9.9\times0.1\times2.5\text{m}^3$

$=7.77\text{m}^3=0.78(10\text{m}^3)$

2) 清单计算：$V=\pi DSH=3.14\times9.9\times0.1\times2.5\text{m}^3$

$=7.77\text{m}^3$

计量单位为 m^3。

(7) 刃脚工程量(如图 2-67 所示)：

刃脚采用混凝土现浇而成，其工程量的计算在清单计价规范和定额计算规范中相同，只是计量单位不同。现计算如下：

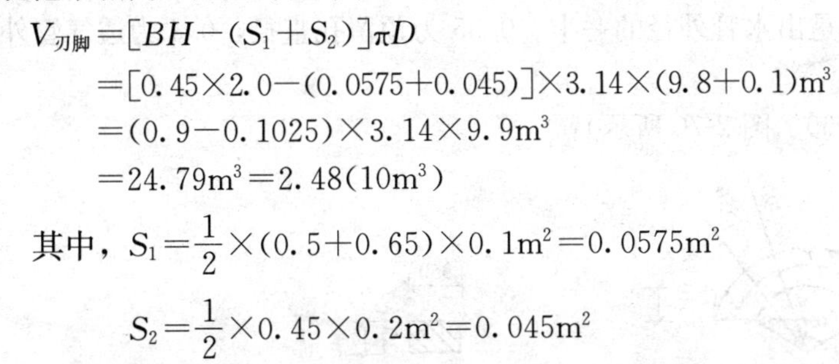

图 2-67　刃脚示意图

$V_{刃脚}=[BH-(S_1+S_2)]\pi D$

$=[0.45\times2.0-(0.0575+0.045)]\times3.14\times(9.8+0.1)\text{m}^3$

$=(0.9-0.1025)\times3.14\times9.9\text{m}^3$

$=24.79\text{m}^3=2.48(10\text{m}^3)$

其中，$S_1=\frac{1}{2}\times(0.5+0.65)\times0.1\text{m}^2=0.0575\text{m}^2$

$S_2=\frac{1}{2}\times0.45\times0.2\text{m}^2=0.045\text{m}^2$

套用全国统一市政定额中 6-879 刃脚，建设工程工程量清单中 040601001，现浇混凝土沉井井壁及隔墙。

项目编码：040601001　项目名称：现浇混凝土沉井井壁及隔墙

【例 61】 沉井井壁工程量计算。

某雨水泵站的圆形沉井的立面图如图 2-68 所示，求沉井井壁的工程量。已知沉井有一个直径为 1200mm 的出水管预留孔，2000mm×1500mm 的箱涵预留孔和直径为 800mm

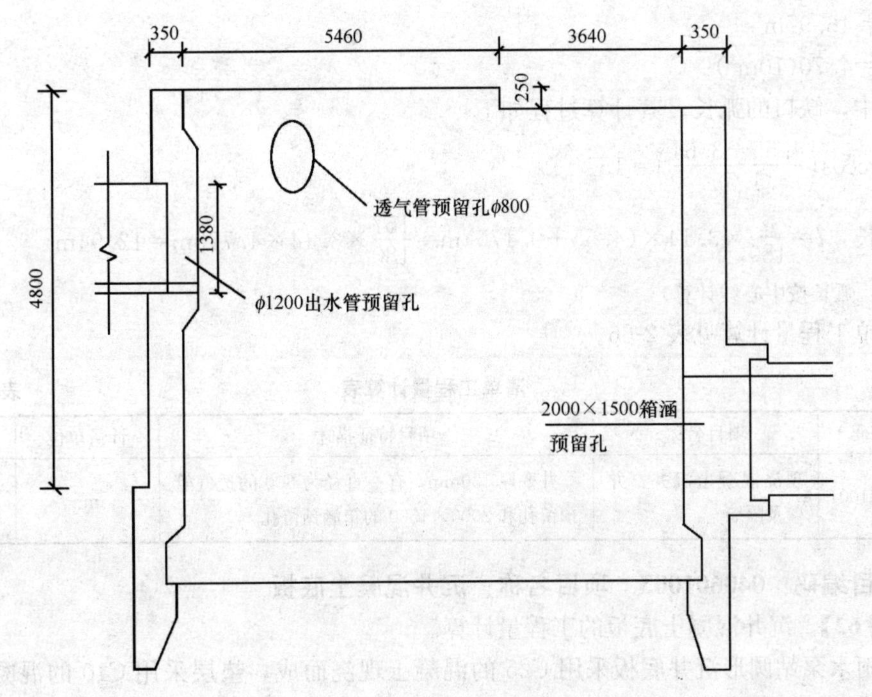

图 2-68　沉井立面图

的透气管预留孔。

【解】 井壁工程量应扣除各种预留孔的体积。

（1）井壁预留孔封堵

V ＝出水管预留孔＋进水管箱涵预留孔＋透气管预留孔

＝$(3.14\times0.69^2\times0.35+2.0$(预留孔的截面长度)$\times1.5$(预留孔的截宽度)$\times0.35+3.14\times0.4^2\times0.35)\mathrm{m}^3$

＝$(0.523+1.05+0.176)\mathrm{m}^3$

＝$1.749\mathrm{m}^3$

【注释】 其中，“0.69”是出水管外径的一半。0.35为预留孔直径，0.4为透气管外径的一半。

（2）井壁工程量（如图2-69、图2-70所示）：

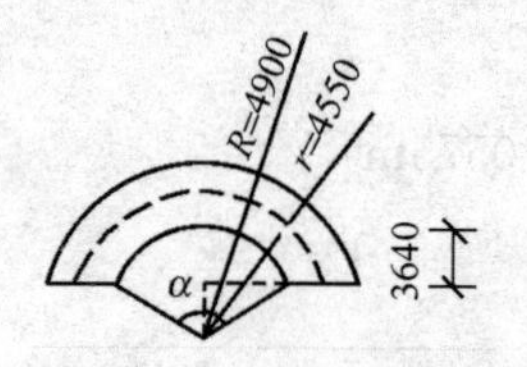

图2-69 计算示意图　　　图2-70 断面图

350
250

套用清单项目编码：040601001，现浇混凝土沉井井壁及隔墙，全国统一定额6-874，厚度50cm以内井壁及隔墙，计量单位为$10\mathrm{m}^3$。

$V=BH\pi d$－预留孔－缺口

＝$[0.35\times4.8\times3.14\times(9.1+0.35)-1.749-0.35\times0.25\times12.93]\mathrm{m}^3$

＝$(49.85-1.749-1.131)\mathrm{m}^3$

＝$46.97\mathrm{m}^3$

＝$4.70(10\mathrm{m}^3)$

其中，缺口的弧长，其计算过程如下：

$$2\arccos\left(\frac{4.55-3.64}{4.55}\right)=157^\circ$$

弧长：$l=\frac{\alpha}{180}\times3.14\times(4.55+0.175)\mathrm{m}=\frac{157}{180}\times3.14\times4.725\mathrm{m}=12.94\mathrm{m}$

（注：弧长按中心线计算）

清单工程量计算见表2-66。

清单工程量计算表　　　　**表2-66**

项目编码	项目名称	项目特征描述	计量单位	工程量
040601001001	现浇混凝土沉井、井壁及隔墙	井壁厚350mm，有一直径为800的透气管预留孔和2000×1500的箱涵预留孔	m^3	46.97

项目编码：040601003　项目名称：沉井混凝土底板

【例62】 沉井混凝土底板的工程量计算。

某雨水泵站圆形沉井底板采用C25的混凝土现浇而成，垫层采用C10的混凝土现浇而成，垫层及底板的尺寸如图2-71所示，求其工程量。

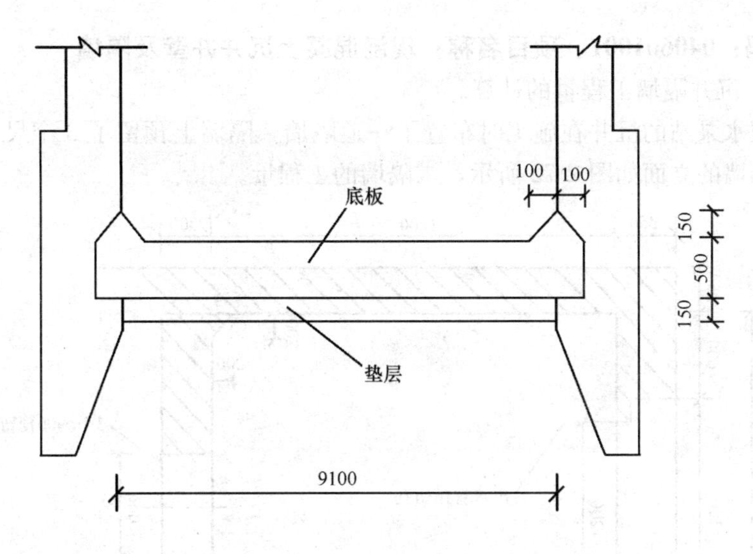

图 2-71　底板示意图

【解】（1）垫层工程量

套用清单计价规范中 040601003，沉井混凝土底板，单位 m^3，全国统一市政工程定额中6-873，混凝土垫层，计量单位为 $10m^3$，计算方法两者相同。

$$V=3.14\times0.15\times\frac{1}{4}\times9.1^2m^3=9.75m^3=0.975(10m^3)$$

（2）C25 混凝土底模板工程量

套用清单计价规范中 040601003，沉井混凝土底板，单位 m^3，全国统一市政工程定额中6-876，底板(厚度 50cm 以内)，单位：$10m^3$。工程量计算方法相同。

$$V=\left[3.14\times\frac{1}{4}\times(9.1+0.2)^2\times0.5+\frac{1}{2}\times0.15\times0.2\times3.14\times9.1\right]m^3$$

$$=(33.95+0.4286)m^3$$

$$=34.38m^3=3.44(10m^3)$$

【注释】 $3.14\times0.15\times\frac{1}{4}\times9.1^2$ 为垫层的截面积乘以厚度，其中 0.15 为垫层的厚度，9.1 为垫层的直径；$3.14\times\frac{1}{4}\times(9.1+0.2)^2\times0.5$ 为(0.5 厚度部分)的底板的截面积乘以厚度，其中 9.1+0.2 为圆底板的直径；$\frac{1}{2}\times0.15$(小三角形的截面高度)$\times0.2$(小三角形的截面底宽度)为底板的上部小三角形的面积，3.14×9.1 为三角形的长度；工程量计算规则按设计图示尺寸以体积计算。

清单工程量计算见表 2-67。

清单工程量计算表　　　　**表 2-67**

序号	项目编码	项目名称	项目特征描述	计量单位	工程量
1	040601003001	沉井混凝土底板	混凝土垫层，厚 150mm	m^3	9.75
2	040601003002	沉井混凝土底板	沉井混凝土底板，厚度 50cm 以内	m^3	34.38

项目编码：040601001　项目名称：现浇混凝土沉井井壁及隔墙

【例 63】 沉井隔墙工程量的计算。

某圆形雨水泵站的沉井在施工时布置了一道隔墙，隔墙上预留了 3 个尺寸为 ϕ900 的圆孔，沉井隔墙的立面如图 2-72 所示，求隔墙的工程量。

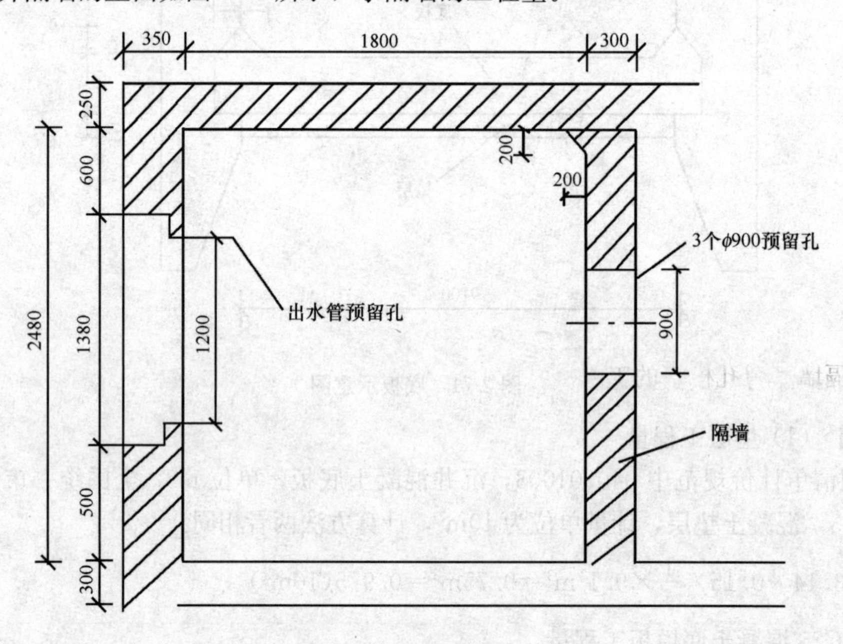

图 2-72　沉井隔墙示意图

【解】 (1) 隔墙混凝土工程量

套用清单计价规范中 040601001，现浇混凝土沉井井壁及隔墙，单位 m³，套用全国统一定额中 6-874，井壁及隔墙(厚度 50cm 以内)，计量单位为 10m³。

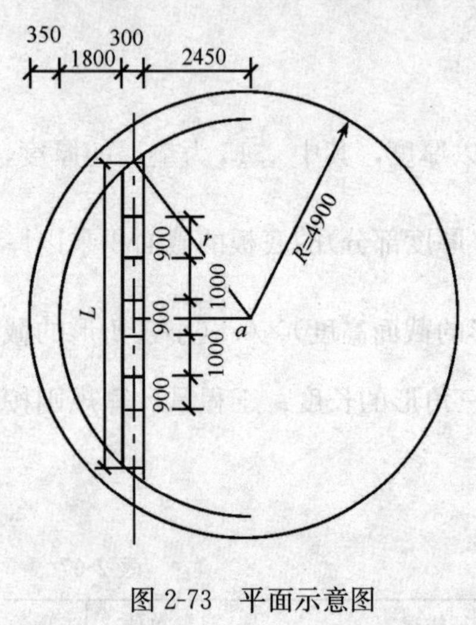

图 2-73　平面示意图

如图 2-72 所示，隔墙高度为 2.48m，隔墙长度的计算如下，如图 2-73 所示，R=4900mm，r=4550mm。

a=(2.45+0.15)m=2.6m

$L=2\sqrt{r^2-a^2}$

$=2\sqrt{4.55^2-2.6^2}$m

=7.47m，墙的长度是 7.47m，(按中心线计算)

隔墙混凝土的工程量为：

$V=BHL$−预留孔

=(0.3×2.48×7.47−3×3.14×0.45²×0.3)m³

=(5.56-0.57)m³

=4.99m³

=0.50(10m³)

【注释】 其中 0.45 为预留孔的半径，0.3 为隔墙的厚度。工程量计算规则按设计图示尺寸以体积计算。

清单工程量计算见表 2-68。

清单工程量计算表　　　　**表 2-68**

项目编码	项目名称	项目特征描述	计量单位	工程量
040601001001	现浇混凝土沉井井壁及隔墙	圆形泵站，隔墙上预留尺寸为 ϕ900 的圆孔	m^3	4.99

(2) 隔墙模板的工程量

$S = L \times H \times 2 +$ 加强角(扩大角)面积 − 预留孔面积

$= (7.47 \times 2.48 \times 2 + \sqrt{0.2^2 + 0.2^2} \times 7.47 - 3 \times 3.14 \times 0.45^2 \times 2) m^2$

$= (37.05 + 0.28 \times 7.47 - 3.82) m^2$

$= 35.32 m^2$

(3) 隔墙预留孔模板的工程量

$S = \pi D \delta \times 3$

$= 3.14 \times 0.9 \times 0.3 \times 3 m^2$

$= 2.54 m^2$

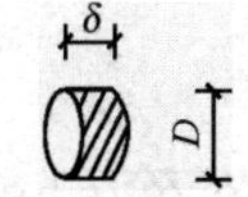

图 2-74　计算示意图

注：隔墙预留孔的模板是一个圆环的表面积如图 2-74 所示，“3”是 3 个。

【例 64】 沉井施工其他工程量的计算。

某圆形雨水泵站的沉井深 6.8m，根据定额，采用喷射井点降水，沉井的相关尺寸如图 2-75 所示，求井点降水，堆料场地，铺筑施工便道的工程量。

【解】 (1)井点安装工程量由图 2-75 知，沉井外壁直径(不计刃脚凸口)为 9.8m，根据定额相关规定(上海市)“泵站沉井井点按沉井外壁直径(不加刃脚与外壁的凸口厚度)加 4m 作环状布置”，则本例喷射井点安装工程量为：

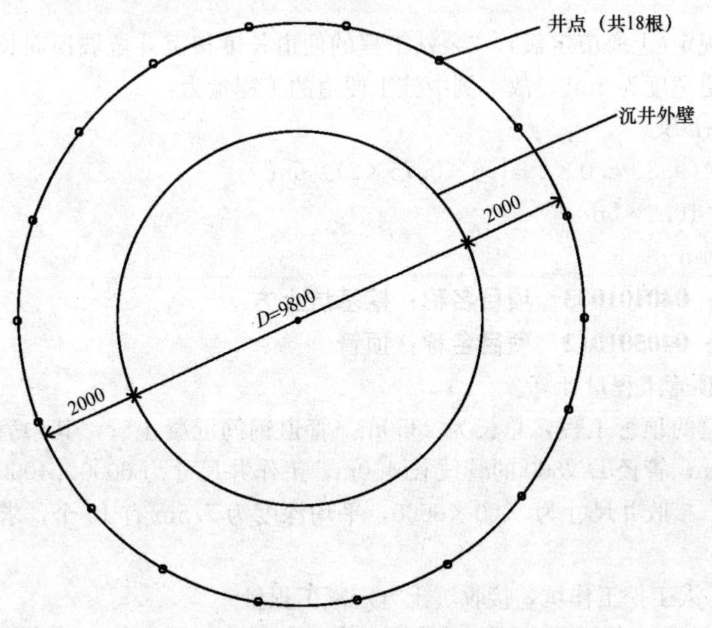

图 2-75　沉井井点布置图

$\pi(D+4)/2.5=3.14\times(9.8+4)/2.5$ 根 $=17.3$ 根 ≈18 根

式中 2.5 指定额中规定的一套井点设备的井点间距为 2.5m。

(2) 井点拆除工程量

井点拆除工程量等于井点安装工程量为 18 根。

(3) 喷射井点使用工程量

根据定额规定（上海市）"沉井内径 $D\leqslant15$m 时，井点使用周期为 50 套·天；当内径 $D>15$m 时，井点使用周期为 55 套·天"。对于本例 $D=9.8<15$m，故井点使用工程量为 50 套·天。

(4) 堆料场地工程量

根据定额（上海市定额）规定，"沉井内径 $D<20$m 或矩形面积 $S<300\text{m}^2$ 的泵站，堆场面积取为 500m^2。""沉井内径 $D\geqslant20$m 或矩形面积 $S\geqslant300\text{m}^2$ 的泵站，堆场面积为 1000m^2。"本例沉井内径为 9.1m<20m，故堆场面积应为 500m^2。

(5) 施工便道工程量（如图 2-76 所示）

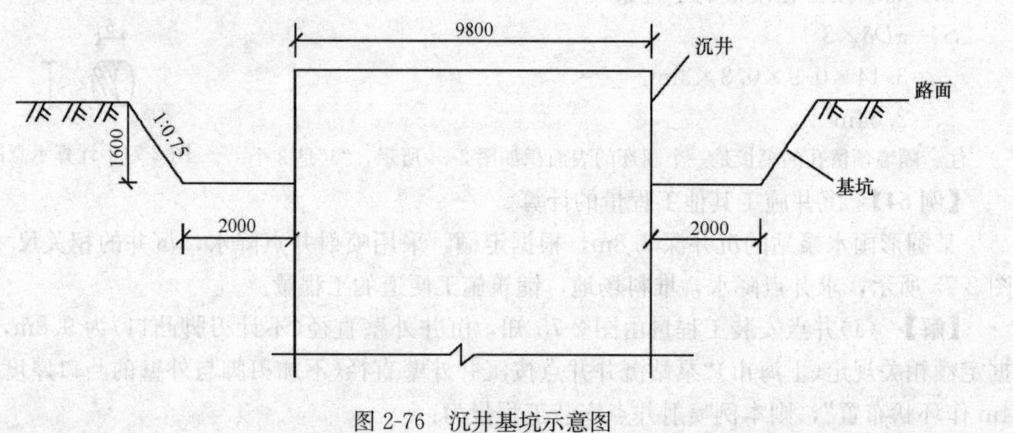

图 2-76 沉井基坑示意图

根据定额规定（上海市定额），"泵站工程的便道长度按沉井坑坡顶周长计算"，"泵站沉井工程的便道宽度为 5m"。故本例中施工便道的工程量为：

$S=LB=\pi DB$

$=3.14\times(9.8+2.0\times2+1.6\times0.75\times2)\times5\text{m}^2$

$=3.14\times16.2\times5\text{m}^2$

$=254.34\text{m}^2$

项目编码：040101003　项目名称：挖基坑土方

项目编码：040501012　项目名称：顶管

【例 65】 顶管工程量计算。

某排水管道的顶管工程，总长为 2350m，管道钢筋混凝土管，其中管径为 $DN1200$ 的管线长 1900m，管径 $DN800$ 的管线长 450m，工作井尺寸为 6000×4000，平均深度为 7.5m 有 10 个；接收井尺寸为 5000×3000，平均深度为 7.5m 有 15 个，求顶管工程相关的工程量。

【解】 (1) 人工挖工作坑，接收坑土方定额工程量

工作井土方量，套用全国统一定额 6-700，挖土方（深度 8m 以内），计量单位

为 100m³。

$V=6.0\times4.0\times7.5\times10m^3=1800m^3=18.00(100m^3)$

接收井土方量，套用全国统一定额 6-700，挖土方（深度 8m 以内），计量单位为 100m³。

$V=5.0\times3.0\times7.5\times15m^3=1687.5m^3=16.88(100m^3)$

清单工程量同定额工程量

(2) 顶管工程量

根据全国统一市政工程定额规定，“各种材质管道的顶管工程量，按实际顶进长度，以延长米计算。”本例工程量为

*DN*1200 的管道：1900m＝190.00(10m)

套用定额 6-747，计量单位为 10m。

*DN*800 的管道：450m＝45.00(10m)

套用定额 6-744，计量单位为 10m。

套用清单计价规范中的 040501012，顶管，计量单位为 m。

注：不同地区定额中的工程量计算内容和规则稍有不同。例如上海市顶管长度的计算方法是按相邻井壁内侧之间的长度加 0.6m 计算。如下例：

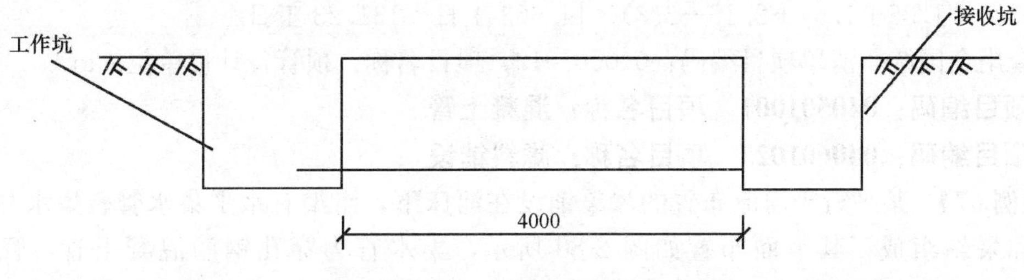

图 2-77 顶进示意图

如图 2-77 所示，工作井与接收井井壁内侧之间的长度为 4m，加上 0.6m 为 4.6m。“顶管长度”与“顶进长度”不同。

(3) 顶进后座工程量

套用全国统一定额 6-712，钢筋混凝土后座，计量单位为 10m³，工作坑宽 4m，如图 2-78 所示。工程量为：

$V=0.2\times0.45\times4\times10m^3=3.6m^3=0.36(10m^3)$

清单工程量同定额工程量

清单工程量计算见表 2-69。

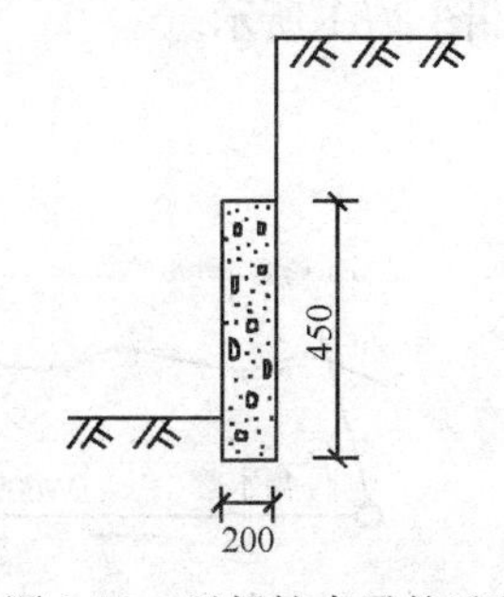

图 2-78 无板桩支承的后座

清单工程量计算表 表 2-69

序号	项目编码	项目名称	项目特征描述	计量单位	工程量
1	040501012001	顶管	钢筋混凝土管，*DN*1200	m	1900.00
2	040501012002	顶管	钢筋混凝土管，*DN*800	m	450.00
3	040101003001	挖基坑土方	人工挖工作坑，深度 8m 以内	m³	1800.00
4	040101003002	挖基坑土方	挖接收井土方量，深度 8m 以内	m³	1687.50
5	040101003003	挖基坑土方	钢筋混凝土后座，工作坑宽为 4m	m³	3.60

【例 66】 中继间工程量计算。

某钢管顶管工程管径为 ϕ2000，总长度为 196m，设置四级中继间顶进，如图 2-79 所示，计算顶进总人工工日数。

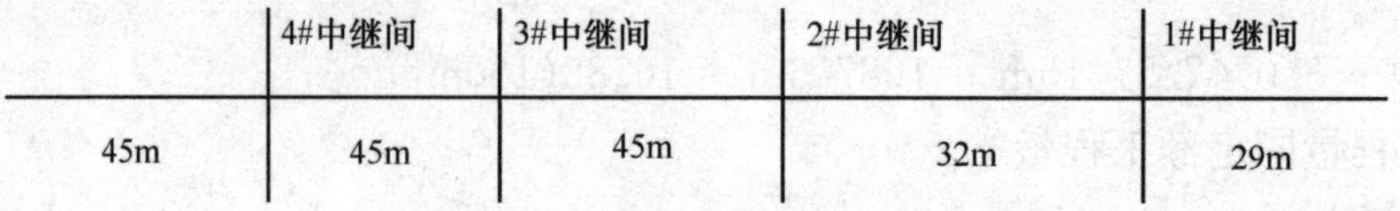

4#中继间 3#中继间 2#中继间 1#中继间

45m 45m 45m 32m 29m

图 2-79 四级中继间顶进示意图

【解】 根据全国统一市政工程定额，顶管采用中继间顶进时，顶进定额中的人工费与机械费乘以相应的系数分级计算，见表 2-70。

表 2-70

中继间顶进	一级顶进	二级顶进	三级顶进	四级顶进
人工费、机械费调整系数	1.36	1.64	2.15	2.80

查定额 6-725 知，管径在 2000mm 以内时，综合人工为 14.663 工日。则顶进总人工数为：

(1.0＋1.36＋1.64＋2.15＋2.8)×14.663 工日＝131.23 工日

套用全国统一清单项目编码：040501012，项目名称：顶管，计量单位：m

项目编码：040501001 项目名称：混凝土管

项目编码：040601025 项目名称：滤料铺设

【例 67】 某平行于河流布置的渗渠铺设在河床下，渗渠有水平集水管、集水井、检查井和泵站组成，其平面布置如图 2-80 所示，集水管为穿孔钢筋混凝土管，管径为 600mm，其上布置圆形孔径。集水管外铺设人工反滤层，反滤层的层数、厚度和滤料粒径如图 2-81 所示。

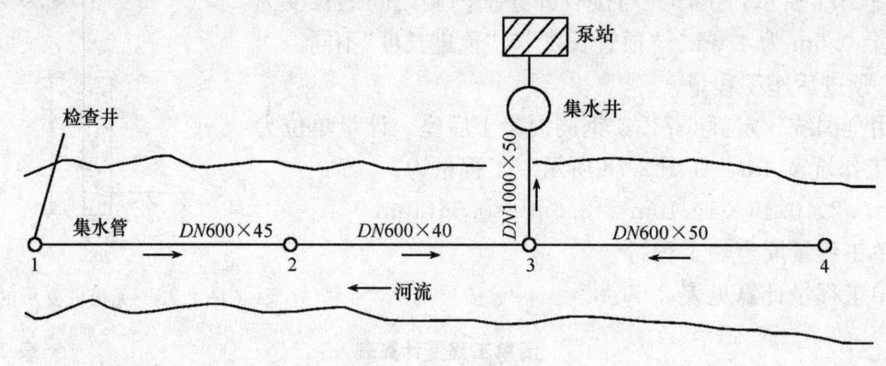

图 2-80 渗渠平面图

【解】 (1) 清单工程量

项目编码：040501001001 项目名称：混凝土管(*DN*600)

计量单位：m

管道铺设工程量：(45＋40＋50)m＝135m

项目编码：040501001002 项目名称：混凝土管(*DN*1000)

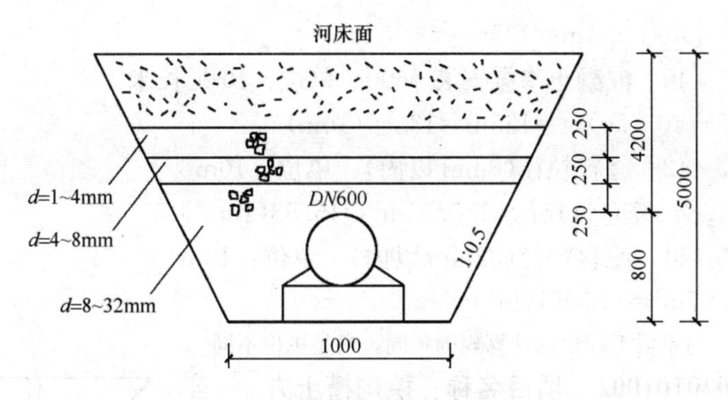

图 2-81　集水管断面图

计量单位：m

管道铺设工程量：50m

项目编码：040601025001　项目名称：滤料铺设(粒径在 1～4mm)

计量单位：m^3

铺设工程量：$V=(1+2\times1.3\times0.5+0.5\times0.25)\times0.25\times135m^3$

$=81.84m^3$

项目编码：040601025002　项目名称：滤料铺设(粒径在 4～8mm)

计量单位：m^3

铺设工程量：$V=(1+2\times1.05\times0.5+0.5\times0.25)\times0.25\times135m^3$

$=73.41m^3$

项目编码：040601025003　项目名称：滤料铺设(粒径在 8～32mm)

计量单位：m^3

铺设工程量：$V=(1+2\times0.8\times0.5+0.5\times0.25)\times0.25\times135m^3$

$=64.97m^3$

【注释】 $(1+2\times1.3\times0.5+0.5\times0.25)\times0.25$(梯形的高度)$\times135$(管道铺设的长度)为粒径在 1～4mm 滤料铺设的梯形截面积乘以高度乘以管道铺设的长度，其中 $1+2\times1.3\times0.5$ 为梯形上底长度，$1+2\times1.3\times0.5+0.5\times0.25\times2$ 为梯形下底长度，0.5 为坡度系数。

分部分项工程量清单见表 2-71。

分部分项工程量清单　　表 2-71

序号	项目编码	项目名称	项目特征描述	计量单位	工程数量
1	040501001001	混凝土管	钢筋混凝土管 *DN*600	m	135.00
2	040501001002	混凝土管	钢筋混凝土管 *DN*1000	m	50.00
3	040601025001	滤料铺设	粒径在 1～4mm	m^3	81.84
4	040601025002	滤料铺设	粒径在 4～8mm	m^3	73.41
5	040601025003	滤料铺设	粒径在 8～32mm	m^3	64.97

(2) 定额工程量

定额编号：5-438　混凝土渗渠制作 $\phi600$　单位：延长米

工程量：(45＋40＋50)m＝135m

定额编号：5-440　混凝土渗渠安装 ϕ600　单位：10 延长米

工程量：(45＋40＋50)m＝135m＝13.50(10m)

定额编号：5-442　滤料粒径(8mm 以内)　单位：$10m^3$

工程量：$(81.84+73.41)m^3=155.25m^3=15.53(10m^3)$

定额编号：5-444　滤料粒径(32mm 以内)　单位：$10m^3$

工程量：$64.97m^3=6.50(10m^3)$

注：清单工程量与定额工程量的计算规则相同，只是单位不同。

项目编码：040101002　项目名称：挖沟槽土方

【例 68】 某箱涵长为 125m，沟槽挖方平均深度为 4.9m，坡比 $k=1$，箱涵结构宽度 $a=5.5$m，工作面宽度$c=0.5$m，尺寸如图 2-82 所示，求沟槽挖方。

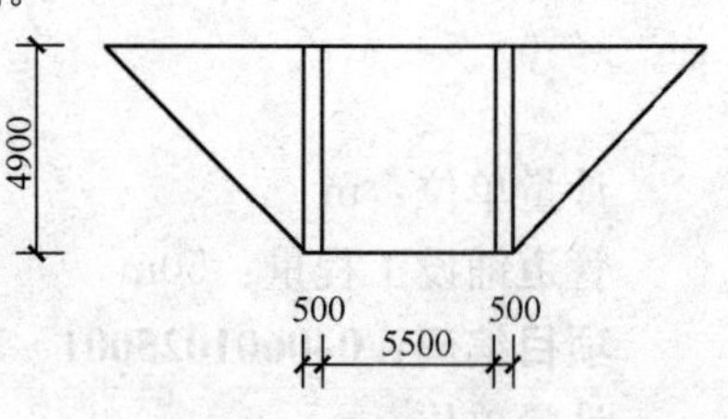

图 2-82　沟槽断面

【解】 (1) 定额工程量

沟槽挖方即沟槽需要挖出土的体积，沟槽断面为梯形，求其体积 $V=S\cdot L\times1.025$，其中 S 指梯形面积，L 指沟槽长度，1.025 是自然方与密实方的体积换算系数。

$S=[(a+2c)+(a+2c+2kH)]\times H\times\frac{1}{2}$，其中，$k$ 指坡比系数，H 指沟槽高度，代入数据得

$S=(a+2c+kH)\times H=[5.5+0.5\times2+1\times4.9]\times4.9m^2=55.86m^2$

沟槽体积可计算出来：

$V=1.025SL=1.025\times55.86\times125m^3=7157.06m^3$

即沟槽挖方为 $7157.06m^3$，以定额单位 $100m^3$ 表示为 71.57

(2) 清单工程量

此例中用清单计算规则来计算

挖方量以体积计算，按设计图示尺寸以基础垫层底面积乘以挖土深度计算，如图 2-83 所示。

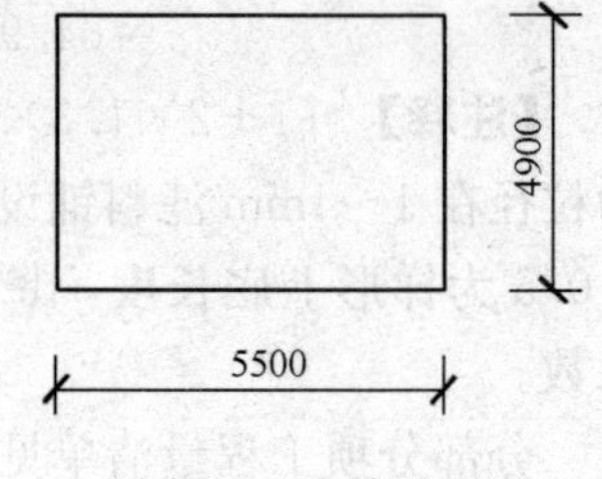

图 2-83　沟槽平面图

则 $S=5.5\times4.9m^2=26.95m^2$

其体积 $V=SL=26.95\times125m^3=3368.75m^3$

以清单表示即为 $3368.75m^3$。

清单工程量计算见表 2-72。

清单工程量计算表　　表 2-72

项目编码	项目名称	项目特征描述	计量单位	工程量
040101002001	挖沟槽土方	沟槽挖方平均深度为 4.9m	m^3	3368.75

项目编码：040103001　项目名称：回填方

项目编码：040103002　项目名称：余方弃置

【例 69】 某箱涵沟槽挖方为 $10060m^3$。箱涵各部分尺寸如图 2-84 所示，求箱涵沟槽弃方及回填方，其中箱涵沟槽长为 200m。

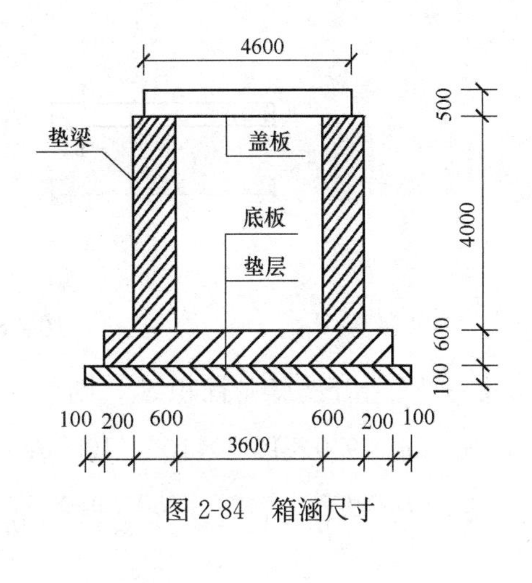

图 2-84　箱涵尺寸

【解】 沟槽弃方为图中所示阴影部分体积之和再加上箱涵净容

盖板体积：$V_1=SL$

$=4.60\times0.5\times200m^3$

$=460m^3$

底板体积：$V_2=SL$

$=(3600+1200+400)\times10^{-3}\times0.6\times200m^3$

$=624m^3$

垫层体积：$V_3=SL$

$=(3600+1200+400+200)\times10^{-3}\times0.1\times200m^3$

$=108m^3$

垫梁共两部分，各部分体积相等：$V_4=2SL=2\times4\times0.6\times200m^3=960m^3$

箱涵净容为：$V_5=3.6\times4\times200m^3=2880m^3$

则沟槽弃方：$V=V_1+V_2+V_3+V_4+V_5=5032m^3$，用定额表示为 50.32($100m^3$)

沟槽回填方为：$(10060-5032)m^3=5028m^3$，以定额 $100m^3$ 单位表示即为 50.28。

箱涵沟槽弃方为 $5032m^3$，回填方为 $5028m^3$。

【注释】 4.60(盖板的宽度)×0.5(盖板的厚度)×200(沟槽的长度)为盖板的截面面积乘以沟槽的长度；$(3600+1200+400)\times10^{-3}$为底板的长度，0.6 为底板的厚度；$(3600+1200+400+200)\times10^{-3}$为垫层的长度，0.1 为垫层的厚度；2×4×0.6×200 为两个垫梁的高度乘以厚度乘以沟槽的长度，其中 4 为垫梁的高度，0.6 为垫梁厚度；工程量按设计图示尺寸以体积计算。

清单工程量计算见表 2-73。

清单工程量计算表　　**表 2-73**

序号	项目编码	项目名称	项目特征描述	计量单位	工程量
1	040501018001	砌筑渠道	箱涵沟槽	m	200.00
2	040103001001	回填方	原土回填	m^3	5028.00
3	040103002001	余土弃置	余土弃置	m^3	5032.00
4	040101002001	挖沟槽土方	人工挖箱涵沟槽	m^3	10060.00

【例 70】 某钢筋混凝土盖板总长为 200m，平面图及其纵剖面图如图 2-85 所示，求盖板体积。

注：盖板内设气孔，气孔尺寸为 $\phi200$，断面上设 3 个气孔。

【解】 首先计算断面面积，得每米长度方向上的断面面积，结果乘以盖板宽 6m，然后换算成 200m 长盖板的净体积。

(1)每米盖板断面积由 1-1 断面图计算。

断面总面积可分为三部分，第一部分面积指上方矩形 S_1，第二部分指中间梯形面积

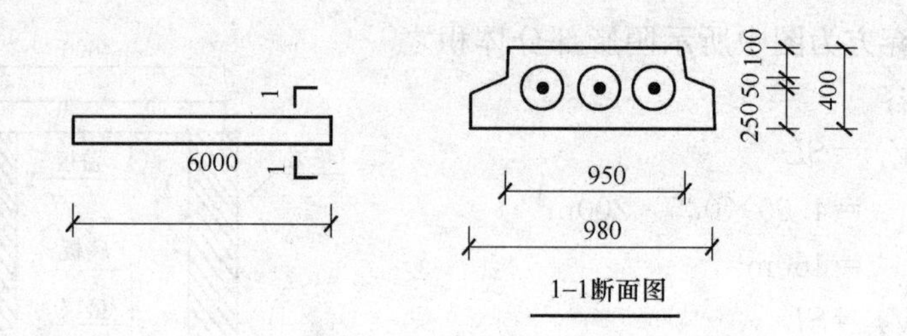

图 2-85 盖板示意图

S_2 第三部分指下方矩形面积 S_3，则：

$S_1=ab=950\times10^{-3}\times100\times10^{-3}m^2=0.095m^2$

$S_2=\left(\dfrac{a+b}{2}\right)h=10^{-3}\times\dfrac{950+980}{2}\times0.05m^2=0.048m^2$

$S_3=ab=980\times10^{-3}\times250\times10^{-3}m^2=0.245m^2$

则盖板总面积：$S=S_1+S_2+S_3=0.388m^2$

(2) 盖板净面积 S' 为 S 除去气孔面积

气孔面积：$S_4=\pi R^2=\pi\times0.1^2m^2=0.0314m^2$

三个气孔总面积：$S_5=3S_4=0.0942m^2$

$S'=S-S_5=(0.388-0.0942)m^2/m=0.2938m^2/m$

(3) 每 m 盖板面积乘以盖板宽度为：$V_6=S\times6=0.2938\times6m^3/m=1.7628m^3/m$

(4) 每 m 盖板体积乘以盖板长度即为盖板总体积

$V=V_6\times L=1.7628\times200m^3=352.56m^3$，定额中以 $10m^3$ 为单位，应为 35.26($10m^3$)。

清单计价中为 $352.56m^3$。

项目编码：040101002 项目名称：挖沟槽土方

【例 71】 某排水工程钢筋混凝土管铺设如图 2-86 所示，求混凝土管挖方及回填土方，挖沟槽土方，其中设 1 座检查井。

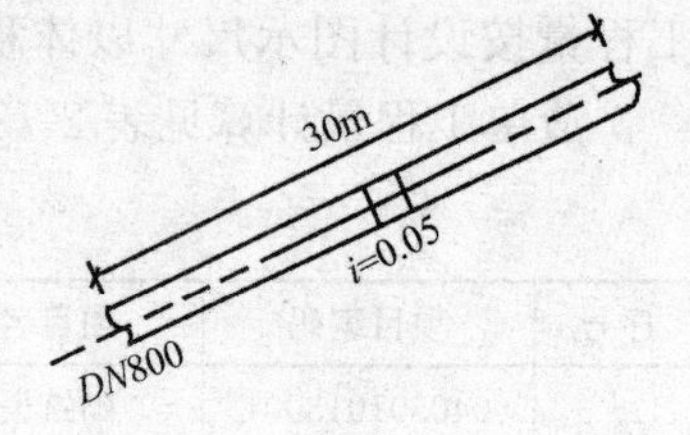

图 2-86 混凝土管铺设示意图

【解】 $DN800$ 混凝土管结构宽度为 $a=1.020m$，工作面宽度 $c=0.5m$，坡比系数为 0.05，高度为 3.5m，则挖方为沟槽断面积与总长乘积。

定额工程量计算：

(1) 沟槽断面积 S

$S=bH$，b 为沟槽宽度。

b 由混凝土管结构宽度 a，工作面宽度 c 及由于坡度面增加的宽度 d 组成。

$a=1.02m$，$c=0.5m$，$d=iH=0.05\times3.5m=0.175m$

$b=a+2c+d=(1.02+0.5\times2+0.175)m=2.195m$

$s=bH=2.195\times3.5m^2=7.6825m^2=7.68m^2$

(2) 沟槽体积即挖方工程量

$V=SL=7.6825\times30=230.48m^3$，以定额表示即为 2.30($100m^3$)

(3) 排水管沟槽回填方工程量

回填土方即扣除排水管，检查井所占的体积

管壁总厚为管径加上管径的$\frac{1}{12}$，每座检查井扣除体积为 $5m^3$。

则混凝土管所占体积为 $V_1=\left[\left(0.8+0.8\times\frac{1}{12}\times2\right)/2\right]^2\times\pi\times30m^3=20.53m^3$

$DN800$ 混凝土管的基础所占体积查定额应为 $24.84m^3/100m$，不计算垫层所占体积，考虑到 2%的运输，操作损耗。

则基础所占体积为 $V_2=\frac{24.84\times30}{1.02}\times\frac{1}{100}m^3=7.31m^3$

弃方由混凝土管，混凝管基础所占体积组成。

$V_3=V_1+V_2=(20.53+7.31)m^3=27.84m^3$

则回填土方：$V_{总}=(230.48-27.84)m^3=202.64m^3$

以定额表示为 $2.03(100m^3)$

以清单规则计算：

断面积下宽度为 1.02m，其高度为 3.5m，长度方向上 $L=30m$。

则沟槽挖方：$V=SL$。

$S=bH=1.02\times3.5m^2=3.57m^2$

$V=SL=3.57\times30m^3=107.10m^3$

清单工程量计算见表 2-74。

清单工程量计算表 表 2-74

项目编码	项目名称	项目特征描述	计量单位	工程量
040101002001	挖沟槽土方	沟槽平均深度 3.5m	m^3	107.10

项目编码：040901001 项目名称：现浇构件钢筋

【例 72】 某箱涵盖板钢筋中包括四种钢筋示意图如图 2-87 所示。

其中 $\phi16$ 钢筋每根长为 4.45m，每单位长度内含 9 根，$\phi14$ 钢筋每根长 4.88m，每单位长度内含 2 根。

$\phi10$ 钢筋每根长 2.56m，每单位长度内含 26 根。

$\phi8$ 钢筋每根长 1.35m，每单位长度内含 4 根。

盖板总长为 200m，计算各钢筋重量。

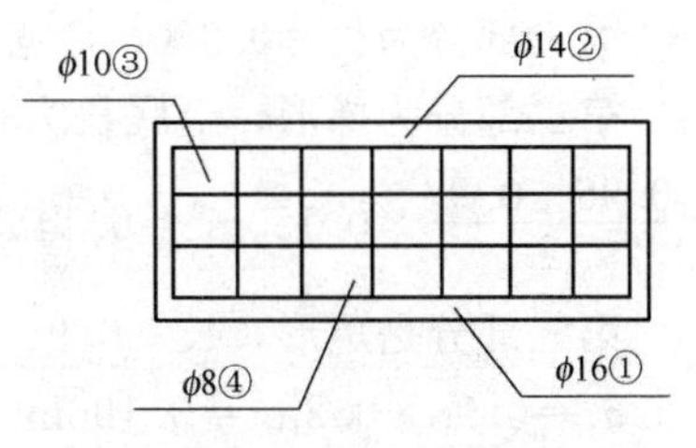

图 2-87 钢筋示意图

【解】 (1) $\phi16$ 钢筋工程量

单位长度钢筋的重量为 $\rho_1=1.58kg/m$

则总重 m_1 为钢筋总长 L_1 与单位长度钢筋重量之积

$L_0=4.45\times9m=40.05m$，之后换算成总长 $L_1=40.05\times200m=8010m$

$m_1=L_1\rho_1=8010\times1.58kg=12.656t$

(2) $\phi14$ 钢筋工程量

钢筋单位长度重量 $\rho_2=1.21kg/m$

$L_2=4.88\times2\times200m=1952m$

$m_2=L_2\rho_2=1952\times1.21kg=2.362t$

（3）$\phi 10$ 钢筋工程量

单位长度钢筋重量为 $\rho_3=0.617kg/m$

$L_3=2.56\times26\times200m=13312m$

$m_3=L_3\rho_3=13312\times0.617=8.214t$

（4）$\phi 8$ 钢筋工程量

单位长度钢筋重量 $\rho_4=0.395kg/m$

$L_4=1.35\times4\times200m=1080m$

$m_4=L_4\rho_4=1080\times0.395=0.427t$

钢筋合计约为 23.659t

清单与定额中均为 23.659t

清单工程量计算见表 2-75。

清单工程量计算表 **表 2-75**

序号	项目编码	项目名称	项目特征描述	计量单位	工程量
1	040901001001	现浇构件钢筋	箱涵盖板钢筋 $\phi 16$	t	12.656
2	040901001002	现浇构件钢筋	箱涵盖板钢筋 $\phi 14$	t	2.362
3	040901001003	现浇构件钢筋	箱涵盖板钢筋 $\phi 10$	t	8.214
4	040901001004	现浇构件钢筋	箱涵盖板钢筋 $\phi 8$	t	0.427

项目编码　040501018　项目名称：砌筑渠道

【例 73】 某箱涵盖板共 230 块，其各部分尺寸如图 2-88 所示，盖板制作完之后要填缝，每块盖板所占总宽度为 1m，试计算盖板外细石混凝土填缝量，盖板上设气孔（平面图中及立面图中未画出）。

【解】 要计算填缝的细石混凝土量，首先需计算出盖板体积，然后以每块盖板宽度为 1m 计算得出盖板总体积，而后减去第一步结果即可得细石混凝土量。

（1）计算盖板体积，由图示可知盖板断面可分为三部分：

第一部分为长＝0.960m，宽＝0.05m 的矩形，其面积 $a_1=0.960\times0.05m^2=0.048m^2$

第二部分为梯形，上底长为 0.96m，下底长为 0.98m，高为 0.150m，则梯形面积 $a_2=\dfrac{0.96+0.98}{2}\times0.150m^2=0.1455m^2$

第三部分是矩形，长＝0.98m，宽＝0.20m，矩形面积 a_3

$a_3=0.98\times0.2m^2=0.196m^2$

（2）盖板填缝后面积

此时盖板断面为一矩形，长为 1m，宽为 0.4m，即把侧视图中的上半矩形及梯形补上，之后变为矩形。

盖板断面面积为：$b=0.4\times1m=0.4m$

（3）以上计算均为盖板断面面积，填缝面积：

$S=b-a_1-a_2-a_3=(0.4-0.048-0.1455-0.196)m^2=0.0105m^2$

（4）填缝体积即为其断面积乘以长度：

$V_1=SL=0.0105\times4.8m^3=0.0504m^3$

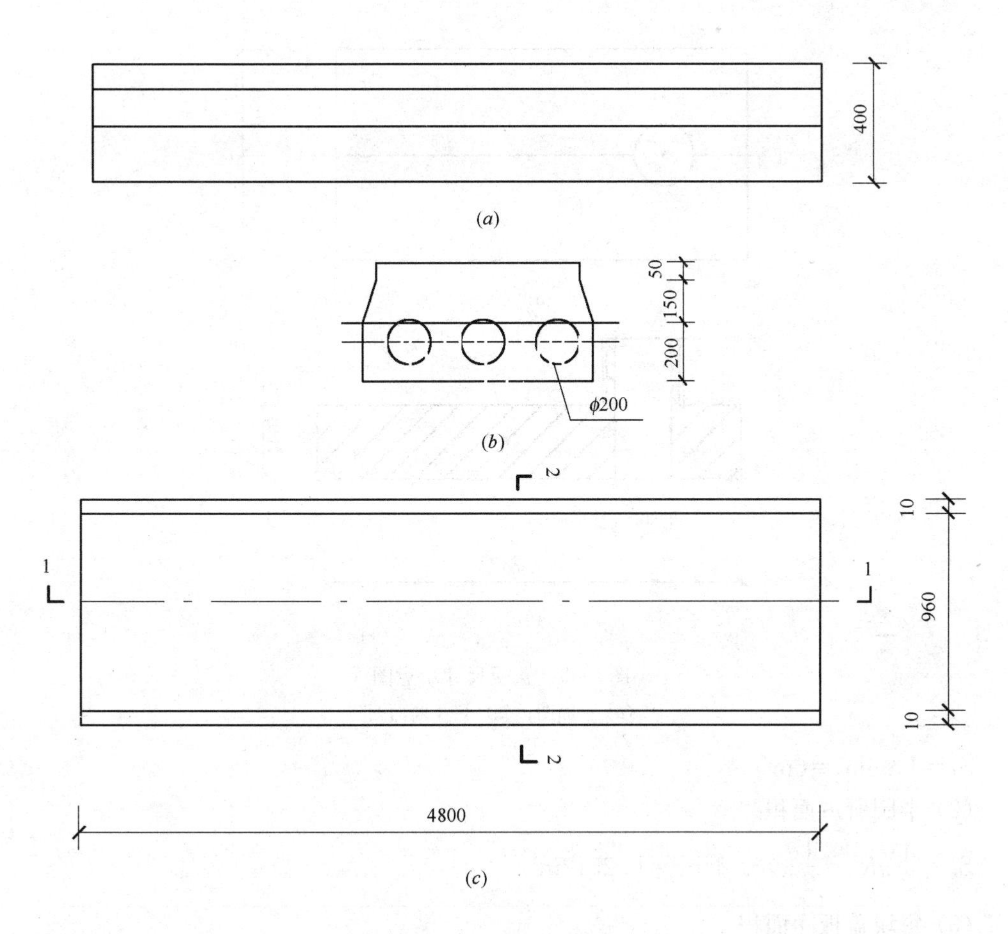

图 2-88　某箱涵盖板尺寸示意图

(a) 1-1 断面图；(b) 2-2 断面图；(c) 平面图

(5) 填缝总体积为 230 块盖板填缝总体积：

$V_{总}=nV_1=230\times0.0504m^3=11.592m^3$，定额为 0.12($100m^3$)，清单为 $11.59m^3$

定额中无此项。

清单工程量计算见表 2-76。

清单工程量计算表　　　　**表 2-76**

项目编码	项目名称	项目特征描述	计量单位	工程量
040501018001	砌筑渠道	混凝土箱涵	m	230×1=230.00

【例 74】 某排水工程所用检查井顶部盖板尺寸如图 2-89 所示，每座检查井上设两块盖板，二者拼成一块，试求盖板净体积，盖板制作体积，运输前及安装前体积。

说明：井中其他部分未画出，平面图中画出两块盖板，Ⅰ-Ⅰ断面图中为一块盖板断面，两块盖板形状对称，图中尺寸均以毫米计，盖板材料为钢筋混凝土。

【解】 先计算出每块盖板的总面积，再扣除半圆所占面积，之后乘以盖板厚度，即为每块盖板体积，即可知检查井盖板体积。

(1) 每块盖板总面积 S_1，盖板形状看平面图为矩形

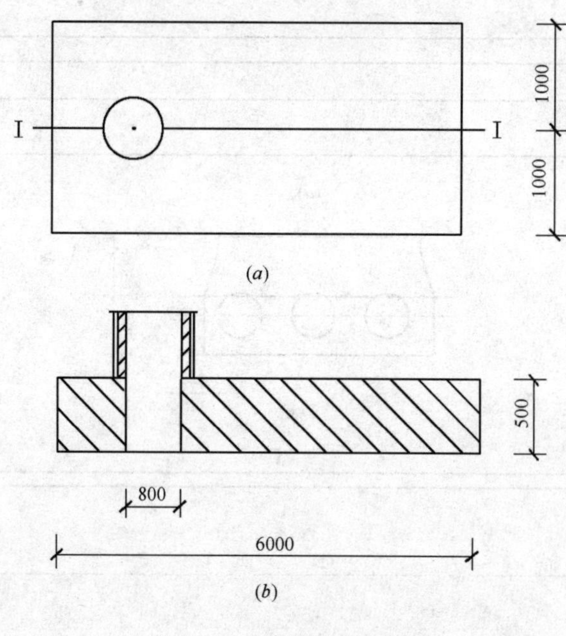

图 2-89 盖板尺寸示意图

(a) 平面图；(b) Ⅰ-Ⅰ断面图

$S_1=1\times 6\text{m}^2=6\text{m}^2$

(2) 半圆所占面积

$S_2=\frac{1}{2}\pi R^2=\frac{1}{2}\pi\times 0.4^2\text{m}^2=0.2512\text{m}^2$

(3) 每块盖板净面积

$S=S_1-S_2=5.7488\text{m}^2$

(4) 盖板体积

$V=2SH=5.7488\times 0.5\times 2\text{m}^3=5.7488\text{m}^3$，其中，0.5 为盖板的厚度。定额表示为 0.06(100m^3)

清单表示即为 5.75m^3

(5) 钢筋混凝土盖板运输，运输中需考虑到运输过程中的损耗，安装损耗，各取为 0.8%和0.5%的损耗率，即：

$V_1=V\times(1+0.8\%+0.5\%)=5.7488\times(1+0.8\%+0.5\%)\text{m}^3=5.824\text{m}^3$

(6) 钢筋混凝土盖板安装，需考虑安装损耗，取为 0.5%的损耗率，即

$V_2=V\times(1+0.5\%)=5.778\text{m}^3$

(7) 钢筋混凝土盖板制作，制作盖板时需考虑到制作损耗运输损耗，安装损耗，各取损耗系数为 0.2%，0.8%，0.5%，即：

$V_3=V\times(1+0.2\%+0.8\%+0.5\%)=5.7488\times 1.015\text{m}^3=5.835\text{m}^3$

定额工程量计算与清单相同。

项目编码：040504001　　项目清单：砌筑井

项目编码：040305004　　项目清单：砖砌体

【例 75】 排水工程中某检查井各部分砖砌体结构尺寸如图 2-90 所示，其余部分并未

画出，试计算砖砌体施工量，砖砌体长度为 3m。

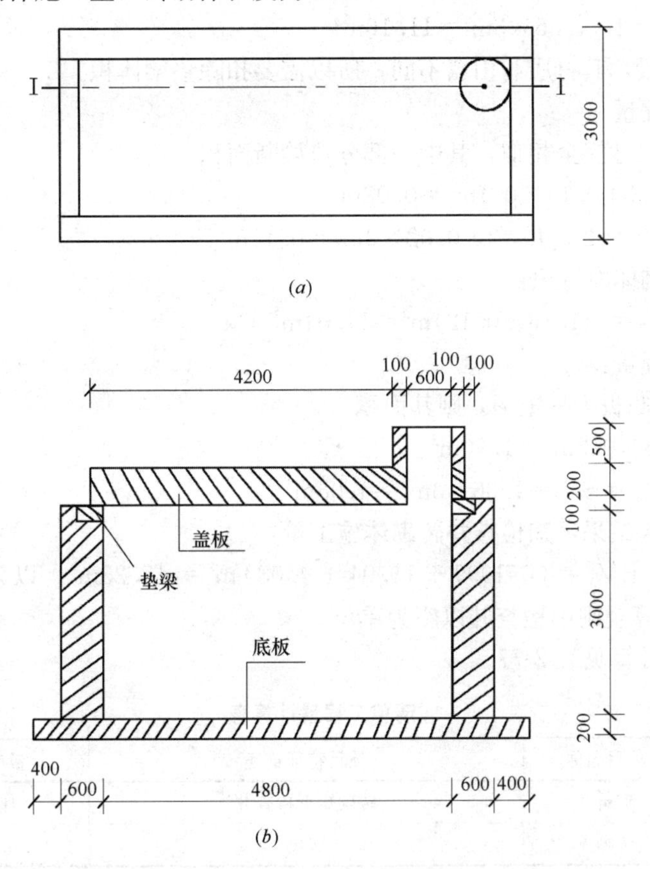

图 2-90 某检查井各部分砖砌体结构尺寸图

(a) 平面图；(b) Ⅰ-Ⅰ剖面图

说明：图中除盖板垫梁外，其余部分均为砖砌体

【解】 砖砌体可分为三部分，首先计算各部分Ⅰ-Ⅰ断面上的面积，之后乘以长度即可得砖砌体施工量。

第一部分为圆管四周砖砌体，第二部分为两边山墙砖砌体，第三部分为底板。

(1) 圆管四周的砖砌体工程量

此部分面积为 S_1，可表示为直径为 800mm 的圆与直径为 600mm 的圆之间的圆环面积。

$S=\pi R^2-\pi r^2=(\pi\times0.4^2-\pi\times0.3^2)\text{m}^2=0.2198\text{m}^2$

此部分厚度从图上可知为 500mm，则砖砌体体积

$V_1=SH=0.2198\times0.5\text{m}^3=0.1099\text{m}^3$

(2) 山墙砖砌体工程量

此部分由两部分组成，每部分在Ⅰ-Ⅰ断面上的形状均为矩形，且两部分各部尺寸相等，故可只计算其中一部分。

$S'_2=ab$ a—矩形长度；b—矩形宽度

$S'_2=3.10\times0.6\text{m}^2=1.86\text{m}^2$

砖砌体总长度为 3m（由平面图可知），则其体积

$V'_2=2S_2'L=2\times1.86\times3\text{m}^3=11.16\text{m}^3$

山墙内有垫梁，其材质与山墙不同，所以需要扣除垫梁体积。

（3）垫梁工程量

两部分垫梁尺寸完全相似，其中一部分垫梁断面积

$S'_3=ab=(0.1+0.1)\times0.1\text{m}^2=0.02\text{m}^2$

垫梁体积：$V'_3=2S'_3L=2\times0.02\times3\text{m}^3=0.12\text{m}^3$

（4）山墙砖砌体净体积：

$V_2=V'_2-V'_3=(11.16-0.12)\text{m}^3=11.04\text{m}^3$

（5）底板工程量：

Ⅰ-Ⅰ断面上底板为一矩形，则其面积

$S_3=ab=6.8\times0.2\text{m}^2=1.36\text{m}^2$

则其体积：$V_3=S_3L=1.36\times3\text{m}^3=4.08\text{m}^3$

总结以上计算结果可知检查井砖砌体施工量：

$V=V_1+V_2+V_3=(0.1099+11.04+4.08)\text{m}^3=15.23\text{m}^3$，以定额表示为 1.52（$10\text{m}^3$），清单计算规则中检查井以座为单位。

清单工程量计算见表 2-77。

清单工程量计算表 表 2-77

项目编码	项目名称	项目特征描述	计量单位	工程量
040504001001	砌筑井	砖砌矩形检查井	座	1
040305004001	砖砌体	砖砌	m^3	15.23

项目编码：040501001 项目名称：混凝土管

【例 76】 根据下图 2-91 计算排水管的工程量。

【解】 定额计算：

（1）规格为 $\phi1500$ 的检查井扣除长度为 1.2m，规格为 $\phi1250$ 的检查井扣除长度为 0.95m，图中共计算四个检查井即可。

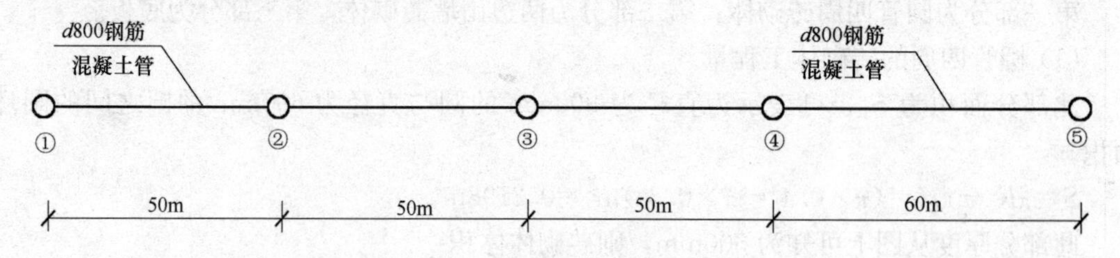

图 2-91 排水管示意图

说明：图中①②③检查井规格为 $\phi1500$，④⑤号检查井规格为 $\phi1250$，各扣除长度查《全国统一市政工程预算定额》第六册。

（2）$d1000$ 管，此段中共计算三座检查井，三段管道

总长度为 $50\times3\text{m}=150\text{m}$，再扣除检查井所占长度，则其工程量为：

$(150-1.2\times2-\frac{1.2}{2}-\frac{0.95}{2})$m＝146.525m，定额中以100m为单位，则此处为1.47(100m)。

(3) $d800$ 钢筋混凝土管

此段中计算一座检查井，其扣除长度根据定额可知为0.95m。

$d800$ 管工程量为：

(60－0.95)m＝59.05m，以定额表示为0.59(100m)

清单计算规则与定额不同，清单计价时，排水管道工程量不扣除井内壁间的距离，也不扣除管体、阀门所占的长度，则

$d1000$ 管工程量：150m

$d800$ 管工程量为：60m

清单工程量计算见表2-78。

清单工程量计算表 **表2-78**

序号	项目编码	项目名称	项目特征描述	计量单位	工程量
1	040501001001	混凝土管	$d1000$ 混凝土管	m	150.00
2	040501001002	混凝土管	$d800$ 混凝土管	m	60.00

项目编码：040101001 项目名称：挖一般土方

【例77】 某市政工程预设置一座容积为800m^3 的圆柱形钢筋混凝土蓄水池，当地地下水位为－7.0m。土质为普通土，基坑开挖的边坡系数为1∶0.2，池顶覆土厚度为0.5m，覆土的边坡系数为1∶1，覆土上边缘距水池边缘的水平距离为0.8m，具体尺寸如图2-92所示，试计算池顶覆土及沟槽开挖工程量，另计算脚手架工程量。

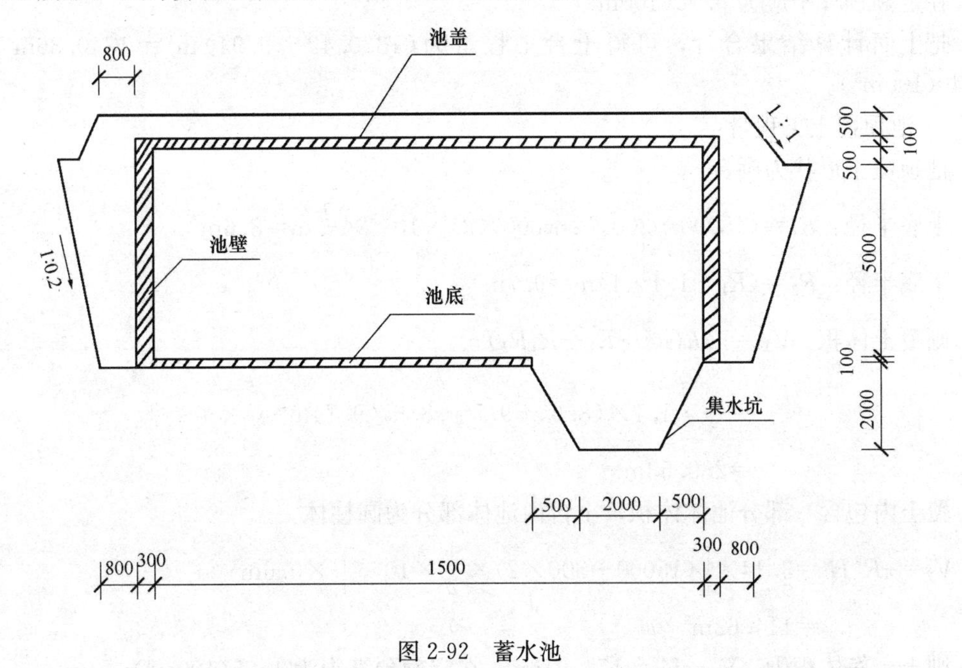

图2-92 蓄水池

【解】 (1) 定额工程量

首先计算土台开挖工程量

1）土台开挖工程量应包括上部土台工程量和下部集水坑：

① 上部土台工程量：

土台体积计算公式为：$\frac{\pi}{3}h(R_1{}^2+R_2^2+R_1R_2)$

此式中 $R_1=\frac{1}{2}\times(15000+300\times2+800\times2)\times10^{-3}\text{m}=8.6\text{m}$

$R_2=[R_1+(5000+100)\times0.2]\times10^{-3}=(8.6+1.02)\text{m}=9.62\text{m}$

则土台开挖工程量：

$V=\frac{\pi}{3}h(R_1^2+R_2^2+R_1R_2)$

$=\frac{\pi}{3}\times(5+0.1)\times(8.6^2+9.62^2+8.6\times9.62)\text{m}^3$

$=1330.42\text{m}^3$

用定额预算时为 13.30（100m^3）

② 集水坑开挖工程量：

集水坑形状同样为圆台，其工程量计算方法同上。

$R_1=\frac{1}{2}\times2\text{m}=1.0\text{m}$

$R_2=\frac{1}{2}\times(2000+500\times2)\times10^{-3}\text{m}=1.5\text{m}$

$V=\frac{\pi}{3}h(R_1^2+R_2^2+R_1R_2)=\frac{\pi}{3}\times2\times(1^2+1.5^2+1.5\times1)\text{m}^3=9.94\text{m}^3$

在定额预算中应为 0.10（100m^3）

把上面计算结果合计，可得土台工程量为（1330.42＋9.94）m^3＝1340.36m^3，即 13.40（100m^3）。

2）池顶覆土工程量：

池顶覆土形状为圆台

上底半径：$R_1=(15000+300\times2+800\times2)\times10^{-3}\times\frac{1}{2}\text{m}=8.6\text{m}$

下底半径：$R_2=(R_1+1.1\times1)\text{m}=9.7\text{m}$

则覆土体积：$V_1=\frac{\pi}{3}h(R_1^2+R_2^2+R_1R_2)$

$=\frac{\pi}{3}\times1.1\times(8.6^2+9.7^2+8.6\times9.7)\text{m}^3$

$=289.53\text{m}^3$

覆土内包含一部分池体体积，土台内池体部分为圆柱体：

$V_2=\pi R^2H=3.14\times\left[(15000+300\times2)\times\frac{1}{2}\times10^{-3}\right]^2\times0.6\text{m}^3$

$=114.62\text{m}^3$

则土台净体积为：$V_1-V_2=174.91\text{m}^3$，在定额预算中为 1.75（100m^3）

3）脚手架工程量：

池壁厚为 0.3m，半径为 7.5m，则外壁半径为 7.8m，计算脚手架为

$2\pi R_1 \times H = 2\pi \times 7.8 \times 5.7 \text{m}^2 = 279.21 \text{m}^2$

内壁脚手架：

$2\pi R_2 H = 2\pi \times 7.5 \times 5.5 \text{m}^2 = 259.05 \text{m}^2$

(2) 清单工程量

因为清单计价的计算规则与定额预算有所不同，所以要另行计算，此例中土方量按一般土方量计算，即按设计图示开挖线以体积计算，如图 2-93 所示。

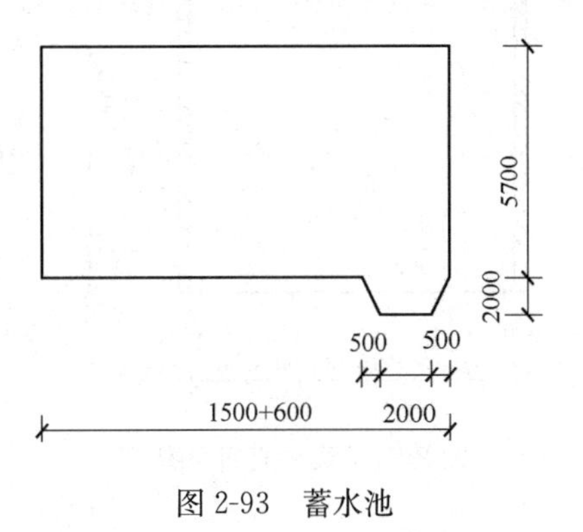

图 2-93　蓄水池

开挖土方量圆柱部分为 V_1，下方圆台部分为 V_2：

$V_1 = \pi R^2 H = \pi \times 7.8^2 \times 5.7 \text{m}^3 = 1088.91 \text{m}^3$

$$V_2 = \frac{\pi}{3} h (R_1{}^2 + R_2{}^2 + R_1 R_2)$$

$$= \frac{\pi}{3} \times 2 \times (1 + 1.5^2 + 1 \times 1.5) \text{m}^3$$

$$= 9.94 \text{m}^3$$

清单工程量计算见表 2-79。

清单工程量计算表　　表 2-79

项目编码	项目名称	项目特征描述	计量单位	工程量
040101001001	挖一般土方	土质为普通土，地下水位为－7.0m	m³	1088.91＋9.94＝1098.85

项目编码：040601007　项目名称：现浇混凝土池壁(隔墙)

项目编码：040601010　项目名称：现浇混凝土池盖板

【例 78】 某给水工程蓄水池池壁上厚 20cm，下厚 25cm，高 16m，直径为 16m，池壁材料用钢筋混凝土，池盖壁厚为 25cm 试计算此池池壁及池盖体积，制作安装体积。其尺寸如图 2-94 所示。

【解】 (1) 池壁上薄下厚，以平均厚度计算，池壁高度由池底板面算至池盖下面，则壁平均厚度 h 为 $h = \frac{0.25 + 0.20}{2} \text{m} = 0.225 \text{m}$，$R = (16000 + 225 \times 2) \times \frac{1}{2} \times 10^{-3} \text{m} = 8.225 \text{m}$

则池壁体积为外圆柱体积与内圆柱体积之差：

$V = \pi R^2 H - \pi r^2 H$

$= (3.14 \times 8.225^2 \times 16 - 3.14 \times 8^2 \times 16) \text{m}^3$

$= 183.41 \text{m}^3$

定额中计算单位以 10m^3 计，则上计算结果为 $18.34(10\text{m}^3)$。

清单中计算以实际工程计算为 183.41m^3。

(2) 池盖体积

池盖为一高度很小的圆柱体，其体积计算按圆柱体计算。

$V = \pi R^2 H$

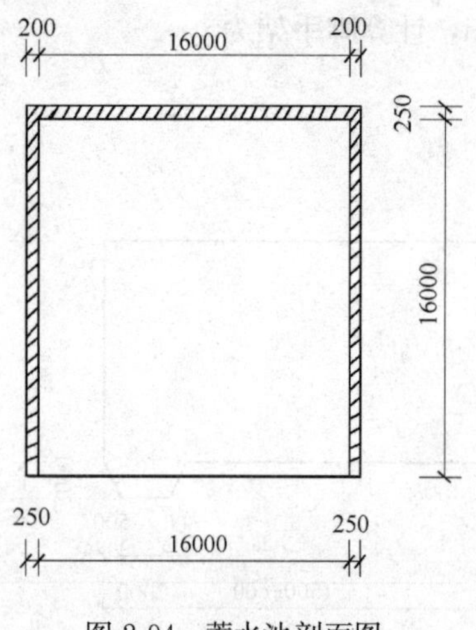

图 2-94　蓄水池剖面图

$=\pi\times[(16+0.2\times2)/2]^2\times0.25m^3$

$=52.78m^3$

以定额表示其单位为 $10m^3$，则应为 5.28($10m^3$)

以清单表示为 $52.78m^3$，清单中一般以池体总体积来表示工程量不单独列出池盖及池壁。

附加：在定额与清单计算规则中均不扣除 $0.3m^3$ 以内孔洞体积以下以例示之。

若池盖上开一 ϕ500mm 的气孔，其体积应为：

$V=\pi r^2H=3.14\times0.25^2\times0.25m^3=0.049m^3$

此时池盖体积应为 $52.78m^3$

若池盖上开一 ϕ700mm 的孔洞，孔洞所占体积为：

$$V=\pi R^2H=3.14\times\left(\frac{0.7}{2}\right)^2\times0.25m^3=0.096m^3$$

此时池盖体积应为 $52.78m^3$

以定额表示为 5.28($10m^3$)，以清单表示为 $52.78m^3$。

清单工程量计算见表 2-80。

清单工程量计算表　　　　**表 2-80**

序号	项目编码	项目名称	项目特征描述	计量单位	工程量
1	040601007001	现浇混凝土池壁(隔墙)	平均厚度为 0.225m	m^3	183.41
2	040601010001	现浇混凝土池盖板	池盖厚为 25cm，开一 ϕ500mm 的气孔	m^3	52.78
3	040601010002	现浇混凝土池盖板	池盖厚为 25cm，开一 ϕ700mm 的气孔	m^3	52.78

项目编码：040101002　项目名称：挖沟槽土方

【例 79】 某给水工程管道施工段自 0+005 至 0+175，管径前 5 段为 *DN*200，平均挖深 2m，后一段管径为 *DN*250，平均挖深 2.02m，放坡系数 1：i=1：0.33，开沟底宽前 5 段为 1m，后段为1.05m，如图 2-95、图 2-96 所示，计算管沟挖土方量。

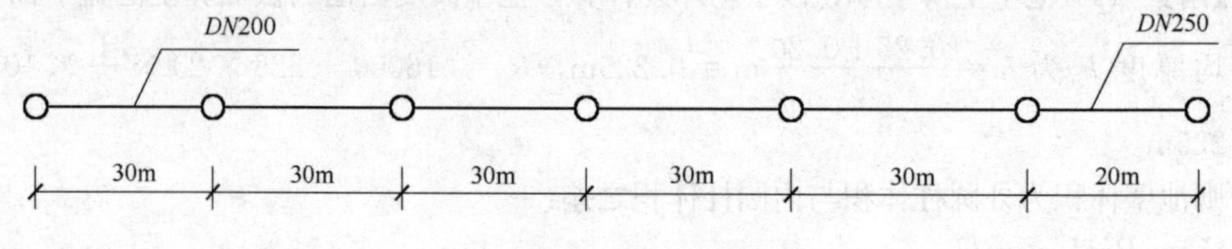

图 2-95　管道分布图

【解】 (1)定额工程量

首先以定额计算，前 5 段开沟底宽均为 1m，后一段为 1.05m，则前五段各段土方量 $V=(a+2c+Hi)\times H\times L$

式中 $a+2c=1m$，$H=2m$，$i=0.33$ 代入数据

可得　$V=(1+2\times0.33)\times2\times30m^3=99.6m^3$

此后还要乘以自然方与密方的体积换算系数，为1.025 即

$V=99.6\times1.025\text{m}^3=102.09\text{m}^3$

前五段土方共为：$102.09\times5\text{m}^3=510.45\text{m}^3$

第六段管段长为20m，开沟底宽1.05m，平均挖深2.02m，则其土方量：

$$V=(a+2c+Hi)\times HL$$
$$=(1.05+2.02\times0.33)\times2.02\times20\text{m}^3$$
$$=69.35\text{m}^3$$

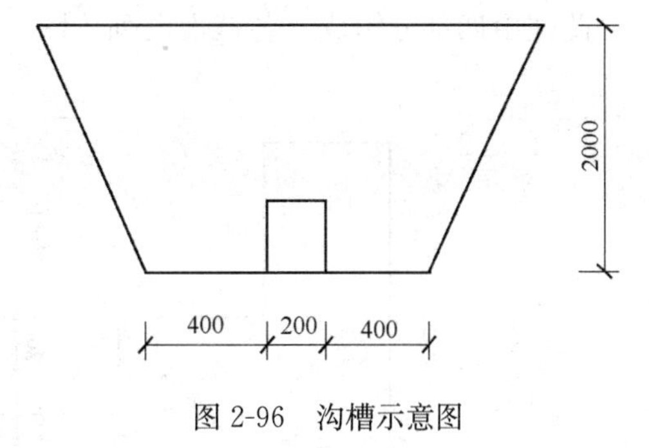

图 2-96 沟槽示意图

乘以自然方与密方的体积换算系数1.025后为71.08m³，合计以上计算结果，可得沟道开挖土方量为：

$(510.45+71.08)\text{m}^3=581.53\text{m}^3$，定额中计量单位为100m³，则应为5.82(100m³)。

(2) 清单工程量

挖沟槽土方体积应按设计图示尺寸以基础垫层底面积乘以挖土深度计算。

以此计算沟槽土方量，则前5段构筑物最大投影面积各段都为全等矩形，此矩形宽度为管径0.2m，如图2-97所示，其面积：

$S=200\times30000\times10^{-6}\text{m}^2=6\text{m}^2$

管道沟槽挖深为2m，则挖方为$V=SH\times1.025\text{m}^3=12.3\text{m}^3$

5段挖方土：$5V=61.5\text{m}^3$

第6段沟槽面积：$S=0.25\times20\text{m}^2=5\text{m}^2$

其挖方量：$V=SH\times1.025\text{m}^3=5\times2.02\times1.025\text{m}^3=10.35\text{m}^3$

综合以上计算结果，此段沟槽挖方量应为：

$(61.5+10.35)\text{m}^3=71.85\text{m}^3$

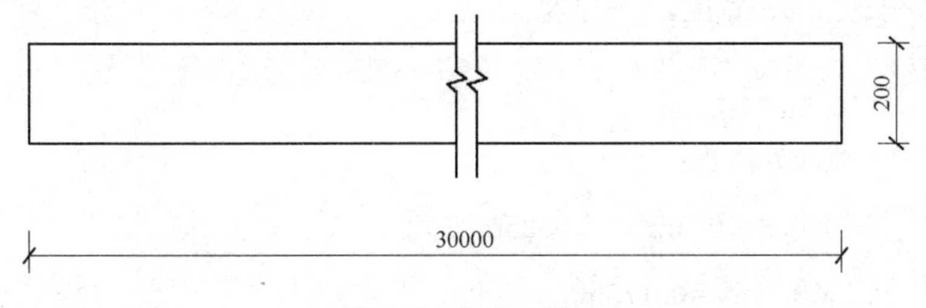

图 2-97 沟槽平面图

清单工程量计算见表2-81。

清单工程量计算表 **表 2-81**

项目编码	项目名称	项目特征描述	计量单位	工程量
040101002001	挖沟槽土方	平均挖深2.02m	m³	71.85

项目编码：040601008 项目名称：现浇混凝土池柱

【例80】 某排水工程钢筋混凝土消毒接触池中柱形状如图2-98所示，试计算其工程量。

【解】 释义：柱是主要用以承受纵向压力，并同时承受弯矩、剪力作用，柱所受力由上面的荷载传至基础。

此柱由四部分组成，各截面已列于图 2-98 中。

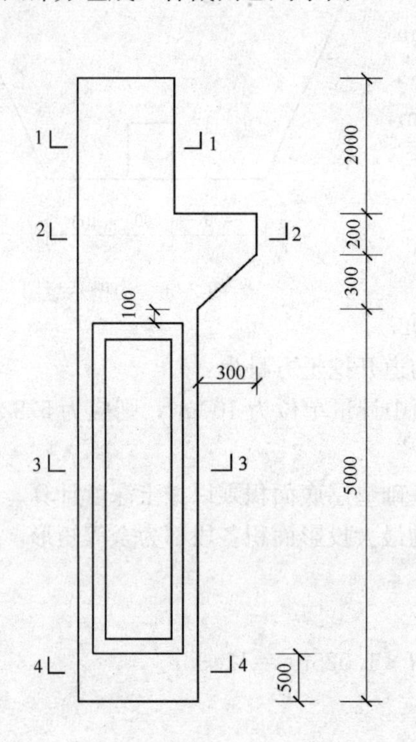

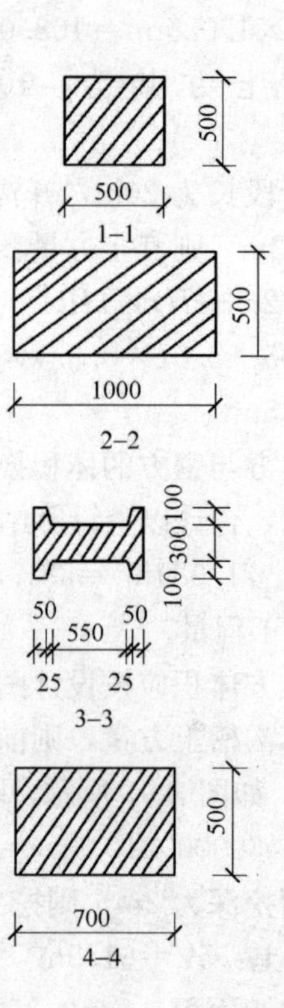

图 2-98　柱示意图

(1) 由 1-1 截面算体积：

此部分为棱柱　$V=abc$

式中，a—长度，b—宽度，c—厚度

代入数据

$V=2\times0.5\times0.5\text{m}^3=0.5\text{m}^3$

(2) 计算 2-2 截面处体积：

$V_1=\frac{0.2+0.5}{2}\times0.3\times0.5\text{m}^3=0.0525\text{m}^3$

$V_2=0.7\times0.5\times0.5\text{m}^3=0.175\text{m}^3$

$V=V_1+V_2=(0.0525+0.175)\text{m}^3=0.228\text{m}^3$

(3) 3-3 截面处体积：

此处断面面积为矩形减去上下梯形面积，$S_{矩形}=0.7\times0.5\text{m}^2=0.35\text{m}^2$

$S_{梯形}=\frac{0.55+0.6}{2}\times0.1\times2\text{m}^2=0.115\text{m}^2$

则净面积 $S=(0.35-0.115)\text{m}^2=0.235\text{m}^2$

$V=0.235\times(5-0.5-0.1)\text{m}^3=1.034\text{m}^3$

(4) 4-4 截面处体积：

此部分还包括 2-2 截面以下，3-3 截面以上部分体积 V_1：

$V_1=0.7\times0.1\times0.5\text{m}^3=0.035\text{m}^3$

3-3 截面处体积 V_2：

$V_2=0.5\times0.7\times0.5\text{m}^3=0.175\text{m}^3$

总体积：$V=0.21\text{m}^3$

所以此形柱体积：$V=V_{1-1}+V_{2-2}+V_{3-3}+V_{4-4}$

$=(0.5+0.228+1.034+0.21)\text{m}^3$

$=1.972\text{m}^3$

定额工程量为 0.20(10m³)。

【注释】 2×0.5(1-1 柱的截面尺寸)×0.5 为柱的截面积乘以 1-1 中柱的高度；$\frac{0.2+0.5}{2}\times0.3\times0.5$ 为 2—2 截面中旁侧梯形牛腿的面积乘以柱截面宽度，0.7×0.5×0.5 为 2-2 截面中矩形部分的长度乘以宽乘以高度，其中 0.7 为长度；工程量计算规则按设计图示尺寸以体积计算。

清单工程量计算见表 2-82。

清单工程量计算表　　表 2-82

项目编码	项目名称	项目特征描述	计量单位	工程量
040601008001	现浇混凝土池柱	钢筋混凝土消毒接触池中柱	m³	1.97

项目编码：040501001　项目名称：混凝土管

【例 81】 某排水工程管线长为 240m，共 6 段管，每段均为混凝土管道，D500，每节长为 2m，120°混凝土基础，水泥砂浆接口，共 5 座检查井，井径 1000mm，井深为 2.5m，试计算管道基础及基础模板，管道铺设，接口工程量，具体如图 2-99 所示。

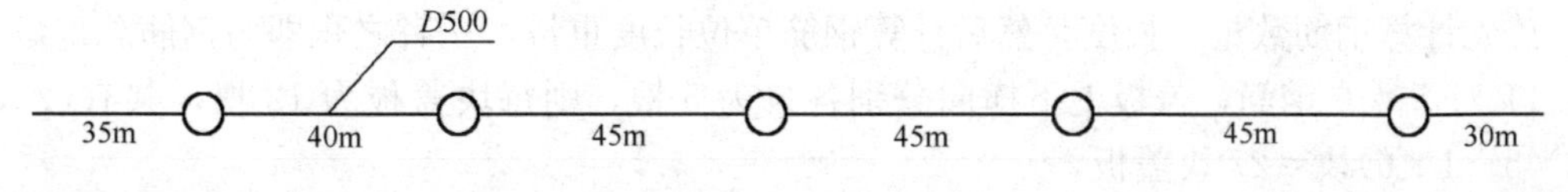

图 2-99　管线示意图

【解】 (1) 定额工程量

1) 管道基础工程量：

套用定额中工程量计算规则，ϕ1000mm 的检查井扣除长度为 0.7m，则管道基础工程量

$L=[(35+40+45\times3+30)-0.7\times5]\text{m}=236.5\text{m}$

实行工程清单计价时，它不扣除井内壁间的距离，也不扣除管体，阀门所占的长度，则排水管工程量为：

$L=240\text{m}$

2) 管道基础模板工程量：

模板为钢模，模板高为 H

则 $H=(0.1+0.146)\text{m}=0.246\text{m}$

$S=2HL=2\times0.246\times236.5\text{m}^2=116.36\text{m}^2$

套用定额则单位是 100m²，数量是 1.16(100m²)

3) 管道铺设工程量：

$L=236.5\text{m}$

套用定额为 2.36(100m)，单位 100m。

4) 接口工程量：

此例中为水泥砂浆接口，管径 500mm，每管段长 2m，则接口数目

n =(236.5/2－1)个=118 个

套用定额则为 11.8，单位是 10 个

(2) 清单工程量

清单应用，清单中按设计图示管道中心线长度以延长米计算，不扣除管件阀门所占长度，包括垫层铺筑，管道接口等其他。

则此题应用清单计算规则，以上管道基础，基础铺设，基础模板，管道接口工程量应合在一起为 240m。

清单工程量计算见表 2-83。

清单工程量计算表 **表 2-83**

项目编码	项目名称	项目特征描述	计量单位	工程量
040501001001	混凝土管	120°混凝土基础，水泥砂浆接口	m	240.00

项目编码：040901005 项目名称：先张法预应力钢筋(钢丝、钢绞线)

【例 82】 某排水工程有非定型检查井 6 座，其中 1.3m 深的井 2 座，每座有盖板 3 块，1.8m深的井 3 座，每座有盖板 5 块，2.0m 深的井 1 座，每座有盖板 6 块，盖板配筋尺寸如图 2-100 所示，试计算盖板钢筋用量。钢筋保护层为 2.5cm，盖板预制。

【解】 (1) 清单工程量

首先计算钢筋数量、长度，然后计算钢筋单位长度重量，三者之积即为钢筋总重量。

1) 对于 $\phi10$ 钢筋，盖板上下横向分别各自为 6 根，则每块盖板为 12 根，共有(2×3＋3×5＋1×6)块=27 块盖板，

单根钢筋长度为(0.65－0.025×2)m=0.6m

每米钢筋重为 0.00617×10^2kg=0.617kg

则 m =12×27×0.6×0.617kg=119.95kg

2) $\phi12$ 钢筋，先计算盖板钢筋：

共有 4×27 根=108 根钢筋

每根长 L_1=(1.8－0.025×2)m=1.75m

m_1=$108\times1.75\times0.00617\times12^2$kg=167.92kg

对于拉环钢筋，每块盖板上有 2 根拉环钢筋，则共有 2×27=54 根拉环钢筋。

每根长为 L_2 =[0.2×2＋6.25×0.012×2＋(0.15－0.012×0.5)×2＋3.14×0.025]m

=0.92m

m_2 =54×0.92×0.00617×144kg=44.14kg

$\phi12$ 钢筋总重为(167.92＋44.14)kg=212.06kg

3) $\phi16$ 钢筋工程量：

对于平直钢筋共有 5×27 根=135 根

每根长度 L_3=(1.8－0.025×2)m=1.75m

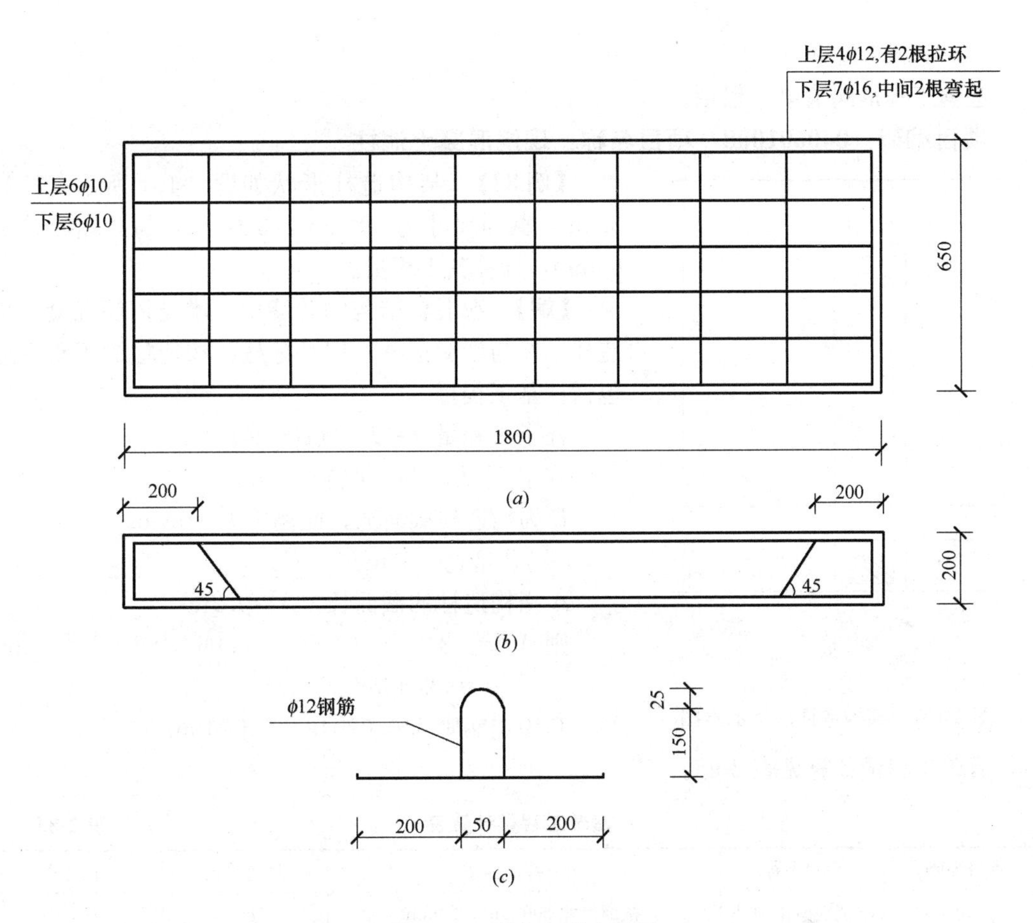

图 2-100 盖板钢筋布置图

(a) 平面图；(b) 下层弯起钢筋；(c) 拉环钢筋

则其质量 $m_3=1.75\times135\times0.00617\times16^2\text{kg}=373.16\text{kg}$

对于中间弯起钢筋，共有 2×27 根=54 根

每根长度 $L_4=\{[1.414\times(0.2-0.025\times2-0.016)]\times2+[1.8-0.2\times2-(0.2-0.025\times2-0.016)\times2]+(0.2-0.025+6.25\times0.016)\times2\}\text{m}$

$=2.06\text{m}$

则其质量 $m=54\times2.06\times0.00617\times16^2\text{kg}=175.71\text{kg}$

清单工程量计算见表 2-84。

清单工程量计算表 **表 2-84**

序号	项目编码	项目名称	项目特征描述	计量单位	工程量
1	040901005001	先张法预应力钢筋（钢丝、钢绞线）	盖板钢筋 ϕ10	t	0.120
2	040901005002	先张法预应力钢筋（钢丝、钢绞线）	盖板钢筋，拉环，ϕ12	t	0.212
3	040901005003	先张法预应力钢筋（钢丝、钢绞线）	平直钢筋，ϕ16，弯起钢筋	t	0.3732+0.1757=0.549

（2）定额工程量

定额工程量同清单工程量。

项目编码：040601008　项目名称：现浇混凝土池柱

【例83】 某构造柱形状如图2-101所示，柱高3.2m，截面尺寸为200mm×320mm，与砖墙咬岔为60mm，计算其工程量。

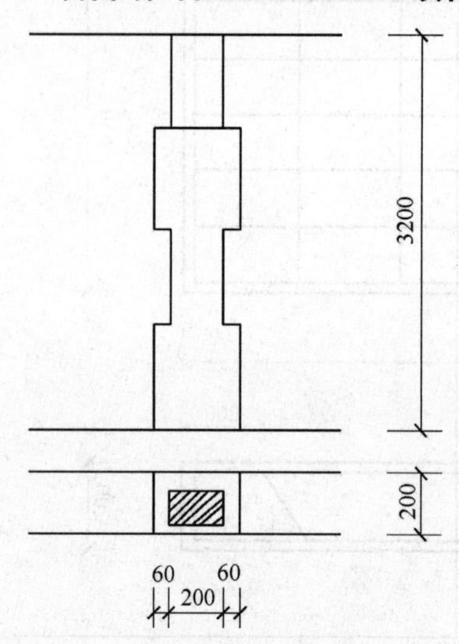

图2-101　某构造柱形状示意图

【解】 在混合结构的砖墙中，增设钢筋混凝土构造柱，在与墙交接处，用马牙槎。构造柱的工程量应包括柱基工程量。

柱子工程量 $V=H\times(B+2b)\times A$

式中 H 为柱高，取为3.2m；

B 为构造柱截面宽，此例中 $B=0.2$m；

b 马牙岔宽，60mm；

A 指构造柱的截面长，$A=0.2$m

则 $V=3.2\times(0.2+0.06\times2)\times0.2\text{m}^3$
$=0.2048\text{m}^3$

套用定额则为0.02048，单位 10m^3。

清单工程量计算见表2-85。

清单工程量计算表　　表2-85

项目编码	项目名称	项目特征描述	计量单位	工程量
040601008001	现浇混凝土池柱	截面尺寸200mm×320mm	m^3	0.20

项目编码：040101002　项目名称：挖沟槽土方

【例84】 某排水管道分布如图2-102所示，第一段基础底宽为2.61m，第二段基础底宽为3.28m，土为二类干土，试计算管道土方量。

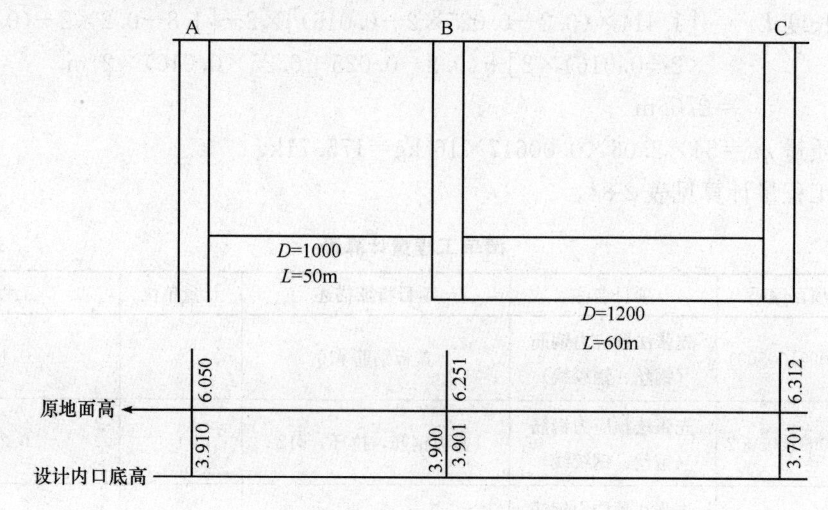

图2-102　排水管道布置图

【解】（1）定额工程量

土方为二类干土，放坡系数均为 0.5

A-B　$D=1000$　$L=50\text{m}$

1）平均地面高：

$$\frac{6.050+6.251}{2}\text{m}=6.151\text{m}$$

2）管内底平均高程：

$$\frac{3.910+3.900}{2}\text{m}=3.905\text{m}$$

3）则沟槽平均挖土深度：

$H=(6.151-3.905)\text{m}=2.246\text{m}$，还要加上 0.4m 的增量，则为 2.646m。

4）挖二类干土土方量：

$$V=(2.61+2.646\times0.5)\times2.646\times50\times1.025\text{m}^3$$
$$=533.34\text{m}^3$$

5）回填土，首先计算弃方量 V_2：

$$V_2=\pi R^2L+1.4\times0.6\times L$$
$$=[3.14\times(\frac{1.0}{2}+1.0\times\frac{1}{12})^2\times50+1.4\times0.6\times50]\text{m}^3$$
$$=95.36\text{m}^3$$

弃方量为：$V_2\times1.025=97.74\text{m}^3$

则回填土量为：$(533.34-97.74)\text{m}^3=435.60\text{m}^3$

B-C

地面平均标高：$\frac{6.251+6.312}{2}\text{m}=6.282\text{m}$

管底平均标高：$\frac{3.901+3.701}{2}\text{m}=3.801\text{m}$

沟槽平均挖土深度：$H=(6.282-3.801)\text{m}=2.481\text{m}$ 加上 0.4m 增量为 2.881m

二类干土挖方量：$V=(3.28+2.881\times0.5)\times2.881\times60\times1.025\text{m}^3$
$=836.39\text{m}^3$

弃方量：$V=60\times2.51\times1.025\text{m}^3=154.37\text{m}^3$

回填土：$V=(836.39-154.37)\text{m}^3=682.02\text{m}^3$

【注释】（2.61+2.696×0.5）×2.696×50×1.025 为基槽的截面积乘以沟槽的长度乘以换算系数；其中 1.025 为自然方与密实方的换算系数，2.61 为基底长度，2.61+2.696×0.5×2 为基槽上部的长度，0.5 为坡度系数；工程量计算规则按设计图示尺寸以体积计算。

（2）清单工程量

清单工程量计算见表2-86。

清单工程量计算表　　表2-86

序号	项目编码	项目名称	项目特征描述	计量单位	工程量
1	040101002001	挖沟槽土方	土方为二类干土，平均深度为2.696m	m^3	2.61×2.296×50=299.63
2	040103001001	回填方	余土弃置	m^3	95.36
3	040103001002	回填方	原土回填	m^3	299.63−95.36=204.27
4	040101002002	挖沟槽土方	土质为二类干土，平均深度为2.881m	m^3	3.28×2.881×60=566.98
5	040103001003	回填方	余土弃置	m^3	60×2.51=150.6
6	040103001004	回填方	原土回填	m^3	566.98−150.6=416.38

定额工程量同清单工程量。

项目编码：041001001　项目名称：拆除路面

【例85】 某排水工程施工，拟埋设*DN*600的排水管道，如图2-103所示，排管总长度为200m，有桥管一座，上弯头水平距离为36m(钢管)，桥管下口两端各排1.5m钢管，其余采用承插式铸铁管，在完成排管后，需进行新旧管连接，一端用断水开梯，原排水管为*DN*700铸铁管，另一端为末端连接，原管为*DN*700钢管。试确定各管道长度及拆除工程量。

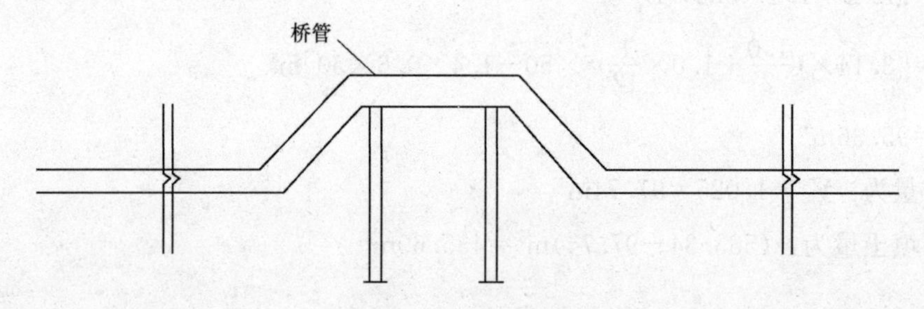

图2-103　桥管布置图

【解】 (1) 清单工程量

1) 桥管长度，桥管长度比上弯头中心水平距离增加12m，则应为：(36+12)m=48m

2) 钢管排管长度应为：3m

3) 钢筋混凝土管长度为：(200−48−3)m=149m

4) 拆除路面、路基：$S=L\times b$

式中，S为拆除面积，L为排管沟槽长度，b指沟槽宽度

排管长度：$L=(149+3)\text{m}=152\text{m}$

*DN*600管道沟槽宽度为1.4m。

则$S=1.4\times152\text{m}^2=212.8\text{m}^2$

5) 新旧管连接拆除路面、路基面积：

查表知*DN*700断水开梯处工作沟长度为4.5m，末端连接的工作沟长度为4.5/2m=2.25m，沟槽宽度3m。

则面积$S=(4.5+2.25)\times3\text{m}^2=20.25\text{m}^2$

合并以上结果，本工程拆除路面路基工程量为$(212.8+20.25)\text{m}^2=233.05\text{m}^2$

清单工程量计算见表 2-87。

清单工程量计算表 表 2-87

项目编码	项目名称	项目特征描述	计量单位	工程量
041001001001	拆除路面	钢筋混凝土路面	m^2	233.05

(2) 定额工程量

定额工程量同清单工程量。

项目编码：041001001 项目名称：拆除路面

项目编码：041001003 项目名称：拆除基层

项目编码：041001007 项目名称：拆除砖石结构

【例 86】 某排水管道为钢筋混凝土管 $D500$，如图 2-104 所示，水泥砂浆接口，180°混凝土基础，管基下换填石屑厚 500mm，水泥混凝土路面厚为 150mm，石屑稳定层厚 250mm，检查井直径为 1000mm，沟槽宽为 4.05m，试计算管道铺设工程量，机械拆除混凝土面层及换填石屑稳定层工程量。

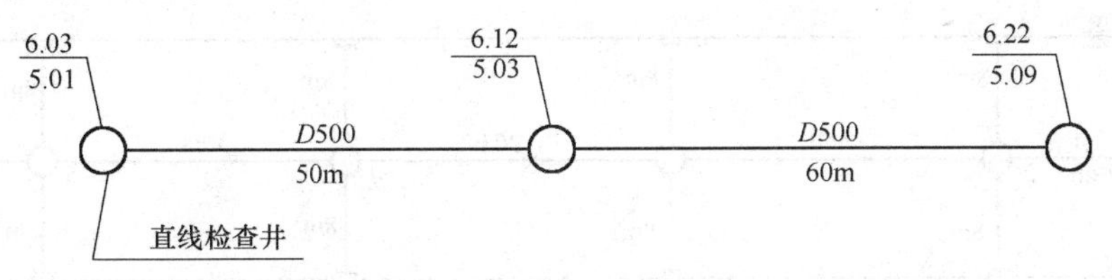

图 2-104 排水管道布置图

【解】 (1) 清单工程量

1) 清单工程量计算中不扣除检查井所占长度，则管道铺设工程量为 $D500=(50+60)$ m=110m

2) 机械拆除水泥混凝土面层工程量(面层厚 15cm)：$S=Lb$

沟槽宽为 4.05m，则：

$S=4.05\times110m^2=445.5m^2$

3) 机械拆除石屑稳定层工程量：

$S=3.902\times110m^2=429.22m^2$

4) 换填石屑稳定层工程量：

$V=0.9\times0.5\times110m^3=49.5m^3$

清单工程量计算见表 2-88。

清单工程量计算表 表 2-88

序号	项目编码	项目名称	项目特征描述	计量单位	工程量
1	040501001001	混凝土管	180°混凝土基础，水泥砂浆接口，$D500$	m	110.00
2	041001001001	拆除路面	水泥混凝土路面，厚为 150mm	m^2	445.50
3	041001003001	拆除基层	石屑稳定层，厚 250mm	m^2	429.22
4	041001007001	拆除砖石结构	换填石屑稳定层，厚 500mm	m^3	49.50

（2）定额工程量

1）管道铺设工程量：

$L=(110-0.7\times2)$m$=108.6$m，单位为100m，则数量是1.09

2）拆除混凝土层工程量：

$S=4.05\times108.6\text{m}^2=439.83\text{m}^2$

3）拆除石屑稳定层工程量：

$S=3.902\times108.6\text{m}^2=423.76\text{m}^2$

4）换填石屑稳定层工程量：

$0.9\times0.5\times108.6\text{m}^3=48.87\text{m}^3$

项目编码：040101002　项目名称：挖沟槽土方

项目编码：040501001　项目名称：混凝土管

【例 87】 某市新建道路下铺设市政排水管线，土质为三类土，主排水管 $DN500$，支管 $DN300$，为钢筋混凝土管，检查井为 $\phi1000$，圆形雨水检查井，及 680×380 单箅平箅雨水进水井井深 1m，如图 2-105 所示，试计算工程量。

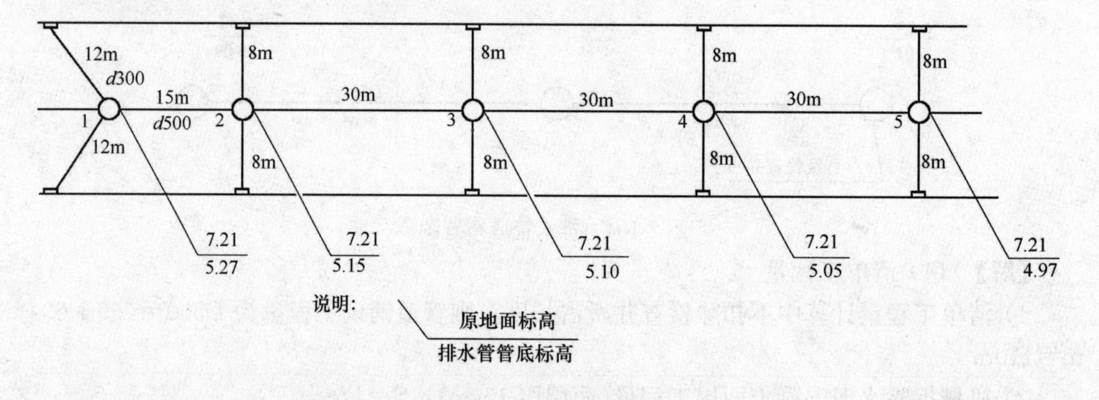

图 2-105　排水管线布置图

【解】（1）清单工程量

1）主要工程材料工程量：

① $d500$ 钢筋混凝土管，长度$(30+30+30+15)$m$=105$m

② $d300$ 钢筋混凝土管，长度$(12\times2+8\times8)$m$=88$m

③ 砖砌检查井 $\phi1000$，5 座

④ 雨水口　680×380，$H=1.0$m　10 座

2）干管挖土方工程量：

① 1-2 段：

$$沟槽平均深度：H=\frac{7.21-5.27+7.21-5.15}{2}\text{m}=2\text{m}$$

沟底宽度：$B=0.744$m

挖方量：$V=(2+0.14)\times0.744\times15\text{m}^3=23.88\text{m}^3$

其中 0.14 指基础加深

② 2-3 段：

沟槽平均挖深：$H=\frac{7.21-5.15+7.21-5.10}{2}m=2.09m$

沟底宽度：$B=0.744m$

挖方：$V=(2.09+0.14)\times0.744\times30m^3=49.77m^3$

③ 3-4 段：

沟槽平均挖深：$H=\frac{7.21-5.10+7.21-5.05}{2}m=2.14m$

沟槽平均宽度：$B=0.744m$，沟槽长度 $L=30m$

挖方量：$V=(2.14+0.14)\times0.744\times30m^3=50.89m^3$

④ 4-5 段：

沟槽平均挖深：$H=\frac{7.21-5.05+7.21-4.97}{2}m=2.2m$

沟槽平均宽度：$B=0.744m$，长度：$L=30m$

挖方：$V=(2.2+0.14)\times0.744\times30m^3=52.23m^3$

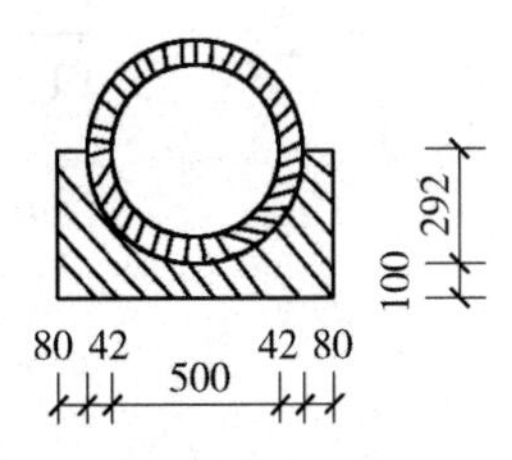

图 2-106　土方量计算示意图

以上土方量计算可参照图 2-106

土方合计 $176.77m^3$

3）挖支管管沟土方工程量：

支管沟底宽：$B=(300+30\times2+80\times2)mm=520mm=0.52m$(由图 2-110 可知)

管沟平均挖深 2.13m，总长 88m

则土方量：$V=0.52\times2.13\times88m^3=97.47m^3$

4）挖井位土方工程量：

① 雨水井剖面图如图 2-107 所示。

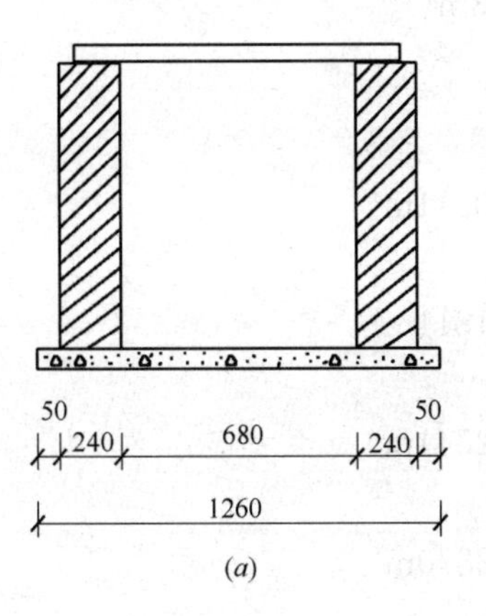

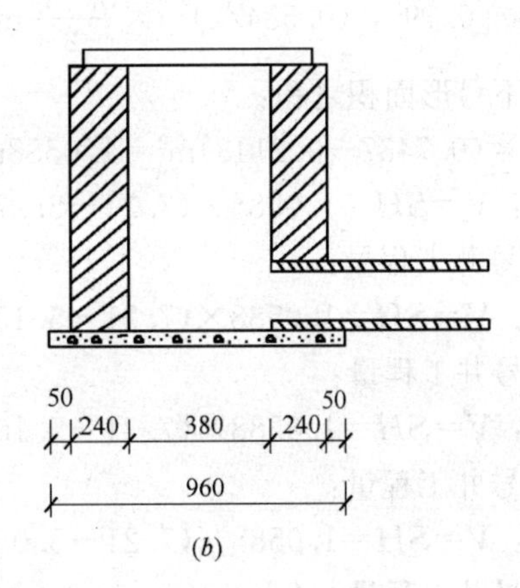

图 2-107　雨水井剖面图

(*a*)剖面图 1；(*b*)剖面图 2

井底长为 1.26m，宽为 0.96m，平均深度 2.13m。

则土方量：$V=1.26\times0.96\times2.13m^3=2.58m^3$

共 10 座雨水井，则总土方为 $25.80m^3$

② 检查井如图 2-108 所示。

a. 1 号井工程量：

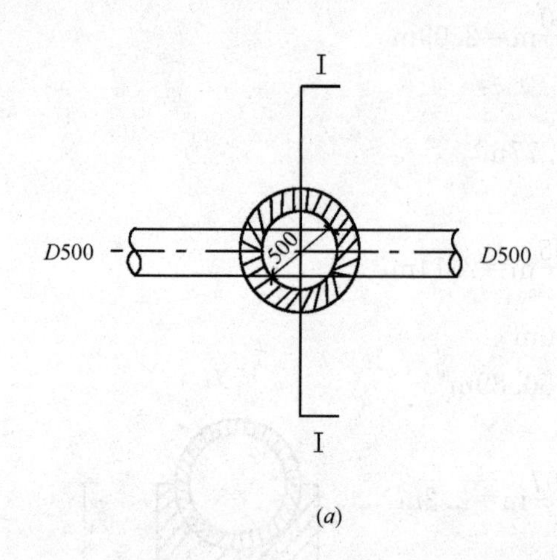

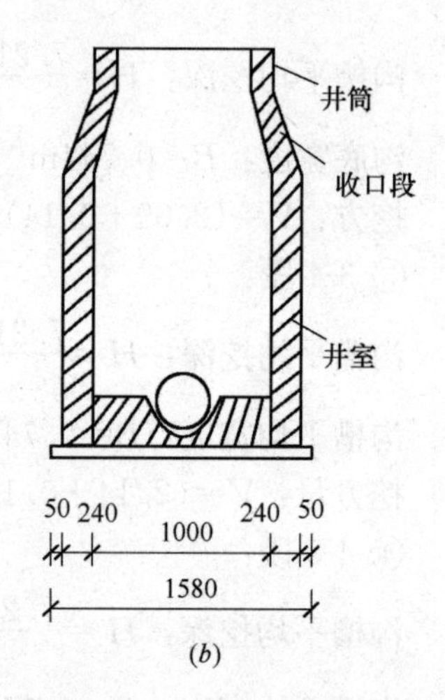

图 2-108 检查井示意图

(a)剖面图 1；(b)剖面图 2

由图 2-109 可知井位土方横截面应为上下弓形面积：

$S=S_{扇形}-S_{\triangle}$

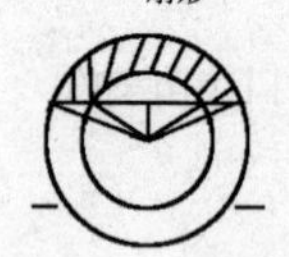

图 2-109 示意图

$S_{扇形}=n\pi R^2/360$

其中 $n=2\times\left(90°-\arcsin\dfrac{0.584/2}{1.58/2}\right)=136.6°$

则 $S_{扇形}=\dfrac{136.6}{360}\times\pi\times0.79^2\text{m}^2=0.7436\text{m}^2$

$S_{\triangle}=\sqrt{[0.79^2-(0.584/2)^2]}\times\dfrac{0.584}{2}\text{m}^2=0.2143\text{m}^2$

则上下弓形面积之和：

$S=2\times(0.7437-0.2143)\text{m}^2=1.0588\text{m}^2$

土方：$V=SH=1.0588\times(7.21-5.27)\text{m}^3=2.0541\text{m}^3$

b. 2 号井工程量：

土方：$V=SH=1.0588\times(7.21-5.15)\text{m}^3=2.1811\text{m}^3$

c. 3 号井工程量：

土方：$V=SH=1.0588\times(7.21-5.10)\text{m}^3=2.2341\text{m}^3$

d. 4 号井工程量：

土方：$V=SH=1.0588\times(7.21-5.05)\text{m}^3=2.2870\text{m}^3$

e. 5 号井工程量：

土方：$V=SH=1.0588\times(7.21-4.97)\text{m}^3=2.3717\text{m}^3$

共计 11.128m^3

5）管道及基础所占体积：

① $d500$

管道基础所占体积：

$V_1=(0.1+0.292)\times(0.5+0.084+0.08\times2)\times105\text{m}^3$
$=30.62\text{m}^3$

上半部管道所示体积：

$V_2=(0.584/2)^2\times3.14/2\times105m^3=14.06m^3$

共为 44.68m³

② d300

管道基础所占体积，剖面图如图 2-110 所示：

$V_1=(0.1+0.18)\times(0.3+0.06+0.08\times2)\times88m^3$

$=12.81m^3$

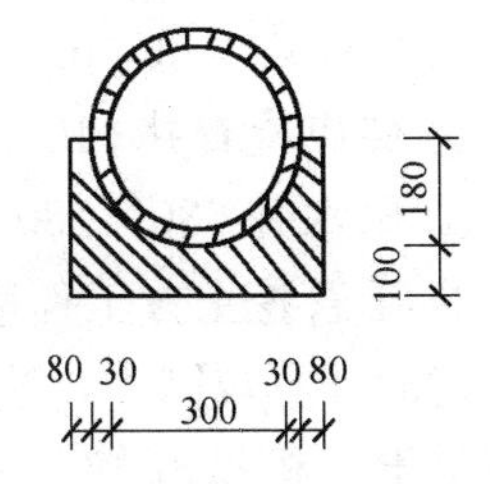

图 2-110　管道基础剖面图

上半部管道所占体积：

$V_2=0.18^2\times3.14/2\times88m^3=4.48m^3$

共为：$(12.81+4.48)m^3=17.29m^3$

6）总土方工程量：

总的挖方量为：$(176.77+97.47+25.80+11.128)m^3$

$=311.17m^3$

弃方为：$(44.68+17.29)m^3=61.97m^3$

管道沟回填方为：$(311.17-61.97)m^3=249.2m^3$

【注释】 (0.1＋0.292)(d500 支管的基础的截面宽度)×(0.5＋0.084＋0.08×2)(d500 支管的基础的截面长度)×105 为 d500 支管的挖土量基础的截面面积乘以混凝土管的总长度，(0.584/2)为管道外侧壁的半径；(如；图 2-106)。(0.1＋0.18)(d300 支管的基础的截面宽度)×(0.3＋0.06＋0.08×2)(d300 支管的基础的截面的长度)×88(钢筋混凝土管的长度)为 d300 支管的基础的截面面积乘以其钢筋混凝土管的长度，0.18 为其 管道的完成壁半径；工程量计算规则按设计图示尺寸以体积计算。

清单工程量计算见表 2-89。

清单工程量计算表　　**表 2-89**

序号	项目编码	项目名称	项目特征描述	计量单位	工程量
1	040501001001	混凝土管	180°混凝土基础，d500	m	105.00
2	040501001002	混凝土管	180°混凝土基础，d300	m	88.00
3	040504001001	砌筑井	圆形雨水检查井，ϕ1000，平均深度为 2.13m	座	5
4	040504009001	雨水口	680×380 单算平算雨水进水井，平均井深 1m	座	10
5	040101002001	挖沟槽土方	土质为三类土	m³	311.17
6	040103001001	回填方	原土回填	m³	249.20
7	040103002001	余方弃置	余土弃置	m³	61.97

(2) 定额工程量

1）主要工程材料工程量：

① d500×2000×42 钢筋混凝土管，检查井 ϕ1000 扣除长度为 0.7m，则 d500 铺设长度为

$(105-4\times0.7)m=102.2m$

② d300×2000×42 钢筋混凝土管，每支管与检查井相接处扣除 0.35m，则铺设长度为

(88－10×0.35)m＝84.5m

③ 砖砌检查井 ϕ1000，5座

④ 雨水井 680×380　H＝1m，10座

2) 干管挖土方工程量：

定额计算规则中，挖土方一般要放坡，因为是三类土，机械开挖，坑内作业，放坡系数为1∶0.25，管道结构宽度 a＝0.744m，则工作面宽度 c 取0.5m。

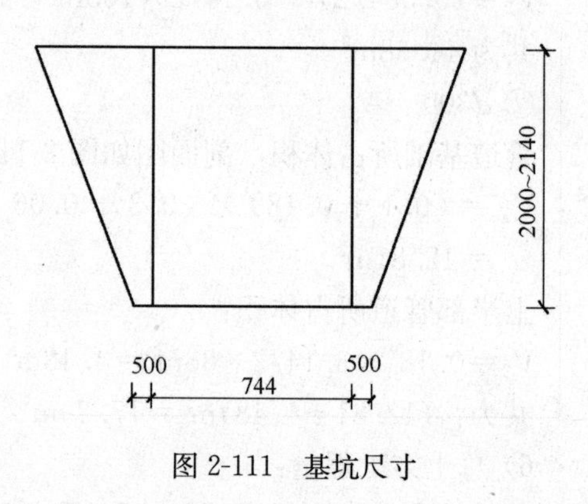

图 2-111　基坑尺寸

① 1-2段(如图2-111所示)：

挖方量：$V=(a+2c+Hk)\cdot H\cdot L$

$=[0.744+2\times0.5+(2+0.14)\times0.25]\times(2+0.14)\times15\text{m}^3$

$=73.16\text{m}^3$

② 2-3段：

$V=(a+2c+Hk)HL$

$=[0.744+2\times0.5+(2.09+0.14)\times0.25]\times2.23\times30\text{m}^3$

$=153.97\text{m}^3$

③ 3-4段：

$V=(a+2c+Hk)HL$

$=(0.744+2\times0.5+2.28\times0.25)\times2.28\times30\text{m}^3$

$=158.28\text{m}^3$

④ 4-5段：

$V=(a+2c+Hk)HL$

$=(0.744+2\times0.5+2.34\times0.25)\times2.34\times30\text{m}^3$

$=163.50\text{m}^3$

干管土方合计548.91m^3

3) 挖支管管沟土方工程量：

支管沟底加工作面宽度为：$a+2c$＝(0.52＋2×0.5)m＝1.52m

平均挖深为2.13m，总长88

则挖方：$V=(0.52+2\times0.5+2.13\times0.25)\times2.13\times88\text{m}^3=384.72\text{m}^3$

4) 挖井位土方工程量：

(25.80＋11.13)m^3＝36.93m^3

5) 管道及基础所占体积：

(44.68＋17.29)m^3＝61.97m^3

6) 总土方工程量：

总土方合计为：(548.91＋384.72＋36.93)m^3＝970.56m^3

回填土方量：(970.51－98.9)m^3＝871.61m^3

余土弃置：(36.93＋61.97)m^3＝98.9m^3

项目编码：041001001　项目名称：拆除路面

项目编码：041001003　项目名称：拆除基层

项目编码：040501001　项目名称：混凝土管

【例 88】 某工程为新建污水管道，全长 212m，ϕ400 混凝土管，检查井设 6 座，管线上部原地面为 10cm 厚沥青混凝土路面，50cm 厚多合土，检查井均为 ϕ1000 检查井，外径为 1.58m，试计算拆除工程量和挡土板工程量，管道铺设工程量。

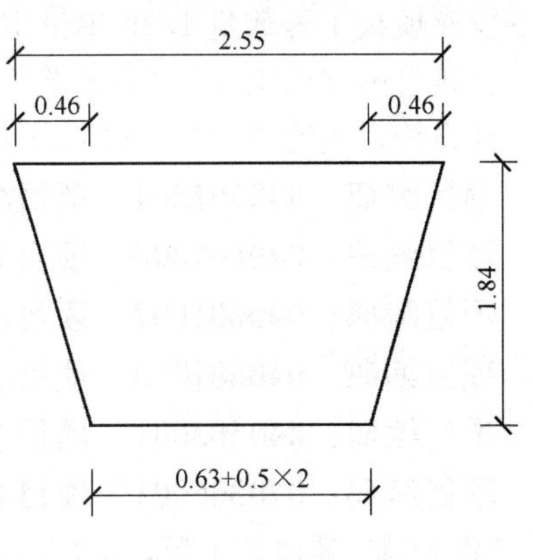

图 2-112　管道尺寸

【解】 (1) 清单工程量

1) 拆除混凝土路面工程量：

$212\times2.55\text{m}^2=540.6\text{m}^2$

2) 拆除多合土工程量：

多合土此层厚 10cm，增厚部分 40cm，每增厚 5cm 为一层，则增厚部分为 8 层，10cm 厚的拆除量为：

$212\times2.55\text{m}^2=540.6\text{m}^2$

增厚部分为：

$540.6\times8\text{m}^2=4324.8\text{m}^2$

则共计为 4865.4m^2

3) 支撑木挡土板工程量：

宽度为图 2-112 所示梯形的腰长，则其长度：$a=\sqrt{0.46^2+1.84^2}\text{m}=1.90\text{m}$

挡土板面积：$S=al=1.90\times212\text{m}^2=402.8\text{m}^2$

共两面为 805.6m^2

4) 浇筑混凝土管道基础和铺设混凝土管管座模板厚为 0.335m，长为：

$(212-0.7\times6)\text{m}=207.8\text{m}$

则模板工程量为：

$207.8\times0.335\times2\text{m}^2=139.23\text{m}^2$

铺设 ϕ400 混凝土管：212m

【注释】 212×2.55 为路面的宽度乘以管道的总长度，其中 2.55 为路面的宽度；540.6×8 为拆除的工程量乘以增厚层数，8 为层数；1.90×212 为梯形腰的管道侧面积；207.8×0.335×2 为两侧模板的厚度(0.335)乘以管道的长度(207.8)；工程量计算规则按设计图示尺寸以面积计算。

清单工程量计算见表 2-90。

清单工程量计算表　　**表 2-90**

序号	项目编码	项目名称	项目特征描述	计量单位	工程量
1	041001001001	拆除路面	沥青混凝土路面，厚 10cm	m^2	540.60
2	041001003001	拆除基层	50cm 厚多合土	m^2	4865.40
3	040501001001	混凝土管	ϕ400	m	212.00

(2) 定额工程量

定额编号 6-19、6-52、6-53、1-549、1-570

拆除路面工程数量为5.41，单位$100m^2$

拆除50cm厚无骨料多合土，工程量为48.65，单位$100m^2$。

支撑木挡土板8.06单位$100m^2$。

管座模板工程数量1.39单位$100m^2$。

浇筑管座基础工程量2.08单位100m。

铺设管道工程量(212－0.7×6)m＝207.8m，单位m。

项目编码：040601001　项目名称：现浇混凝土沉井井壁及隔墙

项目编码：040601004　项目名称：沉井内地下混凝土结构

项目编码：040601002　项目名称：沉井下沉

项目编码：040601003　项目名称：沉井混凝土底板

项目编码：040303001　项目名称：混凝土垫层

项目编码：040305001　项目名称：垫层

【例89】 某顶管工程，采用沉井，如图2-113～图2-115所示，试计算沉井工作量。

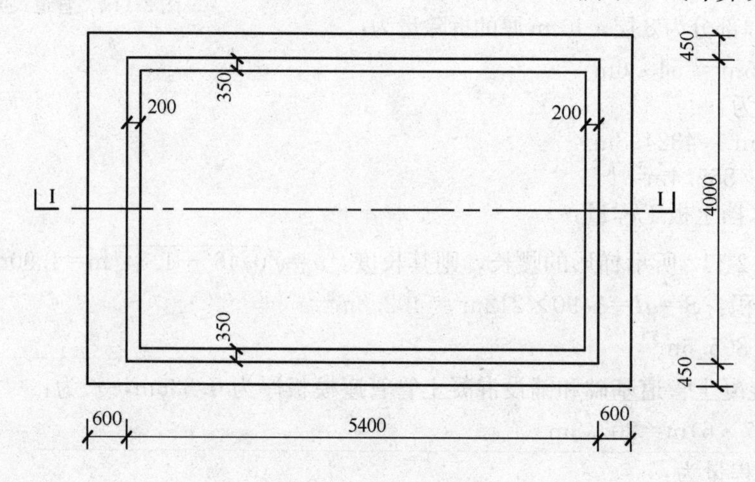

图2-113　沉井平面图

【解】 (1) 清单工程量

1) 垫木工程量：

清单计价中以实际尺寸计算，则垫木长度为(6.6×2＋4.9×2)m＝23m

2) C25混凝土井壁工程量：

以实际工程量计算，沉井为矩形井，其平面图如图2-113所示，剖面图如图2-114所示，因为沉井另一剖面图未画出，可参照图2-114。

V_1＝[6.15×0.6×4.0×2＋1.85×0.8×4.0×2－(0.2＋0.4)×0.2/2×4×2－0.8×0.8×4.9×2]m^3

＝34.608

V_2＝[6.15×5.4×0.45×2＋1.85×0.8×5×2－(0.2＋0.4)×0.2/2×5×2－0.8×0.8×5.4×2]m^3

＝37.177m^3

共71.785m^3

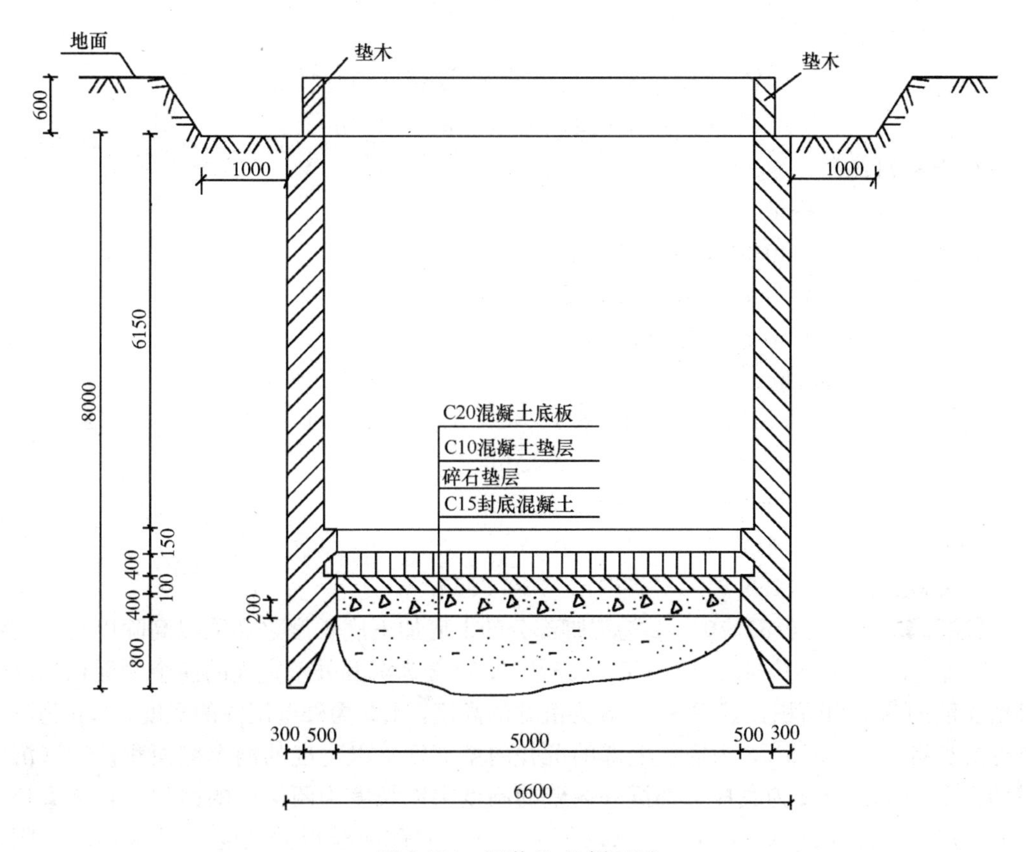

图 2-114　沉井Ⅰ-Ⅰ剖面图

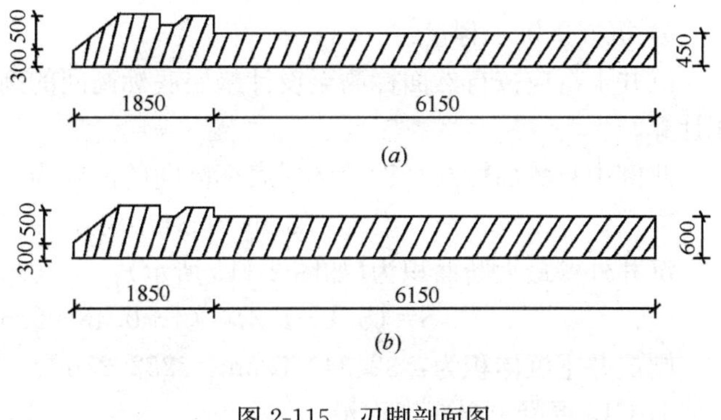

图 2-115　刃脚剖面图

(a) 刃脚剖面图 1；(b) 刃脚剖面图 2

【注释】　(6.15×0.6×4.0×2)为刃脚以上部分井壁的高度乘以厚度乘以井壁的宽度，其中 2 为两侧井壁，6.15 为井壁的高度，0.6 为厚度，4 为井壁宽度；1.85×0.8×4.0×2 为刃脚部分多加按矩形截面计算，其中 1.85 为刃脚的高度，0.8 为刃脚厚度；(0.2＋0.4)(上部多加梯形的上底加下底的长度之和)×0.2(小梯形的高度)/2×4×2＋0.8×0.8(小三角形的截面尺寸)×4.9(沉井的宽度)×2 刃脚多加的一个小梯形截面和三角形和刃脚截面的体积；工程量按设计图示尺寸以体积计算。

3) C25 混凝土刃脚工程量：

按实际尺寸计算

刃脚剖面图为梯形，则其截面积：

$$S_1 = (0.3 + 0.8) \times 0.8/2\text{m}^2 = 0.44\text{m}^2$$

$$S_2 = (0.3 + 0.8) \times 0.8/2\text{m}^2 = 0.44\text{m}^2$$

体积分别为：

$$V_3 = S_1L = 0.44 \times 4.9 \times 2\text{m}^3 = 4.312\text{m}^3$$

$$V_4 = S_2L = 0.44 \times 5 \times 2\text{m}^3 = 4.4\text{m}^3$$

共计 8.712m^3

4）井壁模板工程量：

井壁模板分外模和内模，模板不包括刃脚所占面积

外模：$S_3 = [(8-0.8)\times4.9\times2+(8-0.8)\times6.6\times2]\text{m}^2$

$=(70.56+95.04)\text{m}^2$

$=165.6\text{m}^2$

内模：$S_4 = [4\times6.15\times2+5.4\times6.15\times2+4\times(0.15+0.4+0.1+0.4)\times2+5.4\times(0.15+0.4+0.1+0.4)\times2]\text{m}^2$

$=(49.2+66.42+8.4+11.34)\text{m}^2$

$=135.36\text{m}^2$

则模板共计为：$(165.6+135.36)\text{m}^2=300.96\text{m}^2$

【注释】 (0.3+0.8)×0.8/2 为刃脚部分的上底加下底长度之和乘以高除以二，其中 0.8 为高度；(8−0.8)×4.9×2+(8−0.8)×6.6×2 为沉井外壁宽度的两个侧面积加沉井外壁长度的两个侧面积，其中 8−0.8 为沉井的高度，4.9 为外壁沉井的宽度，6.6 为沉井外壁的长度；4×6.15×2 为底板上部的沉井内壁高度乘以宽度的两个侧面积；5.4（沉井壁的长度）×6.15×2 为底板上部沉井内壁的高度乘以长度为两侧面的面积；4×(0.15+0.4+0.1+0.4)×2+5.4×(0.15+0.4+0.1+0.4)（侧面模板的宽度）×2 为四周刃脚上部到底板之间模板的侧面积；工程量计算规则按设计图示尺寸以面积计算。

5）沉井下沉工程量：

沉井下沉应按自然面标高至设计垫层底标高间的高度乘以沉井外壁最大断面面积以体积计算。

此例中自然面标高至设计垫层底标高间的高度为：

$$(8.0-0.8+0.6)\text{m}=7.8\text{m}$$

沉井外壁最大断面积为（如图 2-113 所示）：

$$S=(5.4+1.2)\times(4+0.45\times2)\text{m}^2=32.34\text{m}^2$$

则沉井下沉体积为：$32.34\times7.8\text{m}^3=252.25\text{m}^3$

6）C15 混凝土封底工程量：

封底高度可近似视为 0.8m，视其为长方体：

$V_5=5.4\times4\times0.8\text{m}^3=17.28\text{m}^3$

7）混凝土底板工程量：

$V_6=[5.4\times4\times0.4-0.2\times0.2\times4\times2-0.35\times0.2\times5\times2]\text{m}^3$

$=7.62\text{m}^3$

8）碎石垫层，C10 混凝土垫层工程量：

碎石垫层：$V_7=5\times0.4\times3.3\text{m}^3=6.6\text{m}^3$

混凝土垫层：$V_8=5\times0.1\times3.3\text{m}^3=1.65\text{m}^3$

【注释】 5.4+1.2 为沉井外壁的长度，4+0.45×2 为沉井内壁外侧的宽度；5×0.4

×3.3 为碎石垫层的长度乘以垫层的厚度乘以宽度，其中 0.4 为该垫层的厚度，5＝5.4－0.2－0.2 为其垫层的长度，3.3＝4.0－0.35－0.35 为其垫层的宽度；5×0.1×3.3 为混凝土垫层的长度以厚度乘以宽度；工程量按设计图示尺寸以体积计算。

清单工程量计算见表 2-91。

清单工程量计算表　　**表 2-91**

序号	项目编码	项目名称	项目特征描述	计量单位	工程量
1	040601001001	现浇混凝土沉井井壁及隔墙	C25 混凝土井壁	m^3	71.79
2	040601004001	沉井内地下混凝土结构	C25 混凝土刃脚	m^3	8.71
3	040601002001	沉井下沉	下沉高度 7.8m	m^3	252.25
4	040601004002	沉井内地下混凝土结构	C15 混凝土封底	m^3	17.28
5	040601003001	沉井混凝土底板	C20 混凝土底板	m^3	7.62
6	040303001001	混凝土垫层	C10 混凝土垫层	m^3	1.65
7	040305001001	垫层	碎石垫层	m^3	6.60

(2) 定额工程量

1) 垫木工程量：

沉井垫木按刃脚中心线以“100 延长米”为单位，则

$L=[(6.6-0.3)\times2+(4.9-0.3)\times2]m=21.8m$，以 100m 为单位则为 0.22。

定额编号　6-870　　垫木

2) C25 混凝土井壁，以 $10m^3$ 为单位则为 7.8. 定额编号　6-875　　井壁及隔墙

3) C25 混凝土刃脚，定额编号　6-879，刃脚

刃脚体积以 $10m^3$ 计则为 0.87

4) 井壁模板，执行定额 6-1265，1266 以 $100m^2$ 为单位，工程量为 3.01

5) 沉井下沉工程量：

此例中基坑放坡系数为 1∶0.6

基坑挖土为：

$$V_1=\frac{H_1}{6}[AB+ab+(A+a)(B+b)]\times1.025$$

其中 H_1 指基坑挖深，A、B；a、b 分别指基坑的上底，下底的长、宽：

$A=(1\times2+6.6)m=8.6m$，$B=(4.9+2)m=6.9m$，$a=6.6m$，$b=4.9m$

则：$V_1=\frac{0.6}{6}\times[6.9\times8.6+6.6\times4.9+(8.6+6.6)\times(4.9+6.9)]\times1.025m^3$

$=27.78m^3$

沉井下沉挖土量为 V_2，其下沉深度指沉井基坑底土面至设计垫层底面之距离，之后再加上垫层与刃脚踏面距离的$\frac{2}{3}$，则：$H_2=\left(8.0-0.8+\frac{2}{3}\times0.8\right)m=7.73m$

V_2 可按沉井外壁间的面积乘以其下沉深度计算。

$V_2=7.73\times6.6\times4.9m^3=249.99m^3$

其计量单位是 $10m^3$，则 V_2 为 25.00 执行定额　6-883、6-884

6) C15 混凝土封底，此项工程量无定额可查。

7) 混凝土底板，执行定额 6-876，项目名称底板，厚度 50cm 以内，计量单位是 $10m^3$，数量0.76。

8）碎石垫层，执行定额 6-872，以 $10m^3$ 为计量单位，数量 0.66，混凝土垫层执行定额 6-873　$10m^3$ 为单位，数量为 0.165。

项目编码：040504001　项目名称：砌筑井

【例 90】 某砖砌跌水检查井如图 2-116～图 2-119 所示，试根据清单规则和定额规则计算其工程量。

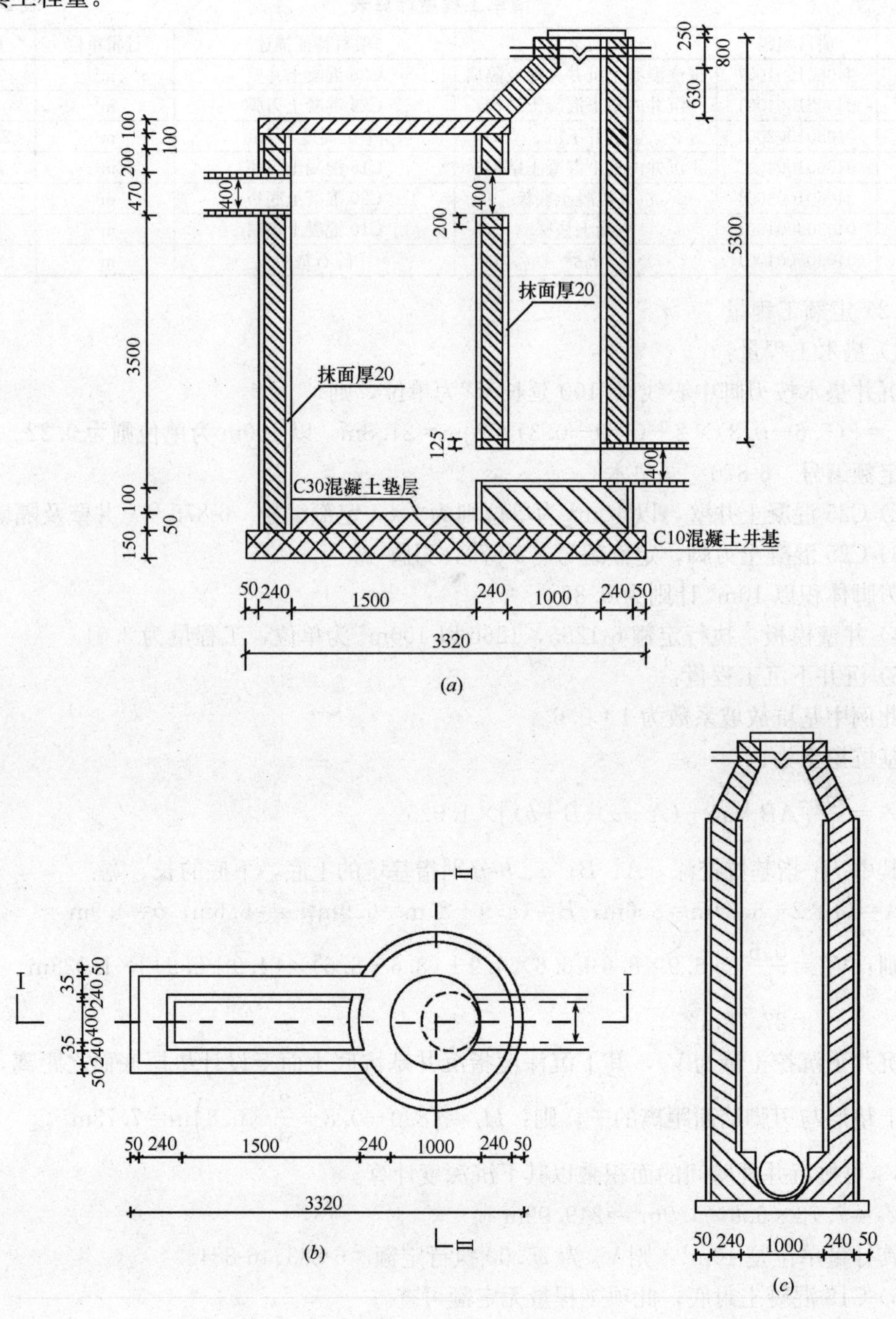

图 2-116　检查井示意图

(*a*) Ⅰ-Ⅰ剖面；(*b*) 平面图；(*c*) Ⅱ-Ⅱ剖面图

【解】（1）清单工程量

1）垫层工程量（铺筑混凝土垫层）：

$S_1=1.5\times0.4\text{m}^2=0.6\text{m}^2$

$V_1=S_1H_1=0.6\times0.05\text{m}^3=0.03\text{m}^3$

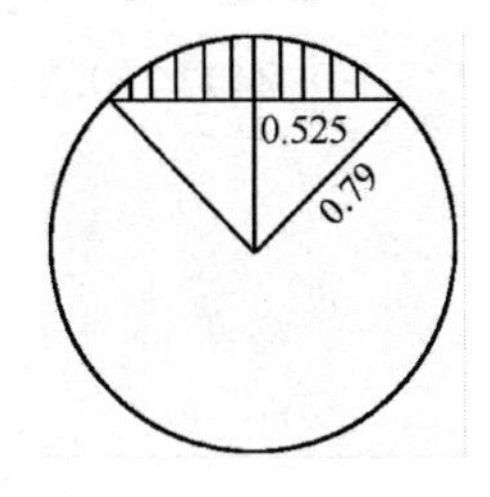

图 2-117　检查井平面

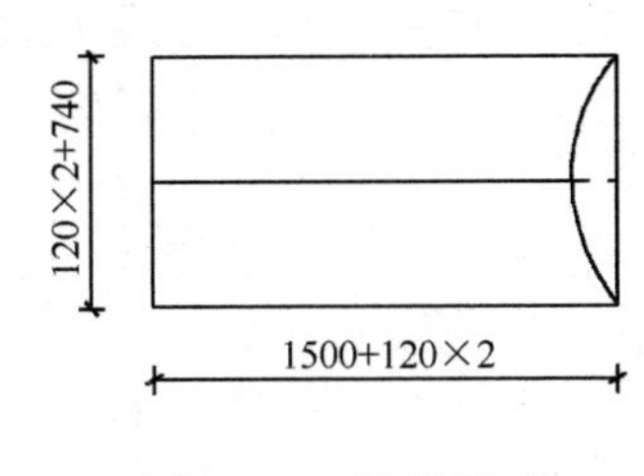

图 2-118　管道平面

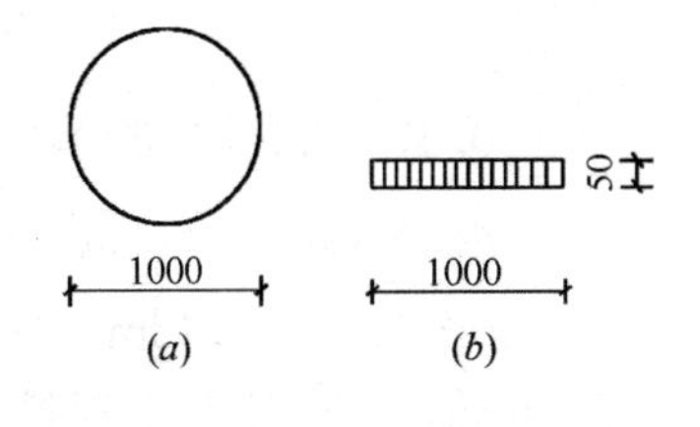

图 2-119
（a）平面图；（b）断面图

C10 混凝土井基：

$S_2=[(240+50)\times2+400+(35\times2)]\times10^{-3}\times(0.5+0.24+1.5+0.24)+\pi\times(1.58/2)^2\text{m}^2-S_{弓形}$

其中 $S_{弓形}=S_{扇形}-S_{\triangle}$

$$=\left(\frac{2\arcsin\dfrac{0.525}{0.79}}{360}\times\pi\times0.79^2-0.525\times\sqrt{0.79^2-0.525^2}\right)\text{m}^2$$

$=0.1435\text{m}^2\approx0.14\text{m}^2$

则 $S_2=(4.56-0.14)\text{m}^2=4.42\text{m}^2$

$V_2=S_2H_2=4.42\times0.15\text{m}^3=0.66\text{m}^3$

【注释】 1.5×0.4 为垫层的长度乘以宽度，0.4 为垫层的宽度，0.05 为垫层的厚度；(240＋50)×2＋400＋(35×2)为混凝土井基的宽度，(0.5＋0.24＋1.5＋0.24)为井基的部分长度，$\pi\times(1.58/2)^2$ 为检查井的底面积；工程量计算规则按设计图示尺寸以体积计算。

2）砌筑工程量：

$V_3=[(0.24+1.5+0.24)\times(0.1+0.2+0.47+3.5+0.1+0.05)\times2\times0.24+0.47\times(0.1+0.2+0.47+3.5+0.1+0.05)\times0.24]\text{m}^3$

$=4.70\text{m}^3$

之后再扣除混凝土管所占体积：

$\pi R^2H=3.14\times(0.47/2)^2\times0.24\text{m}^3=0.04\text{m}^3$

则 $V_3=(4.7-0.04)\text{m}^3=4.66\text{m}^3$

$V_4=[\pi\times(1.0+0.24+0.24-0.04)^2/4\times(4.43-0.100)-\pi\times(0.47/2)^2\times0.24\times3-\pi\times(1.0/2)^2\times(4.43-0.1)]\text{m}^3$

$=3.53\text{m}^3$

$V_5=[\frac{\pi}{3}\times0.63\times(0.475^2+0.74^2+0.475\times0.74)-\frac{\pi}{3}\times0.63\times(0.5^2+0.235^2+0.5\times0.235)+\pi\times0.475^2\times0.8-\pi\times0.235^2\times0.8]\text{m}^3$

$=0.891\text{m}^3$

共计砖砌体为：$(4.66+3.53+0.891)m^3=9.081m^3$

3）勾缝工程量：

$$S_1=1.74\times0.61m^2=1.06m^2$$

4)抹面工程量：

$$S_3=\left[(0.24+0.47+0.24)\times(0.2+0.47+3.5+0.1)+(0.24+1.5+0.24)\times(0.2+0.47+3.5+0.1)\times2\right]m^2$$

$=20.97m^2$

$S_4=2\pi\times0.5\times4.42m^2=13.88m^2$

5）井盖制作、安装工程量：

$$V=\pi R^2H=\pi\times0.5^2\times0.3m^3=0.2355m^3$$

制作：$V\times1.015=0.239m^3$

安装：$V\times1.005=0.237m^3$

【注释】 0.24＋1.5＋0.24为砌筑的长度，(0.1＋0.2＋0.47＋3.5＋0.1＋0.05)为砌筑的高度，0.24为砌筑的厚度。

清单工程量计算见表2-92。

清单工程量计算表 **表2-92**

项目编码	项目名称	项目特征描述	计量单位	工程量
040504001001	砌筑井	砖砌跌水检查井，井径为1m，外径为1.58m	座	1

（2）定额工程量

定额编号6-416

1）此井井径为1m，外径为1.58m，以座为单位。

2）砖砌跌水检查井工作内容包括混凝土浇筑抹面、养生、砌筑、井盖、井座安装等，这些内容已在清单计价中计算过工程量。

3）井深按井底基础以上至井盖顶计算为6.25m。

【例91】 排水工程中某砌筑连接井如图2-120所示，连接井覆土厚度为100mm，井身材料为砖砌，执行定型井项目，试计算此连接井工程量。

【解】 （1）清单工程量

1）垫层铺筑工程量：

垫层为钢筋混凝土材料，强度为C10，此例中垫层长度为1.58m，宽度为1.38m，高0.1m，垫层铺筑工程量为$V=abc=1.58\times1.38\times0.1m^3=0.22m^3$

2）井身砌筑工程量：

井身材料为砖，井底也用砖砌。

井身砖砌体为：

$V_1=[2.025\times(1.58-0.1)\times0.24\times2-3.14\times0.5^2\times0.24\times2]m^3$

$=1.06m^3$

$V_2=(0.8\times2.025\times0.24\times2-3.14\times0.18^2\times0.24)m^3$

$=0.75m^3$

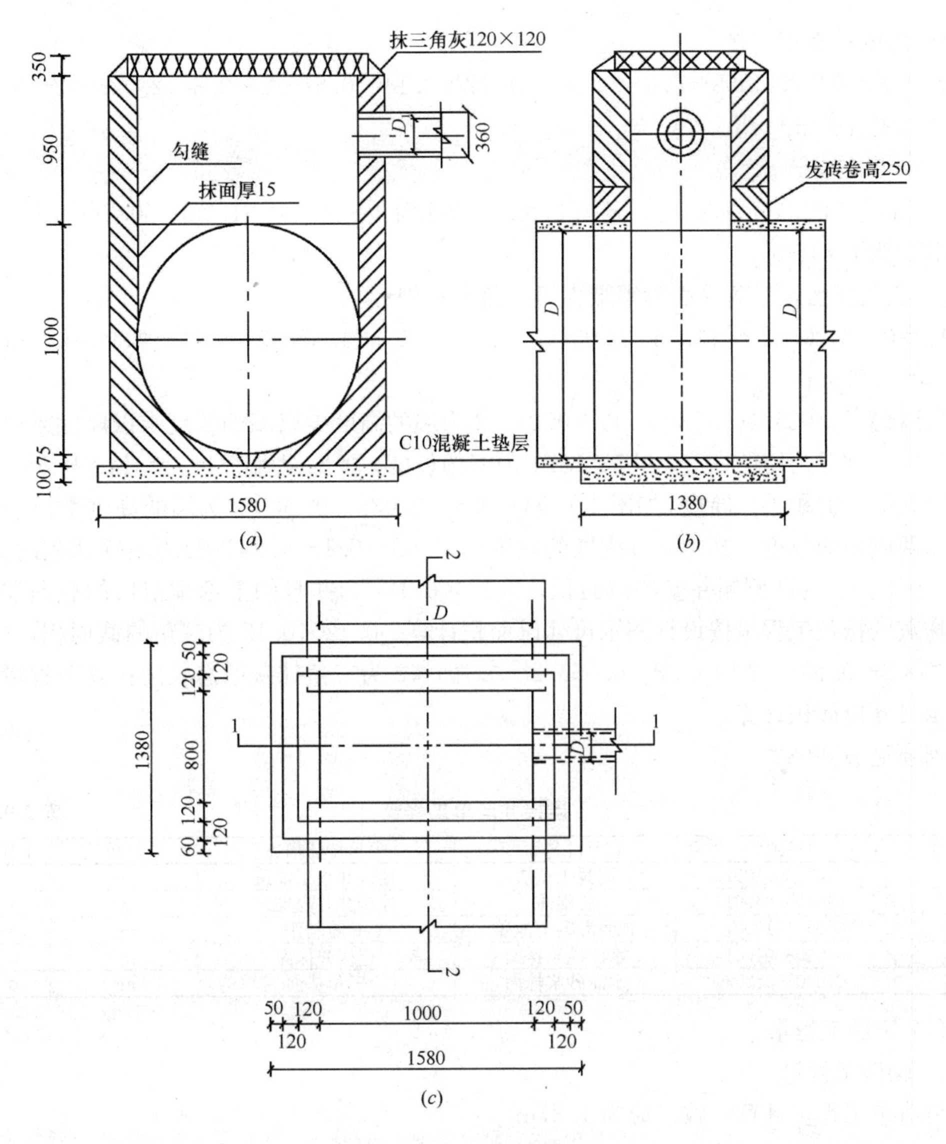

图 2-120 砖砌连接井

(*a*) 1-1 剖面图；(*b*) 2-2 剖面图；(*c*) 平面图

$V_3=0.8\times1.0\times0.075\text{m}^3=0.06\text{m}^3$

共计为：$V_1+V_2+V_3=(1.06+0.75+0.06)\text{m}^3=1.87\text{m}^3$

3）盖板制作工程量：

盖板材料为 C20 钢筋混凝土，盖板长为 l：

$l=(1+0.12+0.12)\text{m}=1.24\text{m}$，宽为$(0.80+0.12+0.12)\text{m}=1.04\text{m}$

高 $h=0.35\text{m}$，则盖板钢筋混凝土用量为：

$V=0.35\times1.04\times1.24\text{m}^3=0.45\text{m}^3$

4）抹面工程量：

抹面以面积计算，包括井身抹面，三角抹面，其中井内壁为 1∶2 水泥砂浆，三角抹面用 1∶3 水泥砂浆。

① 内壁抹面工程量：

$S_1=[2.025\times(1.58-0.1-0.24\times2)\times2-3.14\times0.5^2\times2+0.8\times2.025\times2-3.14\times0.18^2]m^2$

$=5.618m^2$

② 井底抹面，长为1.0m，宽为0.8m，则抹面：$S_3=0.8\times1.0m^2=0.8m^2$

共计为6.418m^2

③ 三角抹面，三角抹面为等腰直角三角形，则：

$V=0.12\times0.12\times[(1.58-0.05\times2-0.12)\times2+(1.38-0.05\times2-0.12)\times2]m^3$

$=0.073m^3$

【注释】 $2.025\times(1.58-0.1)\times0.24\times2$ 为墙的高度乘以墙的长度乘以厚度乘以两侧墙，其中2.025为墙的高度，1.58－0.1为墙的长度，0.24为墙厚度；$3.14\times0.5^2\times0.24$ 为预留孔的截面积乘以厚度(如图1-119)；$0.8\times2.025\times0.24\times2$ 为墙的高度乘以墙的宽度乘以两侧墙的厚度，其中0.8为墙的宽度；$(1.58-0.1-0.24\times2)$为内壁抹灰的长度，$3.14\times0.5^2\times2$ 为两侧侧井壁的截面积，3.14×0.18^2 为井身的上部预留口的截面积；除三角抹灰的抹灰工程量按设计图示尺寸以面积计算。0.12×0.12 为三角的截面积，$(1.58-0.05\times2-0.12)\times2+(1.38-0.05\times2-0.12)\times2$ 为三角抹灰的总长度；其工程量按设计图示尺寸以体积计算。

列项见表2-93。

连接井清单工程量　　表2-93

序号	项目编码	项目名称	项目特征描述	计量单位	工程数量
1	040303001001	混凝土垫层	连接井垫层铺筑	m^3	0.22
2	040305004001	砖砌体	连接井井身砌筑	m^3	1.87
3	040601010001	现浇混凝土池盖	井盖制作	m^3	0.45
4	040308001001	水泥砂浆抹面	连接井抹面	m^2	6.42
5	040308001002	水泥砂浆抹面	三角抹面	m^3	0.07

(2) 定额工程量

1) 砌砖工程量：

与清单工程量计算一致，应为1.87m^3。

2) 内抹面：此项也与清单工程量计算一致为6.418m^2，因为定额中不包括井外抹灰，故三角抹灰按井内侧抹灰项目人工乘以系数0.8。

3)垫层铺筑：因为垫层为混凝土材料，应考虑制作及安装损耗，制作损耗取系数为0.2%，安装损耗取系数为0.5%，则应为$0.22\times(1+0.2\%+0.5\%)m^3=0.22m^3$

4) 井盖制作：井盖同样要考虑制作，安装损耗。

$$V=0.45\times(1+0.2\%+0.5\%)m^3=0.45m^3$$

列项见表2-94。

定额工程量计算　　表2-94

序号	定额编号	工作内容	计量单位	数量
1	6-567	连接井井身砌筑	$10m^3$	0.187
2	6-573	连接井井内侧抹灰	$100m^2$	0.05618
3	6-574	连接井井底抹灰	$100m^2$	0.008
4	6-565	连接井混凝土垫层	10^3	0.022
5	6-584	连接井井盖制作	10^3	0.045

【例 92】 某给水工程中主管公称直径为 100mm，采用铸铁管，管道在某处需转弯 90°，此处为承插式铸铁管，为防止在转弯处承插口接头松动、脱节，造成破坏，设置管道支墩，试计算支墩工程量，尺寸如图 2-121 所示。

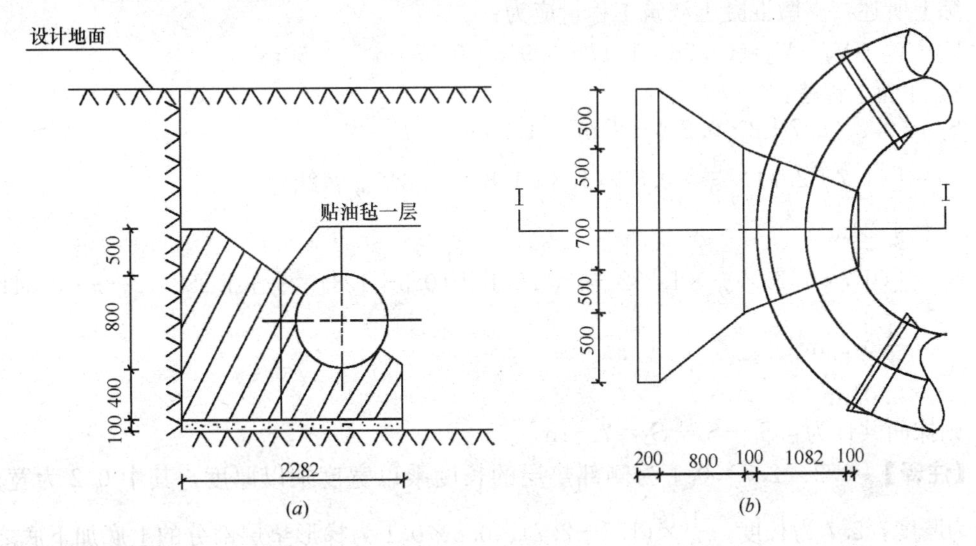

图 2-121　管道支墩
(a)剖面图；(b)平面图

【解】 (1) 清单工程量

1) 垫层铺筑工程量：

此处垫层为 C10 混凝土垫层，垫层工程量为：

$$V=\left[0.2\times2.7\times0.1+\frac{1}{2}\times(1.7+2.7)\times0.8\times0.1+\frac{1}{2}\times(0.7+1.7)\times1.282\times0.1\right]\text{m}^3$$

$=0.38\text{m}^3$

2) 混凝土浇筑工程量：

支墩主体混凝土材料为 C15，其工程量可表示为：

$$V_1=\frac{1}{3}\times0.8\times(1.7\times1.3+2.7\times1.8+\sqrt{1.7\times1.3\times2.7\times1.8})\text{m}^3$$

$=2.76\text{m}^3$

$$V_2=\frac{1}{3}\times1.282\times(0.7\times0.5+1.7\times1.3+\sqrt{0.7\times0.5\times1.7\times1.3})\text{m}^3$$

$=1.47\text{m}^3$

V_3 部分指支墩要扣除的管体所占体积，此部分长度按管外壁平均长度计算，其中圆心角 $\alpha=2\arctan\dfrac{0.5}{1.282}=42.6°=0.24$ 弧度，内圆半径长为 r，$r=\dfrac{0.35}{\sin21.3°}\text{m}=0.96\text{m}$，外圆半径长为 R

$$R=\frac{0.35/\tan21.3+1.182}{\cos21.3}\text{m}=2.23\text{m}$$

则弧长 L 应为：$\dfrac{1}{2}\times(0.24\times0.96+2.23\times0.24)\times3.14\text{m}=1.20\text{m}$

则管体所占体积应为：$V_3=\frac{1}{2}\times\pi R^2\times L=\frac{1}{2}\times3.14\times0.541^2\times1.20\text{m}^3=0.55\text{m}^3$

$V_4=0.2\times2.7\times1.7\text{m}^3=0.918\text{m}^3$

综上所述，支墩混凝土浇筑工程量应为：

$V_1+V_2+V_4-V_3=(2.76+1.47+0.918-0.55)\text{m}^3=4.60\text{m}^3$

3）抹面工程量：

$S_1=(0.2\times2.7+2\times0.2\times1.8)\text{m}^2=1.26\text{m}^2$

$S_2=[(1.7+2.7)\times\frac{1}{2}\times0.8+(1.3+1.8)\times0.8\times\frac{1}{2}\times2]\text{m}^2$

$=4.24\text{m}^2$

$S_3=[(0.7+1.7)\times\frac{1}{2}\times1.282-\pi\times0.541^2+(0.5+1.3)\times\frac{1}{2}\times1.282\times2-\pi\times0.541^2\times\frac{1}{2}\times2]\text{m}^2$

$=2.01\text{m}^2$

则抹面共计为：$S_1+S_2+S_3=7.51\text{m}^2$

【注释】 0.2×2.7×0.1 为侧部垫层的长度乘以宽度乘以厚度，其中 0.2 为宽度，0.1 为厚度，2.7 为长度；$\frac{1}{2}\times(1.7+2.7)\times0.8\times0.1$ 为梯形垫层部分的上底加下底之和乘以高度的截面积乘以垫层的厚度，其中 0.8 为梯形垫层部分的平面高度；题中 V_1 和 V_2 工程量按棱台体积计算公式可得；0.2×2.7×1.7 为支墩混凝土浇筑底部的长度乘以宽度乘以厚度，其中0.2为厚度；0.2×2.7+2×0.2×1.8 为底部四周抹面的侧面积；$(1.7+2.7)\times\frac{1}{2}\times0.8+(1.3+1.8)\times0.8\times\frac{1}{2}\times2$ 为梯形棱台面的侧面积之和；$(0.7+1.7)\times\frac{1}{2}\times1.282$ 为贯口处棱台的一个面侧面积，$\pi\times0.541^2$ 为管口的截面积，$(0.5+1.3)\times\frac{1}{2}\times1.282\times2$ 为管口棱台另外两侧面面积；垫层、混凝土工程量按设计图示尺寸以体积计算，抹灰工程量按设计图示尺寸以面积计算。

将以上结果绘于表 2-95 中。

管道支墩清单计价工程量　　表 2-95

序号	项目编码	项目名称	项目特征描述	计量单位	数量
1	040303001001	混凝土垫层	支墩垫层铺筑	m^3	0.38
2	040503002001	混凝土支墩	支墩混凝土浇筑	m^3	4.60
3	040308003001	镶贴面层	支墩抹面	m^2	7.51

（2）定额工程量

管支墩的定额工程量计算中只包括混凝土搅拌、浇捣、养护，不包括垫层、铺筑、抹面、砌筑等内容，故此例中定额计算只有混凝土浇筑工程量：$V=4.60\text{m}^3$

第二节　综　合　实　例

【例 1】 如图 2-122～图 2-134 所示为某市政排水工程工艺流程示意图，计算其清单工程量。

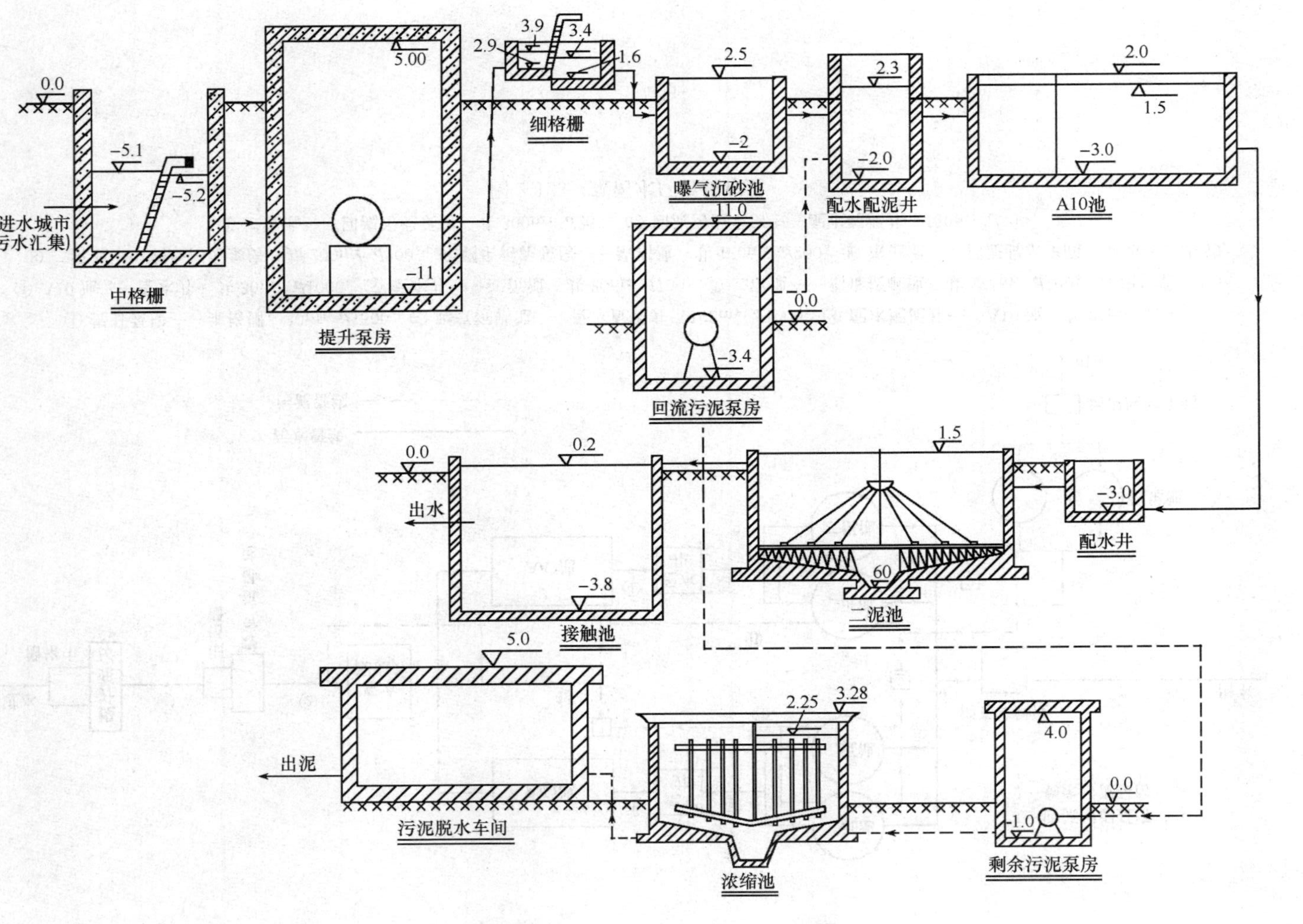

图 2-122 某污水厂工艺流程图

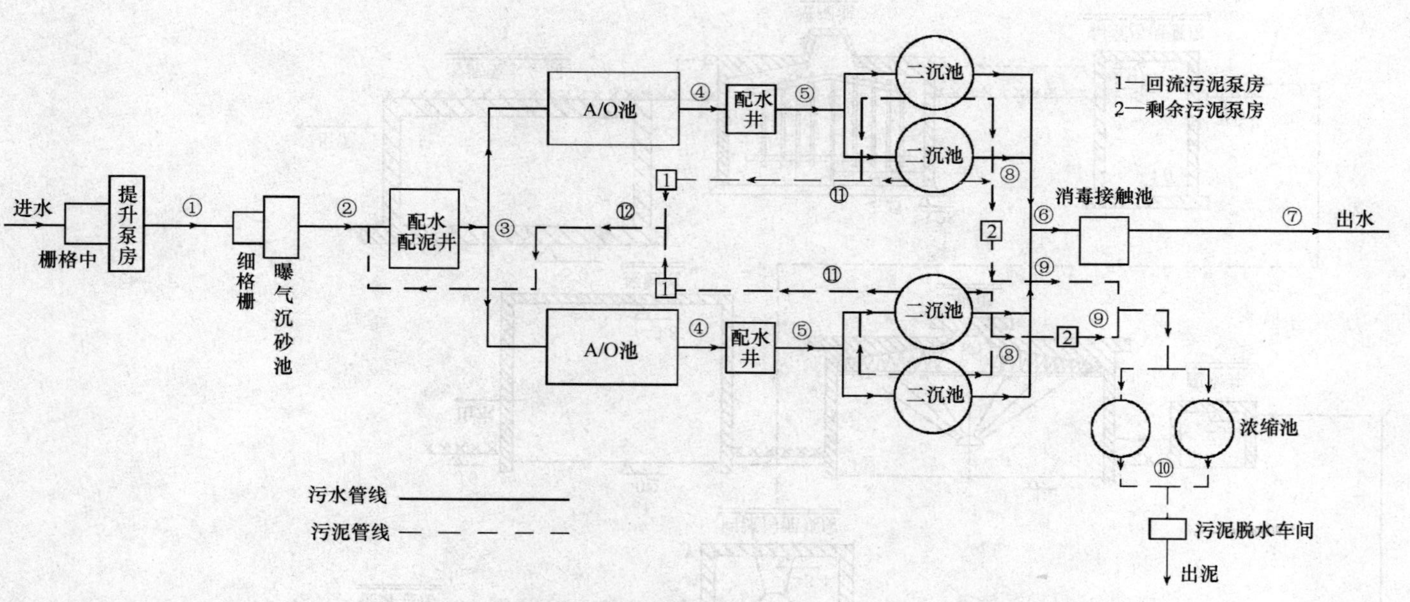

① 提升泵房——细格栅，30m；d1500。② 曝气沉砂池——配水配泥井 102m；d1000。③ 配水配泥井——A10 池 共 20m；d700。
④ A10 池——配水井 共 30m；d1000。⑤ 配水井——二沉池 共 20m；d700。⑥ 二沉池——消毒接触池 共 270m；d700。⑦ 出厂管 15m。
⑧ 二沉池——剩余污泥泵房 共 200m；d200。⑨ 剩余污泥泵房——浓缩池 共 120m；d200。⑩ 浓缩池——污泥脱水车间 共 26m；d250。
⑪ 二沉池——回流污泥泵房 共 300m；d250。⑫ 回流污泥泵房——配水配泥井 150m；d300。

图 2-123 某污水厂管线布置

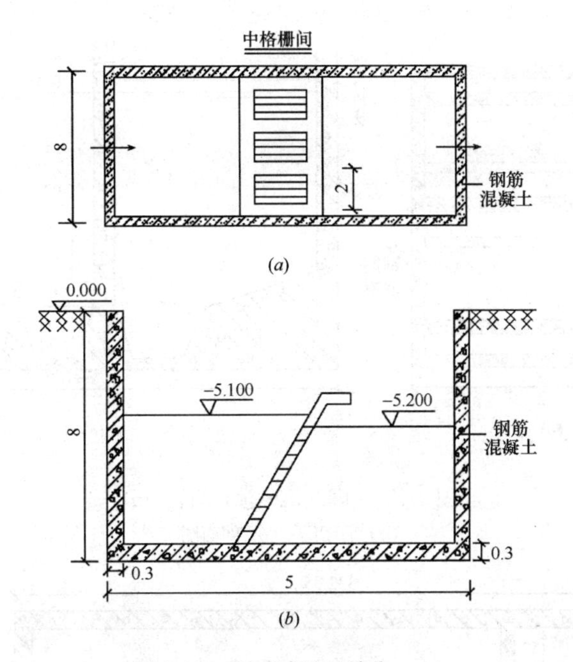

图 2-124　中格栅间(单位：m)

(a) 平面图；(b) 剖面图

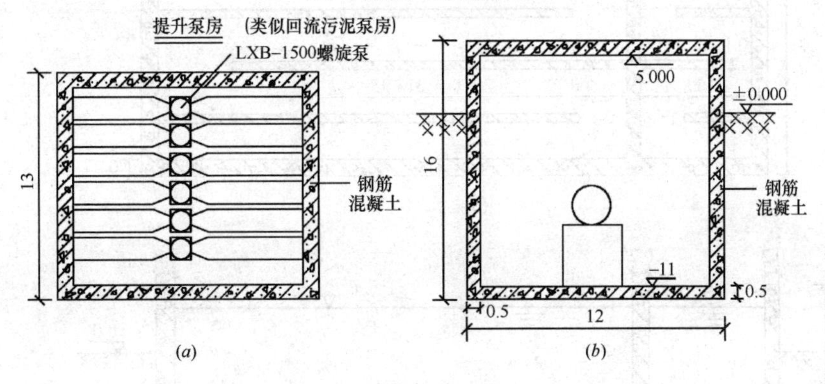

图 2-125　提升泵房　(单位：m)

(a) 平面图；(b) 剖面图

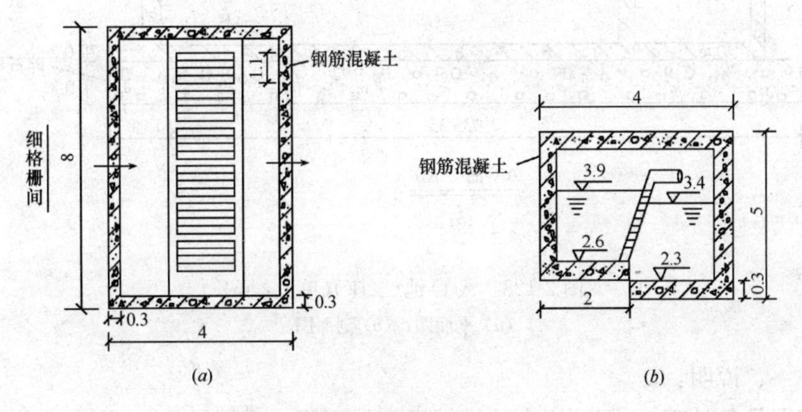

图 2-126　细格栅间(单位：m)

(a) 平面图；(b) 剖面图

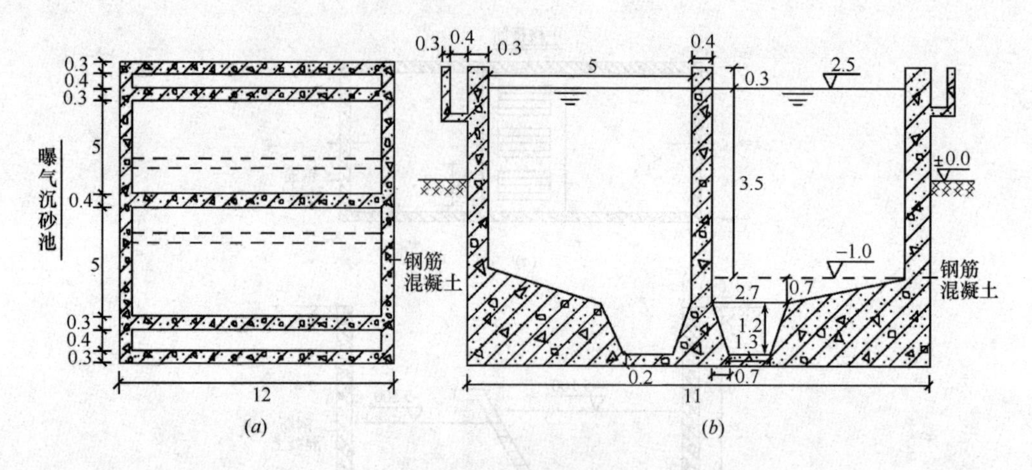

图 2-127 曝气沉砂池（单位：m）

(*a*) 平面图；(*b*) 剖面图

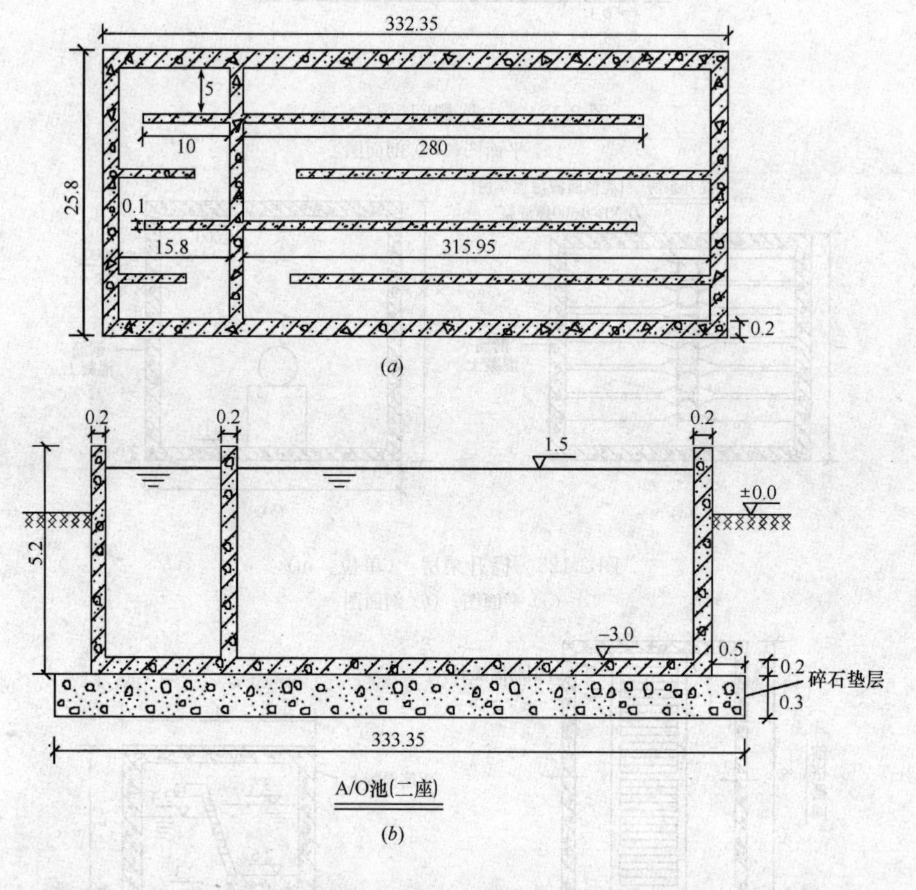

图 2-128 A/O 池（二座）（单位：m）

(*a*) 平面图；(*b*) 剖面图

【解】 一、说明：

此流程图是日处理 20 万吨废水的城镇污水处理厂，采用了 A/O 处理工艺，其主要使用的设备，构筑物尺寸如下：

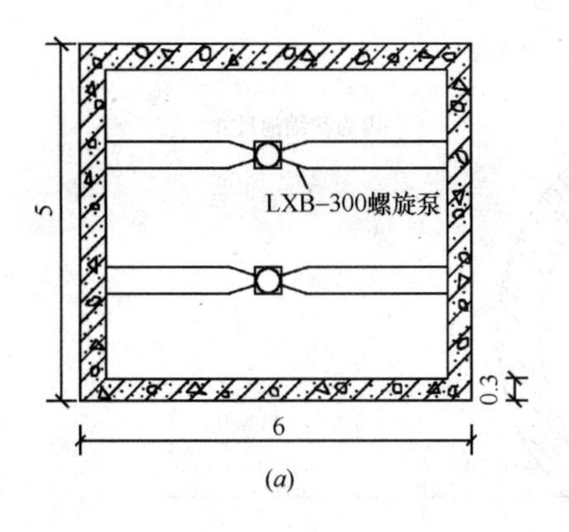

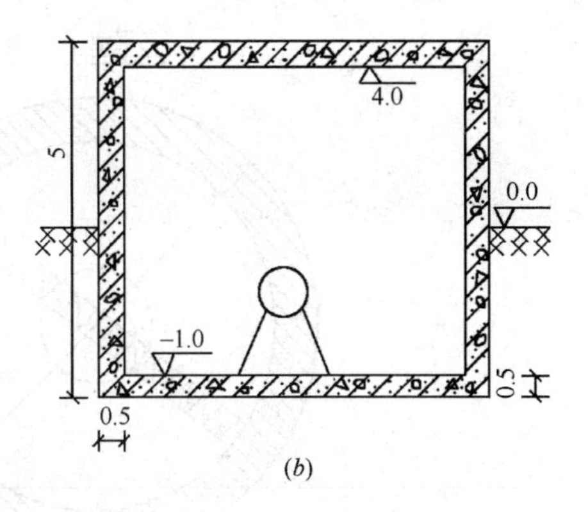

图 2-129　剩余污泥泵房(单位：m)

(a) 平面图；(b) 剖面图

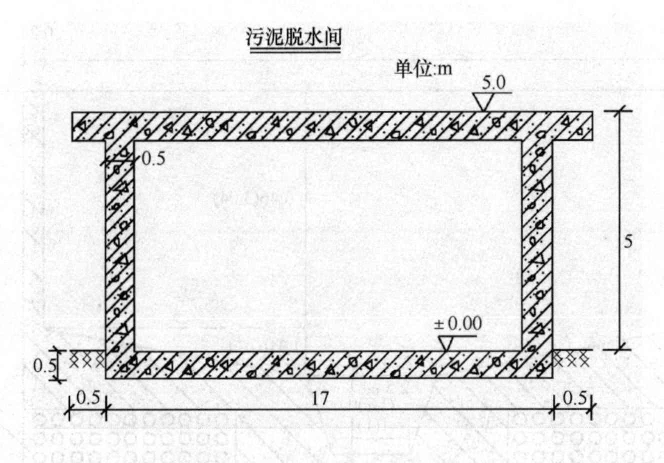

图 2-130　污泥脱水间(单位：m)

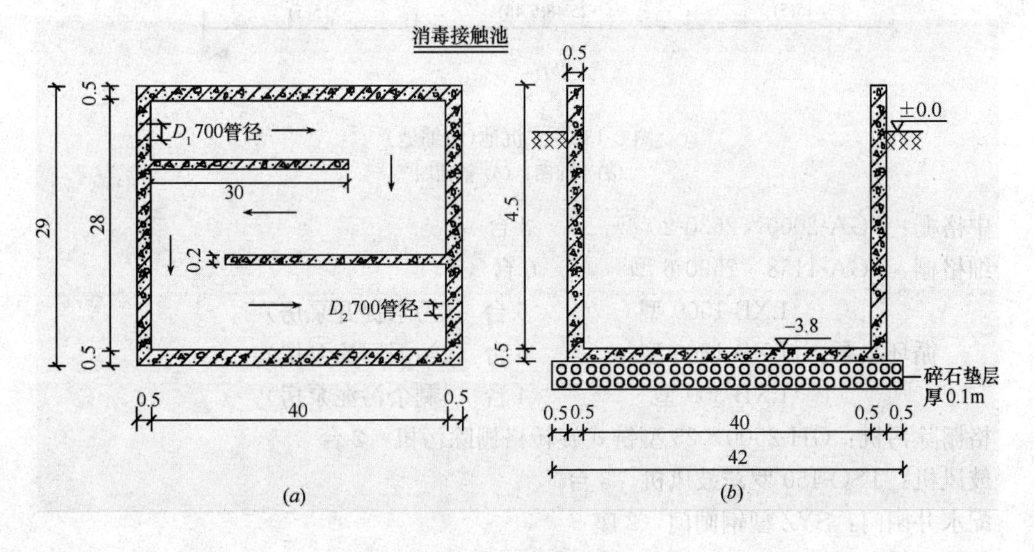

图 2-131　消毒接触池

(a) 平面图；(b) 剖面图

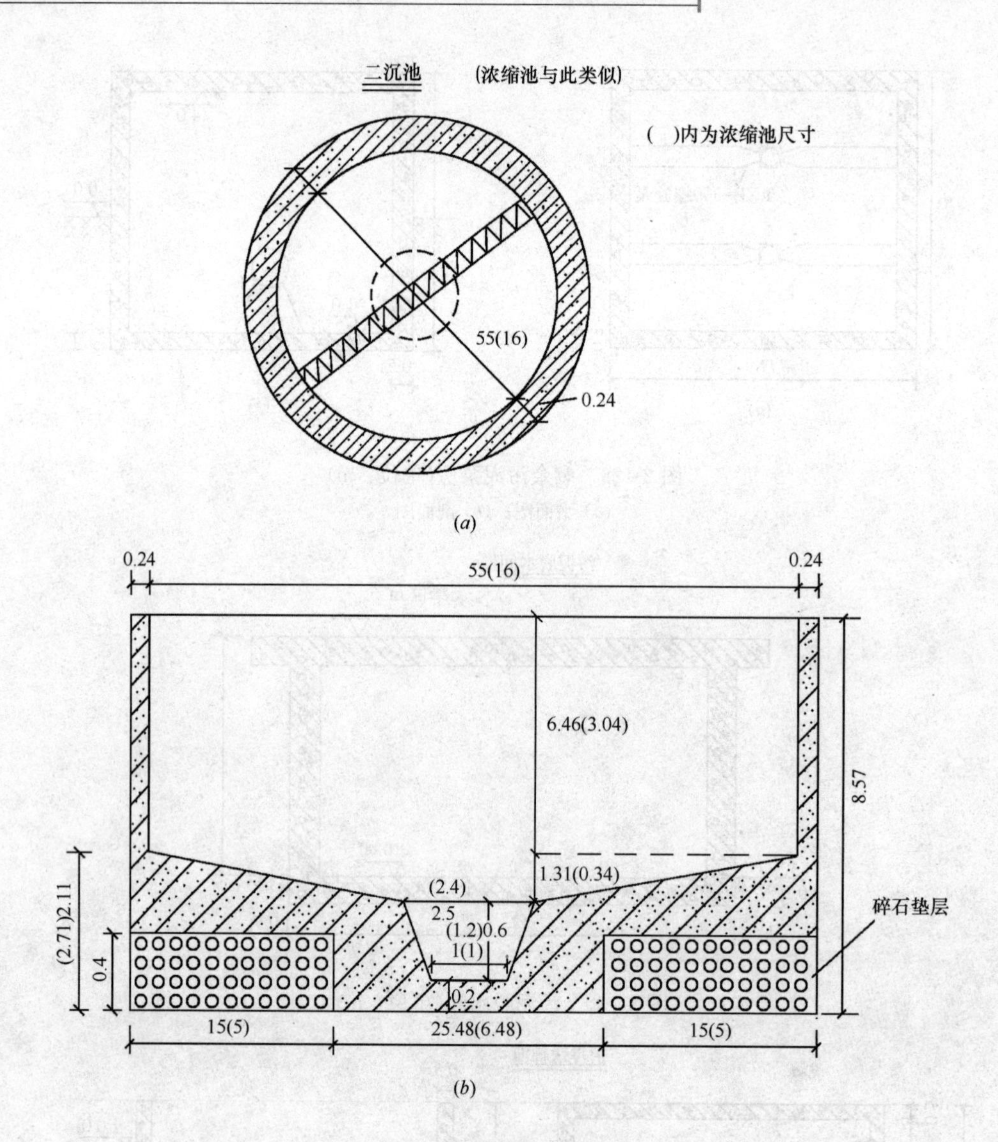

图 2-132 二沉池（浓缩池）

(a)平面图；(b) 剖面图

中格栅：PGA-2000×2630-20 型 3 台

细格栅：PGA-1158×2590-6 型 6 台

循环水泵：
- LXB-1500 型 6 台 （污水提升泵房）
- LXB-1500 型 6 台 （污泥回流泵房）
- LXB-300 型 4 台 （剩余污泥泵房）

格栅除污机：GH-2500×25 型链式旋转格栅除污机 2 台

鼓风机：TSO-150 罗茨鼓风机 3 台

配水井闸门：SYZ 型钢闸门 2 座

搅拌机械：机械搅拌 JBK-2200 框式调速搅拌机 28 台

推流器：DQT 型低速潜水推流器 20 座

加氯机：2 套 单台投量 20-30kg/h

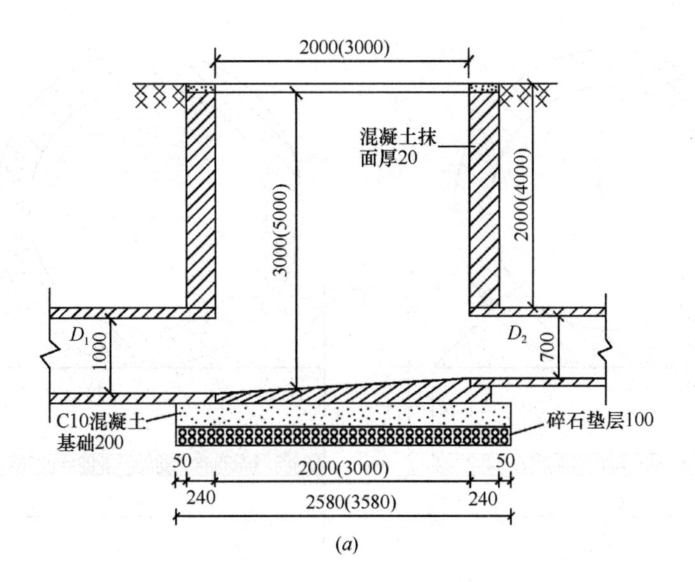

(a)

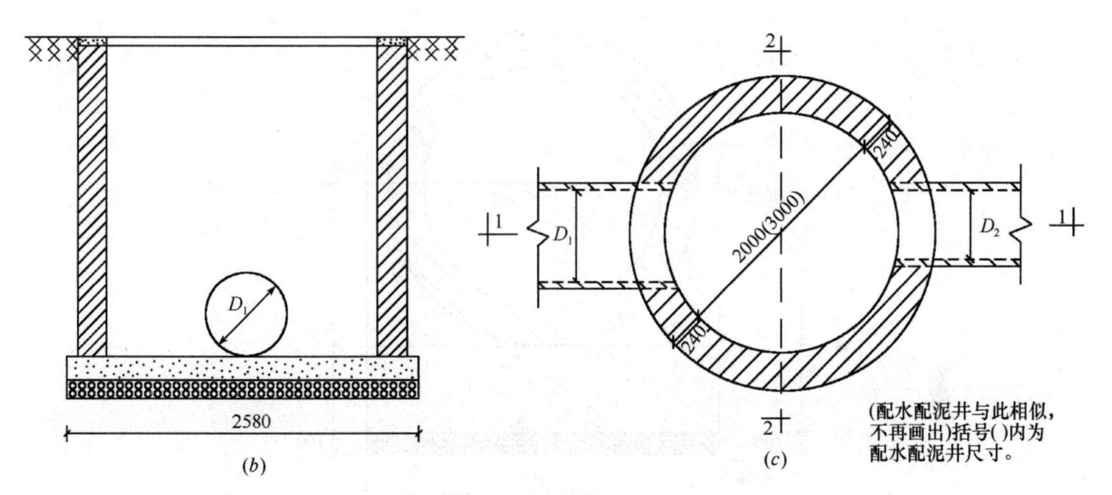

(b)　(c)

图 2-133　配水井(配水配泥井)

(a) 1-1 剖面图；(b) 2-2 剖面图；(c) 平面图

曝气器：Wm-180 型网状膜空气微孔扩散器　270 个

刮泥机：NG-14 型中心转动浓缩机(兼刮泥)　2 台

带式压滤机：DY-2000 带式压滤机　3 台

各构筑物尺寸：中格栅间：8×5×8m

提升泵房：12×13×16(m)　细格栅：4×8×5m

曝气沉砂池：12×12.4×4.5m　配水配泥井：ϕ3.0×5.0m

A/O 池：332.35×25.8×5m

配水井 ϕ2×3m：二沉池：ϕ55×8.57m

接触消毒池：40×28×4.5m

剩余污泥泵房：6×5×5.5m

浓缩池：ϕ16×4.58m

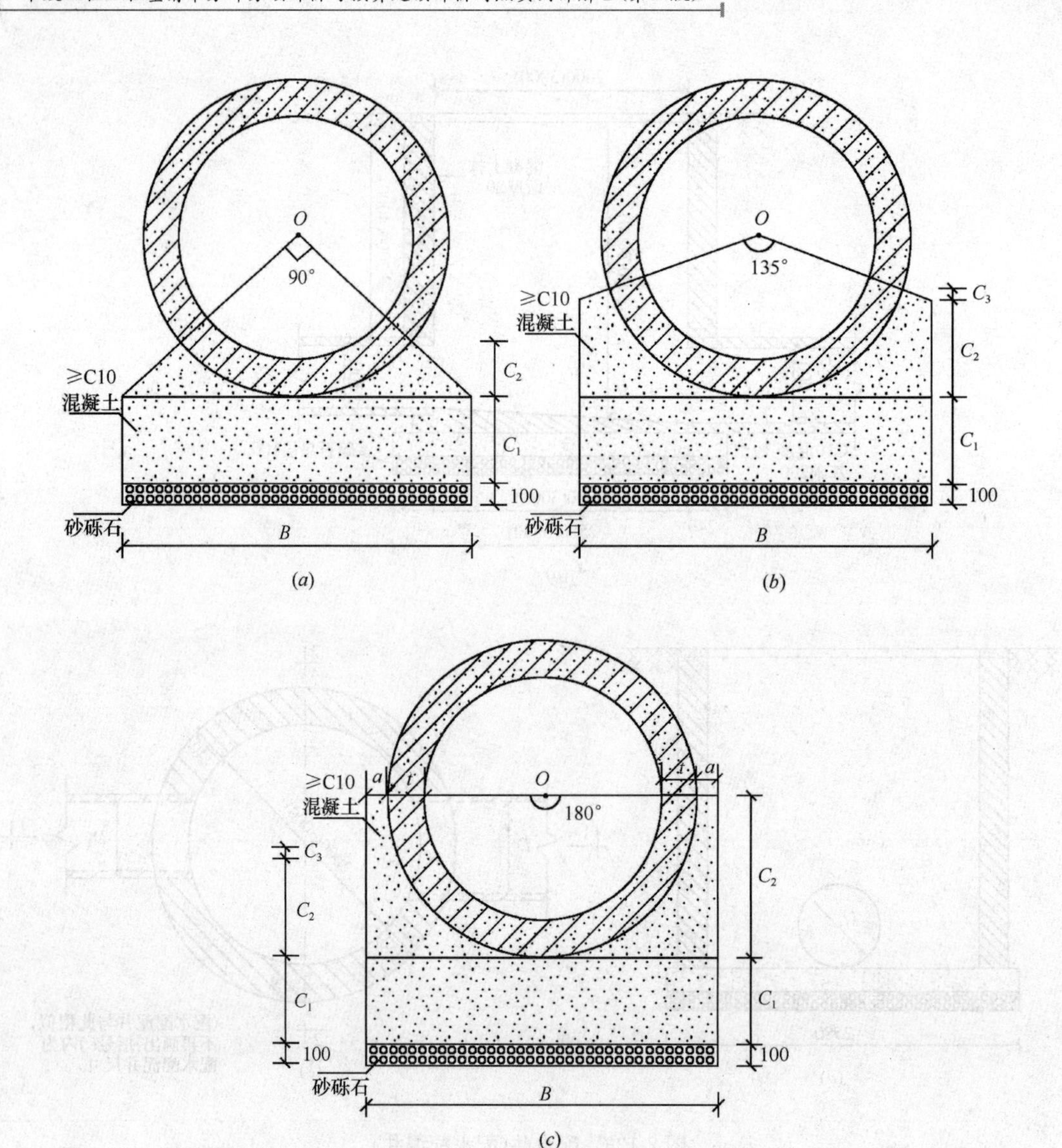

图 2-134 平口管混凝土管基

(*a*) 90°混凝土基础；(*b*) 135°混凝土基础；(*c*) 180°混凝土基础

说明：1. 90°混凝土基础适用于管顶覆土 0.7～2.5m；
135°混凝土基础适用于管顶覆土 2.6～4.0m；
180°混凝土基础适用于管顶覆土 4.1～6.0m。
2. 当槽基土质较好或施工时地下水位低于槽基时，可取消砂砾石垫层。
3. 当施工过程中需在 C_1 层面处留施工缝时，则在继续施工时应将间歇面凿毛刷净，以使整个管基结为一体。

污泥脱水车间：18×10×5.5m

回流污泥泵房：15×10×3.9m

浓缩池：尺寸：总深度 H＝4.58m(与二沉池结构类似)

超高：h_1＝0.5m，有效水深 h_2＝2.04m，缓冲层高度：h_3＝0.5m，池底坡度：i＝1/20，污泥斗下底直径：D_1＝1.0m，上底直径 D_2＝2.4m，坡深：h_4＝0.34m，污泥斗高：

$h_5=1.2m$

二、主要工程量

(1)格栅除污机(表 2-96)

表 2-96

项目编码	项目名称	项目特征描述	单位	工程量
040602002001	格栅除污机	GH-2500×25 型链式旋转式	台	2

定额编号：6-1029　2 台

(2) 循环水泵(表 2-97)

表 2-97

项目编码	项目名称	项目特征描述	单位	工程量
030211003001	循环水泵	LXB-1500 型	台	12
030211003002	循环水泵	LXB-300 型	台	4

定额编号：6-1039　16 台

(3) 加氯机(表 2-98)

表 2-98

项目编码	项目名称	项目特征描述	单位	工程量
040602021001	氯吸收装置	单台加氯 20～30kg/h	套	2

定额编号：6-1043　项目名称：柜式加氯机

单位：套　　数量：2

(4) 搅拌机械(表 2-99)

表 2-99

项目编码	项目名称	项目特征描述	单位	工程量
040602017001	搅拌机	JBK-2200.框式调速搅拌机	台	28

定额编号：6-1057　项目名称：机械搅拌

单位：台　数量：28

(5) 刮泥机(表 2-100)

表 2-100

项目编码	项目名称	项目特征描述	单位	工程量
040602007001	刮泥机	NG-14 型中心转动浓缩机(刮泥)	台	2

定额编号：6-1116　项目名称：垂架式中心转动刮吸泥机

单位：台　数量：2

(6) 带式压滤机(表 2-101)

表 2-101

项目编码	项目名称	项目特征描述	单位	工程量
040602025001	带式压滤机	DY-2000 式带式压滤机	台	3

定额编号：6-1141　3 台

(7)闸门(表 2-102)

表 2-102

项目编码	项目名称	项目特征描述	单位	工程量
040602031001	闸门	SYZ 型钢闸门	座	2

定额编号：6-1172　2 座

(8) 项目编码：040101001　项目名称：挖一般土方

1) 中格栅间：

$5\times8\times8m^3=320m^3$(如图 2-124 所示)

2) 提升泵房：

$12\times13\times11m^3=1716m^3$(如图 2-125 所示)

3) 曝气沉砂池：

$(12.4-0.7\times2)\times12\times(2+0.7+1.2+0.2)m^3=541.2m^3$(如图 2-127 所示)

4) 配水配泥井：

$[\pi(1.5+0.24)^2\times5+\pi(1.5+0.24+0.05)^2\times0.3]m^3$　(如图 2-133 所示)

$=(47.533+3.0183)m^3$

$=50.55m^3$

5) A/O 池(2 座)：

$333.35\times(0.3+0.2+3.0)\times2\times25.8m^3$(如图 2-128 所示)$=60203.01m^3$

6) 配水井(2 座)：

$[\pi(1+0.24)^2\times3+\pi(1+0.24+0.05)^2\times0.3]m^3$　(如图 2-133 所示)

$=(14.4842+1.5676)m^3$

$=16.05m^3$

$16.05\times2m^3=32.10m^3$

7) 二沉池(4 座)：

$\pi\left(\frac{55+2\times0.24}{2}\right)^2\times8.57\times4m^3$(图 2-11)$=\pi\times27.74^2\times8.57\times4m^3=82829.18m^3$

8) 消毒接触池：

$42\times29\times(3.8+0.5+0.1)m^3=5359.2m^3$

9) 回流污泥泵房(2 座)：

$15\times10\times3.9\times2m^3=585\times2m^3=1170m^3$(如图 2-125 所示)

10) 剩余污泥泵房(2 座)：

$6\times5\times(1+0.5)\times2m^3=45\times2m^3=90m^3$(如图 2-129 所示)

11) 浓缩池(2 座)：

$\left[\pi\left(\frac{16+2\times0.24}{2}\right)^2\times(4.58+0.2)\times2\right]m^3$(如图 2-132 所示)

$=3.1416\times8.24^2\times4.78\times2m^3$

$=2039.22m^3$

12) 污泥脱水车间：$17\times0.5\times10m^3=85m^3$(如图 2-130 所示)

【注释】 (2+0.7+1.2+0.2)为曝气沉砂池高度，12为曝气沉砂池的长度，(12.4−0.7×2)为曝气沉砂池的宽度；$\pi(1.5+0.24)^2\times5$ 为配水配泥井上部的井水外壁的体积，$\pi(1.5+0.24+0.05)^2\times0.3$ 为配水配泥井垫层部分的体积；333.35为A/O池的长度，(0.3+0.2+3.0)为A/O池的高度，25.8为A/O池宽度；1+0.24和1+0.24+0.05为两座配水井的半径；$\pi\left(\frac{55+2\times0.24}{2}\right)^2$ 为二沉池的底面积，8.57为二沉池的高度；42×29×(3.8+0.5+0.1)为消毒接触池的长度乘以宽度乘以高度，其中3.8+0.5+0.1为高度；6×5×(1+0.5)×2为两座剩余污泥泵房的开挖的长度乘以宽度乘以高度，其中1+0.5为开挖的高度；$\pi\left(\frac{16+2\times0.24}{2}\right)^2\times(4.58+0.2)\times2$ 为浓缩池的底面积乘以浓缩池的高度，其中4.58+0.2=3.04+0.34+1.2+0.2为高度；17×0.5×10为污泥脱水车间的长度乘以宽度乘以高度，其中0.5为厚度；工程量按设计图示尺寸以体积计算。

列项见表2-103。

表2-103

序号	项目编码	项目名称	项目特征描述	单位	工程量
1	040101001001	挖一般土方	中格栅间	m^3	320.00
2	040101001002	挖一般土方	提升泵房	m^3	1716.00
3	040101001003	挖一般土方	曝气沉砂池	m^3	541.20
4	040101001004	挖一般土方	配水配泥井	m^3	50.55
5	040101001005	挖一般土方	A/O池	m^3	60203.01
6	040101001006	挖一般土方	配水井	m^3	32.10
7	040101001007	挖一般土方	二沉池	m^3	82829.18
8	040101001008	挖一般土方	消毒接触池	m^3	5359.20
9	040101001009	挖一般土方	回流污泥泵房	m^3	1170.00
10	040101001010	挖一般土方	剩余污泥泵房	m^3	90.00
11	040101001011	挖一般土方	浓缩池	m^3	2039.22
12	040101001012	挖一般土方	污泥脱水车间	m^3	85.00
			共　计	154435.46m^3	

(9) 主要工程材料如图2-123所示：

钢筋混凝土管：*DN*1500：30m　*DN*1000：(102+30)m=132m

*DN*700：(20+20+270)m=310m　*DN*300：150m

DN：250：(300+26)m=326m　*DN*200：(200+120)m=320m

主要工程材料见表2-104。

表2-104

序号	名　称	单　位	数　量	规　格
1	钢筋混凝土管	m	30	*d*1500×2000×115
2	钢筋混凝土管	m	132	*d*1000×2000×75
3	钢筋混凝土管	m	310	*d*700×2000×55

续表

序号	名　称	单　位	数　量	规　格
4	钢筋混凝土管	m	150	$d300\times2000\times30$
5	钢筋混凝土管	m	326	$d250\times2000\times30$
6	钢筋混凝土管	m	320	$d200\times2000\times16$
7	中格栅	台	3	PGA-2000×2630-20
8	提升泵房	座	1	12×13×16m
9	细格栅	台	6	PGA-1158×2590-6
10	曝气沉砂池	座	2	12×10×4.5m
11	配水配泥井	座	1	$\phi3.0\times5.0$m
12	A/O池	座	2	332.35×25.8×5m
13	配水井	座	2	$\phi2.0\times3$m
14	二沉池	座	4	$\phi55\times8.5$m
15	消毒接触池	座	1	40×28×4.5m
16	剩余污泥泵房	座	2	6×5×5m
17	浓缩池	座	2	$\phi16\times5$m
18	污泥脱水车间	座	1	18×10×5
19	回流污泥泵房	座	2	15×10×3.9m

（10）管道铺设及基础，如图 2-123～图 2-134 所示，尺寸及材料见表 2-105。

项目编号：040501001　　项目名称：混凝土管（均为 C15 混凝土基础）

尺寸及材料表　　**表 2-105**

管径	90°混凝土基础					180°混凝土基础				
d/mm	B/mm	C_1/mm	C_2/mm	t/mm	a/mm	B/mm	C_1/mm	C_2/mm	t/mm	a/mm
200	250	100	30	10	15					
250	300	100	40	10	15					
300	370	100	50	15	20	520	100	180	30	80
700						1030	110	405	55	110
1000						1450	150	575	75	150
1500						2190	230	865	115	230

① $d1500$：管道铺设：30m ［如图 2-134（c）所示］

混凝土基础浇筑：$\left[2.19\times(0.23+0.865)-\frac{1}{2}\pi\left(\frac{1.5+0.115\times2}{2}\right)^2\right]\times30\text{m}^3$

$=(2.398-1.1753)\times30\text{m}^3$

$=1.223\times30\text{m}^3=36.69\text{m}^3$

管道接口：$\left(\frac{30}{2}-1\right)$个＝14 个

注：2.19×(0.23＋0.865)为管道的长度乘以浇筑混凝土的最高度；$\frac{1}{2}\pi\left(\frac{1.5+0.115\times2}{2}\right)^2$ 为多算的配水井的半圆面积，其中 0.115 配水井壁的厚度。

② $d1000$　管道铺设：102m

[如图 2-134(c)所示]　管道接口：$\left(\frac{102}{2}-1\right)$个=50 个

混凝土基础浇筑：

$$\left[1.45\times(0.15+0.575)-\frac{1}{2}\pi\left(\frac{1+0.075\times2}{2}\right)^{2}\right]\times102\text{m}^{3}$$

$$=(1.051-0.519)\times102\text{m}^{3}$$

$$=54.264\text{m}^{3}$$

注：1.45 为混凝土基础的长度，0.15+0.575 为基础的浇筑最高度，1 为配水井的直径，0.075 为井壁的厚度。

③ $d700$　管道铺设：20m　[如图 2-134(c)所示]

管道接口：$\left(\frac{20}{2}-1\right)$个=9 个

混凝土基础浇筑：$\left[1.03\times(0.11+0.405)-\frac{1}{2}\times\pi\cdot\left(\frac{0.7+2\times0.055}{2}\right)^{2}\right]\times20\text{m}^{3}$

$$=(0.53-0.258)\times20\text{m}^{3}$$

$$=5.44\text{m}^{3}$$

④ $d1000$　管道铺设：30m[如图 2-134(c)所示]

管道接口：$\left(\frac{30}{2}-1\right)$个=14 个

混凝土基础浇筑：

$$\begin{cases}\left[1.45\times(0.15+0.575)-\frac{1}{2}\cdot\pi\left(\frac{1.0+0.075\times2}{2}\right)^{2}\right]\times30\text{m}^{3}\\=(1.051-0.519)\times30\text{m}^{3}\\=15.96\text{m}^{3}\end{cases}$$

⑤ $d700$　管道铺设：20m　[如图 2-134(c)所示]

管道接口：$\left(\frac{20}{2}-1\right)$个=9 个

混凝土基础浇筑：

$$\left[1.03\times(0.11+0.405)-\frac{1}{2}\times\pi\cdot\left(\frac{0.7+2\times0.055}{2}\right)^{2}\right]\times20\text{m}^{3}$$

$$=(0.53-0.258)\times20\text{m}^{3}=5.44\text{m}^{3}$$

⑥ $d700$：管道铺设　270m　[如图 2-134(c)所示]

管道接口：$\left(\frac{270}{2}-1\right)$个=134 个

混凝土基础浇筑：$\left[1.03\times(0.11+0.405)-\frac{1}{2}\pi\cdot\left(\frac{0.7+2\times0.055}{2}\right)^{2}\right]\times270\text{m}^{3}$

$$=(0.53-0.258)\times270\text{m}^{3}=73.44\text{m}^{3}$$

⑦ $d200$　管道铺设：200m　[如图 2-134(a)所示]

管道接口：$\left(\frac{200}{2}-1\right)$个=99 个

混凝土基础浇筑：$\left[0.25\times0.1+\frac{1}{2}\times0.25\times\left(\frac{0.2}{2}+0.01\right)-\frac{1}{4}\pi\left(\frac{0.2}{2}+0.01\right)^{2}\right]\times200\text{m}^{3}$

$=(0.025+0.01375-0.0095)\times200\text{m}^3$

$=5.85\text{m}^3$

⑧ d200 管道铺设：120m ［如图 2-134(*a*)所示］

管道接口：$\left(\frac{120}{2}-1\right)$个$=59$个

混凝土基础浇筑：

$$\left[0.25\times0.1+\frac{1}{2}\times0.25\times\left(\frac{0.2}{2}+0.01\right)-\frac{1}{4}\pi\left(\frac{0.2}{2}+0.01\right)^2\right]\times120\text{m}^3$$

$=(0.025+0.01375-0.0095)\times120\text{m}^3$

$=3.51\text{m}^3$

⑨ d250 管道铺设：26m ［如图 2-134(*a*)所示］

管道接口：$\left(\frac{26}{2}-1\right)$个$=12$个

混凝土基础浇筑：

$$\left[0.3\times0.1+\frac{1}{2}\times0.3\times\left(\frac{0.25}{2}+0.01\right)-\frac{1}{4}\pi\left(\frac{0.25}{2}+0.01\right)^2\right]\times26\text{m}^3$$

$=(0.03+0.02025-0.0143)\times26\text{m}^3$

$=0.9347\text{m}^3$

⑩ d250 管道铺设：300m ［如图 2-134(*a*)所示］

管道接口：$\left(\frac{300}{2}-1\right)$个$=149$个

混凝土基础浇筑：

$$\left[0.3\times0.1+\frac{1}{2}\times0.3\times\left(\frac{0.25}{2}+0.01\right)-\frac{1}{4}\pi\left(\frac{0.25}{2}+0.01\right)^2\right]\times300\text{m}^3$$

$=(0.03+0.02025-0.0143)\times300\text{m}^3$

$=10.785\text{m}^3$

⑪ d300 管道铺设：150m ［如图 2-134(*a*)所示］

管道接口：$\left(\frac{150}{2}-1\right)$个$=74$个

混凝土基础浇筑：

$$\left[0.37\times0.1+\frac{1}{2}\times0.37\times\left(\frac{0.3}{2}+0.015\right)-\frac{1}{4}\pi\left(\frac{0.3}{2}+0.015\right)^2\right]\times150\text{m}^3$$

$=(0.037+0.0305-0.0214)\times150\text{m}^3$

$=6.92\text{m}^3$

小计：1) d1500 管道铺设：30m 接口：14 个

混凝土基础浇筑：36.68m^3

2) d1000 管道铺设：(102+30)m=132m

接口：(50+14)个=64 个

混凝土基础浇筑：(54.229+15.96)m^3=70.189m^3

3) d700 管道铺设：(20+20+270)m=310m

接口：(9+9+134)个=152 个

混凝土基础浇筑：(5.44+5.44+73.44)m^3=84.32m^3

4) d300　管道铺设：150m　接口：74个

混凝土基础浇筑：6.92m^3

5) d250　管道铺设：(300+26)m=326m

接口：(149+12)个=161个

混凝土基础浇筑：(0.9347+10.785)m^3=11.7197m^3

6) d200　管道铺设：(200+120)m=320m

接口：(99+59)个=158个

混凝土基础浇筑：(5.85+3.51)m^3=9.36m^3

列项见表2-106。

表2-106

序号	管径/mm	铺设长度/m	基础及接口	序号	管径/mm	铺设长度/m	基础及接口
1	1500	30	180°平接口	4	300	150	90°平接口
2	1000	132		5	250	326	
3	700	310		6	200	320	

共计混凝土浇筑：(36.68+70.189+84.32+6.92+11.7197+9.36)m^3
=219.19m^3

(11) 挖管道管沟土方(土壤类别均为三类土)

项目编码：040101002；项目名称：挖沟槽土方(如图2-134所示)

① d1500　管沟长：30m；沟底度：2.19m；平均挖深：5m；则挖管沟土方量为：30×2.19×5m^3=328.5m^3

② d1000　管沟长：102m；沟底度：1.45m；平均挖深：4.5m；则挖管沟土方量为：102×1.45×4.5m^3=665.55m^3

③ d700　管沟长：20m；沟底度：1.03m；平均挖深：4.2m；则挖管沟土方量为：20×1.03×4.2m^3=86.52m^3

④ d1000　管沟长：30m；沟底度：1.45m；平均挖深：4.5m；则挖管沟土方量为：30×1.45×4.5m^3=195.75m^3

⑤ d700　管沟长：20m；沟底度：1.03m；平均探深4.1m；则挖管沟土方量为：20×1.03×4.1m^3=84.46m^3

⑥ d700　管沟长：270m；沟底度：1.03m；平均挖深：4.1m；则挖管沟土方量为：270×1.03×4.1m^3=1140.21m^3

⑦ d200　管沟长：200m；沟底度：0.25m；平均挖深：1.2m；则挖管沟土方量为：200×0.25×1.2m^3=60m^3

⑧ d200　管沟长：20m；沟底度：0.25m；平均挖深：1.3m；则挖管沟土方量为：20×0.25×1.3m^3=6.5m^3

⑨ d250　管沟长：26m；沟底度：0.3m；平均挖深：1.4m；则挖管沟土方量为：26×0.3×1.4m^3=10.92m^3

⑩ $d250$ 管沟长：300m；沟底度：0.3m；平均挖深：1.5；则挖管沟土方量为：300×0.3×1.5m^3＝135m^3

⑪ $d300$ 管沟长：150m；沟底度：0.37m；平均挖深：1.2m；则挖管沟土方量为：150×0.37×1.2m^3＝66.6m^3

小计：$d1500$：挖管沟土方量：328.5m^3

$d1000$：(665.55＋195.75)m^3＝861.3m^3

$d700$：(86.52＋84.46＋1140.21)m^3＝1311.19m^3

$d200$：(60＋6.5)m^3＝66.5m^3

$d250$：(10.92＋135)m^3＝145.92m^3

$d300$：66.6m^3

列项见表2-107。

表2-107

序号	管径/mm	管沟长/m	沟底度/m	平均挖深/m	土的类别	计算式	数量/m^3
1	1500	30	2.19	5	三类土	30×2.19×5	328.5
2	1000	102	1.45	4.5	三类土	102×1.45×4.5	665.55
3	700	20	1.03	4.2	三类土	20×1.03×4.2	86.52
4	1000	30	1.45	4.5	三类土	30×1.45×4.5	195.75
5	700	20	1.03	4.1	三类土	20×1.03×4.1	84.46
6	700	270	1.03	4.1	三类土	270×1.03×4.1	1140.21
7	200	200	0.25	1.2	三类土	200×0.25×1.2	60
8	200	20	0.25	1.3	三类土	20×0.25×1.3	6.5
9	250	26	0.3	1.4	三类土	26×0.3×1.4	10.92
10	250	300	0.3	1.5	三类土	300×0.3×1.5	135
11	300	150	0.37	1.2	三类土	150×0.37×1.2	66.6
共计							2780.01

(12) 管道及基础所占体积(如图2-134所示)

$d1500$ 30m：

$$\left[2.19\times(0.23+0.865)+\frac{1}{2}\times\pi\left(\frac{1.5}{2}+0.115\right)^2\right]\times30\text{m}^3$$

$$=(2.398+1.175)\times30\text{m}^3=107.199\text{m}^3$$

$d1000$ 132m：

$$\left[1.45\times(0.15+0.575)+\frac{1}{2}\times\pi\left(\frac{1.0}{2}+0.075\right)^2\right]\times132\text{m}^3$$

$$=(1.051+0.519)\times132\text{m}^3$$

$$=1.57\times132\text{m}^3=207.28\text{m}^3$$

$d700$ 310m：

$$\left[1.03\times(0.11+0.405)+\frac{1}{2}\pi\left(\frac{0.7}{2}+0.055\right)^2\right]\times310\text{m}^3$$

$=(0.53+0.258)\times310\text{m}^3=244.17\text{m}^3$

$d300$　150m：

$$\left[0.37\times0.1+\frac{1}{2}\times0.37\times\left(\frac{0.3}{2}+0.015\right)+\frac{3}{4}\times\pi\times\left(\frac{0.3}{2}+0.015\right)^2\right]\times150\text{m}^3$$

$=(0.037+0.031+0.0641)\times150\text{m}^3$

$=0.132\times150\text{m}^3$

$=19.822\text{m}^3$

$d250$　326m：

$$\left[0.3\times0.1+\frac{1}{2}\times0.3\times\left(\frac{0.25}{2}+0.01\right)+\frac{3}{4}\cdot\pi\left(\frac{0.25}{2}+0.01\right)^2\right]\times326\text{m}^3$$

$=(0.03+0.020+0.043)\times326\text{m}^3$

$=30.299\text{m}^3$

$d200$　320m：

$$\left[0.25\times0.1+\frac{1}{2}\times0.25\times\left(\frac{0.2}{2}+0.01\right)+\frac{3}{4}\pi\left(\frac{0.2}{2}+0.01\right)^2\right]\times320\text{m}^3$$

$=(0.025+0.0138+0.0285)\times320\text{m}^3$

$=21.539\text{m}^3$

列项见表 2-108。

表 2-108

序号	部位名称	计算式	数量/m³
1	$d1500$ 管道与基础所占体积	$\left[2.19\times(0.23+0.865)+\frac{1}{2}\times\pi\times\left(\frac{1.5}{2}+0.115\right)^2\right]\times30$	107.20
2	$d1000$ 管道与基础所占体积	$\left[1.45\times(0.15+0.575)+\frac{1}{2}\pi\left(\frac{1.0}{2}+0.075\right)^2\right]\times132$	207.28
3	$d700$ 管道与基础所占体积	$\left[1.03\times(0.11+0.405)+\frac{1}{2}\pi\left(\frac{0.7}{2}+0.055\right)^2\right]\times310$	244.17
4	$d300$ 管道与基础所占体积	$\left[0.37\times0.1+\frac{1}{2}\times0.37\times\left(\frac{0.3}{2}+0.015\right)+\frac{3}{4}\pi\times\left(\frac{0.3}{2}+0.015\right)^2\right]\times150$	19.82
5	$d250$ 管道与基础所占体积	$\left[0.3\times0.1+\frac{1}{2}\times0.3\times\left(\frac{0.25}{2}+0.01\right)+\frac{3}{4}\cdot\pi\times\left(\frac{0.25}{2}+0.01\right)^2\right]\times326$	30.30
6	$d200$ 管道与基础所占体积	$\left[0.25\times0.1+\frac{1}{2}\times0.25\times\left(\frac{0.2}{2}+0.01\right)+\frac{3}{4}\pi\left(\frac{0.2}{2}+0.01\right)^2\right]\times320$	21.54

(13) 管道沟回填方量(如图 2-134 所示)

项目编码：040103001　项目名称：回填方

$d1500$ 回填方：$(328.5-107.199)\text{m}^3=221.301\text{m}^3$

$d1000$ 回填方：$(861.3-207.28)m^3=654.02m^3$

$d700$ 回填方：$(1311.19-244.17)m^3=1067.02m^3$

$d200$ 回填方：$(66.5-21.539)m^3=44.961m^3$

$d250$ 回填方：$(145.92-30.299)m^3=115.621m^3$

$d300$ 回填方：$(66.6-19.822)m^3=46.778m^3$

列项见表 2-109。

表 2-109

序号	部位名称	计算式	数量/m^3
1	$d1500$ 管道沟回填方	328.5－107.199	221.301
2	$d1000$ 管道沟回填方	861.3－207.28	654.02
3	$d700$ 管道沟回填方	1311.19－244.17	1067.02
4	$d200$ 管道沟回填方	66.5－21.539	44.961
5	$d250$ 管道沟回填方	145.92－30.299	115.621
6	$d300$ 管道沟回填方	66.6－19.822	46.778
共计			2149.70

(14) 土方工程量汇总

(包括挖土方工程量和回填方工程量)

挖一般土方：$154477.69m^3$

挖沟槽土方：$2780.01m^3$

管道沟回填方量：$2149.701m^3$

列项见表 2-110。

表 2-110

序号	项目编码	项目名称	项目特征描述	计量单位	工程量
1	040101001001	挖一般土方	土质为三类土	m^3	154477.69
2	040101002001	挖沟槽土方	余土弃置	m^3	2780.01
3	040103001001	回填方	原土回填	m^3	2149.70

(15) 其他某些现浇混凝土构件

项目编码：040601017　项目名称：其他现浇混凝土构件

根据中华人民共和国国家标准《市政工程工程量计算规范》(GB 50857－2013)，其计算规则是按设计图示尺寸以体积计算。

1) 中格栅间(如图 2-124 所示)：

$\{[5\times0.3\times2+(8-0.3\times2)\times0.3\times2]\times8+(5-2\times0.3)\times(8-2\times0.3)\times0.3\times2\}m^3$

$=[(3+4.44)\times8+9.768\times2]m^3=79.056m^3$

2) 提升泵房(如图 2-125 所示)：

$\{[12\times0.5\times2+(13-0.5\times2)\times0.5\times2]\times16+(12-2\times0.5)\times(13-2\times0.5)\times0.5\times2\}m^3$

$=[(12+12)\times16+132]m^3$

$=516m^3$

3) 细格栅间(如图 2-126 所示):

{[4×0.3×2+(8−0.3×2)×0.3×2]×5+(4−2×0.3)×(8−2×0.3)×0.3×2}m^3

=[(2.4+4.44)×5+15.096]m^3

=49.296m^3

4) 回流污泥泵房(如图 2-125 所示):

其尺寸:15×10×3.9 则:

{[15×0.3×2+(10−0.3×2)×0.3×2]×3.9+(15−0.3×2)×(10−0.3×2)×0.3×2}m^3

=[(9+5.64)×3.9+14.4×9.4×0.3×2]m^3

=(57.096+81.216)m^3

=138.312m^3

5) 剩余污泥泵房(如图 2-129 所示):

{[6×0.5×2+(5−0.5×2)×0.5×2]×5+(6−0.5×2)×(5−0.5×2)×0.5×2}m^3

=[(6+4)×5+5×4×1]m^3

=70m^3

6) 污泥脱水间(如图 2-130 所示):

其尺寸是 18×10×5 则:

{18×0.5×10+17×0.5×10+[17×0.5×2+(10−2×0.5)×0.5×2]×(5−0.5)}m^3

=[90+85+(17+9)×4.5]m^3

=(175+117)m^3=292m^3

列项见表 2-111。

表 2-111

序号	项目编码	项目名称	项目特征描述	计量单位	工程量
1	040601017001	其他现浇混凝土构件	中格栅间	m^3	79.06
2	040601017002	其他现浇混凝土构件	提升泵房	m^3	516.00
3	040601017003	其他现浇混凝土构件	细格栅间	m^3	49.29
4	040601017004	其他现浇混凝土构件	回流污泥泵房	m^3	138.31
5	040601017005	其他现浇混凝土构件	剩余污泥泵房	m^3	70.00
6	040601017006	其他现浇混凝土构件	污泥脱水间	m^3	292.00
				总计	1144.66

(16) 池类构筑物

项目编码:040601006 项目名称:现浇混凝土池底

项目编码:040601007 项目名称:现浇混凝土池壁(隔墙)

根据中华人民共和国国家标准《市政工程工程量计算规范》(GB50857—2013),其工程量均按设计图示尺寸以体积计算,现计算如下:

1)曝气沉砂池(如图 2-127 所示):

① 池底：

$$\left[11\times(0.7+1.2+0.2)-\frac{1}{2}\times(5+2.7)\times0.7\times2-\frac{1}{2}\times(2.7+1.3)\times1.2\times2-0.4\times0.7\right]\times(12-2\times0.3)m^3$$

$=(23.1-5.39-4.8-0.28)\times11.4m^3$

$=12.63\times11.4m^3=143.98m^3$

② 池壁及隔墙：

$[0.4\times(12-2\times0.3)\times(3.5+0.7+0.3)+12\times0.3\times(3.5+0.3)\times2+2\times(5+0.4+5)\times0.3\times(0.3+3.5+0.7+1.2+0.2)]m^3$

$=(20.52+27.36+36.816)m^3$

$=84.696m^3$

【注释】 11×(0.7+1.2+0.2)为池底的宽度乘以高度；$\frac{1}{2}$×(5+2.7)(斜边两个梯形的上底加下底的长度之和)×0.7(小梯形的高的)×2 为钢筋混凝土池底的斜边两个小梯形的面积，$\frac{1}{2}$×(2.7+1.3)(池底梯形沟的上底加下底的池底之和)×1.2(池底梯形沟的高度)×2 为两个池底梯形沟的截面积；(12−2×0.3)为池底的长度；0.4(隔墙的厚度)×(12−2×0.3)×(3.5+0.7+0.3)(隔墙的高度)为隔墙的截面面积乘以高度；12(内侧池壁的长度)×0.3(内侧池壁的厚度)×(3.5+0.3)(内侧池壁的高度)×2 为两个内池壁的截面面积乘以高度；2×(5+0.4+5)(外侧池壁的长度)×0.3(外侧池壁的厚度)×(0.3+3.5+0.7+1.2+0.2)(外侧池壁的高度)为两个外池壁的体积；工程量计算规则按设计图示尺寸以体积计算。

2) A/O 池(两座)(如图 2-128 所示)：

① 池底：

碎石垫层：$333.35\times0.3\times25.8m^3=2580.129m^3$

$2580.129\times2m^3=5160.258m^3$

混凝土浇筑：

$(333.35-2\times0.5-2\times0.2)\times0.2\times(25.8-2\times0.2)m^3$

$=331.95\times0.2\times25.4m^3=1686.306m^3$

$1686.306\times2m^3=3372.612m^3$

② 池壁及隔墙：

$\{[(332.35-2\times0.2)\times0.2\times2+25.8\times0.2\times2]\times5.2+(25.8-0.2\times2)\times0.2\times5+10\times0.1\times5\times4+280\times0.1\times5\times4\}m^3$

$=[(132.78+10.32)\times5.2+25.4+20+560]m^3$

$=(744.12+25.4+20+560)m^3=1349.52m^3$

$1349.52\times2m^3=2699.04m^3$

【注释】 333.35(池底的长度)×0.3(池底垫层的厚度)×25.8(池底的宽度)为 A/O 池的底面积乘以垫层的厚度；(333.35−2×0.5−2×0.2)(池底混凝土的长度)×0.2(池底混凝土的厚度)×(25.8−2×0.2)(池底混凝土的宽度)为池底混凝土的底面积乘以混凝土厚度；(332.35−2×0.2)(外侧池壁的长度)×0.2(外侧池壁的厚度)×2 为两个外池壁长度

的截面积，25.8(外侧池壁的宽度)×0.2×2为两个外池壁宽度的截面积，5.2为外池壁的高度；(25.8−0.2×2)(内侧池壁的宽度)×0.2(内侧池壁的厚度)×5(内侧池壁的高度)为内池壁的截面积乘以高度，10(隔墙的宽度)×0.1(隔墙的厚度)×5(隔墙的高度)×4为宽度为十的隔墙的截面面积乘以高度乘以小隔墙的数量，其中4为小隔墙的数量；280(隔墙的长度)×0.1×5×4为四个隔墙的长度乘以厚度乘以高度乘以数量是其隔墙的实体体积。

3）消毒接触池(如图2-131所示)：

① 池底：

碎石垫层：$42\times0.1\times29m^3=121.8m^3$

混凝土浇筑：$40\times0.5\times28m^3=560m^3$

② 池壁及隔墙：

$[40\times0.5\times(4.5+0.5)\times2+29\times0.5\times(4.5+0.5)\times2+30\times0.2\times4.5\times2]m^3$

$=(200+145+54)m^3=399m^3$

【注释】 42(垫层底的长度)×0.1(垫层的厚度)×29(垫层底的宽度)为垫层的底的截面面积乘以垫层的厚度；40(混凝土底面的长度)×0.5×28(混凝土底面的宽度)为混凝土的底面的截面面积乘以混凝土层的厚度，其中0.5为厚度；40×0.5×(4.5+0.5)×2为两个外池壁的长度乘以厚度乘以高度，其中0.5为池壁的厚度，4.5+0.5为池壁的高度，40为池长度；29×0.5×(4.5+0.5)×2为两个外壁的宽度乘以厚度乘以高度，29为池宽度；30(隔墙的长度)×0.2×4.5×2为两个隔墙的水平的截面积乘以高度，其中0.2为隔墙厚度，4.5为隔墙高度。

4）二沉池(4座)(如图2-132所示)：

① 池底：

碎石垫层：$\left[\pi\left(\frac{25.48}{2}+15\right)^2-\pi\left(\frac{25.48}{2}\right)^2\right]\times0.4m^3$

$=(2416.25-509.65)\times0.4m^3$

$=762.64m^3$

$762.64\times4m^3=3050.56m^3$

混凝土浇筑：

$[\pi\left(\frac{55}{2}+0.48\right)^2\times2.11-\frac{1}{3}\pi\times1.31\times\left(\frac{2.5^2}{2^2}+\frac{55^2}{2^2}+\frac{2.5}{2}\times\frac{55}{2}\right)-\frac{1}{3}\pi\times0.6\times\left(\frac{2.5^2}{2^2}+\frac{1^2}{2^2}+\frac{2.5}{2}\times\frac{1}{2}\right)-762.64]m^3$

$=(5186.9-1086.748-1.532-762.64)m^3$

$=3335.98m^3$

$3335.98\times4m^3=13343.92m^3$

② 池壁及隔墙：

$\left[\pi\cdot\left(\frac{55}{2}+0.24\right)^2-\pi\left(\frac{55}{2}\right)^2\right]\times6.46m^3=(2417.485-2375.835)\times6.46m^3=269.0\dot{5}9m^3$

$269.059\times4m^3=1076.236m^3$

【注释】 $\frac{25.48}{2}+15$ 为池底半径，$\pi\left(\frac{25.48}{2}+15\right)^2$ 为池底圆的截面积；$\frac{25.48}{2}$ 为池底混凝土层的半径的长度，$\pi\left(\frac{25.48}{2}\right)^2$ 为池底混凝土部分的截面积；0.4为垫层的厚度。混凝土浇筑主要用棱台的公式计算两个多算的池底棱台形的体积；$\frac{55}{2}+0.24$ 为池壁外侧圆的半径的长度，$\pi\cdot\left(\frac{55}{2}+0.24\right)^2$ 为池壁外侧圆的面积，$\frac{55}{2}$ 为池壁内侧圆的半径的长度，$\pi\left(\frac{55}{2}\right)^2$ 为池壁内侧圆的面积，6.46为池壁的高度。

5）浓缩池（2座）（图2-132）：

① 池底：

碎石垫层：$\left[\pi\left(\frac{6.48}{2}+5\right)^2-\pi\left(\frac{6.48}{2}\right)^2\right]\times 0.4\text{m}^3=(213.3-32.98)\times 0.4\text{m}^3$

$=72.13\text{m}^3$

$72.13\times 2\text{m}^3=144.26\text{m}^3$

混凝土浇筑：$\left[\pi\cdot\left(\frac{16}{2}+0.48\right)^2\times 2.71-\frac{1}{3}\pi\times 0.34\times\left(\frac{16^2}{2^2}+\frac{2.4^2}{2^2}+\frac{16}{2}\times\frac{2.4}{2}\right)-\frac{1}{3}\pi\right.$

$\left.\times 1.2\times\left(\frac{2.4^2}{2^2}+\frac{1^2}{2^2}+\frac{2.4}{2}\times\frac{1}{2}\right)-72.13\right]\text{m}^3$

$=(612.23-26.71-2.88-72.13)\text{m}^3$

$=510.51\text{m}^3$

$510.51\times 2\text{m}^3=1021.02\text{m}^3$

② 池壁及隔墙：

$\left[\pi\left(\frac{16}{2}+0.24\right)^2-\pi\left(\frac{16}{2}\right)^2\right]\times 3.04\text{m}^3=12.245\times 3.04\text{m}^3=37.225\text{m}^3$

$37.225\times 2\text{m}^3=74.450\text{m}^3$

列项见表2-112。

表2-112

序号	项目编码	项目名称	项目特征描述	单位	工程量
1	040601006001	现浇混凝土池底	曝气沉砂池	m^3	143.98
2	040601006002	现浇混凝土池底	A/O池	m^3	3372.612
3	040601006003	现浇混凝土池底	消毒接触池	m^3	560
4	040601006004	现浇混凝土池底	二沉池	m^3	13343.92
5	040601006005	现浇混凝土池底	浓缩池	m^3	1021.02
				共计	18441.532m^3
1	040601007001	现浇混凝土池壁（隔墙）	曝气沉砂池	m^3	84.696
2	040601007002	现浇混凝土池壁（隔墙）	A/O池	m^3	2699.04
3	040601007003	现浇混凝土池壁（隔墙）	消毒接触池	m^3	399
4	040601007004	现浇混凝土池壁（隔墙）	二沉池	m^3	1076.236
5	040601007005	现浇混凝土池壁（隔墙）	浓缩池	m^3	74.450
				共计	4333.42m^3

(17) 井类构筑物

项目编码：040504001　项目名称：砌筑井

根据中华人民共和国国家标准《市政工程工程量计算规范》(GB 50857—2013)，可计算其工程量。

1) ϕ2000 配水井(图 2-12)：

垫层铺筑：碎石垫层厚 0.1m

$\pi\left(\frac{2.580}{2}\right)^2\times0.1m^3=0.523m^3$

混凝土浇筑：$\pi\left(\frac{2.58}{2}\right)^2\times0.2m^3=1.046m^3$

砌筑井身：$\left[\pi\left(\frac{2.000}{2}+0.24\right)^2-\pi\left(\frac{2.000}{2}\right)^2\right]\times2m^3=\pi(1.5376-1)\times2m^3=3.378m^3$

抹面：混凝土抹面厚 0.02m

$\pi\times2\times2m^2=12.56m^2$

此 ϕ2000 配水井数量为 2 座。

2) ϕ3000 配水配泥井(如图 2-133 所示)：

垫层铺筑：碎石垫层厚 0.1m

$\pi\left(\frac{3.58}{2}\right)^2\times0.1m^3=1.01m^3$

混凝土浇筑：C10 混凝土基础厚 0.2m

$\pi\left(\frac{3.58}{2}\right)^2\times0.2m^3=2.02m^3$

砌筑井身：$\left[\pi\left(\frac{3.0}{2}+0.24\right)^2-\pi\left(\frac{3}{2}\right)^2\right]\times4.0m^3$

$=\pi(3.0276-2.25)\times4.0m^3=0.7776\times4\pi m^3=9.77m^3$

抹面：混凝土抹面厚 0.02m

$\pi\times3\times4m^2=37.68m^2$

ϕ3000 配水配泥井数量为：1 座。

【注释】 $\pi\left(\frac{2.580}{2}\right)^2\times0.1$ 为垫层的底面积乘以垫层的厚度，其中 0.1 为垫层的厚度，2.580 为垫层底的直径；0.2 为混凝土浇筑的厚度；$\frac{3.0}{2}+0.24$ 为外侧池壁的半径的长度，$\pi\left(\frac{3.0}{2}+0.24\right)^2$ 为井的外侧壁底面积，$\frac{3}{2}$ 为内侧池壁半径的长度，$\pi\left(\frac{3}{2}\right)^2$ 为井内侧壁的底面积，4 为井身的高度。$\pi\times3\times4$ 为井内壁周长乘以高度得其内侧面积，其中 4 为高度，$\pi\times3$ 为内壁周长。抹面的工程量计算规则按设计图示尺寸以面积计算。

列项见表 2-113。

表 2-113

序号	项目编码	项目名称	项目特征描述	单位	工程量
1	040504001001	砌筑井	ϕ2000 配水井	座	2
2	040504001002	砌筑井	ϕ3000 配水井配泥井	座	1

分部分项工程量清单计算表见表2-114。

分部分项工程量清单计算表　　表2-114

序号	项目编码	项目名称	项目特征描述	计量单位	工程量
1	040602002001	格栅除污机	GH-2500×25型链式旋转式	台	2
2	030211003001	循环水泵	LXB-1500型	台	12
3	030211003002	循环水泵	LXB-300型	台	4
4	040602021001	氯吸收装置	单台加氯20—30kg/h	套	2
5	040602017001	搅拌机	JBK-2200框式调速搅拌机	台	28
6	040602007001	刮泥机	NG-14型中心转动浓缩机及刮泥	台	2
7	040602025001	带式压滤机	DY-2000式	台	3
8	040602031001	闸门	SYZ型钢闸门	座	2
9	040101001001	挖一般土方	三类土	m^3	154477.69
10	040101002001	挖沟槽土方	三类土	m^3	2780.01
11	040103001001	回填方	沟槽回填	m^3	2149.70
12	040501001001	混凝土管	d1500×2000×115，180°，C15混凝土基础	m	30.00
13	040501001002	混凝土管	d1000×2000×75，180°，C15混凝土基础	m	132.00
14	040501001003	混凝土管	d700×2000×55，180°，C15混凝土基础	m	310.00
15	040501001004	混凝土管	d300×2000×30，90°，C15混凝土基础	m	150.00
16	040501001005	混凝土管	d250×2000×16，90°，C15混凝土基础	m	326.00
17	040501001006	混凝土管	d200×2000×16，90°，C15混凝土基础	m	320.00
18	040601017001	其他现浇混凝土构件	中格栅间，提升泵房，细格栅间，回流污泥泵房，剩余污泥泵房，污泥脱水间浓缩池	m^3	1144.66
19	040601006001	现浇混凝土池底	曝气沉沙池，A/10池，消毒接触池，二沉池	m^3	18441.53
20	040601007001	现浇混凝土池壁(隔墙)	曝气沉沙池，A/10池，消毒接触池，二沉池，浓缩池	m^3	4333.42
21	040504001001	砌筑井	ϕ2000配水井	座	2
22	040504001002	砌筑井	ϕ3000配水配泥井	座	1

【例2】 某市冬晓街市政给水管道的铺设如带状平面图2-135所示，主管为DN350×8的钢管，长645m；支管有2条，支管是承插式铸铁管，管径为DN200，采用石棉水泥接口，单节有效长为6m。阀门井口消火栓井的布置及型号规格如图2-137所示。主管与所有支管均布置在路面以下，道路面层为水泥混凝土道路，厚200mm，道路稳定层厚300mm。主管的埋设深度详见纵断面图2-136所示，支管的平均埋深按该节点主管的埋深计算。阀门的型号见节点大样图，阀门在安装前均做水压试验。管道防腐采用水泥砂浆内衬和环氧煤沥青(三油二布)外防腐，人工除中锈 。沟槽土壤类别为三类土。沟槽回填密实度达95%，编制分部分项工程量清单。

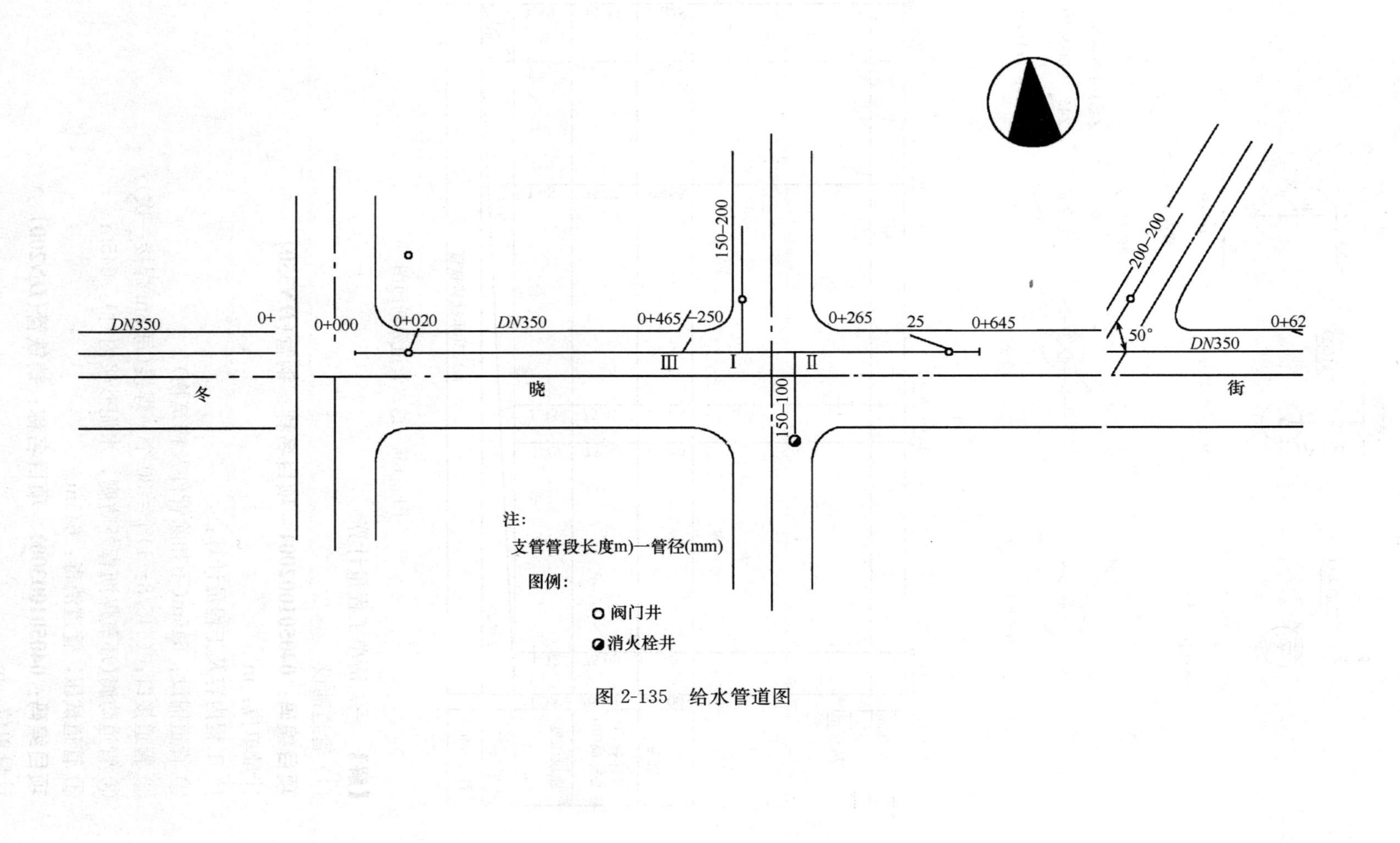
DN350
0+
0+000
0+020
DN350
0+465
250
150–200
0+265
25
0+645
200–200
50°
0+62
DN350
III
I
II
冬
晓
150–100
街
注：
支管管段长度m)一管径(mm)
图例：
阀门井
消火栓井
图 2-135 给水管道图

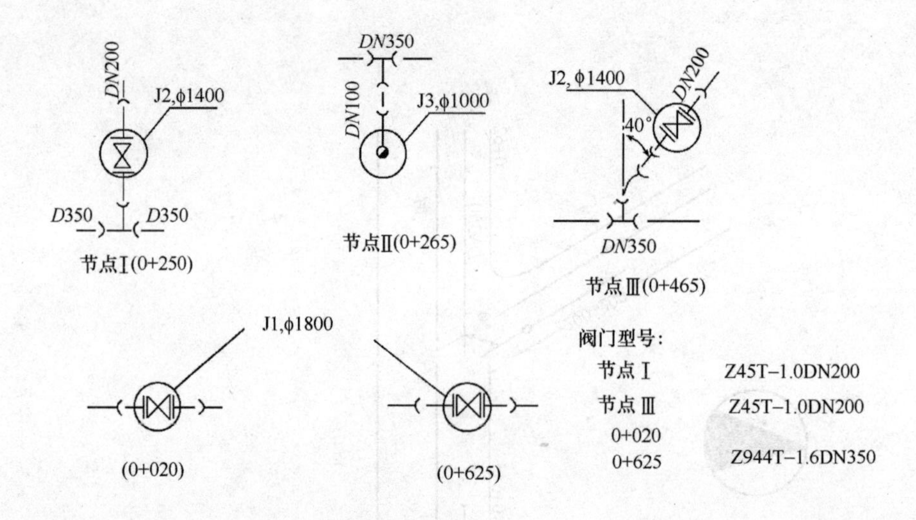

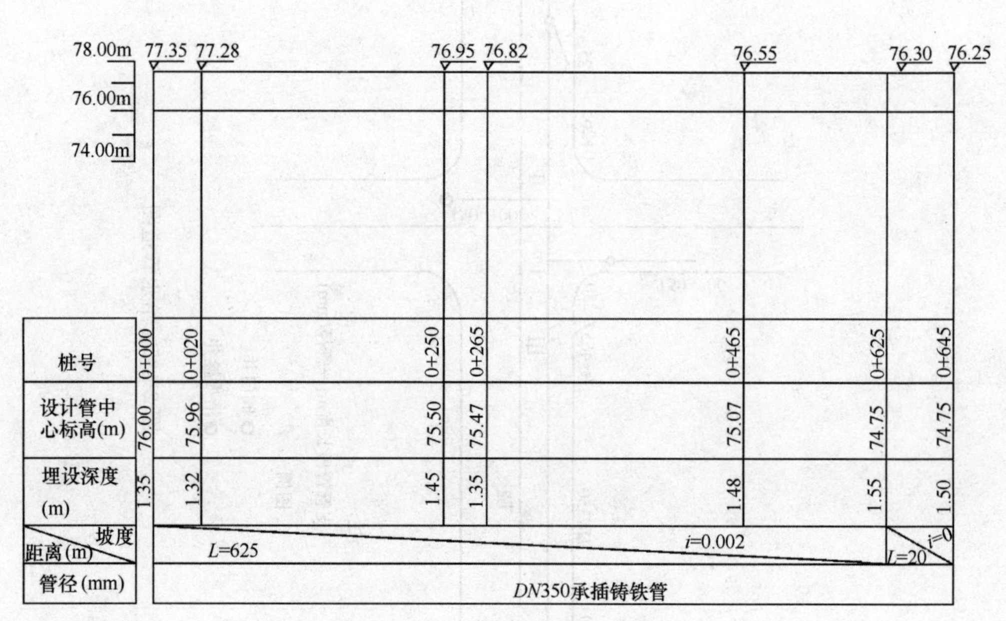

图 2-136 给水管道纵断面图

【解】 一、清单工程量计算

(1) 管道铺设

项目编码：040501002001 项目名称：钢管(*DN*350)

计量单位：m

1）工程内容及工程量计算：

① 管道铺设：645m(不扣除管件及构筑物)

② 管道接口：(645/8−1)个＝80 个 焊接(每 8m 焊接一次)

③ 管道防腐(环氧煤沥青外防腐，水泥砂浆内衬)：645m

④ 管道试压，管道消毒：645m。

项目编码：040501003001 项目名称：铸铁管(*DN*200)

计量单位：m

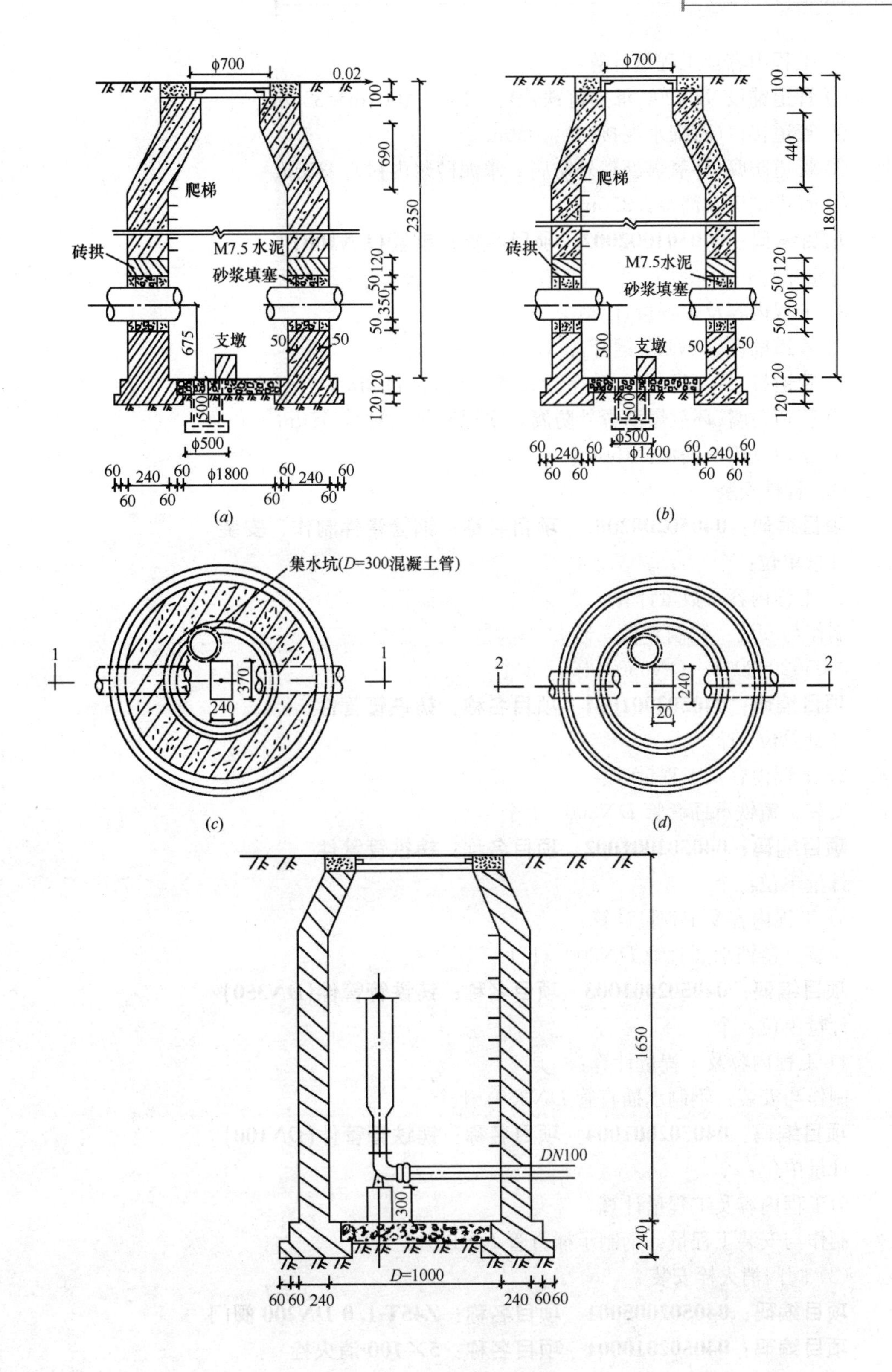

图 2-137　地下式消火栓井

(a) 1-1 剖面图；(b) 2-2 剖面图；(c) J1 平面图；(d) J2 平面图

2）工程内容及工程量计算：

① 管道铺设（*DN*200 承插铸铁管）：（150＋200）m＝350m

② 管道接口（石棉水泥接口）：350m

③ 管道防腐（环氧煤沥青外防腐，水泥砂浆内衬）：350m

④ 管道试压及消毒：350m

项目编码：040501002002　项目名称：钢管（*DN*100）

计量单位：m

3）工程内容及工程量计算：

① 管道铺设（*DN*100 钢管）：150m

② 管道接口：（150/8－1）个－18 个　焊接（每 8m 焊接一次）

③ 管道防腐（环氧煤沥青外防腐，水泥砂浆内衬）：150m

④ 管道试压及消毒：150m。

（2）管件安装

项目编码：040502002001　项目名称：钢管管件制作、安装

计量单位：个

1）工程内容及数量计算：

制作与安装：钢制异径三通 *DN*350×200　2 个

040502002001　*DN*350×100　1 个

项目编码：040502001001　项目名称：铸铁管管件

计量单位：个

2）工程内容及工程量计算：

安装、铸铁承插套管 *DN*200　1 个

项目编码：040502001002　项目名称：铸铁管管件

计量单位：个

3）工程内容及工程量计算：

安装：铸铁承插直管 *DN*200　1 个

项目编码：040502001003　项目名称：铸铁管管件（*DN*350）

计量单位：个

4）工程内容及工程量计算：

制作与安装：钢制承插直管 *DN*350　4 个

项目编码：040502001004　项目名称：铸铁管管件（*DN*100）

计量单位：个

5）工程内容及工程量计算

制作与安装工程量：钢制承插直管 *DN*100（1 个）

（3）阀门消火栓安装

项目编码：040502005001　项目名称：Z45T-1.0 *DN*200 阀门

项目编码：040502010001　项目名称：5×100 消火栓

计量单位：个

1）工程内容及工程量计算：

① 阀门安装：2 个

② 压力试验：2 个

项目编码：040502005002　项目名称：Z944T-1.6 *DN*350 阀门

计量单位：个

2）工程内容及工程量计算：

① 阀门安装数量：2 个

② 压力试验数量：2 个

项目编码：040502010002　项目名称：5×100 消火栓

计量单位：个

3）工程内容及工程量计算：

工程量：1 个

（4）土石方工程

项目编码：040101002001　项目名称：挖沟槽土方(三类土，2m 以内)

计量单位：m^3

工程内容及工程量计算：

① 主管管沟土方开挖：主管(*DN*350)的平均埋设深度为：

$(1.35+1.32+1.45+1.35+1.48+1.55+1.50)/7m=1.43m$

则平均挖深为：$(1.43+0.0135)m=1.44m$　“0.0135”为管壁厚。

清单工程量为：$V_{350}=0.377\times1.44\times645m^3=350.16m^3$

② 0+250　支管(*DN*200)的埋设深度为：1.45m，则挖深为 1.46m，管壁厚 10mm，则工程量为：

$V=1.46\times0.22\times150m^3=48.18m^3$

③ 0+265 处节点支管(*DN*100)的埋设深度为 1.35m，钢管的壁厚忽略，则挖深为 1.35m，工程量为：

$V=1.35\times0.1\times150m^3=20.25m^3$

④ 0+465 处节点，支管(*DN*200)的埋设深度为 1.48m，壁厚 10mm，挖深为 1.49m，则工程量为：

$V=1.49\times0.22\times200m^3=65.56m^3$

主、支管沟沟槽挖方总量(三类土，2m 以内)：

$(350.16+48.18+20.25+65.56)m^3=484.15m^3$

⑤ 井位挖方：

主管（*DN*350）上共有 2 座阀门井，支管(*DN*200)上共有 2 座阀门井，(*DN*100)有 1 个消火栓井。井位挖方工程量计算如下，计算示意图如图 2-138 所示。

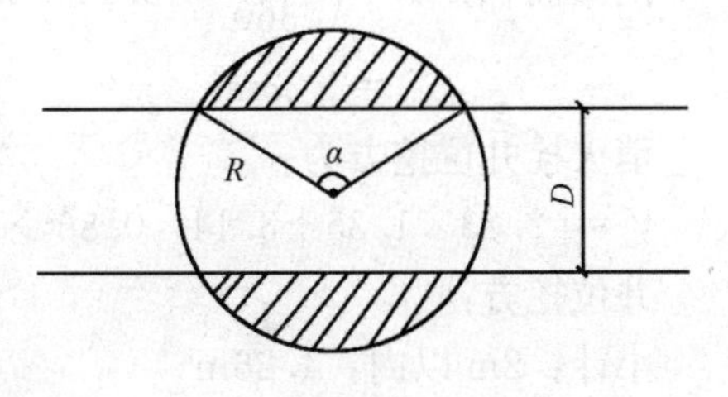

图 2-138　计算示意图

说明：1. *R* 为阀门共基础半径(m)；
2. *D* 为管沟宽(m)

a. J1，ϕ1800，阀门井基础直径为：2.52m，

井深2.59m，扣除主管底面积后两弓形面积的计算示意图如图所示：

$$\alpha = 2\arccos\frac{377}{2520} = 162.8°$$

阴影面积：$S = \left(\frac{\alpha}{360}\cdot\pi R^2 - \frac{1}{2}\sin\alpha R\cdot\frac{D}{2}\right)\times 2\text{m}^2$

$= \left(\frac{162.8}{360}\times 3.14\times 1.26\times 1.26 - \frac{1}{2}\times\sin 162.8°\times 1.26\times\frac{0.377}{2}\right)\times 2\text{m}^2$

$= 4.44\text{m}^2$

J1 阀门井挖方量为：$V_{J1} = 2\times[4.44\times 1.44 + 3.14\times 1.26^2\times(2.59 - 1.44)]\text{m}^3$

$= 2\times(6.39 + 5.73)\text{m}^3$

$= 24.24\text{m}^3$

b. J2，ϕ1200，阀门井基础直径为 2.120m，井深 2.04m，计算过程如下，R＝1.06m，D＝0.22m，0＋250 处支管管沟挖深 1.46m，0＋465 处为 1.49m

$$\alpha = 2\arccos\frac{220}{2120} = 168.1°$$

阴影面积：$S = \left(\frac{168.1}{360}\times 3.14\times 1.06\times 1.06 - \frac{1}{2}\times\sin 168.1°\times 1.06\times\frac{0.22}{2}\right)\times 2\text{m}^2$

$= 3.28\text{m}^2$

0＋250 节点处支管上井位挖方为：

$V = [3.28\times 1.46 + 3.14\times 1.06^2\times(2.04 - 1.46)]\text{m}^3 = 6.84\text{m}^3$

0＋465 节点处支管上井位挖方为：

$V = [3.28\times 1.49 + 3.14\times 1.06^2\times(2.04 - 1.49)]\text{m}^3 = 6.83\text{m}^3$

c. J3，ϕ1000 的消火栓井基础直径为 1.72m，井深 1.89m，则 R＝0.86m，D＝0.1m，0＋265 处管沟挖深为 1.35m，计算过程如下：

$$\alpha = 2\arccos\frac{100}{1720} = 173.3°$$

阴影面积：$S = \left(\frac{173.3}{360}\times 3.14\times 0.86\times 0.86 - \frac{1}{2}\times\sin 173.3°\times 0.86\times\frac{0.1}{2}\right)\times 2\text{m}^2$

$= 2.23\text{m}^2$

消火栓井位挖方为：

$V = [2.23\times 1.35 + 3.14\times 0.86^2\times(1.89 - 1.35)]\text{m}^3 = 4.26\text{m}^3$

井位挖方：

小计：2m 以内：4.26m^3

4m 以内：$(24.25 + 6.84 + 6.83)\text{m}^3 = 37.92\text{m}^3$

项目编码：040103001001　项目名称：回填方

回填方工程量计算：

管道所占体积：$[3.14\times0.1885^2\times645+3.14\times0.11^2\times(150+200)+3.14\times0.05^2\times150]m^3$

$=86.44m^3$

回填方数量：$(484.15-86.44)m^3=397.71m^3$

(5) 拆除工程

项目编码：041001001001　项目名称：拆除路面

工程量计算：

混凝土路面拆除工程量：

$S=[0.377\times645+0.22\times(150+200)+0.1\times150]m^2$

$=335.16m^2$

(6) 井类、设备基础及出水口

项目编码：040504001001　项目名称：砌筑井(φ1800)砖砌圆形收口式

工程量：2 座

项目编码：040504001002　项目名称：砌筑井(φ1200)阀门井

工程量：2 座

项目编码：040504001003　项目名称：砌筑井(φ1000)

工程量：1 座

项目编码：040503002001　项目名称：混凝土支墩

工程量计算(如图 2-139 所示)：

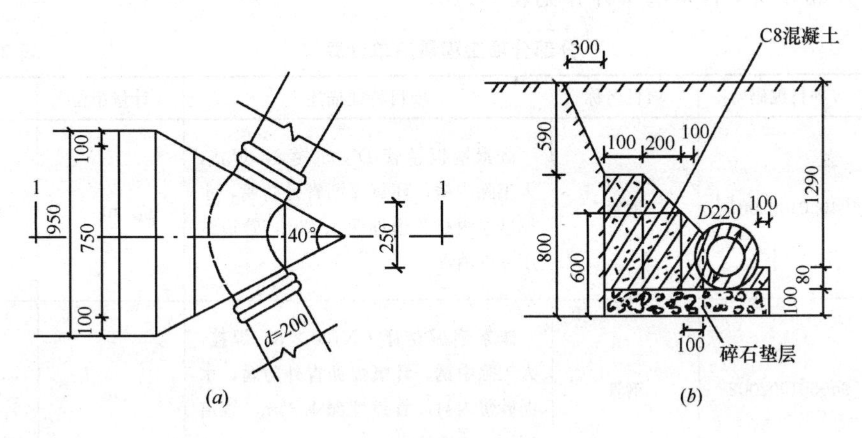

图 2-139　支墩

(a) 支墩平面图；(b) 1-1 剖面图

1) 垫层铺筑：

$$V=[0.1\times0.95\times0.1+\frac{1}{2}\times(0.75+0.95)\times0.2\times0.1+0.1\times\frac{1}{2}\times(0.25+0.75)\times0.42]m^3$$

$=(0.0095+0.017+0.021)m^3$

$=0.0475m^3$

2) C8 混凝土浇筑：

$$V=\{0.1\times0.7\times0.95+\frac{1}{2}\times0.2\times(0.5+0.7)\times(0.75+0.1)+0.5\times\left[(0.125\text{ctg}20^\circ+0.2+0.1\times2)\times\frac{1}{2}\times0.75-\frac{1}{2}\times\frac{40}{180}\pi\times\left(\frac{0.125}{\sin20^\circ}+0.2\right)^2\right]+\left[\frac{1}{2}\times\frac{40\pi}{180}\times\left(\frac{0.125}{\sin20^\circ}\right)^2-\frac{1}{2}\times\frac{0.125^2}{\sin20^\circ}\times\cos20^\circ\right]\times0.8\}\text{m}^3$$

$$=[0.0665+0.102+0.5\times(0.2788-0.1114)+(0.0465-0.0428)\times0.8]\text{m}^3$$

$$=(0.0665+0.102+0.0837+0.00296)\text{m}^3$$

$$=0.255\text{m}^3$$

【注释】 0.1×0.95×0.1 为边侧垫层部分的长度(0.95)乘以铺筑厚度(0.1)乘以宽度(0.1)；$\frac{1}{2}$×(0.75+0.95)(中间梯形的上底家下底的长度之和)×0.2(中间梯形的截面高度)×0.1 为示意图中中间梯形部分的截面面积乘以铺筑厚度，其中 0.1 为铺筑厚度；0.1 $\frac{1}{2}$×(0.25+0.75)(示意图中有管处梯形的上底加下底的长度之和)×0.42(有管处梯形的截面高度)为示意图中有管处梯形的截面积乘以铺筑厚度。

注：以上式子对实际混凝土浇筑体积进行了简化计算。

清单工程量：(0.255+0.0475)m^3=0.3025m^3

二、分部分项工程量清单计算见表 2-115。

分部分项工程量清单计算表 **表 2-115**

序号	项目编码	项目名称	项目特征描述	计量单位	工程量
1	040501002001	钢管	碳素钢板卷管 *DN*350×8，焊接，人工除中锈，环氧煤沥青外防腐，水泥砂浆内衬管道埋深 1.43m，管道试压冲洗消毒	m	150.00
2	040501002002	钢管	碳素钢板卷管 *DN*100×8，焊接，人工除中锈，环氧煤沥青外防腐，水泥砂浆内衬，管道埋深 1.35m，管道试压，冲洗消毒	m	150.00
3	040501003001	铸铁管	承插铸铁管 *DN*200×6，石棉水泥接口，环氧煤沥青外防腐，水泥砂浆内衬，人工除中锈，管道埋深 1.45m，管道试压，冲洗消毒	m	150.00
4	040501003002	铸铁管	承插铸铁管 *DN*200×6，石棉水泥接口，环氧煤沥青外防腐，水泥砂浆内衬，人工除中锈，管道埋深 1.48m，管道试压，冲洗，消毒	m	200.00

续表

序号	项目编码	项目名称	项目特征描述	计量单位	工程量
5	040502002001	钢管管件制作、安装	钢管件制作安装三遍，DN350×200，承插接口	个	2
6	040502002002	钢管管件制作、安装	钢管件制作安装三遍，DN350×100，承插接口	个	1
7	040502002003	钢管管件制作、安装	钢管件制作承插直管，DN350	个	4
8	040502002004	钢管管件制作、安装	钢管件制作安装，承插直管，DN100	个	1
9	040502001001	铸铁管管件	承插铸铁弯管，DN200	个	1
10	040502001002	铸铁管管件	承插铸铁直管，DN200	个	1
11	040502005001	阀门	法兰阀门安装 DN200，型号 Z457-1.0，法兰安装，水压试验	个	2
12	40502005002	阀门	法兰阀门安装 DN350，型号 Z944T-1.6，法兰安装，水压试验	个	2
13	040502010001	消火栓	安装 SX100 消火栓	个	1
14	040504001001	砌筑井	砖砌圆形收口式阀门井，ϕ1800×247	座	2
15	040504001002	砌筑井	砖砌圆形收口式阀门井，ϕ1200×1.92	座	2
16	040504001003	砌筑井	消火栓井（地下式），ϕ1000×1.77 甲型	座	1
17	040101002001	挖沟槽土方	管沟土方开挖、三类土，2m 以内	m^3	484.15+4.26 =488.41
18	040101003001	挖基坑土方	挖基坑土方，三类土，4m 以内	m^3	37.92
19	040103001001	回填方	管沟土方回填，密实度 95%	m^3	397.71
20	041001001001	拆除路面	拆除混凝土路面	m^2	335.16
21	040503002001	混凝土支墩	C8 混凝土浇筑支墩	m^3	0.30

【例 3】 某市章竹路下布置了一条雨污合流的排水主干管，该路呈东西向，污水经干管汇入该主干管，再由西向东流入较近的污水处理厂。该主干管上共布置了 10 个单平箅雨水井，4 个双平箅雨水井，A1～A8 座污水检查井，管道平面布置图、管道施工图、ϕ1000 砖砌圆形污水检查井举例(A1)详图，单箅平箅雨水井详图，双平箅雨水井详图，管道基础(90°，135°)示意图分别如图 2-140～图 2-144 所示。管道尺寸及材料见表 2-116。编制清单工程量。

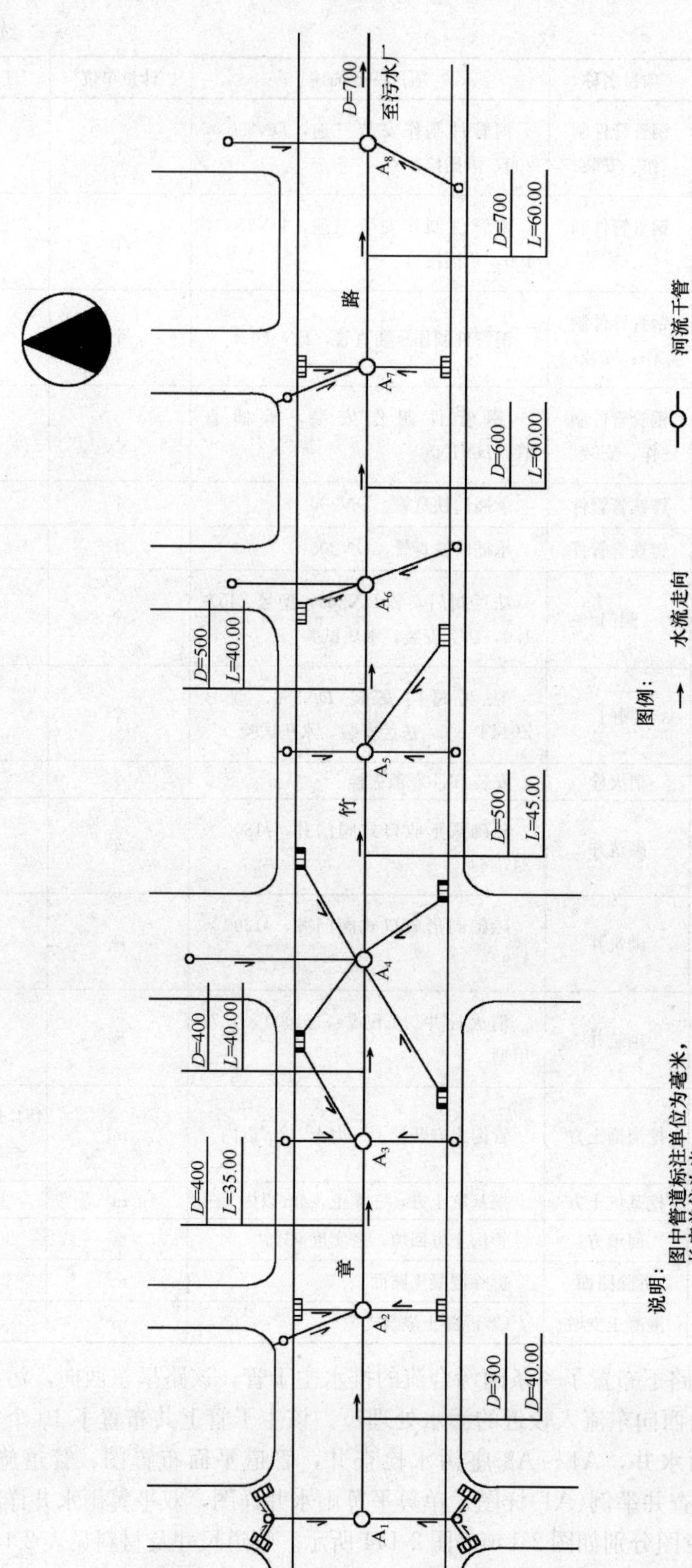

图 2-140 管道平面布置图

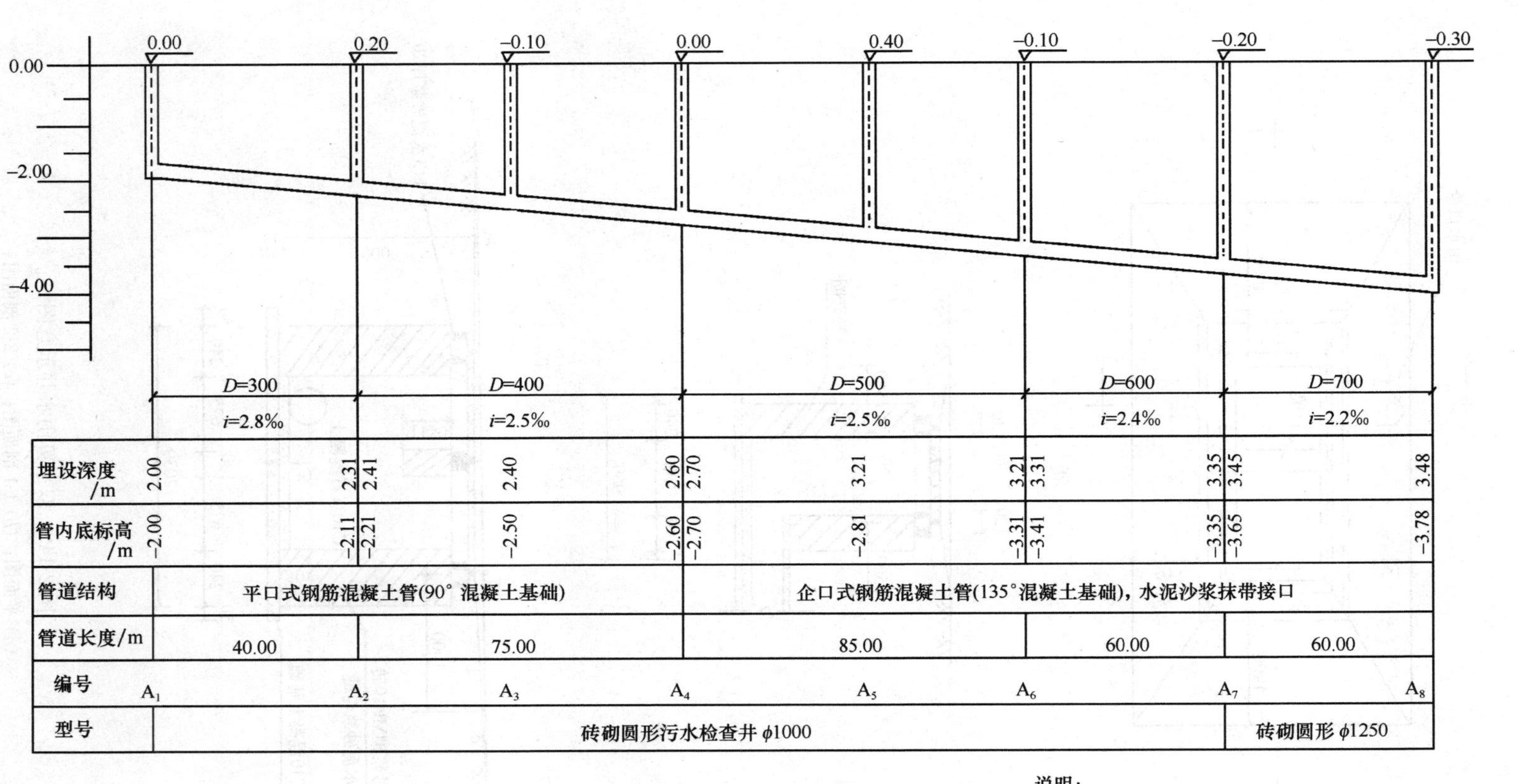
0.00
0.20
-0.10
0.00
0.40
-0.10
-0.20
-0.30
0.00
-2.00
-4.00
D=300
i=2.8‰
D=400
i=2.5‰
D=500
i=2.5‰
D=600
i=2.4‰
D=700
i=2.2‰
埋设深度/m
2.00
2.31 2.41
2.40
2.60 2.70
3.21
3.21 3.31
3.35 3.45
3.48
管内底标高/m
-2.00
-2.11 -2.21
-2.50
-2.60 -2.70
-2.81
-3.31 -3.41
-3.35 -3.65
-3.78
管道结构
平口式钢筋混凝土管(90° 混凝土基础)
企口式钢筋混凝土管(135°混凝土基础)，水泥沙浆抹带接口
管道长度/m
40.00
75.00
85.00
60.00
60.00
编号
A1
A2
A3
A4
A5
A6
A7
A8
型号
砖砌圆形污水检查井 φ1000
砖砌圆形 φ1250
说明:
考虑相对高程，自然草坪地面的高程记为0.00

图 2-141　管道施工图

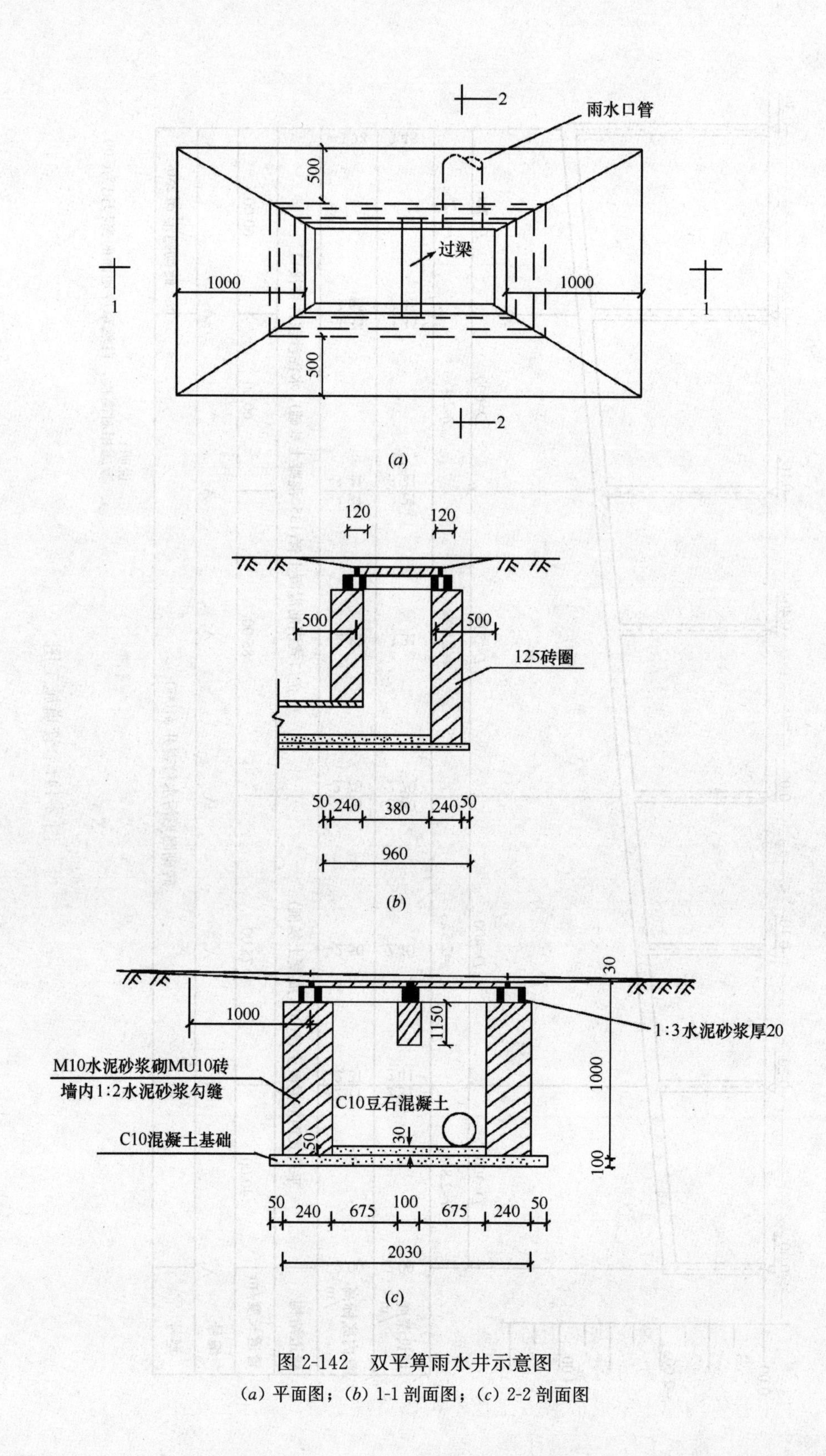

图 2-142 双平箅雨水井示意图

(a) 平面图；(b) 1-1 剖面图；(c) 2-2 剖面图

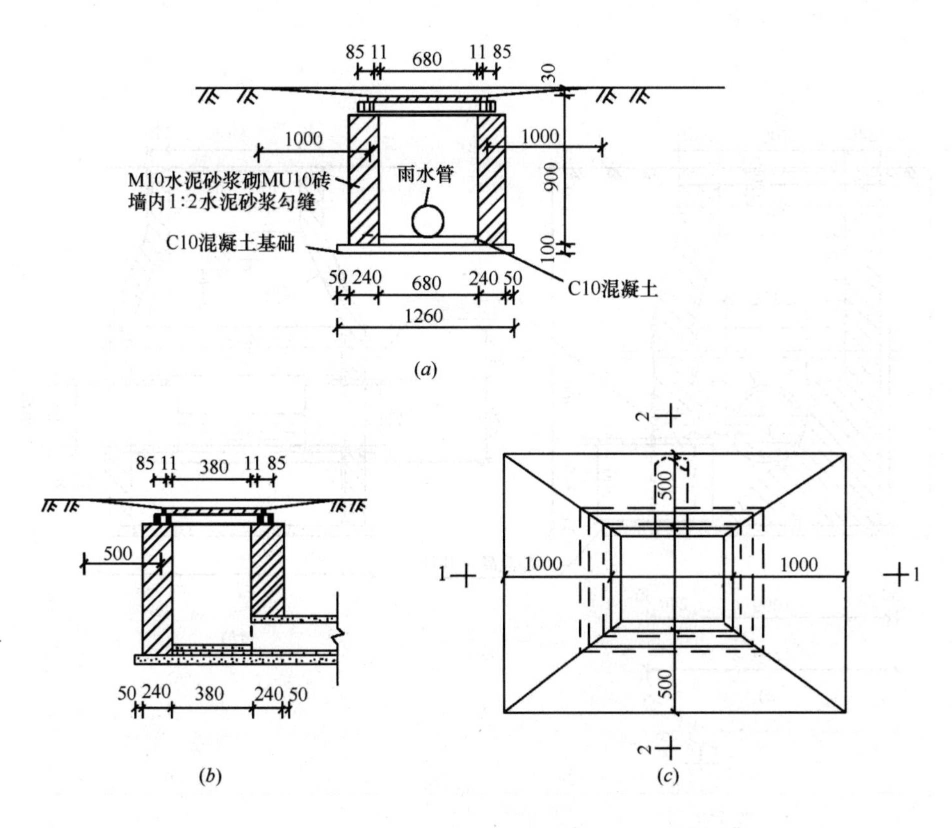

图 2-143 单箅雨水井示意图

(*a*) 1-1 剖面图；(*b*) 2-2 剖面图；(*c*) 平面图

管道尺寸及材料表 **表 2-116**

管径 d/mm	90°混凝土基础					135°混凝土基础					
	B /mm	C_1 /mm	C_2 /mm	混凝土 /(m^3/m)	碎石 /(m^3/m)	B /mm	C_1 /mm	C_2 /mm	C_3 /mm	混凝土 /(m^3/m)	碎石 /(m^3/m)
300	370	100	50	0.044	0.037	470	100	90	30	0.072	0.047
400	480	100	70	0.060	0.048	590	100	120	30	0.098	0.059
500						720	110	150	40	0.137	0.072
600						900	110	180	40	0.186	0.09
700						1030	120	210	40	0.238	0.103

施工方案：

1. 主干管的铺设采用人工下管，接口均采用水泥砂浆抹带接口。
2. 检查井外抹灰也要计在其中。
3. 井盖、井座、井箅均是按铸铁件计。
4. 井底流槽采用混凝土现浇而成。
5. 检查井井盖、井座均采用铸铁井盖、井座。
6. 该道路多余的土方外运。
7. 主干管管沟挖土采取放坡人工挖土，该路段土壤均属于二类土。

【解】 一、排水工程工程量计算

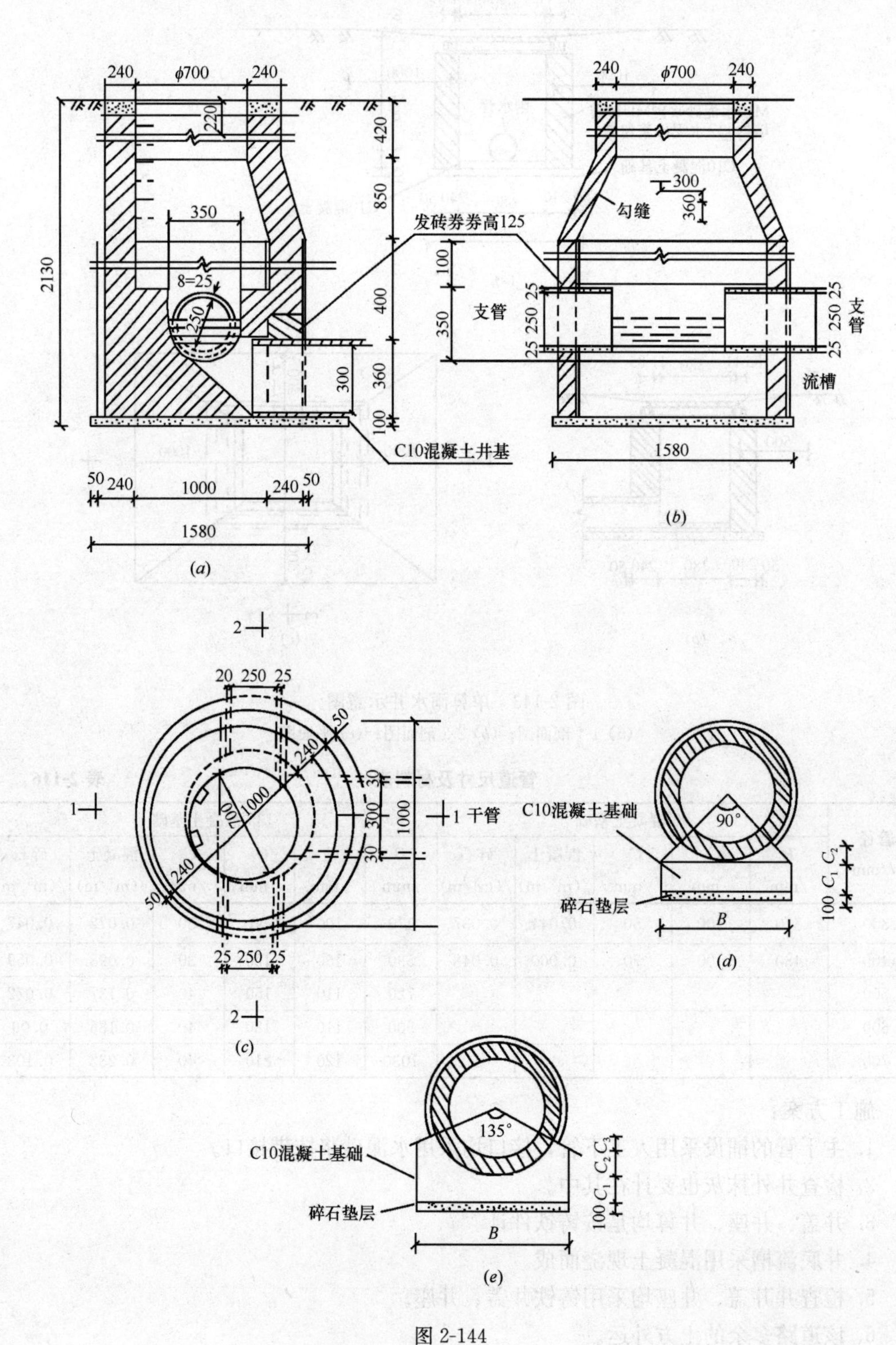

图 2-144

(a) 1-1 剖面图；(b) 2-2 剖面图；(c) A1 检查井平面图；(d) 90°混凝土基础；(e) 135°混凝土基础

(1)主要工程材料见表 2-117。

表 2-117

序号	名称	单位	数量	规格(管径×单根长×壁厚)
1	钢筋混凝土管	m	40	d300×2000×30
2	钢筋混凝土管	m	75	d400×2000×35
3	钢筋混凝土管	m	85	d500×2000×42
4	钢筋混凝土管	m	60	d600×2000×50
5	钢筋混凝土管	m	60	d700×2000×55
6	检查井	座	7	ϕ1000 砖砌
7	检查井	座	1	ϕ1250 砖砌
8	单平箅雨水井	座	10	680×380　H=0.9
9	双平箅雨水井	座	4	1450×380　H=1.0

(2) 管道铺设及基础见表 2-118。

表 2-118

管段井号	管径/mm	铺设长度/m	基础及接口形式
A1～A2	300	40	90°，平口式
A2～A4	400	75	90°，平口式
A4～A6	500	85	135°，企口式
A6～A7	600	60	135°，企口式
A7～A8	700	60	135°，企口式
合计		320	

(3) 检查井、进水井数量见表 2-119。

表 2-119

井号	井深/m	井径	砖砌污水检查井数量/个	砖砌雨水井/mm	井深/m	数量/座
A1	2.03	ϕ1000	1	680×380	0.9	4
A2	2.44	ϕ1000	1	680×380	0.9	2
A3	2.44	ϕ1000	1	1450×380	1.0	1
A4	2.74	ϕ1000	1	1450×380	1.0	3
A5	3.25	ϕ1000	1	680×380	0.9	1
A6	3.36	ϕ1000	1	680×380	0.9	1
A7	3.50	ϕ1000	1	680×380	0.9	2
A8	3.54	ϕ1250	1	—	—	—

综合小计：

1. 砖砌圆形污水检查井 ϕ1000，平均深 2.82m，共 7 座。

2. 砖砌圆形污水检查井 ϕ1250，深 3.54m，共 1 座。

3. 砖砌雨水井平箅单箅井 680×380，深 0.9m，共 10 座，双箅平箅井 1450×380，深1.0m,共4 座。

（4）管沟挖方见表 2-120。

表 2-120

管段编号	管径/mm	管沟长/m	沟底宽/m	基础加深/m	平均挖深/m	土壤类别	计算式	数量/m^3
A1～A2	300	40	0.37	0.1	2.38	二	0.37×2.38×40	35.22
A2～A4	400	75	0.48	0.1	2.74	二	0.48×2.74×75	98.64
A4～A6	500	85	0.72	0.11	3.21	二	3.21×0.72×85	196.45
A6～A7	600	60	0.90	0.11	3.59	二	3.59×0.90×60	193.86
A7～A8	700	60	1.03	0.12	3.74	二	3.74×1.03×60	231.13

（5）挖井位土方见表 2-121。

表 2-121

井号	井底基础尺寸/m 长 L	宽 B	直径 ϕ	干管管基深基础加深	平均挖深 H	个数	土壤类别	计算式 井位扣除管道后面积×挖深	数量/m^3
A1			1.58	0.1	2.13	1	二	1.67×2.13	3.56
A2			1.58	0.1	2.54	1	二	1.30×2.54	3.30
A3			1.58	0.1	2.54	1	二	1.21×2.54	3.07
A4			1.58	0.11	2.85	1	二	1.04×2.85	2.96
A5			1.58	0.11	3.36	1	二	0.86×3.36	2.89
A6			1.58	0.11	3.47	1	二	0.74×3.47	2.57
A7			1.58	0.12	3.62	1	二	0.54×3.62	1.95
A8			1.58	0.12	3.66	1	二	0.46×3.66	1.68
								合计：21.98	
单箅雨水井	1.26	0.96		0.1	1.0	10	二	1.26×0.96×1.0×10	12.10
双箅雨水井	2.03	0.96		0.1	1.1	4	二	2.03×0.96×1.1×4	8.57
								合计：12.10+8.57=20.67	

注：井位扣除管道后剩余面积的计算示例（如图 2-145 所示）

如图，370 为管径为 300 的管道沟底宽，1580 为井基的直径。管道均算至井的中心。井位挖方面积是：

$$\frac{1}{2}\times\pi R^2+2\times\left(\frac{\alpha}{360}\pi R^2-\frac{1}{2}\times\sin\alpha\cdot R\cdot\frac{B}{2}\right)\text{m}^2$$

$$=\left[\frac{1}{2}\times3.14\times0.79^2+2\times\left(\frac{76.46}{360}\times3.14\times0.79^2-\frac{1}{2}\times\sin76.46°\times0.79\times\frac{1}{2}\times0.37\right)\right]\text{m}^2$$

$$=[0.9798+2\times(0.4162-0.071)]\text{m}^2$$

$$=1.67\text{m}^2$$

（其中，$\alpha=\arccos\dfrac{370}{1580}=76.46°$）

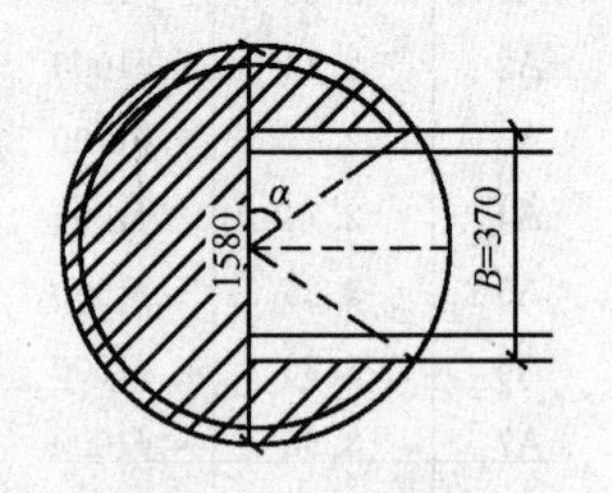

图 2-145　A1 井计算示意图

（6）管道及基础所占体积见表 2-122。

表 2-122

序号	部位名称	计算式	数量/m^3
1	d300 管道与基础所占体积	$(0.044+0.037)\times40+\frac{3}{4}\times3.14\times(0.15+0.03)^2\times40$	6.29
2	d400 管道与基础所占体积	$(0.060+0.048)\times75+\frac{3}{4}\times3.14\times(0.2+0.035)^2\times75$	17.85
3	d500 管道与基础所占体积	$(0.137+0.072)\times85+\frac{5}{8}\times3.14\times(0.25+0.042)^2\times85$	31.99
4	d600 管道与基础所占体积	$(0.186+0.09)\times60+\frac{5}{8}\times3.14\times(0.3+0.05)^2\times60$	30.98
5	d700 管道与基础所占体积	$(0.238+0.103)\times60+\frac{5}{8}\times3.14\times(0.35+0.055)^2\times60$	39.77
小计：		6.29＋17.85＋31.99＋30.98＋39.77	126.88

注：管道与基础所占体积中基础体积直接套用表 2-21 中所给出的数据。

（7）土方工程量汇总见表 2-123。

表 2-123

序号	名称	计算式	数量/m^3
1	挖沟槽土方二类土(4m 以内)	35.22＋98.64＋196.45＋193.86＋231.13＋21.98	777.28
2	管道沟回填方	777.28－126.88	650.40
3	外运土方	126.88	126.88
4	挖基坑土方(二类土，2m 以内)	20.67	20.67

分部分项工程量清单计算表见表 2-124。

分部分项工程量清单计算表　　表 2-124

序号	项目编码	项目名称	项目特征描述	计量单位	工程数量
1	040101002001	挖沟槽土方	二类土，4m 以内	m^3	777.28
2	040103001001	回填方	沟槽回填，密实度 95％	m^3	621.68
3	040501001001	混凝土管	d300×2000×30 钢筋混凝土管，90°，C10 混凝土基础	m	40.00
4	040501001002	混凝土管	d400×2000×35 钢筋混凝土管，90°，C10 混凝土基础	m	75.00
5	040501001003	混凝土管	d500×2000×42，钢筋混凝土管，135°，C10 混凝土基础	m	85.00
6	040501001004	混凝土管	d600×2000×50 钢筋混凝土管，135°，C10 混凝土基础	m	60.00
7	040501001005	混凝土管	d700×2000×55 钢筋混凝土管，135°，C10 混凝土基础	m	60.00
8	040504001001	砌筑井	砖砌圆形井 ϕ1000 平均井深 2.82m	座	7
9	040504001002	砌筑井	砖砌圆形井 ϕ1250 井深3.54m	座	1
10	040504009001	雨水口	砖砌，680×380，井深 0.9m，单箅平箅	座	10
11	040504009002	雨水口	砖砌，1450×380，井深1.0m，双箅平箅	座	4
12	040101003001	挖基坑土方	二类土，2m 以内	m^3	20.67

二、章竹路新建排水工程计价

挖管沟土方工程量见表 2-125。

挖管沟土方 **表 2-125**

管段编号	管径/mm	管沟长/m	沟底宽/m $(a+2c)$	平均挖深/m	计算式（二类土）放坡 1∶0.50 $(a+2c+K\cdot H)\cdot H\cdot L\times1.025$	挖方量/m^3（4m 内）
A1～A2	300	40	0.37＋0.4×2＝1.17	2.38	(1.17＋0.5×2.38)×2.38×40×1.025	230.29
A2～A4	400	75	0.48＋0.4×2＝1.28	2.74	(1.28＋0.5×2.74)×2.74×75×1.025	558.19
A4～A6	500	85	0.72＋0.5×2＝1.72	3.21	(1.72＋0.5×3.21)×3.21×85×1.025	929.91
A6～A7	600	60	0.9＋0.5×2＝1.90	3.59	(1.9＋0.5×3.59)×3.59×60×1.025	815.80
A7～A8	700	60	1.03＋0.5×2＝2.03	3.74	(2.03＋0.5×3.74)×3.74×60×1.025	897.04

合计：(230.29＋558.19＋929.91＋815.80＋897.04)m^3＝3431.23m^3

管道及基础铺筑工程量见表 2-126。

表 2-126

管段	管径/mm	管道铺设长度（井中至井中）/m	检查井扣除长度/m	实铺管道及基础长/m	基础形式	接口/个
A1～A2	300	40	0.7	39.3	90°	39.3/2－1≈19
A2～A4	400	75	0.7×2＝1.4	73.6	90°	73.6/2－1≈36
A4～A6	500	85	0.7×2＝1.4	83.6	135°	83.6/2－1≈41
A6～A7	600	60	0.7	59.3	135°	59.3/2－1≈29
A7～A8	700	60	0.7	59.3	135°	59.3/2－1≈29
合计：				315.1		154

各项目工程内容数量分析：

1. 项目编码：040101002001 项目名称：挖沟槽土方

工程内容：土方开挖 单位：m^3

数量：(230.29＋558.19＋929.91＋815.80＋897.04)m^3＝3431.23m^3

2. 项目编码：040103001001 项目名称：回填方

工程内容：(1) 填方；(2) 压实。 单位：m^3

数量：(1) 填方：626.62m^3

(2) 压实：626.62m^3

3. 项目编码：040501001001 项目名称：混凝土管

工程内容：(1) 垫层铺筑；(2) 混凝土基础浇筑；(3) 管道铺设；(4) 管道接口；(5) 混凝土管座浇筑。

数量：(1) 碎石垫层铺筑：0.037×39.3m^3＝1.45m^3

(2) 混凝土基础浇筑：0.037×39.3m^3＝1.45m^3

(3) 管道铺设：(40－0.7)m＝39.3m

(4) 管道接口：(39.3/2－1)个＝19 个

(5) 混凝土管座浇筑：(0.044－0.037)×39.3m^3＝0.28m^3

4. 项目编码：040501001002 项目名称：混凝土管

工程内容：(1) 垫层铺设；(2) 混凝土基础浇筑；(3) 管道铺设；(4) 管道接口；(5) 混凝土管座浇筑。

数量：(1) (碎石)垫层铺筑：0.048×(75－1.4)m^3＝0.048×73.6m^3＝3.53m^3

(2) 混凝土基础浇筑：0.048×(75－1.4)m^3＝3.53m^3

(3) 管道铺设：(75－1.4)m＝73.6m

(4) 管道接口：(73.6/2－1)个≈36 个

(5) 混凝土管座浇筑：(0.060－0.048)×73.6m^3＝0.88m^3

5. 项目编码：040501001003 项目名称：混凝土管

工程内容：(1) 垫层铺筑；(2) 混凝土基础浇筑；(3) 管道铺设；(4) 管道接口；(5) 混凝土管座浇筑。

数量：(1) (碎石)垫层铺筑：0.072×(85－1.4)m^3＝6.02m^3

(2) 混凝土基础浇筑：0.72×0.11×(85－1.4)m^3＝6.62m^3

(3) 管道铺设：(85－1.4)m＝83.6m

(4) 管道接口：(83.6/2－1)个≈41 个

(5) 混凝土管座浇筑：(0.137－0.072)×83.6m^3＝5.43m^3

6. 项目编码：040501001004 项目名称：混凝土管

工程内容：(1) 垫层铺筑；(2) 混凝土基础浇筑；(3) 管道铺设；(4) 管道接口；(5) 混凝土管座浇筑。

数量分析：(1) 垫层(碎石)铺筑：0.09×(60－0.7)m^3＝5.34m^3

(2) 混凝土基础浇筑：0.9×0.11×59.3m^3＝5.87m^3

(3) 管道铺设：(60－0.7)m＝59.3m

(4) 管道接口：(59.3/2－1)个≈29 个

(5) 混凝土管座浇筑：(0.186－0.09)×59.3m^3＝5.693m^3

7. 项目编码：040501001005 项目名称：混凝土管

工程内容：(1) 垫层铺筑(碎石)：0.103×(60－0.7)m^3＝6.11m^3

(2) 混凝土基础浇筑：1.03×0.12×59.3m^3＝7.33m^3

(3) 管道铺设：(60－0.7)m＝59.3m

(4) 管道接口：(59.3/2－1)个≈29 个

(5) 混凝土管座浇筑：(0.238－0.103)×59.3m^3＝8.06m^3

【注释】 以上混凝土管道铺设基础的长度由题中查表可得(管道尺寸及材料表)；管道铺设长度由 2-145 图尺寸可知。

【例 4】 某市新建文化路排水工程清单工程量编制及施工工程量编制。

管道布置的平面图、剖面图，砖砌圆形污水检查井，砖砌圆形雨水检查井，平箅式单箅雨水进水井及一部分详细图例如图 2-146～图 2-152 所示。本排水管道采取雨污分流制。雨水管及污水管道主管设在道路中心线两侧。

本工程中土质均为三类土：

管道均采用钢筋混凝土管，180°混凝土基础，具体各管基础尺寸可见表 2-127，示意图如图 2-152 所示。

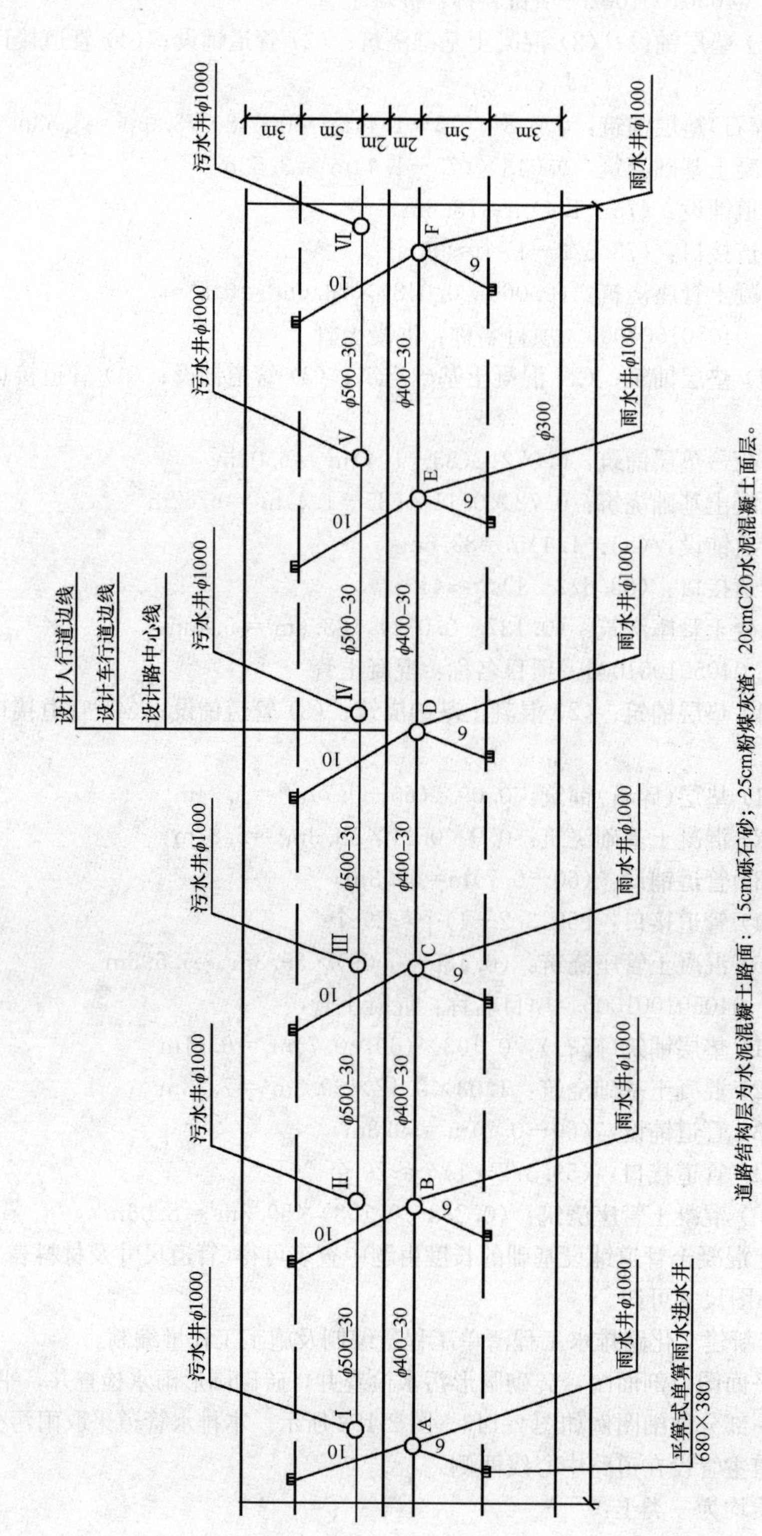

道路结构层为水泥混凝土路面：15cm砾石砂，25cm粉煤灰渣，20cmC20水泥混凝土面层。

图 2-146 管道平面图

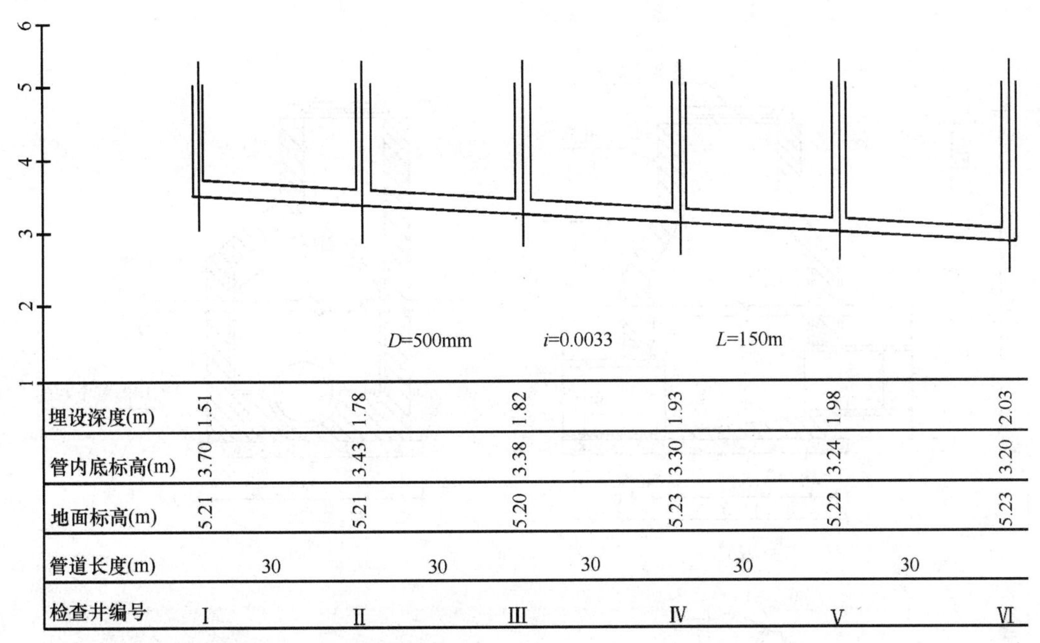

6
5
4
3
2
1
D=500mm
i=0.0033
L=150m
埋设深度(m)
1.51
1.78
1.82
1.93
1.98
2.03
管内底标高(m)
3.70
3.43
3.38
3.30
3.24
3.20
地面标高(m)
5.21
5.21
5.20
5.23
5.22
5.23
管道长度(m)
30
30
30
30
30
检查井编号
Ⅰ
Ⅱ
Ⅲ
Ⅳ
Ⅴ
Ⅵ

注：管道结构为钢筋混凝土管，水泥砂浆抹带接口。

图 2-147　污水管道剖面图

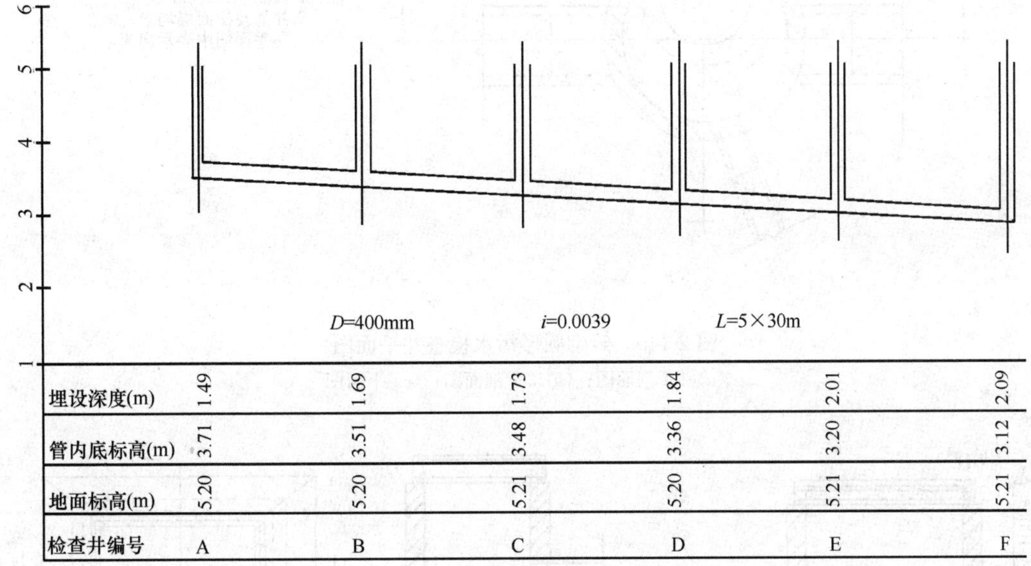

6
5
4
3
2
1
D=400mm
i=0.0039
L=5×30m
埋设深度(m)
1.49
1.69
1.73
1.84
2.01
2.09
管内底标高(m)
3.71
3.51
3.48
3.36
3.20
3.12
地面标高(m)
5.20
5.20
5.21
5.20
5.21
5.21
检查井编号
A
B
C
D
E
F

图 2-148　雨水管道剖面图

管子每段长为 2m，均采用水泥砂浆抹带接口；

各检查井、污水井为定型井；

施工中干管部分管沟挖土，采取放坡，支管部分因开挖深度不大，土质较好，挖土不放坡，但沟槽挖土沟底宽应加上工作面宽度，所有挖土均采用人工，余方不外运。

【解】 因为清单工程量计算规则与定额工程量计算规则有所不同，故分别计算。定额参照《全国统一市政工程预算定额》。

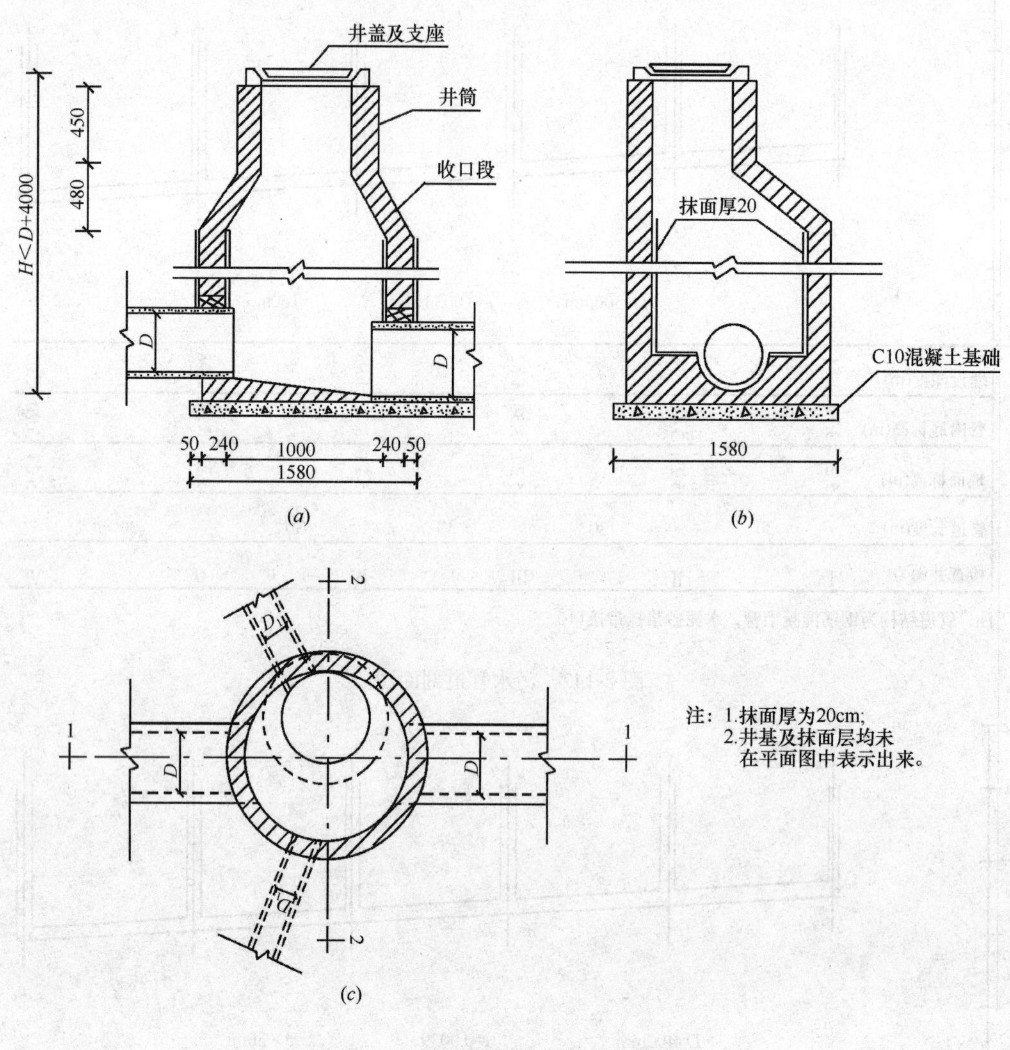

图 2-149 砖砌圆形污水检查井平面图

（*a*）1-1 剖面图；（*b*）2-2 剖面图；（*c*）平面图

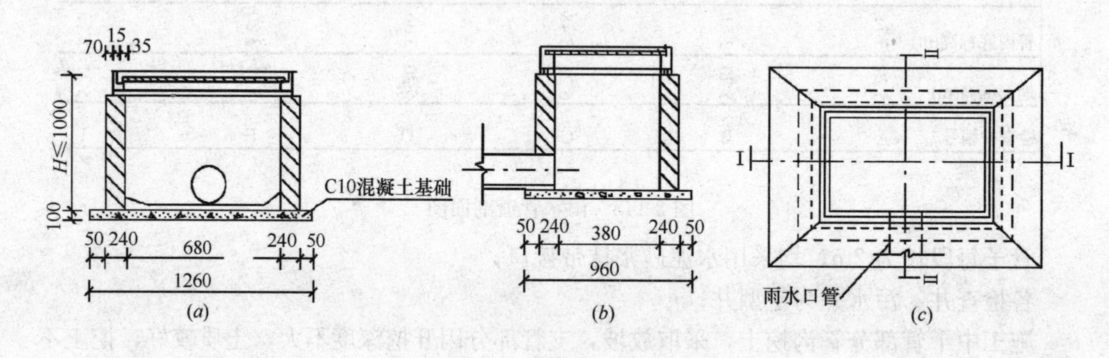

图 2-150 雨水井进水井平面图

（*a*）Ⅰ-Ⅰ剖面图；（*b*）Ⅱ-Ⅱ剖面图；（*c*）平面图

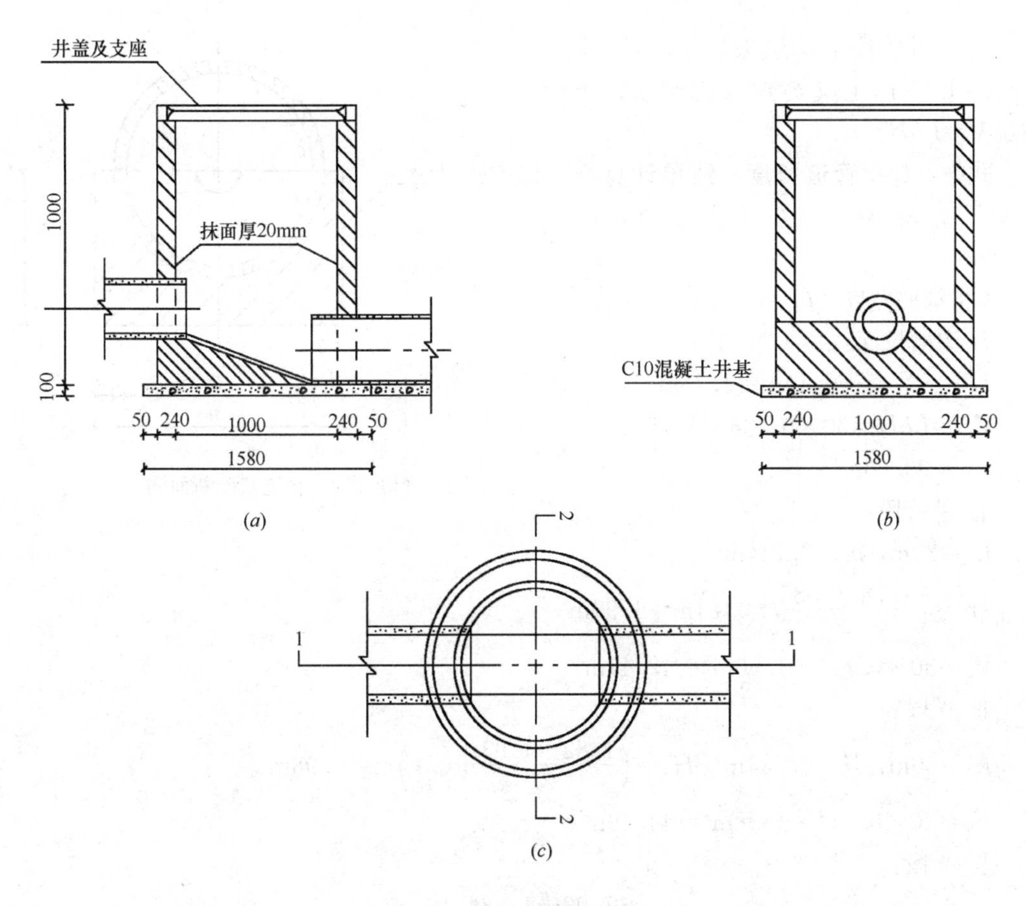

图 2-151　雨水检查井平面图

(a) 1-1 剖面图；(b) 2-2 剖面图；(c) 雨水检井平面图

(1) 清单工程量

1) 主要工程材料

① 钢筋混凝土管	$d500\times2000\times42$	150m
② 钢筋混凝土管	$d400\times2000\times35$	150m
③ 钢筋混凝土管	$d300\times2000\times30$	96m
④ 污水检查井	$\phi1000$	6 座
⑤ 雨水检查井	$\phi1000$	6 座
⑥ 雨水进水井单箅平箅 680×380	$H=1.1$m	12 座

2) 管道铺设及基础，基础均为 180°混凝土

$d500$：150m　　$d400$：150m　　$d300$：96m

3) 检查井、进水井数量：

污水检查井平均井深为 1.84m　6 座

雨水检查井平均井深为 1.81m　6 座

雨水进水井平均井深为 1.1m　12 座

4) 挖污水管土方：

从管外底至管基础下底高度都为 0.1m

则Ⅰ-Ⅱ管段平均挖深为：1.65m＋0.1m＝1.75m，土壤类别为三类土，土方量$V=LbH$

式中，L指管道长度，清单计算规则中不扣除阀门、井所占长度，$L_1=30\text{m}$。

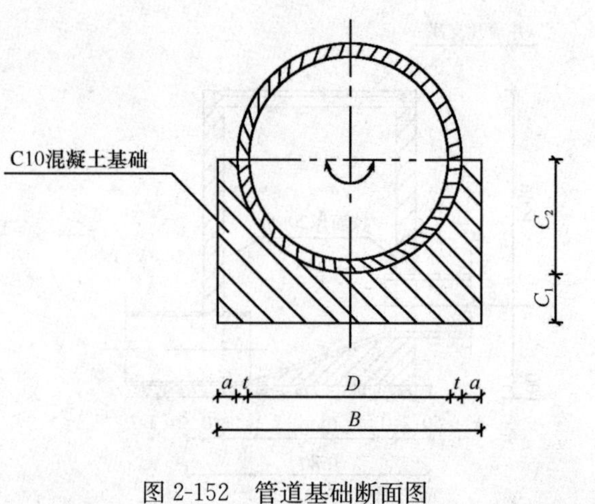

图 2-152　管道基础断面图

b指沟底宽度：$b_1=0.744\text{m}$

H沟槽挖深：

$H_1=(1.65+0.1)\text{m}=1.75\text{m}$

$V_1=LbH=30\times0.744\times1.75\text{m}^3$

$=39.06\text{m}^3$

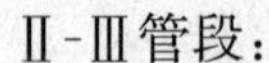
Ⅱ-Ⅲ管段：

$L_2=30\text{m}$，$b_2=0.744\text{m}$，

$H_2=\left(\dfrac{1.78+1.82}{2}+0.1\right)\text{m}=1.90\text{m}$

$V_2=30\times0.744\times1.90\text{m}^3=42.41\text{m}^3$

Ⅲ-Ⅳ段：

$L_3=30\text{m}$，$b_3=0.744\text{m}$　$H_3=\left(\dfrac{1.82+1.93}{2}+0.1\right)\text{m}=1.98\text{m}$

$V_3=30\times0.744\times1.98\text{m}^3=44.19\text{m}^3$

Ⅳ-Ⅴ段：

$L_4=30\text{m}$，$b_4=0.744\text{m}$，$H_4=\left(\dfrac{1.93+1.98}{2}+0.1\right)\text{m}=2.06\text{m}$

$V_4=30\times0.744\times2.06\text{m}^3=45.98\text{m}^3$

Ⅴ-Ⅵ段：

$L_5=30\text{m}$，$b_5=0.744\text{m}$　$H_5=\left(\dfrac{1.98+2.03}{2}+0.1\right)\text{m}=2.11\text{m}$

$V_5=30\times0.744\times2.11\text{m}^3=47.10\text{m}^3$

5）挖雨水管土方：

干管土方计算：

A-B段：

$L_6=30\text{m}$，$b_6=0.63\text{m}$，$H_6=\left(\dfrac{1.49+1.69}{2}+0.1\right)\text{m}=1.69\text{m}$

$V_6=30\times0.63\times1.69\text{m}^3=31.94\text{m}^3$

B-C段：

$L_7=30\text{m}$，$b_7=0.63\text{m}$，$H_7=\left(\dfrac{1.69+1.73}{2}+0.1\right)\text{m}=1.81\text{m}$

$V_7=30\times0.63\times1.81\text{m}^3=34.21\text{m}^3$

C-D段：

$L_8=30\text{m}$，$b_8=0.63\text{m}$，$H_8=\left(\dfrac{1.73+1.84}{2}+0.1\right)\text{m}=1.89\text{m}$

$V_8 = 30 \times 0.63 \times 1.89\text{m}^3 = 35.72\text{m}^3$

D-E 段：

$L_9 = 30\text{m}$，$b_9 = 0.63\text{m}$，$H_9 = \left(\frac{1.84 + 2.01}{2} + 0.1\right)\text{m} = 2.03\text{m}$

$V_9 = 30 \times 0.63 \times 2.03\text{m}^3 = 38.37\text{m}^3$

E-F 段：

$L_{10} = 30\text{m}$，$b_{10} = 0.63\text{m}$，$H_{10} = \left(\frac{2.01 + 2.09}{2} + 0.1\right)\text{m} = 2.15\text{m}$

$V_{10} = 30 \times 0.63 \times 2.15\text{m}^3 = 40.64\text{m}^3$

雨水支管：

雨水进水井挖深为 1.1m，雨水支管平均挖深以雨水井和雨水检查井二者挖深平均值计算，综合各进水井挖深，可得雨水支管挖深为 1.45m，则支管土方为：

$V_{11} = L_{11} b_{11} H_{11} = 96 \times 0.52 \times (1.45 + 0.1)\text{m}^3 = 77.38\text{m}^3$

6）挖井位土方：

污水检查井井位土方指它与上下游管道连接处的土方量，即弓形部分土方：

Ⅰ号井土方量：　$0.83 \times (1.51 + 0.1)\text{m}^3 = 1.34\text{m}^3$

Ⅱ号井土方量：　$0.83 \times (1.78 + 0.1)\text{m}^3 = 1.56\text{m}^3$

Ⅲ号井土方量：　$0.83 \times (1.82 + 0.1)\text{m}^3 = 1.59\text{m}^3$

Ⅳ号井土方量：　$0.83 \times (1.93 + 0.1)\text{m}^3 = 1.68\text{m}^3$

Ⅴ号井土方量：　$0.83 \times (2.03 + 0.1)\text{m}^3 = 1.77\text{m}^3$

雨水检查井井位土方量计算与污水检查井相同，且其弓形部分面积为 0.99m^2，则

A 号井土方量：　$0.99 \times (1.49 + 0.1)\text{m}^3 = 1.57\text{m}^3$

B 号井土方量：　$0.99 \times (1.69 + 0.1)\text{m}^3 = 1.77\text{m}^3$

C 号井土方量：　$0.99 \times (1.73 + 0.1)\text{m}^3 = 1.81\text{m}^3$

D 号井土方量：　$0.99 \times (1.84 + 0.1)\text{m}^3 = 1.92\text{m}^3$

E 号井土方量：　$0.99 \times (2.01 + 0.1)\text{m}^3 = 2.09\text{m}^3$

F 号井土方量：　$0.99 \times (2.09 + 0.1)\text{m}^3 = 2.17\text{m}^3$

雨水井井位土方：

各井平均深度为 1.1m，井外壁规格尺寸为 1.26m×0.96m，则各井挖方量为：

$1.26 \times 0.96 \times 1.1\text{m}^3 = 1.33\text{m}^3$

则 12 座雨水井挖方量共计为：

$1.33 \times 12\text{m}^3 = 15.96\text{m}^3$

7）接口：

采用水泥砂浆抹带接口，则污水管接口共为：150/2−1=74 个，雨水干管接口量为：150/2−1=74 个，雨水支管接口为：96/2−1=47 个，

即 d500 接口为 74 个，d400 接口为 74 个，d300 支管接口为 47 个。

8）管道及基础所占体积：

d500 管道与基础所占体积为：

$$\left[(0.1 + 0.292) \times (0.5 + 0.084 + 0.16) + 0.584^2 \times \frac{\pi}{4} \times \frac{1}{2}\right] \times 150\text{m}^3 = 63.83\text{m}^3$$

$d400$ 管道与基础所占体积为：

$$\left[(0.1+0.235)\times0.63+0.47^2\times\frac{\pi}{4}\times\frac{1}{2}\right]\times150\text{m}^3=44.66\text{m}^3$$

$d300$ 管道与基础所占体积为：$\left[0.28\times0.52+0.36^2\times\frac{\pi}{4}\times\frac{1}{2}\right]\times96\text{m}^3=18.86\text{m}^3$

9）土方工程量汇总：

挖沟槽土方三类土 2m 以内为：

$(39.06+42.41+44.19+31.94+34.21+35.72+77.38+1.34+1.56+1.59+1.57+1.77+1.81+1.92+15.97)\text{m}^3=332.44\text{m}^3$

挖沟槽土方三类土 4m 以内为：

$(45.98+47.10+38.37+40.64+1.68+1.77+2.09+2.17)\text{m}^3=179.80\text{m}^3$

就地弃土：$(63.83+44.66+18.86)\text{m}^3=127.35\text{m}^3$

管道沟回填方：$(332.44+179.80-127.35)\text{m}^3=384.89\text{m}^3$

管道基础尺寸表 表 2-127

管内径 D/mm	管道厚度 t/mm	管肩宽度 a/mm	管基宽度 B/mm	管基础厚度		基础混凝土体积/(m^3/m)
				C_1/mm	C_2/mm	
300	30	80	520	100	180	0.947
400	35	80	630	100	235	0.1243
500	42	80	744	100	292	0.1577

注：管道基础具体示意图如图 2-152 所示。

清单工程量计算见表 2-128。

清单工程量计算表 表 2-128

序号	项目编码	项目名称	项目特征描述	计量单位	工程量
1	040501001001	混凝土管	钢筋混凝土管，180°基础，采用水泥砂浆抹带接口，$d500$	m	150.00
2	040501001002	混凝土管	钢筋混凝土管，180°基础，采用水泥砂浆抹带接口，$d400$	m	150.00
3	040501001003	混凝土管	钢筋混凝土管，180°基础，采用水泥砂浆抹带接口，$d300$	m	96.00
4	040504001001	砌筑井	污水检查井，$\phi1000$，平均井深 1.84m	座	6
5	040504001002	砌筑井	雨水检查井，$\phi1000$，平均井深 1.81m	座	6
6	040504009001	雨水口	单箅平箅 680×380，井深 1.1m	座	12
7	040101002001	挖沟槽土方	土质为三类土，2m 以内	m^3	332.44
8	040101002002	挖沟槽土方	土质为三类土，4m 以内	m^3	179.80
9	040103001001	回填方	原土回填	m^3	384.89
10	040103002001	余方弃置	余方弃置，就地弃土	m^3	127.35

（2）定额工程量

1）挖管沟土方：

① $d500$ 污水管道，采取放坡，放坡系数为 1∶0.33，工作面宽度为 0.5m，具体如图 2-153 所示。

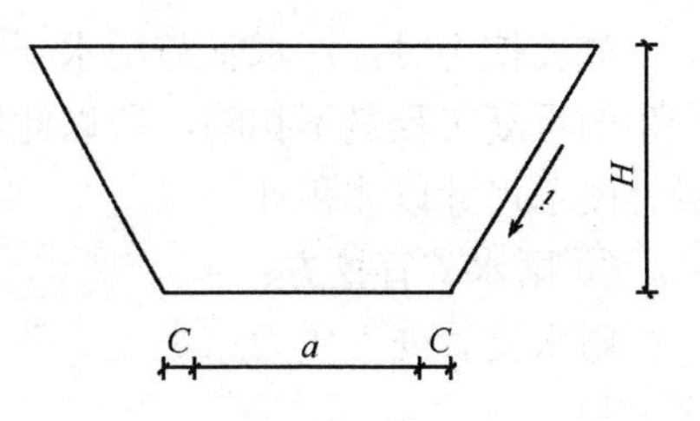

图 2-153　沟槽放坡挖土断面图

挖方 $V=(a+2c+Hi)HL$

Ⅰ-Ⅱ段：$V=(a+2c+Hi)HL$

$=[0.744+2\times0.5+(1.65+0.10)\times0.33]\times(1.65+0.10)\times30\text{m}^3$

$=121.88\text{m}^3$

Ⅱ-Ⅲ段：$V=(a+2c+Hi)HL$

$=(0.744+2\times0.5+1.9\times0.33)\times1.9\times30\text{m}^3$

$=135.15\text{m}^3$

Ⅲ-Ⅳ段：$V=(a+2c+Hi)HL$

$=(0.744+0.5\times2+1.98\times0.33)\times1.98\times30\text{m}^3$

$=142.41\text{m}^3$

Ⅳ-Ⅴ段：$V=(a+2c+Hi)HL$

$=(0.744+0.5\times2+2.06\times0.33)\times2.06\times30\text{m}^3$

$=149.79\text{m}^3$

Ⅴ-Ⅵ段：$V=(a+2c+Hi)HL$

$=(0.744+0.5\times2+2.11\times0.33)\times2.11\times30\text{m}^3$

$=154.47\text{m}^3$

② $d400$ 雨水干管：

$d400$ 混凝土管的结构宽度 a 为 0.63m，工作面宽度经查表为 0.5m，放坡系数为 1∶0.33，则挖土方量应为 $V=(a+2c+Hi)HL$

A-B 段：$V=(a+2c+Hi)HL$

$=(0.63+0.5\times2+1.69\times0.33)\times1.69\times30\text{m}^3$

$=110.92\text{m}^3$

B-C 段：$V=(a+2c+Hi)HL$

$=(0.63+0.5\times2+1.81\times0.33)\times1.81\times30\text{m}^3$

$=120.94\text{m}^3$

C-D 段：$V=(a+2c+Hi)HL$

$=(0.63+0.5\times2+1.89\times0.33)\times1.89\times30\text{m}^3$

$=127.78\text{m}^3$

D-E 段：$V=(a+2c+Hi)HL$

$=(0.63+0.5\times2+2.03\times0.33)\times2.03\times30\text{m}^3$

$=140.06\text{m}^3$

E-F 段：$V=(a+2c+Hi)HL$

$=(0.63+0.5\times2+2.15\times0.33)\times2.15\times30\text{m}^3$

$=150.90\text{m}^3$

放坡挖土时，污水管与雨水干管沟槽有交叉的地方，按照定额计算规则：挖土交接处产生的重复工程量不扣除，所以此例中挖方量不扣除交接处的工程量。工程量计算规则按设计图示尺寸以体积计算。

③ 雨水支管挖方：

雨水支管处土质为三类土，采取不放坡挖土，但沟槽宽度应为结构宽度与工作面宽度之和。

$V=LbH$

$L=96\text{m}$，$b=(0.52+0.5\times2)\text{m}$　　H 取平均深度为 1.45m

则 $V=96\times(0.52+0.5\times2)\times(1.45+0.1)\text{m}^3=226.18\text{m}^3$

2）管道及基础铺筑：

定额计算中管段长度要扣除检查井长度，查手册知 ϕ1000 的检查井应扣除长度为 0.7m，则实铺管道及基础长度为井中至井中长度扣除检查井长度。

d500 钢筋混凝土污水管实铺长度为：$(30\times5-5\times0.7)\text{m}=146.5\text{m}$

d400 钢筋混凝土雨水管实铺长度为：$(30\times5-5\times0.7)\text{m}=146.5\text{m}$

d300 钢筋混凝土雨水支管为：$(96-6\times0.7)\text{m}=91.8\text{m}$

3）挖井位土方的计算，因为施工工程量计算采取放坡，井位土方不需另行计算。

管道及基础所占体积与清单计算工程量一致。

4）沟槽挖方汇总：

三类土 2m 以内：

$(121.88+135.15+142.41+110.92+127.78+120.94+226.18)\text{m}^3$

$=985.26\text{m}^3$

三类土 4m 以内：$(149.79+154.47+140.06+150.90)\text{m}^3=595.22\text{m}^3$

沟槽回填方：$(985.26+595.22-127.35)\text{m}^3=1453.13\text{m}^3$

弃方：$(985.26+595.22-1453.13)\text{m}^3=127.35\text{m}^3$

【例 5】 某给水工程需设置一座蓄水池，水池容积要求达到 500m^3。当地无地下水，土质为三类土。根据要求，水池内壁、底板均采用防水砂浆抹面，厚为 20mm。水池外壁和顶板顶面涂抹一层厚为 30mm 的沥青。蓄水池下设一集水坑，内壁及外壁抹面要求同蓄水池要求。蓄水池中的水通过水泵抽取，管子外径为 584mm。

水池下设垫层，碎石材料，厚为 200mm，池壁及集水坑池壁用现浇混凝土制作，池顶覆土，厚度为 0.5m，池子采用半地下式结构，人工挖土。

具体尺寸可如图 2-154、图 2-155 所示。

因为此例中清单工程量计算规则与定额工程量计算规则有所不同，故分别计算。

【解】 (1)清单工程量

1)人工挖基坑土方：

根据清单项目编码 040101003 挖基坑土方工程量计算规则：按设计图示尺寸以基础垫层底面积乘以挖土深度计算，则此例中基坑土方应为：

$$V_1=\pi R^2 H$$

其中 H 应为基坑与蓄水池高度之和：$H=(3700+200\times2+1000+200+300)\text{mm}=5600\text{mm}=5.6\text{m}$

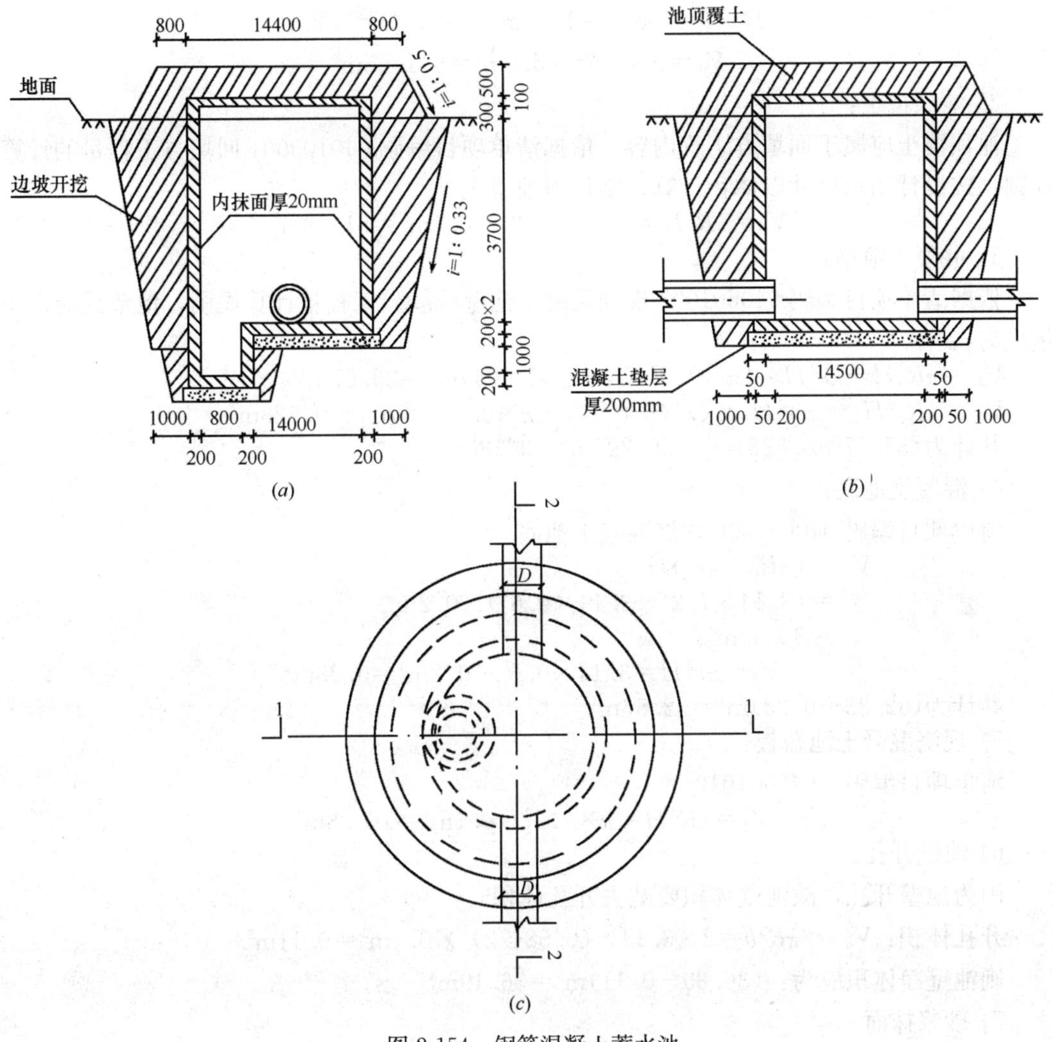

图 2-154 钢筋混凝土蓄水池

(a)1-1 剖面图；(b)2-2 剖面图；(c)平面图

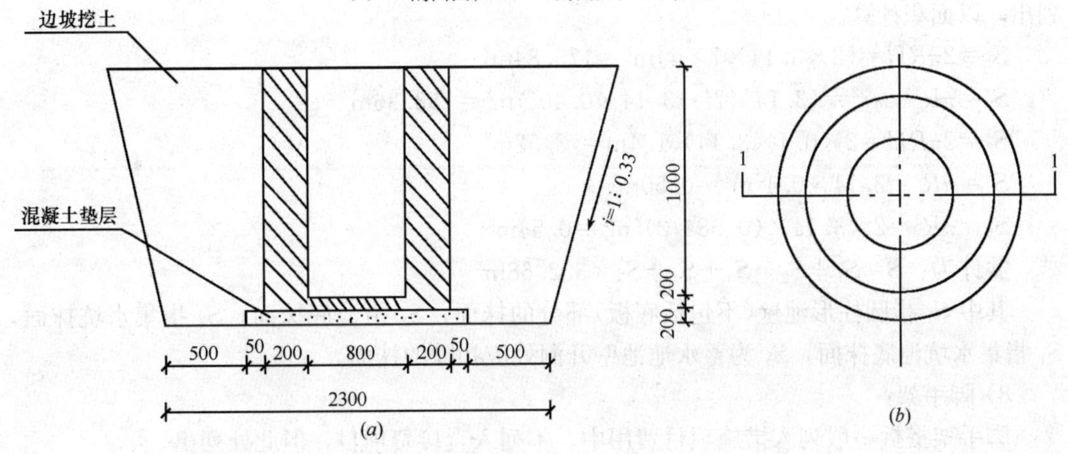

图 2-155 集水坑详图

(a)剖面图；(b)平面图

$$D=14400\text{mm}=14.4\text{m}，R=D/2=7.2\text{m}$$

$$V_1=\pi\times7.2^2\times5.6\text{m}^3=911.55\text{m}^3$$

2）池顶覆土：

池顶覆土应属于回填方工程内容，依据清单项目编码 040103001 回填方工程量的计算规则：按设计图示尺寸以体积计算，则得池顶覆土：

$$V_2=\pi R^2H=3.14\times7.2^2\times0.5\text{m}^3=81.39\text{m}^3$$

3）混凝土池壁：

依据清单项目编码 040601007 现浇混凝土池壁（隔墙）工程量计算规则，池壁混凝土用量应为：

$V_3=\pi R^2H-\pi r^2H=(\pi\times7.2^2\times4-\pi\times7^2\times4)\text{m}^3=35.67\text{m}^3$

$V_4=\pi {R_1}^2H_1-\pi {r_1}^2H_1=(\pi\times0.6^2\times1-\pi\times0.4^2\times1)\text{m}^3=0.628\text{m}^3$

共计为$(35.67+0.628)\text{m}^3=36.298\text{m}^3=36.30\text{m}^3$

4）混凝土池底：

清单项目编码 040601006 现浇混凝土池底

$$\begin{aligned}V_5&=(\pi R^2-\pi r^2)H\\&=(3.14\times7.2^2-3.14\times0.6^2)\times0.2\text{m}^3\\&=32.33\text{m}^3\end{aligned}$$

$$V_6=\pi r_1^2H=3.14\times0.6^2\times0.2\text{m}^3=0.23\text{m}^3$$

共计为$(32.33+0.23)\text{m}^3=32.56\text{m}^3$

5）现浇混凝土池盖板：

清单项目编码　040601010

$$V_5=\pi R^2H=\pi\times7.2^2\times0.1\text{m}^3=16.28\text{m}^3$$

6）池壁开孔：

因为池壁开孔，故池壁体积要减去开孔体积

开孔体积：$V_6=2\pi R^2h=2\times3.14\times(0.584/2)^2\times0.2\text{m}^3=0.11\text{m}^3$

则池壁净体积应为：$(36.30-0.11)\text{m}^3=36.19\text{m}^3$

7）砂浆抹面：

水池内壁及底板均采用水泥砂浆抹面，清单工程量计算中项目编码为 040308001 此处列出，以面积计算。

$S_1=2\pi RH=(2\times3.14\times7\times4)\text{m}^2=175.84\text{m}^2$

$S_2=\pi R^2-\pi r^2=(3.14\times7^2-3.14\times0.40^2)\text{m}^2=153.36\text{m}^2$

$S_3=2\pi RH=2\times0.4\times3.14\times1.4\text{m}^2=3.52\text{m}^2$

$S_4=\pi R^2=3.14\times0.4^2\text{m}^2=0.50\text{m}^2$

$S_5=\pi R^2=2\times3.14\times(0.584/2)^2\text{m}^2=0.54\text{m}^2$

共计为：$S=S_1+S_2+S_3+S_4-S_5=332.68\text{m}^2$

其中 S_1 指圆柱形池壁（不包括底板）部分的抹面，S_2 指池底抹面，S_3 指集水坑抹面，S_4 指集水坑池底抹面，S_5 为蓄水池池壁开洞处应扣除的抹面。

8）脚手架：

脚手架搭拆一般列入措施项目费用中，不列入直接费项目，但此处列出。

脚手架以面积计算。

外壁为：$2\pi RH=2\times3.14\times7.2\times4.1\text{m}^2=185.39\text{m}^2$

内壁为：$2\pi rH=2\times3.14\times7\times4\text{m}^2=175.84\text{m}^2$

共计为：$(185.39+175.84)\text{m}^2=361.23\text{m}^2$

9）涂沥青：

水池外壁和顶板涂一层厚为 30mm 的沥青，清单项目编码为 040601028，柔性防水，以面积计算。

$$S=\pi R^2=3.14\times7.2^2\text{m}^2=162.78\text{m}^2(\text{池顶})$$

池壁沥青涂抹：$S=2\pi RH=2\times3.14\times7.2\times4.1\text{m}^2=185.39\text{m}^2$

集水坑沥青涂抹：$S=2\pi rH=2\times3.14\times0.6\times1\text{m}^2=3.77\text{m}^2$

管所占面积：$S'=2\pi R^2=2\times3.14\times\left(\frac{0.584}{2}\right)^2\text{m}^2=0.54\text{m}^2$

总计：$(185.39+3.77-0.54)\text{m}^2=188.62\text{m}^2$

10）混凝土垫层：

依据清单项目编码为 040601006 现浇混凝土池底计算规则，混凝土垫层工程量为：

$$\begin{aligned}V&=\pi R^2H-\pi {r_1}^2H+\pi r_2^2H\\&=(\pi\times14.5^2\times\frac{1}{4}\times0.2-\pi\times0.60^2\times0.2+\pi\times0.65^2\times0.2)\text{m}^3\\&=33.05\text{m}^3\end{aligned}$$

将以上工程量汇总见表 2-129。

清单工程量汇总　　　**表 2-129**

序号	项目编码	项目名称	项目特征描述	计量单位	工程数量
1	040601006001	现浇混凝土池底	厚 0.2m	m^3	32.56
2	040601007001	现浇混凝土池壁（隔墙）	圆形	m^3	36.29
3	040601010001	现浇混凝土池盖板	厚 0.1m	m^3	16.28
4	040308001001	水泥砂浆抹面	池壁、池底防水砂浆抹面	m^2	332.68
5	040601028001	柔性防水	池壁、池顶涂沥青	m^2	188.61
6	040101003001	挖基坑土方	人工挖土，三类土	m^3	911.55
7	040101003002	挖基坑土方	池顶覆土三类土	m^3	81.40

（2）定额工程量：

1）挖基坑土方：

根据《全国统一市政工程预算定额》工程量计算规则，此处挖方因为底面积大于 150m^2，按挖一般土方计算，具体如图 2-154 所示。

$$土台体积\ V=\frac{\pi}{3}H(R_1^2+R_1R_2+R_2^2)$$

其中$H=(0.2+0.2+3.7)\text{m}=4.1\text{m}$

$D_1=(14.4+2)\text{m}=16.4\text{m}$

$D_2=D_1+2Hi=(16.4+2\times4.1\times0.33)\text{m}=19.11\text{m}$

则：$V=\frac{\pi}{3}\times4.1\times(16.4^2/4+16.4\times19.11/4+19.11^2/4)\text{m}^3=1016.57\text{m}^3$

挖集水坑土方：$V=\frac{\pi}{3}H(R_1^2+R_1R_2+R_2^2)$

$d_1=2.3\text{m}$，$d_2=d_1+2Hi=(2.3+2\times1.4\times0.33)\text{m}=3.22\text{m}$

$V=\frac{\pi}{3}\times1.4\times(2.3^2/4+2.3\times3.22/4+3.22^2/4)\text{m}^3=8.45\text{m}^3$

则挖方共计为：$(1016.57+8.45)\times1.025\text{m}^3=1025.02\times1.025\text{m}^3=1050.65\text{m}^3$。

2）池顶覆土：

池顶覆土整体为一土台，中间包含一部分蓄水池。

则土台整体土方为：$V=\frac{\pi}{3}H(R_1^2+R_2^2+R_1R_2)$

$H=0.9\text{m}$，$R_1=16\text{m}/2=8\text{m}$

$R_2=R_1+Hi=\frac{1}{2}\times(16+2\times0.9\times0.5)\text{m}=16.9/2\text{m}=8.45\text{m}$

则：$V=\frac{\pi}{3}\times0.9\times(8^2+8.45^2+8\times8.45)\text{m}^3=191.23\text{m}^3$

中间蓄水池所占体积为：$V=\pi R^2H$

$V=3.14\times7.2^2\times0.4\text{m}^3=65.11\text{m}^3$

则覆土实体积应为：$(191.23-65.11)\text{m}^3=126.12\text{m}^3$

3）填土夯实，填土为挖方扣除池体所占体积，应为：

$V=1050.65-\pi R^2H-\pi r^2h-(\pi R^2H_1-\pi R_1^2H_1)-(\pi r^2H_1-\pi r_1^2h_1)$

$=[1050.65-3.14\times7.2^2\times4.1-3.14\times0.6^2\times1.4-(3.14\times7.25^2\times0.2-3.14\times7.2^2\times0.2)-(3.14\times0.65^2\times0.2-3.14\times0.6^2\times0.2)]\text{m}^3$

$=381.19\text{m}^3$

其中 πR^2H，πr^2h 分别指池体和集水坑所占体积，$\pi R^2H_1-\pi R_1^2H_1$ 指垫层扣除池体下部的体积之后所占体积，$\pi r^2h_1-\pi r_1^2h_1$ 指集水坑下垫层扣除集水坑下部体积之后所占的体积。

4）混凝土池壁：

定额计算规则中各种混凝土构件以实际体积计算，但不扣除 0.3m² 以内的孔洞体积。

池壁体积为：$V=\pi R^2H-\pi r^2H+\pi R_1^2H_1-\pi r_1^2H_1$

$=[3.14\times7.2^2\times4-3.14\times7^2\times4+3.14\times0.60^2\times(1+0.2\times2)-3.14\times0.4^2\times(1+0.2\times2)]\text{m}^3$

$=36.55\text{m}^3$

因为池壁开孔体积共为 0.11m³，总体积小于 0.3m³，故不扣除。

5）混凝土池底：

平底池的池底体积，应该包括池壁下部扩大部分的体积，则池底部分应为：

$V_1=(\pi R^2-\pi R_1^2)H=(3.14\times7.2^2\times0.2-3.14\times0.60^2\times0.2)\text{m}^3=32.33\text{m}^3$

$V_2=\pi r^2H=3.14\times0.6^2\times0.2\text{m}^3=0.23\text{m}^3$，则共计为 32.56m³

6）混凝土池顶：

$$V=\pi R^2H=\pi\times7.2^2\times0.1\text{m}^3=16.28\text{m}^3$$

7）砂浆抹面：

各种防水层按实铺面积计算，且不扣除 0.3m² 以内孔洞所占面积。

蓄水池池壁抹面为：$S=\pi RH=2\times3.14\times4\times7\text{m}^2=175.84\text{m}^2$

池壁开孔面积为：$S=\pi R^2=3.14\times0.584^2\times\frac{1}{4}\text{m}^2=0.27\text{m}^2$

两边开孔，其面积共为 0.54m²，应予扣除，则池壁抹面为$(175.84-0.54)\text{m}^2=175.30\text{m}^2$

蓄水池池底抹面：$S=\pi R^2-\pi r^2=(3.14\times7^2-3.14\times0.4^2)\text{m}^2=153.36\text{m}^2$

集水坑抹面为：$S=2\pi RH=2\times0.4\times3.14\times1.4\text{m}^2=3.52\text{m}^2$

集水坑坑底抹面为：$S=\pi R^2=3.14\times0.4^2\text{m}^2=0.50\text{m}^2$

则池壁抹面共为：$(175.30+3.52)\text{m}^2=178.82\text{m}^2$

池底抹面为$(153.36+0.50)\text{m}^2=153.86\text{m}^2$

8) 脚手架：

外壁为：$2\pi RH=(2\times3.14\times7.2\times4.1)\text{m}^2=185.39\text{m}^2$

内壁为：$2\pi RH=(2\times3.14\times7\times4)\text{m}^2=175.84\text{m}^2$

共计 361.23m^2

9) 涂沥青：

池顶：$S=\pi R^2=(3.14\times7.2^2)\text{m}^2=162.78\text{m}^2$

池外壁：$S=2\pi R_1H_1+2\pi R_2H_2=(2\times3.14\times7.2\times4.1+2\times0.6\times1\times3.14)\text{m}^2=189.15\text{m}^2$

其中外壁包括蓄水池外壁和集水坑外壁。

10) 混凝土垫层：

$$V=\pi R^2H-\pi r_1^2H+\pi r_2^2H$$

$$=\left[3.14\times\left(\frac{14.5}{2}\right)^2\times0.2-3.14\times0.60^2\times0.2+3.14\times0.65^2\times0.2\right]\text{m}^3$$

$$=33.05\text{m}^3$$

至此，定额工程量计算已全部完成，把各项结果列入表 2-130 中。

施工工程量表　　　　**表 2-130**

序号	定额编号	工程内容	单　位	数　量
1	6-892	圆形混凝土池底	10m^3	3.26
2	6-565	混凝土垫层	10m^3	3.31
3	6-902	现浇混凝土池壁	10m^3	3.63
4	6-917	现浇混凝土池盖	10m^3	1.63
5	6-986	池底防水砂浆抹面	100m^2	1.54
6	6-989	圆池壁防水砂浆抹面	100m^2	1.79
7	6-995	池顶涂沥青	100m^2	1.63
8	6-997	池壁涂沥青	100m^2	1.89
9	1-21	人工挖基坑土方	100m^3	10.51
10	1-46	填土夯实	100m^3	3.81
11	1-44	池顶覆土	100m^3	1.26

【例 6】 某街道道路新建排水工程，其平面图、断面图、钢筋混凝土管 180°混凝土基础图、$\phi1000$ 砖砌圆形雨水检查井标准图，平箅式单箅雨水口标准如图 2-156～图 2-160 所示。

该排水工程的施工方案如下：

(1) 该道路的土方管沟回填后不需外运，可作为道路缺方的一部分就地摊平。

(2) 在原井至 4 号井的两个雨水进水井处设施工护栏共长约 70m，以减少施工干涉和确保行车、行人安全。

(3) 4 号检查井与原井连接部分的干管管沟挖土用木挡土板密板支撑，以保证挖土安全和减少路面开挖量。

(4) 其余干管部分管沟挖土，采取放坡、支管部分管沟挖土不需放坡，但挖好的管沟要及时铺管覆土。

(5) 所有挖土均采用人工挖土，土方场内运输采用手推车，填土采用人工夯实。

工程数量见表 2-131 和表 2-132。

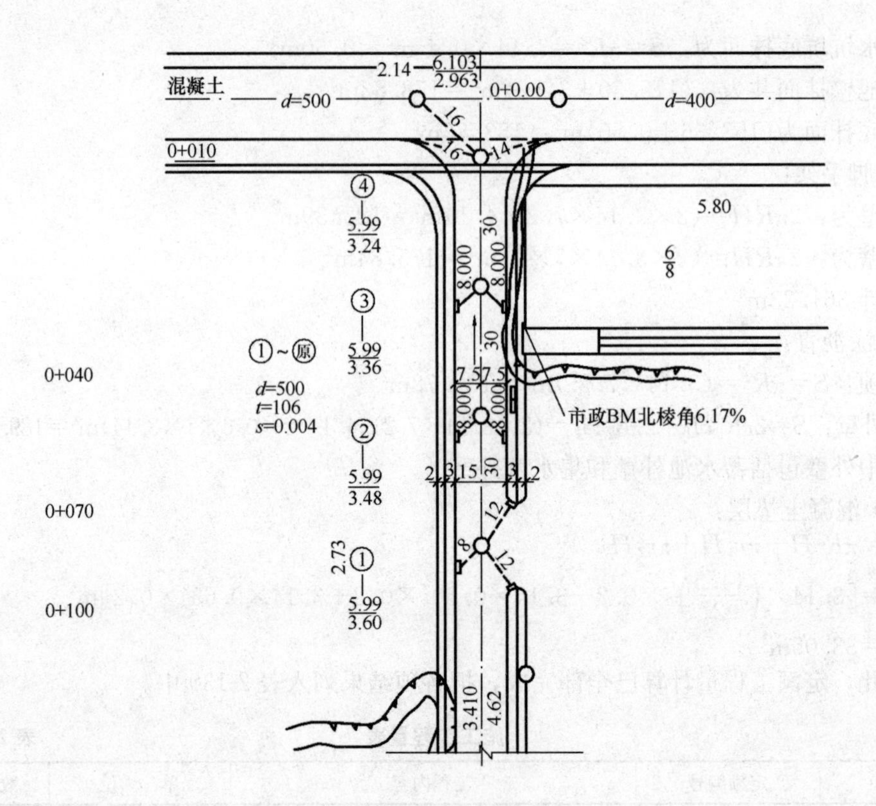

图 2-156 平面图

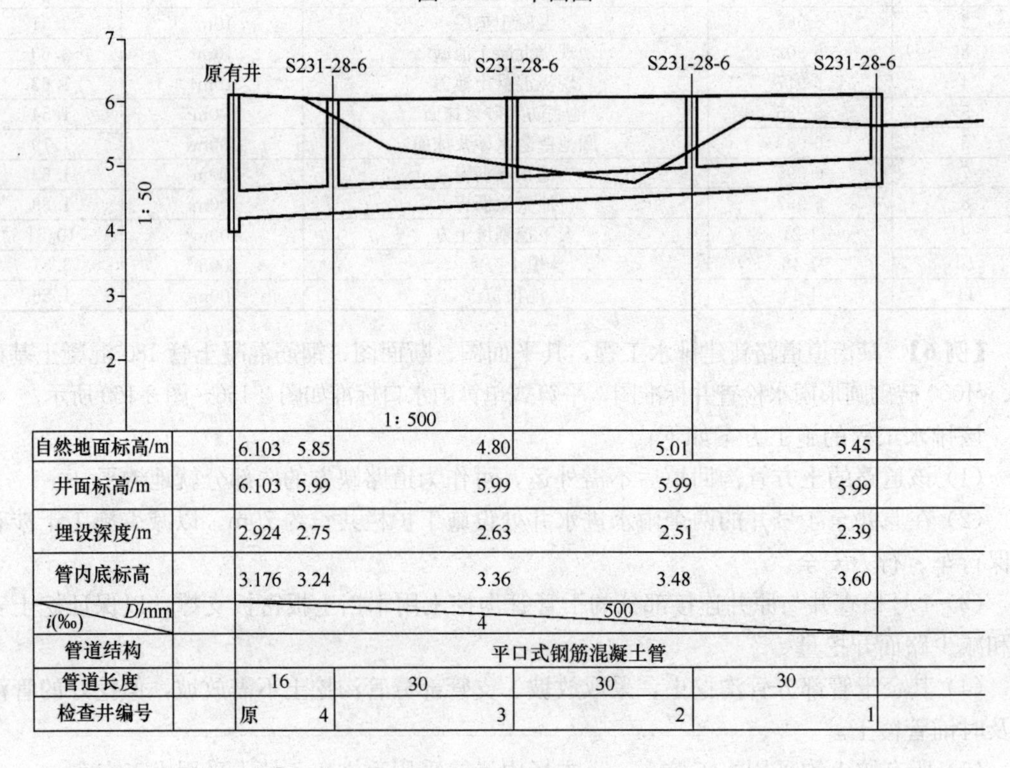

图 2-157 纵断面图

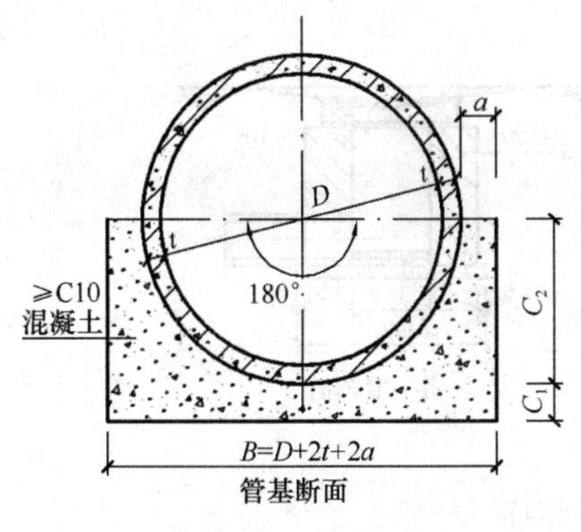

图 2-158 管基断面

说明：1. 本图适用于开槽施工的雨水和合流管道及污水管道。

2. C_1、C_2 分开浇筑时，C_1 部分表面要求做成毛面并冲洗干净。

3. 表中 B 值根据国标 GB 11836—89 所给的最小管壁厚度所定，使用时可根据管材具体情况调整。

4. 覆土 4m<H≤6m。

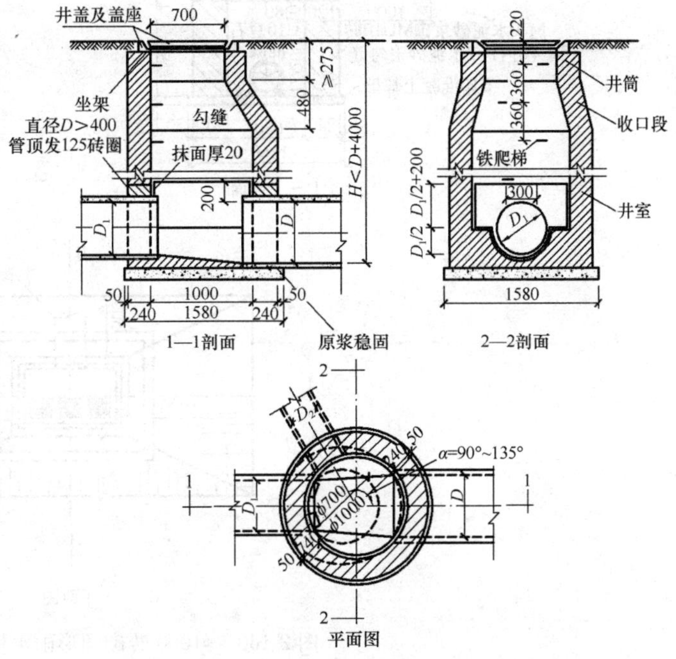

图 2-159 钢筋混凝土管 180°混凝土基础

说明：1. 单位：mm。

2. 井墙用 75 号水泥砂浆砌 75 号砖，无地下水时，可用 50 号混合砂浆砌 75 号砖。

3. 抹面、勾缝、坐浆均用 1∶2 水泥砂浆。

4. 遇地下水时井外壁抹面至地下水位以上 500，厚 20，井底铺碎石，厚 100。

5. 接入支管超挖部分用级配砂石，混凝土或砌砖填实。

6. 井室高度：自井底至收口段一般为 1800，当埋深不允许时可酌情减小。

7. 井基材料采用 100 号混凝土，厚度等于干管管基厚；若干管为土基时，井基厚度为 100。

工程数量表　　表 2-131

管径 D	砖砌体/m³			100 号混凝土/m³	砂浆抹面/m²
	收口段	井室	井筒/m		
200	0.39	1.76	0.71	0.20	2.48
300	0.39	1.76	0.71	0.20	2.60
400	0.39	1.76	0.71	0.20	2.70
500	0.39	1.76	0.71	0.22	2.79
600	0.39	1.76	0.71	0.24	2.86

工程数量表　　表 2-132

H	工程数量					铸铁箅子/个
	C10 混凝土/m³	C30 混凝土/m³	C30 豆石混凝土	砖砌体/m³	钢筋 kg	
700	0.121	0.03	0.013	0.43	2.68	1
1000	0.121	0.03	0.013	0.65	2.68	1

注：1. 单位：mm。

2. 各项技术要求详见雨水口总说明。

平箅式单箅雨水口标准见表 2-133。

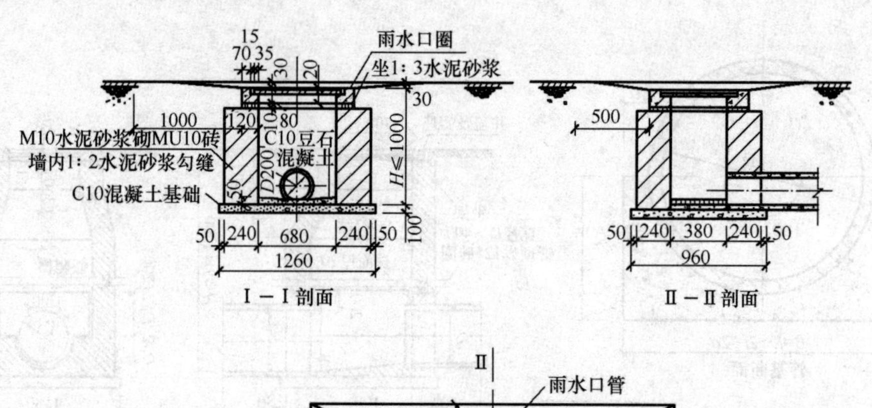

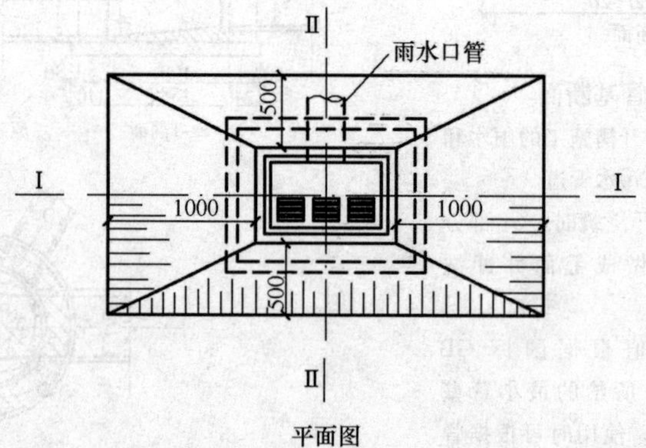

平面图

图 2-160　ϕ1000 砖砌圆形雨水检查井

平箅式单箅雨水口标准表　　　　**表 2-133**

管径内 D/mm	管壁厚 t/mm	管肩宽 a/mm	管基宽 B/mm	管基厚 C_1/mm	管基厚 C_2/mm	基础混凝土 /(m^3/m)
300	30	80	520	100	180	0.947
400	35	80	630	100	235	0.1243
500	42	80	744	100	292	0.1577
600	50	100	900	100	350	0.2126
700	55	110	1030	110	405	0.2728
800	65	130	1190	130	465	0.3684
900	70	140	1320	140	520	0.4465
1000	75	150	1450	150	575	0.5319
1100	85	170	1610	170	635	0.6627
1200	90	180	1740	180	690	0.7659
1350	105	210	1980	210	780	1.0045
1500	115	230	2190	230	865	1.2227
1650	125	250	2400	250	950	1.4624
1800	140	280	2640	280	1040	1.7858
2000	155	310	2930	310	1155	2.1970
2200	175	350	3250	350	1275	2.7277
2400	185	370	3510	370	1385	3.1469

某街道道路新建排水工程工程量计算见表2-134～表2-142。

(1)主要工程材料见表2-134。

表2-134

序号	名称	单位	数量	规格	备注
1	钢筋混凝钢管	m	94	d300×2000×30	
2	钢筋混凝土管	m	106	d500×2000×42	
3	检查井	座	4	ϕ1000砖砌	S231-28-6
4	雨水口	座	9	680×380 H=1.0	S235-2-4

(2)管道铺设及基础见表2-135。

表2-135

管段井号	管径/mm	管道铺设长度(井中至井中)/m	基础及接口形式	支管及180°平接口基础铺设	
				d300	d250
起1			180°平接口	32	—
	500	30			
2				16	—
	500	30			
3				16	—
	500	30			
4				30	—
	500	16			
止原井					—
合计		106		94	—

(3)检查井、进水井数量见表2-136。

表2-136

井号	检查井设计井面标高/m	井底标高/m	井深/m	砖砌圆形井				砖砌雨水口井		
				雨水检查中		沉泥中				
				圆号 井径	数量/个	圆号 井径	数量/座	图号规格	井深	数量/座
	1	2	3=1-2							
起1	5.99	3.6	2.39	S231-28-6ϕ1000	1	—		S235-2-4 C680×380	1	3
2	5.99	3.48	2.51	S231-28-6ϕ1000	1	—		S235-2-4 C680×380	1	2
3	5.99	3.35	2.64	S231-28-6ϕ	1	—		S235-2-41000 C680×380	1	2
4	5.99	3.24	2.75	S231-28-6ϕ	1	—		S235-2-41000 C680×380	1	2
止原井	(6.103)	(2.936)	3.167			—				
本表综合小计	1. 砖砌圆形雨水检查井ϕ1000 平均井深2.6m 共计4座。 2. 砖砌雨水口进水井680×380 井深1m 共计9座。									

(4) 挖干管管沟土方见表2-137。

表 2-137

井号或管数	管径/mm	管沟长/m	沟底度/m	原地面标高（综合取定）/m	井底流水位标高/m		基础加深/m	平均挖深/m	土壤类别	计算式	数量/m³
·		L	b	平均	流水位	平均		H		L×b×H	
起1											
1	500	30	0.744	5.4	3.60	3.54	0.14	2.00	三类土	30×0.744×2.00	44.64
2	500	30	0.744	4.75	3.48	3.42	0.14	1.47	三类土	30×0.744×1.47	32.81
3	500	30	0.744	5.28	3.36	3.30	0.14	2.12	三类土	30×0.744×2.21	49.33
4	500	16	0.744	5.98	3.24	3.21	0.14	2.91	四类土	16×0.744×2.91	34.64
止原井					3.176						

(5) 挖支管管沟土方见表2-138。

表 2-138

管径/mm	管沟长/m	沟底宽/m	平均挖深/m	土壤类别	计算式	数量/m³	备注
	L	b	H		L×b×H		
d300	94	0.52	1.13	三类土	94×0.52×1.13	55.23	
d250							

(6)挖井位土方见表2-139。

表 2-139

井号	井底基础尺寸/m			原地面至流水面高/m	基础加深/m	平均挖深/m	个数	土壤类别	计算式	数量/m³
	长	宽	直径							
	L	B	ϕ			H				
雨水井	1.26	0.96		1.0	0.13	1.13	9	三类土	1.26×0.96×1.13×9	12.30
1			1.58	1.86	0.14	2.00	1	三类土	井位2块弓形面积为0.83×2.00	1.66
2			1.58	1.33	0.14	1.47	1	三类土	0.83×1.47	1.22
3			1.58	1.98	0.14	2.12	1	三类土	0.83×2.12	1.76
4			1.58	2.77	0.14	2.91	1	四类土	0.83×2.91	2.42

(7) 挖混凝土路面及稳定层见表2-140。

表 2-140

序号	拆除构筑物名称	面积/m²	体积/m³
1	挖混凝土路面（厚22cm）	16×0.744=11.9	11.9×0.22=2.62
2	挖稳定层(厚35cm)	16×0.744=11.9	11.9×0.35=4.17

(8) 管道及基础所占体积见表2-141。

表 2-141

序号	部位名称	计 算 式	数量/m³
1	d500 管道与基础所占体积	[(0.1+0.292)×(0.5+0.084+0.16)+0.292²×3.14×1/2]×106	45.10
2	d300 管道与基础所占体积	[(0.1+0.18)×(0.3+0.06+0.16)+0.18²×3.14×1/2]×94	18.47
		小 计	63.57

(9) 土方工程量汇总见表 2-142。

表 2-142

序号	名 称	计 算 式	数量/m³
1	挖沟槽土方三类土 2m 以内	44.64+32.81+55.23+12.30+1.66+1.22	147.86
2	挖沟槽土方三类土 4m 以内	49.33+1.76	51.09
3	挖沟槽土方四类土 4m 以内	34.64+2.42−2.62−4.17	30.27
4	管道沟回填方	147.86+51.09+30.27−63.57	165.65
5	就地弃土		63.57

(一)《建设工程工程量清单计价规范》(GB 50500—2003)计算方法(表 2-143～表 2-155)

分部分项工程量清单 **表 2-143**

工程名称：某街道道路新建排水工程

序号	项目编码	项 目 名 称	计量单位	工程数量
1	040101002001	挖沟槽土方(三类土、深 2m 以内)	m³	147.86
2	040101002002	挖沟槽土方(三类土、深 4m 以内)	m³	51.09
3	040101002003	挖沟槽土方(四类土、深 4m 以内)	m³	30.27
4	040103001001	填方(沟槽回填，密实度 95%)	m³	165.65
5	040501002001	混凝土管道铺设(d300×2000×30 钢筋混凝土管，180°C15 混凝土基础)	m	94.00
6	040501002002	混凝土管道铺设(d500×2000×42 钢筋混凝土管，180°C15 混凝土基础)	m	106.00
7	040504001001	砌筑检查井(砖砌圆形井 ф1000 平均井深 2.6m)	座	4
8	040504003001	雨水进水井(砖砌、680×380、井深 1m、单箅平箅)	座	9
		合 计		

挖管沟土方和挡土板　　表 2-144

井号或管数	管径/mm	管沟长/mm	沟底宽/m	原地面标高（综合取定）/m	井底流水位标高/m		基础加深/m	平均挖土深度/m	计算式	挖土方量/m³ 深度（m 以内） 2	4	4	挡土板
		L	b	平均	井底	平均		H	放坡 1∶i =1∶0.5 V=LH (b+Hi)	三类土	三类土	四类土	木支撑密板/m²
				1		2	3	1−2+3					
1					3.60								
	500	30	1.75	5.4		3.54	0.14	2.00	30×2.00×(1.75+2.00×0.5)	165.00	—	—	—
2					3.48								
	500	30	1.75	4.75		3.42	0.14	1.47	30×1.47×(1.75+1.47×0.5)	109.59	—	—	—
3					3.36								
	500	30	1.75	5.28		3.30	0.14	2.12	30×2.12×(1.75+2.12×0.5)	—	178.72	—	—
4					3.24								
5	500	16	1.95	5.98	3.176	3.176	0.14	2.91	不放坡 V=LbH=16×2.91×1.95	—	—	90.79	16×2.91×2=93.12
									小　计	274.59	178.72	90.79	93.12
支管	300	94	1.32				0.13	1.13	不放坡 V=LbH=94×1.32×1.13	140.21	—	—	—
									合　计	414.80	178.72	90.79	93.12

管道及基础铺筑　　表 2-145

井号	管径毫米	管道铺设长度（井中至井中）/m	检查井所占长度/m	实铺管道及基础长度/m	基础及接口形式	支管及 180°平接口基础铺设 φ300	φ250
起 1					180°平接口	32	—
	500	30	0.7	29.3			
2						16	—
	500	30	0.7	29.3			
3						16	—
	500	30	0.7	29.3			
4						30	—
	500	30	0.7	15.3			
止原井						—	—
合　计				103.2		94	—

(1) 挖沟槽土方

1）挖沟槽土方，三类土，深 2m 以内，414.80m³×1.05=435.54m³

①人工费：　　1294.72 元/100m³×435.54m³=5639.02 元

②材料费：无

③机械费：无

2）综合

直接费合计：5639.02 元

管理费：　　5639.02 元×14%＝789.46 元

利润：　　5639.02 元×7%＝394.73 元

总计：　　(5639.02＋789.46＋394.73)元＝6823.21 元/m^3

综合单价：6823.21 元÷147.83m^3＝46.16 元

(2) 挖沟槽土方，三类土，深 4m 以内

1）挖沟槽土方：　　178.72×1.05m^3＝187.66m^3

人工费：　　1542.79 元/100m^3×187.66＝2895.20 元

材料费：无

机械费：无

2）综合：

直接费合计：2895.20 元

管理费：　　2895.20 元×14%＝405.328 元

利润：　　2895.20 元×7%＝202.664 元

总计：　　(2895.20＋405.328＋202.664)元＝3503.192 元

综合单价：　　3503.192 元÷49.08m^3＝71.377 元

(3) 挖沟槽土方，四类土，4m 以内：(90.79×1.05－6.83－11.03)m^3＝77.47m^3，支挡土板 16×2.91×2＝93.12m^2

1）挖沟槽土方

人工费：　　2175.77 元/100m^3×77.47m^3＝1685.57 元

材料费：无

机械费：无

2）木密挡土板支撑：

人工费：　　480.63 元/100m^2×93.12m^2＝447.56 元

材料费：　　1126.08 元/100m^2×93.12m^2＝1048.61 元

机械费：无

3）综合

直接费合计：3181.74 元

管理费：　　3181.74 元×14%＝445.44 元

利润：　　3181.74 元×7%＝222.72 元

总计：　　(3181.74＋445.44＋222.72)元＝3849.90 元

综合单价：　　3849.90÷30.27m^3＝127.185 元

(4) 管沟回填土，密实度为 95%：(435.54＋187.66＋77.47－63.60)m^3＝637.07m^3

1）管沟回填土：

人工费：　　891.61 元/100m^3×637.07m^3＝5680.18 元

材料费：　　0.7 元/100m^3×637.07m^3＝4.46 元

机械费：无

2）综合

直接费合计：5684.64元

管理费： 5684.64元×14%=795.85元

利润： 5684.64元×7%=397.92元

总计： (5684.64+795.85+397.92)元=6878.41元

综合单价： 6878.41元÷163.53m^3=42.06元/m^3

(5) 混凝土管道铺设，d300mm，180°，C15混凝土基础

1）平接式管道基础(d300mm，180°，C15混凝土基础)94m长

人工费： 600.15元/100m×94m=564.14元

材料费： 9.57元/100m×94m=9.00元

C15混凝土： 9.66m^3/100m×94m×231元/m^3=2097.57元

机械费： 150.14元/100m×94m=141.13元

2）钢筋混凝土管道铺设，300×2000×301，长为94m

人工费： 281.66元/100m×94m=264.76元

材料费：无

钢筋混凝土管ϕ300:101m/100m×94m×40元/m=3797.6元

机械费：无

3）水泥砂浆接口(180°管基，平接口)，47个口

人工费： 21.46元/10个口×47个口=100.86元

材料费： 5.85元/10个口×47个口=27.50元

机械费：无

4）综合：

直接费合计：7002.56元

管理费： 7002.56元×14%=980.36元

利润： 7002.56元×7%=490.18元

总计： (7002.56+980.36+490.18)元=8473.1元

综合单价： 8473.1元÷94m=90.14元/m

(6) 混凝土管道铺设(d500，180°C15混凝土基础)，103.2m长

1）平接式管道基础(d500，180°C15混凝土基础)

人工费： 999.53元/100m×103.2m=1031.51元

材料费： 15.13元/100m×103.2m=15.61元

C15混凝土： 16.09m^3/100m×103.2m×231元/m^3=3835.73元

机械费： 250.43元/100m×103.2m=258.44元

2）钢筋混凝土管道铺设(d500×2000×42)

人工费： 437.00元/100m×103.2m=450.98元

材料费：无

钢筋混凝土管ϕ500：101m/100m×103.2m×85元/m=8859.72元

机械费：无

3）水泥砂浆接口(180°管基，平接口)

人工费：　23.37 元/10 个口×52 个口＝121.52 元
材料费：　7.16 元/10 个口×52 个口＝37.23 元
机械费：无
4）综合
直接费合计：14610.74 元
管理费：　14610.74 元×14%＝2045.504 元
利润：　14610.74 元×7%＝1022.752 元
总计：　(14610.74＋2045.504＋1022.752)元＝17678.996 元
综合单价：　17678.996 元÷106m＝166.783 元/m
(7) 砌筑雨水检查井(砖砌，圆形 ϕ1000 平均井深 2.6m)
1）砖砌圆形雨水检查井(ϕ1000，平均井深 2.6m)
人工费：　212.09 元/座×4 座＝848.36 元
材料费：　660.60 元/座×4 座＝2642.4 元
C10 混凝土：　0.374m^3/座×4 座×221 元/m^3＝330.616 元
机械费：　5.74 元/座×4 座＝22.96 元
2）井壁(墙)凿洞(砖墙厚 370mm 以内)
人工费：　261.06 元/10m^2×0.27m^2＝7.05 元
材料费：　0.61 元/10m^2×0.27m^2＝0.02 元
机械费：无
3）综合：
直接费合计：3851.406 元
管理费：　3851.406 元×14%＝539.20 元
利润：　3851.406 元×7%＝269.60 元
总计：　(3851.406＋539.20＋269.60)元＝4660.206 元
综合单价：　4660.206÷4 元/座＝1165.052 元/座
(8) 砖砌雨水进水井(单箅平箅，680×380，井深 1m)
1）砖砌雨水进水井：
人工费：　69.63 元/座×9 座＝626.67 元
材料费：　133.45 元/座×9 座＝1201.05 元
机械费：　2.17 元/座×9 座＝19.53 元
C10 混凝土：　0.137m^3/座×9 座×221 元/m^3＝272.493 元
2）综合
直接费合计：2119.743 元
管理费：　2119.743 元×14%＝296.764 元
利润：　2119.743 元×7%＝148.382 元
总计：　2119.743＋296.764＋148.382＝2564.889 元
综合单价：　2564.889 元÷9 座＝284.988 元/座
(9) 措施项目工程量计算
1）施工护栏长 70m，采用玻璃钢封闭式(砖基础)，高 2.5m。
2）检查井脚手架(井架)4m 以内的 4 座。

3）模板：

①主管管座模板：　$0.392\times103.2\times2m^2=80.91m^2$

②支管管座模板：　$0.28\times94\times2m^2=52.64m^2$

③检查井井底基础模板：$(4\times3.14\times1.58\times0.1)m^2=1.98m^2$

④检查井井底流槽模板：$4\times3.14\times0.5^2=3.14m^2$

⑤雨水进水井基础模板：$9\times(1.26+0.96)\times2\times0.1m^2=4m^2$

分部分项工程量清单综合单价计算表 **表 2-146**

工程名称：某街道道路新建排水工程　计量单位：m^3

项目编码：040101002001　工程数量：147.86

项目名称：挖沟槽土方(三类土、深 2m 以内)　综合单价：46.153 元

序号	定额编号	工程内容	单位	数量	其中：/元					
					人工费	材料费	机械费	管理费	利润	小计
1	1-8	人工挖沟槽土方(三类土，深2m以内)	m^3	435.54	5639.80	—	—			
		合　计			5639.80	—	—	789.572	394.786	6824.16

分部分项工程量清单综合单价计算表 **表 2-147**

工程名称：某街道道路新建排水工程　计量单位：m^3

项目编码：040101002002　工程数量：49.08

项目名称：挖沟槽土方(三类土、深 4m 以内)　综合单价：71.393 元

序号	定额编号	工程内容	单位	数量	其中：/元					
					人工费	材料费	机械费	管理费	利润	小计
1	1-9	人工挖沟槽土方(三类土，深4m以内)	m^3	187.66	2895.82	—	—			
		合　计			2895.82	—	—	405.415	202.71	3503.95

分部分项工程量清单综合单价计算表 **表 2-148**

工程名称：某街道道路新建排水工程　计量单位：m^3

项目编码：040101002003　工程数量：30.27

项目名称：挖沟槽土方(四类土、深 4m 以内)　综合单价：127.546 元

序号	定额编号	工程内容	单位	数量	其中：/元					
					人工费	材料费	机械费	管理费	利润	小计
1	1-13	人工挖沟槽土方(四类土，深4m以内)	m^3	77.86	1694.92	—	—			
2	1-531	木密挡土板支撑	m^2	93.12	447.47	1048.38				
		合　计			2142.39	1048.38	—	446.71	223.35	3860.83

分部分项工程量清单综合单价计算表　　**表 2-149**

工程名称：某街道道路新建排水工程　　计量单位：m^3

项目编码：040103001001　　工程数量：163.53

项目名称：填方(沟槽回填，密实度 95%)　　综合单价：36.974 元

序号	定额编号	工程内容	单位	数量	其中：/元					
					人工费	材料费	机械费	管理费	利润	小计
1	1-56	人工填土夯实(密实度 95%)	m^3	559.52	4993.02	3.92	—			
		合　计			4993.02	3.92	—	699.572	349.786	6046.298

分部分项工程量清单综合单价计算表　　**表 2-150**

工程名称：某街道道路新建排水工程　　计量单位：m

项目编码：040501002001　　工程数量：94

项目名称：混凝土管道铺设(d300，180°C15 混凝土基础)　　综合单价：90.14 元

序号	定额编号	工程内容	单位	数量	其中：/元					
					人工费	材料费	机械费	管理费	利润	小计
1	6-18	平接式管道基础(d300，180°C15 混凝土基础)	m	94	564.14	9.00	141.13			
2	6-52	钢筋混凝土管道铺设(d300×2000×30)	m	94	264.76	—	—			
3	6-124	水泥砂浆接口(180°管基平接口)	个	47	100.86	27.50	—			
		C15 混凝土	m^3	9.08		2097.57				
		钢筋混凝土管 ϕ300	m	94.94		3797.6				
		合　计			929.76	5931.67	141.13	980.36	490.18	8473.1

分部分项工程量清单综合单价计算表　　**表 2-151**

工程名称：某街道道路新建排水工程　　计量单位：m

项目编码：040501002002　　工程数量：106

项目名称：混凝土管道铺设(d500，180°　C15 混凝土基础)　　综合单价：166.783 元

序号	定额编号	工程内容	单位	数量	其中：/元					
					人工费	材料费	机械费	管理费	利润	小计
1	6-20	平接式混凝土管道基础(d500，180°C15 混凝土)	m	103.2	1031.51	15.61	258.44			
2	6-54	钢筋混凝土管道铺设(d500×2000×42)								

续表

序号	定额编号	工程内容	单位	数量	其中：/元					
					人工费	材料费	机械费	管理费	利润	小计
			m	103.2	450.98	—	—			
3	6-125	水泥砂浆接口（180°基础，平接口）	个	52	121.52	37.23	—			
		C15混凝土	m^3	16.605		3835.73				
		钢筋混凝土管ϕ500	m	104.232		8859.72				
		合　计			1604.01	12748.29	258.44	2045.504	1022.752	17678.996

分部分项工程量清单综合单价计算表 表2-152

工程名称：某街道道路新建排水工程　　计量单位：座

项目编码：040504001001　　工程数量：4

项目名称：砌筑检查井（砖砌，圆形ϕ1000平均井深2.6m）　　综合单价：1165.052元

序号	定额编号	工程内容	单位	数量	其中：/元					
					人工费	材料费	机械费	管理费	利润	小计
1	6-402	砖砌圆形雨水检查井（ϕ1000，平均井深2.6m）	座	4	848.36	2642.4	22.96			
2	6-581	井壁（墙）凿洞（砖墙厚37cm以内）	m^2	0.27	7.05	0.02	—			
		C10混凝土	m^3	1.496		330.616				
		合　计			855.41	2973.036	22.96	539.20	269.60	4660.206

分部分项工程量清单综合单价计算表 表2-153

工程名称：某街道道路新建排水工程　　计量单位：座

项目编码：040504003001　　工程数量：9

项目名称：雨水进水井（砖砌，井深1m，680×380，单箅平箅）　　综合单价：284.988元

序号	定额编号	工程内容	单位	数量	其中：/元					
					人工费	材料费	机械费	管理费	利润	小计
1	6-532	砖砌雨水井（单箅平箅，680×380）	座	9	626.67	1201.05	19.53			
		C10混凝土	m^3	1.233		272.493				
		合　计			626.67	1473.543	19.53	296.764	148.382	2564.889

分部分项工程量清单计价表 **表 2-154**

工程名称：某街道道路新建排水工程 第 页 共 页

序号	项目编码	项目名称	计量单位	工程数量	金额/元	
					综合单价	全 价
1	040101002001	挖沟槽土方(三类土、深2m以内)	m^3	147.86	46.15	6824.16
2	040101002002	挖沟槽土方(三类土、深4m以内)	m^3	49.08	71.39	3503.82
3	040101002003	挖沟槽土方(四类土、深4m以内)	m^3	30.27	127.55	3860.83
4	040103001001	填方(沟槽回填，密实度95%)	m^3	163.53	36.97	6046.30
5	040501002001	混凝土管道铺设(*d*300×2000×30钢筋混凝土管，180°×C15混凝土基础)	m	94.00	90.14	8473.10
6	040501002002	混凝土管道铺设(*d*500×2000×42钢筋混凝土管，180°C15混凝土基础)	m	106.00	166.78	17679.00
7	040504001001	砌筑检查井(砖砌圆形井ϕ1000平均井深2.6m)	座	4	1165.05	4660.21
8	040504003001	雨水进水口(砖砌、680×380、井深1m、单箅平箅)	座	9	285.00	2564.89
		合 计				53612.29

措施项目费用计算表 **表 2-155**

工程名称：某街道道路新建排水工程

序号	定额编号	工程内容	单位	数量	其中：/元					
					人工费	材料费	机械费	管理费	利润	小计
		脚手架			154.52	169.64	—	31.52	15.76	371.44
1	6-137	木制井字架(井深4m以内)	座	4	154.52	169.64	—	31.52	15.76	331.44
		模板			1191.25	2390.72	116.21	369.82	184.91	4252.91
2	6-1302	井底平基模板	m^2	6	31.38	100.35	4.88			
3	6-1309	井底流槽模板	m^2	3.14	22.50	49.21	2.25			
4	6-1304	管座复合木模	m^2	133.55	1137.37	2241.16	109.08			
		施工护栏			65.91	2323.47	—	238.94	119.47	2747.79
5	1-679	玻璃钢施工护栏(封闭式砖基础，高25m)	m	70	65.91	2323.47	—	238.94	119.47	2747.79
	合 计			1411.68	4883.83	116.21	640.28	320.14	7372.14	

(二)《建设工程工程量清单计价规范》(GB 50500—2008)计算方法(表 2-156～表 2-166)

采用《全国统一市政工程预算定额》GYD-301-1999

分部分项工程量清单与计价表 **表 2-156**

工程名称：某街道道路新建排水工程　　标段：　　第 1 页　共 1 页

序号	项目编码	项目名称	项目特征描述	计量单位	工程量	金额（元）		
						综合单价	合价	其中：暂估价
1	040101002001	挖沟槽土方	三类土，深 2m 以内	m^3	147.86			
2	040101002002	挖沟槽土方	三类土，深 4m 以内	m^3	49.08			
3	040101002003	挖沟槽土方	四类土，深 4m 以内	m^3	30.27			
4	040103001001	回填方	沟槽回填，密实度 95%	m^3	163.53			
5	040501002001	混凝土管道铺设	$d300\times2000\times30$ 钢筋混凝土管，180°；C15 混凝土基础	m	94.00			
6	040501002002	混凝土管道铺设	$d500\times2000\times42$ 钢筋混凝土管，180°；C15 混凝土基础	m	106.00			
7	040504001001	砌筑井	砖砌圆形井，$\phi1000$，平均井深2.6m	座	4			
8	040504003001	雨水进水井	砖砌，680×380，井深 1m 单箅平箅	座	9			
			本页小计					
			合　计					

分部分项工程量清单与计价表 **表 2-157**

工程名称：某街道道路新建排水工程　　标段：　　第 1 页　共 1 页

序号	项目编码	项目名称	项目特征描述	计量单位	工程量	金额（元）		
						综合单价	合价	其中：暂估价
1	040101002001	挖沟槽土方	三类土，深 2m 以内	m^3	147.86	45.432	6717.58	
2	040101002002	挖沟槽土方	三类土，深 4m 以内	m^3	49.08	71.35	3501.858	
3	040101002003	挖沟槽土方	四类土，深 4m 以内	m^3	30.27	126.40	3826.13	
4	040103001001	回填方	沟槽回填，密实度 95%	m^3	163.53	42.083	6881.83	
5	040501002001	混凝土管道铺设	$d300\times2000\times30$ 钢筋混凝土管，180°；C15 混凝土基础	m	94.00	142.50	13395.00	
6	040501002002	混凝土管道铺设	$d500\times2000\times42$ 钢筋混凝土管，180°；C15 混凝土基础	m	106.00	168.22	17831.32	
7	040504001001	砌筑检查井	砖砌圆形井，$\phi1000$，平均井深 2.6m	座	4	1166.01	4664.04	
8	040504003001	雨水进水井	砖砌，680×380，井深 1m 单箅平箅	座	9	254.71	2292.39	
			本页小计				59110.15	
			合　计				59110.15	

工程量清单综合单价分析表 **表 2-158**

工程名称：某街道道路新建排水工程 标段： 第1页 共 页

项目编码	040101002001			项目名称		挖沟槽土方		计量单位		m^3	
清单综合单价组成明细											
定额编号	定额名称	定额单位	数量	单价				合价			
				人工费	材料费	机械费	管理费和利润	人工费	材料费	机械费	管理费和利润
1-8	人工挖沟槽土方（三类土，深 2mm 以内）	100m^3	0.029	1294.72	—	—	271.8904	37.547	—	—	7.885
人工单价		小计						37.547	—	—	7.885
22.47 元/工日		未计价材料费									
清单项目综合单价								45.432			
材料费明细	主要材料名称、规格、型号					单位	数量	单价/元	合价/元	暂估单价/元	暂估合计/元
	其他材料费							—		—	
	材料费小计							—		—	

注：1. “数量”栏为“投标方(定额)工程量÷招标方(清单)工程量÷定额单位数量”如“0.029”为“435.54÷147.86÷100”

2. 管理费费率为 14%，利润率为 7%，均以直接费为基数。

工程量清单综合单价分析表 **表 2-159**

工程名称：某街道道路新建排水工程 标段： 第2页 共 页

项目编码	040101002002			项目名称		挖沟槽土方		计量单位		m^3	
清单综合单价组成明细											
定额编号	定额名称	定额单位	数量	单价				合价			
				人工费	材料费	机械费	管理费和利润	人工费	材料费	机械费	管理费和利润
1-9	人工挖沟槽土方（三类土，深 4mm 以内）	100m^3	0.038	1542.79	—	—	325.34	58.99	—	—	12.363
人工单价		小计						58.99			12.363
22.47 元/工日		未计价材料费									
清单项目综合单价								71.35			
材料费明细	主要材料名称、规格、型号					单位	数量	单价/元	合价/元	暂估单价/元	暂估合计/元
	其他材料费							—		—	
	材料费小计							—	—	—	

注：1. “数量”栏为“投标方(定额)工程量÷招标方(清单)工程量÷定额单位数量”如“0.038”为“187.66÷49.08÷100”

2. 管理费费率为 14%，利润率为 7%，均以直接费为基数。

工程量清单综合单价分析表 **表 2-160**

工程名称：某街道道路新建排水工程　　　标段：　　　　　　　　第 3 页　共　页

项目编码	040101002003	项目名称	挖沟槽土方	计量单位	m^3

定额编号	定额名称	定额单位	数量	单价				合价			
				人工费	材料费	机械费	管理费和利润	人工费	材料费	机械费	管理费和利润
1-13	人工挖沟槽土方（四类土，深 4m 以内）	$100m^3$	0.026	2175.77	—	—	452.02	55.96	—	—	11.753
1-531	木密挡土板支撑	$100m^2$	0.03	480.63	1126.08	—	337.409	14.786	33.78	—	10.122
人工单价				小　计				70.746	33.78	—	21.875
22.47 元/工日				未计价材料费				—			
清单项目综合单价								126.40			

材料费明细	主要材料名称、规格、型号	单位	数量	单价/元	合价/元	暂估单价/元	暂估合计/元
	圆木	m^3	0.007	1051.00	7.126		
	板方材	m^3	0.002	1764.00	3.44		
	木挡土板	m^3	0.012	1764.00	20.903		
	铁丝 10#	kg	0.216	6.14	1.326		
	扒钉	kg	0.274	3.60	0.987		
	其他材料费			—	—	—	
	材料费小计			—	33.78	—	

注：1.“数量”栏为“投标方(定额)工程量÷招标方(清单)工程量÷定额单位数量”如“0.03为 93.12÷30.27÷100”

2. 管理费费率为 14%，利润率为 7%，均以直接费为基数。

工程量清单综合单价分析表 **表 2-161**

工程名称：某街道道路新建排水工程　　　标段：　　　　　　　　第 4 页　共　页

项目编码	040103001001	项目名称	回填方	计量单位	m^3

定额编号	定额名称	定额单位	数量	单价				合价			
				人工费	材料费	机械费	管理费和利润	人工费	材料费	机械费	管理费和利润
1-56	人工填土夯实（密实度 95%）	$100m^3$	0.039	891.61	0.70	—	187.27	34.752	0.027	—	7.304
人工单价				小　计				34.752	0.027	—	7.304
22.47 元/工日				未计价材料费				—			
清单项目综合单价								42.083			

材料费明细	主要材料名称、规格、型号	单位	数量	单价/元	合价/元	暂估单价/元	暂估合计/元
	水	m^3	0.06	0.45	0.027		
	其他材料费			—		—	
	材料费小计			—	0.027	—	

注：1.“数量”栏为“投标方(定额)工程量÷招标方(清单)工程量÷定额单位数量”如“0.039”为“637.38÷163.53÷100”

2. 管理费费率为 14%，利润率为 7%，均以直接费为基数。

工程量清单综合单价分析表

表 2-162

工程名称：某街道道路新建排水工程　　标段：　　第5页　共　页

项目编码	040501002001	项目名称	混凝土管道铺设	计量单位	m

清单综合单价组成明细											
定额编号	定额名称	定额单位	数量	单价				合价			
				人工费	材料费	机械费	管理费和利润	人工费	材料费	机械费	管理费和利润
6-18	平接式管道基础	100m	0.01	600.15	9.57	150.14	132.05	6.00	0.096	1.501	1.321
6-52	钢筋混凝土管道铺设	100m	0.01	281.66	—	—	54.371	2.817	—	—	0.544
6-124	水泥砂浆接口	10个口	0.05	21.46	5.85	—	1322.742	1.073	0.293	—	66.137
人工单价		小　计						9.89	0.389	1.501	68.002
22.47元/工日		未计价材料费						62.715			
清单项目综合单价								142.50			
材料费明细	主要材料名称、规格、型号				单位	数量		单价/元	合价/元	暂估单价/元	暂估合计/元
	混凝土 C15				m^3	0.0966		231	22.315		
	钢筋混凝土管 $\phi300$				m	1.01		40	40.4		
	其他材料费							—		—	
	材料费小计							—	62.715	—	

注：1.“数量”栏为“投标方(定额)工程量÷招标方(清单)工程量÷定额单位数量”如“0.01”为“94÷94÷100”

2. 管理费费率为14%，利润率为7%，均以直接费为基数。

工程量清单综合单价分析表

表 2-163

工程名称：某街道道路新建排水工程　　标段：　　第6页　共　页

项目编码	040501002002	项目名称	混凝土管道铺设	计量单位	m

清单综合单价组成明细											
定额编号	定额名称	定额单位	数量	单价				合价			
				人工费	材料费	机械费	管理费和利润	人工费	材料费	机械费	管理费和利润
6-20	平接式混凝土管道铺基础混凝土 $d500$，180°，C15	100m	0.01	999.53	15.13	250.43	273.475	9.995	0.151	25.04	2.735
6-54	钢筋混凝土管道铺设 $d500\times2000\times42$	100m	0.01	437.00	—	—	109.799	4.37	—	—	1.098
6-125	水泥砂浆接口(C180°基础，平接口)	10个口	0.049	23.37	7.16	—	6.411	1.145	0.351	25.04	0.314
人工单价		小　计						15.51	0.502	25.04	4.147
22.47元/工日		未计价材料费						123.018			
清单项目综合单价								168.22			

续表

材料费明细	主要材料名称、规格、型号	单位	数量	单价/元	合价/元	暂估单价/元	暂估合计/元
	混凝土 C15	m^3	0.161	231	37.168		
	钢筋混凝土管 $\phi500$	m	1.01	85	85.85		
	其他材料费			—		—	
	材料费小计			—	123.08	—	

注：1. “数量”栏为“投标方(定额)工程量÷招标方(清单)工程量÷定额单位数量”如“0.01”为“103.2÷106.00÷100”

2. 管理费费率为14%，利润率为7%，均以直接费为基数。

工程量清单综合单价分析表 **表 2-164**

工程名称：某街道道路新建排水工程　　标段：　　第7页　共　页

项目编码	040504001001	项目名称	砌筑检查井	计量单位	座

清单综合单价组成明细

定额编号	定额名称	定额单位	数量	单价				合价			
				人工费	材料费	机械费	管理费和利润	人工费	材料费	机械费	管理费和利润
6-402	砖砌圆形雨水检查井	座	1	212.09	660.60	5.74	201.827	212.09	660.60	5.74	201.827
6-581	井壁(墙)凿洞	10m²	0.007	261.06	112.99	—	78.551	1.762	0.791	—	0.55
人工单价		小　计						213.85	661.391	5.74	202.377
22.47元/工日		未计价材料费						82.65			
清单项目综合单价								1166.01			

材料费明细	主要材料名称、规格、型号	单位	数量	单价/元	合价/元	暂估单价/元	暂估合计/元
	混凝土 C10	m^3	0.374	221	82.65		
	其他材料费			—		—	
	材料费小计			—	82.65	—	

注：1. “数量”栏为“投标方(定额)工程量÷招标方(清单)工程量÷定额单位数量”如“1”为“8÷8÷1”

2. 管理费费率为14%，利润率为7%，均以直接费为基数。

工程量清单综合单价分析表 **表 2-165**

工程名称：某街道道路新建排水工程　　标段：　　第8页　共　页

项目编码	040504003001	项目名称	雨水进水井	计量单位	座

清单综合单价组成明细

定额编号	定额名称	定额单位	数量	单价				合价			
				人工费	材料费	机械费	管理费和利润	人工费	材料费	机械费	管理费和利润
6-532	砖砌雨水井	座	1	69.63	133.45	2.17	49.461	69.63	133.45	2.17	49.461
人工单价		小　计						69.63	133.45	2.17	49.461
22.47元/工日		未计价材料费						30.277			
清单项目综合单价								254.71			

续表

材料费明细	主要材料名称、规格、型号	单位	数量	单价/元	合价/元	暂估单价/元	暂估合计/元
	混凝土 C10	m^3	0.137	221	30.277		
	其他材料费			—		—	
	材料费小计			—	30.277	—	

注：1. “数量”栏为“投标方(定额)工程量÷招标方(清单)工程量÷定额单位数量”如“1”为“9÷9÷1”

2. 管理费费率为 14%，利润率为 7%，均以直接费为基数。

措施项目清单与计价表　　　　表 2-166

工程名称：某街道道路新建排水工程　　　标段：　　　　第　页　共　页

序号	项目编码	项目名称	项目特征描述	计量单位	工程量	金额(元)	
						综合单价	合价
1	DB001	脚手架	木制检查井脚手架 4m 以内	座	4	92.86	371.44
2	AB001	模板	主管管座模板	m^2	80.91	52.56	4252.91
3	CB001	施工护栏	玻璃钢封闭式(砖基础)高 2.5m	m	70	39.25	2747.79
本页小计							7372.14
合　计							7372.14

(三)《建设工程工程量清单计价规范》(GB 50500—2013)和《市政工程工程量计算规范》(GB 50857—2013)计算方法(表 2-167～表 2-176)

采用《全国统一市政工程预算定额》GYD-301-1999

分部分项工程和单价措施项目清单与计价表　　　　表 2-167

工程名称：某街道道路新建排水工程　　　标段：　　　　第 1 页　共 1 页

序号	项目编码	项目名称	项目特征描述	计量单位	工程量	金额(元)		
						综合单价	合价	其中：暂估价
实体项目								
1	040101002001	挖沟槽土方	三类土，深 2m 以内	m^3	147.86			
2	040101002002	挖沟槽土方	三类土，深 4m 以内	m^3	49.08			
3	040101002003	挖沟槽土方	四类土，深 4m 以内	m^3	30.27			
4	040103001001	回填方	沟槽回填，密实度 95%	m^3	163.53			
5	040501001001	混凝土管	$d300\times2000\times30$ 钢筋混凝土管，180°；C15 混凝土基础	m	94.00			
6	040501001002	混凝土管	$d500\times2000\times42$ 钢筋混凝土管，180°；C15 混凝土基础	m	106.00			
7	040504001001	砌筑井	砖砌圆形井，$\phi1000$，平均井深2.6m	座	4			

续表

序号	项目编码	项目名称	项目特征描述	计量单位	工程量	金额(元)		
						综合单价	合价	其中：暂估价
实体项目								
8	040504009001	雨水口	砖砌，680×380，井深1m单箅平箅	座	9			
措施项目								
9	041101004001	沉井脚手架	木质检查井脚手架4m以内	座	4			
10	041102002001	基础模板	主管管座模板	m^2	80.91			
11	041103001001	围堰	玻璃钢封闭式(砖基础)高2.5m	m	70.00			
本页小计								
合　计								

分部分项工程和单价措施项目清单与计价表　　表2-168

工程名称：某街道道路新建排水工程　　标段：　　第1页　共1页

序号	项目编码	项目名称	项目特征描述	计量单位	工程量	金额(元)		
						综合单价	合价	其中：暂估价
实体项目								
1	040101002001	挖沟槽土方	三类土，深2m以内	m^3	147.86	45.432	6717.58	
2	040101002002	挖沟槽土方	三类土，深4m以内	m^3	49.08	71.35	3501.858	
3	040101002003	挖沟槽土方	四类土，深4m以内	m^3	30.27	126.40	3826.13	
4	040103001001	回填方	沟槽回填，密实度95%	m^3	163.53	42.083	6881.83	
5	040501001001	混凝土管	$d300\times2000\times30$钢筋混凝土管，180°；C15混凝土基础	m	94.00	142.50	13395.00	
6	040501001002	混凝土管	$d500\times2000\times42$钢筋混凝土管，180°；C15混凝土基础	m	106.00	168.22	17831.32	
7	040504001001	砌筑井	砖砌圆形井，$\phi1000$，平均井深2.6m	座	4	1166.01	4664.04	
8	040504009001	雨水口	砖砌，680×380，井深1m单箅平箅	座	9	254.71	2292.39	
措施项目								
9	041101004001	沉井脚手架	木质检查井脚手架4m以内	座	4	92.86	371.44	
10	041102002001	基础模板	主管管座模板	m^2	80.91	52.56	4252.91	
11	041103001001	围堰	玻璃钢封闭式(砖基础)高2.5m	m	70.00	39.25	2747.79	
本页小计							66482.29	
合　计							66482.29	

工程量清单综合单价分析表 **表 2-169**

工程名称：某街道道路新建排水工程　　标段：　　第 1 页　共　页

项目编码	040101002001	项目名称	挖沟槽土方	计量单位		m^3		工程量		147.86	
清单综合单价组成明细											
定额编号	定额名称	定额单位	数量	单价				合价			
				人工费	材料费	机械费	管理费和利润	人工费	材料费	机械费	管理费和利润
1-8	人工挖沟槽土方（三类土，深 2mm 以内）	$100m^3$	0.029	1294.72	—	—	271.8904	37.547	—	—	7.885
人工单价		小计						37.547	—	—	7.885
22.47 元/工日		未计价材料费									
清单项目综合单价								45.432			
材料费明细	主要材料名称、规格、型号				单位		数量	单价/元	合价/元	暂估单价/元	暂估合计/元
	其他材料费							—		—	
	材料费小计							—		—	

注：1. “数量”栏为“投标方（定额）工程量÷招标方（清单）工程量÷定额单位数量”如“0.029”为“435.54÷147.86÷100”

2. 管理费费率为 14%，利润率为 7%，均以直接费为基数。

工程量清单综合单价分析表 **表 2-170**

工程名称：某街道道路新建排水工程　　标段：　　第 2 页　共　页

项目编码	040101002002	项目名称	挖沟槽土方	计量单位		m^3		工程量		49.08	
清单综合单价组成明细											
定额编号	定额名称	定额单位	数量	单价				合价			
				人工费	材料费	机械费	管理费和利润	人工费	材料费	机械费	管理费和利润
1-9	人工挖沟槽土方（三类土，深 4mm 以内）	$100m^3$	0.038	1542.79	—	—	325.34	58.99	—	—	12.363
人工单价		小计						58.99			12.363
22.47 元/工日		未计价材料费									
清单项目综合单价								71.35			
材料费明细	主要材料名称、规格、型号				单位		数量	单价/元	合价/元	暂估单价/元	暂估合计/元
	其他材料费							—		—	
	材料费小计							—	—	—	

注：1. “数量”栏为“投标方（定额）工程量÷招标方（清单）工程量÷定额单位数量”如“0.038”为“187.66÷49.08÷100”

2. 管理费费率为 14%，利润率为 7%，均以直接费为基数。

工程量清单综合单价分析表 表 2-171

工程名称：某街道道路新建排水工程 标段： 第3页 共 页

项目编码	040101002003	项目名称	挖沟槽土方	计量单位	m³	工程量	30.27

定额编号	定额名称	定额单位	数量	单价				合价			
				人工费	材料费	机械费	管理费和利润	人工费	材料费	机械费	管理费和利润
1-13	人工挖沟槽土方（四类土，深4m以内）	100m³	0.026	2175.77	—	—	452.02	55.96	—	—	11.753
1-531	木密挡土板支撑	100m²	0.03	480.63	1126.08	—	337.409	14.786	33.78	—	10.122
人工单价		小计						70.746	33.78	—	21.875
22.47元/工日		未计价材料费						—			
清单项目综合单价								126.40			

	主要材料名称、规格、型号	单位	数量	单价/元	合价/元	暂估单价/元	暂估合计/元
材料费明细	圆木	m³	0.007	1051.00	7.126		
	板方材	m³	0.002	1764.00	3.44		
	木挡土板	m³	0.012	1764.00	20.903		
	铁丝10#	kg	0.216	6.14	1.326		
	扒钉	kg	0.274	3.60	0.987		
	其他材料费			—	—	—	
	材料费小计			—	33.78	—	

注：1."数量"栏为"投标方(定额)工程量÷招标方(清单)工程量÷定额单位数量"如"0.03为93.12÷30.27÷100"

2. 管理费费率为14%，利润率为7%，均以直接费为基数。

工程量清单综合单价分析表 表 2-172

工程名称：某街道道路新建排水工程 标段： 第4页 共 页

项目编码	040103001001	项目名称	回填方	计量单位	m³	工程量	163.53

定额编号	定额名称	定额单位	数量	单价				合价			
				人工费	材料费	机械费	管理费和利润	人工费	材料费	机械费	管理费和利润
1-56	人工填土夯实（密实度95%）	100m³	0.039	891.61	0.70	—	187.27	34.752	0.027	—	7.304
人工单价		小计						34.752	0.027	—	7.304
22.47元/工日		未计价材料费						—			
清单项目综合单价								42.083			

	主要材料名称、规格、型号	单位	数量	单价/元	合价/元	暂估单价/元	暂估合计/元
材料费明细	水	m³	0.06	0.45	0.027		
	其他材料费			—		—	
	材料费小计			—	0.027	—	

注：1."数量"栏为"投标方(定额)工程量÷招标方(清单)工程量÷定额单位数量"如"0.039"为"637.38÷163.53÷100"

2. 管理费费率为14%，利润率为7%，均以直接费为基数。

工程量清单综合单价分析表

表 2-173

工程名称：某街道道路新建排水工程　　标段：　　第 5 页　共　页

项目编码	040501001001	项目名称	混凝土管	计量单位	m	工程量	94.00

定额编号	定额名称	定额单位	数量	单价				合价			
				人工费	材料费	机械费	管理费和利润	人工费	材料费	机械费	管理费和利润
6-18	平接式管道基础	100m	0.01	600.15	9.57	150.14	132.05	6.00	0.096	1.501	1.321
6-52	钢筋混凝土管道铺设	100m	0.01	281.66	—	—	54.371	2.817	—	—	0.544
6-124	水泥砂浆接口	10个口	0.05	21.46	5.85	—	1322.742	1.073	0.293	—	66.137
人工单价		小计						9.89	0.389	1.501	68.002
22.47 元/工日		未计价材料费						62.715			
清单项目综合单价								142.50			

材料费明细	主要材料名称、规格、型号	单位	数量	单价/元	合价/元	暂估单价/元	暂估合计/元
	混凝土 C15	m^3	0.0966	231	22.315		
	钢筋混凝土管 ϕ300	m	1.01	40	40.4		
	其他材料费			—		—	
	材料费小计			—	62.715	—	

注：1. “数量”栏为“投标方(定额)工程量÷招标方(清单)工程量÷定额单位数量”如“0.01”为“94÷94÷100”
2. 管理费费率为 14%，利润率为 7%，均以直接费为基数。

工程量清单综合单价分析表

表 2-174

工程名称：某街道道路新建排水工程　　标段：　　第 6 页　共　页

项目编码	040501001002	项目名称	混凝土管	计量单位	m	工程量	106.00

定额编号	定额名称	定额单位	数量	单价				合价			
				人工费	材料费	机械费	管理费和利润	人工费	材料费	机械费	管理费和利润
6-20	平接式混凝土管道铺基础混凝土 d500，180°，C15	100m	0.01	999.53	15.13	250.43	273.475	9.995	0.151	25.04	2.735
6-54	钢筋混凝土管道铺设 $d500\times2000\times42$	100m	0.01	437.00	—	—	109.799	4.37	—	—	1.098
6-125	水泥砂浆接口(C180°基础，平接口)	10个口	0.049	23.37	7.16	—	6.411	1.145	0.351	25.04	0.314
人工单价		小计						15.51	0.502	25.04	4.147
22.47 元/工日		未计价材料费						123.018			
清单项目综合单价								168.22			

续表

材料费明细	主要材料名称、规格、型号	单位	数量	单价/元	合价/元	暂估单价/元	暂估合计/元
	混凝土 C15	m^3	0.161	231	37.168		
	钢筋混凝土管 $\phi500$	m	1.01	85	85.85		
	其他材料费			—		—	
	材料费小计			—	123.08	—	

注：1. "数量"栏为"投标方(定额)工程量÷招标方(清单)工程量÷定额单位数量"如"0.01"为"103.2÷106.00÷100"

2. 管理费费率为14%，利润率为7%，均以直接费为基数。

工程量清单综合单价分析表 表 2-175

工程名称：某街道道路新建排水工程 标段： 第7页 共 页

项目编码	040504001001	项目名称	砌筑井	计量单位	座	工程量	4

清单综合单价组成明细

定额编号	定额名称	定额单位	数量	单价				合价			
				人工费	材料费	机械费	管理费和利润	人工费	材料费	机械费	管理费和利润
6-402	砖砌圆形雨水检查井	座	1	212.09	660.60	5.74	201.827	212.09	660.60	5.74	201.827
6-581	井壁(墙)凿洞	$10m^2$	0.007	261.06	112.99	—	78.551	1.762	0.791	—	0.55
人工单价		小计						213.85	661.391	5.74	202.377
22.47元/工日		未计价材料费						82.65			
清单项目综合单价								1166.01			

材料费明细	主要材料名称、规格、型号	单位	数量	单价/元	合价/元	暂估单价/元	暂估合计/元
	混凝土 C10	m^3	0.374	221	82.65		
	其他材料费			—		—	
	材料费小计			—	82.65	—	

注：1. "数量"栏为"投标方(定额)工程量÷招标方(清单)工程量÷定额单位数量"如"1"为"8÷8÷1"

2. 管理费费率为14%，利润率为7%，均以直接费为基数。

工程量清单综合单价分析表 表 2-176

工程名称：某街道道路新建排水工程 标段： 第8页 共 页

项目编码	040504009001	项目名称	雨水口	计量单位	座	工程量	9

清单综合单价组成明细

定额编号	定额名称	定额单位	数量	单价				合价			
				人工费	材料费	机械费	管理费和利润	人工费	材料费	机械费	管理费和利润
6-532	砖砌雨水井	座	1	69.63	133.45	2.17	49.461	69.63	133.45	2.17	49.461
人工单价		小计						69.63	133.45	2.17	49.461
22.47元/工日		未计价材料费						30.277			
清单项目综合单价								254.71			

续表

材料费明细	主要材料名称、规格、型号	单位	数量	单价/元	合价/元	暂估单价/元	暂估合计/元
	混凝土C10	m^3	0.137	221	30.277		
	其他材料费			—		—	
	材料费小计			—	30.277	—	

注：1.“数量”栏为“投标方(定额)工程量÷招标方(清单)工程量÷定额单位数量”如“1”为“9÷9÷1”

2. 管理费费率为14%，利润率为7%，均以直接费为基数。

附录　××路道路、桥涵、排水工程
工程量清单计价实例

(一)《建设工程工程量清单计价规范》GB 50500—2003 计算方法

××路道路、桥涵、排水工程

工 程 量 清 单

招　　　标　　　人：　×××　（单位签字盖章）

法　定　代　表　人：　×××　（签字盖章）

中介机构法定代表人：　×××　（签字盖章）

造价工程师及注册证号：　×××　（签字盖执业专用章）

编　　制　　时　　间：××××年××月××日

总 说 明

工程名称：××路道路、桥涵、排水工程　　　　第 页 共 页

1. 工程概况：

该工程为××路道路、桥涵、排水工程，全长145m，路宽10m，两车道，排水管道一条，其管道为钢筋混凝土管，主管管径为ϕ600mm，钢筋混凝土通道桥涵一座，其跨径为8m，高填方区道路两旁设钢筋混凝土挡墙。

2. 招标范围：

土石方工程、道路工程、桥涵工程、排水工程。

3. 工程质量要求：

优良工程。

4. 工程量清单编制依据：

4.1 由××方建筑工程设计事务所设计的施工图1套。

4.2 由××公司编制的《××道路工程施工招标邀请书》、《招标文件》和《××道路工程招标答疑会议纪要》。

4.3 工程量清单计量按照国标《建设工程工程量清单计价规范》编制。

5. 因工程质量要求优良，故所有材料必须持有市以上有关部门颁发的《产品合格证书》及价格在中档以上的建筑材料。

分部分项工程量清单　　附录表1

工程名称：××路道路、桥涵、排水工程　　　　第 页 共 页

序号	项目编码	项 目 名 称	计量单位	工程数量
		D.1 土石方工程		
1	040101001001	挖一般土方，推土机推土，运距20m以内，四类土	m^3	524.86
2	040103001001	回填方，压实回填，碾压机分层压实	m^3	2580.77
3	040103003001	缺方内运，挖掘机挖土，自卸汽车配合运土，四类土，运距1000m	m^3	1695.03
4	040101001002	挖一般土方，反铲挖沟槽土方，运距1000m以内，四类土	m^3	148.89
5	040101001003	挖一般土方，人工挖沟槽四类土，深度2m以内	m^3	21.02
6	040103001002	回填方，沟槽回填土，人工填土夯实	m^3	110.17
		D.2 道路工程		
7	040202006001	石灰、粉煤灰、碎(砾)石道路基层，厚度22cm	m^2	1348.43
8	040203005001	水泥混凝土路面，厚度20cm，混凝土抗折4.5#	m^2	1348.43
9	040204003001	安砌侧(平、缘)石、石质侧石长度50cm，砌筑石灰砂浆1∶3	m^3	174.46
		D.3 桥涵护岸工程		
10	040302004001	混凝土墩(台)身，C20砾40	m^3	2.36
11	040302015001	混凝土防撞护栏，C30砾40	m	140.28
12	040302017001	桥面铺装，车行道，C_{25}砾40	m^3	165.44

续表

序号	项目编码	项 目 名 称	计量单位	工程数量
13	040305001001	挡墙基础，C25砾40	m^3	175.16
14	040305002001	混凝土挡墙墙身，C25砾40，塑料管泄水孔	m^3	184.06
15	040305002002	挡墙墙身砂滤层	m^3	301.14
16	040306002001	箱涵底板，C30砾40	m^3	102.35
17	040306003001	箱涵侧墙，C30砾40	m^3	47.30
18	040306004001	箱涵顶板，C30砾40	m^3	101.25
19	040309001001	金属栏杆、栏杆扶手	t	3.128
		D.5 市政管网工程		
20	040501002001	混凝土管，无筋，D300，砂浆接口，C15砾40混凝土垫层	m	34
21	040501002002	混凝土管，无筋，D600，砂浆接口，C15砾40混凝土垫层	m	60
22	040504001001	砌筑井，雨水检查井，平均深2.6m	座	3.0
23	040504003001	雨水进水井，平均深0.6m	座	6.0
		D.7 钢筋工程		
24	040701002001	现浇构件钢筋，传力杆	t	0.489
25	040701002002	现浇构件钢筋，挡墙	t	22.121
26	040701002003	现浇构件钢筋，混凝土防撞栏杆	t	4.933
27	040701002004	现浇构件钢筋，桥涵	t	33.689
		D.8 拆除工程		
28	040801001001	拆除路面，混凝土路面，无筋，厚2cm，人工拆除	m^2	96

措施项目清单 **附录表2**

工程名称：××路道路、桥涵、排水工程 第 页 共 页

序号	项 目 名 称	工程数量
4	市政工程	
4.1	大型机械设备进出场及安拆	
4.2	脚手架	
4.3	混凝土、钢筋混凝土模板及支架	
4.4	垂直运输机械	
4.5	环境保护费	
4.6	临时设施费	
4.7	文明、安全施工费	

其他项目清单 **附录表3**

工程名称：××路道路、桥涵、排水工程 第 页 共 页

序号	项 目 名 称	金额/元
1	招标人部分	
1.1	预留金	
1.2	材料购置费	
1.3	其他	
	小 计	

续表

序号	项 目 名 称	金额/元
2	投标人部分	
2.1	总承包服务费	
2.2	零星工作项目费	
2.3	其他	
	小　计	
	合　计	

零星工作项目表　　**附录表4**

工程名称：××路道路、桥涵、排水工程　　第　页　共　页

序号	名　　称	计量单位	数量
	市政工程		
1	人工		
2	材料		
3	机械		

道路工程量计算式　　**附录表5**

序号	工 程 项 目 及 名 称	单位	数量
	直接费项目		
1	推土机推土方 V=524.86m³(见路基横断面图二)	m³	524.86
2	土方压实回填 V=2580.77m³(见路基横断面图二)	m³	2580.77
3	挖掘机挖土、自卸汽车借土回填，四类土，运距1km V=2580.77−524.86−(514.54−454.8)−301.14=1695.03m³	m³	1695.03
4	反铲挖沟槽四类土 D=600 L=60m B=0.9 H=(2.575+2.537+2.5)÷3+0.05(壁厚)+0.1(基础)=2.69m V=60×0.9×2.69×1.025=148.89m³	m³	148.89

续表

序号	工程项目及名称	单位	数量
5	人工挖沟槽四类土2m以内 $D=300$ $L=34m$ $B=0.52m$ $h=1+0.03$(横坡)$+0.03$(壁厚)$+0.1$(基础)$=1.16m$ $V=34\times0.52\times1.16\times1.025=21.02m^3$	m^3	21.02
6	沟槽回填土 $V_{管基}=57.04\times0.2126+29.56\times0.0947=14.93m^3$ $V_{管道}=58.6\times0.35+31.9\times0.15=25.3m^3$ $V_{井}=(\pi\times0.59^2\times0.225+\pi\times0.66^2\times0.48+\pi\times0.74^2\times1.98)\times3$ $=12.93m^3$ $V_{井壁}=(0.86\times1.16\times1.1)\times6=6.58m^3$ 合计 $14.93+25.3+12.93+6.58=59.74m^3$ $V=148.89+21.02-59.74=110.17m^3$	m^3	110.17
7	破原混凝土路面(厚20mm) $8\times12m^2=96m^2$	m^2	96
8	麻石侧石350×150 $(69.86-5+3.14\times5\times2\div4+14.52)m\times2$边$=174.46m$	m	174.46
9	侧石处路床 [0.15(麻石边)+0.22×1.5(四合料基层1∶1.5边坡)+0.05(定额说明)]× $(69.86-5.0+5\times2\times3.14\div4+14.52)m^2\times2$边$=92.46m^2$	m^2	92.46
10	侧石基层及多合土养生 84.38×[0.15(麻石边)+0.22÷2×1.5(四合料基层1∶1.5边坡)+0.05(定额说明)]$m^2\times$(侧)$=61.60m^2$	m^2	61.60
11	路床整形，四合料基层，多合土养生 一般混凝土路段 $(69.86+14.52)\times10m^2+(5.0\times5.0-3.14\times5\times5\div4)m^2=843.80m^2+5.375m^2=849.175m^2$ 挡土墙段 $(140-87.46)\times9.4m^2=493.88m^2$ 合计：$849.175m^2+493.88m^2=1343.055m^2$	m^2	1343.06
12	混凝土路面20cm厚，抗折4.5，路面养护 $84.38\times10m^2+10.75m^2+52.54\times9.4m^2=1348.43m^2$	m^2	1348.43
13	传力杆制作安装 纵缝钢筋 $\phi16$ 混凝土路面长度：$69.86+17.6+52.54+14.52=154.52kg$ 钢筋用量及运输，运距200m $[(154.52-0.25\times10)/0.6+5]$根$\times2$条$\times0.6\times1.58kg/m=258\times2\times0.6\times1.58kg=489kg$	t	0.489

续表

序号	工 程 项 目 及 名 称	单位	数量
14	切缝机切缝：（伸缩缝） 140m＋37.6m＋94m＋30m＝301.6m 0＋000～0＋069.86 段，14 条×10m＝140m 0＋069.86～0＋87.46 段，4 条×9.4m＝37.6m 0＋087.46～0＋140 段，10 条×9.4m＝94m 0＋140～0＋154.2 段，3 条×10m＝30m	m	301.60
15	混凝土胀缝 0＋000～0＋069.86 段，2 条×10m＝20m 0＋087.46～0＋140 段，2 条×9.4m＝18.8m (9.4×2＋10×2＋154.52×2)×0.2m^2＝69.57m^2	m^2	69.57
16	PC 道路嵌缝胶填缝 (301.6＋38.8＋154.52×2)×0.04m^2＝25.98m^2	m^2	25.98
17	现浇钢筋混凝土栏杆 [17.6^{桥}＋(140－87.46)^{挡墙}]×2^{边}＝140.28m [17.6^{桥}＋(140－87.46)^{挡墙}]×2^{边}÷20^{单元长}＝7^{单元长}	m	140.28
18	现浇钢筋混凝土栏杆　　C30 4.83×7＝33.81m^3	m^3	33.81
19	现浇钢筋混凝土栏杆钢筋 ϕ10 以内：132.1×7＝925kg ϕ10 以外：575.53×7＝4028.71kg	t	4.954
20	栏杆扶手 钢管：289.52×7＝2027kg 钢板：153.7×7＝1075.9kg	t	3.103
21	C 25钢筋混凝土挡土墙 0＋087.46～0＋110 段，L＝110－87.46m＝22.54m，H＝5.5m V_1＝22.54×[0.3＋(0.3＋5.5×0.05)]÷2×5.5m^3＝54.24m^3 0＋110～0＋120 段，L＝120－110m＝10m H＝(5.5＋2.976＋0.5)÷2－0.05m＝4.44m V_2＝10.0＋[0.3＋(0.3＋4.44×0.05)]÷2×4.44m^3＝11.82m^3 0＋120～0＋130 段，L＝130－120m＝10m H＝(2.976＋2.207)÷2＋0.5－0.05m＝3.042m V_3＝10×[0.3＋(0.3＋3.042×0.05)]÷2×3.042m^3＝11.44m^3 0＋130～0＋140 段，L＝140－130m＝10m H＝(2.207＋1.418)÷2＋0.5－0.05m＝2.263m V_4＝10×[0.3＋(0.3＋2.263×0.05)]÷2×2.263m^3＝8.07m^3 合计：V＝(V_1＋V_2＋V_3＋V_4)×2 边＝171.14m^3	m^3	171.14

续表

序号	工程项目及名称	单位	数量
22	C25钢筋混凝土挡土墙基础 0+087.46～0+110段，$L=110-87.46m=22.54m$ $V_1=22.54\times\{0.5+(0.5+3.6\times0.05)\}\div2\times3.6m^3=47.87m^3$ 0+110～0+120段，$L=120-110m=10m$ $V_2=10.0\times[0.5+(0.5+3.1\times0.05)]\div2\times3.1m^3=17.90m^3$ 0+120～0+130段，$L=130-120m=10m$ $V_3=10\times\{0.45+(0.45+2.5\times0.05)\}\div2\times2.5m^3=12.81m^3$ 0+130～0+140段，$L=130-120m=10m$ $V_4=10\times\{0.4+(0.4+2\times0.05)\}\div2\times2m^3=9m^3$ 合计：$V=(V_1+V_2+V_3+V_4)\times2=175.16m^3$	m^3	175.16
23	沉降缝 在桩号为90.26，100，170，120，130处取5道，平均高度 $H=(5.5+5.5+5.5+2.976+0.5+2.207+0.5)\div5m=4.54m$ $S_1=[0.3+(0.3+4.95\times0.05)]\div2\times4.54m\times5$道$\times2$边$=19.24m^2$ $S_2=(0.5+3.6\times0.05)\div2\times3.6m\times3$道$\times2$边$=7.344m^2$ $S_3=[0.45+(0.45+2.5\times0.05)]\div2\times2.5m^2\times1$道$\times2$边$=2.56m^2$ $S_4=[0.4+(0.4+2\times0.05)]\div2\times2m^2\times1$道$\times2$边$=1.8m^2$ 合计：$S=S_1+S_2+S_3+S_4=30.944m^2$	m^2	30.94
24	硬塑泄水管$\phi8$高度在3m内设2排，超过3m设3排 0+087.46～0+120段，(120−87.46)÷2.5×3根×2边=78(根) 0+120～0+140段，(140−120)÷2.5×2根×2边=32(根) 合计：78+32=110根	根	110
25	钢筋 $\phi10$以内：1.704t $\phi10$以外：20.417t	t	22.121
26	挡土墙内侧排水孔垫砂砾石层 0+087～0+110段，(5.50−0.50^hm^−0.40×2)(高)×22.54(长)×1.0(宽)=94.67m^3 0+110～0+120段，(4.44−0.50^hm^−0.40×2)(高)×10.00(长)×1.0(宽)=31.40m^2 0+120～0+130段，(2.74−0.50^hm^−0.40×2)(高)×10.00(长)×1.0(宽)=14.40m^3 0+130～0+140段，(2.31−0.50^hm^−0.40×2)(高)×10.00(长)×1.0(宽)=10.10m^3 合计：(94.67+31.40+14.40+10.10)×2边=301.14m^3	m^3	301.14
27	框架桥涵钢筋混凝土立柱，C30 $0.25\times0.25\times3.14\times4.0\times3m^3=2.36m^3$	m^3	2.36
28	现浇箱涵底板　抗渗S_6　C30 $17.6\times0.55\times10+0.5\times0.15\times10+8\times4\times0.015\div2\times2^{边}\times10m^3=96.8m^3+0.75m^3+4.8m^3=102.35m^3$	m^3	102.35

续表

序号	工程项目及名称	单位	数量
29	现浇箱涵侧墙　抗渗 S_6　C30 (4.5－0.2)×0.55×10×2 边＝47.3m^3	m^3	47.30
30	现浇箱涵顶板　抗渗 S_6　C30 10×(17.6×0.55＋0.2×0.55×2 个＋0.5×0.2/2×4(个)＋0.5×0.15)－0.5×0.15×0.65×0.5×2(中间两头出口处)m^3＝10×10.175－0.05＝101.7m^3	m^3	101.7
31	钢筋 ϕ10 以内：0.07t ϕ10 以外：33.619t	t	33.689
32	框架路面混凝土铺装 0＋69.86～0＋074.41 段， {[90.871－(85.01＋5.60)]＋(90.905－90.61)÷2－0.025}×(74.41－69.86)×9.4m^3＝0.3835×4.55×9.4m^3＝16.40m^3 0＋074.41～0＋078.66 段， {(90.905－90.61)＋(90.898－90.61)÷2－0.025}×(78.66－74.41)×9.4m^3＝0.414×4.25×9.4m^3＝16.54m^3 0＋078.66～0＋087.46 段， {(90.898－90.61)＋(90.747－90.61)÷2－0.025}×(87.46－78.66)×9.4m^3＝0.3315×8.8×9.4m^3＝27.42m^3 合计：16.40＋16.54＋27.42＝60.36m^3	m^3	37.04
33	混凝土垫层　C15 17.6×10×0.1m^3＝17.60m^3	m^3	17.60
34	混凝土契形块　抗渗 S_6　C30 (0.15＋0.35)×0.9/2×2×10m^3＝4.50m^3	m^3	4.50
35	桥涵四周防水平面剂 (17.6＋5.6)×2×10m^2＝464.00m^2	m^2	464.00
36	平接式钢筋混凝土管道基础 D300(180°) 10＋10＋7×2m＝34.00m	m	34.00
37	平接式钢筋混凝土管道基础 D600(180°) 60.00m	m	60.00
38	钢筋混凝土管道铺设水泥砂浆接口 D300(180°) 10＋10＋7×2m＝34.00m	m	34.00
39	钢筋混凝土管道铺设水泥砂浆接口 D600(180°) 60.00m	m	60.00
40	砖砌雨水检查井平均深 2.6m	座	3
41	砖砌雨水进水井平均深 0.6m	座	6
	措施费项目		

续表

序号	工 程 项 目 及 名 称	单位	数量
42	机械进出场费推土机135kW内 技术措施费	台次	2
43	机械进出场费挖掘机1.25m^3 技术措施费	台次	1
44	机械进出场费压路机 技术措施费	台次	2
45	技术措施费 双排钢管脚手架　　8m以内 [5.5×32.54×2^{侧}＋(3.04＋2.26)×10×2^{侧}]m^2×2^{道}＝(357.94＋106)×2m^2＝927.88m^2	m^2	927.88
46	模板：略 按×省市政定额计算，略		

××路道路、桥涵、排水工程

工 程 量 清 单 报 价 表

招　　标　　人：××× （单位签字盖章）

法　人　代　表：××× （签字盖章）

造价工程师及证号：××× （签字盖执业专用章）

编　制　时　间：×年×月×日

投 标 总 价

建设单位：＿＿＿＿＿＿＿＿＿＿＿＿

工程名称：××路道路、桥涵、排水工程

投标总价 （小写）：＿＿＿＿＿＿＿＿＿＿

（大写）＿＿＿＿＿＿＿＿＿＿＿＿

投 标 人：＿＿＿＿＿＿＿＿（单位签字盖章）

法定代表人：＿＿＿＿＿＿＿＿（签字盖章）

编 制 时 间： ×年×月×日

总 说 明

工程名称：××路道路、桥涵、排水工程　　　　第　页共　页

1. 工程概况：

该工程为××路道路、桥涵、排水工程，全长145m，路宽10m，两车道，排水管道一条，其管道为钢筋混凝土管，主管管径为ϕ600mm，钢筋混凝土通道桥涵一座，其跨径为8m，高填方区道路两旁设钢筋混凝土挡墙。

2. 招标范围：

土石方工程、道路工程、桥涵工程、排水工程。

3. 工程质量要求：

优良工程。

4. 工程量清单编制依据：

4.1 由××方建筑工程设计事务所设计的施工图1套；

4.2 由××公司编制的《××道路工程施工招标邀请书》、《招标文件》和《××道路工程招标答疑会议纪要》。

4.3 工程量清单计量按照国标《建设工程工程量清单计价规范》编制。

4.4 市场材料价格参照××市建设工程造价管理站×年×月发布的材料价格及结合市场调查后，综合取定。

5. 因工程质量要求优良，故所有材料必须持有市以上有关部门颁发的《产品合格证书》及价格在中档以上的建筑材料。

单位工程费汇总表

附录表6

工程名称：××路道路、桥涵、排水工程　　　　第　页共　页

序号	项目名称	金额
1	分部分项工程费合计	
2	措施项目费	
3	其他项目费合计	
4	规费	
5	税金	
	小计	

分部分项工程量清单计价表

附录表 7

工程名称：××路道路、桥涵、排水工程　　　　第　页　共　页

序号	项目编码	项目名称	计量单位	工程数量	金额/元	
					综合单价	合价
		D.1　土石方工程				
1	040101001001	挖一般土方，推土机推土，运距 20m 以内，四类土	m^3	524.86	15.39	8077.60
2	040103001001	回填方，压实回填，碾压机分层压实	m^3	2580.77	2.09	5393.81
3	040103003001	缺方内运，挖掘机挖土，自卸汽车配合运土，四类土，运距 1000m	m^3	1695.03	10.57	17916.47
4	040101001002	挖一般土方，反铲挖沟槽土方，运距 1000m 以内，四类土	m^3	148.89	9.59	1427.86
5	040101001003	挖一般土方，人工挖沟槽四类土，深度 2m 以内	m^3	21.02	22.17	466.01
6	040103001002	回填方，沟槽回填土，人工填土夯实	m^3	110.17	10.26	1130.34
		D.2　道路工程				
7	040202006001	石灰、粉煤灰、碎（砾）石道路基层，厚度 22cm	m^2	1348.43	40.85	55085.78
8	040203005001	水泥混凝土路面，厚度 20cm，混凝土抗折 4.5#	m^2	1348.43	60.17	81136.35
9	040204003001	安砌侧（平、缘）石，石质侧石长度 50cm，砌筑石灰砂浆 1∶3	m^3	174.46	18.53	3233.13
		D.3　桥涵护岸工程				
10	040302004001	混凝土墩（台）身，C20 砾 40	m^3	2.36	314.15	741.4
11	040302015001	混凝土防撞护栏，C30 砾 40	m	140.28	81.13	11661.55
12	040302017001	桥面铺装，车行道，C25 砾 40	m^3	165.44	140.32	23214.50
13	040305001001	混凝土基础，C25 砾 40	m^3	175.16	311.83	54620.53
14	040305002001	预制混凝土挡墙墙身，C25 砾 40，塑料管泄水孔	m^3	184.06	331.92	61093.51
15	040305002002	预制混凝土挡墙墙身砂滤层	m^3	301.14	79.15	23835.23
16	040306002001	箱涵底板，C30 砾 40	m^3	102.35	331.45	33923.68
17	040306003001	箱涵侧墙，C30 砾 40	m^3	47.30	335.68	15877.78
18	040306004001	箱涵顶板，C30 砾 40	m^3	101.25	333.43	33760.10
19	040309001001	金属栏杆，栏杆扶手	t	3.128	4717.97	14757.81
		D.5　市政管网工程				
20	040501002001	混凝土管，无筋，D300，砂浆接口，C 15砾 40 混凝土垫层	m	34	87.17	2963.68
		D.1　土石方工程				
21	040501002002	混凝土管，无筋，D600，砂浆接口，C 15砾 40 混凝土垫层	m	60	228.97	13738.44
22	040504001001	砌筑井，雨水检查井，平均深 2.6m	座	3.0	1091.76	3275.29
23	040504003001	雨水进水井，平均深 0.6m	座	6.0	226.21	1357.27
		D.7　钢筋工程				
24	040701002001	现浇构件钢筋，传力杆	t	0.489	4092.55	2001.26
25	040701002002	现浇构件钢筋，挡墙	t	22.121	12367.77	273587.38
26	040701002003	现浇构件钢筋，混凝土防撞栏杆	t	4.933	12367.77	61010.21
27	040701002004	现浇构件钢筋，桥涵	t	33.689	12367.77	416657.80
		D.8　拆除工程				
28	040801001001	拆除路面、混凝土路面，无筋，厚 2cm，人工拆除	m^2	96	0.63	60.48

措施项目清单计价表

附录表 8

工程名称：××路道路、桥涵、排水工程　　　　第　页　共　页

序号	项　目　名　称	金额/元
4	市政工程	
4.1	大型机械设备进出场及安拆	
4.2	脚手架	
4.3	混凝土、钢筋混凝土模板及支架	
4.4	垂直运输机械	
4.5	环境保护费	
4.6	临时设施费	
4.7	文明、安全施工费	
	合　　计	

其他项目清单计价表

附录表 9

工程名称：××路道路、桥涵、排水工程　　　　第　页　共　页

序号	项　目　名　称	金额/元
1	招标人部分	
	预留金	
	材料购置费	
	其他	
	小计	
2	投标人部分	
	总承包服务费	
	零星工作项目费	
	其他	
	小计	
	合计	

零星工作项目表

附录表 10

工程名称：　　　　第　页　共　页

序号	名　　称	计量单位	数量	金额/元	
				综合单价	合　价
	土建				
1	人工				
	小计				
2	材料				
	小计				
3	机械				
	小计				

附录表 11

分部分项工程量清单综合单价分析表

工程名称：××路道路、桥涵、排水工程

第 页 共 页

序号	项目编码	项目名称	定额编号	工程内容	单位	数量	其中：/元					综合单位	合价
							人工费	材料费	机械费	管理费	利润		
1	040101001001	挖一般土方			m^3	524.86						15.48	8124.83
			1-3	人工挖土方	m^3	524.86	11.29	—	—	1.13	0.56		12.98×524.86
			1-109	135kW 内推土机推距 20m 以内	m^3	524.86	0.13	—	2.04	0.22	0.11		2.5×524.86
2	040103001001	回填方			m^3	2580.77						2.09	5393.81
			1-358	填土碾压	m^3	2580.77	0.13	0.01	1.68	0.18	0.09		2.09×2580.77
3	040103003001	缺方内运			m^3	1695.03						10.97	18594.84
			1-244	挖掘机挖土装车	m^3	1695.03	0.13	—	3.6	0.37	0.19		4.29×1695.03
			1-320	自卸汽车运土	m^3	1695.03	—	0.01	5.8	0.58	0.29		6.68×1695.03
4	040101001002	挖一般土方			m^3	148.89						9.59	1427.86
			1-238	挖掘机挖土装车	m^3	148.89	0.13	—	3.5	0.36	0.18		4.17×148.89
			1-310	自卸汽车运土	m^3	148.89	—	0.01	4.7	0.47	0.24		5.42×148.89
5	040101001003	挖一般土方			m^3	21.02						22.17	466.01
			1-12	人工挖沟槽土方	m^3	21.02	19.28	—	—	1.93	0.96		22.17×21.02
6	040103001002	回填方			m^3	110.17						10.26	1130.34
			1-56	人工回填土、夯实	m^3	110.17	8.91	0.01	—	0.89	0.45		10.26×110.17
7	040202006001	石灰、粉煤灰、碎(砾)石道路基层			m^2	1348.43						40.85	55085.78
			2-1	路床碾压检验	m^2	1348.43	0.08	—	0.74	0.08	0.04		0.94×1348.43
			2-140	四合料基层，20cm 厚	m^2	1348.43	1.23	28.17	1.72	3.11	1.56		35.79×1348.43

续表

序号	项目编码	项目名称	定额编号	工程内容	单位	数量	其中：/元					综合单位	合价
							人工费	材料费	机械费	管理费	利润		
				黄土	m^3	41.94	—	15	—	1.5	0.75		17.25×41.94
			2-141	四合料基层，增2cm	m^2	1348.43	0.04	2.82	0.02	0.29	0.15		3.32×1348.43
				黄土	m^3	2.16	—	30	—	3	1.5		34.5×2.16
			2-177	多合土养生	m^2	1348.43	0.02	0.01	0.11	0.02	0.01		0.17×1348.43
8	040203005001	水泥混凝土路面			m^2	1348.43						60.17	81136.35
			2-289	水泥混凝土（20cm厚）	m^2	1348.43	7.54	1.24	0.84	0.96	0.48		11.06×1348.43
				混凝土	m^3	275.08	—	200	—	20	10		230×275.08
			2-300	草袋养护	m^2	1348.43	0.26	1.07	—	0.13	0.07		1.53×1348.43
			2-298	切缝机切缝	m	301.6	1.44	—	0.81	0.23	0.11		2.59×310.6
				钢锯片	片	2	—	2	—	0.2	0.1		2.3×2
			2-299	PG道路嵌缝胶填缝	m^2	25.98	0.33	3.22	—	0.34	0.17		4.06×25.98
9	040204003001	安砌侧（平、缘）石			m^2	174.46						18.53	3233.13
			2-140	四合料基层，20cm厚	m^2	61.60	1.23	28.17	1.72	3.11	1.56		35.79×61.60
				黄土	m^3	1.93	—	15	—	1.5	0.75		17.25×1.93
			2-141	四合料基层，增2cm	m^2	61.60	0.08	2.82	0.02	0.29	0.15		3.36×61.60
				黄土	m^3	0.1	—	30	—	3	1.5		34.5×0.1
			2-177	多合土养生	m^2	61.60	0.02	0.01	0.11	0.02	0.01		0.17×61.60
			2-1	侧石处路床碾压检验	m^2	92.46	0.08	—	0.74	0.08	0.04		0.94×92.46

续表

序号	项目编码	项目名称	定额编号	工程内容	单位	数量	其中：/元					综合单位	合价
							人工费	材料费	机械费	管理费	利润		
			2-333	石质侧石安砌	m	174.46	2.92	0.51	—	0.34	0.17		3.94×174.46
10	040302004001	混凝土墩（台）身			m^3	2.36						314.15	741.4
			3-280	柱式墩台身	m^3	2.36	39.97	0.77	28.2	6.89	3.45		79.28×2.36
				混凝土 C20	m^3	2.41	—	200	—	20	10		230×2.41
11	040302015001	混凝土防撞护栏			m	140.28						81.13	11380.91
			3-324	混凝土防撞护栏	m^3	33.81	69.79	1.44	14.60	8.58	4.29		98.7×33.81
				混凝土 C30	m^3	34.47	—	210	—	21	10.5		241.5×34.47
12	040302017001	桥面铺装			m^2	165.44						140.32	23214.50
			3-331	桥面混凝土铺装（车行道）	m^3	37.04	45.55	34.79	14.60	9.49	4.75		109.18×37.04
				混凝土 C25	m^3	37.78	—	220	—	22	11		253×37.78
			3-261	混凝土垫层	m^3	17.6	29.73	0.26	21.41	5.14	2.07		58.61×17.6
				混凝土 C15	m^3	17.95	—	200	—	20	10		230×17.95
			3-294	混凝土契形块	m^3	4.5	71.70	10.19	14.19	9.61	4.81		110.5×4.5
				混凝土 C30，抗渗	m^3	4.59	—	235	—	23.5	11.75		270.25×4.59
			3-334	桥面防水砂浆	m^2	464	1.82	3.27	—	0.51	0.25		5.85×464
13	040305001001	挡墙基础			m^3	175.16						311.83	54620.53
			3-263	混凝土基础	m^3	175.16	29.03	1.56	19.94	5.05	2.53		58.11×175.16
				混凝土 C25	m^3	178.66	—	220	—	22	11		253×178.66
14	040305002001	现浇混凝土挡墙墙身			m^3	184.06						33.65	6193.62

续表

序号	项目编码	项目名称	定额编号	工程内容	单位	数量	其中：/元					综合单位	合价
							人工费	材料费	机械费	管理费	利润		
			3-312	现浇混凝土挡墙	m^3	184.06	33.3	0.72	23.18	5.72	2.86		65.78×184.06
				混凝土 C25	m^3	187.74	—	220	—	22	11		253×187.74
			3-505	沥青木丝板沉降缝	m^2	36.34	0.99	30.85	—	3.18	1.59		36.61×36.34
			3-495	安装泄水孔	m	9.5	1.57	12.84	—	1.44	0.72		16.57×9.5
15	040305002002	现浇混凝土挡土墙墙身砂滤层			m^3	301.14						79.15	23835.23
			1-685	砂砾反滤层	m^3	301.14	9.03	59.80	—	6.88	3.44		79.15×301.14
16	040306002001	箱涵底板			m^3	102.35						331.45	33923.68
			3-387	箱涵底板制作	m^3	102.35	32.07	1.49	20.05	5.36	2.68		61.65×102.35
				C30 混凝土	m^3	104.40	—	230	—	23	11.5		264.5×104.40
17	040306003001	箱涵侧墙			m^3	47.3						335.68	15877.78
			3-389	箱涵侧墙制作	m^3	47.3	34.67	0.94	21.67	5.73	2.86		65.87×47.3
				C30 混凝土	m^3	48.25	—	230	—	23	11.5		264.5×48.25
18	040306004001	箱涵顶板			m^3	101.25						333.43	33760.10
			3-391	箱涵顶板制作	m^3	101.25	32.94	1.75	20.64	5.53	2.77		63.63×101.25
				C30 混凝土	m^3	103.28	—	230	—	23	11.5		264.5×103.28
19	040309001001	金属栏杆			t	3.128						4717.97	14757.81
			3-480	防撞护栏钢管扶手	t	3.128	395.47	3519.43	187.68	410.26	205.13		4717.97×3.128
20	040501002001	混凝土管（*D*300）			m	34						87.17	2963.68
			6-18	管道基础(180°)	m	34	6.00	0.10	1.50	0.76	0.38		8.74×34
				C15 混凝土	m^3	3.28	—	200	—	20	10		230×3.28
			6-52	混凝土管道铺设	m	34	2.82	—	—	0.28	0.14		3.24×34

续表

序号	项目编码	项目名称	定额编号	工程内容	单位	数量	其中：/元					综合单位	合价
							人工费	材料费	机械费	管理费	利润		
				钢筋混凝土管 *D*300	m	34.34	—	44.42	—	4.44	2.22		51.08×34.34
			6-124	水泥砂浆接口	个	3	2.15	0.59	—	0.27	0.14		3.15×3
			6-286	管道闭水试验	m	34	0.42	0.56	—	0.10	0.05		1.13×34
21	040501002002	混凝土管（*D*600）			m	60						228.97	13738.44
			6-21	管道基础	m	60	11.45	0.26	3.37	1.51	0.75		17.34×60
				C15 混凝土	m^3	13.01	—	200	—	20	10		230×13.01
			6-55	混凝土管道铺设	m	60	5.51	—	—	0.55	0.28		6.34×60
				钢筋混凝土管 *D*600	m	61.2	—	130.68	—	13.07	6.53		150.28×61.2
			6-126	水泥砂浆接口	个	5	2.56	0.85	—	0.34	0.17		3.92×5
			6-287	管道闭水试验	m	60	0.69	0.88	—	0.16	0.08		1.81×60
22	040504001001	砌筑井			座	3						1091.76	3275.29
			6-402	雨水检查井	座	3	212.09	660.60	5.74	87.84	43.92		1010.19×3
				混凝土 C10	m^3	1.12	—	190	—	19	9.5		218.5×1.12
23	040504003001	雨水进水井			座	6						226.21	1357.27
			6-532	砌筑雨水进水井（井深1m）	座	6	69.63	133.45	2.17	20.53	10.26		236.04×6
			6-533	砌筑雨水进水井（井深减0.25m）	座	6	−10.61	−23.9	—	−3.45	−1.73		−39.69×6
				混凝土 C10	m^3	0.82	—	190	—	19	9.5		218.5×0.82
24	040701002001	现浇构件钢筋（传力杆）			t	0.489						4092.55	2001.26
			2-304	桥面构造筋	t	0.489	336.15	3202.15	20.44	355.87	177.94		4092.55×0.489

续表

序号	项目编码	项目名称	定额编号	工程内容	单位	数量	其中：/元					综合单位	合价
							人工费	材料费	机械费	管理费	利润		
25	040701002002	现浇构件钢筋（挡墙）			t	22.121						12367.77	273587.38
			3-235	钢筋 ϕ10 以内	t	1.704	374.35	41.82	40.10	45.63	22.81		524.71×1.704
				钢筋 ϕ10 以内	t	1.738	—	2815.14	—	281.5	140.76		3237.4×1.738
			3-236	钢筋 ϕ10 以外	t	20.471	182.23	61.78	69.66	31.37	15.68		360.72×20.471
				钢筋 ϕ10 以外	t	20.088	—	2671.64	—	267.16	133.58		3072.38×20.088
26	040701002003	现浇构件钢筋（栏杆）			t	4.933						12367.77	61010.21
			3-235	钢筋 ϕ10 以内	t	0.925	374.35	41.82	40.10	45.63	22.81		524.71×0.925
				钢筋 ϕ10 以内	t	0.944	—	2815.14	—	281.51	140.76		3237.41×0.944
			3-236	钢筋 ϕ10 以外	t	4.088	—	2671.64	—	267.16	133.58		3072.38×4.088
				钢筋 ϕ10 以外	t	4.088	−2671.64	—	267.16	133.58			3072.38×4.088
27	040701002004	现浇构件钢筋（桥涵）			t	33.689						12367.77	416657.8
			3-235	钢筋 ϕ10 以内	t	0.07	374.35	41.82	40.10	45.63	22.81		524.71×0.07
				钢筋 ϕ10 以内	t	0.071	—	2815.14	—	281.51	140.76		3237.41×0.071
			3-236	钢筋 ϕ10 以外	t	33.619	182.23	61.78	69.66	31.37	15.68		360.72×33.619
				钢筋 ϕ10 以外	t	34.291	—	2671.64	—	—	267.16	133.58	3072.38×34.291
28	040801001001	拆除路面			m^2	96						0.63	60.48
			1-549	人工拆除混凝土路面（厚 15cm）	m^2	96	3.91	—	—	0.39	0.20		4.5×96
			1-550	人工拆除混凝土路面（减 13cm）	m^2	96	−3.36	—	—	−0.34	−0.17		−3.87×96

措施项目费分析表

附录表12

工程名称：××路公路、桥涵、排水工程

第 页 共 页

序号	措施项目名称	单位	数量	金额/元					
				人工费	材料费	机械费	管理费	利润	小计
	市政工程								
4.1	大型机械设备进出场及安拆								
4.1.1	履带式推土机(135kW以内)进出场费	台次	2						5731.78
4.1.2	履带式单斗挖掘机(1.25m³内)进出场费	台次	1						4234.25
4.1.3	压路机(综合)进出场费	台次	2						5538.6
4.2	脚手架								
4.2.1	双排钢管脚手架8m以内	m²	927.88						
4.3	混凝土、钢筋混凝土模板及支架								
4.3.1	柱式墩台身模板								
4.3.2	混凝土防撞护栏模板								
4.3.3	挡墙基础模板								
4.3.4	挡墙模板								
4.3.5	箱涵底板模板								
4.3.6	箱涵侧墙模板								
4.3.7	箱涵顶板模板								
4.4	垂直运输机械								
4.4.1	混凝土挡墙垂直运输机械费用								
4.5	环境保护费								
4.6	临时设施费								
4.7	文明、安全施工费								
	合计								

主要材料价格表

附录表13

工程名称：××路道路、桥涵、排水工程

第 页 共 页

序号	材料编码	名称规格	单位	数量	单价/元	合价/元
1		水	t	82.68	1.7	140.556
2						

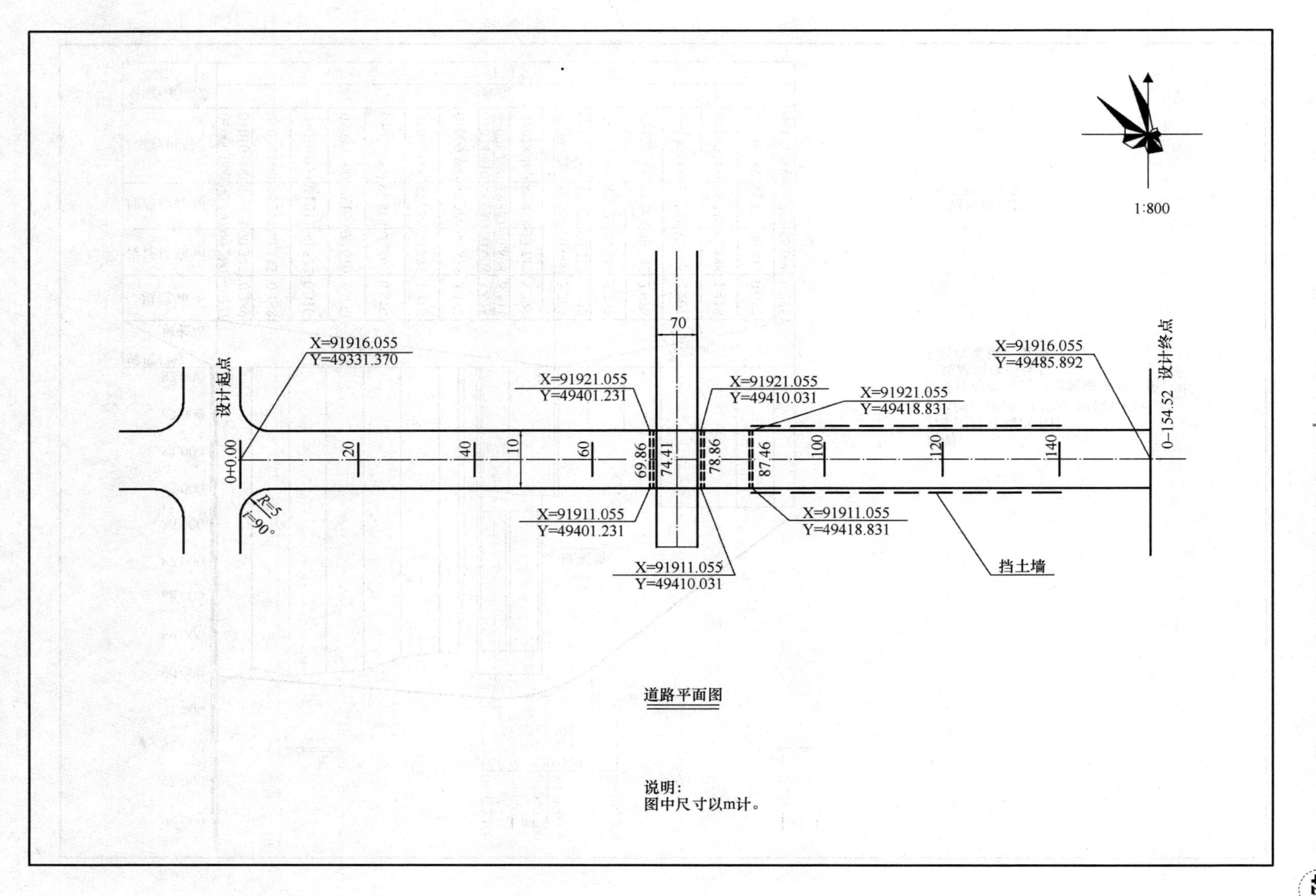
1:800
70
X=91916.055
Y=49331.370
设计起点
0+0.00
R=5
i=90°
20
40
10
60
X=91921.055
Y=49401.231
X=91911.055
Y=49401.231
69.86
74.41
78.86
X=91921.055
Y=49410.031
X=91911.055
Y=49410.031
87.46
X=91921.055
Y=49418.831
X=91911.055
Y=49418.831
100
120
140
X=91916.055
Y=49485.892
0−154.52 设计终点
挡土墙
说明：
图中尺寸以m计。

道路平面图

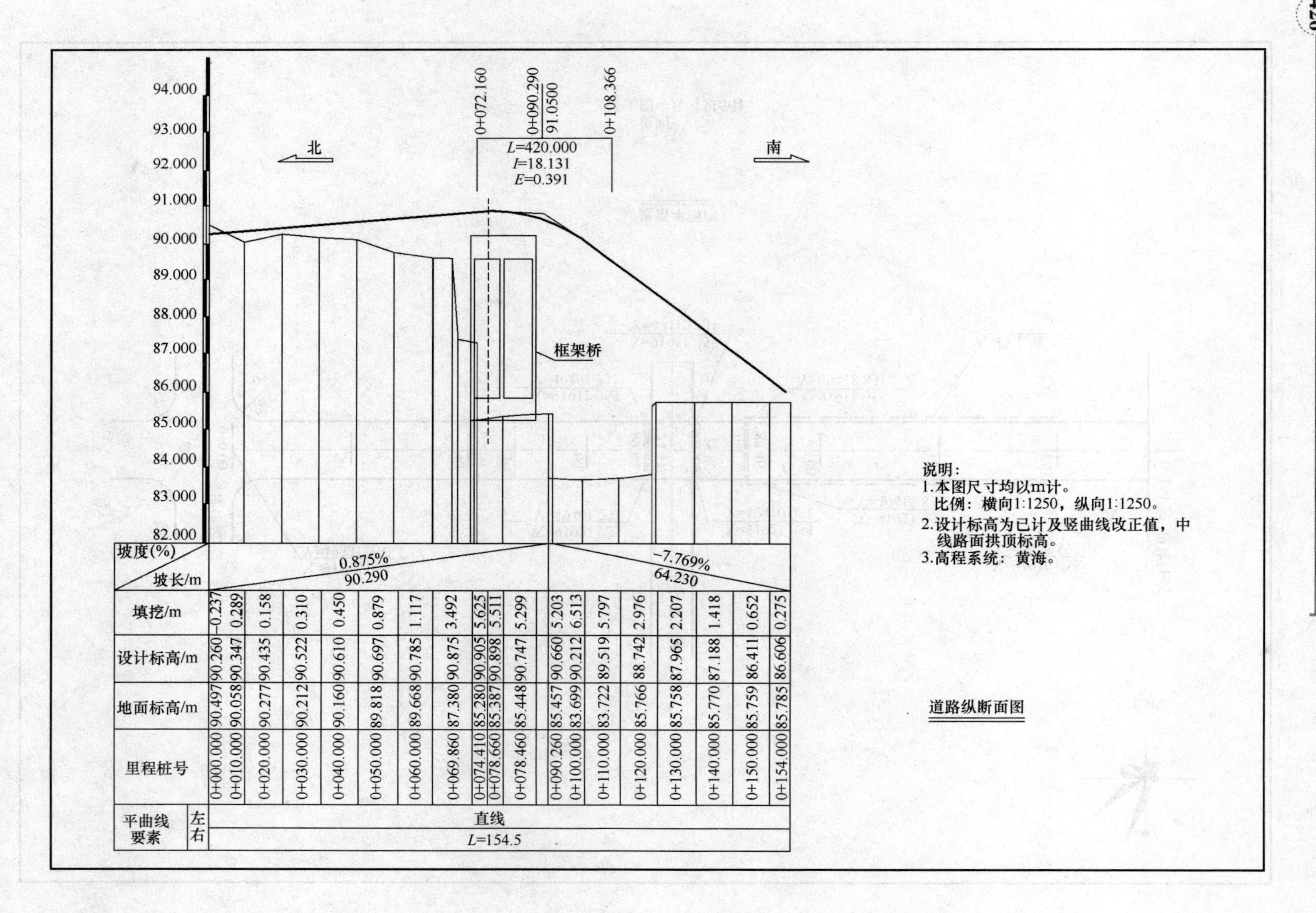

里程桩号	地面标高/m	设计标高/m	填挖/m
0+000.000	90.497	90.260	−0.237
0+010.000	90.058	90.347	0.289
0+020.000	90.277	90.435	0.158
0+030.000	90.212	90.522	0.310
0+040.000	90.160	90.610	0.450
0+050.000	89.818	90.697	0.879
0+060.000	89.668	90.785	1.117
0+069.860	87.380	90.875	3.492
0+074.410	85.280	90.905	5.625
0+078.660	85.387	90.898	5.511
0+078.460	85.448	90.747	5.299
0+090.260	85.457	90.660	5.203
0+100.000	83.699	90.212	6.513
0+110.000	83.722	89.519	5.797
0+120.000	85.766	88.742	2.976
0+130.000	85.758	87.965	2.207
0+140.000	85.770	87.188	1.418
0+150.000	85.759	86.411	0.652
0+154.000	85.785	86.606	0.275

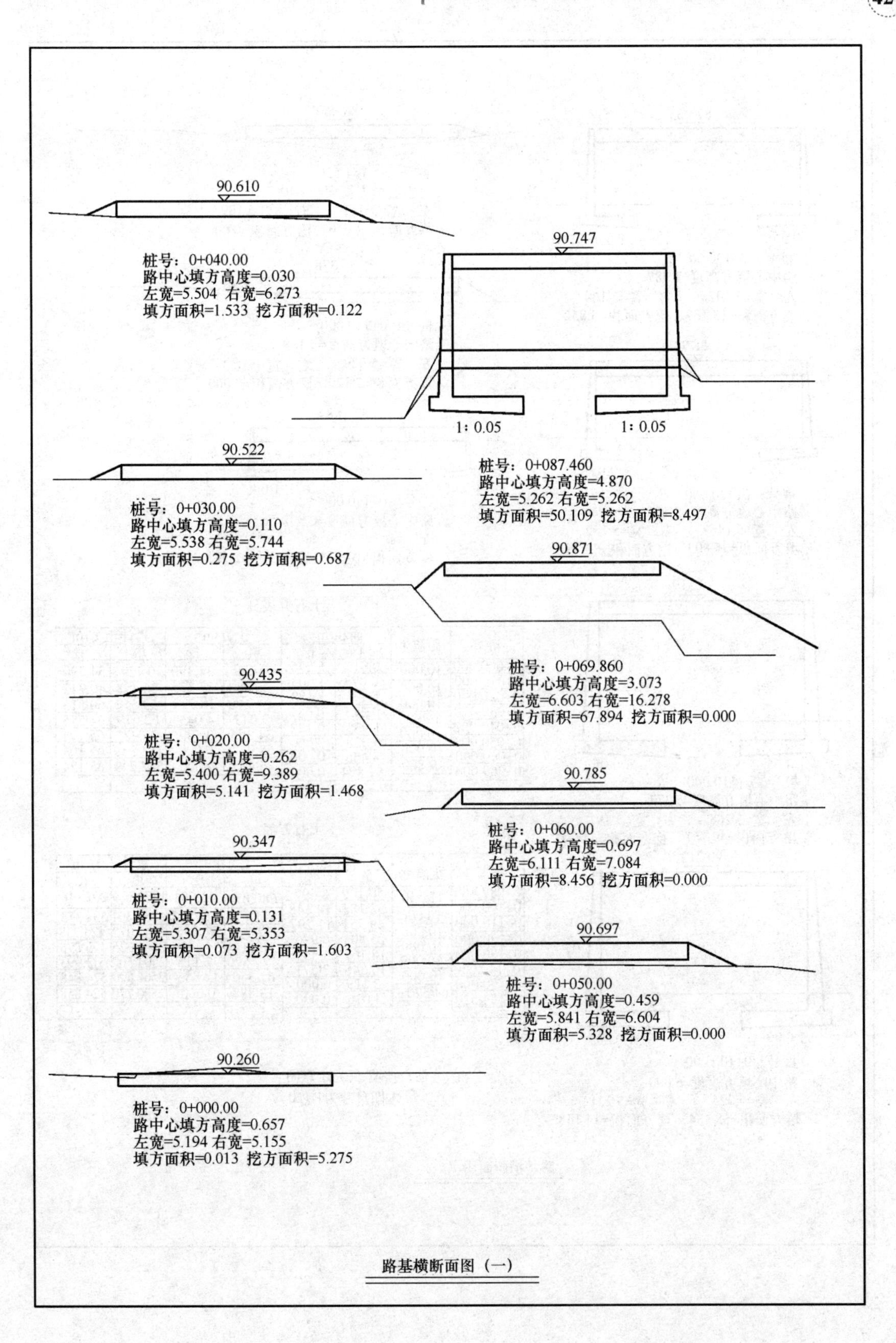
90.610
桩号：0+040.00
路中心填方高度=0.030
左宽=5.504 右宽=6.273
填方面积=1.533 挖方面积=0.122
90.747
1：0.05
1：0.05
桩号：0+087.460
路中心填方高度=4.870
左宽=5.262 右宽=5.262
填方面积=50.109 挖方面积=8.497
90.522
桩号：0+030.00
路中心填方高度=0.110
左宽=5.538 右宽=5.744
填方面积=0.275 挖方面积=0.687
90.871
桩号：0+069.860
路中心填方高度=3.073
左宽=6.603 右宽=16.278
填方面积=67.894 挖方面积=0.000
90.435
桩号：0+020.00
路中心填方高度=0.262
左宽=5.400 右宽=9.389
填方面积=5.141 挖方面积=1.468
90.785
桩号：0+060.00
路中心填方高度=0.697
左宽=6.111 右宽=7.084
填方面积=8.456 挖方面积=0.000
90.347
桩号：0+010.00
路中心填方高度=0.131
左宽=5.307 右宽=5.353
填方面积=0.073 挖方面积=1.603
90.697
桩号：0+050.00
路中心填方高度=0.459
左宽=5.841 右宽=6.604
填方面积=5.328 挖方面积=0.000
90.260
桩号：0+000.00
路中心填方高度=0.657
左宽=5.194 右宽=5.155
填方面积=0.013 挖方面积=5.275
路基横断面图（一）

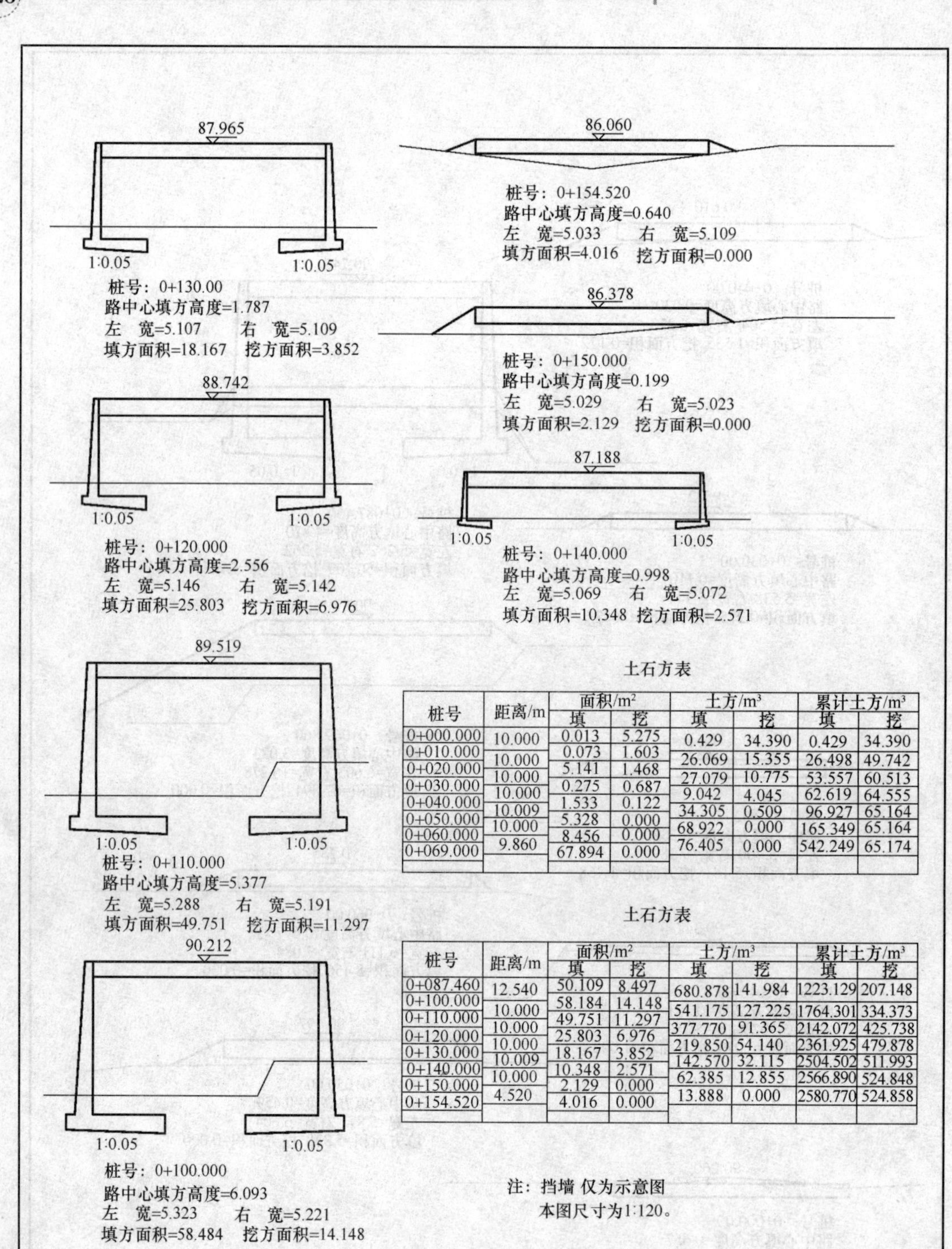

土石方表

桩号	距离/m	面积/m²		土方/m³		累计土方/m³	
		填	挖	填	挖	填	挖
0+000.000	10.000	0.013	5.275	0.429	34.390	0.429	34.390
0+010.000	10.000	0.073	1.603	26.069	15.355	26.498	49.742
0+020.000	10.000	5.141	1.468	27.079	10.775	53.557	60.513
0+030.000	10.000	0.275	0.687	9.042	4.045	62.619	64.555
0+040.000	10.009	1.533	0.122	34.305	0.509	96.927	65.164
0+050.000	10.000	5.328	0.000	68.922	0.000	165.349	65.164
0+060.000	9.860	8.456	0.000	76.405	0.000	542.249	65.174
0+069.000		67.894	0.000				

土石方表

桩号	距离/m	面积/m²		土方/m³		累计土方/m³	
		填	挖	填	挖	填	挖
0+087.460	12.540	50.109	8.497	680.878	141.984	1223.129	207.148
0+100.000	10.000	58.184	14.148	541.175	127.225	1764.301	334.373
0+110.000	10.000	49.751	11.297	377.770	91.365	2142.072	425.738
0+120.000	10.000	25.803	6.976	219.850	54.140	2361.925	479.878
0+130.000	10.009	18.167	3.852	142.570	32.115	2504.502	511.993
0+140.000	10.000	10.348	2.571	62.385	12.855	2566.890	524.848
0+150.000	4.520	2.129	0.000	13.888	0.000	2580.770	524.858
0+154.520		4.016	0.000				

注：挡墙 仅为示意图

本图尺寸为1:120。

路基横断面图（二）

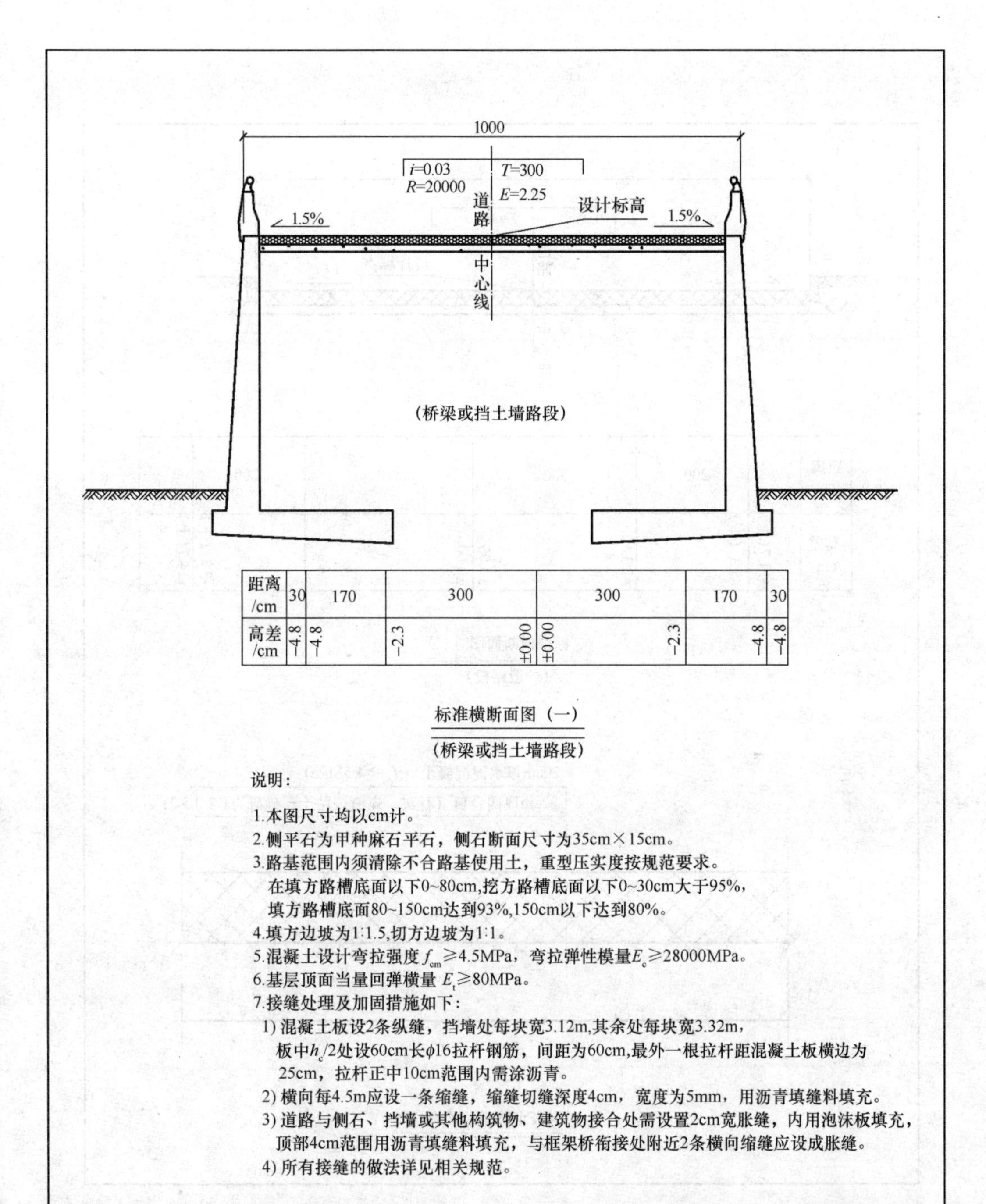

距离/cm	30	170	300	300	170	30
高差/cm	−4.8	−4.8	−2.3　±0.00	±0.00　−2.3	−4.8	−4.8

标准横断面图（一）

（桥梁或挡土墙路段）

说明：

1.本图尺寸均以cm计。
2.侧平石为甲种麻石平石，侧石断面尺寸为35cm×15cm。
3.路基范围内须清除不合路基使用土，重型压实度按规范要求。
　在填方路槽底面以下0~80cm,挖方路槽底面以下0~30cm大于95%，
　填方路槽底面80~150cm达到93%,150cm以下达到80%。
4.填方边坡为1∶1.5,切方边坡为1∶1。
5.混凝土设计弯拉强度 f_{cm}≥4.5MPa，弯拉弹性模量E_c≥28000MPa。
6.基层顶面当量回弹横量 E_t≥80MPa。
7.接缝处理及加固措施如下：
　1) 混凝土板设2条纵缝，挡墙处每块宽3.12m,其余处每块宽3.32m，
　板中h_c/2处设60cm长ϕ16拉杆钢筋，间距为60cm,最外一根拉杆距混凝土板横边为
　25cm，拉杆正中10cm范围内需涂沥青。
　2) 横向每4.5m应设一条缩缝，缩缝切缝深度4cm，宽度为5mm，用沥青填缝料填充。
　3) 道路与侧石、挡墙或其他构筑物、建筑物接合处需设置2cm宽胀缝，内用泡沫板填充，
　顶部4cm范围用沥青填缝料填充，与框架桥衔接处附近2条横向缩缝应设成胀缝。
　4) 所有接缝的做法详见相关规范。

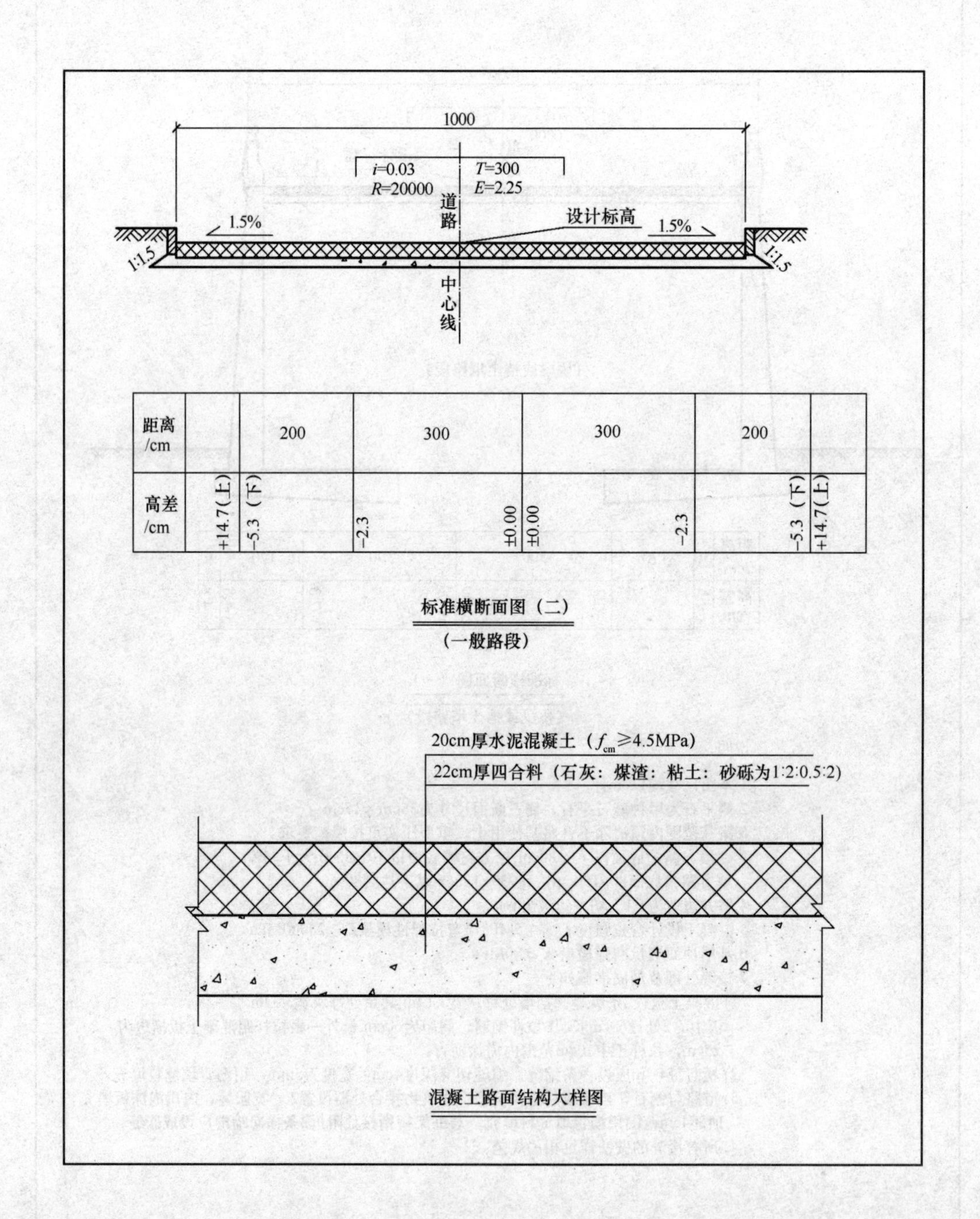

距离/cm		200	300	300	200	
高差/cm	+14.7（上）	−5.3（下）	−2.3	±0.00 ±0.00	−2.3	−5.3（下） +14.7（上）

标准横断面图（二）

（一般路段）

混凝土路面结构大样图

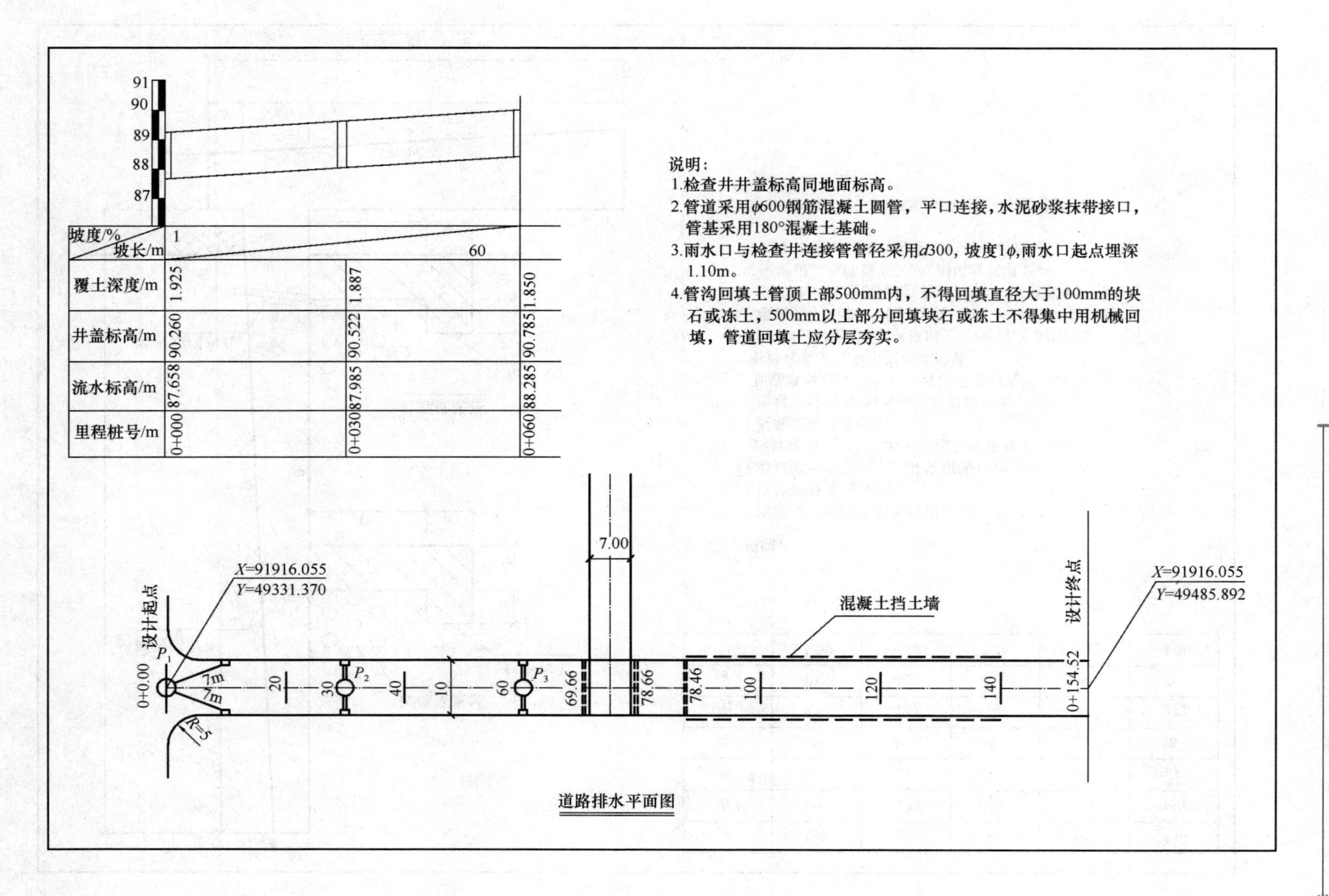
91
90
89
88
87
坡度/%
坡长/m
1
60
覆土深度/m
1.925
1.887
1.850
井盖标高/m
90.260
90.522
90.785
流水标高/m
87.658
87.985
88.285
里程桩号/m
0+000
0+030
0+060
说明：
1.检查井井盖标高同地面标高。
2.管道采用φ600钢筋混凝土圆管，平口连接，水泥砂浆抹带接口，管基采用180°混凝土基础。
3.雨水口与检查井连接管管径采用d300，坡度1φ,雨水口起点埋深1.10m。
4.管沟回填土管顶上部500mm内，不得回填直径大于100mm的块石或冻土，500mm以上部分回填块石或冻土不得集中用机械回填，管道回填土应分层夯实。
7.00
X=91916.055
Y=49331.370
设计起点
0+0.00
P1
7m
7m
R=5
20
30
P2
40
10
60
P3
69.66
78.66
78.46
100
120
140
混凝土挡土墙
设计终点
0+154.52
X=91916.055
Y=49485.892
道路排水平面图

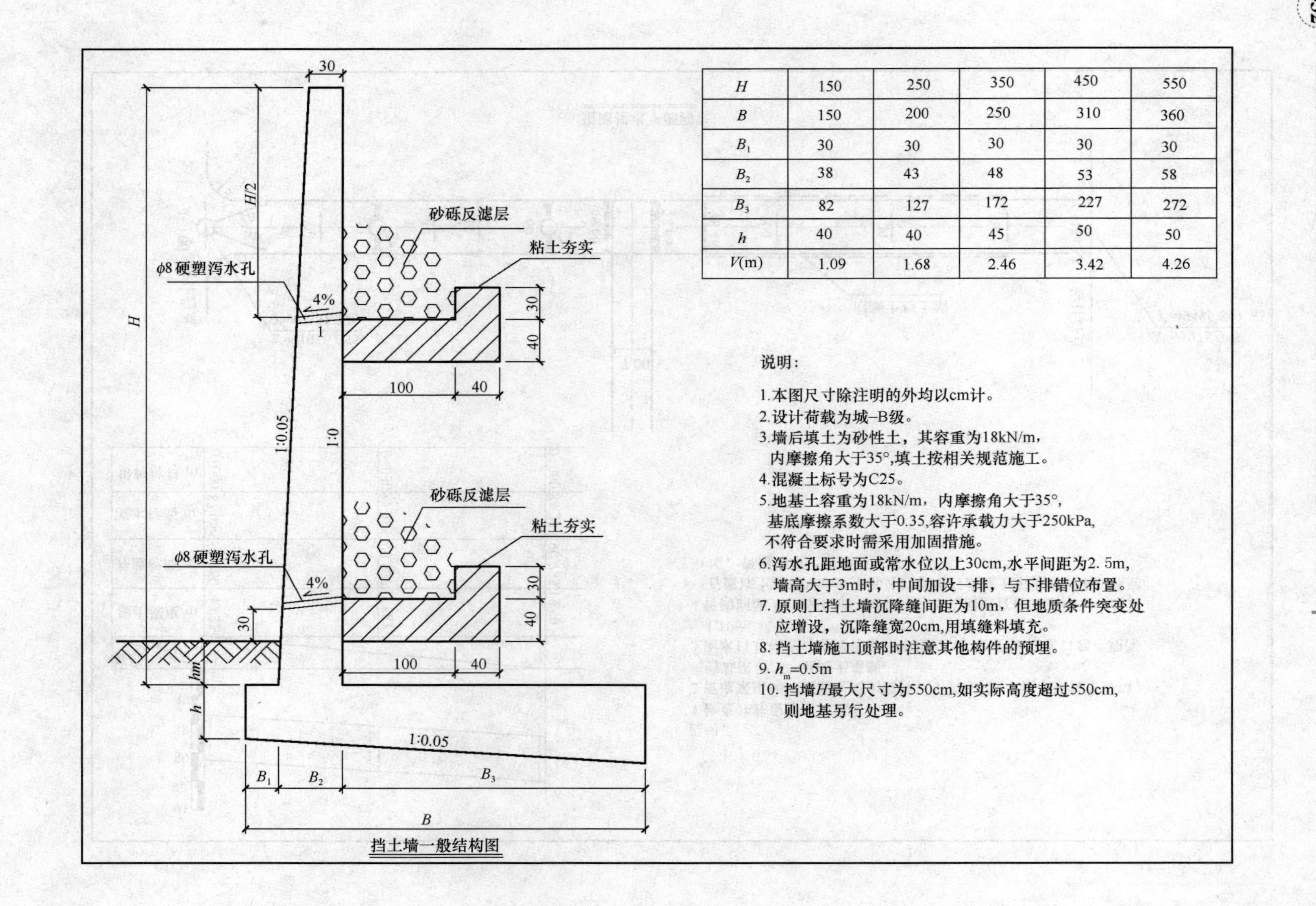

H	150	250	350	450	550
B	150	200	250	310	360
B_1	30	30	30	30	30
B_2	38	43	48	53	58
B_3	82	127	172	227	272
h	40	40	45	50	50
V(m)	1.09	1.68	2.46	3.42	4.26

说明：

1.本图尺寸除注明的外均以cm计。
2.设计荷载为城–B级。
3.墙后填土为砂性土，其容重为18kN/m，内摩擦角大于35°,填土按相关规范施工。
4.混凝土标号为C25。
5.地基土容重为18kN/m，内摩擦角大于35°，基底摩擦系数大于0.35,容许承载力大于250kPa,不符合要求时需采用加固措施。
6.泻水孔距地面或常水位以上30cm,水平间距为2. 5m,墙高大于3m时，中间加设一排，与下排错位布置。
7. 原则上挡土墙沉降缝间距为10m，但地质条件突变处应增设，沉降缝宽20cm,用填缝料填充。
8. 挡土墙施工顶部时注意其他构件的预埋。
9. h_m=0.5m
10. 挡墙H最大尺寸为550cm,如实际高度超过550cm,则地基另行处理。

挡土墙一般结构图

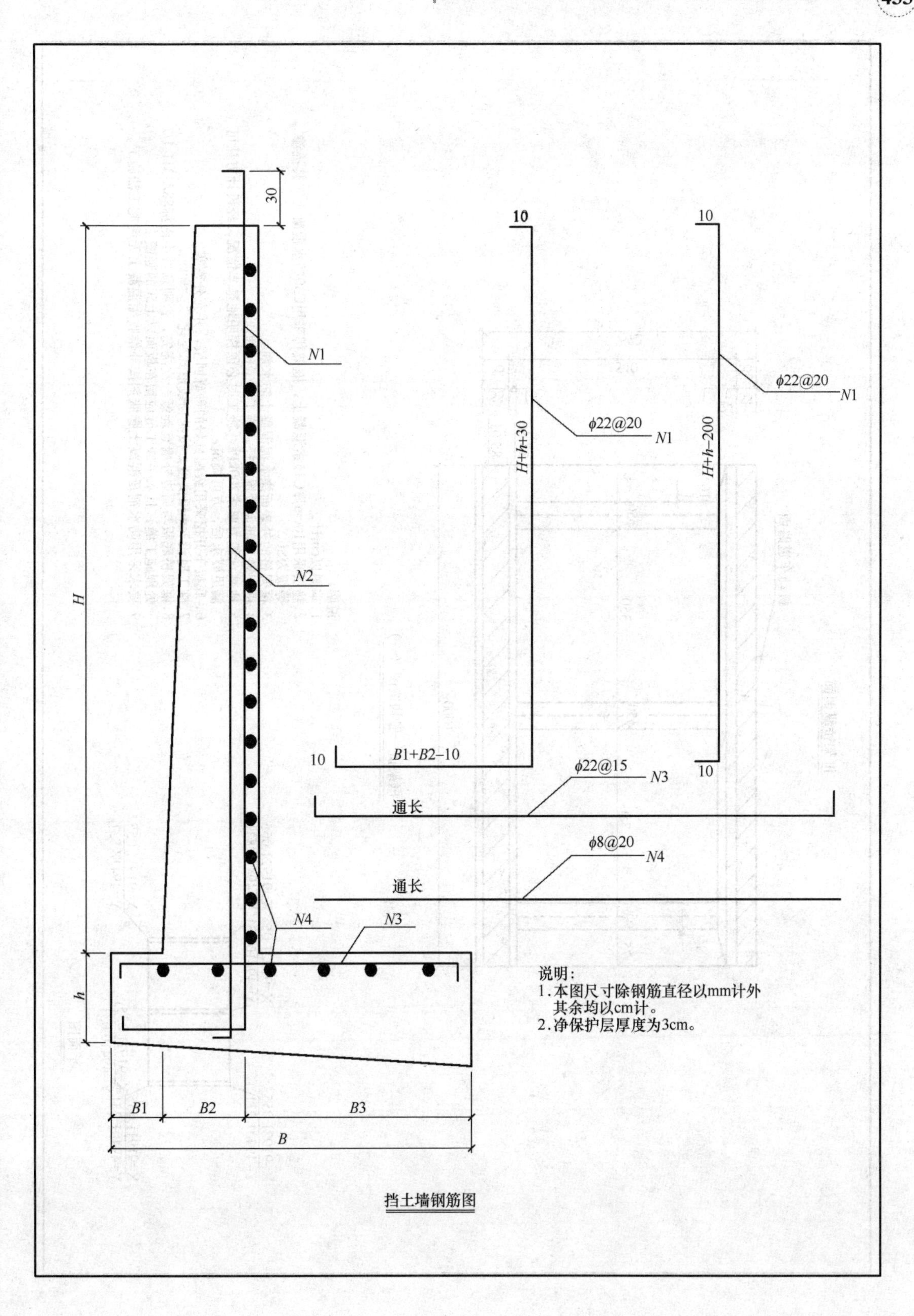
30
10
10
N1
φ22@20
N1
H+h+30
φ22@20
N1
H+h−200
N2
H
10
B1+B2−10
10
φ22@15
N3
通长
φ8@20
N4
通长
N4
N3
h
说明：
1.本图尺寸除钢筋直径以mm计外
其余均以cm计。
2.净保护层厚度为3cm。
B1
B2
B3
B

挡土墙钢筋图

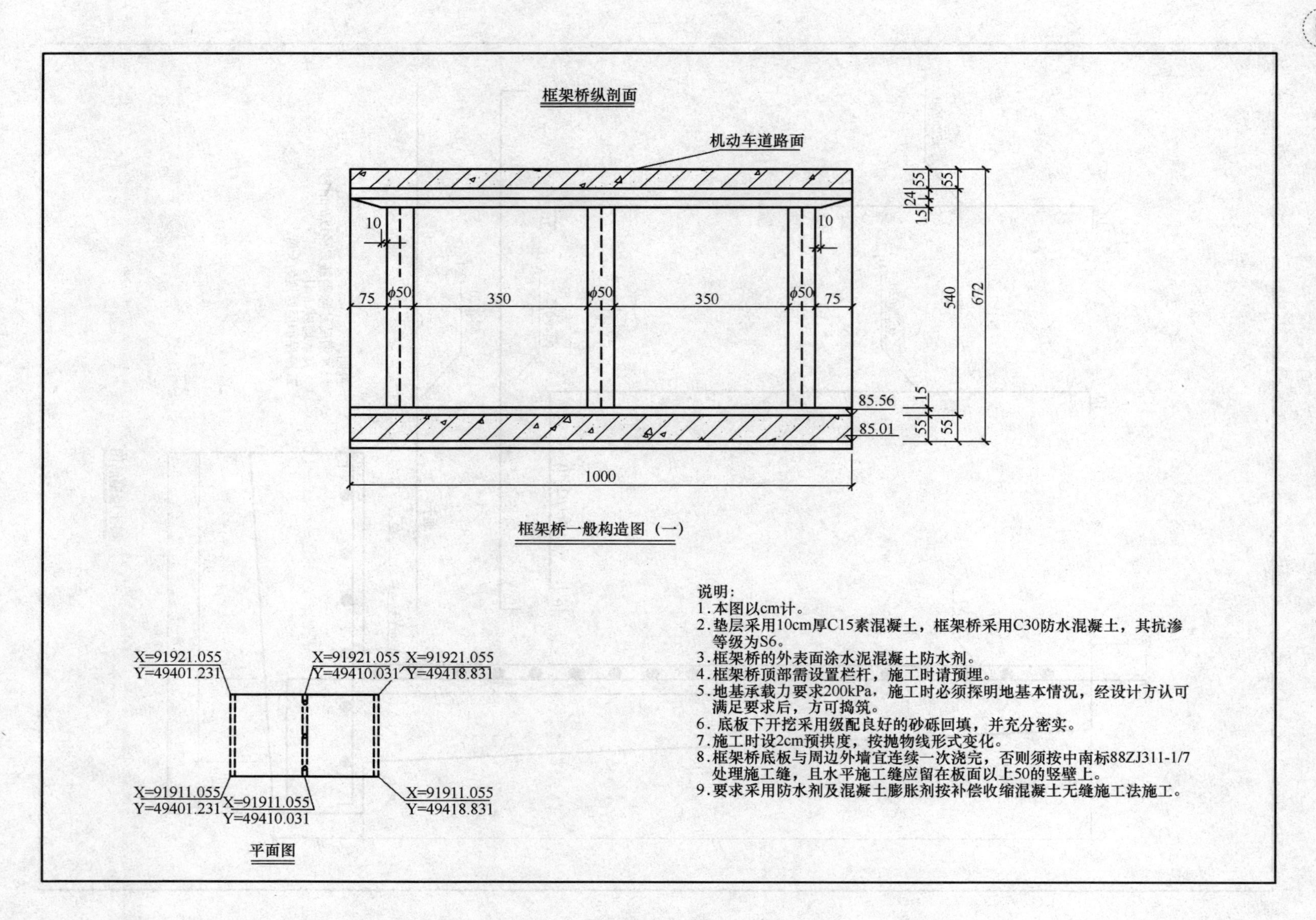
框架桥纵剖面
机动车道路面
10
10
75
φ50
350
φ50
350
φ50
75
55
55
24
15
540
672
15
85.56
85.01
55
55
1000
框架桥一般构造图（一）
X=91921.055
Y=49401.231
X=91921.055
Y=49410.031
X=91921.055
Y=49418.831
X=91911.055
Y=49401.231
X=91911.055
Y=49410.031
X=91911.055
Y=49418.831
平面图
说明：
1.本图以cm计。
2.垫层采用10cm厚C15素混凝土，框架桥采用C30防水混凝土，其抗渗等级为S6。
3.框架桥的外表面涂水泥混凝土防水剂。
4.框架桥顶部需设置栏杆，施工时请预埋。
5.地基承载力要求200kPa，施工时必须探明地基本情况，经设计方认可满足要求后，方可捣筑。
6.底板下开挖采用级配良好的砂砾回填，并充分密实。
7.施工时设2cm预拱度，按抛物线形式变化。
8.框架桥底板与周边外墙宜连续一次浇完，否则须按中南标88ZJ311-1/7处理施工缝，且水平施工缝应留在板面以上50的竖壁上。
9.要求采用防水剂及混凝土膨胀剂按补偿收缩混凝土无缝施工法施工。

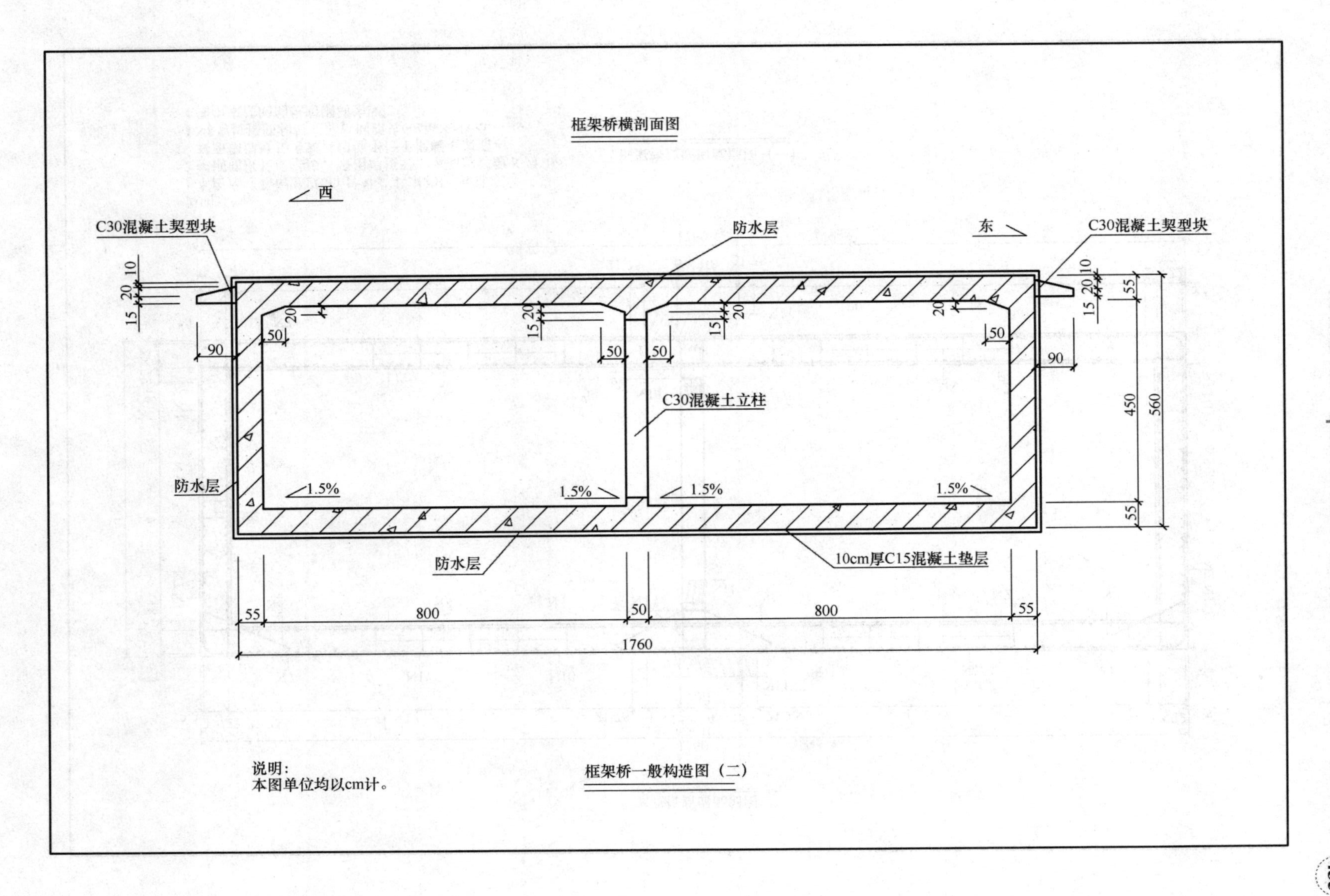

说明：
本图单位均以cm计。

框架桥一般构造图（二）

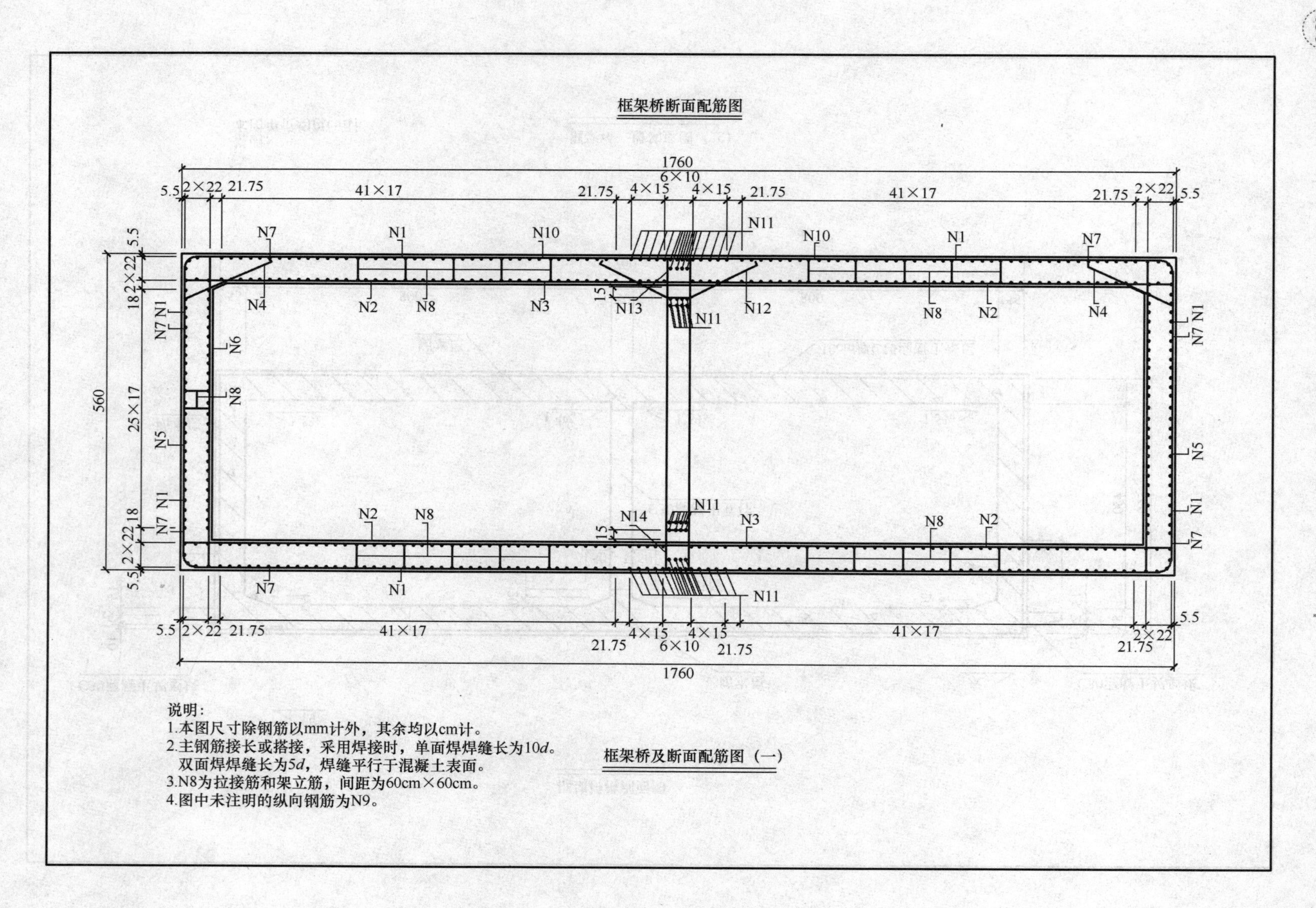
框架桥断面配筋图
1760
6×10
5.5
2×22
21.75
41×17
4×15
N1
N2
N3
N4
N5
N6
N7
N8
N10
N11
N12
N13
N14
15
18
25×17
560
说明：
1.本图尺寸除钢筋以mm计外，其余均以cm计。
2.主钢筋接长或搭接，采用焊接时，单面焊焊缝长为10d。
双面焊焊缝长为5d，焊缝平行于混凝土表面。
3.N8为拉接筋和架立筋，间距为60cm×60cm。
4.图中未注明的纵向钢筋为N9。
框架桥及断面配筋图（一）

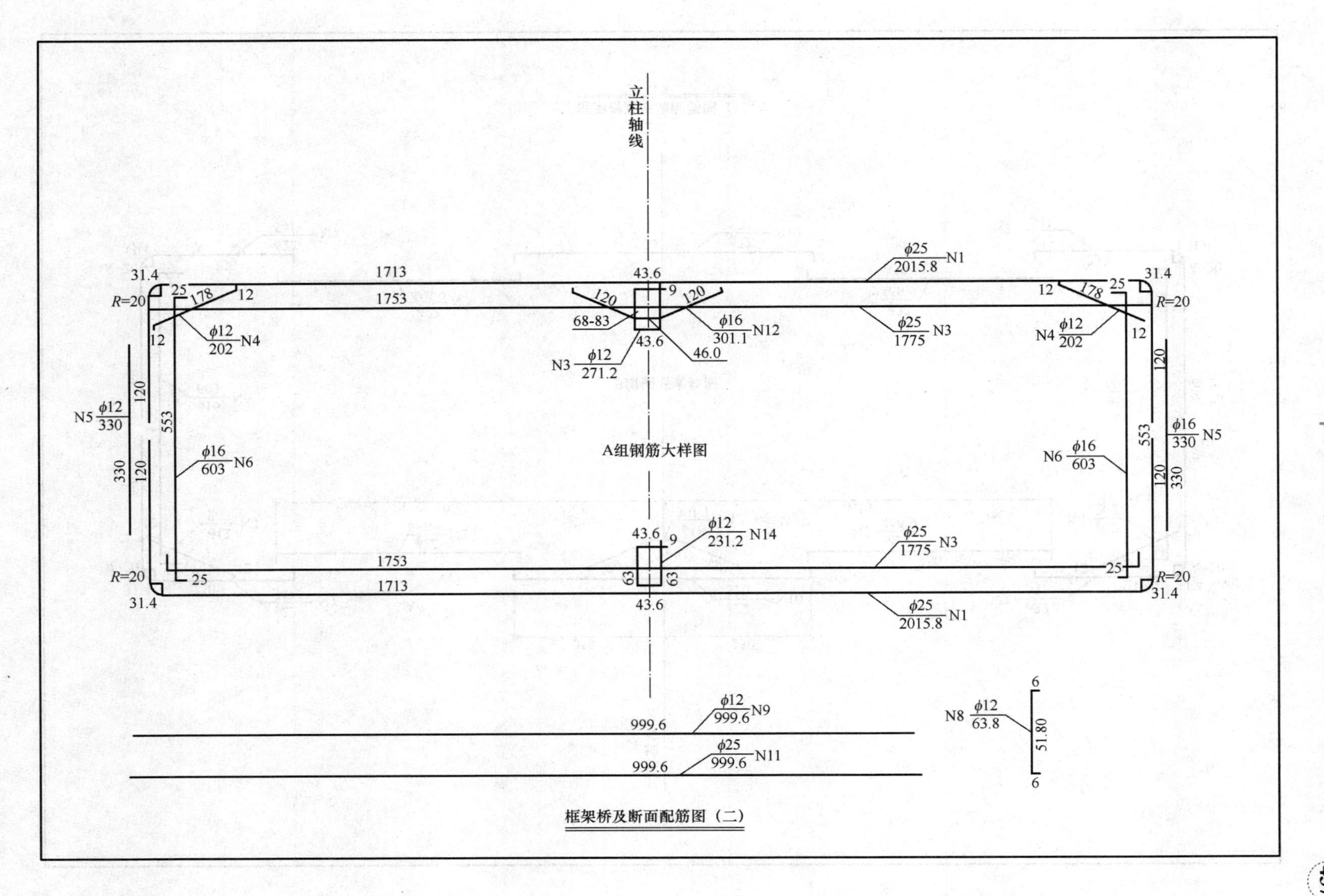

立柱轴线
A组钢筋大样图
φ25 2015.8 N1
φ25 1775 N3
φ12 271.2 N3
φ12 202 N4
φ12 330 N5
φ16 330 N5
φ16 603 N6
φ12 63.8 N8
φ12 999.6 N9
φ25 999.6 N11
φ16 301.1 N12
φ12 231.2 N14
R=20
31.4
1713
1753
553
330
120
178
12
25
43.6
46.0
68-83
9
63
51.80
6
999.6

框架桥及断面配筋图（二）

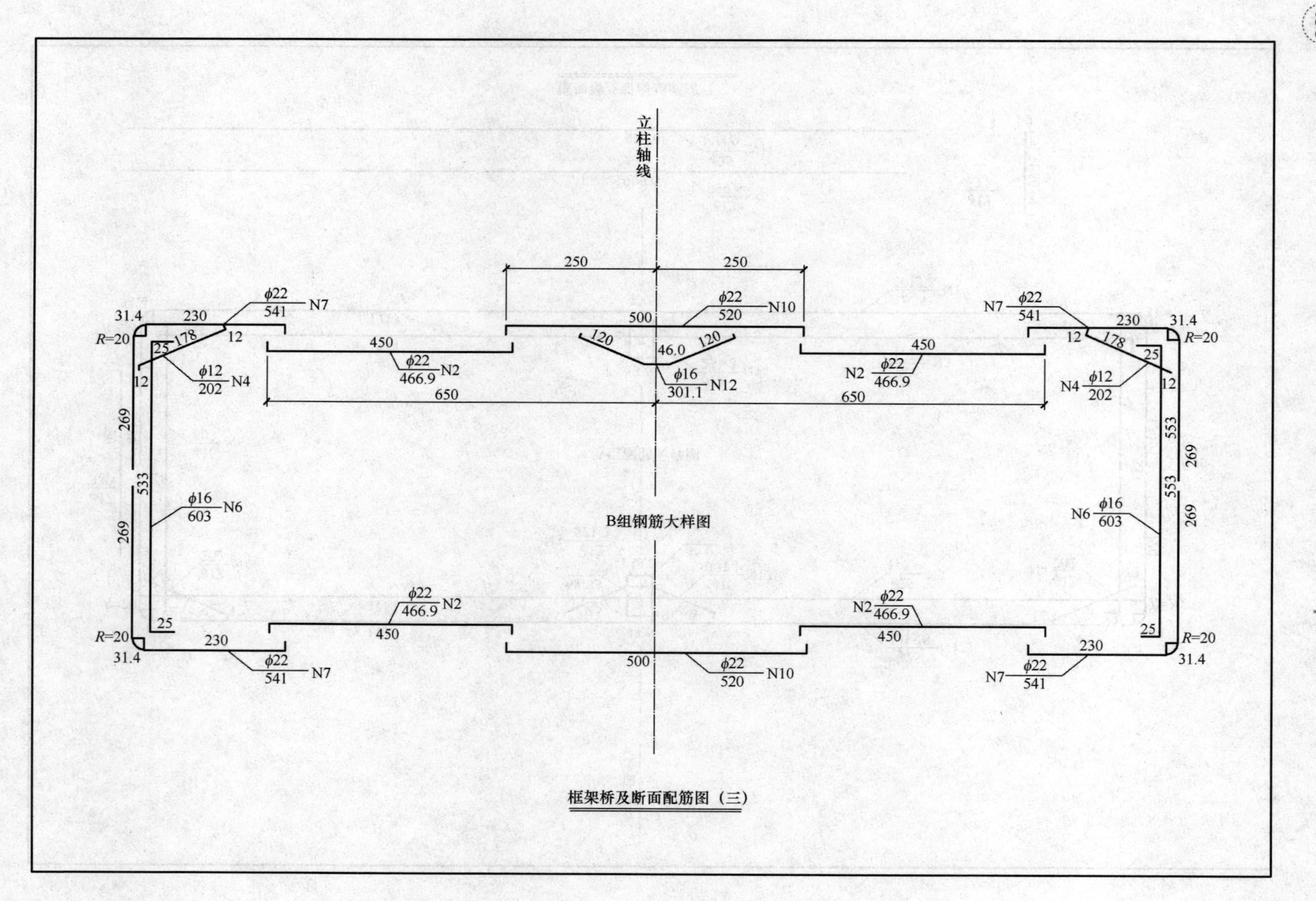

立柱轴线
250
250
φ22/541 N7
φ22/520 N10
31.4
230
500
R=20
178
12
25
120
120
46.0
450
450
φ22/466.9 N2
N2 φ22/466.9
φ12/202 N4
N4 φ12/202
φ16/301.1 N12
650
650
269
553
533
φ16/603 N6
N6 φ16/603
B组钢筋大样图

框架桥及断面配筋图（三）

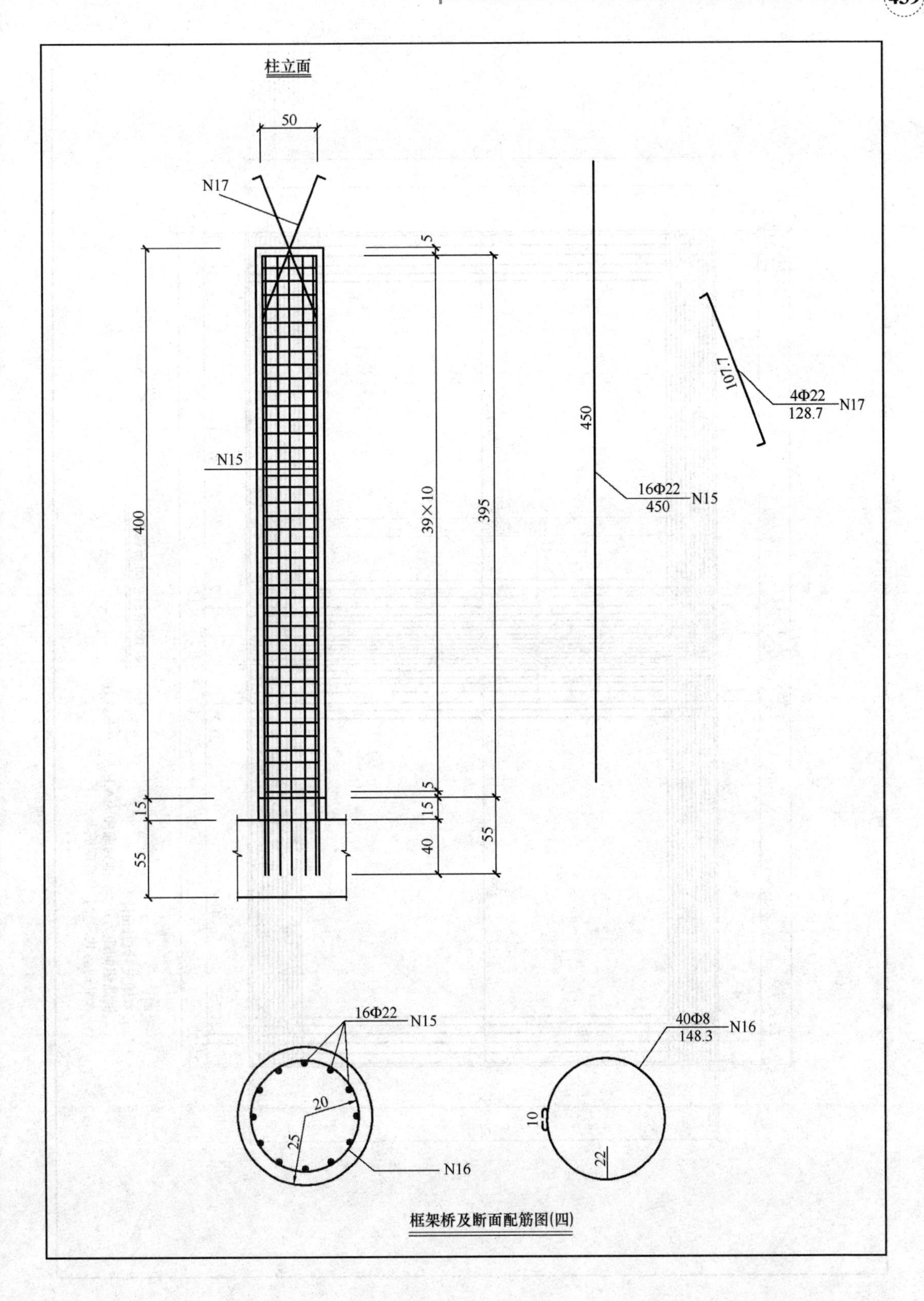
柱立面
50
N17
5
N15
400
39×10
395
5
15
15
40
55
55
450
16Φ22
450
N15
107.7
4Φ22
128.7
N17
16Φ22
N15
20
25
N16
40Φ8
148.3
N16
10
22

框架桥及断面配筋图(四)

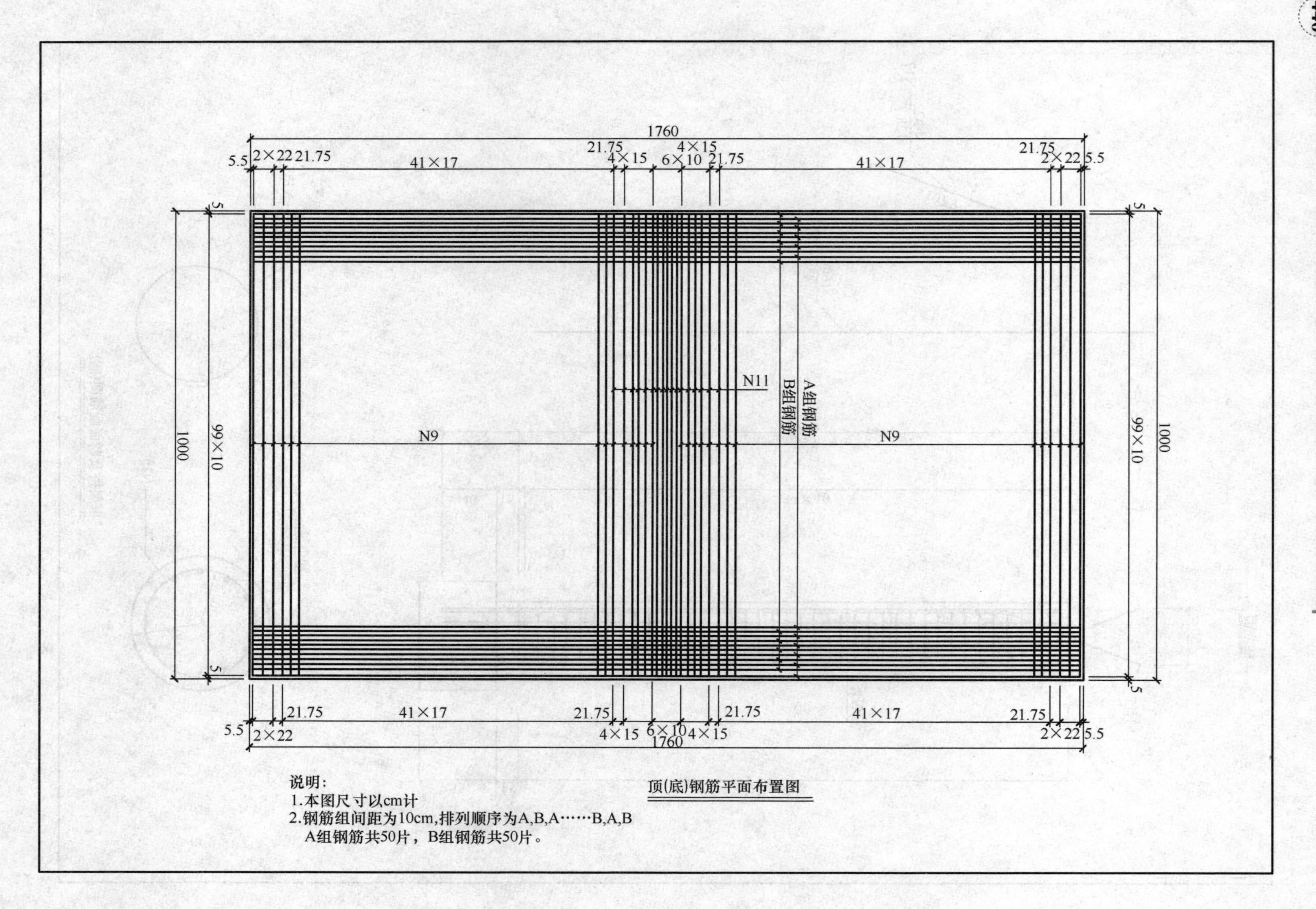
1760
5.5
2×22
21.75
41×17
4×15
6×10
1000
99×10
5
N9
N11
A组钢筋
B组钢筋
说明：
1.本图尺寸以cm计
2.钢筋组间距为10cm,排列顺序为A,B,A……B,A,B
A组钢筋共50片，B组钢筋共50片。

顶(底)钢筋平面布置图

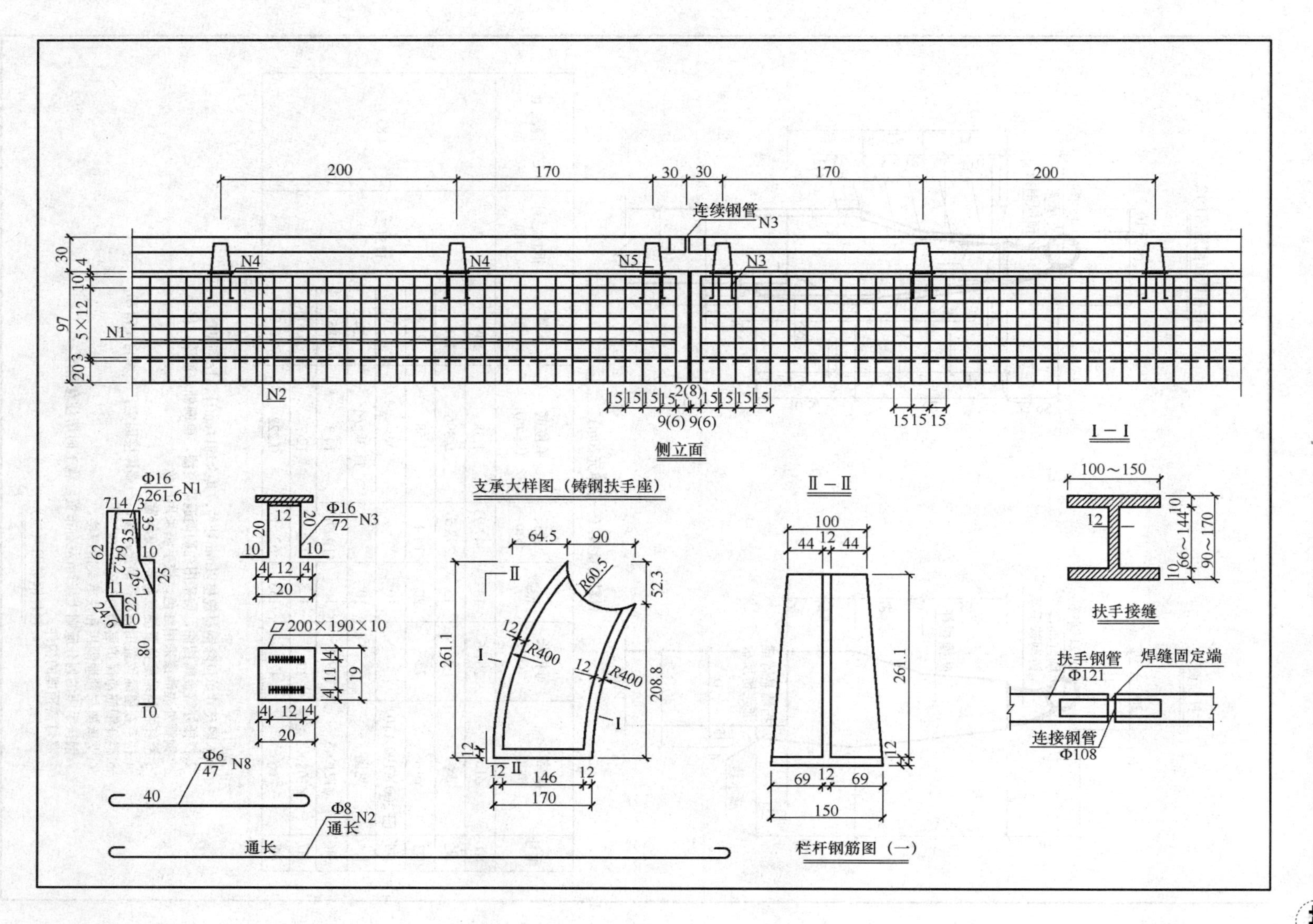
200
170
30
30
170
200
连续钢管
N3
N4
N4
N5
N3
N1
N2
侧立面
Φ16 261.6 N1
Φ16 72 N3
200×190×10
支承大样图（铸钢扶手座）
R60.5
R400
R400
64.5
90
52.3
261.1
208.8
146
170
II－II
100
261.1
150
I－I
100～150
66～144
90～170
扶手接缝
扶手钢管 Φ121
焊缝固定端
连接钢管 Φ108
Φ6 47 N8
40
Φ8 通长 N2
通长

栏杆钢筋图（一）

栏杆断面

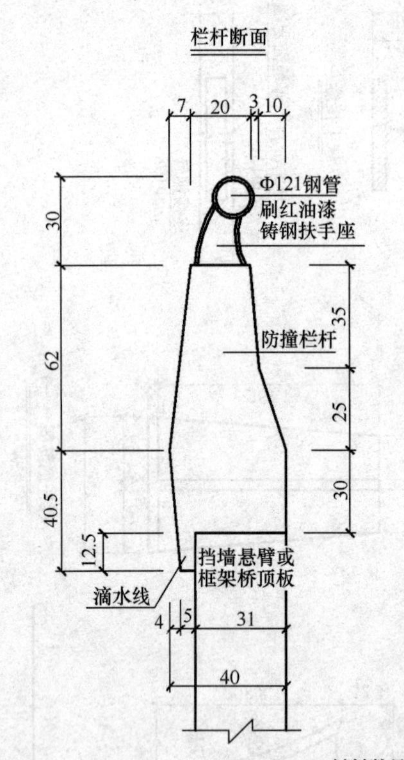

栏杆断面配筋图1:12.5

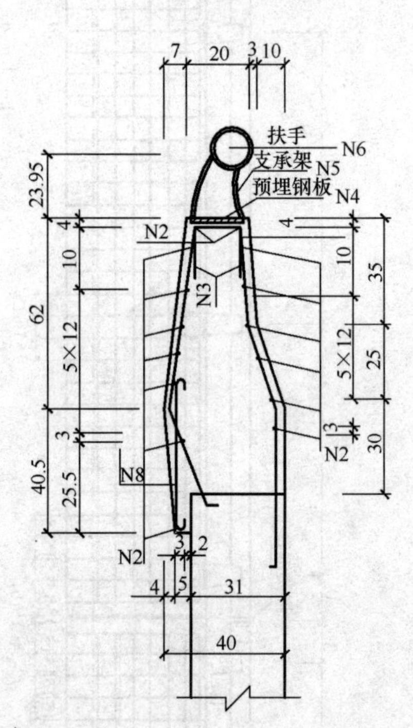

材料数量表（一个单元20m）

编号	规格/mm	每根长/cm	根数	总长/m	单位重/(kg/m)	总重/kg	钢材总计/kg	C30混凝土/m³
N1	ϕ16	261.6	133	347.93	1.58	549.73	1151.24	4.83
N2	ϕ8	1990	15	298.5	0.396	118.2		
N3	ϕ16	72	20	14.4	1.58	22.8		
N4	□200×190×10		10		3.0	33		
N5	见图		10		11.3kg/个	124.3		
N6	ϕ121×5	1998	1	19..98	14.3	285.7		
N7	ϕ108×5	30	1	0.3	12.7	3.81		
N8	ϕ6	47	133	62.51	0.222	13.9		

说明：

1.本图尺寸单位除钢材规格以mm计外，其余均以cm计，比例见图。

2.栏杆外露金属构件，均采用先刷两遍防锈漆，再刷外表油漆，扶手钢管外表油漆采用红色，扶手座采用白色。

3.栏杆在伸缩缝位置缝宽与伸缩缝等宽。

4.扶手在留缝位置用内连接钢管连接，一端焊接固定，一端自由滑动。

5.栏杆钢筋净保护层均为2.5cm。

6.支承架与预埋钢板和扶手采用焊接。

7.钢扶手座的划分原则上按2m左右布置。施工时请注意预埋路灯需预埋的构件。

栏杆钢筋图（二）

(二)《建设工程工程量清单计价规范》GB 50500—2008 计算方法

××路道路、桥涵、排水工程

工　程　量　清　单

招　标　人：	××公司 单位公章 （单位盖章）	工程量造价 咨　询　人：	 （单位资质专用章）
法定代表人 或其授权人：	××公司 法定代表人 （签字或盖章）	法定代表人 或其授权人：	 （签字或盖章）
编　制　人：	×××签字 盖造价工程师 或造价员专用章 （造价人员签字盖专用章）	复　核　人：	×××签字 盖造价工程师专用章 （造价工程师签字盖专用章）

编制时间：×××年×月×日　　　　复核时间：××××年×月×日

总 说 明

工程量名称:××路道路、桥涵、排水工程　　　　第1页　共1页

1. 工程概况:

该工程为××路道路、桥涵、排水工程,全长145m,路宽10m,两车道,排水管道一条,其管道为钢筋混凝土管,主管管径为ϕ600mm,钢筋混凝土通道桥涵一座,其跨径为8m,高填方区道路两旁设钢筋混凝土挡墙。

2. 工程招标范围:

土石方工程、道路工程、桥涵工程、排水工程。

3. 工程质量要求:

优良工程。

4. 工程量清单编制依据:

(1)由××方建筑工程设计事务所设计的施工图1套。

(2)由××公司编制的《××道路工程施工招标邀请书》、《招标文件》和《××道路工程招标答疑会议纪要》。

(3)《建设工程工程量清单计价规范》GB 50500—2008。

5. 因工程质量要求优良,故所有材料必须持有市以上有关部门颁发的《产品合格证书》及价格在中档以上的建筑材料。

分部分项工程量清单与计价表　　　　**附录表14**

工程名称:××路道路、桥涵、排水工程　　标段:　　　　第1页　共2页

序号	项目编码	项目名称	项目特征描述	计量单位	工程量	金额(元)		
						综合单价	合价	其中:暂估价
1	040101001001	挖一般土方	推土机推土运距20m以内,四类土	m^3	524.86			
2	040103001001	回填方	压实回填,碾压机分层压实	m^3	2580.77			
3	040103003001	缺方内运	缺方内运,四类土,运距1000m	m^3	1695.03			
4	040101001002	挖一般土方	反铲挖沟槽土方,运距1000m以内,四类土	m^3	148.89			
5	040101001003	挖一般土方	人工挖沟槽,四类土,深2m以内	m^3	21.02			
6	040103001002	回填方	沟槽回填土,人工填土夯实	m^3	110.17			
7	040202006001	石灰、粉煤灰、碎(砾)石	道路基层,厚度22cm	m^2	1348.43			
8	040203005001	水泥混凝土	厚度20cm,混凝土抗折4.5#	m^2	1348.43			

续表

序号	项目编码	项目名称	项目特征描述	计量单位	工程量	金额(元)		
						综合单价	合价	其中：暂估价
9	040204003001	安砌侧(平、缘)石	石质侧石长50cm，砌筑砂浆1∶3	m^3	174.46			
10	040302004001	混凝土墩(台)	C20混凝土，砾石最大粒径40mm	m^3	2.36			
11	040302015001	混凝土防撞护栏	C30混凝土，砾石最大粒径40mm	m	140.28			
12	040302017001	桥面铺装	车行道，C25混凝土，砾石最大粒径40mm	m^3	165.44			
13	040305001001	挡墙基础	C25混凝土，砾石最大粒径40mm	m^3	175.16			
14	040305002001	现浇混凝土挡墙墙身	塑料管泄水孔，C25混凝土，砾石最大粒径40mm	m^3	184.06			
15	040305002002	现浇混凝土挡墙墙身	砂滤层	m^3	301.14			
16	040306002001	箱涵底板	C30混凝土，砾石最大粒径40mm	m^3	102.35			
17	040306003001	箱涵侧墙	C30混凝土，砾石最大粒径40mm	m^3	47.30			
18	040306004001	箱涵顶板	C30混凝土，砾石最大粒径40mm	m^3	101.25			
19	040309001001	金属栏杆	金属栏杆，栏杆扶手	t	3.128			
20	040501002001	混凝土管道铺设	无筋，D300，砂浆接口，C15混凝土，砾石最大粒径40mm，混凝土垫层	m	34.00			
21	040501002002	混凝土管道铺设	无筋，D600；砂浆接口，C15混凝土，砾石最大粒径40mm，混凝土垫层	m	60.00			
22	040504001001	砌筑检查井	雨水检查井，平均深2.6m	座	3.0			
23	040504003001	雨水进水井	平均深0.6m	座	6.0			
24	040701002001	现浇构件钢筋	传力杆	t	0.489			
25	040701002002	现浇构件钢筋	挡墙	t	22.121			
26	040701002003	现浇构件钢筋	混凝土防撞护栏	t	4.933			
27	040701002004	现浇构件钢筋	桥涵	t	33.689			
28	040801001001	拆除路面	混凝土路面，无筋，厚2cm人工拆除	m^2	96.00			
本页小计								
合　计								

措施项目清单与计价表(一) 附录表15

工程名称:××路道路、桥涵、排水工程 标段: 第 页 共 页

序号	项目名称	计算基础	费率(%)	金额(元)
1	安全文明施工费			
2	夜间施工费			
3	二次搬运费			
4	冬雨季施工			
5	大型机械设备进出场及安拆费			
6	施工排水			
7	施工降水			
8	地上、地下设施、建筑物的临时保护设施			
9	已完工程及设备保护			
10	各专业工程的措施项目			
11	垂直运输机械			
12				
合计				

措施项目清单与计价表(二) 附录表16

工程名称:××路道路、桥涵、排水工程 标段: 第 页 共 页

序号	项目编码	项目名称	项目特征描述	计量单位	工程量	金额(元)	
						综合单价	合价
1	AB001	现浇钢筋混凝土模板及支架	矩形板	m^2			
2	DB001	脚手架	双排钢管,8m以内	m^2	927.88		
本页小计							
合计							

其他项目清单与计价汇总表 附录表17

工程名称:××路道路、桥涵、排水工程 标段: 第 页 共 页

序号	项目名称	计量单位	金额(元)	备注
1	暂列金额			
2	暂估价			
2.1	材料暂估价			
2.2	专业工程暂估价			
3	计日工			
4	总承包服务费			
5				
合计				

计日工表

附录表 18

工程名称：××路道路、桥涵、排水工程　标段：　　第　页　共　页

编号	项目名称	单位	暂定数量	综合单价	合　价
一	人工				
1					
2					
3					
4					
人工小计					
二	材料				
1					
2					
3					
4					
5					
6					
材料小计					
三	施工机械				
1					
2					
3					
4					
施工机械小计					
总　计					

投 标 总 价

招　　标　　人：　　　　　　×××

工　程　名　称：××路道路、桥涵、排水工程

设标总价(小写)：

　　　　(大写)：

××路桥公司

投　　标　　人：　　　　单位公章

（单位盖章）

法 定 代 表 人　　　　××路桥公司

或 其 授 权 人：　　　　法定代表人

（签字或盖章）

×××签字

盖造价工程师

投　　标　　人：　　或造价员专用章

（造价人员签字盖专用章）

编　制　时　间：××××年×月×日

总　说　明

工程量名称：××路道路、桥涵、排水工程　　　　第1页　共1页

1. 工程概况：

该工程为××路道路、桥涵、排水工程，全长145m，路宽10m，两车道，排水管道一条，其管道为钢筋混凝土管，主管管径为ϕ600mm，钢筋混凝土通道桥涵一座，其跨径为8m，高填方区道路两旁设钢筋混凝土挡墙。

2. 投标报价包括范围：

土石方工程、道路工程、桥涵工程、排水工程。

3. 投标报价编制依据：

(1) 招标文件及其所提供的工程量清单和有关报价的要求，招标文件的补充通知和答疑纪要。

(2) ××路道路、桥涵、排水工程施工图。

(3) 有关的技术标准，规范和安全管理规定等。

(4) 省建设主管部门颁发的计价定额和计价管理办法及相关计价文件。

(5) 材料价格参照××市建设工程造价管理站，×年×月发布的材料价格及结合市场调查后，综合取定。

分部分项工程量清单与计价表　　　　**附录表19**

工程名称：××路道路、桥涵、排水工程　　标段：　　　　第1页　共2页

序号	项目编码	项目名称	项目特征描述	计量单位	工程量	金额（元）		
						综合单价	合价	其中：暂估价
1	040101001001	挖一般土方	推土机推土运距20m以内，四类土	m^3	524.86	15.14	7946.38	
2	040103001001	回填方	压实回填，碾压机分层压实	m^3	2580.77	2.10	5414.46	
3	040103003001	缺方内运	四类土，运距1000m	m^3	1695.03	11.03	18696.181	
4	040101001002	挖一般土方	反铲挖沟槽土方，运距1000m以内四类土	m^3	148.89	9.53	1418.92	
5	040101001003	挖一般土方	人工挖沟槽，四类土，深2m以内	m^3	21.02	22.17	466.013	
6	040103001002	回填方	沟槽回填土，人工填土夯实	m^3	110.17	10.26	1130.34	
7	040202006001	石灰、粉煤灰、碎(砾)石	道路基层，厚22cm	m^2	1348.43	34.13	46021.916	
8	040203005001	水泥混凝土	厚度20cm，混凝土抗折4.5#	m^2	1348.43	60.93	82159.84	
9	040204003001	安砌侧(平、缘)石	石质侧石长50cm，砌筑砂浆1∶3	m^3	174.46	15.47	2698.90	
10	040302004001	混凝土墩(台)身	C20混凝土砾石最大粒径40mm	m^3	2.36	316.23	746.30	

续表

序号	项目编码	项目名称	项目特征描述	计量单位	工程量	金额(元)		
						综合单价	合价	其中：暂估价
11	040302015001	混凝土防撞护栏	C30 混凝土砾石最大粒径 40mm	m	140.28	83.08	11654.46	
12	040302017001	桥面铺装	车行道，C25 混凝土砾石最大粒径 40mm	m^3	165.44	141.18	23356.82	
13	040305001001	挡墙基础	C25 混凝土，砾石最大粒径 40mm	m^3	175.16	320.04	56058.206	
14	040305002001	现浇混凝土挡墙墙身	塑料管泄水孔，C25 混凝土，砾石最大粒径 40mm	m^3	184.06	338.28	62263.82	
15	040305002002	现浇混凝土挡墙墙身	砂滤层	m^3	301.14	79.16	23838.24	
16	040306002001	箱涵底板	C30 混凝土，砾石最大粒径 40mm	m^3	102.35	335.49	34337.40	
17	040306003001	箱涵侧墙	C30 混凝土，砾石最大粒径 40mm	m^3	47.30	339.73	16069.230	
18	040306004001	箱涵顶板	C30 混凝土，砾石最大粒径 40mm	m^3	101.25	337.48	34169.85	
19	040309001001	金属栏杆	金属栏杆，栏杆扶手	t	3.128	4717.97	14757.81	
20	040501002001	混凝土管道铺设	无筋，D300；砂浆接口，C15 混凝土，砾石最大粒径 40mm，混凝土垫层	m	34.00	89.78	3052.52	
21	040501002002	混凝土管道铺设	无筋，D600；砂浆接口，C15 混凝土，砾石最大粒径 40mm，混凝土垫层	m	60.00	232.20	1393	
22	040504001001	砌筑井	雨水检查井，平均深 2.6m	座	3.0	1104.17	3312.51	
23	040504003001	雨水进水井	平均深 0.6m	座	6.0	230.78	1384.68	
24	040701001001	现浇构件钢筋	传力杆	t	0.489	4092.55	2001.257	
25	040701001002	现浇构件钢筋	挡墙	t	22.121	3809.57	84271.498	
26	040701001003	现浇构件钢筋	混凝土防撞护栏	t	4.933	4013.716	19799.66	
27	040701001004	现浇构件钢筋	桥涵	t	33.689	3963.309	133519.917	
28	040801001001	拆除路面	无筋，厚 2cm 人工拆除	m^2	96.00	4.91	471.36	
			本页小计				704950.49	
			合　计				704950.49	

措施项目清单与计价表（一） 附录表 20

工程名称：××路道路、桥涵、排水工程　标段：　　第　页　共　页

序号	项目名称	计算基础	费率（%）	金额（元）
1	安全文明施工费			
2	夜间施工费			
3	二次搬运费			

续表

序号	项目名称	计算基础	费率（%）	金额（元）
4	冬雨季施工			
5	大型机械设备进出场及安拆费			
6	施工排水			
7	施工降水			
8	地上、地下设施、建筑物的临时保护设施			
9	已完工程及设备保护			
10	各专业工程的措施项目			
11	垂直运输机械			
12	脚手架			
合　计				

措施项目清单与计价表（二）　　**附录表21**

工程名称：××路道路、桥涵、排水工程　标段：　　第　页　共　页

序号	项目编码	项目名称	项目特征描述	计量单位	工程量	金额（元）	
						综合单价	合价
1	AB001	现浇钢筋混凝土模板及支架	矩形板	m^2			
2	DB001	脚手架	双排钢管，8m以内	m^2	927.88		
本页小计							
合　计							

其他项目清单与计价汇总表　　**附录表22**

工程名称：××路道路、桥涵、排水工程　标段：　　第　页　共　页

序号	项目名称	计量单位	金额（元）	备　注
1	暂列金额			
2	暂估价			
2.1	材料暂估价			
2.2	专业工程暂估价			
3	计日工			
4	总承包服务费			
5				
合　计				

计日工表 附录表23

工程名称：××路道路、桥涵、排水工程 标段： 第 页 共 页

编号	项目名称	单位	暂定数量	综合单价	合价
一	人工				
1					
2					
3					
4					
人工小计					
二	材料				
1					
2					
3					
4					
5					
6					
材料小计					
三	施工机械				
1					
2					
3					
4					
施工机械小计					
总 计					

工程量清单综合单价分析表 附录表24

工程名称：××路道路、桥涵、排水工程 标段： 第1页 共 页

项目编码	040101001001	项目名称	挖一般土方	计量单位	m^3

定额编号	定额名称	定额单位	数量	单价				合价			
清单综合单价组成明细											
				人工费	材料费	机械费	管理费和利润	人工费	材料费	机械费	管理费和利润
1-3	人工挖土方	$100m^3$	0.01	1129.34	—	—	169.401	11.293	—	—	1.694
1-109	135kW内推土机推距20m以内	$1000m^3$	0.001	134.82	—	1734.89	280.457	0.135	—	1.735	0.28
人工单价		小 计						11.428	—	1.735	1.974
22.47元/工日		未计价材料费									
清单项目综合单价								15.14			

续表

材料费明细	主要材料名称、规格、型号	单位	数量	单价/元	合价/元	暂估单价/元	暂估合计/元
	其他材料费			—		—	
	材料费小计			—		—	

注：1. “数量”栏为“投标方（定额）工程量÷招标方（清单）工程量÷定额单位数量”如“0.01”为“524.86÷524.86÷100”。

2. 管理费费率为10%，利润率为5%，均以直接费为基数。

工程量清单综合单价分析表

附录表25

工程名称：××路道路、桥涵、排水工程　标段：　　第2页　共　页

项目编码	040103001001	项目名称	回填方	计量单位	m^3

清单综合单价组成明细

定额编号	定额名称	定额单位	数量	单价				合价			
				人工费	材料费	机械费	管理费和利润	人工费	材料费	机械费	管理费和利润
1-358	填土碾压	$1000m^2$	0.001	134.82	6.75	1682.26	273.58	0.135	0.007	1.682	0.274
人工单价		小　计						0.135	0.007	1.682	0.274
22.47元/工日		未计价材料费									
清单项目综合单价								2.098			

材料费明细	主要材料名称、规格、型号	单位	数量	单价/元	合价/元	暂估单价/元	暂估合计/元
	水	m^3	0.015	0.45	0.007		
	其他材料费			—		—	
	材料费小计			—	0.007	—	

注：1. “数量”栏为“投标方（定额）工程量÷招标方（清单）工程量÷定额单位数量”如“0.001”为“2580.77÷2580.77÷1000”。

2. 管理费费率为10%，利润率为5%，均以直接费为基数。

工程量清单综合单价分析表

附录表26

工程名称：××路道路、桥涵、排水工程　标段：　　第3页　共　页

项目编码	040103003001	项目名称	缺方内运	计量单位	m^3

清单综合单价组成明细

定额编号	定额名称	定额单位	数量	单价				合价			
				人工费	材料费	机械费	管理费和利润	人工费	材料费	机械费	管理费和利润
1-244	挖掘机挖土装车	$1000m^3$	0.001	134.82	—	3611.74	561.98	0.135	—	3.612	0.562
1-320	自卸汽车运土	$1000m^3$	0.001	—	5.40	5842.00	877.11	—	0.005	5.842	0.877
人工单价		小　计						0.135	0.005	9.454	1.439
22.47元/工日		未计价材料费									
清单项目综合单价								11.03			

续表

材料费明细	主要材料名称、规格、型号	单位	数量	单价/元	合价/元	暂估单价/元	暂估合计/元
	水	m³	0.012	0.45	0.005		
	其他材料费			—		—	
	材料费小计			—	0.005	—	

注：1.“数量”栏为“投标方（定额）工程量÷招标方（清单）工程量÷定额单位数量”如“0.001”为“1695.03÷1695.03÷1000”。

2. 管理费费率为10%，利润率为5%，均以直接费为基数。

工程量清单综合单价分析表 **附录表27**

工程名称：××路道路、桥涵、排水工程 标段： 第4页 共 页

项目编码	040101001002	项目名称	挖一般土方	计量单位	m³

清单综合单价组成明细

定额编号	定额名称	定额单位	数量	单价				合价			
				人工费	材料费	机械费	管理费和利润	人工费	材料费	机械费	管理费和利润
1-238	挖掘机挖土装车	1000m³	0.001	134.82	—	3492.71	544.13	0.135	—	3.493	0.544
1-310	自卸汽车运土	1000m³	0.001	—	5.40	4657.48	699.43	—	0.005	4.657	0.699
人工单价		小计						0.135	0.005	8.150	1.243
22.47元/工日		未计价材料费									
清单项目综合单价								9.533			

材料费明细	主要材料名称、规格、型号	单位	数量	单价/元	合价/元	暂估单价/元	暂估合计/元
	水	m³	0.012	0.45	0.005		
	其他材料费			—		—	
	材料费小计			—	0.005	—	

注：1. “数量”栏为“投标方（定额）工程量÷招标方（清单）工程量÷定额单位数量”如“0.01”为“148.89÷148.89÷100”。

2. 管理费费率为10%，利润率为5%，均以直接费为基数。

工程量清单综合单价分析表 **附录表28**

工程名称：××路道路、桥涵、排水工程 标段： 第5页 共 页

项目编码	040101001003	项目名称	挖一般土方	计量单位	m³

清单综合单价组成明细

定额编号	定额名称	定额单位	数量	单价				合价			
				人工费	材料费	机械费	管理费和利润	人工费	材料费	机械费	管理费和利润
1-12	人工挖沟槽土方	100m³	0.01	1927.70	—	—	289.155	19.277	—	—	2.892
人工单价		小计						19.277	—	—	2.892
22.47元/工日		未计价材料费						—			
清单项目综合单价								22.17			

续表

材料费明细	主要材料名称、规格、型号	单位	数量	单价/元	合价/元	暂估单价/元	暂估合计/元
	其他材料费			—		—	
	材料费小计			—		—	

注：1. "数量"栏为"投标方（定额）工程量÷招标方（清单）工程量÷定额单位数量"如"0.01"为"21.02÷21.02÷100"

2. 管理费费率为10%，利润率为5%，均以直接费为基数。

工程量清单综合单价分析表

附录表29

工程名称：××路道路、桥涵、排水工程　标段：　第6页　共　页

项目编码	040103001002	项目名称	回填方	计量单位	m^3

清单综合单价组成明细

定额编号	定额名称	定额单位	数量	单价				合价			
				人工费	材料费	机械费	管理费和利润	人工费	材料费	机械费	管理费和利润
1-56	人工回填土夯实	$100m^3$	0.01	891.61	0.70	—	133.847	8.916	0.007	—	1.338
人工单价		小　计						8.916	0.007	—	1.338
22.47元/工日		未计价材料费						—			
清单项目综合单价								10.26			

材料费明细	主要材料名称、规格、型号	单位	数量	单价/元	合价/元	暂估单价/元	暂估合计/元
	水	m^3	0.0155	0.45	0.007		
	其他材料费			—		—	
	材料费小计			—	0.007	—	

注：1. "数量"栏为"投标方（定额）工程量÷招标方（清单）工程量÷定额单位数量"如"0.01"为"110.17÷110.17÷100"。

2. 管理费费率为10%，利润率为5%，均以直接费为基数。

工程量清单综合单价分析表

附录表30

工程名称：××路道路、桥涵、排水工程　标段：　第7页　共　页

项目编码	040202006001	项目名称	石灰、粉煤灰、碎（砾）石	计量单位	m^2

清单综合单价组成明细

定额编号	定额名称	定额单位	数量	单价				合价			
				人工费	材料费	机械费	管理费和利润	人工费	材料费	机械费	管理费和利润
2-1	路床碾压检验	$100m^2$	0.01	8.09	—	73.69	12.267	0.0809	—	0.737	0.123
2-140	四合料20cm厚	$100m^2$	0.009	123.14	2816.63	171.56	466.772	1.114	25.35	1.544	4.201
2-141	四合料增2cm	$100m^2$	0.001	8.98	281.74	1.66	43.859	0.00898	0.282	0.00166	0.0439
2-177	多合土养生	$100m^2$	0.01	1.57	0.66	10.52	1.913	0.0157	0.0066	0.1052	0.019
人工单价		小　计						1.220	25.639	2.388	4.387
22.47元/工日		未计价材料费						0.494			
清单项目综合单价								34.13			

续表

材料费明细	主要材料名称、规格、型号	单位	数量	单价/元	合价/元	暂估单价/元	暂估合计/元
	黄土（2-140）	m^3	0.028	17.25	0.483		
	黄土（2-141）	m^3	0.00032	34.5	0.011		
	其他材料费			—		—	
	材料费小计			—	0.494	—	

注：1.“数量”栏为“投标方（定额）工程量÷招标方（清单）工程量÷定额单位数量”如“0.01”为“1348.43÷1348.43÷100”。

2. 管理费费率为10%，利润率为5%，均以直接费为基数。

工程量清单综合单价分析表

附录表31

工程名称：××路道路、桥涵、排水工程　标段：　第8页　共　页

项目编码	040203005001	项目名称	水泥混凝土	计量单位	m^2

清单综合单价组成明细											
定额编号	定额名称	定额单位	数量	单价				合价			
				人工费	材料费	机械费	管理费和利润	人工费	材料费	机械费	管理费和利润
2-289	水泥混凝土（20cm厚）	$100m^2$	0.01	753.87	124.09	84.41	151.39	7.539	1.241	0.844	1.514
2-300	草袋养护	$100m^2$	0.01	25.84	106.59	—	19.865	0.258	1.066	—	0.199
2-298	切缝机切缝	$10m^2$	0.022	14.38	—	8.14	3.378	0.316	—	0.179	0.074
2-299	PG道路嵌缝胶填缝	$10m^2$	0.0019	32.81	321.89	—	53.205	0.062	0.612	—	0.101
22.47人工单价		小计						8.175	2.919	1.023	1.888
22.47元/工日		未计价材料费						46.923			
清单项目综合单价								60.93			

材料费明细	主要材料名称、规格、型号	单位	数量	单价/元	合价/元	暂估单价/元	暂估合计/元
	混凝土	m^3	0.204	230	46.92		
	钢锯片	片	0.001	2.3	0.003		
	其他材料费			—		—	
	材料费小计			—	46.923	—	

注：1.“数量”栏为“投标方（定额）工程量÷招标方（清单）工程量÷定额单位数量”如“0.01”为“1348.43÷1348.43÷100”。

2. 管理费费率为10%，利润率为5%，均以直接费为基数。

工程量清单综合单价分析表

附录表32

工程名称：××路道路、桥涵、排水工程　标段：　第9页　共　页

项目编码	040204003001	项目名称	安砌侧（平缘）石	计量单位	m

清单综合单价组成明细											
定额编号	定额名称	定额单位	数量	单价				合价			
				人工费	材料费	机械费	管理费和利润	人工费	材料费	机械费	管理费和利润
2-140	四合料20cm厚	$100m^2$	0.003	123.14	2816.63	171.56	466.72	0.369	8.4499	0.515	1.40
2-141	四合料增2cm	$100m^2$	0.0003	8.98	281.74	1.66	43.857	0.0027	0.0845	0.000498	0.0132

续表

定额编号	定额名称	定额单位	数量	单价				合价			
				人工费	材料费	机械费	管理费和利润	人工费	材料费	机械费	管理费和利润
2-177	多合土养生	100m^2	0.004	1.57	0.66	10.52	1.913	0.0063	0.0026	0.04208	0.00765
2-1	侧石处路床碾压检验	100m^2	0.005	8.09	—	73.69	12.267	0.043	—	0.368	0.061
2-333	石质侧石安砌	100m	0.01	291.89	50.60	—	51.374	2.919	0.506	—	0.514
人工单价		小计						3.34	9.043	0.926	1.996
22.47元/工日		未计价材料费						0.164			
清单项目综合单价								15.47			

材料费明细	主要材料名称、规格、型号	单位	数量	单价/元	合价/元	暂估单价/元	暂估合计/元
	黄土（2-140）	m^3	0.009	17.25	0.161		
	黄土（2-141）	m^3	0.000096	34.5	0.0033		
	其他材料费			—		—	
	材料费小计			—	0.164	—	

注：1.“数量”栏为“投标方（定额）工程量÷招标方（清单）工程量÷定额单位数量”如“0.004”为“61.6÷174.46÷100”。

2.管理费费率为10%，利润率为5%，均以直接费为基数。

工程量清单综合单价分析表　　附录表33

工程名称：××路道路、桥涵、排水工程　标段：　　第10页　共　页

项目编码	040302004001	项目名称	混凝土墩（台）身	计量单位	m^3

清单综合单价组成明细

定额编号	定额名称	定额单位	数量	单价				合价			
				人工费	材料费	机械费	管理费和利润	人工费	材料费	机械费	管理费和利润
3-280	柱式墩台身	m^3	0.1	399.74	7.65	281.96	138.42	39.974	0.765	28.196	13.84
人工单价		小计						39.974	0.765	28.196	13.84
22.47元/工日		未计价材料费						233.45			
清单项目综合单价								316.23			

材料费明细	主要材料名称、规格、型号	单位	数量	单价/元	合价/元	暂估单价/元	暂估合计/元
	混凝土C20	m^3	1.015	230	233.45		
	其他材料费			—		—	
	材料费小计			—	233.45	—	

注：1.“数量”栏为“投标方（定额）工程量÷招标方（清单）工程量÷定额单位数量”如“0.1”为“2.36÷2.36÷10”。

2.管理费费率为10%，利润率为5%，均以直接费为基数。

工程量清单综合单价分析表

附录表 34

工程名称：××路道路、桥涵、排水工程　标段：　　第 11 页　共　页

项目编码	040302015001	项目名称	混凝土防撞护栏	计量单位	m

清单综合单价组成明细

定额编号	定额名称	定额单位	数量	单价				合价			
				人工费	材料费	机械费	管理费和利润	人工费	材料费	机械费	管理费和利润
3-324	混凝土防撞护栏	10m^3	0.0241	697.92	14.43	145.96	137.608	16.820	0.348	3.518	3.316
人工单价		小计						16.820	0.348	3.518	3.316
22.47 元/工日		未计价材料费						59.075			
清单项目综合单价								83.08			

材料费明细	主要材料名称、规格、型号	单位	数量	单价/元	合价/元	暂估单价/元	暂估合计/元
	混凝土 C30	m^3	0.245	241.5	59.075		
	其他材料费			—		—	
	材料费小计			—	59.075	—	

注：1. “数量”栏为“投标方（定额）工程量÷招标方（清单）工程量÷定额单位数量”如“0.0241”为“33.81÷140.28÷10”。

2. 管理费费率为 10%，利润率为 5%，均以直接费为基数。

工程量清单综合单价分析表

附录表 35

工程名称：××路道路、桥涵、排水工程　标段：　　第 12 页　共　页

项目编码	040302017001	项目名称	桥面铺装	计量单位	m^3

清单综合单价组成明细

定额编号	定额名称	定额单位	数量	单价				合价			
				人工费	材料费	机械费	管理费和利润	人工费	材料费	机械费	管理费和利润
3-331	桥面混凝土铺装（车行道）	10m^3	0.0224	455.47	347.88	145.96	151.011	10.203	7.793	3.27	3.383
3-261	混凝土垫层	10m^3	0.011	297.28	2.58	214.14	80.952	3.27	0.028	2.356	0.89
3-294	混凝土契形块	10m^3	0.0027	717.02	101.88	141.90	145.245	1.936	0.275	0.383	0.392
3-334	桥面防水砂浆	100m^2	0.028	182.01	327.07	—	76.362	5.096	9.158	—	2.138
人工单价		小计						20.505	17.254	6.009	6.803
22.47 元/工日		未计价材料费						90.609			
清单项目综合单价								141.18			

材料费明细	主要材料名称、规格、型号	单位	数量	单价/元	合价/元	暂估单价/元	暂估合计/元
	混凝土 C25	m^3	0.227	253	57.431		
	混凝土 C15	m^3	0.112	230	25.68		
	混凝土 C30，抗渗	m^3	0.028	270.25	7.498		
	其他材料费			—		—	
	材料费小计			—	90.609	—	

注：1. “数量”栏为“投标方（定额）工程量÷招标方（清单）工程量÷定额单位数量”如“0.0224”为“37.04÷165.44÷10”。

2. 管理费费率为 10%，利润率为 5%，均以直接费为基数。

工程量清单综合单价分析表

附录表 36

工程名称：××路道路、桥涵、排水工程　　标段：　　　　　　第 13 页　共　页

项目编码	040305001001	项目名称	挡墙基础	计量单位	m^3

清单综合单价组成明细											
定额编号	定额名称	定额单位	数量	单价				合价			
				人工费	材料费	机械费	管理费和利润	人工费	材料费	机械费	管理费和利润
3-263	混凝土基础	$10m^3$	0.1	290.31	15.63	199.40	114.509	29.031	1.563	19.94	11.451
人工单价		小计									
22.47 元/工日		未计价材料费						258.055			
清单项目综合单价								320.04			

材料费明细	主要材料名称、规格、型号	单位	数量	单价/元	合价/元	暂估单价/元	暂估合计/元
	混凝土 C15	m^3	1.02	253	258.055		
	其他材料费			—		—	
	材料费小计			—	258.055	—	

注：1.“数量”栏为“投标方（定额）工程量÷招标方（清单）工程量÷定额单位数量如”“0.1”为“175.16÷175.16÷100”。

2. 管理费费率为 10%，利润率为 5%，均以直接费为基数。

工程量清单综合单价分析表

附录表 37

工程名称：××路道路、桥涵、排水工程　　标段：　　　　　　第 14 页　共　页

项目编码	040305002001	项目名称	混凝土挡墙墙身	计量单位	m^3

清单综合单价组成明细											
定额编号	定额名称	定额单位	数量	单价				合价			
				人工费	材料费	机械费	管理费和利润	人工费	材料费	机械费	管理费和利润
3-312	现浇混凝土挡墙	$10m^3$	0.1	333.01	7.23	231.83	124.519	33.301	0.723	23.183	12.452
3-505	沥青木丝板沉降缝	$10m^2$	0.0197	9.89	308.53	—	47.763	1.953	6.078	—	0.941
3-495	安装泄水孔	10m	0.0052	15.73	128.42	—	21.623	0.812	0.668	—	0.112
人工单价		小计						36.066	7.469	23.183	13.505
22.47 元/工日		未计价材料费						258.058			
清单项目综合单价								338.28			

材料费明细	主要材料名称、规格、型号	单位	数量	单价/元	合价/元	暂估单价/元	暂估合计/元
	混凝土 C25	m^3	1.02	253	258.058		
	其他材料费			—		—	
	材料费小计			—	258.058	—	

注：1.“数量”栏为“投标方（定额）工程量÷招标方（清单）工程量÷定额单位数量”如“0.1”为“184.06÷184.06÷10”

2. 管理费费率为 10%，利润率为 5%，均以直接费为基数。

工程量清单综合单价分析表 **附录表 38**

工程名称：××路道路、桥涵、排水工程　标段：　第 15 页　共　页

项目编码	040305002002			项目名称		混凝土挡墙墙身			计量单位		m³
清单综合单价组成明细											
定额编号	定额名称	定额单位	数量	单价				合价			
				人工费	材料费	机械费	管理费和利润	人工费	材料费	机械费	管理费和利润
1-685	砂砾反滤层	10m³	0.1	90.33	597.99	—	103.248	9.033	59.799	—	10.325
人工单价		小计						9.033	59.799	—	10.325
22.47 元/工日		未计价材料费									
清单项目综合单价								79.16			
材料费明细	主要材料名称、规格、型号					单位	数量	单价/元	合价/元	暂估单价/元	暂估合计/元
	中粗砂					m³	1.352	44.23	59.799		
	其他材料费							—		—	
	材料费小计							—	59.799	—	

注：1.“数量”栏为“投标方（定额）工程量÷招标方（清单）工程量÷定额单位数量”如“0.1”为“301.14÷301.14÷10”。

2. 管理费费率为 10%，利润率为 5%，均以直接费为基数。

工程量清单综合单价分析表 **附录表 39**

工程名称：××路道路、桥涵、排水工程　标段：　第 16 页　共　页

项目编码	040306002001			项目名称		箱涵底板			计量单位		m³
清单综合单价组成明细											
定额编号	定额名称	定额单位	数量	单价				合价			
				人工费	材料费	机械费	管理费和利润	人工费	材料费	机械费	管理费和利润
3-387	箱涵底板制作	10m³	0.1	320.65	14.87	200.51	120.874	32.065	1.487	20.051	12.087
人工单价		小计						32.065	1.487	20.051	12.087
22.47 元/工日		未计价材料费						269.798			
清单项目综合单价								335.49			
材料费明细	主要材料名称、规格、型号					单位	数量	单价/元	合价/元	暂估单价/元	暂估合计/元
	C30 混凝土					m³	1.02	264.5	269.798		
	其他材料费							—		—	
	材料费小计							—		—	269.798

注：1.“数量”栏为“投标方（定额）工程量÷招标方（清单）工程量÷定额单位数量”如“0.1”为“102.35÷102.35÷10”。

2. 管理费费率为 10%，利润率为 5%，均以直接费为基数。

工程量清单综合单价分析表 附录表 40

工程名称：××路道路、桥涵、排水工程 标段： 第 17 页 共 页

项目编码	040306003001		项目名称			箱涵侧墙		计量单位		m³	
清单综合单价组成明细											
定额编号	定额名称	定额单位	数量	单价				合价			
				人工费	材料费	机械费	管理费和利润	人工费	材料费	机械费	管理费和利润
3-389	箱涵侧墙	$10m^3$	0.1	346.71	9.38	216.73	126.395	34.671	0.938	21.673	12.6395
人工单价		小计						34.671	0.938	21.673	12.6395
22.47 元/工日		未计价材料费						269.81			
清单项目综合单价								339.73			
材料费明细	主要材料名称、规格、型号					单位	数量	单价/元	合价/元	暂估单价/元	暂估合计/元
	混凝土 C30					m³	1.02	264.5	269.81		
	其他材料费							—		—	
	材料费小计							—	269.81	—	

注：1.“数量”栏为“投标方（定额）工程量÷招标方（清单）工程量÷定额单位数量”如“0.1”为“47.3÷47.3÷10”。

2. 管理费费率为 10%，利润率为 5%，均以直接费为基数。

工程量清单综合单价分析表 附录表 41

工程名称：××路道路、桥涵、排水工程 标段： 第 18 页 共 页

项目编码	040306004001		项目名称			箱涵顶板		计量单位		m³	
清单综合单价组成明细											
定额编号	定额名称	定额单位	数量	单价				合价			
				人工费	材料费	机械费	管理费和利润	人工费	材料费	机械费	管理费和利润
3-391	箱涵顶板	$10m^3$	0.1	329.41	17.45	206.41	123.462	32.941	1.745	20.641	12.346
人工单价		小计						32.941	1.745	20.641	12.346
22.47 元/工日		未计价材料费						269.81			
清单项目综合单价								337.48			
材料费明细	主要材料名称、规格、型号					单位	数量	单价/元	合价/元	暂估单价/元	暂估合计/元
	C30 混凝土					m³	1.02	264.5	269.81		
	其他材料费							—		—	
	材料费小计							—	269.81	—	

注：1.“数量”栏为“投标方（定额）工程量÷招标方（清单）工程量÷定额单位数量”如“0.1”为“101.25÷101.25÷10”

2. 管理费费率为 10%，利润率为 5%，均以直接费为基数。

工程量清单综合单价分析表 附录表42

工程名称：××路道路、桥涵、排水工程 标段： 第19页 共 页

项目编码	040309001001	项目名称	金属栏杆	计量单位	t

清单综合单价组成明细

定额编号	定额名称	定额单位	数量	单价				合价			
				人工费	材料费	机械费	管理费和利润	人工费	材料费	机械费	管理费和利润
3-480	防撞护栏钢管扶手	t	1	395.47	3519.43	187.68	615.387	395.47	3519.43	187.68	615.387
人工单价		小计						395.47	3519.43	187.68	615.387
22.47元/工日		未计价材料费									
清单项目综合单价								4717.97			

材料费明细	主要材料名称、规格、型号	单位	数量	单价/元	合价/元	暂估单价/元	暂估合计/元
	焊接钢管	t	0.868	3300.00	2864.4		
	中厚钢板15mm以内	kg	192.00	3.10	595.2		
	电焊条	kg	11.10	5.39	59.829		
	其他材料费			—		—	
	材料费小计			—	3519.43	—	

注：1. “数量”栏为“投标方”（定额）工程量÷招标方（清单）工程量÷定额单位数量如“1”为“3.128÷3.128÷1”。

2. 管理费费率为10%，利润率为5%，均以直接费为基数。

工程量清单综合单价分析表 附录表43

工程名称：××路道路、桥涵、排水工程 标段： 第20页 共 页

项目编码	040501002001	项目名称	混凝土管道铺设	计量单位	m

清单综合单价组成明细

定额编号	定额名称	定额单位	数量	单价				合价			
				人工费	材料费	机械费	管理费和利润	人工费	材料费	机械费	管理费和利润
6-18	管道基础(180°)	100m	0.01	600.15	9.57	150.14	117.312	6.0015	0.0957	1.5014	1.173
6-52	混凝土管道铺设	100m	0.01	281.66	—	—	49.988	2.8166	—	—	0.4999
6-124	水泥砂浆接口	个	0.088	21.46	5.85	—	4.097	1.888	0.515	—	0.36
6-286	管道闭水实验	100m	0.01	41.57	56.12	—	14.654	0.4157	0.5612	—	0.1465
人工单价		小计						11.122	1.172	1.5014	2.179
22.47元/工日		未计价材料费						73.809			
清单项目综合单价								89.78			

材料费明细	主要材料名称、规格、型号	单位	数量	单价/元	合价/元	暂估单价/元	暂估合计/元
	混凝土C15	m^3	0.097	230	22.218		
	钢筋混凝土管 $\phi300$	m	1.01	51.08	51.591		
	其他材料费			—		—	
	材料费小计			—	73.809	—	

注：1. “数量”栏为“投标方(定额)工程量÷招标方(清单)工程量÷定额单位数量”如“0.01”为“34÷34÷100”

2. 管理费费率为10%，利润率为5%，均以直接费为基数。

工程量清单综合单价分析表 附录表 44

工程名称：××路道路、桥涵、排水工程 标段： 第 21 页 共 页

项目编码	040501002002		项目名称		混凝土管道铺设			计量单位			m
清单综合单价组成明细											
定额编号	定额名称	定额单位	数量	单价				合价			
				人工费	材料费	机械费	管理费和利润	人工费	材料费	机械费	管理费和利润
6-21	管道基础	100m	0.01	1145.23	25.73	337.41	233.736	11.452	0.257	3.374	2.337
6-55	混凝土管道铺设	100m	0.01	550.69	—	—	105.596	5.507	—	—	1.056
6-126	水泥砂浆接口	个	0.083	25.64	8.46	—	5.115	2.128	0.702	—	0.425
6-287	管道闭水试验	100m	0.01	68.65	87.86	—	23.477	0.687	0.879	—	0.235
人工单价		小计						19.774	1.838	3.374	4.053
22.47 元/工日		未计价材料费						203.158			
清单项目综合单价								232.20			
材料费明细	主要材料名称、规格、型号					单位	数量	单价/元	合价/元	暂估单价/元	暂估合计/元
	混凝土 C15					m³	0.217	230	49.872		
	钢筋混凝土管 ϕ600					m	1.02	150.28	153.286		
	其他材料费							—		—	
	材料费小计							—	203.158	—	

注：1. "数量"栏为"投标方(定额)工程量÷招标方(清单)工程量÷定额单位数量"如"0.01"为"60÷60÷100"。
2. 管理费费率为 10%，利润率为 5%，均以直接费为基数。

工程量清单综合单价分析表 附录表 45

工程名称：××路道路、桥涵、排水工程 标段： 第 22 页 共 页

项目编码	040504001001		项目名称		砌筑检查井			计量单位			座
清单综合单价组成明细											
定额编号	定额名称	定额单位	数量	单价				合价			
				人工费	材料费	机械费	管理费和利润	人工费	材料费	机械费	管理费和利润
6-402	雨水检查井	座	1	212.09	660.60	5.74	144.022	212.09	660.60	5.74	144.022
人工单价		小计									
22.47 元/工日		未计价材料费						81.719			
清单项目综合单价								1104.17			
材料费明细	主要材料名称、规格、型号					单位	数量	单价/元	合价/元	暂估单价/元	暂估合计/元
	混凝土 C10					m³	0.374	218.5	81.719		
	其他材料费							—		—	
	材料费小计							—	81.719	—	

注：1. "数量"栏为"投标方(定额)工程量÷招标方(清单)工程量÷定额单位数量"如"1"为"3÷3÷1"。
2. 管理费费率为 10%，利润率为 5%，均以直接费为基数。

工程量清单综合单价分析表 附录表 46

工程名称：××路道路、桥涵、排水工程 标段： 第 23 页 共 页

项目编码	040504003001	项目名称	雨水进水井	计量单位	座

清单综合单价组成明细

定额编号	定额名称	定额单位	数量	单价 人工费	单价 材料费	单价 机械费	单价 管理费和利润	合价 人工费	合价 材料费	合价 机械费	合价 管理费和利润
6-532	砌筑雨水进水井(井深 1m)	座	1	69.63	133.45	2.17	35.278	69.63	133.45	2.17	35.278
6-533	砌筑雨水进水井(井深减 0.25m)	座	0.5	−21.22	−47.8	—	−10.353	−10.61	−23.90	—	−5.177
人工单价		小计						59.02	109.55	2.17	30.101
22.47 元/工日		未计价材料费						29.935			
清单项目综合单价								230.78			

材料费明细	主要材料名称、规格、型号	单位	数量	单价/元	合价/元	暂估单价/元	暂估合计/元
	混凝土 C10	m^3	0.137	218.5	29.935		
	其他材料费			—		—	
	材料费小计			—	29.935	—	

注：1. “数量”栏为“投标方(定额)工程量÷招标方(清单)工程量÷定额单位数量”如“1”为“6÷6÷1”。

2. 管理费费率为 10%，利润率为 5%，均以直接费为基数。

工程量清单综合单价分析表 附录表 47

工程名称：××路道路、桥涵、排水工程 标段： 第 24 页 共 页

项目编码	040701002001	项目名称	非预应力钢筋	计量单位	t

清单综合单价组成明细

定额编号	定额名称	定额单位	数量	单价 人工费	单价 材料费	单价 机械费	单价 管理费和利润	合价 人工费	合价 材料费	合价 机械费	合价 管理费和利润
2-304	桥面构造筋	t	1	336.15	3202.15	20.44	533.811	336.15	3202.15	20.44	533.811
人工单价		小计						336.15	3202.15	20.44	533.811
22.47 元/工日		未计价材料费									
清单项目综合单价								4092.55			

材料费明细	主要材料名称、规格、型号	单位	数量	单价/元	合价/元	暂估单价/元	暂估合计/元
	钢筋 ϕ10 以内	t	0.240	3068.00	736.32		
	钢筋 ϕ10 以外	t	0.790	3068.00	2423.72		
	电焊条	kg	0.515	5.39	2.776		
	镀锌铁丝 22#	kg	3.000	7.80	23.4		
	其他材料费			—	15.93	—	
	材料费小计			—	3186.196	—	

注：1. “数量”栏为“投标方(定额)工程量÷招标方(清单)工程量÷定额单位数量”如“1”为“0.489÷0.489÷1”。

2. 管理费费率为 10%，利润率为 5%，均以直接费为基数。

工程量清单综合单价分析表

附录表 48

工程名称：××路道路、桥涵、排水工程 标段： 第 25 页 共 页

项目编码	040701002002	项目名称	非预应力钢筋	计量单位	t

清单综合单价组成明细

定额编号	定额名称	定额单位	数量	单价				合价			
				人工费	材料费	机械费	管理费和利润	人工费	材料费	机械费	管理费和利润
3-235	钢筋 φ10 以内	t	0.077	374.35	41.82	40.10	106.804	28.825	3.22	3.088	8.224
3-236	钢筋 φ10 以外	t	0.925	182.23	61.78	69.66	465.509	168.56	57.147	64.436	430.596
人工单价		小计						197.385	60.367	67.524	438.82
22.47 元/工日		未计价材料费						3045.476			
清单项目综合单价								3809.57			

材料费明细	主要材料名称、规格、型号	单位	数量	单价/元	合价/元	暂估单价/元	暂估合计/元
	钢筋 φ10 以内	t	0.079	3237.4	255.755		
	钢筋 φ嫡 10 以外	t	0.908	3072.38	2789.721		
	其他材料费			—		—	
	材料费小计			—	3045.476	—	

注：1. "数量"栏为"投标方(定额)工程量÷招标方(清单)工程量÷定额单位数量"如"0.077"为"1.704÷22.121÷1"。

2. 管理费费率为 10%，利润率为 5%，均以直接费为基数。

工程量清单综合单价分析表

附录表 49

工程名称：××路道路、桥涵、排水工程 标段： 第 26 页 共 页

项目编码	040701002003	项目名称	非预应力钢筋	计量单位	t

清单综合单价组成明细

定额编号	定额名称	定额单位	数量	单价				合价			
				人工费	材料费	机械费	管理费和利润	人工费	材料费	机械费	管理费和利润
3-235	钢筋 φ10 以内	t	0.188	374.35	41.82	40.10	161.561	70.378	7.862	7.539	30.374
3-236	钢筋 φ10 以外	t	0.829	182.23	61.78	69.66	444.309	151.069	51.216	57.748	368.332
人工单价		小计						221.447	59.078	65.287	398.706
22.47 元/工日		未计价材料费						3269.198			
清单项目综合单价								4013.716			

材料费明细	主要材料名称、规格、型号	单位	数量	单价/元	合价/元	暂估单价/元	暂估合计/元
	钢筋 φ10 以内	t	0.192	3237.41	620.806		
	钢筋 φ10 以外	t	0.862	3072.38	2648.392		
	其他材料费			—		—	
	材料费小计			—	3269.198	—	

注：1. "数量"栏为"投标方(定额)工程量÷招标方(清单)工程量÷定额单位数量"如"0.188"为"0.925÷4.933÷1"

2. 管理费费率为 10%，利润率为 5%，均以直接费为基数。

工程量清单综合单价分析表　　附录表 50

工程名称：××路道路、桥涵、排水工程　　标段：　　第 27 页　共　页

项目编码	040701002004	项目名称	非预应力钢筋	计量单位	t

清单综合单价组成明细											
定额编号	定额名称	定额单位	数量	单价				合价			
				人工费	材料费	机械费	管理费和利润	人工费	材料费	机械费	管理费和利润
3-235	钢筋 ϕ10 以内	t	0.002	374.35	41.82	40.10	69.464	0.749	0.084	0.080	0.139
3-236	钢筋 ϕ10 以外	t	0.998	182.23	61.78	69.66	516.143	181.866	61.656	69.521	515.11
人工单价		小计						182.615	61.740	69.601	515.249
22.47 元/工日		未计价材料费						3134.104			
清单项目综合单价								3963.309			

材料费明细	主要材料名称、规格、型号	单位	数量	单价/元	合价/元	暂估单价/元	暂估合计/元
	钢筋 ϕ10 以内	t	0.002	3237.41	6.823		
	钢筋 ϕ10 以外	t	1.018	3072.38	3127.281		
	其他材料费			—		—	
	材料费小计			—	3134.104	—	

注：1. “数量”栏为“投标方”(定额)工程量÷招标方(清单)工程量÷定额单位数量如“0.002”为“0.07÷33.689÷1”。

2. 管理费费率为 10%，利润率为 5%，均以直接费为基数。

工程量清单综合单价分析表　　附录表 51

工程名称：××路道路、桥涵、排水工程　　标段：　　第 28 页　共　页

项目编码	040801001001	项目名称	拆除路面	计量单位	m^2

清单综合单价组成明细											
定额编号	定额名称	定额单位	数量	单价				合价			
				人工费	材料费	机械费	管理费和利润	人工费	材料费	机械费	管理费和利润
1-549	人工拆除混凝土路面(厚 15cm)	$100m^2$	0.041	390.98	—	—	58.647	16.030	—	—	2.405
1-550	人工拆除混凝土路面(减 13cm)	$100m^2$	0.035	−335.920	—	—	−50.388	−11.757	—	—	−1.764
人工单价		小计						4.273	—	—	0.64
22.47 元/工日		未计价材料费									
清单项目综合单价								4.91			

材料费明细	主要材料名称、规格、型号	单位	数量	单价/元	合价/元	暂估单价/元	暂估合计/元
	其他材料费			—		—	
	材料费小计			—		—	

注：1. “数量”栏为“投标方(定额)工程量÷招标方(清单)工程量÷定额单位数量”如“0.041”为“391÷96÷100”。

2. 管理费费率为 10%，利润率为 5%，均以直接费为基数。

(三)《建设工程工程量清单计价规范》GB 50500—2013 和《市政工程工程量计算规范》GB 50857—2013 计算方法

××路道路、桥涵、排水工程

招标工程量清单

招　标　人：	××公司 单位公章 （单位盖章）	工程量造价 咨　询　人：	 （单位资质专用章）
法定代表人 或其授权人：	××公司 法定代表人 （签字或盖章）	法定代表人 或其授权人：	 （签字或盖章）
编　制　人：	×××签字 盖造价工程师 或造价员专用章 （造价人员签字盖专用章）	复　核　人：	×××签字 盖造价工程师专用章 （造价工程师签字盖专用章）

编制时间：×××年×月×日　　复核时间：××××年×月×日

总 说 明

工程量名称：××路道路、桥涵、排水工程　　　　第1页　共1页

1. 工程概况：

该工程为××路道路、桥涵、排水工程，全长145m，路宽10m，两车道，排水管道一条，其管道为钢筋混凝土管，主管管径为ϕ600mm，钢筋混凝土通道桥涵一座，其跨径为8m，高填方区道路两旁设钢筋混凝土挡墙。

2. 工程招标范围：

土石方工程、道路工程、桥涵工程、排水工程。

3. 工程质量要求：

优良工程。

4. 工程量清单编制依据：

(1)由××方建筑工程设计事务所设计的施工图1套。

(2)由××公司编制的《××道路工程施工招标邀请书》、《招标文件》和《××道路工程招标答疑会议纪要》。

(3)《建设工程工程量清单计价规范》GB50500—2013和《市政工程工程量计算规范》GB50857—2013。

5. 因工程质量要求优良，故所有材料必须持有市以上有关部门颁发的《产品合格证书》及价格在中档以上的建筑材料。

分部分项工程和单价措施项目清单与计价表　　　　**附录表52**

工程名称：××路道路、桥涵、排水工程　标段：　　　　第1页 共2页

序号	项目编码	项目名称	项目特征描述	计量单位	工程量	金额(元)		
						综合单价	合价	其中：暂估价
			实体项目					
1	040101001001	挖一般土方	推土机推土运距20m以内，四类土	m^3	524.86			
2	040103001001	回填方	压实回填，碾压机分层压实	m^3	2580.77			
3	040103001002	回填方	缺方内运，四类土，运距1000m	m^3	1695.03			
4	040101001002	挖一般土方	反铲挖沟槽土方，运距1000m以内，四类土	m^3	148.89			
5	040101001003	挖一般土方	人工挖沟槽，四类土，深2m以内	m^3	21.02			
6	040103001003	回填方	沟槽回填土，人工填土夯实	m^3	110.17			
7	040202006001	石灰、粉煤灰、碎(砾)石	道路基层，厚度22cm	m^2	1348.43			

续表

序号	项目编码	项目名称	项目特征描述	计量单位	工程量	金额(元)		
						综合单价	合价	其中：暂估价
8	040203007001	水泥混凝土	厚度20cm,混凝土抗折4.5#	m^2	1348.43			
9	040204004001	安砌侧(平、缘)石	石质侧石长50cm,砌筑砂浆1∶3	m^3	174.46			
10	040303005001	混凝土墩(台)	C20混凝土,砾石最大粒径40mm	m^3	2.36			
11	040303018001	混凝土防撞护栏	C30混凝土,砾石最大粒径40mm	m	140.28			
12	040303019001	桥面铺装	车行道,C25混凝土,砾石最大粒径40mm	m^3	165.44			
13	040303002001	挡墙基础	C25混凝土,砾石最大粒径40mm	m^3	175.16			
14	040303015001	现浇混凝土挡墙墙身	塑料管泄水孔,C25混凝土,砾石最大粒径40mm	m^3	184.06			
15	040303015002	现浇混凝土挡墙墙身	砂滤层	m^3	301.14			
16	040306003001	箱涵底板	C30混凝土,砾石最大粒径40mm	m^3	102.35			
17	040306004001	箱涵侧墙	C30混凝土,砾石最大粒径40mm	m^3	47.30			
18	040306005001	箱涵顶板	C30混凝土,砾石最大粒径40mm	m^3	101.25			
19	040309001001	金属栏杆	金属栏杆,栏杆扶手	t	3.128			
20	040501001001	混凝土管	无筋,D300,砂浆接口,C15混凝土,砾石最大粒径40mm,混凝土垫层	m	34.00			
21	040501001002	混凝土管	无筋,D600;砂浆接口,C15混凝土,砾石最大粒径40mm,混凝土垫层	m	60.00			
22	040504001001	砌筑井	雨水检查井,平均深2.6m	座	3.0			
23	040504009001	雨水口	平均深0.6m	座	6.0			
24	040901001001	现浇构件钢筋	传力杆	t	0.489			
25	040901001002	现浇构件钢筋	挡墙	t	22.121			
26	040901001003	现浇构件钢筋	混凝土防撞护栏	t	4.933			
27	040901001004	现浇构件钢筋	桥涵	t	33.689			
28	041001001001	拆除路面	混凝土路面,无筋,厚2cm人工拆除	m^2	96.00			

续表

序号	项目编码	项目名称	项目特征描述	计量单位	工程量	金额（元）		
						综合单价	合价	其中：暂估价
			措施项目					
29	041102014001	板模板	矩形板	m^2				
30	041101004001	沉井脚手架	双排钢管，8m以内	m^2	927.88			
			本页小计					
			合　计					

总价措施项目清单与计价表 附录表53

工程名称：××路道路、桥涵、排水工程　　标段：　　第　页　共　页

序号	项目编码	项目名称	计算基础	费率（%）	金额（元）	调整费率（%）	调整后金额（元）	备注
1	041109001001	安全文明施工费						
2	041109002002	夜间施工费						
3	041109003001	二次搬运费						
4	041109004001	冬雨季施工						
5	041106001001	大型机械设备进出场及安拆费						
6	041107002001	施工排水						
7	041107002002	施工降水						
8	041109006001	地上、地下设施、建筑物的临时保护设施						
9	041109007001	已完工程及设备保护						
10		各专业工程的措施项目						
11		垂直运输机械						
12	041101004001	沉井脚手架						
		合　计						

其他项目清单与计价汇总表 附录表54

工程名称：××路道路、桥涵、排水工程　　标段：　　第　页　共　页

序号	项目名称	金额（元）	结算金额（元）	备　注
1	暂列金额			
2	暂估价			
2.1	材料（工程设备）暂估价/结算价			
2.2	专业工程暂估价/结算价			
3	计日工			
4	总承包服务费			
5	索赔与现场签证			
	合　计			

暂列金额明细表　　附录表55

工程名称：　　标段：　　第　页　共　页

序　号	项 目 名 称	计 量 单 位	暂定金额(元)	备　注
1				
2				
3				
4				
5				
6				
7				
8				
9				
10				
11				
12				
合　计				

材料(工程设备)暂估单价及调整表　　附录表56

工程名称：　　标段：　　第　页　共　页

序号	材料(工程设备)名称、规格、型号	计量单位	数　量		单价(元)		合价(元)		差额±(元)		备注
			暂估	确认	暂估	确认	暂估	确认	单价	合价	

专业工程暂估价及结算价表　　附录表57

工程名称：　　标段：　　第　页　共　页

序号	工程名称	工程内容	暂估金额(元)	结算金额(元)	差额±(元)	备　注
合　计						

计日工表 **附录表58**

工程名称： 标段： 第 页 共 页

编号	项目名称	单位	暂定数量	实际数量	综合单价（元）	合价（元）	
						暂定	实际
一	人 工						
1							
2							
3							
人工小计							
二	材 料						
1							
2							
3							
材料小计							
三	施工机械						
1							
2							
3							
施工机械小计							
总 计							

总承包服务费计价表 **附录表59**

工程名称： 标段： 第 页 共 页

序号	项目名称	项目价值/元	服务内容	计算基础	费率（%）	金额（元）
1	发包人发包专业工程					
2	发包人供应材料					
	合 计					

规费、税金项目计价表 **附录表60**

工程名称： 标段： 第 页 共 页

序号	项目名称	计算基础	计算基数	计算费率（%）	金额（元）
1	规费	定额人工费			
(1)	社会保险费	定额人工费			
(2)	养老保险费	定额人工费			
(3)	失业保险费	定额人工费			
(4)	医疗保险费	定额人工费			

续表

序号	项目名称	计算基础	计算基数	计算费率(%)	金额(元)
(5)	工伤保险费	定额人工费			
(6)	生育保险费	定额人工费			
1.2	住房公积金	定额人工费			
1.3	工程排污费	按工程所在地环境保护部门收取标准,按实计入			
2	税金	分部分项工程费+措施项目费+其他项目费+规费—按规定不计税的工程设备金额			
合　计					

发包人提供材料和工程设备一览表 **附录表 61**

工程名称:　　　　标段:　　　　第　页　共　页

序号	材料(工程设备)名称、规格、型号	单位	数量	单价(元)	交货方式	送达地点	备注

承包人提供主要材料和工程设备一览表 **附录表 62**

工程名称:　　　　标段:　　　　第　页　共　页

序号	名称、规格、型号	单位	数量	风险系数(%)	基准单价(元)	投标单价(元)	发承包人确认单价(元)	备注

投 标 总 价

招　　标　　人：×××

工　程　名　称：××路道路、桥涵、排水工程

设标总价（小写）：

（大写）：

投　　标　　人：××路桥公司
单位公章
（单位盖章）

法定代表人
或其授权人：××路桥公司
法定代表人
（签字或盖章）

编　　制　　人：×××签字
盖造价工程师
或造价员专用章
（造价人员签字盖专用章）

编　制　时　间：××××年×月×日

总　说　明

工程量名称：××路道路、桥涵、排水工程　　第1页　共1页

1. 工程概况：

该工程为××路道路、桥涵、排水工程，全长145m，路宽10m，两车道，排水管道一条，其管道为钢筋混凝土管，主管管径为ϕ600mm，钢筋混凝土通道桥涵一座，其跨径为8m，高填方区道路两旁设钢筋混凝土挡墙。

2. 投标报价包括范围：

土石方工程、道路工程、桥涵工程、排水工程。

3. 投标报价编制依据：

(1)招标文件及其所提供的工程量清单和有关报价的要求，招标文件的补充通知和答疑纪要。

(2)××路道路、桥涵、排水工程施工图。

(3)有关的技术标准，规范和安全管理规定等。

(4)省建设主管部门颁发的计价定额和计价管理办法及相关计价文件。

(5)材料价格参照××市建设工程造价管理站，×年×月发布的材料价格及结合市场调查后，综合取定。

分部分项工程量清单与计价表　　附录表63

工程名称：××路道路、桥涵、排水工程　　标段：　　第1页　共2页

序号	项目编码	项目名称	项目特征描述	计量单位	工程量	金额(元)		
						综合单价	合价	其中：暂估价
			实体项目					
1	040101001001	挖一般土方	推土机推土运距20m以内，四类土	m^3	524.86	15.14	7946.38	
2	040103001001	回填方	压实回填，碾压机分层压实	m^3	2580.77	2.10	5414.46	
3	040103001002	回填方	四类土，运距1000m	m^3	1695.03	11.03	18696.181	
4	040101001002	挖一般土方	反铲挖沟槽土方，运距1000m以内四类土	m^3	148.89	9.53	1418.92	
5	040101001003	挖一般土方	人工挖沟槽，四类土，深2m以内	m^3	21.02	22.17	466.013	
6	040103001003	回填方	沟槽回填土，人工填土夯实	m^3	110.17	10.26	1130.34	
7	040202006001	石灰、粉煤灰、碎(砾)石	道路基层，厚22cm	m^2	1348.43	34.13	46021.916	

续表

序号	项目编码	项目名称	项目特征描述	计量单位	工程量	金额（元）		
						综合单价	合价	其中：暂估价
8	040203007001	水泥混凝土	厚度 20cm，混凝土抗折 4.5#	m²	1348.43	60.93	82159.84	
9	040204004001	安砌侧（平、缘）石	石质侧石长 50cm，砌筑砂浆 1∶3	m³	174.46	15.47	2698.90	
10	040303005001	混凝土墩（台）身	C20 混凝土砾石最大粒径 40mm	m³	2.36	316.23	746.30	
11	040303018001	混凝土防撞护栏	C30 混凝土砾石最大粒径 40mm	m	140.28	83.08	11654.46	
12	040303019001	桥面铺装	车行道，C25 混凝土砾石最大粒径 40mm	m³	165.44	141.18	23356.82	
13	040303002001	挡墙基础	C25 混凝土，砾石最大粒径 40mm	m³	175.16	320.04	56058.206	
14	040303015001	现浇混凝土挡墙墙身	塑料管泄水孔，C25 混凝土，砾石最大粒径 40mm	m³	184.06	338.28	62263.82	
15	040303015002	现浇混凝土挡墙墙身	砂滤层	m³	301.14	79.16	23838.24	
16	040306003001	箱涵底板	C30 混凝土，砾石最大粒径 40mm	m³	102.35	335.49	34337.40	
17	040306004001	箱涵侧墙	C30 混凝土，砾石最大粒径 40mm	m³	47.30	339.73	16069.230	
18	040306005001	箱涵顶板	C30 混凝土，砾石最大粒径 40mm	m³	101.25	337.48	34169.85	
19	040309001001	金属栏杆	金属栏杆，栏杆扶手	t	3.128	4717.97	14757.81	
20	040501001001	混凝土管	无筋，D300；砂浆接口，C15 混凝土，砾石最大粒径 40mm，混凝土垫层	m	34.00	89.78	3052.52	
21	040501001002	混凝土管	无筋，D600；砂浆接口，C15 混凝土，砾石最大粒径 40mm，混凝土垫层	m	60.00	232.20	1393	
22	040504001001	砌筑井	雨水检查井，平均深 2.6m	座	3.0	1104.17	3312.51	
23	040504009001	雨水口	平均深 0.6m	座	6.0	230.78	1384.68	
24	040901001001	现浇构件钢筋	传力杆	t	0.489	4092.55	2001.257	
25	040901001002	现浇构件钢筋	挡墙	t	22.121	3809.57	84271.498	
26	040901001003	现浇构件钢筋	混凝土防撞护栏	t	4.933	4013.716	19799.66	
27	040901001004	现浇构件钢筋	桥涵	t	33.689	3963.309	133519.917	
28	041001001001	拆除路面	无筋，厚 2cm 人工拆除	m²	96.00	4.91	471.36	

续表

序号	项目编码	项目名称	项目特征描述	计量单位	工程量	金额(元)		
						综合单价	合价	其中：暂估价
措施项目								
29	041102014001	板模板	矩形板	m^2				
30	041101004001	沉井脚手架	脚手架	m^2	927.88			
本页小计							704950.49	
合　计							704950.49	

注：原槽浇灌的混凝土基础、垫层不计算模板

总价措施项目清单与计价表　　附录表 64

工程名称：××路道路、桥涵、排水工程　　标段：　　第　页　共　页

序号	项目编码	项目名称	计算基础	费率(%)	金额(元)	调整费率(%)	调整后金额(元)	备注
1		安全文明施工费						
2		夜间施工费						
3		二次搬运费						
4		冬雨季施工						
5		大型机械设备进出场及安拆费						
6		施工排水						
7		施工降水						
8		地上、地下设施、建筑物的临时保护设施						
9		已完工程及设备保护						
10		各专业工程的措施项目						
11		垂直运输机械						
12		脚手架						
合　计								

其他项目清单与计价汇总表

附录表65

工程名称：××路道路、桥涵、排水工程　标段：　第　页　共　页

序号	项目名称	金额(元)	结算金额(元)	备注
1	暂列金额			
2	暂估价			
2.1	材料(工程设备)暂估价/结算价			
2.2	专业工程暂估价/结算价			
3	计日工			
4	总承包服务费			
5	索赔与现场签证			
	合　计			

暂列金额明细表

附录表66

工程名称：　标段：　第　页　共　页

序　号	项目名称	计量单位	暂定金额(元)	备　注
1				
2				
3				
4				
5				
6				
7				
8				
9				
10				
11				
12				
合　计				

材料(工程设备)暂估单价及调整表

附录表67

工程名称：　标段：　第　页　共　页

序号	材料(工程设备)名称、规格、型号	计量单位	数　量		单价(元)		合价(元)		差额±(元)		备注
			暂估	确认	暂估	确认	暂估	确认	单价	合价	

专业工程暂估价及结算价表 附录表 68

工程名称： 标段： 第 页 共 页

序号	工程名称	工程内容	暂估金额(元)	结算金额(元)	差额±(元)	备 注
合 计						

计日工表 附录表 69

工程名称： 标段： 第 页 共 页

编号	项目名称	单位	暂定数量	实际数量	综合单价(元)	合价(元)	
						暂定	实际
一	人 工						
1							
2							
3							
人工小计							
二	材 料						
1							
2							
3							
材料小计							
三	施工机械						
1							
2							
3							
施工机械小计							
总 计							

总承包服务费计价表 附录表 70

工程名称： 标段： 第 页 共 页

序号	项目名称	项目价值/元	服务内容	计算基础	费率(%)	金额(元)
1	发包人发包专业工程					
2	发包人供应材料					
	合 计					

规费、税金项目计价表 附录表 71

工程名称： 标段： 第 页 共 页

序号	项目名称	计算基础	计算基数	计算费率(%)	金额(元)
1	规费	定额人工费			
(1)	社会保险费	定额人工费			
(2)	养老保险费	定额人工费			
(3)	失业保险费	定额人工费			
(4)	医疗保险费	定额人工费			
(5)	工伤保险费	定额人工费			
(6)	生育保险费	定额人工费			
1.2	住房公积金	定额人工费			
1.3	工程排污费	按工程所在地环境保护部门收取标准，按实计入			
2	税金	分部分项工程费＋措施项目费＋其他项目费＋规费—按规定不计税的工程设备金额			
合计					

发包人提供材料和工程设备一览表 附录表 72

工程名称： 标段： 第 页 共 页

序号	材料(工程设备)名称、规格、型号	单位	数量	单价(元)	交货方式	送达地点	备注

承包人提供主要材料和工程设备一览表 附录表 73

工程名称： 标段： 第 页 共 页

序号	名称、规格、型号	单位	数量	风险系数(%)	基准单价(元)	投标单价(元)	发承包人确认单价(元)	备注

工程量清单综合单价分析表 附录表 74

工程名称：××路道路、桥涵、排水工程 标段： 第 1 页 共 28 页

项目编码	040101001001	项目名称	挖一般土方	计量单位	m^3	工程量	524.86				
清单综合单价组成明细											
定额编号	定额名称	定额单位	数量	单价				合价			
				人工费	材料费	机械费	管理费和利润	人工费	材料费	机械费	管理费和利润
1-3	人工挖土方	$100m^3$	0.01	1129.34	—	—	169.401	11.293	—	—	1.694
1-109	135kW 内推土机推距 20m 以内	$1000m^3$	0.001	134.82	—	1734.89	280.457	0.135	—	1.735	0.28
人工单价		小计						11.428	—	1.735	1.974
22.47 元/工日		未计价材料费									
清单项目综合单价								15.14			
材料费明细	主要材料名称、规格、型号				单位	数量		单价/元	合价/元	暂估单价/元	暂估合计/元
	其他材料费							—		—	
	材料费小计							—		—	

注：1. “数量”栏为“投标方(定额)工程量÷招标方(清单)工程量÷定额单位数量”如“0.01”为“524.86÷524.86÷100”。

2. 管理费费率为 10%，利润率为 5%，均以直接费为基数。

工程量清单综合单价分析表 附录表 75

工程名称：××路道路、桥涵、排水工程 标段： 第 2 页 共 28 页

项目编码	040103001001	项目名称	回填方	计量单位	m^3	工程量	2580.77				
清单综合单价组成明细											
定额编号	定额名称	定额单位	数量	单价				合价			
				人工费	材料费	机械费	管理费和利润	人工费	材料费	机械费	管理费和利润
1-358	填土碾压	$1000m^2$	0.001	134.82	6.75	1682.26	273.58	0.135	0.007	1.682	0.274
人工单价		小计						0.135	0.007	1.682	0.274
22.47 元/工日		未计价材料费									
清单项目综合单价								2.098			
材料费明细	主要材料名称、规格、型号				单位	数量		单价/元	合价/元	暂估单价/元	暂估合计/元
	水				m^3	0.015		0.45	0.007		
	其他材料费							—		—	
	材料费小计							—	0.007	—	

注：1. “数量”栏为“投标方(定额)工程量÷招标方(清单)工程量÷定额单位数量”如“0.001”为“2580.77÷2580.77÷1000”。

2. 管理费费率为 10%，利润率为 5%，均以直接费为基数。

工程量清单综合单价分析表 附录表76

工程名称：××路道路、桥涵、排水工程 标段： 第3页 共28页

项目编码	040103001002	项目名称	回填方	计量单位	m^3	工程量	1695.03

清单综合单价组成明细

定额编号	定额名称	定额单位	数量	单价				合价			
				人工费	材料费	机械费	管理费和利润	人工费	材料费	机械费	管理费和利润
1-244	挖掘机挖土装车	$1000m^3$	0.001	134.82	—	3611.74	561.98	0.135	—	3.612	0.562
1-320	自卸汽车运土	$1000m^3$	0.001	—	5.40	5842.00	877.11	—	0.005	5.842	0.877
人工单价		小计						0.135	0.005	9.454	1.439
22.47元/工日		未计价材料费									
清单项目综合单价								11.03			

材料费明细	主要材料名称、规格、型号	单位	数量	单价/元	合价/元	暂估单价/元	暂估合计/元
	水	m^3	0.012	0.45	0.005		
	其他材料费			—		—	
	材料费小计			—	0.005	—	

注：1. “数量”栏为“投标方(定额)工程量÷招标方(清单)工程量÷定额单位数量”如“0.001”为“1695.03÷1695.03÷1000”。

2. 管理费费率为10%，利润率为5%，均以直接费为基数。

工程量清单综合单价分析表 附录表77

工程名称：××路道路、桥涵、排水工程 标段： 第4页 共28页

项目编码	040101001002	项目名称	挖一般土方	计量单位	m^3	工程量	110.17

清单综合单价组成明细

定额编号	定额名称	定额单位	数量	单价				合价			
				人工费	材料费	机械费	管理费和利润	人工费	材料费	机械费	管理费和利润
1-238	挖掘机挖土装车	$1000m^3$	0.001	134.82	—	3492.71	544.13	0.135	—	3.493	0.544
1-310	自卸汽车运土	$1000m^3$	0.001	—	5.40	4657.48	699.43	—	0.005	4.657	0.699
人工单价		小计						0.135	0.005	8.150	1.243
22.47元/工日		未计价材料费									
清单项目综合单价								9.533			

材料费明细	主要材料名称、规格、型号	单位	数量	单价/元	合价/元	暂估单价/元	暂估合计/元
	水	m^3	0.012	0.45	0.005		
	其他材料费			—		—	
	材料费小计			—	0.005	—	

注：1. “数量”栏为“投标方(定额)工程量÷招标方(清单)工程量÷定额单位数量”如“0.01”为“148.89÷148.89÷100”。

2. 管理费费率为10%，利润率为5%，均以直接费为基数。

工程量清单综合单价分析表

附录表 78

工程名称：××路道路、桥涵、排水工程　　标段：　　　　第 5 页　共 28 页

项目编码	040101001003		项目名称		挖一般土方		计量单位	m³	工程量		21.02
清单综合单价组成明细											
定额编号	定额名称	定额单位	数量	单价				合价			
				人工费	材料费	机械费	管理费和利润	人工费	材料费	机械费	管理费和利润
1-12	人工挖沟槽土方	$100m^3$	0.01	1927.70	—	—	289.155	19.277	—	—	2.892
人工单价		小计						19.277	—	—	2.892
22.47 元/工日		未计价材料费									
清单项目综合单价								22.17			
材料费明细	主要材料名称、规格、型号				单位	数量		单价/元	合价/元	暂估单价/元	暂估合计/元
	其他材料费							—		—	
	材料费小计							—		—	

注：1.“数量”栏为“投标方(定额)工程量÷招标方(清单)工程量÷定额单位数量”如“0.01”为“21.02÷21.02÷100”。

2. 管理费费率为 10%，利润率为 5%，均以直接费为基数。

工程量清单综合单价分析表

附录表 79

工程名称：××路道路、桥涵、排水工程　　标段：　　　　第 6 页　共 28 页

项目编码	040103001003		项目名称		回填方		计量单位	m³	工程量		110.17
清单综合单价组成明细											
定额编号	定额名称	定额单位	数量	单价				合价			
				人工费	材料费	机械费	管理费和利润	人工费	材料费	机械费	管理费和利润
1-56	人工回填土夯实	$100m^3$	0.01	891.61	0.70	—	133.847	8.916	0.007	—	1.338
人工单价		小计						8.916	0.007	—	1.338
22.47 元/工日		未计价材料费									
清单项目综合单价								10.26			
材料费明细	主要材料名称、规格、型号				单位	数量		单价/元	合价/元	暂估单价/元	暂估合计/元
	水				m^3	0.0155		0.45	0.007		
	其他材料费							—		—	
	材料费小计							—	0.007	—	

注：1.“数量”栏为“投标方(定额)工程量÷招标方(清单)工程量÷定额单位数量”如“0.01”为“110.17÷110.17÷100”。

2. 管理费费率为 10%，利润率为 5%，均以直接费为基数。

工程量清单综合单价分析表 **附录表80**

工程名称：××路道路、桥涵、排水工程 标段： 第7页 共28页

项目编码	040202006001	项目名称	石灰、粉煤灰、碎(砾)石	计量单位	m^2	工程量	1348.43

清单综合单价组成明细

定额编号	定额名称	定额单位	数量	单价				合价			
				人工费	材料费	机械费	管理费和利润	人工费	材料费	机械费	管理费和利润
2-1	路床碾压检验	$100m^2$	0.01	8.09	—	73.69	12.267	0.0809	—	0.737	0.123
2-140	四合料20cm厚	$100m^2$	0.009	123.14	2816.63	171.56	466.772	1.114	25.35	1.544	4.201
2-141	四合料增2cm	$100m^2$	0.001	8.98	281.74	1.66	43.859	0.00898	0.282	0.00166	0.0439
2-177	多合土养生	$100m^2$	0.01	1.57	0.66	10.52	1.913	0.0157	0.0066	0.1052	0.019
人工单价		小计						1.220	25.639	2.388	4.387
22.47元/工日		未计价材料费						0.494			
清单项目综合单价								34.13			

材料费明细	主要材料名称、规格、型号	单位	数量	单价/元	合价/元	暂估单价/元	暂估合计/元
	黄土(2-140)	m^3	0.028	17.25	0.483		
	黄土(2-141)	m^3	0.00032	34.5	0.011		
	其他材料费			—		—	
	材料费小计			—	0.494	—	

注：1. “数量”栏为“投标方(定额)工程量÷招标方(清单)工程量÷定额单位数量”如“0.01”为“1348.43÷1348.43÷100”。

2. 管理费费率为10%，利润率为5%，均以直接费为基数。

工程量清单综合单价分析表 **附录表81**

工程名称：××路道路、桥涵、排水工程 标段： 第8页 共28页

项目编码	040203007001	项目名称	水泥混凝土	计量单位	m^2	工程量	1348.43

清单综合单价组成明细

定额编号	定额名称	定额单位	数量	单价				合价			
				人工费	材料费	机械费	管理费和利润	人工费	材料费	机械费	管理费和利润
2-289	水泥混凝土(20cm厚)	$100m^2$	0.01	753.87	124.09	84.41	151.39	7.539	1.241	0.844	1.514
2-300	草袋养护	$100m^2$	0.01	25.84	106.59	—	19.865	0.258	1.066	—	0.199
2-298	切缝机切缝	$10m^2$	0.022	14.38	—	8.14	3.378	0.316	—	0.179	0.074
2-299	PG道路嵌缝胶填缝	$10m^2$	0.0019	32.81	321.89	—	53.205	0.062	0.612	—	0.101
22.47人工单价		小计						8.175	2.919	1.023	1.888
22.47元/工日		未计价材料费						46.923			
清单项目综合单价								60.93			

续表

	主要材料名称、规格、型号	单位	数量	单价/元	合价/元	暂估单价/元	暂估合计/元
材料费明细	混凝土	m^3	0.204	230	46.92		
	钢锯片	片	0.001	2.3	0.003		
	其他材料费			—		—	
	材料费小计			—	46.923	—	

注：1. “数量”栏为“投标方(定额)工程量÷招标方(清单)工程量÷定额单位数量”如“0.01”为“1348.43÷1348.43÷100”。

2. 管理费费率为10%，利润率为5%，均以直接费为基数。

工程量清单综合单价分析表

附录表 82

工程名称：××路道路、桥涵、排水工程　标段：　第9页　共28页

项目编码	040204004001	项目名称	安砌侧(平缘)石	计量单位	m	工程量	174.46

清单综合单价组成明细

定额编号	定额名称	定额单位	数量	单价				合价			
				人工费	材料费	机械费	管理费和利润	人工费	材料费	机械费	管理费和利润
2-140	四合料20cm厚	$100m^2$	0.003	123.14	2816.63	171.56	466.72	0.369	8.4499	0.515	1.40
2-141	四合料增2cm	$100m^2$	0.0003	8.98	281.74	1.66	43.857	0.0027	0.0845	0.000498	0.0132
2-177	多合土养生	$100m^2$	0.004	1.57	0.66	10.52	1.913	0.0063	0.0026	0.04208	0.00765
2-1	侧石处路床碾压检验	$100m^2$	0.005	8.09	—	73.69	12.267	0.043	—	0.368	0.061
2-333	石质侧石安砌	100m	0.01	291.89	50.60	—	51.374	2.919	0.506	—	0.514
人工单价		小计						3.34	9.043	0.926	1.996
22.47元/工日		未计价材料费						0.164			
清单项目综合单价								15.47			

	主要材料名称、规格、型号	单位	数量	单价/元	合价/元	暂估单价/元	暂估合计/元
材料费明细	黄土(2-140)	m^3	0.009	17.25	0.161		
	黄土(2-141)	m^3	0.000096	34.5	0.0033		
	其他材料费			—		—	
	材料费小计			—	0.164	—	

注：1. “数量”栏为“投标方(定额)工程量÷招标方(清单)工程量÷定额单位数量”如“0.004”为“61.6÷174.46÷100”

2. 管理费费率为10%，利润率为5%，均以直接费为基数。

工程量清单综合单价分析表

附录表 83

工程名称：××路道路、桥涵、排水工程　　标段：　　　　第 10 页　共 28 页

项目编码	040303005001		项目名称	混凝土墩(台)身			计量单位	m^3		工程量	2.36
清单综合单价组成明细											
定额编号	定额名称	定额单位	数量	单价				合价			
				人工费	材料费	机械费	管理费和利润	人工费	材料费	机械费	管理费和利润
3-280	柱式墩台身	m^3	0.1	399.74	7.65	281.96	138.42	39.974	0.765	28.196	13.84
人工单价		小计						39.974	0.765	28.196	13.84
22.47 元/工日		未计价材料费						233.45			
清单项目综合单价								316.23			
材料费明细	主要材料名称、规格、型号					单位	数量	单价/元	合价/元	暂估单价/元	暂估合计/元
	混凝土 C20					m^3	1.015	230	233.45		
	其他材料费							—		—	
	材料费小计							—	233.45	—	

注：1. “数量”栏为“投标方(定额)工程量÷招标方(清单)工程量÷定额单位数量”如“0.1”为“2.36÷2.36÷10”。

2. 管理费费率为 10%，利润率为 5%，均以直接费为基数。

工程量清单综合单价分析表

附录表 84

工程名称：××路道路、桥涵、排水工程　　标段：　　　　第 11 页　共 28 页

项目编码	040303018001		项目名称	混凝土防撞护栏			计量单位	m		工程量	140.28
清单综合单价组成明细											
定额编号	定额名称	定额单位	数量	单价				合价			
				人工费	材料费	机械费	管理费和利润	人工费	材料费	机械费	管理费和利润
3-324	混凝土防撞护栏	$10m^3$	0.0241	697.92	14.43	145.96	137.608	16.820	0.348	3.518	3.316
人工单价		小计						16.820	0.348	3.518	3.316
22.47 元/工日		未计价材料费						59.075			
清单项目综合单价								83.08			
材料费明细	主要材料名称、规格、型号					单位	数量	单价/元	合价/元	暂估单价/元	暂估合计/元
	混凝土 C30					m^3	0.245	241.5	59.075		
	其他材料费							—		—	
	材料费小计							—	59.075	—	

注：1. “数量”栏为“投标方(定额)工程量÷招标方(清单)工程量÷定额单位数量”如“0.0241”为“33.81÷140.28÷10”。

2. 管理费费率为 10%，利润率为 5%，均以直接费为基数。

工程量清单综合单价分析表

附录表 85

工程名称：××路道路、桥涵、排水工程　标段：　　第 12 页　共 28 页

项目编码	040303019001	项目名称	桥面铺装	计量单位	m^3	工程量	165.44

清单综合单价组成明细

定额编号	定额名称	定额单位	数量	单价				合价			
				人工费	材料费	机械费	管理费和利润	人工费	材料费	机械费	管理费和利润
3-331	桥面混凝土铺装（车行道）	$10m^3$	0.0224	455.47	347.88	145.96	151.011	10.203	7.793	3.27	3.383
3-261	混凝土垫层	$10m^3$	0.011	297.28	2.58	214.14	80.952	3.27	0.028	2.356	0.89
3-294	混凝土契形块	$10m^3$	0.0027	717.02	101.88	141.90	145.245	1.936	0.275	0.383	0.392
3-334	桥面防水砂浆	$100m^2$	0.028	182.01	327.07	—	76.362	5.096	9.158	—	2.138
人工单价		小计						20.505	17.254	6.009	6.803
22.47 元/工日		未计价材料费						90.609			
清单项目综合单价								141.18			

材料费明细	主要材料名称、规格、型号	单位	数量	单价/元	合价/元	暂估单价/元	暂估合计/元
	混凝土 C25	m^3	0.227	253	57.431		
	混凝土 C15	m^3	0.112	230	25.68		
	混凝土 C30，抗渗	m^3	0.028	270.25	7.498		
	其他材料费			—		—	
	材料费小计			—	90.609	—	

注：1. “数量”栏为“投标方(定额)工程量÷招标方(清单)工程量÷定额单位数量”如“0.0224”为“37.04÷165.44÷10”。

2. 管理费费率为 10%，利润率为 5%，均以直接费为基数。

工程量清单综合单价分析表

附录表 86

工程名称：××路道路、桥涵、排水工程　标段：　　第 13 页　共 28 页

项目编码	040303002001	项目名称	挡墙基础	计量单位	m^3	工程量	175.16

清单综合单价组成明细

定额编号	定额名称	定额单位	数量	单价				合价			
				人工费	材料费	机械费	管理费和利润	人工费	材料费	机械费	管理费和利润
3-263	混凝土基础	$10m^3$	0.1	290.31	15.63	199.40	114.509	29.031	1.563	19.94	11.451
人工单价		小计									
22.47 元/工日		未计价材料费						258.055			
清单项目综合单价								320.04			

材料费明细	主要材料名称、规格、型号	单位	数量	单价/元	合价/元	暂估单价/元	暂估合计/元
	混凝土 C15	m^3	1.02	253	258.055		
	其他材料费			—		—	
	材料费小计			—	258.055	—	

注：1. “数量”栏为“投标方(定额)工程量÷招标方(清单)工程量÷定额单位数量如”“0.1”为“175.16÷175.16÷100”。

2. 管理费费率为 10%，利润率为 5%，均以直接费为基数。

工程量清单综合单价分析表

附录表 87

工程名称：××路道路、桥涵、排水工程　标段：　第 14 页　共 28 页

项目编码	040303015001	项目名称	混凝土挡墙墙身	计量单位	m^3	工程量	184.06

清单综合单价组成明细											
定额编号	定额名称	定额单位	数量	单价				合价			
				人工费	材料费	机械费	管理费和利润	人工费	材料费	机械费	管理费和利润
3-312	现浇混凝土挡墙	10m^3	0.1	333.01	7.23	231.83	124.519	33.301	0.723	23.183	12.452
3-505	沥青木丝板沉降缝	10m^2	0.0197	9.89	308.53	—	47.763	1.953	6.078	—	0.941
3-495	安装泄水孔	10m	0.0052	15.73	128.42	—	21.623	0.812	0.668	—	0.112
人工单价		小计						36.066	7.469	23.183	13.505
22.47 元/工日		未计价材料费						258.058			
清单项目综合单价								338.28			
材料费明细	主要材料名称、规格、型号					单位	数量	单价/元	合价/元	暂估单价/元	暂估合计/元
	混凝土 C25					m^3	1.02	253	258.058		
	其他材料费							—		—	
	材料费小计							—	258.058	—	

注：1."数量"栏为"投标方(定额)工程量÷招标方(清单)工程量÷定额单位数量"如"0.1"为"184.06÷184.06÷10"。

2. 管理费费率为 10%，利润率为 5%，均以直接费为基数。

工程量清单综合单价分析表

附录表 88

工程名称：××路道路、桥涵、排水工程　标段：　第 15 页　共 28 页

项目编码	040303015002	项目名称	混凝土挡墙墙身	计量单位	m^3	工程量	301.14

清单综合单价组成明细											
定额编号	定额名称	定额单位	数量	单价				合价			
				人工费	材料费	机械费	管理费和利润	人工费	材料费	机械费	管理费和利润
1-685	砂砾反滤层	10m^3	0.1	90.33	597.99	—	103.248	9.033	59.799	—	10.325
人工单价		小计						9.033	59.799	—	10.325
22.47 元/工日		未计价材料费									
清单项目综合单价								79.16			
材料费明细	主要材料名称、规格、型号					单位	数量	单价/元	合价/元	暂估单价/元	暂估合计/元
	中粗砂					m^3	1.352	44.23	59.799		
	其他材料费							—		—	
	材料费小计							—	59.799	—	

注：1."数量"栏为"投标方(定额)工程量÷招标方(清单)工程量÷定额单位数量"如"0.1"为"301.14÷301.14÷10"。

2. 管理费费率为 10%，利润率为 5%，均以直接费为基数。

工程量清单综合单价分析表

附录表 89

工程名称：××路道路、桥涵、排水工程　标段：　　第16页　共28页

项目编码	040306003001	项目名称	箱涵底板	计量单位	m^3	工程量	102.35				
清单综合单价组成明细											
定额编号	定额名称	定额单位	数量	单价				合价			
				人工费	材料费	机械费	管理费和利润	人工费	材料费	机械费	管理费和利润
3-387	箱涵底板制作	$10m^3$	0.1	320.65	14.87	200.51	120.874	32.065	1.487	20.051	12.087
人工单价		小计						32.065	1.487	20.051	12.087
22.47元/工日		未计价材料费						269.798			
清单项目综合单价								335.49			
材料费明细	主要材料名称、规格、型号					单位	数量	单价/元	合价/元	暂估单价/元	暂估合计/元
	C30混凝土					m^3	1.02	264.5	269.798		
	其他材料费							—		—	
	材料费小计							—		—	269.798

注：1."数量"栏为"投标方(定额)工程量÷招标方(清单)工程量÷定额单位数量"如"0.1"为"102.35÷102.35÷10"。

2. 管理费费率为10%，利润率为5%，均以直接费为基数。

工程量清单综合单价分析表

附录表 90

工程名称：××路道路、桥涵、排水工程　标段：　　第17页　共28页

项目编码	040306004001	项目名称	箱涵侧墙	计量单位	m^3	工程量	47.30				
清单综合单价组成明细											
定额编号	定额名称	定额单位	数量	单价				合价			
				人工费	材料费	机械费	管理费和利润	人工费	材料费	机械费	管理费和利润
3-389	箱涵侧墙	$10m^3$	0.1	346.71	9.38	216.73	126.395	34.671	0.938	21.673	12.6395
人工单价		小计						34.671	0.938	21.673	12.6395
22.47元/工日		未计价材料费						269.81			
清单项目综合单价								339.73			
材料费明细	主要材料名称、规格、型号					单位	数量	单价/元	合价/元	暂估单价/元	暂估合计/元
	混凝土C30					m^3	1.02	264.5	269.81		
	其他材料费							—		—	
	材料费小计							—	269.81	—	

注：1."数量"栏为"投标方(定额)工程量÷招标方(清单)工程量÷定额单位数量"如"0.1"为"47.3÷47.3÷10"。

2. 管理费费率为10%，利润率为5%，均以直接费为基数。

工程量清单综合单价分析表 附录表 91

工程名称：××路道路、桥涵、排水工程 标段： 第 18 页 共 28 页

项目编码	040306005001	项目名称	箱涵顶板	计量单位	m^3	工程量	101.25

清单综合单价组成明细											
定额编号	定额名称	定额单位	数量	单价				合价			
				人工费	材料费	机械费	管理费和利润	人工费	材料费	机械费	管理费和利润
3-391	箱涵顶板	$10m^3$	0.1	329.41	17.45	206.41	123.462	32.941	1.745	20.641	12.346
人工单价		小计						32.941	1.745	20.641	12.346
22.47 元/工日		未计价材料费						269.81			
清单项目综合单价								337.48			

材料费明细	主要材料名称、规格、型号	单位	数量	单价/元	合价/元	暂估单价/元	暂估合计/元
	C30 混凝土	m^3	1.02	264.5	269.81		
	其他材料费			—		—	
	材料费小计			—	269.81	—	

注：1.“数量”栏为“投标方(定额)工程量÷招标方(清单)工程量÷定额单位数量”如“0.1”为“101.25÷101.25÷10”。

2. 管理费费率为 10%，利润率为 5%，均以直接费为基数。

工程量清单综合单价分析表 附录表 92

工程名称：××路道路、桥涵、排水工程 标段： 第 19 页 共 28 页

项目编码	040309001001	项目名称	金属栏杆	计量单位	t	工程量	3.128

清单综合单价组成明细											
定额编号	定额名称	定额单位	数量	单价				合价			
				人工费	材料费	机械费	管理费和利润	人工费	材料费	机械费	管理费和利润
3-480	防撞护栏钢管扶手	t	1	395.47	3519.43	187.68	615.387	395.47	3519.43	187.68	615.387
人工单价		小计						395.47	3519.43	187.68	615.387
22.47 元/工日		未计价材料费									
清单项目综合单价								4717.97			

材料费明细	主要材料名称、规格、型号	单位	数量	单价/元	合价/元	暂估单价/元	暂估合计/元
	焊接钢管	t	0.868	3300.00	2864.4		
	中厚钢板 15mm 以内	kg	192.00	3.10	595.2		
	电焊条	kg	11.10	5.39	59.829		
	其他材料费			—		—	
	材料费小计			—	3519.43	—	

注：1.“数量”栏为“投标方”(定额)工程量÷招标方(清单)工程量÷定额单位数量如“1”为“3.128÷3.128÷1”。

2. 管理费费率为 10%，利润率为 5%，均以直接费为基数。

工程量清单综合单价分析表 附录表 93

工程名称：××路道路、桥涵、排水工程 标段： 第 20 页 共 28 页

项目编码	040501001001	项目名称	混凝土管	计量单位	m	工程量	34.00

清单综合单价组成明细											
定额编号	定额名称	定额单位	数量	单价				合价			
				人工费	材料费	机械费	管理费和利润	人工费	材料费	机械费	管理费和利润
6-18	管道基础(180°)	100m	0.01	600.15	9.57	150.14	117.312	6.0015	0.0957	1.5014	1.173
6-52	混凝土管道铺设	100m	0.01	281.66	—	—	49.988	2.8166	—	—	0.4999
6-124	水泥砂浆接口	个	0.088	21.46	5.85	—	4.097	1.888	0.515	—	0.36
6-286	管道闭水实验	100m	0.01	41.57	56.12	—	14.654	0.4157	0.5612	—	0.1465
人工单价		小计						11.122	1.172	1.5014	2.179
22.47 元/工日		未计价材料费						73.809			
清单项目综合单价								89.78			
材料费明细	主要材料名称、规格、型号					单位	数量	单价/元	合价/元	暂估单价/元	暂估合计/元
	混凝土 C15					m^3	0.097	230	22.218		
	钢筋混凝土管 ϕ300					m	1.01	51.08	51.591		
	其他材料费							—		—	
	材料费小计							—	73.809	—	

注：1.“数量”栏为“投标方(定额)工程量÷招标方(清单)工程量÷定额单位数量”如“0.01”为“34÷34÷100”。

2. 管理费费率为 10%，利润率为 5%，均以直接费为基数。

工程量清单综合单价分析表 附录表 94

工程名称：××路道路、桥涵、排水工程 标段： 第 21 页 共 28 页

项目编码	040501001002	项目名称	混凝土管	计量单位	m	工程量	60.00

清单综合单价组成明细											
定额编号	定额名称	定额单位	数量	单价				合价			
				人工费	材料费	机械费	管理费和利润	人工费	材料费	机械费	管理费和利润
6-21	管道基础	100m	0.01	1145.23	25.73	337.41	233.736	11.452	0.257	3.374	2.337
6-55	混凝土管道铺设	100m	0.01	550.69	—	—	105.596	5.507	—	—	1.056
6-126	水泥砂浆接口	个	0.083	25.64	8.46	—	5.115	2.128	0.702	—	0.425
6-287	管道闭水试验	100m	0.01	68.65	87.86	—	23.477	0.687	0.879	—	0.235
人工单价		小计						19.774	1.838	3.374	4.053
22.47 元/工日		未计价材料费						203.158			
清单项目综合单价								232.20			
材料费明细	主要材料名称、规格、型号					单位	数量	单价/元	合价/元	暂估单价/元	暂估合计/元
	混凝土 C15					m^3	0.217	230	49.872		
	钢筋混凝土管 ϕ600					m	1.02	150.28	153.286		
	其他材料费							—		—	
	材料费小计							—	203.158	—	

注：1.“数量”栏为“投标方(定额)工程量÷招标方(清单)工程量÷定额单位数量”如“0.01”为“60÷60÷100”。

2. 管理费费率为 10%，利润率为 5%，均以直接费为基数。

工程量清单综合单价分析表

附录表 95

工程名称：××路道路、桥涵、排水工程　　标段：　　第 22 页　共 28 页

项目编码	040504001001	项目名称	砌筑井	计量单位	座	工程量	3

清单综合单价组成明细

定额编号	定额名称	定额单位	数量	单价				合价			
				人工费	材料费	机械费	管理费和利润	人工费	材料费	机械费	管理费和利润
6-402	雨水检查井	座	1	212.09	660.60	5.74	144.022	212.09	660.60	5.74	144.022
人工单价		小　计									
22.47 元/工日		未计价材料费						81.719			
清单项目综合单价								1104.17			

材料费明细	主要材料名称、规格、型号	单位	数量	单价/元	合价/元	暂估单价/元	暂估合计/元
	混凝土 C10	m^3	0.374	218.5	81.719		
	其他材料费			—		—	
	材料费小计			—	81.719	—	

注：1.“数量”栏为“投标方(定额)工程量÷招标方(清单)工程量÷定额单位数量”如“1”为“3÷3÷1”。

2. 管理费费率为 10%，利润率为 5%，均以直接费为基数。

工程量清单综合单价分析表

附录表 96

工程名称：××路道路、桥涵、排水工程　　标段：　　第 23 页　共 28 页

项目编码	040504009001	项目名称	雨水口	计量单位	座	工程量	6

清单综合单价组成明细

定额编号	定额名称	定额单位	数量	单价				合价			
				人工费	材料费	机械费	管理费和利润	人工费	材料费	机械费	管理费和利润
6-532	砌筑雨水进水井(井深 1m)	座	1	69.63	133.45	2.17	35.278	69.63	133.45	2.17	35.278
6-533	砌筑雨水进水井(井深减 0.25m)	座	0.5	−21.22	−47.8	—	−10.353	−10.61	−23.90	—	−5.177
人工单价		小　计						59.02	109.55	2.17	30.101
22.47 元/工日		未计价材料费						29.935			
清单项目综合单价								230.78			

材料费明细	主要材料名称、规格、型号	单位	数量	单价/元	合价/元	暂估单价/元	暂估合计/元
	混凝土 C10	m^3	0.137	218.5	29.935		
	其他材料费			—		—	
	材料费小计			—	29.935	—	

注：1.“数量”栏为“投标方(定额)工程量÷招标方(清单)工程量÷定额单位数量”如“1”为“6÷6÷1”。

2. 管理费费率为 10%，利润率为 5%，均以直接费为基数。

工程量清单综合单价分析表

附录表 97

工程名称：××路道路、桥涵、排水工程　标段：　第 24 页　共 28 页

项目编码	040901001001	项目名称	现浇构件钢筋	计量单位	t	工程量	0.489

清单综合单价组成明细											
定额编号	定额名称	定额单位	数量	单价				合价			
				人工费	材料费	机械费	管理费和利润	人工费	材料费	机械费	管理费和利润
2-304	桥面构造筋	t	1	336.15	3202.15	20.44	533.811	336.15	3202.15	20.44	533.811
人工单价		小计						336.15	3202.15	20.44	533.811
22.47 元/工日		未计价材料费									
清单项目综合单价								4092.55			

材料费明细	主要材料名称、规格、型号	单位	数量	单价/元	合价/元	暂估单价/元	暂估合计/元
	钢筋 φ10 以内	t	0.240	3068.00	736.32		
	钢筋 φ10 以外	t	0.790	3068.00	2423.72		
	电焊条	kg	0.515	5.39	2.776		
	镀锌铁丝 22#	kg	3.000	7.80	23.4		
	其他材料费			—	15.93	—	
	材料费小计			—	3186.196	—	

注：1.“数量”栏为“投标方(定额)工程量÷招标方(清单)工程量÷定额单位数量”如“1”为“0.489÷0.489÷1”。

2. 管理费费率为 10%，利润率为 5%，均以直接费为基数。

工程量清单综合单价分析表

附录表 98

工程名称：××路道路、桥涵、排水工程　标段：　第 25 页　共 28 页

项目编码	040901001002	项目名称	现浇构件钢筋	计量单位	t	工程量	22.121

清单综合单价组成明细											
定额编号	定额名称	定额单位	数量	单价				合价			
				人工费	材料费	机械费	管理费和利润	人工费	材料费	机械费	管理费和利润
3-235	钢筋 φ10 以内	t	0.077	374.35	41.82	40.10	106.804	28.825	3.22	3.088	8.224
3-236	钢筋 φ10 以外	t	0.925	182.23	61.78	69.66	465.509	168.56	57.147	64.436	430.596
人工单价		小计						197.385	60.367	67.524	438.82
22.47 元/工日		未计价材料费						3045.476			
清单项目综合单价								3809.57			

材料费明细	主要材料名称、规格、型号	单位	数量	单价/元	合价/元	暂估单价/元	暂估合计/元
	钢筋 φ10 以内	t	0.079	3237.4	255.755		
	钢筋 φ10 以外	t	0.908	3072.38	2789.721		
	其他材料费			—		—	
	材料费小计			—	3045.476	—	

注：1.“数量”栏为“投标方(定额)工程量÷招标方(清单)工程量÷定额单位数量”如“0.077”为“1.704÷22.121÷1”。

2. 管理费费率为 10%，利润率为 5%，均以直接费为基数。

工程量清单综合单价分析表 附录表 99

工程名称：××路道路、桥涵、排水工程 标段： 第 26 页 共 28 页

项目编码	040901001003	项目名称	现浇构件钢筋	计量单位	t	工程量	4.933

清单综合单价组成明细

定额编号	定额名称	定额单位	数量	单价				合价			
				人工费	材料费	机械费	管理费和利润	人工费	材料费	机械费	管理费和利润
3-235	钢筋 ϕ10 以内	t	0.188	374.35	41.82	40.10	161.561	70.378	7.862	7.539	30.374
3-236	钢筋 ϕ10 以外	t	0.829	182.23	61.78	69.66	444.309	151.069	51.216	57.748	368.332
人工单价		小计						221.447	59.078	65.287	398.706
22.47 元/工日		未计价材料费						3269.198			
清单项目综合单价								4013.716			

材料费明细	主要材料名称、规格、型号	单位	数量	单价/元	合价/元	暂估单价/元	暂估合计/元
	钢筋 ϕ10 以内	t	0.192	3237.41	620.806		
	钢筋 ϕ10 以外	t	0.862	3072.38	2648.392		
	其他材料费			—		—	
	材料费小计			—	3269.198	—	

注：1.“数量”栏为“投标方(定额)工程量÷招标方(清单)工程量÷定额单位数量”如“0.188”为“0.925÷4.933÷1”。

2. 管理费费率为 10%，利润率为 5%，均以直接费为基数。

工程量清单综合单价分析表 附录表 100

工程名称：××路道路、桥涵、排水工程 标段： 第 27 页 共 28 页

项目编码	040901001004	项目名称	现浇构件钢筋	计量单位	t	工程量	33.689

清单综合单价组成明细

定额编号	定额名称	定额单位	数量	单价				合价			
				人工费	材料费	机械费	管理费和利润	人工费	材料费	机械费	管理费和利润
3-235	钢筋 ϕ10 以内	t	0.002	374.35	41.82	40.10	69.464	0.749	0.084	0.080	0.139
3-236	钢筋 ϕ10 以外	t	0.998	182.23	61.78	69.66	516.143	181.866	61.656	69.521	515.11
人工单价		小计						182.615	61.740	69.601	515.249
22.47 元/工日		未计价材料费						3134.104			
清单项目综合单价								3963.309			

材料费明细	主要材料名称、规格、型号	单位	数量	单价/元	合价/元	暂估单价/元	暂估合计/元
	钢筋 ϕ10 以内	t	0.002	3237.41	6.823		
	钢筋 ϕ10 以外	t	1.018	3072.38	3127.281		
	其他材料费			—		—	
	材料费小计			—	3134.104	—	

注：1.“数量”栏为“投标方”(定额)工程量÷招标方(清单)工程量÷定额单位数量如“0.002”为“0.07÷33.689÷1”。

2. 管理费费率为 10%，利润率为 5%，均以直接费为基数。

工程量清单综合单价分析表　　**附录表 101**

工程名称：××路道路、桥涵、排水工程　标段：　　第 28 页　共 28 页

项目编码	041001001001	项目名称	拆除路面	计量单位	m^2	工程量	96.00

清单综合单价组成明细											
定额编号	定额名称	定额单位	数量	单价				合价			
				人工费	材料费	机械费	管理费和利润	人工费	材料费	机械费	管理费和利润
1-549	人工拆除混凝土路面(厚 15cm)	$100m^2$	0.041	390.98	—	—	58.647	16.030	—	—	2.405
1-550	人工拆除混凝土路面(减 13cm)	$100m^2$	0.035	−335.920	—	—	−50.388	−11.757	—	—	−1.764
人工单价		小计						4.273	—	—	0.64
22.47 元/工日		未计价材料费									
清单项目综合单价								4.91			
材料费明细	主要材料名称、规格、型号				单位	数量		单价/元	合价/元	暂估单价/元	暂估合计/元
	其他材料费							—		—	
	材料费小计							—		—	

注：1.“数量”栏为“投标方(定额)工程量÷招标方(清单)工程量÷定额单位数量”如“0.041”为“391÷96÷100”。

2. 管理费费率为 10%，利润率为 5%，均以直接费为基数。